U0313022

全国煤矿辅助运输技术与管理

中国煤炭工业协会
晋能集团有限公司 编

中国矿业大学出版社

图书在版编目(CIP)数据

全国煤矿辅助运输技术与管理 / 中国煤炭工业协会，晋能集团有限公司编. —徐州：中国矿业大学出版社，2017.7

ISBN 978 - 7 - 5646 - 3635 - 7

Ⅰ. ①全… Ⅱ. ①中… ②晋… Ⅲ. ①煤矿运输—交通运输系统—中国—文集 Ⅳ. ①TD52-53

中国版本图书馆 CIP 数据核字(2017)第 177939 号

书　　名　全国煤矿辅助运输技术与管理

编　　者　中国煤炭工业协会　晋能集团有限公司

责任编辑　姜　华　吴学兵　周　丽　满建康　马晓彦

出版发行　中国矿业大学出版社有限责任公司

（江苏省徐州市解放南路　邮编 221008）

营销热线　(0516)83885307　83884995

出版服务　(0516)83885767　83884920

网　　址　http://www.cumtp.com　**E-mail**:cumtpvip@cumtp.com

印　　刷　江苏徐州新华印刷厂

开　　本　889×1194　1/16　**印张** 35.75　**字数** 1000 千字

版次印次　2017 年 7 月第 1 版　2017 年 7 月第 1 次印刷

定　　价　160.00 元

（图书出现印装质量问题，本社负责调换）

《全国煤矿辅助运输技术与管理》
编 委 会

前 言

从我国能源资源禀赋和发展阶段出发，煤炭是我国稳定、经济、自主保障程度最高的能源。新中国成立以来，截至2016年底，煤炭行业建成了14个煤炭基地，年产120万t及以上大型、特大型现代化煤矿1 000余处，安全高效煤矿763处，千万吨级煤矿53处，共生产煤炭近775亿t，为国民经济和社会发展提供了可靠的能源保障。虽然由于能源结构调整，煤炭在我国一次能源消费中的比重将逐步降低，但是在相当长时期内，煤炭的主体能源地位不会变化，煤炭工业仍然是关系国家经济命脉和能源安全的重要基础产业。

近年来，中国煤炭工业协会全面贯彻落实党中央、国务院一系列重大决策部署，为促进煤炭工业转变发展方式、调整产业结构和提升煤炭工业整体发展水平，积极推动行业科技创新，组织关键技术攻关，推广应用先进适用技术、工艺、材料和装备，加强全行业技术交流活动，先后召开了全国煤矿复杂难采煤层开采、千米深井开采、顶板管理与安全技术、防治水、防尘降尘和顶板管理等技术交流会议，出版了《全国煤矿复杂难采煤层开采技术》、《全国煤矿千米深井开采技术》、《全国煤矿顶板管理与安全新技术》、《煤矿防治水技术》、《全国煤矿防尘降尘技术》及《全国煤矿顶板管理与支护新技术》等系列技术交流大会论文集，对引领煤炭科技进步、促进行业科学化水平提升和健康发展作出了贡献。

针对我国煤矿辅助运输"科技水平低、运输效率低、安全质量低，战线长、系统复杂、用人多和安全事故多"的状况，中国煤炭工业协会拟于2017年8月召开全国煤矿辅助运输技术交流会，主题是交流先进技术和管理经验，大力推动科技管理创新，实现煤矿辅助运输的安全高效。为开好本次会议，中国煤炭工业协会于2016年组织了论文征集，共收到论文170余篇，经编辑遴选和组织专家审查有115篇论文入选并编成《全国煤矿辅助运输技术与管理》论文集，内容涉及煤矿辅助运输的系统设计与优化、技术装备与设施、技术应用与创新、现场管理与工艺等方面，对煤矿辅助运输科学研究和创新发展具有重要的指导意义，可供煤矿辅助运输相关管理、技术人员在实际工作中参考。

本书的编写工作得到众多煤炭企业、院校、科研部门和有关专家学者的大力支持和帮助。在此，谨对他们表示衷心感谢！由于编者的水平有限，其中疏漏在所难免，恳请读者批评指正。

编　者

2017 年 6 月

目　次

1　系统设计与优化

2　技术装备与设施

3 技术应用与创新

4　现场管理与工艺

1 系统设计与优化

三元煤业辅助运输系统的改造

孔祥惠[1]，张炳林[2]，关林奎[2]

（1. 晋能集团有限公司，山西 太原 030001；2. 山西三元煤业股份有限公司，山西 长治 046011）

摘　要　辅助运输系统在煤矿安全生产中的重要性与日俱增，其装备、管理、从业人员素质直接影响着煤矿生产的安全与效率。山西三元煤业股份有限公司结合安全生产经验，近年来通过不断改造井巷运输条件，装备先进可靠的无轨胶轮车和单轨吊，在提高辅助运输安全性、提升辅助运输效率、降低从业人员劳动强度方面进行积极有益的探索。

关键词　辅助运输系统；无轨胶轮车；单轨吊

0　引言

煤矿井下巷道布置错综复杂，而整个辅助系统在煤矿安全生产中担负着越来越重要的角色。山西三元煤业股份有限公司结合本公司点多、线长、面广的现状，通过不断提升辅助运输系统装备水平，加强辅助运输基础配套，抓好薄弱环节的管理，实现了运输系统的安全、可靠、稳定运行。

1　改造背景

公司辅助运输系统在2012年以前以调度绞车、循环绞车、窄轨柴油牵引机车等多段分散传统运输方式为主，从井上材料设备供应点到井下工作面使用地点，需要经过多个转载环节，整个系统效率低，投用人员多，安全性差。并且随着矿井开拓延伸，辅助运输线路逐渐拉长，特别是近年采掘装备逐渐向集成化、重型化方面发展，原有辅助运输系统根本无法满足正常生产需要。因此公司前瞻性、针对性地对辅助运输系统进行了提升和改造，经历了有绳设备向无绳设备，轻型设备向重型设备，单一功能设备向多种功能设备，有轨运输向无轨运输发展的过程。

2　辅助运输系统装备的改造

公司初期使用范围最广的是调度绞车接力运输，该方式投入成本低，适用范围广，但运输环节多，维护工作量大，运输能力低，安全性差。为了解决调度绞车的一系列问题，引入了无极绳循环绞车，但该设备无法适用大倾角、多变坡的巷道，而且频繁出现的矿车掉道隐患无法解决。

鉴于调度绞车和无极绳循环绞车的各种弊端，公司考虑的就是近年来在煤矿得到青睐的无轨胶轮车。无轨胶轮车有着多用途、机动灵活、技术先进、安全高效的特点，可以完美地应用在辅助运输系统的整个环节。但无轨胶轮车对运输线路有着一定的要求，断面面积必须符合车辆通过条件、车辆与巷道安全距离应符合《煤矿安全规程》、巷道拐点要配套车辆转弯半径、底板质量必须满足强度要求等。2013 年公司对井下巷道进行了部分改造后，根据需求，按照功能分别引进了运料胶轮车、乘人胶轮车、安全巡查车、铲运车。运料车车体较窄、转弯半径小，可以实现双向驾驶，适用于煤矿井下巷道、工作面巷道物料和设备的运输。运人车制动系统可靠，转向灵活，保护先进，主要用于人员运送。巡查车可以在井下巷道、平巷内行驶，用于井下安全管理人员对现场进行安全巡查。铲运车主要用于物料快速装运、巷道修整等辅助运输工作。通过更换工作机构，实现井下设备与材料的运输，包括电缆、水管、风筒、金属网、钢梁的架设、巷道的修整铲平等任务。

无轨胶轮车虽然可以适应大多数环境，但掘进工作面底板条件普遍较差，无轨胶轮车往往难以通行。为了解决掘进工作面运输物料、设备和人员上下班的问题。2013 年又调研考察了单轨吊柴油牵引机车，经过多次科学论证，引入了波兰贝克 148 型单轨吊柴油牵引机车，历时 5 个月完成了该设备的安装和调试工作。单轨吊柴油牵引机车运载载荷大，单次运输物料可达 24 t；采用液压装置进行物料、设备的装卸载，减少工人的劳动强度；可以运送人员，减轻工作人员上下班途中的体力消耗；单轨吊在减少相关从业人员的同时，极大地提升了辅助运输的整体效率。

在对辅助运输装备进行的改造，公司并不采用单一辅助运输形式和采用同一类型的辅助运输设备，而是根据实际情况对辅助运输进行合理的组合，根据需求，配套相关的装备，从而形成一个完整的辅助运输系统。

3 辅助运输系统线路的改造

公司井下主要巷道多为 20 世纪 90 年代建井初期开拓，巷道设计、开拓等受年代环境影响，存在断面较小、转弯半径小、上下山坡度大等缺点，直接限制了现代化辅助运输设备的应用，制约了大型设备、配件、材料的运输。因此在辅助运输系统装备提升以前，根据实际情况，公司已经开始对井下巷道进行规划，逐一改造。巷道改造工程的前提是在不影响公司正常安全生产的情况下，因此整个工程错综复杂，工期长，需要生产多系统配合，施工交叉、平行作业环节多。公司在充分考虑人力、物力、财力投资的基础上，在获得了上级公司的支持下，正式于 2012 年开始对井下主要巷道进行改造。首先是对已经服役近 20 年的北翼巷道进行改造，将原断面面积 10.5 m^2 的巷道扩建为 17.3 m^2，扩大转弯半径，转移巷道内的供电线路，加设安全标识。同年新建三采区胶轮车大巷，巷道断面面积为 23.6 m^2，并严格对巷道的支护、底板硬化、管线布置进行设计管理。2014 年公司对南翼巷道进行改造，2015 年将南北翼以外所有不具备车辆通行条件的巷道进行改造，同年全面改造完毕，井下主要巷道、综采面巷道已全部实现无轨胶轮车通行。

公司为立井开拓，原建有主井、副井、回风井。主井担负提煤任务，副井则负责人员及物料的提升运输工作。而副井建于矿井初期，受年代所限，井筒和提升罐笼尺寸均无法满足胶轮车进入的要求，因此公司出现了地面装车，井下换装胶轮车的现象。为了减少调装环节，提高运输安全性，减少工作人员，降低运输成本。公司于 2015 年新建了新副立井，新副立井井筒直径 8.2 m，采用多绳摩擦提升方式，单罐提升运输，罐笼净长 6.5 m，净宽 4.3 m，载重 32 t，可以实现胶轮车整车重载入井，液压支架整架入井的要求，真正意义上实现了胶轮车运输一站式到位。

4 关于辅助运输系统未来的探索

随着科技的进步，煤矿趋向于大型化、生产环节趋向集中化、生产工序趋向机械化、安全监控趋向智能化方向发展，同时也要求辅助运输系统更加高效、更加可靠、更加安全，就将来的辅助运输系统的发展有两点规划。

（1）发展辅助运输智能化管理平台

应用现代通信、信息、网络、控制和电子等技术，建立一个集监控、指挥、统筹管理的智能化管理平台。通过智能化管理平台实时监测辅助运输车辆的运行情况，远程安排运输任务、路径、时间，合理有效地减少车辆空驶率，从而达到节约运输时间，减少运输成本的目的。

（2）继续提升辅助运输装备水平

随着环保意识的提高，未来辅助运输的发展也在向“低污染、电驱动、双动力、高效化”方面靠近。目前主流机车动力源为柴油，从发展趋势来看，柴油动力会慢慢向油电混动、纯电动方面靠拢，并且随着石墨烯电池，燃料电池等技术的逐渐成熟，相信不久的将来辅助运输系统的动力将掀起一场革命。而公司会保持对技术的敏感性，利用先进技术装备矿井，保障辅助运输系统正常安全。

5 结语

辅助运输在煤矿生产系统中的重要性与日俱增，其装备、管理程度直接影响矿井生产的安全性与效率。公司一直将辅助运输现代化和安全管理作为研究与探讨的重要课题。通过多年的努力，进行了大量的技术改造和有益的探索，在提升安全性的同时，提高运输效率，降低劳动强度，取得了令人满意的安全效益和经济效益。

白水煤矿综采支架解体运输施工方案的研究

刘　欣，张　婷

（陕西陕煤蒲白矿业有限公司，陕西 渭南　715517）

摘　要　随着综采综掘配套设备不断投入使用，煤矿机械化、自动水平逐步提高，然而井下辅助运输系统发展相对缓慢，受建矿初期的设计及矿井地质条件限制的影响，适应条件较差，特别在综采支架运输方面严重受到了制约，运输、起吊设备、巷道宽度、高度等条件不能满足整体运输，导致采用解体运输，给综采支架的安装、拆除安全工作带来诸多困难。本文介绍了白水煤矿综采工作面机电设备通常采用的解体运输技术方案，阐述了依据白水煤矿自身特点优化筛选回撤施工工艺过程，详细介绍了在减少运输环节，进行支架解体及运输提升等方面所做的工作，从而实现综采工作面支架安全回撤运输的目的。

关键词　综采支架；解体运输；辅助运输；施工方案

0　前言

白水煤矿属于集团公司实施"去产能"计划关闭矿井之一，白水煤矿地质条件复杂，支架回收难度大，运输条件复杂、距离最远，是白水煤矿关闭井下回收过程中的重点环节。23510 工作面共有综采支架 86 架，经解体分 301 车运输升井。回收工作历时 39 天，主要包括解体、装车、捆扎、运输、升井、卸车等环节，其中，运输环节作为重中之重，共使用调度绞车 22 部，回柱绞车 13 部。由于二三采区组装硐室距离 23510 工作面 1 300 m，此段巷道有 310 m 受压力影响变形严重，需要进行起底、扩帮、更换 U 型棚，该矿结合自身实际，通过技术创新，优化解体运输方案，在平巷解体支架，减少维护巷道 310 m，缩短了整架运输距离，利用简易的起吊解体设施替代了行车的作用，以较小的投入实现可观的效益，节约了大量的人力物力，有效地促进矿井整体回收工作的向前推进。

1　施工方案可行性分析

1.1　研究背景

白水煤矿井下设备回收阶段难度最大是 23510 综采工作面。受矿井提升运输系统的制约，综采支架无法整架从斜井提升到地面，因此必须在井下解体后方可升井。由于二三采区组装硐室距离 23510 工作面 1 300 m，此段巷道有 310 m 受压力影响变形严重，需要进行起底、扩帮、更换 U 型棚。在工作面对综采支架进行起吊解体运输可以解决上述提升运输问题，有效促进矿井回收工作的推进。

1.2 研究的必要性

综采支架整架运输受外段巷道变形收缩影响而无法提升运输，从 23510 综采工作面向地面运输设备需要经过 30 余部绞车提升，而综采支架从工作面整架运输至组装硐室需经过 11 部回柱绞车提升。因斜井高度达不到综采支架整架运输通过的要求，而从工作面整架运输至二三采区组装硐室解体后再升井要通过 310 m 受压变形巷道，不仅需要修巷，而且存在不安全因素。因此在综采工作面平巷设置起吊解体点，就地对综采支架进行解体成为最行之有效的解决方法。

1.3 主要研究内容及意义

该项目主要研究如何在工作面对综采支架进行解体运输，包括解体点的位置选取、解体运输设施的设计和加工、安装及应用，综采支架解体运输施工方案等内容。

2 方案实施的意义

2.1 实施的意义

该方案能够解决 23510 综采工作面支架整体运输距离远、速度慢，不便于运输的难题。且该矿综采支架整架从二一轨道巷和斜井不能整体提升运输，支架距离最近的拆装硐室 1 300 m，有 310 m 巷道由于压力大，巷道变形严重影响运输，其中 40 m 巷道采用 U 型棚支护，修复工程量和难度较大，加之此线路巷道起伏大、弯道多，共需要安装回柱绞车达 11 台之多，运输安全性及运输效率无法保证。因此，结合该矿实际情况和经济效益分析，最终确定综采支架在 23510 工作面平巷范围实施解体运输方案。方案实施示意如图 1～图 3 所示。

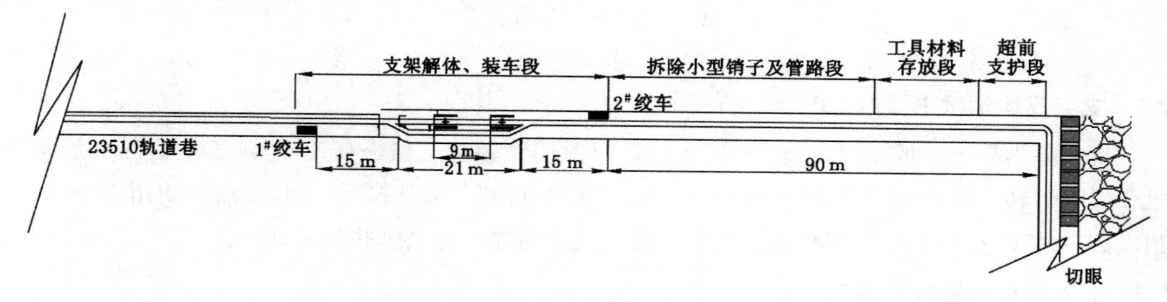

图 1 运输线路及解体点位置示意图

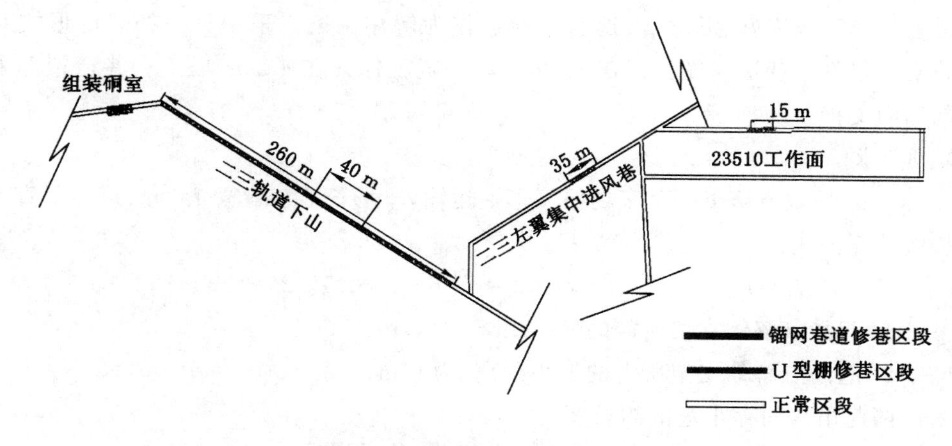

图 2 运输线路修巷区段示意图

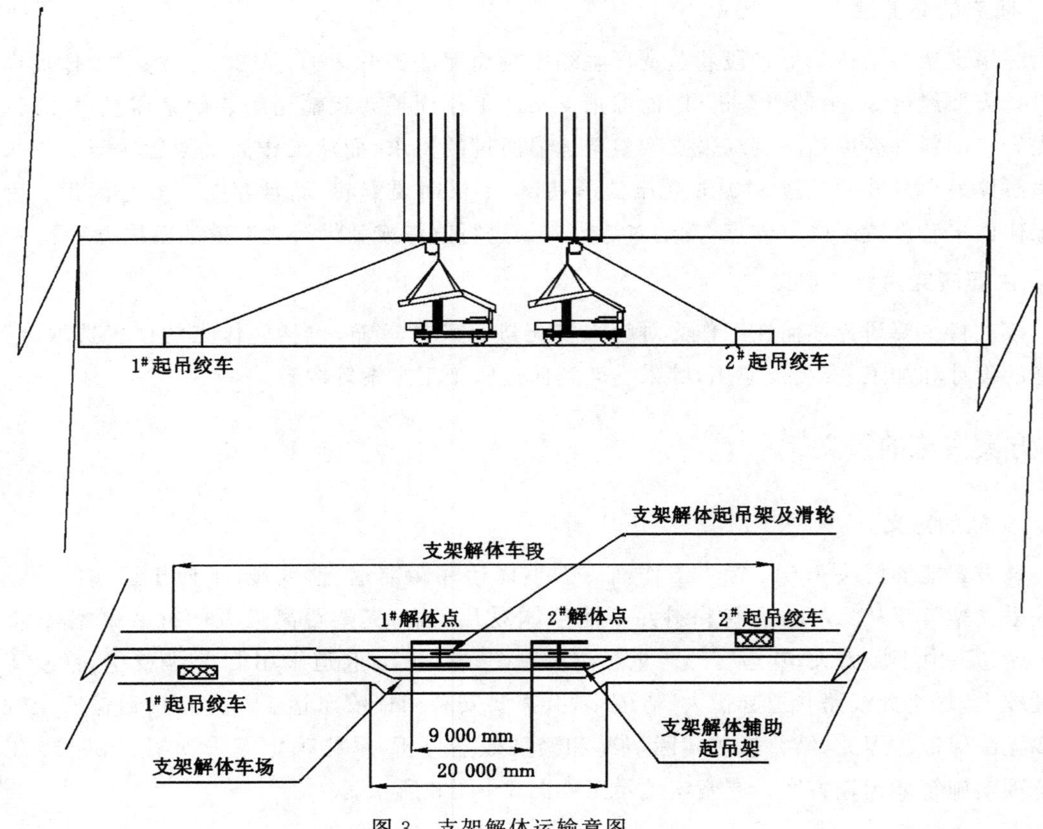

图 3　支架解体运输意图

2.2　支架解体运输主要施工流程

将综采支架运至拆 1# 起吊点→清理浮煤、拆除闭锁销及管路→使用 1# 绞车配合导链固定顶梁→拆除销轴→使用 1# 绞车吊起顶梁→使用 2# 绞车将剩余部件拉至 2# 起吊点→使用 1# 绞车将顶梁翻转装车→使用 2# 绞车将掩护梁翻转装车→分离立柱与底座并装车(图 4)。

2.3　支架解体运输施工要求

(1) 巷道要求

在轨道巷选择顶板完好、无淋水、近水平巷道作为解体区段。采用见一补一的形式对顶板补打锚索加固支护强度。巷道高度保证在 3.5 m 以上,宽度保证在 4.2 m 以上。巷道帮部采用锚杆配合铁丝网加固支护强度。

(2) 车场要求

采用 24 kg/m 的轨道施工一个车场便于车辆运输,车场长 21 m,宽 4.2 m,道面平直。

车场长度计算公式:

$$L=L_1+L_2+L_c+D\times 2=6+6+6+1.5\times 2=21\ (\mathrm{m})$$

式中　L_1——1# 起吊点解体支架所需的最小距离,为 6 m;

L_2——2# 起吊点解体支架所需的最小距离,为 6 m;

L_c——两起吊点间存车范围的长度,为 6 m;

D——两点间安全距离,取 1.5 m。

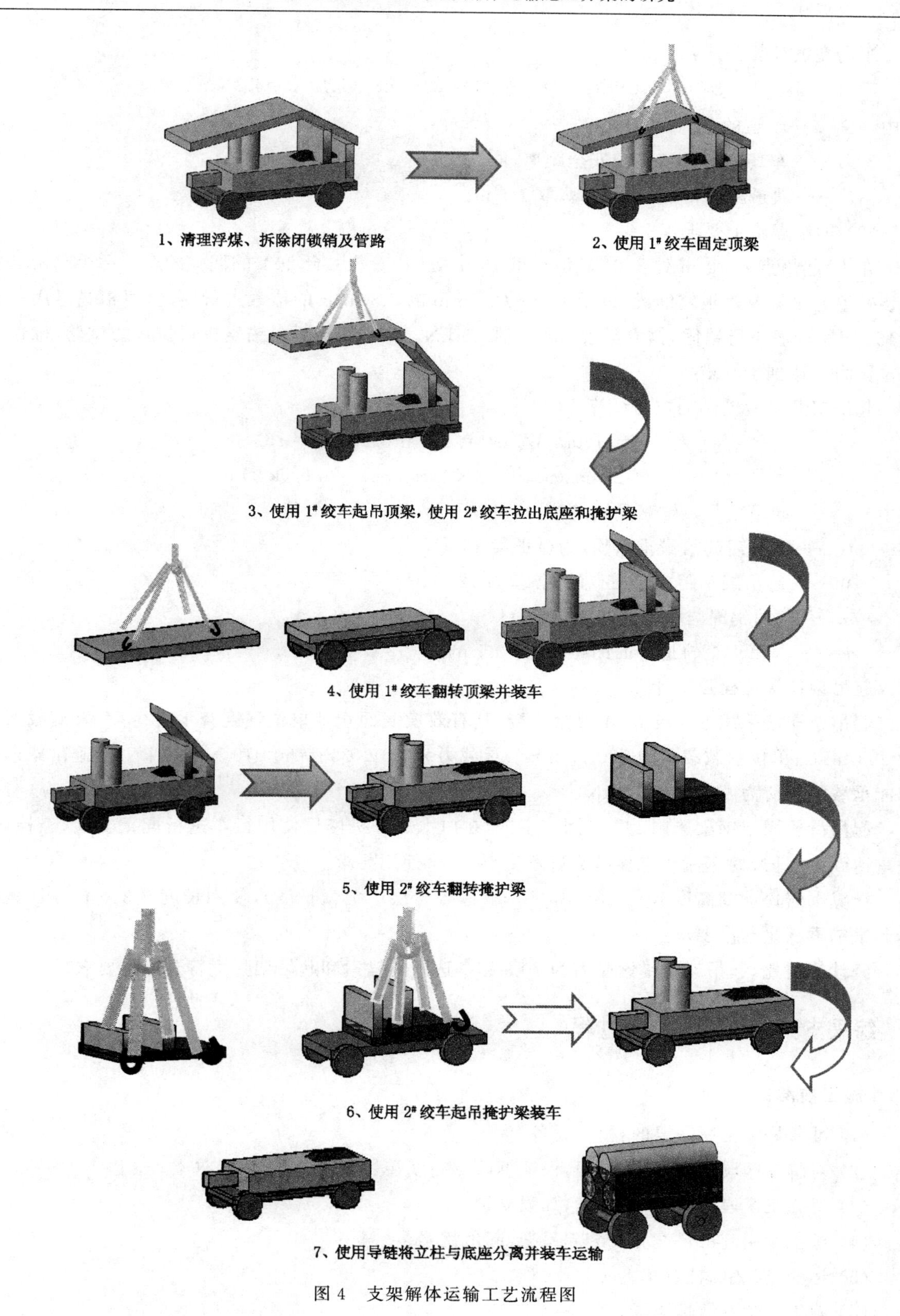

图4　支架解体运输工艺流程图

车场宽度计算公式：

$$S=S_1\times 2+M+D\times 2=0.6\times 2+0.8+1.1\times 2=4.2\ (\mathrm{m})$$

式中 S_1——轨道的距离，为 0.6 m；

M——车场内两轨道间的安全距离，取 0.8 m；

D——轨道距两帮的安全距离，取 1.1 m。

（3）拆卸点施工要求

在 1# 起吊点外 10 m 处及 2# 起吊点里 10 m 处，各安装一台 20T 的回柱绞车。两个起吊点各安装一组起吊架及两根辅助梁，采用 18 根 ϕ24 mm 的 5.3 m 长的锚索进行固定，每根锚索用三节 Z2460 树脂药卷进行锚固，锚索预紧力须达到 80 kN。施工完成后对锚索进行拉拔力试验，确保锚索拉拔力均达到 180 kN。

起吊架及锚索受到的拉力计算：

$$\alpha=\arctan(W/L)=\arctan(12/3.5)=76^\circ$$

$$F=2G\cos(\alpha/2)=2\times 45\cos 38^\circ=70.9\ (\mathrm{kN})$$

式中 F——起吊架子及锚索受到的拉力，kN；

G——解体后起吊最重重物，为掩护梁 45 kN；

W——起吊绞车距离起吊点的距离，为 12 m；

α——起吊钢绳与水平面的夹角，(°)；

L——起吊点至轨道平面的距离，为 3.5 m。

起吊架连接螺栓强度计算：

起吊架连接采用 8.8 级 M24 螺栓连接，其有效横截面积及单位强度查手册得：有效横截面积为 353 mm^2；单位承载载荷为 170 $\mathrm{N/mm}^2$；承载力为 170×353＝60 010 N＝60 kN；则起吊架连接部能承载的载荷为 60×4＝240 kN。

起吊滑轮固定钢梁选用 11# 矿用工字钢，在白水煤矿机修厂使用行车进行配重实验，经检验，配重达到 300 kN 时钢梁仍能保持完好不变形，符合使用要求。

计算围岩松动圈高度 $W=1.8\ \mathrm{m}<5.0\ \mathrm{m}$（深入岩层中锚索长度），使用长度 5 300 mm 锚索作为起吊锚索满足起吊要求。

经计算对比，起吊架及锚索受力为 70.9 kN，选用的锚索和起吊架强度符合施工要求。

3 综采支架解体运输施工过程

3.1 施工前准备

（1）准备好施工所需要的材料、设备。

（2）对解体区段进行起底、扩帮，保证拆卸点高度在 3.5 m 以上，宽度在 4.2 m 以上。

（3）对施工区段补打锚杆、锚索，加强支护。

（4）施工专用起吊锚索并安装起吊架、起吊钢梁。

（5）运输、安装回柱绞车。

（6）施工一个双轨道车场。

（7）对拆卸点两帮管路及管线进行拆除或落地。

3.2 解体过程

(1) 将支架拉出工作面，运输至解体准备区段拆卸销子、管路并清理浮煤。

(2) 将支架运输至1#起吊点，拆除支架销轴。

(3) 使用1#起吊点拆除顶梁并装车。

(4) 使用2#起吊点拆除掩护梁并装车。

(5) 使用导链拆除立柱并装车。

4 运输施工方案效益分析

4.1 实施运输方案经济效益

白水煤矿回收23510综采工作面支架有三套方案可以选择，一是将综采支架整体运输至二三采区组装硐室进行起吊解体；二是在23510轨道巷内施工行车吊装设施，利用行车起吊解体综采支架；三是采用本项目研究，在23510轨道巷施工简单易行的起吊解体设施进行起吊解体。具体方案见表1。

表1 方案对比

方案	项目	投入资金	工期
方案一： 在二三采区组装硐室解体支架	1. 维修巷道：U型棚巷道40 m，锚网巷道270 m	3 594 652元	39天
	2. 安装11台回柱绞车		
方案二： 在23510轨道巷施工组装硐室（行车起吊）解体支架	1. 施工行车硐室	1 070 649元	15天
	2. 施工24 m车场1个，安装1台回柱绞车		
	3. 运输、安装1台行车		
方案三： 在23510轨道巷安装设计加工的专用起吊架（绞车起吊）解体支架	1. 起底24 m	73 580元	3天
	2. 施工24 m车场1个		
	3. 安装3台回柱绞车		
	4. 加工、安装起吊架		

4.2 综采支架工作面解体运输方案实施效果

该方案实现经济、高效、安全地在工作面范围内对综采支架进行解体外运，效果有：

(1) 提高运输安全性；

(2) 减少巷修工程；

(3) 降低投资费用；

(4) 大幅度降低职工劳动强度；

(5) 节省矿井回收时间。

5 运输方案实施前后的比较

实施前：在平巷施工行车吊装硐室，投资大，工期长，严重影响回收进度。在二三采区组装硐室解体支架，综采支架从工作面整体运往组装硐室需经过 11 部回柱绞车提升，若综采支架从工作面整架运输至支架组装硐室再进行解体外运，不仅需要修复 310 m 变形巷道，而且存在较大的不安全因素，出现掉道甚至倾倒的情况，无有效办法处理，将严重影响回收施工进度和回收安全。

实施后：支架在 23510 工作面平巷直接解体，不需动用大量的人力物力修复巷道。直接分解后装车，车辆载荷小，在运输的过程中不需要使用回柱绞车且安全性好、运输效率高，大大地缩短了回收的时间，无论是在经济对比、安全性对比及施工效率对比上均优于前者。

6 结论

(1) 经济效益明显，与在二三采区组装硐室解体对比及与在顺槽施工行车起吊硐室对比，节省了大量人力、物力和时间的投入。

(2) 社会效益明显，相对在组装硐室进行支架解体，需要对轨道巷部分区段进行修巷，投入工期 39 天；或在平巷施工行车起吊硐室，投入工期 15 天；都大大影响了矿井整体回收进度。方案三有效解决了支架整体运输，途中变坡点、弯道多，若运输的过程中出现掉道的情况，需要重新在掉道处打设锚索配合导链重新起吊、处理掉道，操作人员的危险性大的问题。该方案的实施能有效地减少运输过程中的不安全因素，保证了施工人员的生命安全，为矿区的安全生产作出了贡献。

超长多转弯车站架空乘人装置双快技术研究与应用

吕式新，张元富，朱曙光

（山东新阳能源有限公司，山东 济南 251401）

摘 要 为解决－506 m水平西大巷现有平巷人车和无轨胶轮人车运人方式不连续，人员等待时间长、易积聚，存在抢上抢下、乘车秩序维护难等安全性差的问题，迫切需要在原有轨道一侧安装具有方式灵活、占用空间小、运输量大、人员随来随走、无需等待、安全性好等显著特点的架空乘人装置来解决。为此，我们围绕超长、多转弯、多车站架空乘人装置快速运输技术的可行性、安全保障性、利用现有罐笼运送超长钢丝绳下井和快速施工方式方法等进行了广泛的研究，并将其应用到系统建设中。实现了系统安装、人员运输的双快，达到设备设施布局美观，安全、快捷运送人员的目的，将职工上下井路途时间缩短20 min左右。

关键词 超长多转弯车站；架空乘人装置；双快技术；研究与应用

0 前言

我公司－506 m水平西大巷全长4 400 m，原采用平巷人车、无轨胶轮人车运人。由于西区上下班人员多，该运人方式不连续，乘车人员等待时间长，安全性差；总的运人时间较长（单趟最低平均40 min）；胶轮人车维护量大，尾气排放对井下空气有一定影响。而架空乘人装置布置方式灵活（可与皮带、轨道并列安装，也可单独安装）、独特，具有占用空间小、人员随到随行、无需等待、运输量大、维护工作量小、运行成本低等显著特点，已发展成为煤矿主要的运人设备。它的建设应用能从根本上消除乘车人员等待、积聚甚至拥挤等安全隐患。虽然长距离、中部带转弯的快速架空乘人装置在其他单位已有成功的先例，但是该架空乘人装置是在正常行车的轨道一侧安装、施工，总长达3 600 m，跨越6个片口、有4个上下人车站，其快速安装、快速安全可靠运行方面没有现成的经验可以借鉴。因此，研究超长、多跨越、多车站架空乘人装置的快速施工和安全快速运人技术具有十分重要的现实意义。

1 技术可行性依据

1.1 长度

可参照的有：湘潭恒欣的设计最大5 000 m、贵阳高原的设计最大为4 000 m、石家庄煤矿机械的设计最大3 500 m。

1.2 速度

《地下矿用架空索道安全要求》（GB 21008—2007）第4.4.4条规定“吊具运载索的最大运行速

度：采用固定抱索器时不应大于 1.2 m/s，采用活动抱索器时不应大于 2.5 m/s（坡度大于 16°时不应超过 1.6 m/s）。

《煤矿用架空乘人装置安全检验规范》（AQ 1038—2007）第 6.11.6 条规定：固定抱索器乘人装置和可摘挂抱索器乘人装置的运行速度不应超过 1.2 m/s，活动抱索器乘人装置应能实现静止上下，运行速度不应超过 3.0 m/s。

1.3 成功案例

长距离、带转弯、快速运人架空乘人装置已有成功案例：兴隆庄煤矿已于 2006 年成功应用了长度达 1 580 m、斜巷坡度 11°、中部带两个水平转弯、速度 0～2.5 m/s 的架空乘人装置一部；济宁三号煤矿于 2010 年 11 月成功应用了长度达 2 300 m、中部带两个转弯、速度 0～2.5 m/s 的架空乘人装置一部；潞安集团常村煤矿于 2010 年底成功应用了长度达 1 827 m、带六个转弯（其中有一个 S 弯）、速度 0～1.8 m/s 的架空乘人装置一部。

2 设备选型设计

2.1 已知参数

总长：$L=3\ 600$ m，坡度：$\alpha=0°$。

2.2 主要参数的确定

（1）预选电动机：YBPT-315S-6，75 kW，$N_e=980$ 转/分。

（2）预选驱动轮：直径 $D=1.5$ m。

（3）预选减速机：B3HV09-28，$i=28$。钢丝绳运行速度取 2.2 m/s。

（4）预选钢丝绳 6×19Sϕ24-1670—右同（绳芯少油表面无油，右同向捻）。

（5）设定乘坐间距为 $\lambda_1=15$ m，运送效率 $Q_r=3\ 600\times V/\lambda_1=647$ 人次/h。

（6）托轮间距取 $\lambda_2=8$ m。

（7）驱动轮绳槽与牵引钢丝绳的摩擦系数 $\mu=0.25$。

（8）牵引绳在驱动轮上的围抱角 $\alpha=180°$。

（9）双向可同时乘坐人数：$2L/\lambda_1=2\times2\ 320/15\approx309$ 人。

2.3 电动机功率的计算

动力运行时：

$$\begin{aligned}N_e&=K_\mu(S_1-S_2)V/(1\ 000\eta)\\&=1.2\times(27\ 014-19\ 148)\times2.69/(1\ 000\times0.8)\\&=31.7\ (\text{kW})\end{aligned}$$

式中 K_μ——电动机功率备用系数，一般取 1.15～1.2；

η——传动功率，取 0.8。

考虑转弯、变坡、增加运量、速度等多种因素，最终选取电动机功率为 75 kW，型号：YBPT-315S-6，额定电压：660 V/1 140 V。

2.4 牵引钢丝绳选择

$$S_A=m\cdot S_{max}$$

式中 S_A——钢丝破断拉力总和；

m——钢丝绳的安全系数；

S_{max}——最大张力点张力。

$$m=S_A \div S_{max}=317\ 000 \div 27\ 014=11.7>6$$

因此选择钢丝绳 6×19Sϕ24-1670—右同向捻，光面无油，符合要求。

2.5 拉紧行程

$\Delta S=0.01L=0.01\times 2\ 320=23.2$ (m)，考虑富裕系数，最终确定 $\Delta S=27$ m。

2.6 尾部拉紧力的确定

$$S_i=S_3+S_4=20\ 580+20\ 786=41\ 366\ (\text{N})$$

因尾部张紧采用四滑轮，则所配重锤为 $S_i/8=527.6$ kg。

2.7 驱动轮直径 D_1 及尾轮直径 D_2 的确定

根据 AQ 1038—2007，$D_1=D_2\geqslant 60\times d_s=60\times 24=1\ 440$ (mm)(d_s 为选定钢丝绳直径)，故选取直径为 $D=1\ 500$ mm 的驱动轮和尾轮，满足 GB 21008—2007 的要求。

2.8 工作制动器选型

根据电机功率计算制动器扭矩为：

$$T_c=T\times(P_w/n)=9\ 550\times(75/980)=731\ (\text{N}\cdot\text{m})$$

式中 T——理论扭矩，N·m；

T_c——计算扭矩，N·m；

P_w——驱动功率，kW；

n——工作转速，r/min。

选定制动器型号为 DYW-400/1200，制动力矩为 1 800 N·m$>2T_c$，符合规程要求。

2.9 安全制动器选型

负载牵引力 $S=S_1-S_2=7\ 866$ N，要求低速端轮边制动器的制动力为负载牵引力的 1.5～2 倍，即低速端轮边制动器的制动力最小为 15 732 N。选用制动器型号为 YLBZ-63，其制动力可达 114 000 N，为负载牵引力的 14 倍，符合规程要求。

3 安全保障性

3.1 架空乘人装置安装段的多处巷道断面较小问题

我们通过现场实测、作图、校对、调整，并在再现场标注测量、作图、校对、调整，直到绝大多数间隙符合安全要求(个别安全间隙不足的地点先采用局部拨道法调整，无法拨道的再采用双掩双压轮微调)，确定了架空乘人装置中心线位置。

3.2 与单轨吊有交叉运行，杜绝相互影响问题

通过广泛调研、论证，确定并实施了补打大巷与三采轨道石门的联络巷道、将三采一层单轨吊换装站移至联络巷内的方案，实现了单轨吊运输系统与架空运人系统的分离。

3.3 7 300 m 的钢丝绳通过宽罐笼下井安全问题

钢丝绳平均分为两根，将宽罐笼允许装载最大件尺寸发给钢丝绳生产厂家，由其设计每根钢

丝绳缠绕的绳辊尺寸。钢丝绳下井前，在大平盘车上焊接专用支架装载钢丝绳，然后，根据装载情况，用气将绳辊边缘影响进出罐笼的多余部分割除。

3.4 片口多、车站多的安全运行与人员占用问题

制定、落实架空乘人装置开始运人到停止期间所有车辆不得进入其运行区域和在该区域内停留的措施；可能进出车的片口安装常闭挡车器，各车站和跨越片口处加设声光语音警示信号，时时提醒行人和就近列车司机；上下人车站处、转弯、主要片口加装视频监控系统，通过现有工业以太网传输，视频监控安装在井下调度站内，由调度员 1 人兼架空乘人装置司机操作、1 人巡查，能减少操作和现场维护岗位人员 30 人。

3.5 各车站上下人安全

应用活动吊椅和静止上下人装置在两端车站静止上下；两中部车站静止上车，在滑道上(吊椅速度不超过 1.0 m/s)下车。

4 高速运行、连续运输

利用变频调速器实现平稳开停，装备了静止上下人车站，运行速度达到 2.0 m/s，装备转弯滑道，实现乘车人员不摘吊椅的连续运输。

5 快速施工

5.1 工字钢横梁固定的方式

整梁固定使大巷半空增加了许多横跨全断面的工字钢，相对减少了巷道空间，既不美观，又产生压抑感，故选用半悬臂梁。半悬臂梁仅一端固定，受力较大，要求工字钢埋入深度不低于 600 mm。根据以往的施工经验，在岩石巷道中挖掘架空乘人装置横梁固定孔，采用传统的打眼爆破方法存在如下问题：每个眼孔至少需 2～3 个循环，用时长；装药少了打不开，装药多了势必造成掏孔体积大、出矸多，不仅极易造成围岩的破坏，而且还存在残爆、哑炮、可能打坏管线、伤人等安全问题；在随后的横梁充填砂灰浇注中也需要大量的充填材料，一次性充填多了，就会自行塌落，造成不必要的材料浪费，效率低。因此，近 500 根半悬臂工字钢梁安装工期是快速架空乘人装置能否按时运行的关键。

5.2 工字钢横梁的快速施工方法

基于上述原因，我们通过充分调研、决定采用定位准确，钻进效率高，成孔质量好，对巷道围岩损害小、无粉尘飞扬，可钻切高强度钢筋混凝土等优点的水电钻取芯机(钻孔深度 0～700 mm)进行掏孔施工。具体施工方法如下：

5.2.1 水电钻使用方法

将钻机移至所需工作处，安装钻头，用膨胀螺丝将钻机固定，调整地脚螺丝，使钻机稳定；接上水源，检查是否有水流出；启动发电机，打开电路开关；旋转手柄将钻头轻轻接触被切削处，待钻头切进约 10 mm 时，可通过手柄加压来加快钻进速度，并保证进给速度均匀，大约为 3～5 cm/min；待切削完毕，可保持旋转，拔出钻头，距巷帮表面约有 5 mm 时，可关闭电源，钻头离开巷道帮表面，关闭水源；去固定螺栓，拖离取芯机，用夹钳取出岩芯；使用时，应防止钻头撞击坚硬物体，以免损伤钻头。

5.2.2 水电钻作业流程

安装岩石取芯机，接通三相电源，检查确认→根据钻孔深度，调好钻削深度行程开关的位置→接通冷却水，打开防尘水阀门，待水从钻头流出后启动主机按钮→达到钻削深度后，自动停机，取出岩芯。

6 结论

（1）超长、多车站架空乘人装置快速运行、中部上下技术安全可靠。

转弯采用转弯滑道，实现乘车人员不摘挂吊椅的连续运输，端头车站采用静止上下车装置、中部车站采用静止上车、低速下车，另外采用变频控制，实现高速运行架空乘人装置平稳开停。为安全、快速运输提供了安全保证。自 2014 年 10 月按 2.0 m/s 的速度运行至今，运行情况良好，没有发生任何事故，达到了快速、安全运人的目的。

（2）架空乘人装置绳轮横梁快速施工技术简单、实用、效率高。

采用半悬臂工字钢梁和水电取芯机掏孔施工技术，既将托压绳轮工字钢安装效率提高近一倍，又产生了一定的经济效益，消除了传统作业方式可能引发的事故隐患，极大地提高了广大机电运输工作者解决实际问题的信心。

对“机轨合一”的煤矿辅助运输系统研究分析

臧朝伟[1],李民中[2],张峰蕾[2],路阳春[1]

(1. 平顶山天安煤业股份有限责任公司机电处,河南 平顶山 467099;
2. 平顶山天安煤业股份有限责任公司首山一矿,河南 许昌 461700)

摘 要 随着国家煤炭行业对于斜井人车的淘汰,架空乘人装置作为一种新型的矿井斜巷或平巷运输设备越来越多地应用于各个煤炭企业。煤矿主要倾斜井巷通常担负矿井物料运输,尤其是轨道运输巷,在老矿井很容易找到已有斜巷作为专用行人斜巷。但对于新建矿井和无专用行人斜巷来说,如重新开掘一条专用行人巷,开采成本较大,因此出现了在轨道运输斜巷安装架空乘人装置,组成新的“机轨合一”的煤矿辅助运输系统。新的“机轨合一”系统并无标准,且融合有很多难点,并列运行存在很多问题。固定式抱索器架空乘人装置与轨道运输斜巷并用的煤矿辅助运输系统的研究分析对解决以上问题具有重要意义,它着重分析巷道断面设计、系统的选型、安装标准、安全设施设计、运行要求等内容,探讨“机轨合一”系统如何能够安全可靠高效运行。

关键词 机轨合一;架空乘人装置;绞车;系统选型;安全高效

0 前言

《煤矿安全规程》规定:运送人员的车辆必须为专用车辆,严禁使用非乘人装置运送人员。现有很多常用的机械运人方式,如斜井人车、行人助力器、钢丝绳牵引卡轨车、单轨吊车、架空乘人装置等。随着国家煤炭对于斜井人车的淘汰,架空乘人装置作为一种新型的矿井斜巷或平巷运输设备越来越多地应用于各个煤炭企业。

目前对于新的“机轨合一”的煤矿辅助运输系统并无标准,且融合有很多难点,并列运行存在很多问题。架空乘人装置目前分为固定式抱索器、可摘挂式抱索器、活动式抱索器 3 种。本文仅对固定式抱索器架空乘人装置与轨道运输斜巷并用的煤矿辅助运输系统进行研究分析,着重分析巷道断面设计、系统的选型、安装标准、安全设施设计、运行要求等内容,探讨“机轨合一”系统如何能够安全可靠高效运行。

1 巷道断面设计

固定式抱索器架空乘人装置与轨道运输斜巷并用的“机轨合一”的巷道设计,考虑在满足安全生产和施工条件前提下,力求提高断面利用率,一般巷道断面略大于标准设计断面要求。下面以中国平煤神马能源化工集团平宝公司(以下简称平宝公司)己二辅助轨道为例进行说明。

平宝公司己二辅助轨道下山担负己二采区行人、运料的任务,总长 840 m,最大坡度 18°,平均坡度 12°；其中斜长 800 m，平均坡度 12°，使用 900 轨距的轨道，且需要运输支架有效高度不得低于 2.7 m。如其将风水管路及电缆小线等布置在架空乘人装置横梁以上，便可有效控制巷道断面尺寸。有效安装宽度 4.3 m，高度 3.45 m，可以满足上述要求，所有巷道断面可以选择宽度 4.5 m，高度 3.5 m。具体设计如图 1 所示。

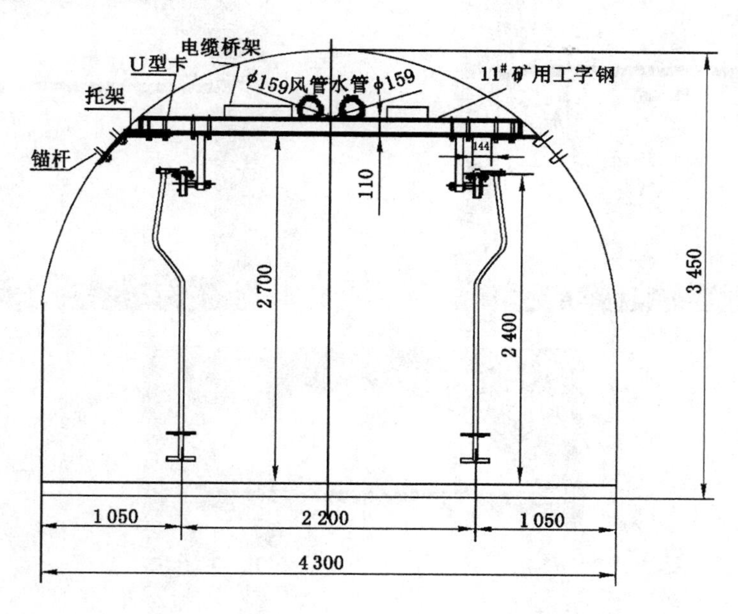

图 1　巷道断面及布置图

2　系统选型

本文主要讨论系统的搭配，具体选型计算略去。由于己二轨道下山要担负运料的任务，所以需要设计为机（架空乘人装置）轨合一的形式。轨道总长 840 m，最大坡度 18°，平均坡度 12°；其中斜长 800 m，平均坡度 12°，有 3 个片盘，其运送最大物料单重 20 t，人员上下较多。

（1）绞车：绞车选用株洲力达生产的 JKB-2.5×2.3 型绞车，其电控为淮南万泰生产的 BPJ 四象限变频控制，并配套使用 KXT4B 型煤矿斜井用提升信号系统，该绞车可以满足提升最大单重 20 t 的要求。

（2）架空乘人装置：架空乘人装置选用湘潭恒欣生产固定式抱索器架空乘人装置其型号为 RJZ55-35/1800u(A)，可以同时乘坐 168 人，运行速度 1.2 m/s，完全满足人员上下。

3　安装标准

固定式抱索器架空乘人装置与轨道运输斜巷并用的“机轨合一”的安装标准，一直以来都没有统一的标准，其中绞车安装要符合《矿井提升机和矿用提升绞车安全要求》(GB 20181—2006)，架空乘人装置一般要符合《煤矿用架空乘人装置》(MT/T 1117—2011)。下面对两处两个标准中未提供的标准做简单的研究分析。

（1）关于架空乘人装置的横梁

架空乘人装置的横梁一般可采用双贯通梁式、双支座式、双托梁式等，如图 2 所示。巷道因压力等原因在长时间后都有变形的可能，为考虑日后维护和更换横梁，建议选择双支座式或双托梁式。

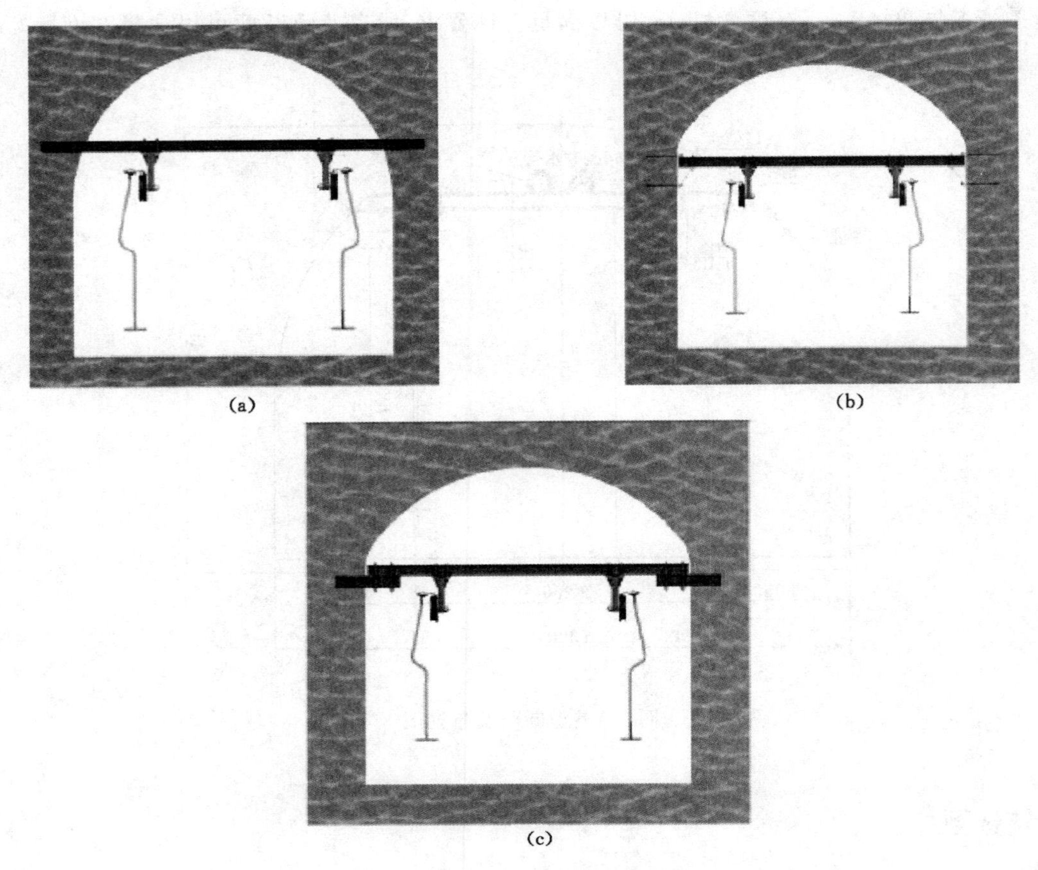

图 2　架空乘人装置的横梁形式

(a) 双贯通梁式；(b) 双支座式；(c) 双托梁式

(2) 风水管路及电缆安装标准

对于座椅中心线与巷道两侧的安全距离来说要求不能低于 0.7 m。巷道实际安装时风水管路及电缆一般在巷道的两侧布置，但此种布置方式会使巷道宽度大大增加，因此建议按图 1 中所示，将风水管路及电缆放置在架空乘人装置横梁的上方，这样一来巷道宽度利用率可大幅增高，保证了座椅中心线与巷道两侧的安全距离以及座椅中心线与矿车的安全距离。

4　安全设施设计

固定式抱索器架空乘人装置与轨道运输斜巷并用的“机轨合一”的安全设施中，跑车防护装置、绞车与架空乘人装置的电气互锁、架空乘人装置与阻车器的互锁这三种对于安全运行来说尤其重要。

(1) 跑车防护装置

跑车防护装置传统一般为 T 型挡车装置，后来发展为上升型栏式挡车器，现在对于“机轨合一”的巷道中所使用的跑车防护装置，建议使用底升式跑车防护装置，如图 3 所示。将跑车防护装置的电控与架空乘人装置的电控互相通信，在架空乘人装置运行的过程中，跑车防护装置自动关闭，其挡车栏处于与轨道相平的状态，避免了架空乘人装置的座椅与跑车防护装置发生碰撞，保证了安全。

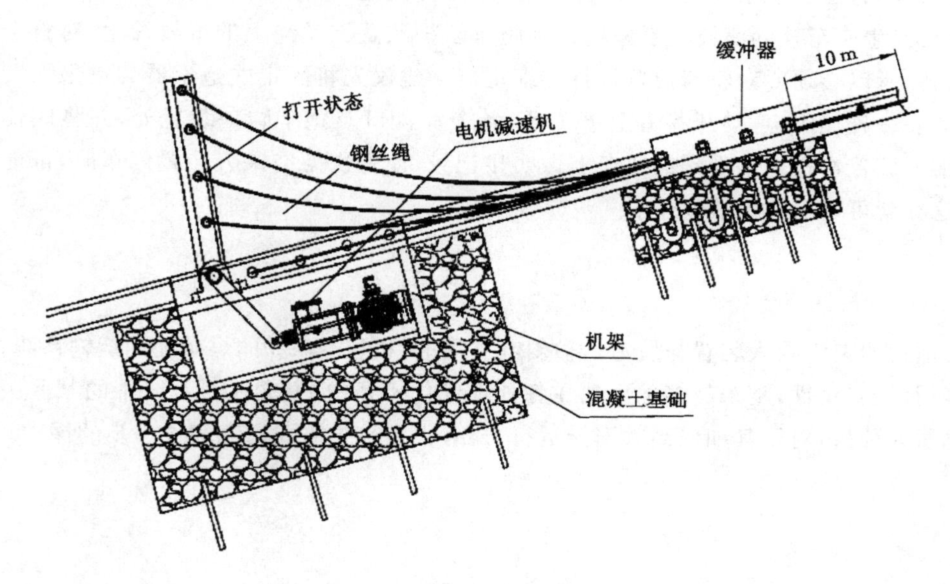

图 3　底升式跑车防护装置

(2) 绞车与架空乘人装置的电气互锁

将绞车的电控与架空乘人装置的电控互相通信，并做电气互锁点，当绞车运行时架空乘人装置不能运行，当架空乘人装置运行时，绞车不能运行，达到在“机轨合一”的巷道中两种设备只能单独运行，以完成运人与运料两种状态的转变。

(3) 架空乘人装置与阻车器的互锁

在固定式抱索器架空乘人装置与轨道运输斜巷并用的“机轨合一”巷道中，尤其对于上车场为平车场的巷道中，上车场入口处要多设置一道阻车器，防止车辆误入架空乘人装置运行区域，造成安全事故。阻车器一般是人为操作，建议将架空乘人装置与阻车器进行电气互锁改造。首先将阻车器设在上部平车场的合适位置，用三位四通电磁阀控制气缸伸缩，从而使阻车器能够电动控制。将电磁阀控制线与架空乘人装置的运行控制线连接，使其能够由架空乘人装置集中控制；调节电磁阀常开、常闭点位，使架空乘人装置在运行状态时阻车器自动处于关闭状态，车辆不能进入，当架空乘人装置在停止状态时阻车器自动处于打开状态，车辆可以通行，互锁形成，保证了在架空乘人装置运行状态时，上部平车场阻车器自动处于关闭状态，防止人为忘关阻车器而造成车辆误入架空乘人装置运行区域事故的发生，促进了安全运输。

5　安全高效运行要求

为了能使固定式抱索器架空乘人装置与轨道运输斜巷并用的“机轨合一”的煤矿辅助运输系统能够安全高效运行，经过研究分析，提出以下几点要求：

(1) 应对使用此系统的巷道内人员上下及物料提升情况进行详细统计分析，将人员上下的时间与物料提升时间合理分开，并明确制定合理运行时间。这样可以同时满足运人与物料提升要求。

(2) 对于固定式抱索器架空乘人装置的座椅位置设置，对于机轨合一的轨道来说非常重要。当绞车运行时，其巷道上下车场、各个片盘口及跑车防护装置处都不能有座椅存在，一旦有座椅在此位置上就会发生矿车挂到座椅或者座椅挂到跑车防护装置钢丝绳上的事故发生，对整个系统安全有很大威胁，所以必须要对座椅位置进行详细定位。建议先将固定式抱索器架空乘人装置停止后，再将座椅一一悬挂固定，避开巷道上下车场、各个片盘口及跑车防护装置处，并将座椅逐一编号，在架空乘人装置司机能够看到的座椅上做明显记号，使每次架空乘人装置停车时，都能停在相同位置上，这样就可以避免事故发生。

6 结语

固定式抱索器架空乘人装置与轨道运输斜巷并用的“机轨合一”的煤矿辅助运输系统，以其巷道功能的多用性、安全性，越来越多地出现在各种现代化矿井中，上文仅对系统中的某些关键环节进行了简单研究分析，对于其如何高效安全运行，还有很多地方需要研究和进一步的探索。

井下大吨位设备大倾角长距离整体吊运技术研究与应用

朱　凯

(山东能源淄博矿业集团有限责任公司许厂煤矿,山东 济宁　272173)

摘　要　煤矿传统的辅助运输形式越来越不适应煤矿现代化的需要。为改变传统的运输系统,许厂煤矿首次采用了柴油机车牵引的单轨吊车设备。本文介绍了许厂煤矿针对矿井地质情况、采区设备情况进行现场勘查,对单轨吊的不同悬吊方式进行力学分析,对其吊运系统的优势、适应性进行比对,最终形成了井下大吨位设备大倾角长距离高效整体吊运可行性论证方案。

关键词　煤矿;单轨吊;悬吊;论证

0　前言

针对淄博矿业集团有限责任公司许厂煤矿330东翼采区、330西翼采区工作面配备的一次采全高设备运输量大、吨位重、运输路线长、安撤频繁等问题,进行井下大吨位设备大倾角长距离高效整体吊运技术研究,简化了运输环节,提高了工作面的安撤效率,实现了井下大吨位(30 t)设备在大倾角(15°)、长距离(1 700 m)条件下的高效整体一次吊运。

1　针对巷道顶板条件,基于锚护理论和悬吊理论进行理论分析、数值模拟

在建立导轨扰动行为方程的基础上,进行导轨的最大扰度分析;然后,结合有限元法,以巷道顶板条件为基础,对悬吊锚杆进行数值分析,建立顶板变形量与悬吊载荷的关系模型,为大吨位单轨吊的悬吊提供了合理可靠的悬吊方案和悬吊参数。

1.1　理论研究

在进行单轨吊悬吊方式理论分析的基础上,对锚索悬吊和锚杆悬吊进行了理论分析(图1),并对锚索悬吊和锚杆悬吊两种方式下,并得到了悬吊锚杆时顶板下沉量与只有锚杆锚固时下沉量的比值。

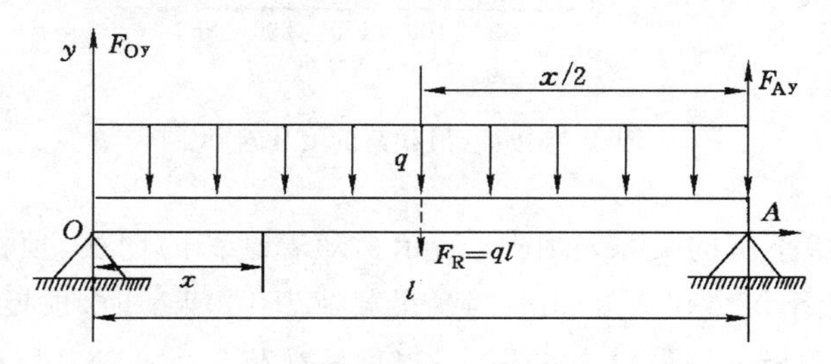

图1　顶板受力模型

以截面 O 的形心为坐标 x 的原点，并在截面 x 处切取左段为研究对象(图 2)。

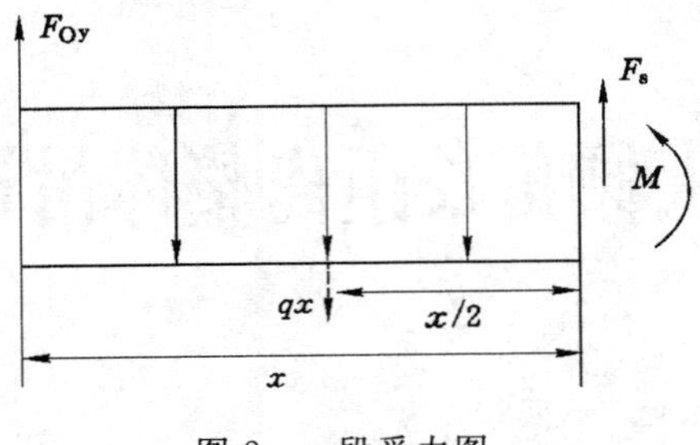

图 2　x 段受力图

当顶板有悬吊锚杆时，可将锚杆看作是一个集中力 F_j 作用在梁上，如图 3 所示。

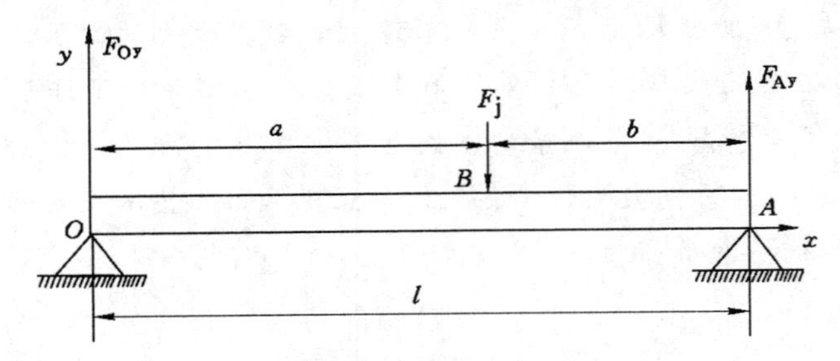

图 3　顶板有悬吊锚杆时受力图

1.2　仿真研究

锚索悬吊载荷与顶板下沉的关系，如图 4 所示。随着载荷增加，顶板下沉一直在增大。当悬吊载荷为 50 kN 时，顶板下沉量仅为 10 mm；当悬吊载荷为 100 kN 时，顶板下沉量为 25 mm；当悬吊载荷为 150 kN 时，顶板下沉量为 65 mm；当悬吊载荷为 200 kN 时，顶板下沉量为 286 mm；当悬吊载荷为 150 kN 时，位移量相对很小，不会对巷道产生明显影响。但随着悬吊载荷的继续增大，顶板下沉量成指数形式增大。

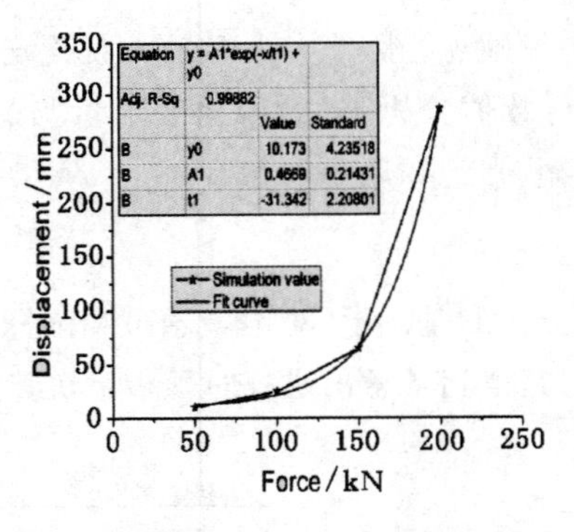

图 4　锚索悬吊载荷的变化规律

锚杆悬吊载荷与顶板下沉的关系，如图 5 所示。随着载荷的增加，顶板下沉不断增大。当悬吊载荷为 50 kN 时，顶板下沉量仅为 8 mm；当悬吊载荷为 100 kN 时，顶板下沉量仅为 24 mm；当悬吊载荷为 150 kN 时，顶板下沉量仅为 62 mm；当悬吊载荷为 200 kN 时，顶板下沉量为 240 mm。当悬吊载荷为 150 kN 时，其位移量相对很小，对巷道变形和稳定性影响较小。从图中也可以看出随着锚杆悬吊载荷的增大,顶板下沉量成指数形式增大。

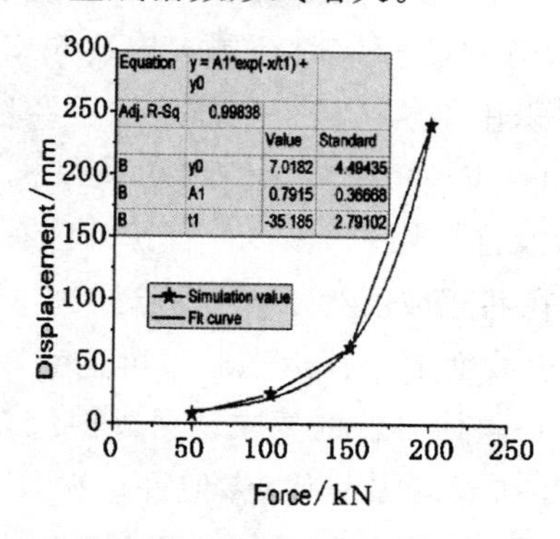

图 5　锚杆悬吊载荷的变化规律

在构建模型的基础上,进行了仿真分析,研究结果表明:锚索和锚索悬吊时,随着悬吊载荷的增大,顶板下沉量成指数形式增大,并对悬吊单轨吊时要求锚杆承受的最大载荷进行了分析对比,所选锚杆符合要求,安全可靠。

1.3　轴向载荷分析

当不安装托板时,锚杆的锚固力与其所承受导轨和导轨负载的重力之和相等。

安装托板时锚杆所承受载荷为托板预紧力、锚杆承受导轨重力以及导轨负载的重力之和,大于不安装托板时所受的拉力。

由以上分析可知,不安装托板预紧比安装托板预紧时锚杆承受载荷状态优良,安全性能高,不容易造成坠车事故,为此,建议在安装单轨吊吊运系统时锚杆的悬吊端不安装托板预紧,以提高安全性。

2　单轨吊轨道系统的悬吊力对巷道支护的影响

本文基于 Pro/e、ANSYS 对其直轨和曲轨在承载 30 t 情况下进行了仿真分析,并对不同状态下悬吊点的受力进行了力学分析。

2.1　直轨吊运 30 t 液压支架分析

仿真分析得出,单轨最大位移量为 11.7 mm,单点局部应力为 369 N/mm^2,经换算可知载荷为 115.866 kN,但此时为单锚杆悬吊,当为双锚杆时其载荷为 57.933 kN,小于锚杆的预紧力 130 kN,并且此结果为每隔 3 m 设置一悬吊点,且起吊梁上的起吊点在最大载荷位置处,而一般情况下不会悬吊于此,基于此,在悬吊 30 t 液压支架时,支护以及轨道是可靠的。

2.2　弯轨吊运 30 t 液压支架分析

仿真分析得出,最大位移量为 2.63 mm,最大应力为 177.573 N/mm^2,换算后其载荷为 55.786 kN,当为双锚杆悬吊时即为 27.893 kN,并且在做此分析中,在弯曲弧长部分每隔 2 m 加了一个悬吊点。由上述分析可知,在弯曲轨道悬吊 30 t 液压支架也是可靠的。

3　设备选型对比

许厂煤矿 330 东、西翼采区工作面布置多为走向长壁一次采全高回采工作面,工作面主要采用 ZY7600/25.5/55 型支架。该支架自重 30 t，如采用轨道运输路线长、巷道坡度大、投入设备多、安撤时间长、投入费用高，另外每个工作面安装时需施工安装硐室等诸多问题。为解决上述问题，以其他单位安撤经验为基础，决定采用单轨吊进行整体运输。经过对 Ferrit 公司生产的 DLZ110F 型单轨吊和布劳提干公司生产的 H4-E＋3 型柴油防爆单轨吊机车进行技术参数分析对比（见表 1），根据两种型号单轨吊技术参数及许厂煤矿 330 东、西翼采区有部分巷道大于 15°的实际情况可知：Ferrit 公司生产的单轨吊机车在巷道坡度为 15°时，运送载重只有 25 t，而布劳提干公司生产的 H4-E＋3 型七驱单轨吊机车在巷道坡度 15°时，运送载重可达到 36 t，可以满足许厂煤矿 ZY7600/25.5/55 等大吨位支架（总重 29.4 t）整体运输的要求。另外对绞车、卡轨车、无轨胶轮车等运输设备的优缺点进行了对比，虽然也存在着诸多的优点，但许厂矿现有地质条件满足不了运输条件，基于此，最终采用德国生产的 H4-E＋3 型七驱单轨吊机车。单轨吊运输系统如图 6 所示。

表 1　技术参数对比

技术参数	DLZ110F	H4-E＋3
运输最大坡度（空载）	±23°	±25°
最大载荷	32 t	44 t
曲率半径（最小）	水平 6 m，垂直 8 m	水平 4 m，垂直 10 m
自重	10.5 t	8.5 t
起吊梁自重	5.6 t（SLC 8.3 型号）	2.0 t（MIZZ 型号）
总自重（一台机车配一台起吊梁）	16.1 t	10.5 t
15°坡度时最大载重	25 t	36 t
15°坡度 30 t 载重时的速度		0.55 m/s
货物顶至巷道顶板最小距离		～0.98m
最大运行速度	不大于 7.2 km/h	不大于 6.9 km/h
长度		12.269 m
宽度		0.80 m
高度		1.2 m

图 6　H4-E＋3 系统图

4 网络化系统构建

单轨吊运输网络将各个分散的节点连接为紧密联系的有机整体,在一个相当广泛的区域内发挥作用。在单轨吊运输网络中,系统不以单个节点为中心,系统功能分散到多个节点处理,各节点交叉联系,形成网络结构。现在330东、西翼采区内的回采工作面中相继安装了单轨吊梁,运输线路长约12 000 m,先后引进了2台柴油单轨吊机车、1台蓄电池单轨吊机车和1台风动单轨吊机车的运输网络系统。

5 运输中的创新

5.1 轨面自动擦干装置

3302工作面安装时正处于雨季,井下空气潮湿,从而造成吊梁摩擦面出现潮湿或水珠,机车运行到此处时往往出现驱动轮打滑,机车无法行走。针对这一现象,施工单位自行研制出了轨道擦干装置,主要采用轨道刮水器、海绵擦、曲柄、连杆等四部分组成。轨道擦干装置靠自重卡在单轨吊梁的摩擦面上,通过机车运行推动其前行。

5.2 防脱轨限位报警装置

为防止单轨吊机车从轨道端头开出、并在各个平巷门口及不通视的转折点处运用了载波技术,加设了语音报警装置,避免了机车脱轨和同一区域运行两台设备的事故发生。主要是制作一个底座坚固的行程开关,固定在单轨吊吊梁上方的顶板上,其次利用巷道原照明电源通过一个127/24 V的交流转直流电源模块转换成24 V直流电作为数码载波控制的电源,把行程开关的常闭点连接到数码载波控制的常开点上,经过数码载波模块转换成17 kHz的频率进行发射,发射出去的波形通过原来通信线中的芯线和屏蔽层进行传输到语音报警装置的音响中,提示司机运行到此处时应减速慢行,从而达到防止安全事故发生的目的。

6 结论

许厂煤矿单轨吊投用6年多的实践表明,井下单轨吊运输系统的设计方案不仅很好地满足了井下运输需要,而且安全、可靠、方便,保证了矿井的正常生产。尤其是综采设备的安装、撤除更能实现快速、安全和高效,因此作为矿井生产的一个重要环节,在辅助运输设备的选型及系统设计时,单轨吊运输不失为既安全又高效的选择。

卡钳式抱索器架空乘人缆车零速上车装置的研制

陈华新[1],张延昭[1],张世军[1],黄　波[2]

(1. 平顶山天安煤业九矿有限责任公司,河南 平顶山　467000;
2. 平顶山天安煤业股份有限责任公司机电处,河南 平顶山　467099)

摘　要　针对卡钳式抱索器架空乘人缆车在大坡度斜巷人员上车时存在的不安全因素,提出采用零速静态上车装置的方案。该装置采用机械滑道承接装置、弹簧储能支撑连杆、手动拉环动作、固定挡块定位抱索器、人员重力复位的原理,从而实现大坡度斜巷人员零速上车的目的。研究试验结果表明本装置结构简单、操作方便、经济实用、安全可靠。

关键词　架空乘人缆车;卡钳式抱索器;大坡度斜巷;人员零速上车

0　前言

随着煤矿的发展,斜巷安全运输越来越引起重视。架空乘人缆车逐渐代替了斜巷人车等其他运人设备,并在矿山得到广泛应用。

煤矿架空乘人缆车作为井下辅助运输设备,重点用于矿井斜巷、平巷运送人员。它采用机身架空安装,重锤张紧,主驱动轮带动闭合的钢丝绳及迂回轮运转,抱索器将乘人吊椅与钢丝绳连接,间隔的吊椅随着钢丝绳做循环运动,从而实现运送人员的目的。架空乘人缆车具有运行平稳、人员上下方便、不等待、随到随行、操作简单、维修方便、动力消耗小、输送效率高等特点。

架空乘人缆车虽然有很多优点,但在大坡度(大于20°)斜巷运行过程中,发现人员在上下车时存在不安全因素。当架空乘人缆车斜下运行,乘坐人员要上车时,人员移动速度要和架空乘人缆车吊椅速度保持基本同步,才能平稳上车。然而,由于巷道坡度大,平台短,乘坐人员与移动吊椅很难同步,有时会发生乘坐人员无法坐上吊椅的现象。当乘坐人员以零速跨上移动的吊椅后,由于惯性的作用,乘坐人员和吊椅会滞后于钢丝绳运行的方向,当乘坐人员的双脚离开平台后,会因重力的作用使人员顺钢丝绳运行方向有较大的摆动,人脚摆脱平台越晚,吊椅摆动角度越大,这样会使人产生失重感,给人员乘坐造成困难,严重时,会出现人员摔伤事故。

针对以上存在的问题,通过对架空乘人缆车在大坡度斜巷乘车过程中不安全因素的研究分析,设计出符合有关要求的人员零速静态上车装置,解决了斜巷运输的不安全问题,以实现矿山企业的安全生产。

1　卡钳式抱索器架空乘人缆车零速上车装置的结构原理

乘人缆车装置结构形式为摩擦轮式,由电动机、减速箱或液压系统、驱动装置(包括驱动轮和机座等)、制动器、绳轮组(包括托绳轮、压绳轮、收绳轮和导向轮等)、乘人组(包括抱索器、吊椅等)、尾轮装置(包括尾轮、机座、张紧装置和导绳轮等)、牵引主钢丝绳、安全保护装置、声光信号装置和电气控制系统等组成。

卡钳式抱索器为乘人设备中可摘挂活动抱索器，它使用于大坡度斜巷机轨合用布置巷道，抱索器通过钳型结构抱住主钢丝绳，靠夹紧力产生的摩擦力使抱索器与主钢丝绳同步运行，当抱索器运行到设备终端时，靠人工自行摘除，并脱离主钢丝绳。

本装置是利用机械滑道的形式承接移动的可摘挂抱索器，当可摘挂抱索器进入装置内时，抱索器带动吊椅脱离钢丝绳，使吊椅处在静止状态，从而实现人员斜巷零速静态上车。装置内设有中空的固定支座，支座固定在11[#]矿用工字钢横梁上，固定支座的空腔内设有可滑动配合的滑动板，滑动板与固定支座通过滑轮配合，并有限位调节螺杆，防止滑板从支座内滑脱，滑动板下固连滑道、蓄能弹簧连接固定支座与滑道，使滑道通过固连的滑板在固定支座空腔内上下移动。滑道设有与主钢丝绳成一定夹角的过渡段和与主钢丝绳平行的平行段，用于承接移动的抱索器，过渡段可使抱索器顺畅地滑入滑道、防止卡阻现象。滑道沿主钢丝绳运动的方向呈凹槽状，主钢丝绳从凹槽上方穿过，凹槽状滑道与滑动板固连。固定支座上安装有旋转的支撑连杆，支撑连杆通过细钢丝拉绳和导向定滑轮与手拉环连接。支撑连杆一端顶压住滑道，拉动手环带动拉绳后，支撑连杆摆动，解除限位机构，此时承接滑道在弹簧力的作用下被抬高，主钢丝绳落入凹槽内。当抱索器移动到承接滑道后滑上滑道，抱索器带动空吊椅脱离主钢丝绳，在固定凸块的作用下，静止在滑道上，乘坐人员零速静态坐上吊椅后，在重力的作用下，压下滑道并使支撑连杆复位，抱索器重新抱紧钢丝绳，带动吊椅和人员随钢丝绳移动，脱离滑道。由于主钢丝绳运行的速度按照《煤矿安全规程》要求不大于每秒1.2 m/s，按有关设计要求乘人间距应大于6 m。而本装置自手动拉环开动机构到乘坐人员上车运行总时间不到4 s。这样，乘坐人员完成上车的一个循环时，另外一个吊椅也不会运行到静态上车装置处，从而实现人员斜巷可靠零速上车。

当巷道坡度不大、乘人平台较长、钢丝绳运行速度较慢、乘坐人员斜巷乘车吊椅摆动不大、运行较安全或者空吊椅运行时，可以不使用斜巷零速上车装置。此时抱索器带动吊椅随同钢丝绳沿绳速方向安全通过零速上车装置，架空缆车乘人装置恢复原来设计状态。

2 附图

(1) 原有斜巷下运上车前后示意见图1。

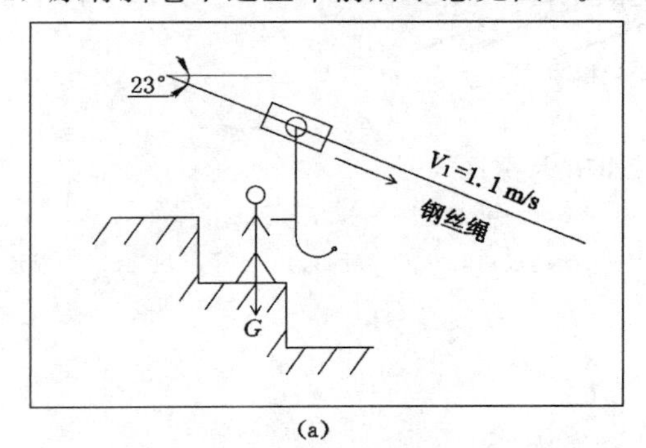

(a)

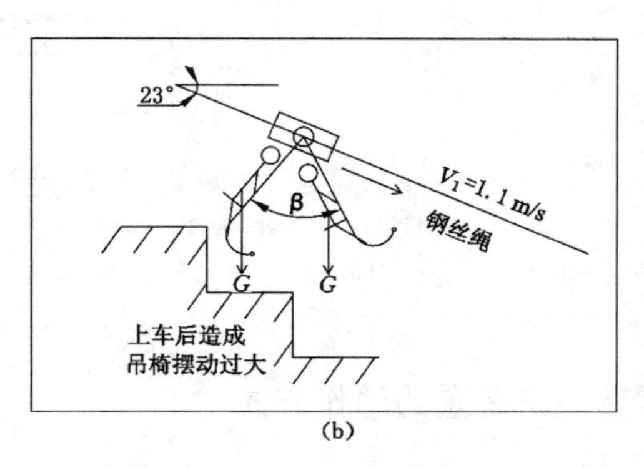

(b)

图1 原有斜巷下运上车前后示意图

(a) 上车前；(b) 上车后

（2）研制斜巷下运零速上车装置人员上车前后示意见图 2。

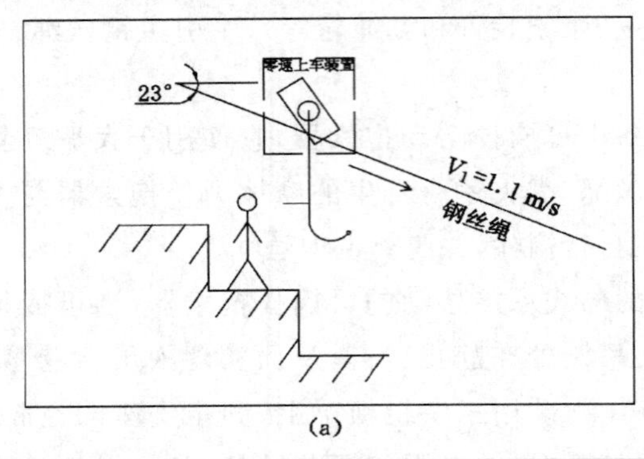

(a)

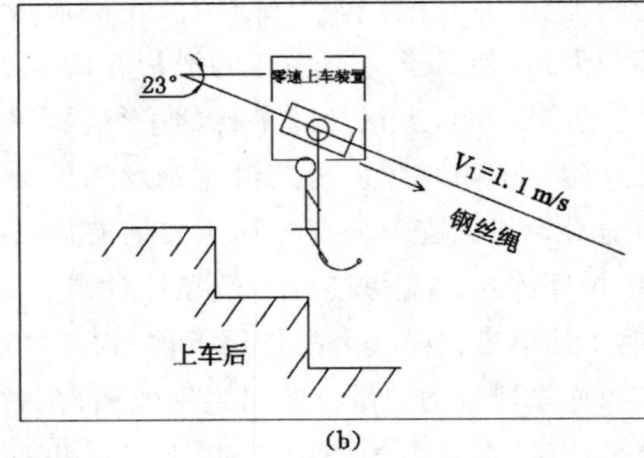

(b)

图 2　斜巷下运零速上车装置人员上车前后示意图

(a) 上车前；(b) 上车后

（3）装置结构见图 3。

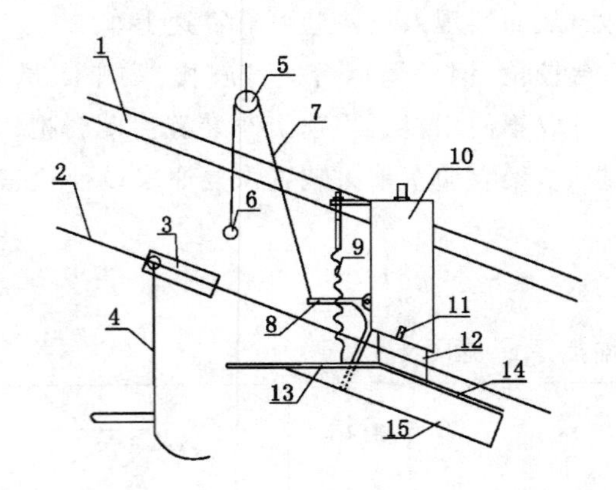

图 3　零速上车装置的结构示意图

1——横梁；2——钢丝绳；3——抱索器；4——吊椅；5——滑轮；6——拉环；7——拉绳；
8——支撑连杆；9——弹簧；10——固定座；11——凸块；12——滑动板；13——过渡段；14——平行段；15——滑道

3　零速上车装置的动作方式

如图 3 所示卡钳式抱索器架空乘人缆车零速上车装置，包括钢丝绳 2 以及横梁 1，钢丝绳 2 上连接抱索器 3，抱索器 3 上连接有吊椅 4，抱索器 3 在钢丝绳 2 的作用下带动吊椅 4 前进，横梁 1 上设有中空的固定座10；固定座10的空腔内设有滑动配合的滑动板12，滑动板12可在固定座10的空腔内上下滑动，固定座10通过弹簧连接滑道15，滑道15沿钢丝绳方向呈凹槽状，钢丝绳2从凹槽上方穿过，滑道15的一个侧面与滑动板12的下部固连，滑道15包括与钢丝绳2有5°～30°夹角的过渡段13以及与钢丝绳2平行的平行段14，设置过渡段13可使抱索器顺畅地滑入滑道，防止卡阻现象；固定座10上还安装有连接拉绳7和连杆8，拉绳7绕过定滑轮5，保证在向下拉动拉绳7时支撑连杆8移位，弹簧9给滑道15一个向上的力，使得滑道15被抬高，从而使得钢丝绳落入滑道15凹槽内，拉绳7上设有拉环6，使得在拉动拉绳7时更方便。在固定座10外侧面下部设有与滑道15对应的凸块11，当抱索器3滑到滑道15的平行段14上时，凸块11挡住抱索器3，防止抱索器3在乘坐人员未上车时就在惯性作用下滑离滑道。

拉动拉环6，拉绳7使支撑连杆8移位，滑道15在弹簧9的作用下被抬高，抱索器3在钢丝绳2的作用下带动吊椅4前行，当运行至抬高的滑道15处时，由于此时钢丝绳在滑道15凹槽内，抱索器3通过过渡段13脱离钢丝绳2滑到滑道15的平行段14，此时固定座10上的凸块11挡住抱索器3防止其继续滑行，并使其保持静止状态，乘坐人员坐上吊椅4后靠重力作用压下滑道15，支撑连杆8支撑滑道15，并使滑道15复位，抱索器3可靠抱住钢丝绳2继续带动吊椅4前行，再次拉下拉环6滑道15被再次抬高，如此循环。

本装置通过利用弹簧9将凹槽状的滑道15与固定座10连接，同时在固定座10上设置连接有拉绳7的支撑连杆8，当支撑连杆8移位，在弹簧9的作用下，使得滑道15被抬高，也可在重力的作用下压下滑道15，抱索器3在滑上滑道15后脱离钢丝绳2，并在凸块11的作用下处于静止状态，保证乘坐人员能够零速上车，避免了乘坐人员在抱索器动态下坐上吊椅时发生大幅度摇摆等现象，同时有效杜绝因抱索器处于前进状态，乘坐人员没能坐上吊椅的现象。

若巷道坡度不大、钢丝绳速度较慢时，人员上车相对安全或者空吊椅运行时，可以不使用零速上车装置。此时，抱索器3带动吊椅4随同钢丝绳2作同步运行。抱索器3可安全通过零速上车装置。

4 结论

通过对架空乘人缆车在大坡度斜巷乘车过程中不安全因素的研究分析，根据架空乘人设备的自身结构及相关规范、规定的要求，对设计的零速静态上车装置的研制与实验，并在我矿斜巷中经过两年多的应用表明，卡钳式抱索器架空乘人缆车零速上车装置结构简单、操作方便、经济实用、安全可靠，并取得了实用新型专利，在同行业得到了推广应用。

矿井辅助运输系统的研究与分析

高文龙

(陕西建新煤化有限责任公司,陕西 延安 727300)

摘 要 随着我国矿井向着高产高效、安全可靠的现代化方向不断发展,矿井辅助运输系统的技术水平已经成为衡量煤矿现代化程度的重要标准,虽然国内不少煤矿企业都对矿井辅助运输系统进行了升级改造,但总体效果仍然不理想,诸如辅助运输系统效率低下、生产技术规范滞后、缺乏规范性的设计方法等问题比比皆是,为此本文将就此课题展开探讨。

关键词 矿井;辅助运输系统;无轨胶轮车;优化设计

矿井辅助运输是指除煤炭外的各种运输之和,其具有设备种类繁多和影响因素复杂、运输线路随工作面的推进而持续变动、运输物品种类繁多且形态各异、运输线路巷道间水平和倾斜相互交错连接、井下巷道内因空间限制而可能发生煤尘爆炸等事故、工作面地点分散且运输环节较多等特点,为此选择适宜的矿井辅助运输系统不仅关系着煤矿的生产效率,还直接影响着煤矿的安全生产,是现代煤炭企业必须重点研究的问题。

1 我国矿井辅助运输系统的概述

1.1 我国矿井辅助运输系统的现状

目前我国不少煤矿(尤其是小型煤矿)仍然采用传统辅助运输方式,即使用电动机车在主要运输巷道运输一段距离后在采区使用绞车,此种方式不仅需要消耗大量的人力和较长的时间,并且给矿井安全生产埋下较大隐患。为了提高矿井辅助运输的效率及安全性,近年来不少大中型煤矿开始采用新型辅助运输系统(例如采用单轨吊辅助运输系统、无轨胶轮车运输模式等),但总体而言仍然以分段运输为主,由于运输过程中需要完成不间断的多次转载而降低了运输效率(表1为我国矿井辅助运输系统效率与先进采煤国家的对比),并且需要管理人员分配大量设备和人工来执行这些操作。

表1 **我国矿井辅助运输系统效率与先进采煤国家的对比**

国家	辅助运输用工/(人/班)	掘进队组辅助运输人员所占比例/%	矿井辅助运输人员占井下职工总数比例/%	综采工作面搬家所需时间/周	综采工作面搬家辅助运输用工/人
中国	500～1 200	30～50	33～50	4～7	5 000
先进采煤国家	50～120	15～25	10～25	1～2	200～500

1.2 矿井辅助运输设备的类型及发展趋势

（1）矿井辅助运输设备的类型

除电机车、调度绞车等传统辅助运输设备外，近年来国内煤矿采用了多种先进高效的辅助运输设备，如无轨运输车、齿轮车、猴车等（图1为几种辅助运输设备的图示），每种辅助运输设备都有其独特之处，如表2所示。

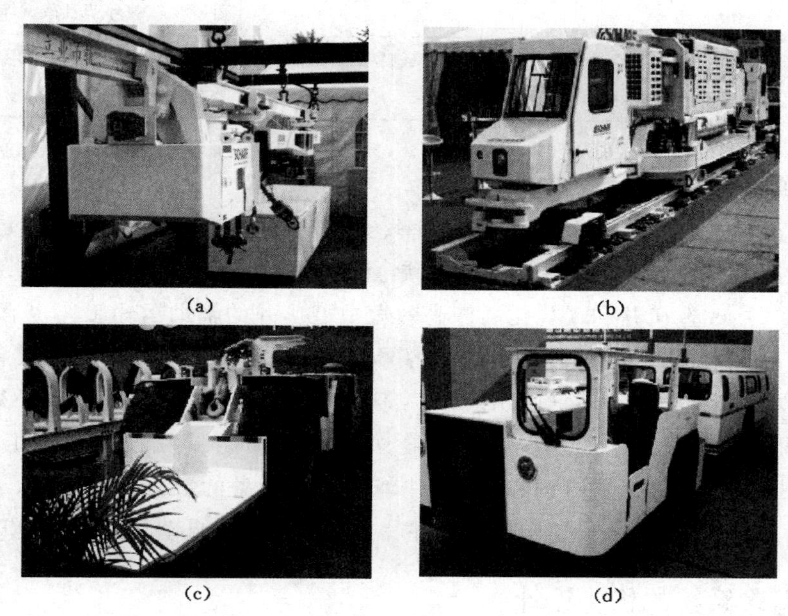

图1　几种矿井下新型辅助运输设备

(a) 沙尔夫防爆蓄电池单轨吊；(b) 沙尔夫柴油齿轮车；

(c) 煤科总院山西煤机装备有限公司无轨胶轮车；(d) 常州科试柴油胶轮车

表2　矿井下辅助运输设备的类型

设备	工作原理	特点
猴车	将钢丝绳安装于驱动轮、托绳轮、压绳轮、迂回轮上并拉紧后，由驱动装置带动驱动轮和钢丝绳运行而实现人员的运输	安全保护、运输能力大、可持续工作、成本较低且节能运行
单轨吊运输系统	将材料、设备等通过承载车或起吊梁吊在巷道顶部的单轨吊上，由单轨吊车的牵引机构牵引进行运输	对巷道条件要求低、设备简单、可远距离连续运输、轨道可回收重复使用、适应坡度大
无极绳连续牵引车	由电动机驱动，通过滚筒旋转，借助钢丝绳与滚筒之的摩擦力来进行运输	操作简单、可靠性高、维修方便、直接利用现有井下轨道系统
齿轨车	在两根普通钢轨加装一根平行的齿条作为齿轨，而在机车上除了车轮作黏着传动牵引外，另增加1～2套驱动齿轮及制动装置，驱动齿轮与齿轨啮合	可直接进入上、下山斜巷和起伏不平的工作面运输巷和回风巷
卡轨车运输系统	在普通窄轨车辆运输的基础上，用液压绞车或无极绳绞车作为牵引动力	重量大、爬坡能力强、可有效防止超速和跑车事故
轮齿轨卡轨机车	将卡轨车、齿轨车和胶套轮机车结合在一起	可在专用轨道或普通轨道上运行，但底鼓或积水较多的巷道不宜使用

续表 2

设备	工作原理	特点
胶套轮机车	在使用普通轨的基础上，在机车驱动轮踏面上增加一层胶质轮套	用于沿煤巷掘进的起伏不定的巷道
无轨胶轮车	用于井下的在巷道底板上运行的胶轮运输车	运行灵活、初期投资少、安全性和适应性强、可减少转载环节且载重能力大
电池电机车	由蓄电池提供的直流电经隔爆插销、控制器、电阻箱等部件驱动电动机运转，从而牵引列车行驶	噪声小且无排气污染，但造价较高且不利于重载爬坡

(2) 矿井辅助运输设备的发展趋势

现代化煤矿生产对矿井辅助运输设备的效率、安全性、环境友好度等提出了更高的要求，笔者认为未来矿井辅助运输设备将向着如下方向发展：由于矿井条件差异较大，井型和开拓方式各不相同，因此小型矿井、改造矿井和现代化高产高效大中型矿井的辅助运输工艺也有所区别；煤矿地质条件异常复杂，需要运输的材料和设备型号各异，这就决定了矿井辅助运输设备必然向着多样化的方向发展；受到井下场地、道路、照明及空气等条件的影响，辅助运输设备必须具备比地面上更高的安全性；随着人们对环保重视程度的日益增加，以清洁能源为动力的辅助运输设备必将成为日后矿井辅助运输设备的发展方向；未来矿井辅助运输设备的数据远程传输、智能监测及预报型故障诊断等功能将不断扩展，以切实提高矿井辅助运输设备的自动化、智能化和信息化程度。

2 矿井辅助运输系统的优化设计

如前文所述，矿井条件差异较大，因此煤矿企业在设计矿井辅助运输系统时，必须综合考虑煤层赋存条件、地质构造、矿井装备方式、煤炭运输方式等因素，合理选择矿井辅助运输方式和运输系统及设备。

2.1 煤层赋存条件

煤层赋存条件是确定矿井辅助运输方式的客观因素，具体说来：开采近水平煤层或缓斜煤层的矿井，宜选用新型辅助运输设备；开采倾斜煤层及急斜煤层矿井，宜选用传统辅助运输设备或者在局部适宜地点选用新型辅助运输设备；中厚及厚煤层矿井，宜选用新型辅助运输设备；薄煤层矿井，一般不宜选用新型辅助运输设备；断层及熔岩陷落柱发育的矿井，若联络斜巷多、斜巷倾角大且岩巷工程量大，一般不宜采用新型辅助运输设备。

2.2 巷道坡度与转弯半径

不同类型的辅助运输设备所适应的巷道参数如表 3 所示，选取巷道坡度时，小功率设备取下限，较大功率的设备取上限。

表 3　不同类型的辅助运输设备所适应的巷道参数

设备	设备铭牌中最大爬坡角度/(°)	设计参数选用最大角度/(°)	最大转弯半径/m	
			水平	垂直
普通电轨车	2～3	1	12～15	20
胶套轮机车	5～7	3～5	7～10	10～20

续表 3

设备	设备铭牌中最大爬坡角度/(°)	设计参数选用最大角度/(°)	最大转弯半径/m	
			水平	垂直
蓄电池单轨吊	18	12	4	7～10
柴油机单轨吊	18	12	4	8～10
绳牵引单轨吊	25～45	18～25	4～6	8～12
柴油机卡轨车	8～10	8(增粘)	4～6	10～20
无极绳摩擦牵引卡轨车	25	18	4～9	15
缠绕式绞车牵引卡轨车	45	25	4～9	15
柴油机齿轮卡轨车	18	8～12	8～10	15～20
无轨胶轮车	14	6～8	4～6	50

2.3 辅助运输系统和主运输方式的关系

(1) 井下大巷主运输方式为带式输送机运输时，辅助运输方式的选择

第一，辅助运输大巷水平布置时，大巷辅助运输可选用柴油机胶套轮机车、柴油机齿轨机车、无轨胶轮车或架线电机车。

第二，辅助运输大巷沿煤层布置时，辅助运输方式的选择如下：① 大巷起伏倾角小于5°且巷道无底鼓现象时，大巷辅助运输可选用柴油机胶套轮机车或柴油机胶套轮齿轨车；底板较坚硬，巷道底板比压大于0.1～0.25 MPa且巷道无淋水时，可选用无轨胶轮车；巷道有底鼓现象，可选用柴油机单轨吊。② 大巷起伏倾角在5°～12°时，当巷道无底鼓现象，大巷辅助运输可选用柴油机齿轨车或普通轨柴油机卡轨车或齿轨卡轨车；当巷道有底鼓现象，可选用柴油机单轨吊或绳牵引单轨吊。

(2) 井下大巷主运输方式为矿车运输时，辅助运输方式的选择

第一，近水平煤层采区，巷道无底鼓现象时，可选择普通轨防爆柴油机、蓄电池胶套轮齿轨车、防爆柴油机卡轨车或无轨胶轮车；巷道有底鼓现象时，可选择柴油机或蓄电池单轨吊。

第二，缓斜煤层采区倾角小于12°且大巷位于煤层中或距离煤层较近时选择原则同上；倾角大于12°或大巷距离煤层较远且无底鼓现象时，可选用无极绳摩擦方式牵引的普通轨卡轨车；有底鼓现象时，可采用绳牵引单轨吊。

第三，倾斜煤层采区无底鼓现象时，可选用缠绕式绞车牵引的卡轨车；有底鼓现象时可选用绳牵引单轨吊。

3 矿井辅助运输系统的应用案例

笔者以所在单位为例，对单位使用的矿井辅助运输系统进行阐述，以期为相关工作者提供一些有益的参考和借鉴。

3.1 副井提升方式：采用单钩串车提升

副斜井为运送人员的主要斜巷，副斜井井口标高：+1 246.7 m，井底标高：+930 m。井筒断面：16.4 m^2，宽度：4.5 m，高度：4.13 m。井筒倾角18°，井筒斜长：1 025 m，垂直高度：316 m。井上、副斜井、井底均为平部车场，铺设38 kg/m钢轨，轨距：900 mm，总长度1 830 m。井筒上部安装2组常闭式互锁挡车栏，下部安装1组常闭式挡车栏，井筒中部安装9组型号为ZDC30-2.2常闭

式防跑车装置。地面轨道车场采用8T蓄电池电机车拉运斜巷人车、矿车、平板车等运输车辆。副斜井运送人员采用XRB20-9/6型斜井人车一列，共由4节组成，分2台头车，2台尾车。斜井人车每次运送人员78人（含当班跟车工1人），每班运送人员时间2小时30分钟；提升矸石车组由6辆KFV1.5m3-9A型侧翻式矿车组成（铜川煤机厂生产）。

提升液压支架时，每次提升一架（自重28 t/30 t）。提升机为JK-3.5×2.5A型单卷筒矿用提升机，卷筒直径3 500 mm，卷筒宽度2 500 mm，钢丝绳缠绕2层，钢丝绳最大静张力170 kN。配套电机选用Z500-2A-03型直流电动机一台，自带鼓风机冷却。提升钢丝绳型号38NAT6V×37S+FC，直径38 mm，最小破断拉力1 191 kN，长度1 500 m。

3.2 井下大巷运输方式：无轨胶轮车运输

（1）人员和物料的运输

井下主要运人平巷为辅助运输大巷，车辆行驶路面结构为混凝土铺设，并每班配有洒水车降低巷道煤尘及其他有害粉尘，运人平巷距离已达到6 880 m。平巷运送工作人员采用防爆柴油机无轨载人胶轮车。大巷运送混凝土物料采用防爆柴油机自卸式无轨胶轮车。

（2）工作面安装、回撤

井下综采工作面安装、回撤采用支架搬运车和铲板式搬运车。

4 结语

综上所述，适宜的矿井辅助运输系统在确保煤矿生产安全方面具有十分重要的现实意义，由于传统矿井辅助运输方式存在效率低、安全性差等缺陷，因此近年来不少煤矿纷纷进行了矿井辅助运输系统的改造和优化，为我国煤矿辅助运输建设争创世界先进水平奠定了坚实的技术基础。

矿井运输安全智能监控系统研究与应用

赵　强，徐　鹏，高月奎，秦　岩

（山东能源枣庄矿业（集团）有限责任公司蒋庄煤矿，山东 滕州　277519）

摘　要　我国煤矿辅助运输大多采用人工控制方式，各环节难以实现集中远程控制与信息融合交换，其复杂的运输协作关系，导致较多运输机车追尾、撞头、侧撞等事故，占事故总量的26％～30％，是造成煤矿生产事故和人员伤亡的主要原因之一。而当某一局部轨道运输发生故障，往往会波及整个生产系统的运行，甚至造成重大生产事故。本文以发展保证矿井运输安全运行的新措施与新技术为目标，将自动化技术、信息技术与煤矿运输系统深度融合，运用先进的计算机、网络通信、图像处理、现代检测和自动化技术开发的一套成熟、稳定的矿井运输智能监测与自动控制系统，实现在地面对煤矿运输系统的优化调度和智能控制，保证了生产安全。

关键词　煤矿，辅助运输，智能监控

0　前言

针对现有我国煤矿矿井监测系统存在网络结构与通信方式不规范，无法同时传输图像信号、车辆调度控制靠人工、车辆周转慢、无法监控机车运行环境实现安全预警的问题，开发研究了一套矿井轨道运输安全智能监测系统。它具有井下车辆自动调度功能，机车定位及识别功能，巷道监控视频智能分析功能，架空人车优化节能与监控系统功能，交通信号灯显示控制子系统功能，联锁功能，故障诊断功能，重演功能，管理功能，联网功能等，实现了在地面对井下和地面轨道运输、井下架空乘人装置的智能监控与综合调度。

1　系统介绍

在蒋庄煤矿建立了集视频监视、视频联动、数据保存与分析、信息共享等功能为一体的运输监控调度中心，主要设备包括18块窄边液晶显示大屏幕、控制计算机、调度台、供电装置等。在集控室，通过基于智能监控的软硬件平台，对全矿运输系统（包括轨道和架空乘人装置）的设备进行实时监控，见图1，为全矿井的现代化建设管理提供基础。运输监控调度中心在很大程度上降低了调度人员和现场工作人员的劳动强度，提高了工作效率。地面调度人员，能实时浏览到运输系统中关键部位的视频信息，能对井下架空人车进行远程监控，对井下机车的调度和监测方便快捷，使运输系统的安全性大大提高。

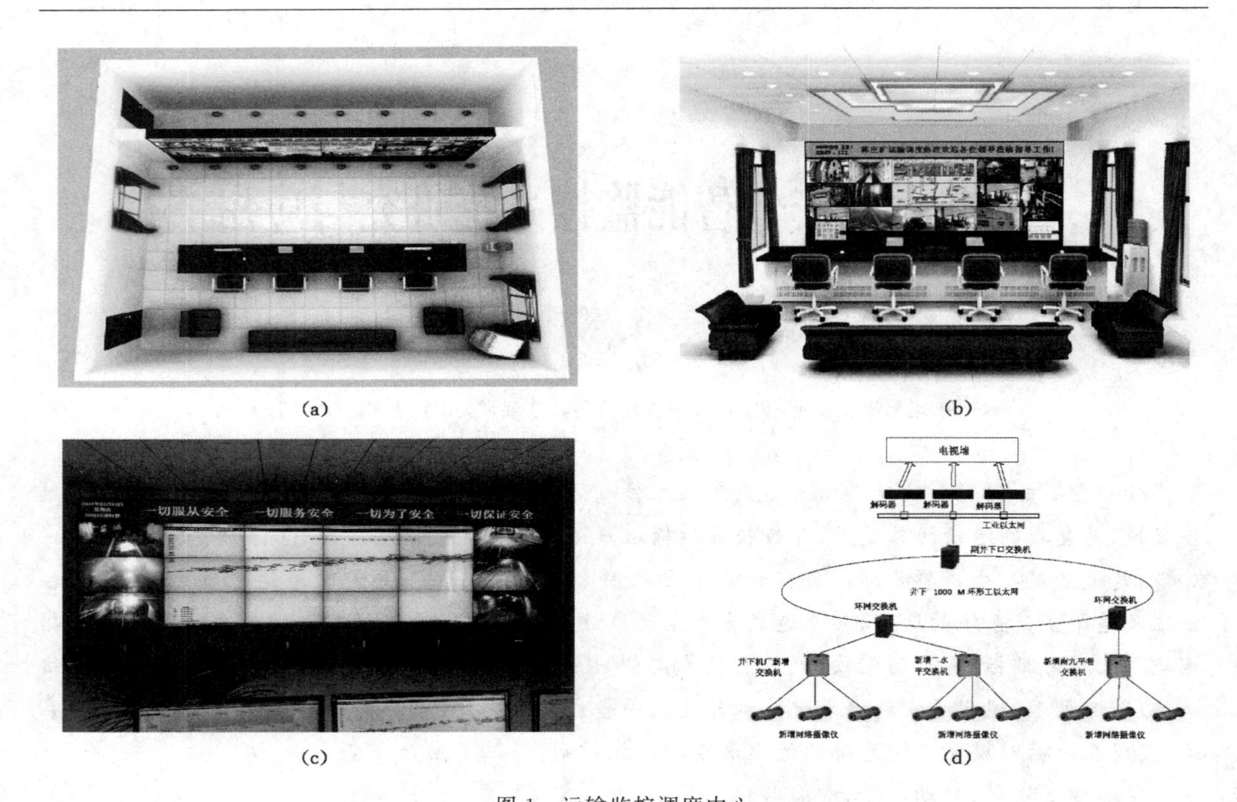

图1　运输监控调度中心

(a) 监控调度中心布置图；(b) 大屏示意图；(c) 实景照片；(d) 网络视频架构

2　系统创新点

(1) 研制了基于机器视觉的矿井轨道机车视频智能分析系统，其通过高清网络摄像机对机车前行运行环境进行视频实时采集与障碍物检测，对机车运行起到智能预警作用。

矿井轨道机车智能安全运行监控系统由高清网络摄像机，无线路由器，视频分析服务器，机车视频接收设备，报警装置等组成。由于轨道交通环境复杂，来往人员比较多，有时候杂物出现乱堆乱发的现象，为了保障地面工作人员的安全和轨道机车的正常运行，本项目在机车，轨道沿线道岔、人员来往频繁处等关键位置实施安装高清网络摄像机，从而实施智能监控。

系统首先由高清网络摄像机对机车前行运行环境进行视频实时采集，然后由视频分析服务器首先对采集到的视频图像做平滑、彩色图像灰度化和视频稳像等预处理，获得无噪平稳的视频图像序列，其次对预处理后的视频图像采用背景减法对人以及障碍物进行检测，并将检测结果，以语音、文字和压缩后的视频流等信息实时发送给机车视频接收设备，对机车运行起到智能预警的作用，有效避免机车撞头、追尾及侧撞等事故。此外，所有视频数据均上传至调度中心的数据服务器中，以实现对视频信息的统一管理、维护、查看、回放等。

(2) 研制了由通讯分站、基于 ZigBee 无线传输模块的机车定位仪以及智能机车定位与识别服务器组成的机车定位与识别系统。

矿井机车监控系统的目的是“控”，这意味着一旦机车发生故障导致监控系统不能使用，使地面工作人员无法掌控井下机车的工作情况，很有可能就会发生撞车事故，甚至会导致全矿停产或重大伤亡事故的发生。现有的矿井机车定位系统，在井下潮湿、煤尘、噪声、强电磁干扰的恶劣环境下，定位效果更是不尽人意，严重影响到矿井机车的安全运行。为此，本项目采用了最新的ZigBee无线传感器网络，研制了具有如图2所示结构的矿井机车定位系统，包括：① 定位分站（通信分站）：采用 ExibⅠ，KJ399-Q 机车定位仪，给调度与管理系统提供定位基础数据；② 网络平台：机车定位信号传输平台；③ 机车定位仪：带有机车的基本信息；④ 控制主机（服务器）：定位信号接收、存储、处理，实现机车定位，判定机车行驶方向等。

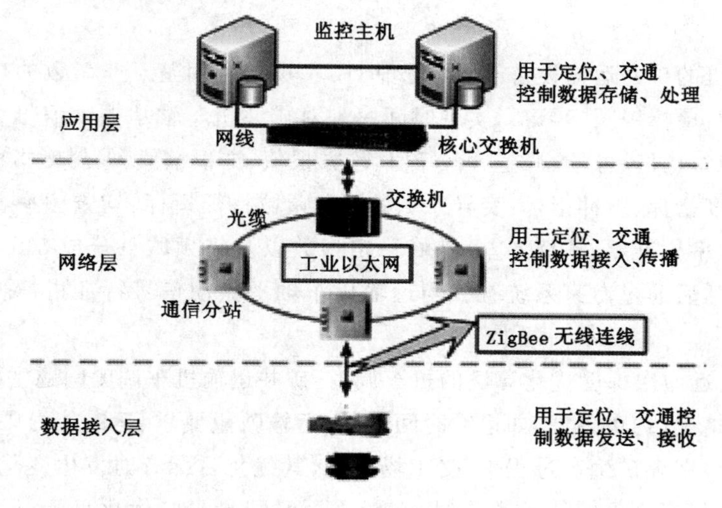

图2　系统结构

该系统在井下巷道、作业面的轨道上设置定位基站，定位仪安装在运输机车上，定位仪实行一车一仪制，每个定位仪对应唯一编号。系统数据库记录该定位仪所对应的运输机车信息。调度室对定位仪授权后生效，基站位置被测出并存储在电脑中，当运输机车在井下运行时，随车的定位卡定时向定位基站发射信号，定位基站接收到定位仪信号，即可确定运输机车位于该定位基站的无线信号范围内，系统将读取该定位仪编号信息，通过系统传输网络，将机车通过的地点、时间等资料传输到地面调度与管理系统进行数据管理，系统则可根据该信号计算出运输机车与定位基站的确切距离，实现精确定位。系统持续运行，运输机车位置信息实时更新，即可实现运输机车的跟踪定位。如果采集的定位仪无效、无定位仪或进入限制通道，系统将自动报警，地面调度与管理系统的值班人员接到报警信号，立即执行相关安全工作管理程序。

由于不同的算法在不同情况下的精度不同，如 RSSI 在定位仪距定位分站距离较近时测距误差较小，而 TDOA 在距离较远时测距误差较小。因此，多种测量方法的融合是实现精确定位的有效手段。本项目将 RSSI、TDOA、AOA 与案例推理技术相结合，通过案例推理技术对三种方法的定位结果进行智能处理。

（3）研制了基于 B/S 架构的矿井运输机车运维管理系统，主要包括矿井运输设备健康状态估计子系统、机车调度子系统以及交通灯智能管控子系统。

矿井运输机车运维管理系统的目标是实现：① 交通灯智能管控，具有区间联锁、敌对进路联锁功能。② 具有运输机车健康状态估计功能，从而在保证通过能力的前提下设备配置最优化，高效调度。③ 系统通过车辆定位传感器对过车数量、位置进行综合统计，可在指定的统计点能显示车辆通过总数、当前机车数，并生成报表供辅助运输管理部门查询分析，以便合理调整运输方案，节约运营成本,提高运输效率。④ 能准确监测道岔到位、闭锁的状态。⑤ 调度员通过键盘或鼠标器输入和修改机车运行任务;使调度员通过监视器查询和监视列车运行情况、系统各设备工作状况及各种报警信息;正常情况下,该机自动调度指挥列车运行,必要时调度员可随时通过系统提供的各种方式进行人工干预;系统管理员可通过该机输入和修改调度方案及其他系统参数;调度员和系统管理员通过该机可以模拟现场各种车辆的运行情况。实现机车运维管理系统的关键在于运输机车健康状态估计与运输机车的自动调度方法以及交通灯智能管控,这是本项目的三个关键技术。

基于极限学习机的矿井运输设备健康状态估计:本项目利用基于非参数的核密度估计和加权最小二乘估计的在线鲁棒极限学习机,实现时间序列对矿井机车轴承振动信号 24 个特征指标[13 个时域特征指标:绝对均值、方差、峰值、峰-峰值、均方根值、方根幅值、偏斜度指标、峰值指标、峭度指标、波形指标、裕度指标、脉冲指标、变异系数;11 个频域特征指标:均方频率、重心频率(平均频率)、均方根频率、频率标准差、频率方差、谱峰稳定指数以及将频域平分成 5 个频带,每个频带的相对能量]的映射,然后通过专家系统查找与运输机车轴承振动信号特征指标相对应的运输机车健康状态。

基于 Lagrange 近似次梯度优化算法的机车调度:矿井运输机车调度问题主要是在一定目标和满足所有的需求的情况(约束条件,如运输时间限制、运输数量要求、运输能力限制)下找到一组最优的车辆分配方案。在煤矿生产过程中,受市场影响,其优化目标有时发生变化,一般情况下以费用极小为优化目标,但当订单较任务紧迫时,一般采用时间最少的优化目标。为实现不同优化任务,本项目研究了具有一定普遍适用性的基于 Lagrange 近似次梯度优化算法,如图 3 所示。其思路是将矿井运输机车调度问题提炼为一般的科学问题进行研究。从而在优化目标和运输时间限制、运输数量要求、运输能力限制各类约束条件变化时,仍然能够很好地合理安排运输机车。局部调车功能:机车在全线自动化道岔控制的基础上增加局部调车功能,司机可先通过机车载无线基站给调度中心发出请求,在不影响安全的情况下,调度中心可对局部道岔权限开放,实现局部轨道道岔有司机用车载无线基站对道岔进行司控,调车轨道线路两端头进路口实现信号闭锁,井底调车场调车完毕后机车司机通过车载无线 WiFi 基站给地面调度中心发出调车完毕的请求信息,调度中心可把原先轨道线路进口闭锁信息解除。

交通灯智能管控系统:所研制的交通灯智能管控采用如下设计逻辑:① 信号灯控制逻辑的设置要能确保敌对进路之间的闭锁,在同一时间,两个敌对进路不能同时开放信号(敌对进路为两条不能同时开放的道路,即一条路上有车前进,则另一条路必须闭锁)。② 在岔口处实现信号灯互锁功能,不能同时开放岔口处信号灯状态,防止撞车。③ 通过手动设置来设置信号灯闭锁,可以实现紧急情况下,手动指定区间的封锁区间占用。④ 应在同一复用区段锁死区段两端信号,防止出现双向单行道路汇车现象。⑤ 信号灯逻辑可通过软件根据现场的具体情况进行二次修正,方便升级改进。本系统可根据各类矿山(煤矿山、非煤矿山)、各种车辆(有轨胶轮车、无轨胶轮车)以及井下道路特点(有无避车道)和车辆管理模式(上行或下行、同向或双向复用等),建立适应性的交通信号控制模型和控制逻辑,满足不同矿山和管理者的需求。

(4) 研制了根据乘坐人员数量和上车时间的井下架空乘人装置的优化节能和智能监控系统,实现了井下架空乘人装置的智能启停控制。

研制的架空乘人装置电控系统由防爆 PLC 控制柜、本安操作箱、远程 I/O 分站、语音报警器、

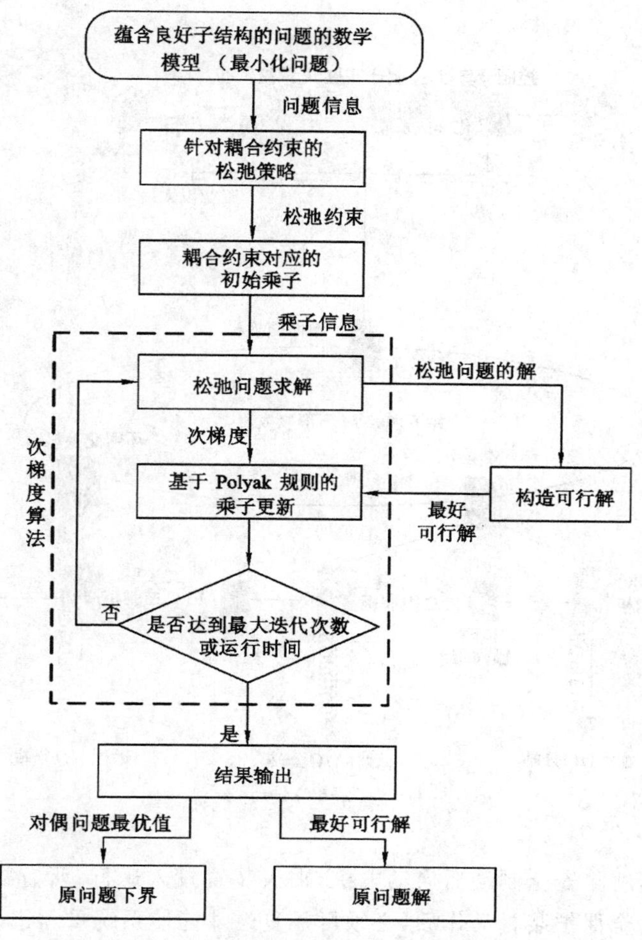

图 3　Lagrange 近似次梯度机车调度算法结构图

各种保护等组成。其中 PLC 控制柜和本安操作箱安装在猴车机头，PLC 控制箱是集控系统的大脑，用于处理本安操作箱按钮信号和读取各远程 I/O 分站采集的数据。本安操作箱上配备高分辨率触摸屏，用于模拟显示猴车运行情况和显示系统信息（包括运行时间、在线人数、运行速度、保护信息等）。远程 I/O 分站分别固定在猴车沿线，用于采集各甩道开、停车信号和各种保护装置信号。PLC 控制箱与远程分站间采用 Profibus 总线通信。井下防爆 PLC 控制箱通过光缆与矿 1000M 环网相连，其系统结构如图 4 所示。

系统实现的主要功能包括：① 控制功能：系统拥有自动连续运行、远程集控、就地近控、检修方式、就地纯手控制五种控制模式。② 显示功能：能够通过地面计算机显示架空乘人装置的运行状态（动态画面），系统运行主要参数（包括电机电流、运行速度、运行时间等），以及保护传感器动作的位置和故障信息。③ 语音及报警：沿途设置语言报警装置，开车前有预警；下人点设置警示信号；通话装置能够与地面集控室通话。④ 保护功能：在机头、机尾或中途大变坡点设置脱绳保护；在上人地点设置人员上车确认开关；下人地点设乘员越位报警，其后设置紧急越位开关，越位开关动作后系统能自动停车；设置减速机变速箱或液压站温度监测功能；设置钢丝绳过速和欠速保护；设置液压系统油温保护、油位保护和油压保护等；设置尾轮重锤张紧装置限位（包括上、下限位）保护；设置拉线急停保护装置。⑤ 系统闭锁：按下初始启动按钮后系统发出启动预报警信号，报警完

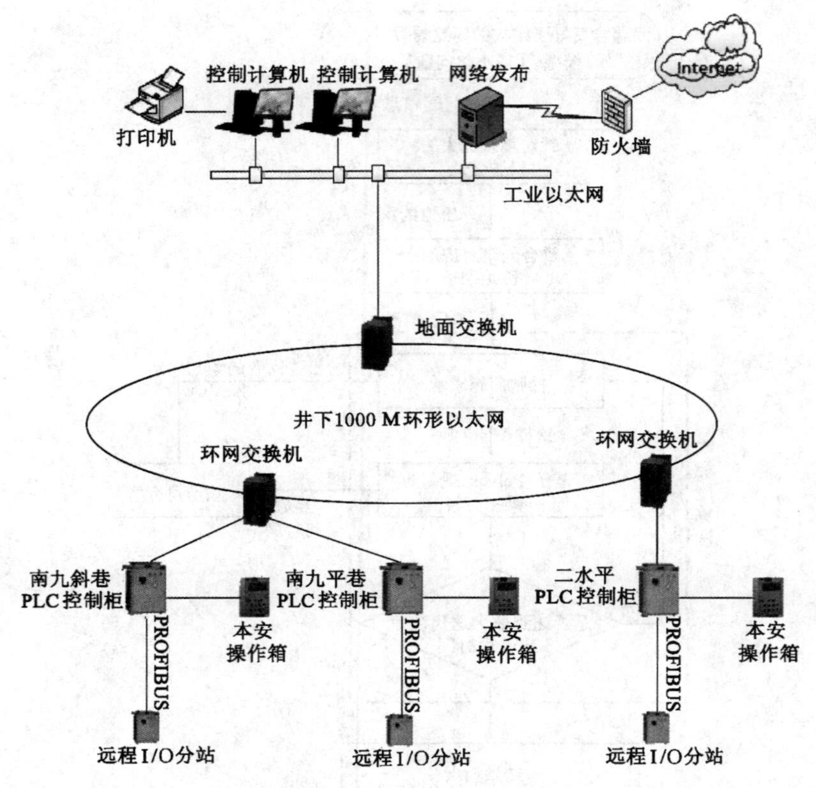

图4　井下缆车无人监控系统结构

毕才能启动制动油泵，解除安全制动后启动电机，乘人装置投入运行；所有初始启动按钮间具备闭锁功能；任何一处的安全保护装置动作后，必须可靠复位才能使系统重新进入启动程序。

3　结论

矿井运输实现安全智能监控，不仅能对井下架空人车进行远程监控，根据坐乘人员数量和上车时间，进行优化节能控制，而且能够实现井下运输的视频监视、智能监控及优化调度，达到井下巷道无人值守，少人巡检，减轻工人劳动强度，改善工人工作环境，对于提高整个煤矿辅助运输的自动化水平和科学管理水平具有重要意义。

老矿井新采区无轨胶轮车辅助运输系统改造技术研究与实践

边德龙

(兖矿集团有限公司东滩煤矿,山东 济宁 273512)

摘 要 为了提高东滩煤矿新采区六采区辅助运输效率,简化运输环节,实现连续高效安全运输等问题,通过完善巷道设计、合理布置配套硐室位置、优化车辆选型,培训无轨运输人员队伍,为在六采区实现高效无轨运输方式奠定坚实基础,取得良好的经济效益和社会效益。

关键词 无轨胶轮车;系统改造;安全高效

1 概况

东滩煤矿位于兖州煤田中部的东面,1979 年开始兴建,1989 年开始生产,设计年生产能力为 400 万 t。矿井副立井罐笼长 4.9 m、宽 1.6 m、高 2.8 m,采用轨道运输方式,井下轨道为 600 mm 轨距,井底车场、轨道大巷、主要提升斜巷铺设 38 kg/m 钢轨,采区轨道巷铺设 22 kg/m 钢轨。地面辅助运输系统包括地面排矸轨道线路、地面翻罐笼、材料设备运输线路,用 CDXT-8 蓄电池电机车牵引矸石车运至地面翻罐笼进行翻矸,或将材料设备运至副井。

为适应当前矿井辅助运输“四新”的改革与应用的要求,提高该矿辅助运输效率,经论证决定在新采区六采区使用无轨胶轮车辅助运输方式代替原有的地轨式轨道运输方式。该采区共有综采工作面 10 个,煤层倾角较小,计划开采时间为 10～15 年。

2 无轨辅助运输系统的适用条件

无轨胶轮车主要用于运输井下机电设备、人员和巷道支护材料等,必须满足井下设备体积和重量的要求。因此使用胶轮车的巷道宽度、高度及底板的抗压强度必须满足它的正常运行条件。矿井的无轨辅助运输系统适用条件主要包括对巷道、各种车辆硐室、通风等的要求。

2.1 对巷道的要求

(1) 巷道宽度应满足车辆安全行驶的需要。车辆单向行驶的巷道,巷道宽度应满足车辆两侧至巷道壁或排水沟的间距不少于 300 mm,车辆最高点至巷道顶板或顶部管道、电缆线的间距不少于 300 mm。

(2) 车辆双向行驶的巷道,巷道宽度应满足两车错车间距不低于 300 mm,或设置必要的车辆躲避硐室,且巷道中每隔 300 m 应设置一个人员躲避硐室,并相应设置提示性标志。

(3) 大巷的平均坡度一般不大于 7°,长度不大于 2 000 m,坡度较长的巷道可以适当增加缓冲路段，每 1 000 m 增加 20 m 的水平缓冲段。局部坡度不大于 10°，坡度长度不大于 50 m。

(4) 顶板支护必须牢固，底板硬度一般 $f \geqslant 4$ 并保持干燥，路面应平整，不得有大的凸起物和凹坑。在辅助运输大巷、综采工作面搬家通道最好采用 C30 铺设 300 mm 厚的混凝土路面，采区主要准备巷道，可采用 C20 混凝土铺设 150～200 mm 厚。

(5) 转弯处倒角足够大，一般外转弯半径在 15 m 以上，最小不得低于 10 m，以不妨碍车辆转弯为宜。

(6) 在巷道弯道或驾驶员视线受阻的区段，应设限速、鸣笛和反光条等标志，巷道内还应有里程碑标志。

2.2 对各种车辆硐室的要求

(1) 加水口、压缩空气加气口配置，依据井下车辆存放库与工作面距离设置加水点和加气点，用于补充车辆冷却水和车辆充气，并相应的设置提示性标志。

(2) 设置车辆存放硐室，特别是冬天，保证车辆处于通风干燥处，温度应不小于 5 ℃，以防止发动机冷却水结冰，损坏发动机。

(3) 设置车辆检修车场，用于车辆的日常维护和修理。井下检修硐室的长度一般不小于 30 m、宽度不小于 7 m、高度不小于 4 m(桥式起重机以下高度)。检修硐室应有独立通风系统，应设检修地沟，地沟中心应设集油坑。

(4) 设置车辆加油硐室。在井下加油硐室必须单独设置，使用不燃性材料对其可靠支护。长度和宽度一般不小于 10 m、高度不小于 4 m，存储量不应超过井下所有车辆 8 h 用油量。

(5) 设置材料和综采设备的换装站和换装设备。在井下换装硐室长度一般不小于 30 m，宽度、高度一般不小于 7 m，路面必须硬化、平整、干燥、无坡度，支护良好，侧壁无露头的锚杆、锚索，如有轨道应将路面硬化至与轨道齐平，另外配有桥式起重机等起吊设备。

(6) 设置会车、调头硐室，一般考虑会车硐室每隔 500～600 m 设置一个，且会车点应设置信号装置，调头硐室根据需要设置。硐室可沿大巷扩帮布置或在大巷一侧设会车绕道。

2.3 对通风和瓦斯的要求

(1) 行驶车辆的巷道，应按同时运行的最多车辆数增加巷道配风，配风量应不小于 4 $m^3/(min \cdot kW)$。

(2) 瓦斯浓度高于 1.0%，安全保护装置报警，高于 1.5%胶轮车将自动停机(报警和停机的瓦斯浓度范围可依据矿方要求调整)。

2.4 无轨车辆的选择

该矿于六采区投入使用 WC50Y(A) 型支架搬运车 2 台、WC8E(B)型材料运输车 2 台、WC20R 型人车 4 台、WC3J(D)自卸车 3 台、WC3Y(B)型顺槽车 4 台(其中 2 台在用)、WC25EJ 型铲板车 2 台，合计 17 台胶轮车。

由于罐笼尺寸限制，以上车辆需进行拆解后下井组装再投入使用。

3 技术改造方案

3.1 运输系统硐室

3.1.1 胶轮车换装硐室

换装硐室利用南翼轨行 1# 联进行扩刷改造,硐室设计尺寸:长×宽×高=50 m×7 m×8 m(具体尺寸见图 1),安设起吊设备(双 32 t 移动式防爆起重机),用于井下设备或材料起吊换装作业。硐室均采用混凝土铺底,铺底厚度 260 mm,铺底混凝土强度等级为 C30。

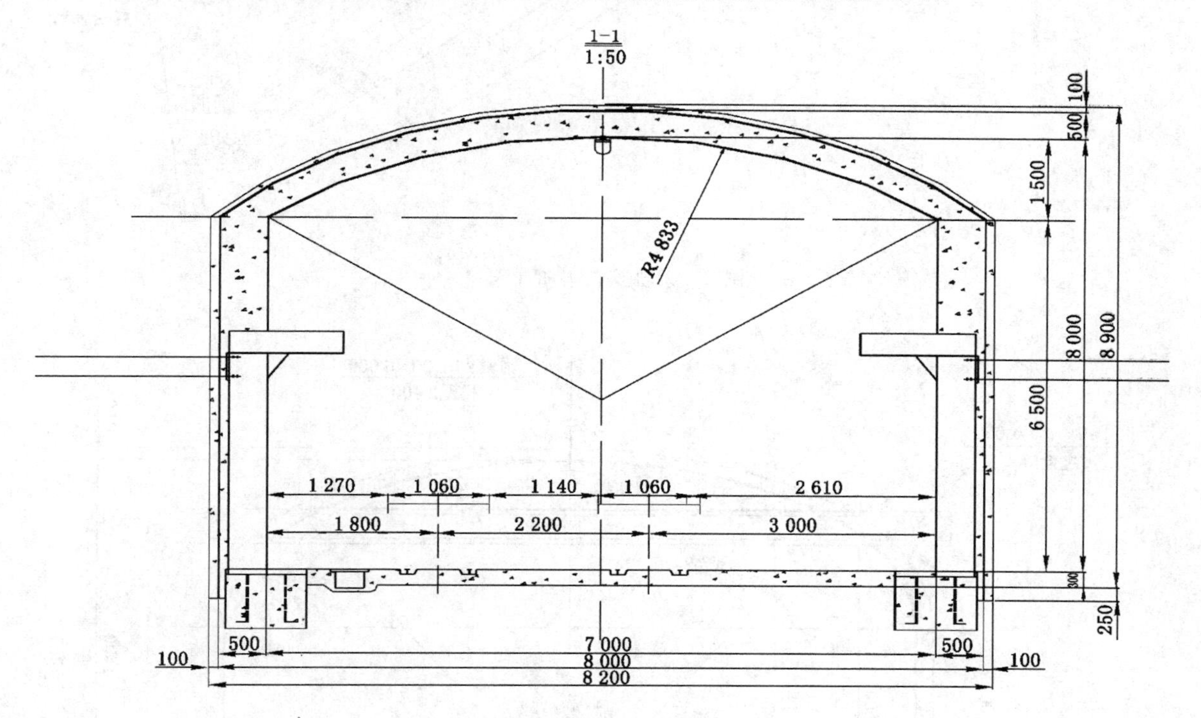

图 1 胶轮车换装硐室

3.1.2 无轨胶轮车加油硐室

加油硐室为新施工硐室,布置在南翼回风巷和胶轮车存车硐室之间,加油硐室设计长×宽×高=20 m×5.2 m×4 m(具体位置尺寸见图 2),采用独立的通风系统,硐室出口处设向外开的防火防爆门,硐室内设加水和消防系统,并有温度和烟雾报警器。另外需设防爆电动(或风动)加油机。加油硐室和检修硐室的布置要有利于车辆的顺畅出行。硐室均采用混凝土铺底,铺底厚度 260 mm,铺底混凝土强度等级为 C30。

3.1.3 胶轮车检修硐室

检修硐室(图 3)利用南翼轨道石门运输绕道进行改造,应设检修坑(长×宽×深=11 m×0.75 m×2 m)和起吊设备(风动葫芦),便于车辆维修和更换配件。硐室均采用混凝土铺底,铺底厚度 300 mm,铺底混凝土强度等级为 C30。

3.1.4 胶轮车存放硐室

存放硐室为南翼轨道石门与南翼回风巷之间新施工硐室,位于换装硐室以南 65 m 处,与换装硐室平行布置。存放硐室设计尺寸为长×宽×高=50 m×6 m×3.6 m。设计采用硐室式,主要方

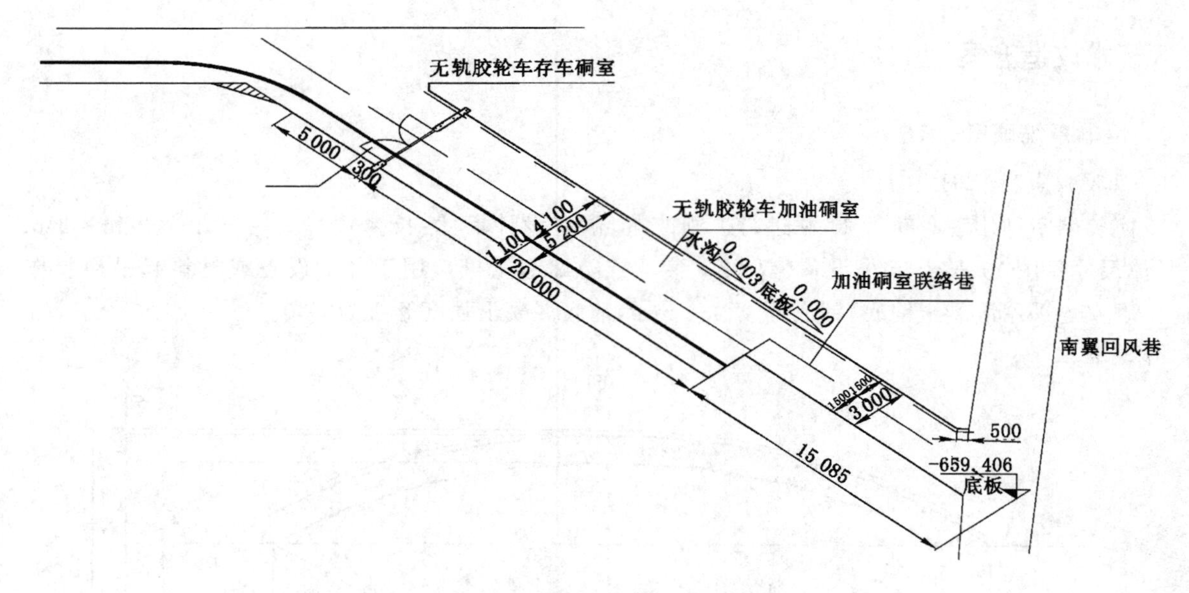

图 2　无轨胶轮车加油硐室

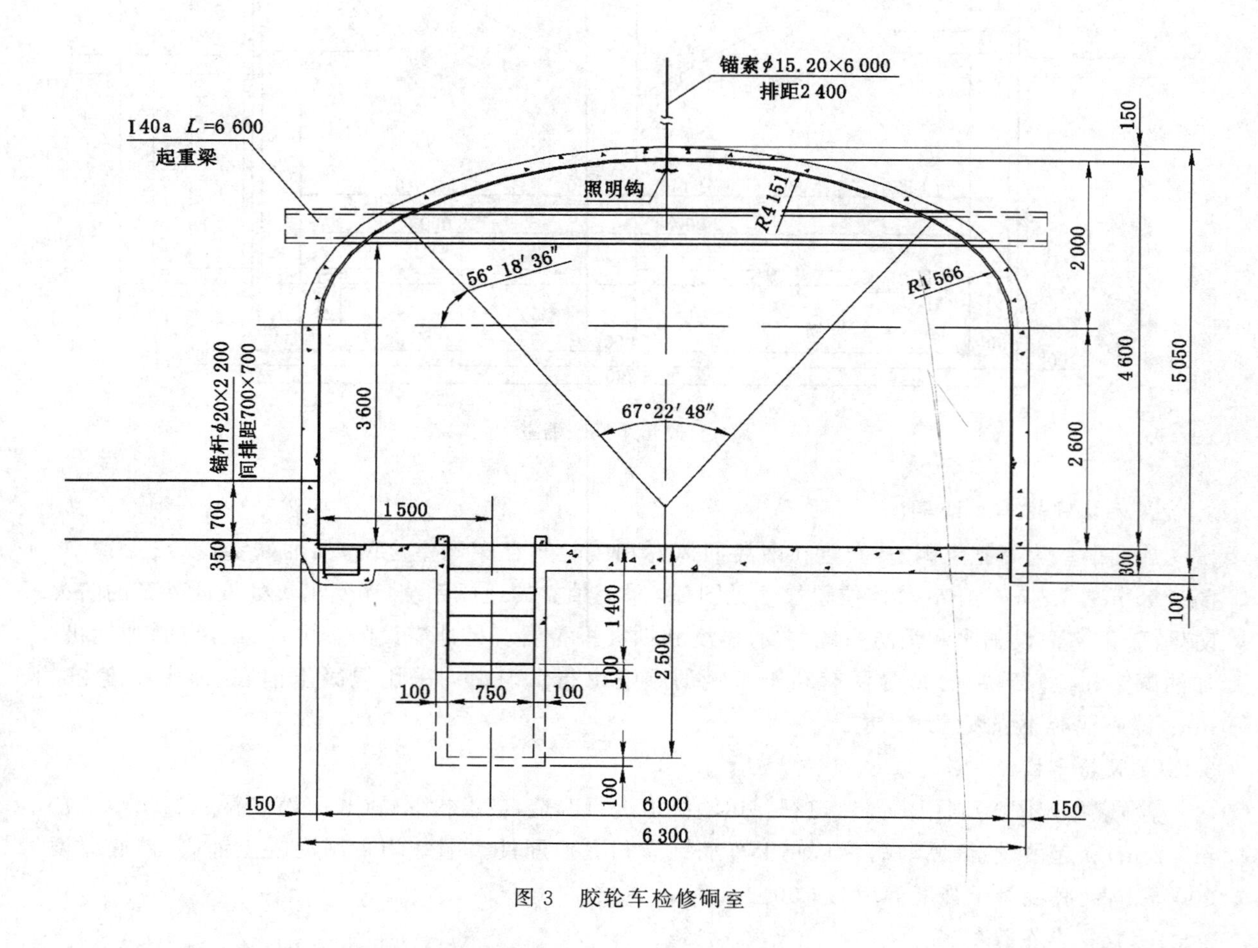

图 3　胶轮车检修硐室

便车辆进出和存放。硐室均采用混凝土铺底，铺底厚度 260 mm，铺底混凝土强度等级为 C30。为保证重型支架搬运车在此处实现顺利拐弯和调头，存放硐室与南轨大巷贯通点处两侧进行 4 m×

4 m 抹角处理，贯通点对帮扩刷长×深＝30 m×1.5 m 的壁龛。

3.1.5 会车硐室

会车硐室分为巷道加宽式和壁龛式两种，一般 500～600 m 设置一个，并于巷道顶部挂设牌板管理。硐室均采用混凝土铺底，铺底厚度 260 mm，铺底混凝土强度等级为 C30。也可利用巷道交叉点偏口处进行会车。

3.1.6 调向硐室

在车辆需调头的地点，设调向硐室。硐室均采用混凝土铺底，铺底厚度 260 mm，铺底混凝土强度等级为 C30。采用无轨胶轮车安装的工作面在切眼端头需施工长×宽×高＝14 m×4 m×3 m 的调向硐室方便支架搬运车调头。也可利用巷道交叉点偏口处进行车辆调头。

3.1.7 斜巷防撞沙墙

在无轨胶轮车运行斜巷段一侧设置防撞沙墙（长×宽×高＝8 m×0.8 m×0.9 m）见图 4，按 100～130 m 设置一处，具体位置根据实际情况确定。防止无轨胶轮车斜巷段刹车失灵时发生危险。

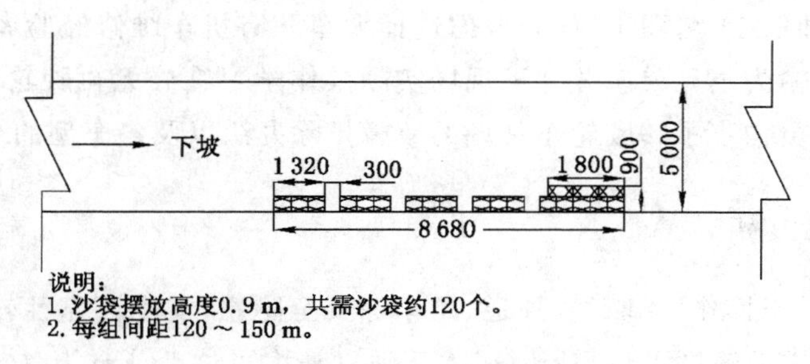

图 4 斜巷防撞沙墙

3.2 路面硬化工程

六采区无轨胶轮车运输的主要巷道需进行路面硬化。路面设计可根据巷道的用途、服务年限、运输车的车流密度及底板条件等选择。

（1）对于南翼轨道石门、南翼辅运下山、南翼辅运巷、六采支架转运巷、六采区集中安装运输巷的服务年限长、运输距离远、行车速度高、车流密度大，采用 C30 混凝土硬化巷道底板，铺设厚度 260 mm。

南翼轨道石门设计采取轨道埋入式，轨面与混凝土表面高度一致，对于轨道、道岔的岔尖和转辙部分，设置护轨保护。

（2）采区平巷无轨胶轮车运输路线服务时间短，应视巷道条件选择低强度混凝土或碎石路面。采用 C20 混凝土，厚度 150～200 mm。

（3）斜巷地坪上铺设防滑材料，防滑材料施工采用环氧树脂胶和陶瓷颗粒，宽度为巷中两侧 1.5 m，厚度 3 mm，合计宽度 3 m。

3.3 无轨运输队伍组建和人员培训

3.3.1 无轨运输队伍组建

成立胶轮车队，隶属于该矿运搬工区管理，合计 41 人，其中管理人员 2 人，胶轮车司机 25 人，换装工 5 人，维修工 9 人，顺槽车归掘进区队管理使用，由胶轮车队集中维修。详见表 1。

表 1　　六采区无轨胶轮车运输在籍人员汇总表

人员构成 \ 班次	出勤人数				在籍系数	在籍人数
	一班	二班	三班	合计		
管理人员	2			2	1.0	2
胶轮车司机	6	6	6	18	1.4	25
换装工	1	1	1	3	1.4	5
维修工	2	2	2	6	1.4	9
合计	11	9	9	29		41

3.3.2　人员学习培训

从各单位分批次抽取 26 名职工进行胶轮车司机培训，要求学员必须有机动车驾驶证。根据胶轮车司机培训计划进行组织实施，培训完毕后，学员在以无轨运输为主的兄弟矿井井下现场实际操作无轨胶轮车一个月左右，要求学员现场学会对各种车型的操作。

从各单位分批次抽取 11 名职工(优先考虑选择大车队有机车维修经验者)进行胶轮车维修工培训，学员在以无轨运输为主兄弟矿井井下现场实际操作学习维修无轨胶轮车三个月左右和去厂家培训一个月，要求学员初步了解胶轮车常见的故障排除办法以及各车型的结构原理。

4　应用效果及效益分析

无轨胶轮车运输易于操作，无断绳、掉道、跑车等安全隐患，安全可靠性较高。运输速度快，支架搬运车载重 45 t，爬 6°坡速度可达 6 km/h，人车速度最大可达 18 km/h，材料车速度最大可达 30 km/h，运输效率高。无轨胶轮车运输环节少，运输效率高，工作面撤除、安装工艺较为简单，工作面安撤速度快，安撤周期短，可缓解矿井生产接续压力，并可取得良好的间接经济效益。相比传统有轨运输方案和单轨吊运输方案，无轨胶轮车运输方案可缩短工作面搬家时间 25 d，若将这部分时间用于回采工作，可产煤约 38 万 t，设计按吨煤效益 75 元计算，将产生约 2 850 万元的间接经济效益。

司马煤矿齿轨式卡轨车辅助运输设计研究

王亭亭

(潞安集团司马煤业有限公司,山西 长治　046000)

摘　要　以司马煤业有限公司辅助运输条件为背景,应用综合分析比较法,研究评价了齿轨式卡轨车辅助运输系统在司马煤矿实际运用的可行性,并对齿轨式卡轨车辅助运输系统的设备选型进行了验证计算。

关键词　齿轨式卡轨车;辅助运输;设备选型

0　前言

随着我国煤炭技术的突飞猛进,有些煤矿已达到较高水平,但我国煤矿辅助运输机械化水平总体上仍然落后,严重影响了煤矿安全生产和矿井全员效率的提高,已经成为制约煤炭生产的主要原因。如绞车运输造成井下作业人员多,危险系数高,煤矿成本增加,直接影响矿井生产效率和生产效益的提升。煤炭企业要想有更大的发展,增强竞争力和增加利润,必须从提高自身的管理水平、降低成本和提高劳动效率入手。矿井辅助运输方式起着至关重要的作用,这也很有必要提高辅助运输的机械化程度,设备的合理选型有极其重要的意义。

1　概况

司马煤矿位于山西省长治市西南部,沁水煤田长治勘探区的东部边缘地段,矿井工业场地位于长治县苏店镇西申家庄村西北侧、经坊煤矿铁路专用线以东的开阔地上,场地距长治市约 8.5 km,南距长治县约 4 km。地形地貌:地处太行山西侧,属长治断陷堆积盆地。地势较为平坦,最高点位于西南角,标高+993.33 m,最低点位于西北部,标高+930.79 m,地形最大高差 62.54 m。司马煤矿矿井生产能力 3.0 Mt/a,属大型矿井。矿井上组煤(3、8-2、9 号煤层)设计服务年限为 50.60 a,其中 3 号煤层设计服务年限为 35.10 a,采煤方法采用走向长壁综采放顶煤一次采全高的采煤方法。8-2、9 号煤层设计服务年限为 15.50 a(储量备用系数取 1.3)。

本井田主要可采 3 号煤层,根据运输等需要,+666 m 水平轨道大巷布置在 3 号煤层底板岩层中,二、三采区轨道巷沿 3 号煤层顶板布置。

根据现代化矿井高产高效的特点,借鉴德国沙尔夫公司设备并结合矿井实际情况因地制宜地选择适合本矿的辅助运输方式,设计中将目前比较先进的齿轨式卡轨车作为司马煤矿的主要辅助运输方式。

2 煤矿辅助运输方式现状

目前司马煤矿井下辅助运输方式主要有两种：一类为蓄电池电机车，服务于轨道大巷；一类为齿轨式卡轨车，担负二、三采区轨道巷到工作面风巷超前段大件、材料、设备及矸石的运输任务，同时在三采区还担负上下班人员的接送任务(由德国沙尔夫公司生产的2辆与齿轨式卡轨车配套的运人车厢)。机车选用德国沙尔夫公司ZL200-80-900D/S齿轨式卡轨车4台，每一采区有两台，一用一检修。主要技术参数：额定牵引力200 kN±10%，功率80 kW，行驶最大速度2 m/s，刹车制动300 kN，最小转弯半径4 775 mm。

3 齿轨式卡轨车的优缺点

3.1 齿轨式卡轨车辅助运输装备

齿轨式卡轨车属于井下辅助运输设备的一种先进设备，它具有承载能力大、爬坡能力强、既可进行物料的运输又可作为人员运送等特点。机车前后各有一个驾驶室，双向运行，操作简单，安全可靠。

优点：

(1) 运输大型设备的安全性、可靠性更高，一般性物料一次性货载运输量大。

(2) 具有较大的爬坡能力(机车运输的最高爬坡角度可达30°，司马煤矿设计选用最大20°，便满足要求)。

(3) 系统可进入多条分支巷道，物料可以一次性运输到位或指定地点，减少了运输过程中的中转或摘挂钩环节，可以实现大巷至工作面一条龙不转载运输，是亚洲首次引进的新型辅助运输方式。

(4) 机械化程度较高，生产效率高，可方便快速进行物料转载，可实现一机多用(运人运物均可，用于司马煤矿三采区)。

(5) 井下巷道辅助运输作业人员少，大大减少了井下工作人员人数，符合现代化矿井高产高效限制井下作业人员的大趋势。

(6) 但机车发生故障时，能够随时显示出故障位置，立即发出故障报告，并自动停车或熄火。超速、超温等报警装置齐全，系统本质安全性更高。

(7) 一车有多种用途，如齿轨式卡轨车可设置配套的运人车厢，进行人员的运输。

缺点：

(1) 轨道属于异型轨，道轨安装标准要求严格，对巷道底板的稳固性要求较高。

(2) 机车排放的尾气虽层层净化处理，但仍然会对矿井井下空气质量造成一定的污染。

(3) 与其他地轨式辅助运输设备相比，初期投资大，维护精细。

3.2 无极绳绞车等落地式轨道辅助运输装备

优点：

(1) 车辆沿固定线路行驶，可靠性高，结构简单，维护量小。

(2) 井下开拓运输系统复杂，无极绳绞车运输时(因容绳量有限)不需要接力运输，安全隐患小。

(3) 适应性强,用途广,即可使用在平巷,又可用在采区上(下)山,还可布置在集中轨道巷,又能为掘进后配套服务,如选用双速无极绳绞车,还可适应低速重载、高速轻载运输需求。

缺点:

(1) 绞车运输时,运输作业环节多,工艺复杂,受坡度和设备重量限制,有时需要接力运输。

(2) 无极绳绞车占用作业人员多,对牵引钢丝绳要求高,安全性小,给长距离运输带来诸多困难。

(3) 电机车牵引运输时,对巷道坡度要求苛刻,不适应煤层底板上下起伏的变化。

(4) 运输人员作业程序和现场管理存在诸多隐患。

在亚洲,司马煤矿首次引进了齿轨式卡轨车装备,简化并优化了井下辅助运输系统,全矿生产效率得到全面提升,进一步推进了本质安全性矿井建设。

4 经济比较

综合分析,齿轨式卡轨车运输前期投资上比无极绳绞车等运输设备多1 000万元,但是齿轨式卡轨车运输方式的快捷和连续化,在运输时间上比其他地轨式辅助运输设备节省30%~40%,比如工作面搬家倒面,比其他地轨式运输方式节省时间10~13 d,而司马矿井每天采煤1万t,10~13 d可以多采出10~13万t煤,结合矿井地质条件限制,所以设计推荐辅助运输系统采用柴油齿轨式卡轨车运输方式。

5 设备选型计算

司马矿井辅助运输采用齿轨式卡轨车牵引方式,完成矿井二、三采区及工作面辅助运输任务。

5.1 设计依据

矿井以“一井一面”保证矿井生产能力,现采3号煤层,二采区1211工作面为回采工作面和两个掘进工作面保证矿井生产能力和采掘衔接。

二采区轨道巷及二采区轨道巷里段全程4 400 m,至工作面最远距离为5 600 m,实际最大坡度为16°。三采区轨道巷及三采区轨道巷里段全程2 400 m,至工作面最远距离为3 600 m,实际最大坡度为12°。

工作制度:年工作日276天,每天四班作业,三班生产,一班准备及检修维护。

运输设备:1.5 t矿车,材料车、平板车。

最大班运输量:

人员:25人;

矸石:45 t/班;

材料:70车/日;

设备:10车/日;

其他:30 t/班;

运输最重件重量:31.5 t(ZFS7500/22/35排头尾液压支架)。

5.2 齿轨式卡轨车选型及校验

(1) 设备选型

齿轨式卡轨车是一种在异型轨上运行的，通过柴油机液压驱动的机车。机车结构：一个主机部分、一个独立的冷却单元、一个数量可变的机车驱动部、两个司机操作室及机械连接元件构成。测量图例见图1。

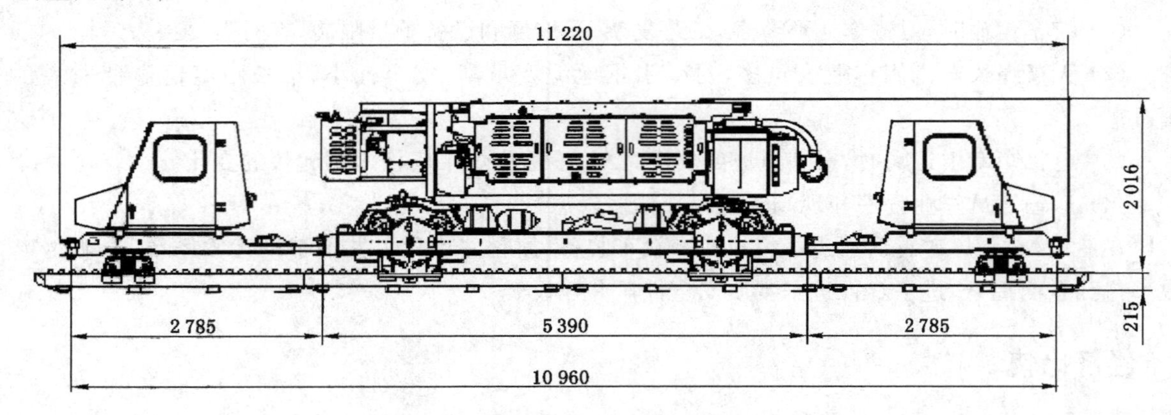

图1 齿轨式卡轨车尺寸

轨道线路形成后，选用四部 ZL200-80-900D/S 机车完成二、三采区辅助运输任务（每个采区两台，一台运行，一台检修维护）。

(2) 技术参数

柴油发动机：4 气缸涡轮发动机；

最小转弯半径：4 775 mm；

水平与垂直转向：±4°；

总排量：6 640 cm^3；

冷却装置：水循环；

废气冷却水含水量：200 L；

刹车类型：盘式制动闸瓦；

最大速度：2.0 m/s(国际 2.6 m/s)。

5.3 机车牵引力验证(只对牵引液压支架校验即可)

验证计算 A：

已知：机车牵引总重量(ZFS7500/22/35 排头尾架)32 t，以最大坡度 20°(实际最大 16°)验证。

要求：速度能达到多少？

已知机车总重量为 32 t，在图 2 中向上走，一直到 20°切点处；

→向左走一直到功率曲线切点处；

→向下走一直到轴线(行驶速度)；

→结果：0.47 m/s。

验证计算 B：

已知：坡度为 20°。

要求：机车牵引总重的最大值是多少？

以最大牵引力向右走，一直到 20°切点处；

→向下走到轴线(牵引总重量)；

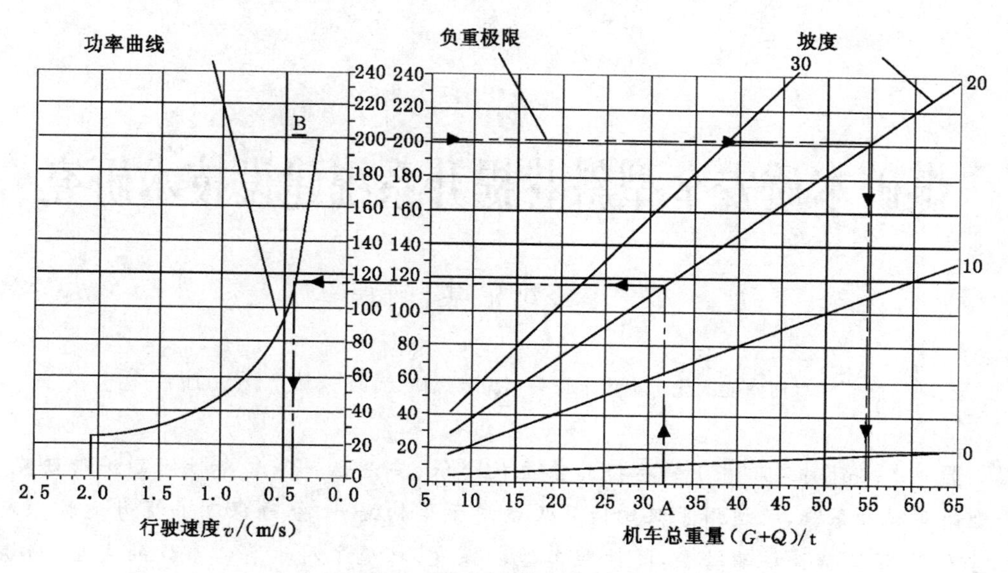

图 2　机车图表的阅读说明

→结果:55 t。

验证结论:55 t>32 t,齿轨式卡轨车选型符合司马煤矿辅助运输要求。

6　结论

(1) 该设备机械化程度较高,运输效率高,可以方便快速地一次性将车辆运输至工作面,极大地提高了矿井整体生产效率。

(2) 具备运输系统无边界限制扩充及多点可共同作业等优点。

(3) 解决了三采区作业人员上下班徒步行走问题,减少了员工非生产的体力消耗,实现了采区机械化运送人员工作的目标,为生产任务的完成提供了强有力保障,符合现代化矿井高效生产的特点。

(4) 该系统使得井下辅助工作人员少,操作简单,机动灵活,安全性能高,更贴近现代化矿井安全生产理念。

(5) 该设备总体投资高,但后期投资少,轨道维护量小,可重复永久使用,便于矿井长远发展。

煤矿本质安全型斜巷提升系统建设技术研究

崔　鑫，刘元基，闫瑞廷

（河南能源化工集团永煤公司城郊煤矿，河南 永城　476600）

摘　要　本文针对煤矿井下斜巷提升系统效率低、安全性差等复杂性问题进行研究，建立本质安全型斜巷提升系统，既适用于双钩提升又适用于单钩提升，能确保矿井提升运输以及现场人员的人身安全，不断提高运输效率，降低职工劳动强度，杜绝了斜巷运输事故的发生，为煤矿的安全生产提供强有力的技术保证。

关键词　煤矿；本质安全；斜巷提升系统；建设；技术研究

0　前言

煤矿井下斜巷提升系统是煤矿安全生产的重要环节之一，也是煤矿井下辅助运输的咽喉和关键环节。目前，我国部分矿井斜巷提升系统正在逐步淘汰由调度小绞车组合的运输设备，逐步由保护齐全完善的液压绞车或变频绞车所替代，由于该类提升设备自身保护齐全完善，在一定程度上遏制了因提升设备安全保护不齐全、不完善所导致的各类运输事故的发生。但实践证明，仅靠提升设备本身所具有的安全保护来杜绝斜巷运输人身伤亡事故是远远不够的，绞车自身的安全保护只对设备本身的安全运行起到既定的保护作用，却不能遏制和杜绝因环境、人为等因素所造成的斜巷运输和伤亡事故的发生。因此，斜巷提升运输本质安全问题也就凸显出来，现已成为制约煤矿井下安全生产以及煤矿安全和谐发展的瓶颈和症结。

为改变煤矿井下斜巷提升系统存在的安全隐患和因素，确保矿井提升运输以及现场人员的人身安全，提高运输效率，杜绝斜巷运输事故的发生，建设和研究煤矿本质安全型斜巷提升系统，将成为煤矿企业亟待研究和探索的关键。

1　实施方案

本方案主要针对煤矿井下斜巷运输系统进行了以下创新和改造：斜巷综合监测控制系统应用；斜巷挡车装置与提升绞车实现联动；斜巷联巷口安全门与绞车提升信号联锁；自动控制安全门；人员定位与提升信号联锁；双钩提升高低道甩车场的设计改造等。随着后期对本质安全型斜巷提升系统日常维护与管理的不断规范和到位，极大提升了本质安全型斜巷运输系统安全运行的可靠性，为杜绝斜巷运输事故奠定了坚实基础。

2 技术关键

2.1 斜巷提升综合监测控制系统

斜巷综合监测控制系统主要在斜巷内安装 8 个视频摄像头，并在绞车房内及上、下车场信号硐室内各安装防爆视频显示器 1 套，可实现以下功能：

（1）图像显示功能

（2）数据显示功能

在绞车房、信号总台各安装一台本安型显示控制箱，可以动态实时显示主车、副车运行线路、跑车防护装置状态、道岔状态、打点信号等信息，便于绞车司机及信号工实时监测绞车运行状态。

（3）红外报警功能

绞车启动后，发现有人误入斜巷运输区域，通过红外传感器可及时检测并发出报警信号，实现报警提示，对上、下车场、各岔道口进行人体红外监控，对进入运输巷道等场所的行人进行声音报警警示。

（4）跑车防护装置动作报警功能

在斜巷发生跑车事件或跑车防护装置误动作时，通过监控检测挡车栏状态，通过 PLC 进行数据处理，再通过报警装置进行语音报警，提醒工作人员注意。

（5）其他功能

如道岔状态监控功能、主副车监控功能、主、副钩头显示功能。

2.2 挡车装置与提升绞车实现电气联动

采用电气联动控制装置，来实现挡车杠（栏）与绞车电气联动控制功能，同时可减少一组挡车杠（栏）操作人员。其具体功能如下：

（1）“常闭”式防护功能

若发生矿车跑车事故时，矿车被处于“常闭”状态的挡车杠拦截，报警显示柜上文本显示器显示“第几道脱扣器被拉开；矿车撞上第几道挡车杠”，同时报警器报警。

（2）故障声光报警功能

若该装置出现故障，为避免意外事故，报警显示柜的文本显示器显示故障内容同时报警器报警，提示绞车司机手动停车，经 5 s 延时后，主控箱 PLC 强制自动断开绞车安全回路，绞车停止运行。只有当联动装置故障处理完毕，并按显示柜复位按钮后，绞车安全回路才允许接通。

（3）挡车杠被撞报警功能

将水银脱扣开关固定在挡车杠上方的槽钢正中央处，用 $\phi 9$ mm 的钢丝绳与挡车杠连接，当发生跑车撞挡车杠时，水银脱扣开关内的水银倒流发出信号给主控箱，此时挡车杠处于常闭状态，报警显示柜发出报警信号。

（4）收放绞车保护功能

钢丝绳保险安装在电动收放器和挡车杠的牵引绳上，正常过车时，该装置具备足够的强度来正常升起和降落挡车杠。当发生跑车事故时，矿车撞在挡车杠上，当挡车杠向下缓冲时，将钢丝绳保险拉断，保护电动收放机构不被拉坏。钢丝绳保险采用双保险结构，即每只钢丝绳保险均拥有一个备用保险，在正常工作时，如一只保险因疲劳损坏，备用保险立即起作用，确保挡车杠提升系统的稳定运行。

(5) 手动与自动转换功能

矿用隔爆型手动控制按钮安装于巷道壁上,在每道挡车杠的附近固定。如果该装置被打到手动状态,按住该装置手动控制按钮,挡车杠将被提起并可以随时停止并固定,到达设定提升高度后,挡车杠将自动定位。如果该装置被打到自动状态,按住该装置手动控制按钮,挡车杠将被提起,到达设定提升高度后,挡车杠将自动定位,但当手离开手动按钮后,挡车杠将自动落下。在每天交接班时,使用人员要用控制按钮来测试整个装置工作是否灵活可靠。

(6) 其他功能

位置传感器采集信号、提升机构锁定及保护功能、反向自动迫开功能、巷道距离及车位距离显示功能、矿车运行状态显示功能、故障自动监测及故障部位代号显示功能。

2.3 联巷口自控安全门及安全门与提升机信号联锁装置

此安全门能在斜巷提升信号发出后自动进行关闭,防止在斜巷提升期间,人员私自进入运输区域而发生意外事故;当斜巷提升运输车辆到达停车位置停车后,发出安全行人信号安全门才能自动打开,人员方能安全通行。

2.4 人员定位与提升信号联锁系统

(1) 人员定位与提升信号联锁系统组成。

系统由绞车、磁力开关、主机、辅机、识别卡等组成。

(2) 人员定位与提升信号联锁系统的工作原理。

① 当有人员进入斜巷或运输区域时,识别卡发出的脉冲信号被辅机接收识别后传递给主机控制器再由主机控制绞车的启动电源磁力开关处于闭锁状态,此时绞车控制系统只能发送提升信号及声光预警并不能启动绞车运行。当联巷口辅机再次检测到上次识别卡(上次识别码)时,可认为该人员已离开斜巷或躲避到安全区域,此时斜巷提升系统闭锁解除。

② 主机控制器可识别绞车工、信号工、把钩工定位卡(程序设置指定识别码),三人同时到位后,方可启动绞车提升设备。当主机设置指定识别卡后,若主机未检测到指定的识别码时将会控制绞车的磁力开关进行闭锁。

(3) 人员定位与提升信号联锁系统的功能和作用。

① 识别:主、辅机内设置有识别模块,当识别卡距离主、辅机 1～3 m 范围内时,主、辅机可读取识别卡信息,通过和设定信息对比进行确认有效性。识别卡的有效性可以通过键盘进行设定。

② 输出:主机具有 DC12V 的本安电源输出功能,用来给辅机提供电源,同时具有信号输出及控制输出功能,输出 3 个触点来控制绞车的磁力启动开关。

③ 具有管理、控制、通信、记录、显示、沿线广播等功能。

(4) 人员定位与提升信号联锁系统在斜巷提升系统中的作用。

① 人员识别式绞车控制信号装置,把辅助运输的安全保护工作由以前的人防提高到技防的层面,由主观的人为的遵章提升到客观的设备限制,大大提高了绞车运行的安全性,对确保辅助运输安全生产,具有很强的经济和社会效益。

② 装置通过人员识别的手段,把当班班长、绞车司机、信号工的岗位管理及资格认证做到了有效管理,实现了切实的持证上岗,解决了岗位工的年审问题,由被动管理提升为主动管理。

③ 装置的记录功能保证了每一次操作都有据可查,为数据的追溯提供了可能,打消了操作工

违章侥幸心理，降低了绞车事故的人因条件。

④ 该绞车控制信号装置解决了绞车司机与信号工信号联系不便，发现紧急情况不能立即停车的问题；减少了沿线急停及扩音电话等附属设施的安装，降低了成本及设备维护量。

3 双钩提升高低道甩车场的设计

双钩提升巷道上、下甩车场长度各不低于 30 m，上下车场设为高低道车场。双钩提升高低道甩车场的设计：斜巷上部为高低道甩车场，其中高道坡度 1.1%，低道坡度 0.9%；下车场为高低道车场，其中高道坡度 1.1%，低道坡度 0.9%。上部车场为甩车场方式，安全性高，防止车辆连挂不到位出现斜巷跑车事故；高低道车场，提高了斜巷提升效率，降低工人劳动强度。

4 结论

本质安全型斜巷提升运输系统已在城郊煤矿井下南翼轨道暗斜井和西翼轨道暗斜井两条主要运输斜巷内应用，既适用于双钩提升又适用于单钩提升，确保了矿井轨道提升运输以及作业区域现场人员的人身安全，提高了运输效率，减轻工人劳动强度，杜绝了斜巷运输事故的发生。

参考文献

[1] 夏小永.斜井运输本质安全型自动监控系统在矿井中应用[J].河北省科学院学报，2009，26：45-48.

[2]《煤矿安全规程读本》编委会.《煤矿安全规程》读本[M].北京：煤炭工业出版社，2011.

[3] 秦芝珍.矿井提升信号系统的 PLC 控制[J].矿山机械，2005(5)：56-57.

[4] 张敬叶，许传军，赵严坡.新型矿井提升机信号系统[J].中州煤炭，2003(2)：4-5.

[5] 郭建祥.提高矿井提升机安全性能的实践[J].煤矿机械，2003(8)：91-92.

[6] 唐铁立，申国强.浅谈提升机综合后备保护装置[J].煤炭技术，2003(6)：14-16.

煤矿地面排矸运输系统的优化设计

陈玉标，李书文，郭俊才，刘　超，文　斌，王新建

（河南大有能源股份有限公司新安煤矿，河南 洛阳 471842）

摘　要　随着社会的进步和科学技术的飞速发展，大量机械化设备的投入使用，以及近几年各生产系统的技术改造，矿井的生产能力有了大幅度的提高，目前新安煤矿核定的生产能力为 180 万 t/a。随着原煤产量的增加和煤炭市场对煤质要求的提高，排矸量有所增加，地面排矸运输系统满足不了生产需要，经常出现矸石不及时排出而影响原煤正常生产。通过对影响排矸运输环节的原因进行分析，找出制约的原因主要是地面排矸运输能力需进行优化升级改造。本文首先介绍了管状皮带的结构及工作原理、运输的优越性、性能特点及运输中容易出现的问题和解决办法；其次介绍了铺设地沟胶带输送机的方案，皮带运输的优缺点。经过论证分析，在矸石仓至矸石山区间架设管状皮带或铺设地沟皮带运输，能有效地解决地面排矸运输系统的瓶颈问题，并对地面排矸运输系统的优化设计可行性进行了探讨。

关键词　排矸运输系统；管状皮带或地沟皮带；优化设计

0　前言

河南大有能源股份有限公司新安煤矿是 20 世纪 80 年代建造的矿井，当时的设计生产能力只有 120 万 t/a，随着大量机械化设备的投入使用，以及近几年各生产系统的技术改造，矿井的生产能力有了大幅度的提高，目前该矿核定的生产能力为 180 万 t/a。随着原煤产量的增加和煤炭市场对煤质要求的提高，排矸量有所增加，地面排矸运输系统满足不了生产需要，经常出现矸石排出不及时而影响原煤正常生产。经分析，在矸石仓至矸石山区间架设管状皮带或铺设地沟皮带运输，可有效地解决地面排矸运输系统的问题，既能满足排矸要求，又可节能提效，满足矿井正常生产的需要，现对地面排矸运输系统的优化设计可行性进行探讨。

1　地面排矸运输系统的现状

地面排矸运输系统采用架线电机车牵引一吨矿车运输，每列挂车 18 个，每班平均拉 15 趟，达到的最高趟数是 20 趟左右，将近 270～360 车。其担负着全矿原煤筛选矸石的运输，能否顺利排矸，将直接制约着煤矿的原煤生产、空车和料车周转时间。随着矿井生产能力的提高，地面生产系统中暴露出了一系列原设计中存在的问题，在一定程度上也影响和制约着矿井的正常生产。

2 地面排矸运输系统现存的问题

地面排矸运输系统能力不足，经常因排矸缓慢，直接制约着原煤的正常生产；地面矸石车辆从矸石仓运行到矸石山的过程中，设备多，环节多，工作流程复杂。地面矸石车辆与井下矸石车辆共用一套翻罐笼，周转时产生冲突，地面矸石车辆的周转时间长；地面运行的架线电机车、矿车、矸仓和矸石山的小绞车、液压溜煤嘴、翻罐笼电机和减速机等一系列设备由于频繁启动，设备损害大，维修频繁，影响生产的时间；电机车拉着矿车在地面工业广场来回频繁运行，经过路口多，弯道多，容易发生掉道，产生的不安全因素多；现有运行拉矸石矿车都是废旧矿车，容易出现矸石结底现象，容量效率低，运行过程中，容易在地面上漏矸石。

3 架设管状皮带设计

根据我矿安全生产实际情况，鉴于现有地面排矸运输系统运输能力不足等一系列的现状，考虑到安全、环保、建设投资及运营成本诸多因素，设计采用管状带式输送机往矸石山碴仓运送矸石。

3.1 铺设方案

采用管状带式输送机为主运输矸石，选用管径 500 mm；采用地面露天架空铺设，占用宽度约 1.5 m（包括检修通道），高度为 2.0 m 左右；铺设带式输送机机头为矸石山碴仓，终点为筛选公司煤场；现有储矸仓采用小皮带搭接到管状带式输送机上；选煤厂矸石排出采用小皮带搭接到管状带式输送机上；需要在管状带式输送机机尾安装小型受料缓冲仓一个。

3.2 管状皮带的结构及工作原理

管状皮带机基本结构是由呈六边形布置的辊子强制胶带裹成边缘互相搭接成圆管状来输送物料的一种新型带式输送机。它适用于各种复杂地形条件下输送密度为 0～2.5 t/m 的各种散状物料，环境温度使用范围为－25～＋40 ℃。

管状皮带机的驱动装置、头轮、尾轮、张紧装置等部分与传统带式输送机完全相同。输送带在尾部过渡段受料后，逐渐将其卷成圆管状进行物料密闭输送，到头部过渡段再逐渐展开直至卸料。在管状带式输送机的中部主要输送路程段，输送胶带在压带辊及窗式托辊的作用下卷成圆筒状，输送物料被包在圆筒中间，随胶带一起移动，被输送到相应地点。

由于输送物料被包在胶带卷成的圆筒中间，因此不会造成粉尘污染，是理想的环保设备；输送机还可方便地以一定圆弧转弯，可以实现在复杂情况下的工艺布置；此外，窗式托辊支架全部是质量轻、设计简单的钢架结构，投资少，安装方便，工期较短。

3.3 管状皮带主要优点

管状皮带可密闭输送散体物料，在输送过程中不洒落、不泄露，同时也防止了管外物料的混入，因此，实现了无公害绿色输送，保护了环境，无需架设带式输送机长廊或者密封罩，减少了基建等费用，降低了设备成本；可空间弯曲布置输送线路，实现在垂直面和水平面内的拐弯，可绕过各种障碍物，而不需要中间转载，因此线路布置简单，故障率低，维修量少；可提高输送倾角，物料被输送带围包在里面，通过侧压力及物料与输送带内表面之间的摩擦力作用，提高了输送倾角，充填系数越大，倾角越大，最大可达 30°。

3.4 管状皮带性能特点

输送物料被包围在管状胶带内输送，物料不会散落及飞扬，也不会因刮风、下雨受外部环境的影响，这样避免了因物料的散落而污染环境；胶带被6只托辊强制卷成圆管状，可减少发生皮带跑偏现象，节省土建和设备投资，并减少了故障点及设备维护和运行的费用；管状带式输送机自带检修通道，能以较小的弯曲半径实现空间运行；由于输送带形成管状，其直径仅为相同普通带式输送机带宽的1/3，减少占地和费用；创建了排矸运输环境。由于管状皮带是封闭运输，物料全部由皮带包裹不外漏，杜绝了沿途抛洒物料、粉尘、污染周围环境的问题。

3.5 管状皮带运输需注意的问题

管状皮带管径500 mm，设备技术特征要求输送物料最大粒度不超过200 mm。所以在生产、运输过程中要确保超径的物料不能进入管状皮带物料仓，防止大块物料进入运输系统危及设备安全运行；生产过程中要控制好入料闸门开度，入料量不可超过300 t/h，否则可能造成胀管事故；安装时在管状皮带运输机机尾安装缓冲床，可减轻矸石块对皮带的冲击，保护皮带。

4 铺设地沟皮带设计

根据我矿安全生产实际情况，鉴于现有地面排矸运输系统运输能力不足等一系列的现状，考虑到安全、环保、建设投资及运营成本诸多因素，建议采用地沟式TD75型带式输送机往矸石山碴仓运送矸石。

4.1 铺设方案

铺设方案采用普通的带式输送机为主运输矸石，选用带宽1 m，H型皮带支架，槽型托辊；挖设地沟式皮带走廊，水平铺设皮带，地沟宽度为3 m左右，高度为2.2 m左右；铺设带式输送机机头为矸石山碴仓，终点为筛选公司煤场；现有皮带矸石仓采用小皮带搭接到主皮带上；选煤厂矸石排出采用小皮带搭接到主皮带上。

4.2 带式输送机运输矸石的优点

带式输送机可实现矸石的连续运输，效率高，影响时间短；运送量较大；运送距离可以延伸至相当长的长度；在机体全长中的任何地方都可以装料和卸料；安装、维护、保养较容易。

4.3 带式输送机运输矸石的缺点

其缺点是产生的粉尘较大，影响皮带走廊的视线；由于矸石的装载量不均匀，容易发生皮带跑偏现象，磨损皮带；行走路线受地形条件的制约限制；冬季容易发生皮带黏结现象；占用的空间较大，工程量大，维修不方便，还需要安装照明设施。

5 结论

煤矿要想在市场竞争中生存，经济效益要提高，科技创新和技术改造是关键。煤矿地面排矸运输系统的升级优化设计能够极大地提高运矸系统效率，在矸石仓至矸石山区间架设管状皮带或铺设地沟皮带运输，减轻了职工劳动强度，降低了排矸运输成本，争创了经济效益；可实现安全、减人、增效，创新运矸的方式；缓解矿车周转的时间和紧张局面，理顺运矸环节，矸石的运输量将大大增加。这样，既能满足排矸要求，又可节能提效，能有效地解决地面排矸运输系统的瓶颈问题，满足矿井正常生产的需要。

煤矿建筑材料输送系统的设计及应用

杨　俊，桂久超

（国投新集能源股份有限公司口孜东矿，安徽 阜阳　236000）

摘　要　在煤矿开拓建设和生产中需要使用大量建筑材料以满足不同的建筑需要，开发高效快速的建筑材料输送系统对现代煤矿建设与生产具有重要意义。论文介绍了国投新集能源股份有限公司口孜东矿采用的全自动建筑材料输送系统的设计方案和系统组成，分析了该输送系统的优势和应用效果。

关键词　煤矿矿井；建筑材料；输送系统；全自动输送技术；应用研究

0　前言

在煤矿开拓建设和生产中，需要使用混凝土、钢结构等多种建筑材料以满足不同的建筑需要，开发高效快速的建筑材料输送系统对现代煤矿建设与生产具有重要意义，例如混凝土、钢结构等。其中混凝土因为其自身的特性，往往在生产需要时才能输送至现场，混合搅拌和充填，给煤矿混凝土等建筑材料的输送和存储带来困难。国投新集能源股份有限公司口孜东矿在国内率先采用德国奥科（OLKO）机械公司提供的全自动建筑材料输送系统。

本文将对口孜东矿所采用的全自动建筑材料输送系统的设计方案和系统组成进行介绍，并分析其优势和应用效果。

1　全自动建筑材料输送系统的组成

全自动建筑材料输送系统是由奥科机械公司根据口孜东矿的要求设计的。该系统由地面站、中转站、工作面站、管路和控制系统五个部分组成，其中中转站根据矿井建设的延伸可分为一级中转站、二级中转站和三级中转站等。整个系统采用干燥后的压风作为输送建筑材料的动力。

1.1　地面站

地面站作为建筑材料输送系统地面总站和总控制中心，固定于地面通过耐磨管路将地面的混凝土料输送至井下，并通过通信系统对各站进行检测和控制，它主要包括：一个用于存储建筑材料干料的 150 m^3 立式筒仓、固定筒仓用的龙门架和安装在集装箱内的串联式输送系统，用于将建筑材料通过风力输送至井下的中转站料仓。

立式筒仓由一个容积为 150 m^3 圆筒形钢板料仓、一个卸料圆锥体和一个钢制基座构成。筒仓安装在一个龙门架钢制基座之上，移动式基座安装在门式混凝土基础上。在筒仓顶部安装有一个载荷约为 250 kg 的电动起重机，筒仓配有带气动闸阀的进料管道、压缩空气管路和料位、压力传感器，在入口处设置水分离器用以干燥空气。

地面站的串联发料器和控制系统集中安装于集装箱中，其中串联发料器包含两个压力罐和切换闸阀。压力罐设计的最大操作压力为 1 MPa，每个压力罐的容积为 0.5 m^3。整个发料和电气气动控制系统安装在集装箱内，具有隔震、隔音、稳定、运输安全以及易于维护的特点。0.5 m^3 规格串联发料器包含的主要组件有框架、计量螺杆、螺杆驱动单元、空气分配器、右压力容器、左压力容器、测量和调节管段(该段管路与压力容器相连接，配套有阀门、传感器，用于测量和调节压力罐输入输出的压力)。串联发料器由位于串联发料器上方的料仓进行加注。对串联发料器的压力容器进行交替加注时，进料翻板和一个容器的排气口打开，叶轮闸门电机开启，叶轮闸门开始转动，建筑材料进入压力容器。压力容器中的料位传感器报告建筑材料加满后，该压力罐建筑材料加注过程结束，转而加注另一个压力容器。随建筑材料进入压力容器内的气体通过排气管路返回到上游的料仓内。当下游中转站向料仓发出要料请求时地面站开始供料，已注满建筑材料的压力容器与筒仓阻断，并受到压缩空气作用同时定量螺杆的电机开启，卸料翻板打开，建筑材料被压入到计量螺杆中，通过计量螺杆定量进入输送管路，随压风输送入井下中转站。为了改善建筑材料的流动性能，避免形成桥接造成堵塞，发料过程中会对压力容器的环形喷料装置施加压力。压力容器顺利排空后，卸料翻板关闭，容器压力随排气管路排放到料仓中。

1.2 中转站

各级中转站的结构完全相同。第一个固定式中转站位于井下－967 m 水平，沿着巷道离井筒的水平距离为 100～150 m，中转站的定位平行于巷道。该中转站包括一个螺杆料仓、一个串联发料器和油水分离器；料仓主要用于从输送空气中分离出的干燥建材并暂时储存，并在需要时将建材输送到下游的装置中。料仓被设计为可变的模块式建筑系统，可以扩展和改装。口孜东矿所配套的料仓 20 m^3 的规格尺寸中有约 15 m^3 容量可用于保存干燥建材。料仓的主要组件包括槽式螺杆、螺旋轴、气力输送装置、驱动单元、垫圈、料仓罩、紧凑型过滤器等。料仓通过输送管直接从地面或者从上游的中转站供应建筑材料。在料仓中建材与输送空气相分离，输送空气经由过滤器清洁后排放到外界环境中。料仓配有压力和最大、最低料位传感器用于监测料仓压力和料位，当满仓时停止向上一级中转站或地面站发送要料请求，料位低时将会向上一级发送要料请求。当下游中转站或工作面站发出要料请求时，料仓将自动开始填充流程，螺杆电机启动通过减速机带动给料螺杆转动，将建筑材料挤入气动送料器中，同时不断向气动送料器输送建材。随着压风不断地吹入气动送料器，造成建筑材料流态化，并在压力空气的携带下流经输送软管进入串联发料器的压力容器中。通过串联发料器的建筑材料再继续由风力经耐磨管路输送至工作面站或下一个中转站。中转站的设计最大建筑材料干料输送能力为 10 m^3/h，最大输送距离约为 1 500 m。

为了保证物流输送的连续性，各级中转站中也设有串联发料器，该串联发料器包括安装在同一个框架上的两个压力罐，最大操作压力为 1 MPa，每个压力罐的容积为 1 m^3。串联发料器的发料过程与地面站相同。

1.3 移动式工作面站

可移动式工作面站主要用于将干燥的建材与水混合，并作为混凝土供应给巷道充填支护使用。为了能够跟随巷道掘进或巷修进度，工作面站配有向前推进的自移行走机构，整个设备悬挂于现有的单轨吊轨道上。移动式工作面站主要包括一个 10 m^3 料仓、混凝土泵、行走机构和止回装置的重型悬挂装置、电气和气动控制系统。料仓主要用于从输送空气中分离出干燥建材并暂时储存，并在需要时将建材输送到下游的消耗装置中。料仓被设计为可变的模块式结构，可以扩展和改装。口孜东矿目前所配套的规格为 12 m^3，有约 10 m^3 容量可用于保存干燥建材。料仓的主要组件包括槽式螺杆、螺旋轴、气力输送装置、驱动单元、料仓罩、嵌入料仓中的紧凑型过滤器等。料仓中的建筑材料干料通过自带的卸料螺杆输送到气动送料器中，再由气动送料器输送至充填泵漏斗中在充填泵中混合搅拌最后输送出到需要充填的位置。料仓配有压力和最大、最低料位传感器用于监测料仓压力和料位，当满仓时停止向上一级中转站或地面站发送要料请求，上一级中转站停止供料。料位低时将会向上一级发送要料请求。

料仓装置通过输送管直接从地面或者从上游的中转站供应建筑材料。在料仓中，建材与输送空气相分离。压缩空气经由过滤器清洁后排放到外界环境中。通过电机带动给料螺杆转动，将料仓中的建筑材料挤入气动送料器中。建筑材料自气动送料器中被输送入混凝土泵中。

配套的混凝土活塞泵为普斯迈斯特提供的煤矿多用途混凝土/砂浆泵，如图 1 所示。该泵为带 S 型摆管的双油缸活塞泵；驱动油缸由液压站驱动，两个驱动缸之间通过液压连接，即一个油缸伸出时另一个油缸返回。同时 S 型摆管做与油缸工作时序相同的摆动，在驱动油缸和输送缸之间安装有水箱，以实现以下功能：① 对输送缸活塞和活塞杆进行冷却；② 清洗输送缸内壁；③ 用于检测液压缸是否泄漏。当一个输送缸在返回行程过程中吸入料斗中材料的同时，另一个输送缸则处于伸出行程从而将原先吸入的材料推送到运输管路中。

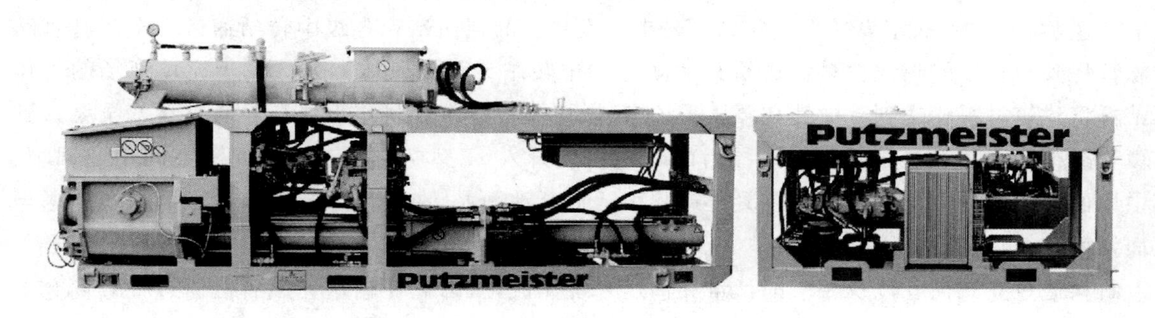

图 1　柱塞式混凝土泵

1.4　控制系统

口孜东矿建筑材料输送系统的控制系统带有以太光纤连接，还提供 OPC Server 用于 PLC 数据通过 OPC 传输(图 2)。系统的控制由可编程序控制设备实现，共有 3 个区域对建筑材料输送系统进行控制，分别是：地面建筑材料输送系统控制站、中转站控制站和工作面设备控制站，且所有控制区域均通过光纤连接。

2　系统工作原理

口孜东矿建筑材料输送系统在本矿主要用于巷道延伸(壁后充填、回填、混凝土喷浆)。该系统将建筑材料运输至工作面设备全过程采用无人化的自动操作模式，只有操作混凝土泵以及在维护和检修时才需人员参加。该系统采用气力输送方式，用于输送干燥的建筑材料，所输送的建筑材料必须是可流态化的颗粒建筑材料，以便于气力输送，其螺杆料仓装置上只能处理最大颗粒直

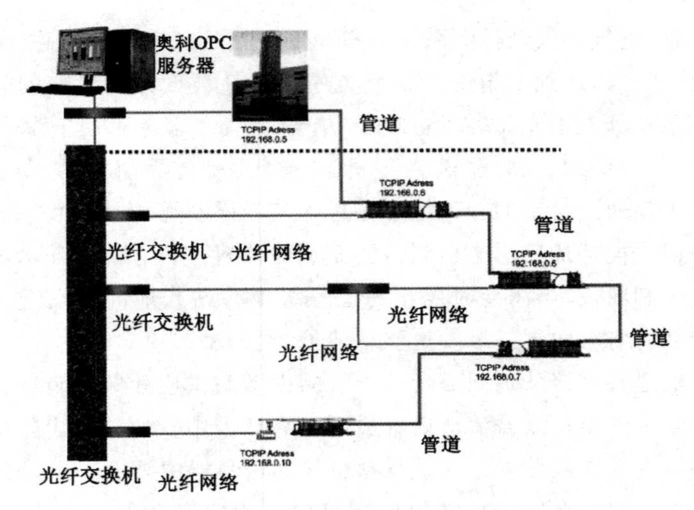

图 2　建筑材料输送系统控制通信系统

径为 4 mm 的粉末状和颗粒状建筑材料(水泥、石英砂粉煤灰等添加剂的混合料)。该建筑材料输送系统中可以通过控制地面站的给料器,根据生产的需要补充建筑材料,控制井下工作站针对不同移动工作台站需求,将分配的建筑材料输送到目的地。

口孜东矿建筑材料输送系统的建筑材料通过风力经 1 000 m 左右的井筒管路输送至井下后再水平输送 100～150 m 至第一个中转站。带串联发料器的地面站和各级中转站通过合金耐磨管路和软管将其料仓中的建筑材料输送给其他固定的中转站或移动工作面站。位于充填现场的工作面站再将建筑材料输送到其搅拌和泵压系统中,搅拌器将建筑材料与水混合并通过活塞泵泵入到充填管路中。搅拌和泵压系统将搅拌后的建筑材料泵入 U 型棚与巷道之间间隔空间中或回填。其中地面站的混凝土干料是通过混凝土罐装车运输至地面站,在通过罐装车自带压风系统压送至地面站筒仓。

给料通过立式筒仓以及相应的计量和输送系统完成,压力罐在输送完成后会通过上方筒仓的管路和软管进行吹风。每个压力罐的吹风、给料和清空均轮流和交错进行,通过 IPC 控制在自动模式下工作,串联压力罐输送系统操作无需人员介入。中转站的料仓直接通过风力输送管路从地面系统或上一级中转站要料,建筑料在料仓中与输送空气分离,压力空气经过滤器净化排入大气,所输送的建筑材料则沉积于螺杆料仓中。料仓中的建筑材料干料通过自带的螺杆卸料机构输送到下游的气动送料器中,进而输送到串联发料器。各级中转站中都设有工作原理相同串联发料器,其压力罐由料仓经相应的计量和运输系统给料,压力罐在输送后会通过接入到上游料仓的管路和软管进行吹风。经计量的建筑材料由吹风管路中的空气流运输到井下的中转站。

建筑材料干料自动地由上述地面站系统通过风压送入到中转站,系统间通信由嵌入式现场总线系统实现。过程数据由以太网传输到地面建筑材料中央控制系统;该控制系统通过现场总线部件来控制串联式输送系统的分布式外围设备,料仓和中转仓的料位由料位传感器来监视,阀门和压力指示器通过智能现场总线部件操作。系统中整合的安全回路能在紧急情况下关闭系统;当然设备也可实现就地操作。中转站控制单元处理系统监测数据并控制风流,根据正在使用的施工设备来优化性能;故障和监测数据均传输到地面中央控制系统,用于优化系统性能和能耗。也可通过矿方自己的网络将信号传送至矿井监控中心。带现场总线的控制设备可控制包括从上游的中转站给料在内的工作面设备运行。地面站、中转站和工作面站之间可进行双向通信，可以在任何一个站查看和控制其他站的工作情况。

3 使用效果

为了更明显地展示全自动建筑材料输送系统在煤矿矿井中运用的优势，本文将建筑材料输送系统与传统的矿车运输系统进行对比分析，其结果如表1所列。

表1　两种不同输送系统的运用效果对比

MTS建筑材料输送系统	矿车运输系统
水泥与粉煤灰、石英砂等建筑材料混合运输，在工作面站充填泵中与水自动混合并充填	沙子和水泥分开输送，到达使用现场后再人工混合加料充填
全自动工作，仅在工作面需2～3名操作和现场巡视人员	每个工作环节交接点都需人员参与
在地面准备建筑材料	在地面准备建筑材料
易于实现支护充填和沿空留巷	不易实现支护充填和沿空留巷
可实现高效简便及快速充填	很难实现不同工作面的同时施工
全过程封闭式运输，无粉尘污染	开放式运输，易产生粉尘污染

在传统运输方式中，副井上口装罐笼需要2～3人，副井下口出罐笼需要2～3人，在工作面需要1人驾驶蓄电池电机车，1人警戒，在使用地点需要2人卸车；喷浆/充填时需要2人上料，1人操作喷浆充填。在整个运输和使用环节，相互衔接工序较多，容易因工人疏漏或保护措施不到位造成工伤事故。且在运输和使用过程中会产生大量的粉尘，危害人员健康。

采用该建筑材料输送系统后，实现了建筑材料运输的自动化全封闭输送，从地面站筒仓至井下使用地点的全过程中均无需人员值守，只需在充填泵的位置安排2～3人操作机器，全程只需安排1～2人巡视即可；沿途全部自动化封闭运行，安全，无粉尘。

4 结语

煤矿井下建筑的安全是煤矿安全生产和管理的重要内容，井下建筑材料的质量和输送技术已成为井下建筑施工质量与安全的重要保障。采用全自动建筑材料输送系统，能够广泛地运输煤矿矿井建设和生产所需的干性建筑材料，且不影响井筒的提升，显著缓解了副井提升压力，提高采矿效率(特别是巷道掘进支护)、提升副井提升效率、提高煤矿产量；系统能实现自动控制，操作和维护人员少；能实现对现有混凝土输送搅拌一体化，提高混凝土的质量稳定性和巷道施工的安全性。

参考文献

[1] 林江.气力输送系统中加速区气固两相流动特性的研究[J].浙江大学学报(工学版)，2004，38(7)：893-898.
[2] 王成军，沈豫浙.应用创造学[M].北京：北京大学出版社，2010.
[3] 王绪友.煤矿地面粉煤灰制浆站自动输灰技术[J].煤矿安全，2007，38(3)：18-19.

平巷单轨双向调车装置研究与应用

幸莫军，刘焕石，范宝贵

（兖州煤业股份有限公司杨村煤矿，山东 济宁　272118）

摘　要　杨村煤矿六采区轨道集中巷是为整个六采区服务的主要水平运输巷道，担负着采区物料、矸石、采煤工作面支架等设备设施的运输任务，是采区提升运输的咽喉和关键环节。为解决原六采区轨道集中巷2部小绞车对拉运输占用人员多、效率低的问题，通过研究论证，结合现场实际在六采区轨道集中巷设计安装单轨双向调车装置，实现平巷单轨双向气动调车运输，既减少运输人员，又提高采区运输效率和安全可靠性，达到减人提效的目的。

关键词　调车机；单轨；双向运输；气动控制

0　前言

六采区轨道集中巷位于杨村煤矿南翼，是薄煤层综合机械化开采采区的主要轨道运输巷道。六采区轨道运输系统由六采区辅助轨道上山、六采区轨道集中巷、六采区轨道上山组成，采区辅助轨道上山和轨道上山均采用大绞车提升运输，六采区轨道集中巷总长200 m，集中巷内两端布置有临时倒车、换钩的车场，巷道两端各安设1台11.4 kW小绞车，采用2台小绞车对拉运输。对拉绞车运输存在摘挂钩环节多，占用岗位人员多，倒车、连车占用时间长，运输效率低的问题。为此，通过对现场的分析和研究，决定对运输方式重新进行改造，设计安装单轨双向调车装置，解决现场存在的实际问题。

1　研发背景

（1）六采区轨道集中巷运输方式采用传统的小绞车对拉运输。在连接运输车辆钩头时人力推车至摘挂钩地点，利用2台小绞车对拉，完成运输作业。

工艺弊端：推车人员与车辆直接接触，发生危险无法躲避；人力推车安全隐患多，需要辅助作业人员多，劳动强度大；工艺复杂，需要人工摘挂小绞车钩头；容易出现2台小绞车司机操作配合不好问题，造成车辆掉道事故，存在安全隐患。

（2）单轨双向调车运输工艺，使用井下压风为动力，风动马达驱动调车装置实现运输车辆，具有结构简单、远距离操作控制、安全可靠，维护和检修方便、占用人员少、运输效率高等优点。

2　方案设计

（1）单轨双向调车装置的结构组成。

本调车装置是一种无极绳形式的调车装置，主要部分有迂回轮装置、推车到位装置、推头小车、推头倒下装置、托轮装置、推车跑道、安装底架(含压板)、牵引钢丝绳、改向轮装置、转弯轮装置、纠偏轮、驱动机构(含驱动摩擦轮、驱动轮轴、减速机、驱动机构座、联轴器、驱动器)、张紧小车、张紧跑道、张紧气缸、反冲洗过滤器、气源处理器、控制操作台、张紧控制箱、钢丝绳托辊、限位立轮等部分组成。

(2) 工作原理。

① 以井下压风为动力，采用无极绳牵引方式，系统简单可靠，具有牵引平稳、冲击力小、过载自动保护等特点，推车速度可根据现场需要调节。驱动摩擦轮上的牵引钢丝绳通过纠偏轮、转弯轮装置、改向轮装置导向进入推车跑道外侧。在弧型轨道上开豁口，钢丝绳通过限位立轮改向过道岔。在推车区域首尾端，钢丝绳通过迂回轮装置迂回、定位，进入推车跑道内，连接推头小车。推车区域内托轮装置将钢丝绳托起，防止钢丝绳下垂磨绳。

② 操作控制操作台，经过滤后的压风进入驱动器，驱动器运转，输出扭矩，将风能通过曲轴、活塞连杆机构转变成机械能。减速机吸收驱动器转速经无级变速箱变速，达到减速效果，使其扭矩增加。操纵控制操作台上旋钮前进或后退，驱动轮轴带动驱动摩擦轮产生正反向运转，经牵引钢丝绳牵引达到正、反两个方向走绳。牵引钢丝绳带动推头小车前进、后退。推车到位时，推头小车头部碰到推车到位装置，松开钢丝绳，推头小车停止推车。

③ 推车调车过程：当一串车到达推车区域时，操作人员操作控制操作台，直道推头小车推动一串车向前运行，当一串车推车过道岔，道岔前推头小车接住矿车继续向前推至变坡点前道岔，实现双向推车、调车的目的。

(3) 主要技术参数。

① 工作介质：干燥压缩空气；

② 工作压力：0.45～0.7 MPa；

③ 环境温度：－10～＋55 ℃；

④ 额定推力：≥9.8 kN；

⑤ 行程：147 m；

⑥ 推移矿车数量：≤10 辆；

⑦ 工作方式：自动、远控；

⑧ 推车速度：15～40 m/min；

⑨ 轨距：600 mm；

⑩ 空气相对湿度：＜98％(温度＋25 ℃时)；

⑪ 一次最大调车数量可达 10 辆 1 t 矿车。

3 关键技术及创新点

(1) 调车装置采用两头迂回轮实现钢丝绳回转，推车轨道与轨枕连接。推车头高度保证矿车的通过，推矿车车挡，高度为轨面以上 35～50 mm，同时保证电机车的通过。推车机范围要确保各类车辆能够顺利通过，推车作业完成后，推车头落下，推车机各部分的最大高度不高于轨面 40 mm。

(2) 驱动形式为单轮摩擦驱动。绳衬材质为 QH235，推车时钢丝绳不得打滑。

(3) 牵引绳轮纵向间距为600 mm,推车轨道为压板连接,弯道采用限位立轮限位,立轮结构为双轴承支撑,立轮直径为100 mm。

(4) 牵引钢丝绳通过导绳轮能够可靠限位,钢丝绳不脱落。推车滑道、推车头及其他附件不妨碍绞车钩头、钢丝绳的运行。推车滑道的连接处必须过渡顺畅,无卡阻,推车头往返自如。

(5) 推车头只有在推车时处于抬起状态,推车头后退至待推车位置时,推车头能够自动落下,不推车时推车头处于平卧状态,不自行抬起。

(6) 推车机头在推车到位后,能够自动脱离钢丝绳,不影响过道岔推车的运行。

(7) 推车机头为双向推头,两推头互为闭锁,能够进行双向推车,并实现弯道机械调车。

(8) 本装置为气动控制运行方式,为了保障运行平稳安全可靠,控制柜设置压风过滤装置,控制柜采用按钮操作,并设置紧急停止按钮,在遇到压岔、掉道时可紧急制动,系统设置留有备用气路,当气路出现故障时,可随时更换另一路动力。

(9) 控制柜在进风前设置润滑喷油装置,可调节进油量大小,以保证各阀件及运行机件的充分润滑。

(10) 推车机控制台上的操作按钮标明功能名称,防止误操作。

(11) 推车装置设集中控制台对两组道岔,一个推车马达(一组使用,一组备用)。

4 效益分析

(1) 经济效益明显。采区轨道集中巷原来每班占用2名绞车司机,4名把钩工。使用调车装置后,每班安排2个人,1名把钩工,1名调车装置操作工。与人工推车相比,每班减少4人。仅减人提效一项,每年可节约人工费约28万元。

(2) 劳动强度大幅降低。安装使用调车装置后,消除了把钩工人力推车、连接钩头的工作量,降低了劳动强度,促进了安全生产。

(3) 该系统一次可推移多辆矿车,运行距离长,推力大,且具有过载自动保护功能、远程控制功能,大大提高了辅助运输的安全性,提高了运输效率。

(4) 使用调车机装置后,消除了因绞车司机操作配合不好,造成车辆掉道的安全隐患,提高了运输的安全可靠性。

(5) 该调车装置投资少、结构简单,故障少,便于维护和检修,易于推广使用。

5 结论

根据建设本质安全型矿井和提高辅助运输机械化水平的要求,升级改造运输工艺和提高自动化水平,解决了人力推车问题和绞车对拉运输落后的工艺,实现调车、推车机械化。把钩人员远程操作提高了安全可靠性。采用压风动力,清洁可靠,具有较好的推广应用价值。

气动迈步式辅助运输机构设计与研究

阮学云,吴吉莹,丁恒,刘丹丹,马强强

(安徽理工大学机械工程学院,安徽 淮南 232001)

摘 要 井下设备在特殊无轨地段的辅助运输是研究井下安全运输的重要课题,本文针对目前矿井下短距离辅助运输存在的不足,提出一种基于气动技术的三足迈步式行走机构,并设计出一套针对此机构的气动系统且进行了验证试验。该机构采用压缩空气作为动力源,利用 PLC 控制系统实现自动化控制,经实验验证表明:该机构工作稳定、性能安全可靠。

关键词 辅助运输;气动技术;迈步式行走;PLC 控制系统

0 引言

煤矿井下辅助运输承担着拉矸、送料、运煤、运人等重要任务,是煤矿企业生产运输的关键环节。目前,煤矿井下辅助运输的方式主要有两种,一种是有轨运输,一种是无轨运输。这两种运输方式在目前的煤矿井下辅助运输中发挥着重要的作用,在未来的发展中具有广阔的应用空间。小型煤矿井下辅助运输中大部分的煤矿井下所应用的是有轨驱动运输车辆,井下作业在特殊或狭小地段短途辅助运输中难以提升效率,而且极易出现生产事故。目前世界上的主要产煤国及一些采煤技术先进的国家,井下无轨辅助运输车辆的应用已经非常广泛。我国大中型煤矿井下辅助运输已经普遍采用无轨胶轮车、无极绳连续牵引车、单轨吊、卡轨车、蓄电池电机车、各型绞车等装备,种类较多,规格齐全。而针对小型煤矿井下特殊地段短距离辅助运输的研究较少,其中主要面临以下问题:

(1) 环境复杂,特殊地段不便铺设轨道或轨道铺设成本高;

(2) 人力有限,井下重型设备零部件、维修件等难以搬运或运输效率低;

(3) 井下空间有限,现有辅助运输设备无法使用或调用困难,实用性不高。

针对目前存在的问题,为满足快速推进综采工作面的要求,研究一种安全、适用于小型煤矿井下无轨地段短距离辅助运输机构,对开采过程中节省人力物力、提高运输效率、减少井下安全隐患有着重要意义。

1 迈步机构及其原理

为克服上述现有小型煤矿井下无轨短途辅助运输的不足,本文设计出一种结构简单、操作灵活、负荷能力强的机构,可实现小型煤矿井下特殊环境下短距离辅助运输工作,且工作稳定、安全高效。

迈步式行走是机械设计中常用的仿生学结构，利用间歇式的循环行走过程实现机构的稳定移动，且可利用其迈步推进力小、结构紧凑及锁紧可靠等优点对机构进一步设计。

本机构采用迈步式行走原理，其机械结构包括上、下承重板、两组三足机构、推拉气缸、转向机构等。三足机构如图 1 所示，由滑轨、支撑气缸、支撑足等组成，通过连接杆和球铰相互连接，实现安装在三足机构上的三组支撑气缸同步动作。推拉气缸两端分别连接三足机构中的一支气缸和承重板，实现三足机构沿滑轨滑动，其中滑轨安装在承重板上。

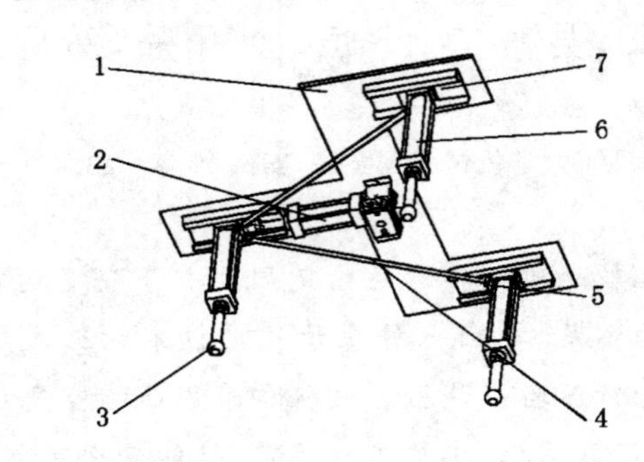

图 1　三足机构结构图

1——承重板；2——推拉气缸；3——支撑足；4——连接杆；
5——球铰；6——支撑气缸；7——滑轨

利用气动技术设计整体迈步式行走结构如图 2 所示，采用压缩空气作为动力源，气缸作为执行件，通过控制迈步行走机构中支撑气缸和推拉气缸的伸缩实现两组三足机构的交替迈步，使机构在承重状态下连续迈步行走。

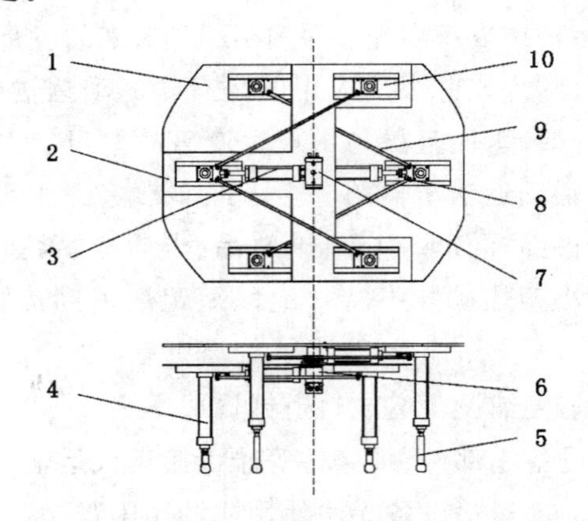

图 2　迈步式行走机构机械结构图

1——上承重板；2——下承重板；3——推拉气缸；4——支撑气缸；5——支撑足；
6——转向机构；7——MSQ 摆动气缸；8——球铰；9——连杆；10——滑轨

转向机构包括轴承、摆动气缸等，其中 MSQ 摆动气缸可实现整体机构在运输过程中的转向，其结构剖视图如图 3 所示，推力轴承和深沟球轴承分别承受载重轴向力和偏重剪切力。

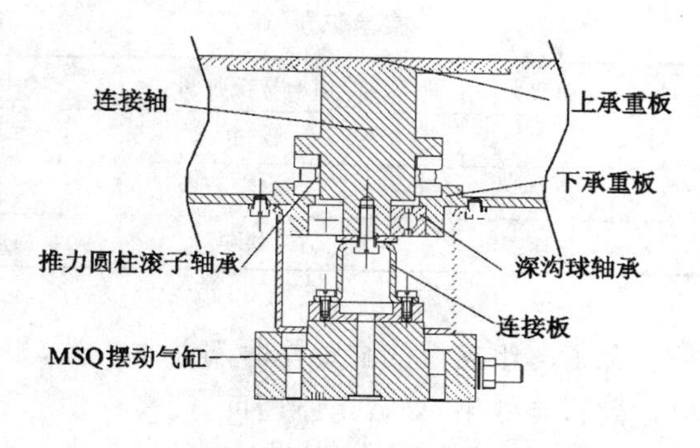

图 3　转向机构剖视图

2　气动系统设计

2.1　气动控制原理

本机构的气动控制系统,包括气源设备、气源处理元件、气动执行元件和气动控制元件等。气源依次通过电磁换向阀、减压阀、调速阀,控制迈步行走机构中支撑气缸、推拉气缸的伸缩,实现三足机构的交替迈步;通过电磁换向阀、减压阀控制转向机构中的 MSQ 摆动气缸实现运输过程中的转向。

2.2　气动验证实验

为对此气动系统可行性进行验证,本文根据气动原理图展开了相关验证实验。实验根据机构设计将相同型号的 6 个支撑气缸、2 个横向气缸、1 个摆动气缸按照气动原理图线路进行连接,实验器件连接如图 4 所示。

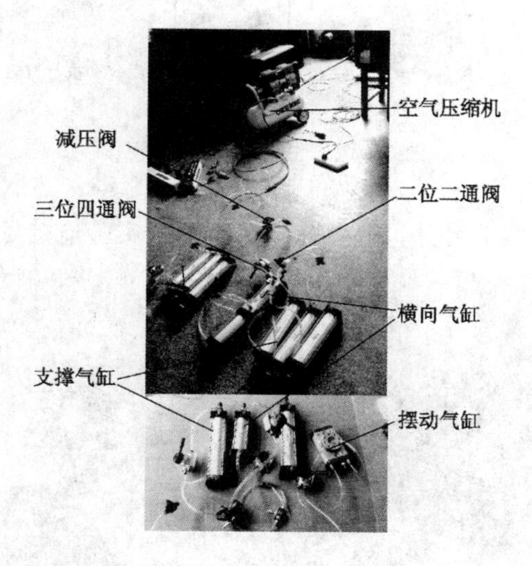

图 4　气动系统验证实验

为便于控制,实验中将电磁阀替换成相应的手动阀,根据机构动作要求控制相应的气动阀,实验验证的本机构的行走原理及相关参数记录见表 1。

表 1　　实验记录　　实验气压：0.5 MPa

动作元件	数量	预期动作	预期动作时间	实际现象	是否符合要求
支撑缸	3×2	动作一致	较快	基本一致	是
推拉缸	2	动作一致	快	基本一致	是
摆动缸	1	快速摆动	快	快速摆动	是

实验发现在气压稳定的情况下每组支撑气缸动作时间基本一致，根据气缸动作时间控制每组气缸和推拉气缸的伸缩可以达到行走效果，该行走原理可行。

3　气动控制方案设计

机构动作过程，主要是对连接气缸的电磁换向阀的控制。本文选择 PLC 控制系统作为自动化控制工具，实现其并行工作。通过上位机程序输入 PLC 控制系统，进而控制各电磁换向阀线圈的通断实现气缸动作的自动化控制。图 5 为 PLC 控制气动系统驱动框图。

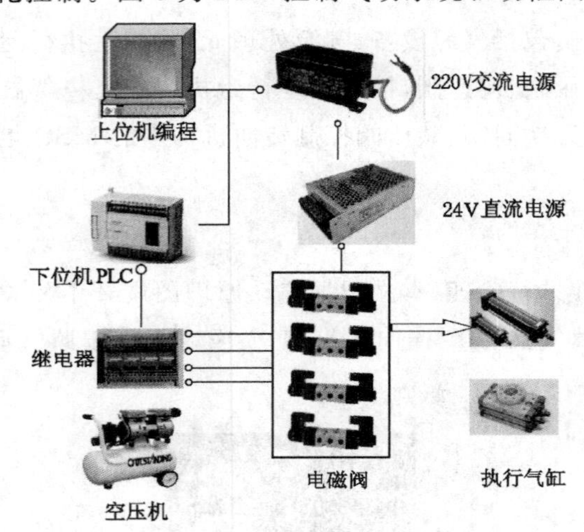

图 5　PLC 控制系统驱动框图

根据气动系统原理连接气动元件，具体 PLC 控制系统实验连接见图 6。

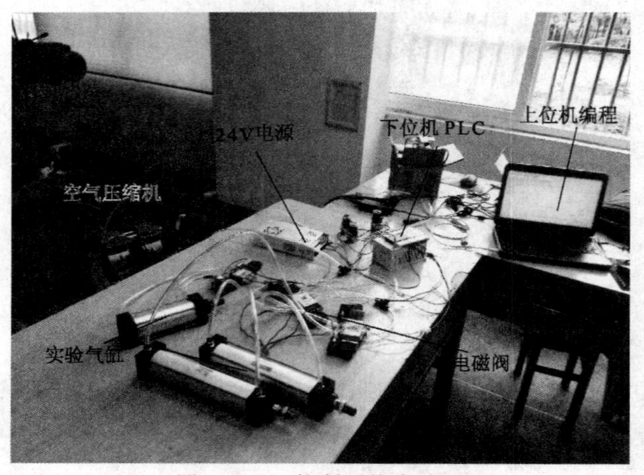

图 6　PLC 控制系统实验图

3.1 行走控制

在保证承重气缸推杆一次往复时间与推拉气缸一次伸长/收缩时间相同的前提下,设初始状态所有气缸处于收缩状态,其行走控制如下:

(1) 二通单线圈电磁阀Y线圈得电,压缩空气进入整个气动系统;

(2) 控制二位二通电磁阀Y1线圈、二位二通电磁阀X2线圈同时得电,使三足机构Ⅰ中三组支撑气缸伸长支撑地面同时两推拉气缸推杆推出,机构前进一步;

(3) 同一段时间内,推拉气缸推出后二位二通电磁阀Z1线圈得电,完成三足机构Ⅱ中三组支撑气缸对地面的支撑;

(4) 进入下一个时间段,三足机构Ⅱ支撑气缸保持伸长状态,二位二通电磁阀Y2线圈得电,三足机构Ⅰ中三组支撑气缸收缩,与此同时二位二通电磁阀X1线圈得电,推拉气缸推杆收缩,机构前进第二步;

(5) 同一段时间内,在推拉气缸收缩后二位二通电磁阀1Y1线圈得电,完成三足机构Ⅰ中三组支撑气缸对地面的支撑。

如上程序循环,通过PLC控制电磁阀线圈高电平得电,低电平失电,实现两个三足迈步机构的循环迈步,图7为电磁阀控制时序图。

3.2 转向控制

机构转向根据图7所示转向时序图,其控制方式如下:

(1) 控制二位二通电磁阀Z1线圈得电,三足机构Ⅱ承重并支撑于地面,二位二通电磁阀Y2线圈得电,三足机构Ⅰ支撑气缸收缩;

(2) 三位四通电磁阀M1线圈得电,控制MSQ摆动气缸动作,两组三足机构可相对转动一定角度;

(3) 二位二通电磁阀Y1线圈得电,三足机构Ⅰ承重支撑于地面,二位二通电磁阀Z2线圈得电,三足机构Ⅱ承重气缸收缩;三位四通电磁阀M2线圈得电,MSQ摆动气缸复位使两三足机构回位,实现机构转向。

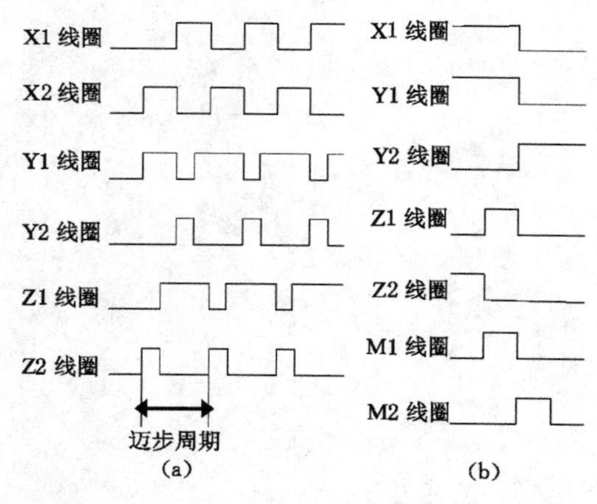

图7 各电磁阀控制时序图

(a) 迈步控制时序图;(b) 转向控制时序图

4 结论

辅助运输的发展有利于先进机械在采矿中的应用，提高采矿效率，保证矿井安全。本辅助运输机构利用迈步行走原理，采用气动方式实现迈步，并且能实现所需要的转向角度。本辅助运输机构主要具有以下创新点。

(1) 动力源为压缩空气，气缸作为执行件，可直接利用矿井下压缩空气，安全、便捷，在井下瓦斯、粉尘工作环境下具有较高防爆性能。

(2) 采用三足机构，结构稳定可靠，承重性强。

(3) 原地转向，灵活转弯，避免了因空间狭小而转弯困难的问题。

本机构的实现和应用可大大减轻矿井下特殊地段短距离辅助运输的难度，对提高煤矿生产效率和安全生产起到一定的积极作用。

参考文献

[1] 张苏敏.井下运输车辆跑车自动控制保护及定位技术研究[J].煤炭技术，2014，33(1)：76-77.

[2] 李伟.煤矿井下辅助运输的发展[J].山东工业技术，2015(9)：81.

[3] 许峰，李斌.矿井液压支架运输车的机械系统设计的优化[J].煤炭技术，2014，33(12)：298-300.

[4] 姜勇，张耀荣.煤矿井下无轨辅助运输的现状与展望[J].山西煤炭，2004，24(1)：49-53.

[5] 任巍，尹复辰.迈步式扩孔刀头多缸迈步和机械锁紧机构的设计[J].矿山机械，2014，42(9)：15-17.

[6] SMC(中国)有限公司.现代实用气动技术[M].北京：机械工业出版社，2003.

[7] 陈建明.电气控制与PLC应用[M].2版.北京：电子工业出版社，2010.

[8] 秦春斌，张继伟.PLC基础及应用教程(三菱 FX_{2N} 系列)[M].北京：机械工业出版社，2011.

浅谈一种斜巷绞车保护软件的设计

王　蒙，张锟鹏

（陕西华彬煤业股份有限公司下沟矿，陕西 咸阳　713505）

摘　要　随着经济的快速发展，安全生产的问题越来越受到人们的重视，而煤矿的安全生产则一直是其中的焦点，运输事故更是重中之重。据统计，煤矿跑车事故占矿井运输提升过程中机电事故的50％以上，而且有着上升的趋势，给煤矿的生产安全、矿工的生命安全带来了巨大的危害。因此，如何更好地做到跑车防护工作，减少该类事故的发生，就显得极为重要。本文针对上述问题突出的现象，结合分析了当今市场上的煤矿跑车防护装置类型及存在的问题，提出并研究设计了一套基于iFIX组态软件控制的煤矿跑车防护系统。

本文通过综述分析了该行业的现状及存在的弊端，重点介绍了斜巷绞车的工作原理及基本结构，并介绍了绞车的八大保护，分析了现有的几种防跑车装置及其异同。介绍比较了国内外的几种组态软件，详细介绍了iFIX组态软件及其应用领域、发展趋势、特点等。结合跑车防护的要求制定出了一套行之有效的工作思路，运用iFIX进行软件设计，按照工艺要求设计出一套基于iFIX控制的煤矿井下斜巷绞车保护系统。该系统较以往的控制方式，大大提高了可靠性、实用性，值得推广，为煤矿安全生产以及我国经济的快速发展做出贡献。

关键词　斜巷绞车保护；防跑车；iFIX；组态软件

1　绞车概述

绞车，指通过卷筒上的钢绳或者链条来提升、下放或牵引的装置，有的又叫做卷扬机。绞车即能独立使用，又用作吊重、修路和煤矿等运输，但因为其相对价格较低，适用的场合多耐特殊复杂艰苦的环境，移动方便而被应用在各种各样的场合。它既可以应用于基建行业，又可应用于水利水电等行业，如南水北调的提升水的提升机；其最重要的应用莫过于在煤矿的运输中，担负着运送工作人员、采矿设备、煤等的任务。本文主要介绍其用于矿山的斜巷绞车保护。

2　绞车的特点及用途

绞车具有以下特点：它可以用在各种地方、结构设计完美、占地面积小、本身相对轻，但是它所能牵引的重量大而且本身的移动容易，因而大量用在建设行业、水利水电、采矿等行业。它可以牵引0.5～350 t的重物，绞车一般有快慢两种。它的技术指标有额定负载、支持负载、绳速、容量绳等。

绞车主要用途：第一种用作煤矿的运输提升和下放，包括工作人员运送、采煤机械和生产必需品的运送，运送煤和矸石等开采出来的物料；第二种是用作煤矿井下的运输，如井下的调度、井下的矿车运送等。

3 斜巷绞车的保护

绞车的保护主要有:过卷保护、失速保护、超负荷和欠电压保护、限速保护、深度指示器实效保护、闸间隙保护、断绳保护、减速功能保护等。本文主要研究防跑车保护,包括失速和松绳保护。

3.1 过速保护

过速保护是指离心机运行时,能把工作转速限制在该机或转头最高允许转速内的保护装置。当上升的速度大于最大速度的15%时,必须可以自动地停止供电,还可让保险闸发挥它的制动功能。

3.2 松绳保护

所谓松绳保护是指正在运行的绞车的牵引大绳突然脱落,这种情况下,绞车的大绳将会从紧绷的状态突然失去拉力变得松弛,相当于一个两端被拉紧的弹簧突然一端被松开,弹簧将会向一端弹去,对没松的一端的附近的人员造成巨大的威胁。而装有松绳保护的绞车的大绳一旦从滚筒掉下来就会触发松绳保护开关,使保护开关打开从而停止对绞车供电。

4 绞车保护的原理

绞车保护的光控原理如图1所示。利用光学系统发射或接收被测对象的红外线辐射,并将这些辐射能汇聚到探测元件上,由探测元件将辐射能转变为电信号。确定矿井正常的提升速度为标准信号,一旦矿车速度超过标准信号,探测元件将输出控制信号传送到控制器(PCL),通过PLC控制继电器的触点动作来控制挡车栏的运动,使其达到防跑车的作用,如需复位只要通过人工启动按钮即可。该装置平时为常开式,不超速,不动作,所以故障少,使用方便,安全可靠,自动化程度高,适应于坡度10°～35°的斜井。

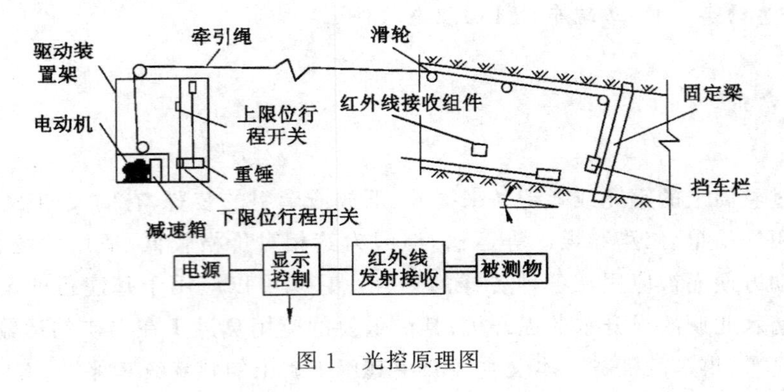

图1 光控原理图

5 iFIX组态软件及工作原理

组态有设置配置之意,它通常指通过对软件采用非编程的操作方式,使软件乃至整个系统具有某种指定的功能。具体来说,用户对计算机控制系统的要求千差万别,开发商不可能为每个用户单独开发控制系统,只能是事先开发出一套具有一定通用性的软件开发平台,生产或选择若干符合通用标准的硬件模块,然后再由开发商或用户自己按照实际需求在此平台上进行二次开发。

这种软件的二次开发工作就称为组态。因此组态软件可描述为:通过使用灵活的组态方式,为用户提供快速构建工业自动化控制系统监控功能的一种通用层次的软件工具。

组态软件通常又被称为人机界面 HMI(Human Machine Interface)/监控与数据采集 SCADA (Supervisory Control and Data Acquisiiton)软件,因为在组态软件最初出现时,主要是解决人机界面和计算机数字控制的问题。随着软件技术的发展和用户对计算机监控系统功能要求的增加,又加入了联网通信,实时数据库和通用 FO 接口等功能。

iFIX 是 Intellution Dynamics 自动化软件产品家族中一员,它可以为批处理提供高级的解决问题的方法,它通过关系数据库把 iFIX 的监控数据信息采集和管理融合在一块,不管是对一个独立的监控单元或者大的网络,iFIX 都是一个理想的选择。

由以上分析可知,组态软件有着实时多任务处理、接口开放、使用灵活、功能多种多样化、运行安全可靠等优点。

iFIX 的工作原理如图 2 所示。首先,从过程硬件中得到的数据,通过 I/O 驱动,映射到驱动的映像表之中,这里驱动映像表被看作是内存中的一个数据区域,可以分成很多抽象的邮箱,数据就这样存入了映像表里。这样,通过对驱动映像表的访问,设计人员可以看到 iFIX 接受到的信息。然后,通过扫描、报警、控制程序,数据信息将被传到过程数据库之中,这样,操作人员就可以在 View 里对数据库中的数据信息进行操作了。

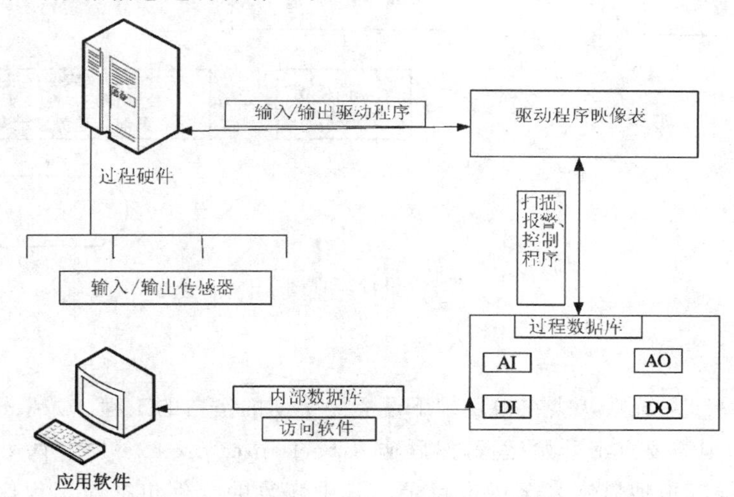

图 2　iFIX 的工作原理

一般地 ,I/O 设备驱动程序和扫描报警控制程序、过程数据库组成了 iFIX 软件的数据采集和管理功能,一个 SCADA 节点就是包括过程数据库、运行输入输出驱动程序和 SCADA 程序的独立单元。在这个基础之上,iFIX 可以实现数据的全面集成。这个独立单元是 iFIX 系列软件的核心内容,主要包括监视报警控制、保存和数据归档、生成和打印报表,绘图和视点创建数据等许多显示的方式。

6　软件设计

6.1　设计顺序

先在电脑上安装 iFIX 组态软件并新建一个工程。在新工程中安装 I/O 驱动器并根据用户需求结合 PLC 地址分配情况对驱动器进行配置并建立 iFIX 数据标签。建立 iFIX 画面,画面可以先用别的绘图软件画好,应用 iFIX 的位图功能建立画面,再对画面建立动画连接。并建立 Access 关系数据库保存报警信息和数据查询信息并提供历史数据查询、趋势显示功能。

设计流程图如图 3 所示。

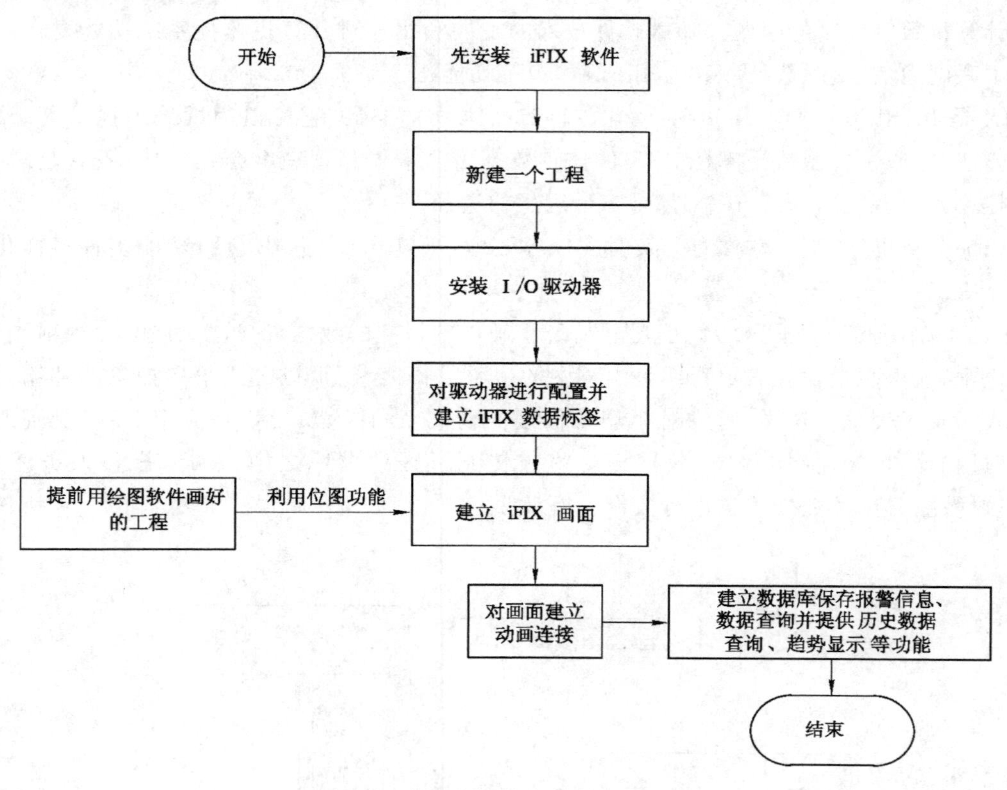

图 3　设计流程图

6.1.1　建立 iFIX 工程

安装好 iFIX 软件,系统默认会在根目录下建立一个新的空白的工程。如果想要在指定的文件夹下新建一个工程,则需要点击开始运行,然后输入 backuprestore.exe/factory default,启动"工程项目恢复与备份向导",把项目恢复至指定目录。其中恢复的文件包括应用程序文件、历史文件、本地文件、数据库文件以及画面文件。这样就在指定目录中建立了一个 iFIX 最小系统,这个系统就是对其二次开发前的系统,尚无数据库、画面、驱动等。通过 iFIX 系统配置按钮,可对 iFIX 的启动路径进行配置,把原来的启动路径配置成新建的路径,然后启动新建的 iFIX 工程。

新建画面如图 4、图 5 所示。

6.1.2　系统配置

对系统配置之后可以指定系统所在的本地服务器将要拥有的功能,包括:文件存放位置;建立安全规则;与节点建立网络连接;发送报警和操作员信息;使用 SCADA 选项;装载 I/O 驱动程序;装载数据库;运行程序。

首先,在打开 Intellution WorkSpace 之前应该正确启动和配置 SCU。若是在 Intellution WorkSpace 的状态下,在需要改变设置的时候,能够从应用程序的工具栏上点击 SCU 按钮或在系统树下进行系统配置。

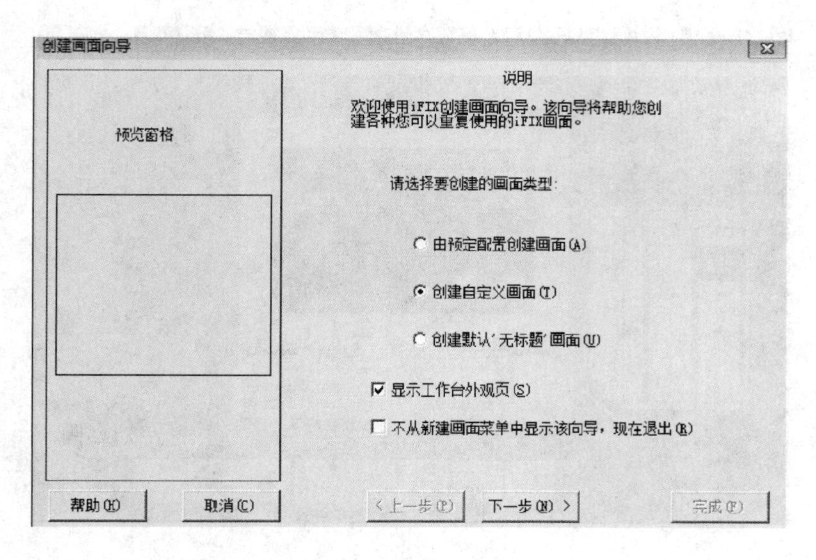

图 4　新建画面

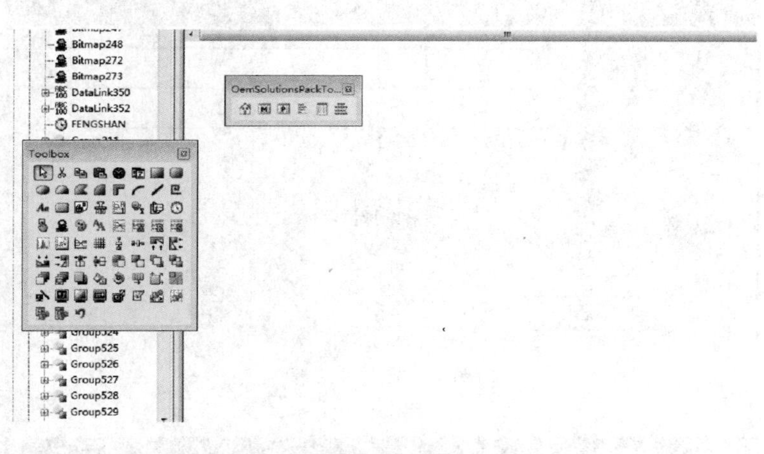

图 5　新建成的画面

主 SCU 窗口显示了可用的选项和工具的图形及图标，可以单击该窗口的许多区域得到相关的对话框，如图 6 所示。

在显示器里有节点名、数据库，这些都是可以自己定义的，双击其中的任意一个，就可以修改。例如，双击节点名，弹出一对话框。如图 7 所示就可以修改本地节点名、逻辑节点名以及数据库名。

在此次绞车的演示系统中，由于没有现场，所以用的是模拟的驱动(SIM-Simulation Driver)，但是如果在实际的应用中，要选出相对应的驱动程序，根据下位机中 PLC 的选型不同而不同。由于下位机中选用的是西门子的 S7-300，所以驱动程序应该用 MPI。在工具箱中点击第 4 个 SCADA 配置对话框，就可以配置驱动程序，如图 8 所示。

在启用了 SCADA 后，选择相应的数据库，就可以在 I/O 驱动器名称添加进 MPI 驱动。这样驱动程序的配置就完成了。

在工具箱中，有几个按钮，每个按钮都有它的功能：

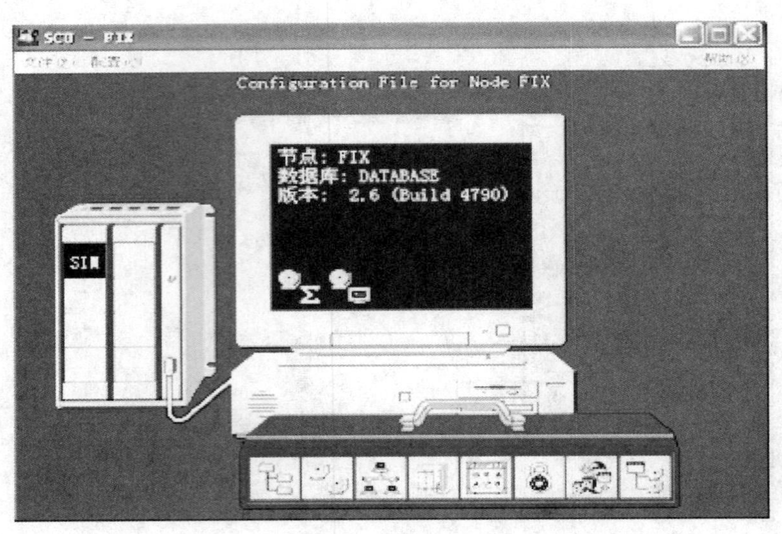

图 6　主 SCU 窗口

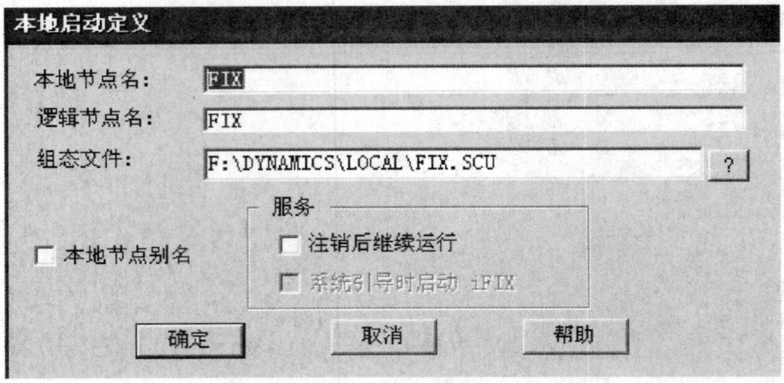

本地启动定义
本地节点名: FIX
逻辑节点名: FIX
组态文件: F:\DYNAMICS\LOCAL\FIX.SCU ?
服务
本地节点别名
注销后继续运行
系统引导时启动 iFIX
确定　取消　帮助

图 7　节点对话框

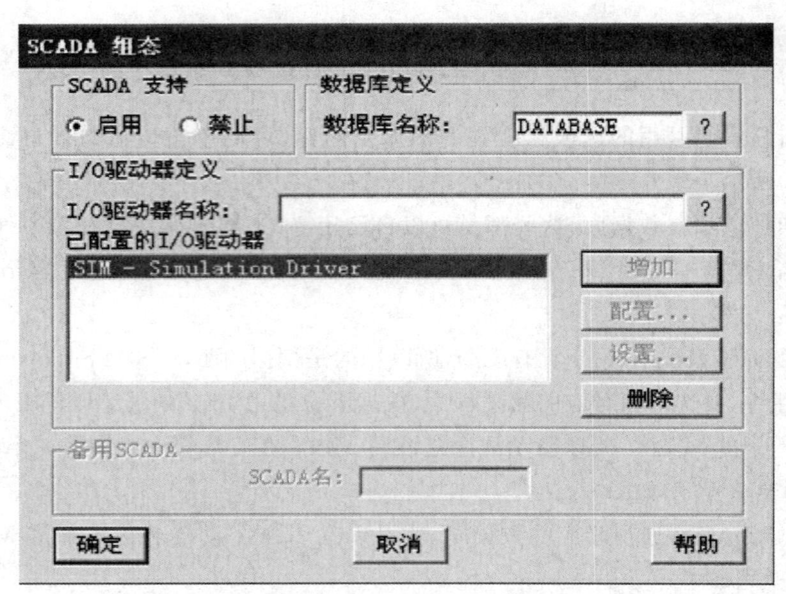

图 8　SCADA 配置对话框

(1) 路径配置对话框,让用户在 iFIX 中指定路径和名称;如图 9 所示。也就是说,以后在应用 iFIX 的工作中,所生成的各种文件,都存放到相对应的目录下面,在这可以做修改。

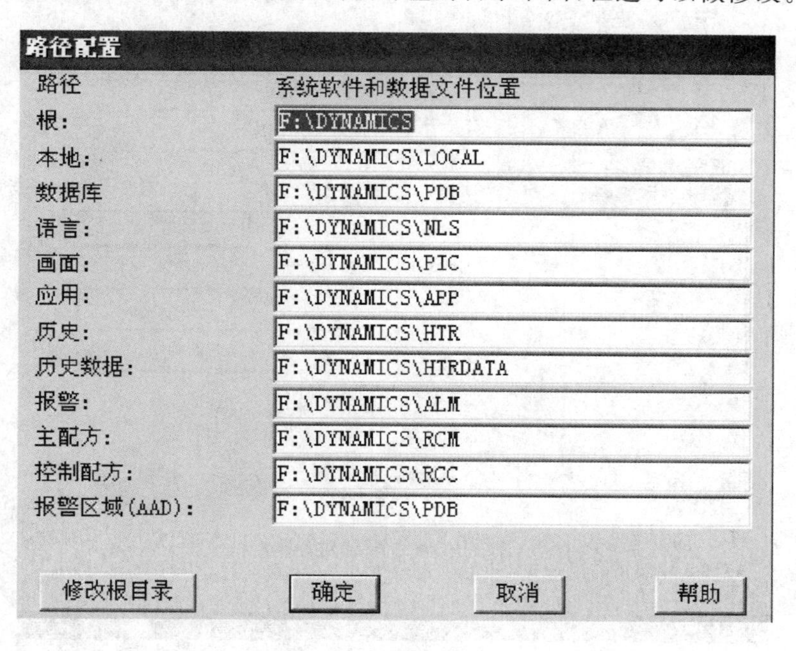

图 9　路径配置对话框

(2) 报警配置对话框:允许用户配置报警服务,如图 10 所示。在系统设计中,可能有很多个报警量,在这可以对它们启用或者禁止。

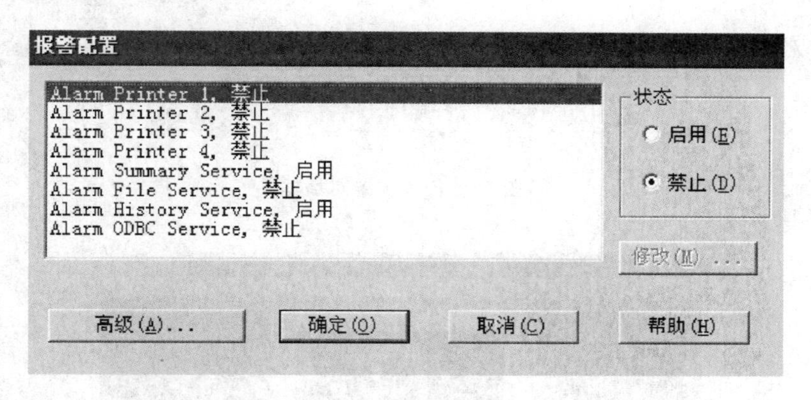

图 10　报警配置对话框

(3) 网络配置对话框:配置网络连接,如图 11 所示。可以选择 NetBIOS 或者 TCP/IP 网络,在配置好远程节点后,就可以在网络上通信了。

(4) SCADA 配置对话框:配置 SCADA 服务器。

(5) 任务配置对话框:可以在不同模式的条件下启动运行所选的任务,如图 12 所示。

可以在选择启动 iFIX 的时候,同时启动任务,在文件名里找到并添加到已配置的任务里,就可以启动,还可以选择启动方式;如图标方式或正常方式还是后台的方式。

(6) 安全配置窗口:在过程环境中配置安全,如图 13 所示。

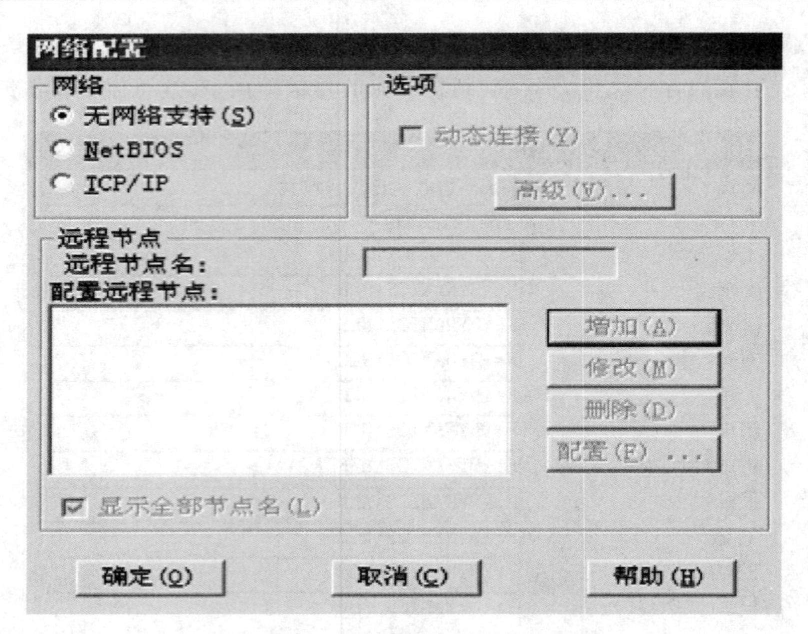

图 11　网络配置对话框

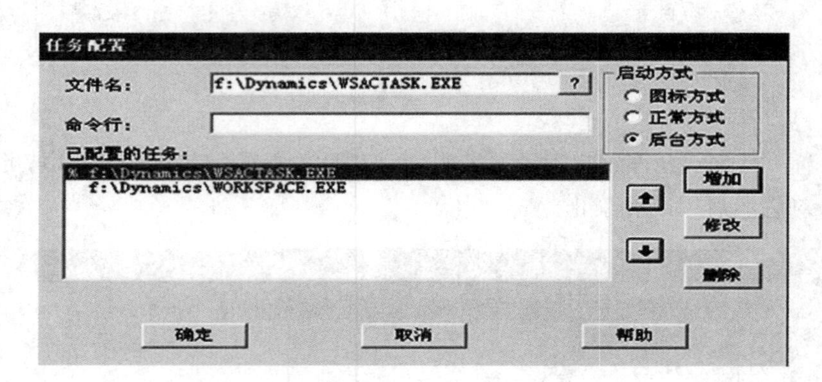

图 12　任务配置对话框

图 13　安全配置窗口

由于用 iFIX 所作的许多工程项目都是有商业的，所以有保密性质。在安全配置窗口中可开启用户密码，设定用户的使用级别(管理员或者是游客)以及各个级别所拥有的权限。

(7) SQL 账号对话框：建立一个 SQL 注册账号及配置 SQL 任务，如图 14 所示。

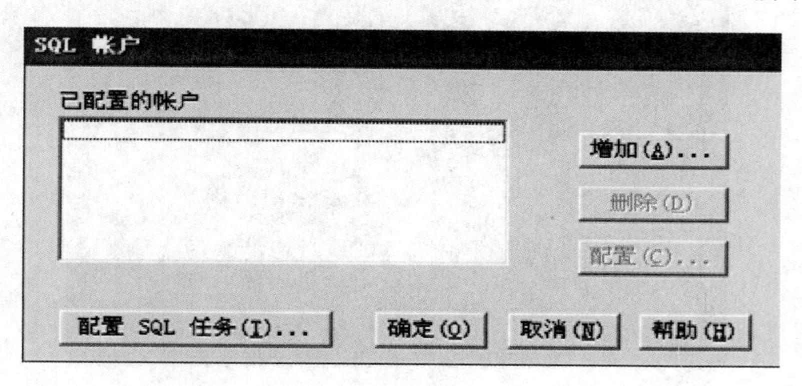

图 14　SQL 账号对话框

(8) 编辑报警区域数据库对话框：编辑报警区域数据库，如图 15 所示。

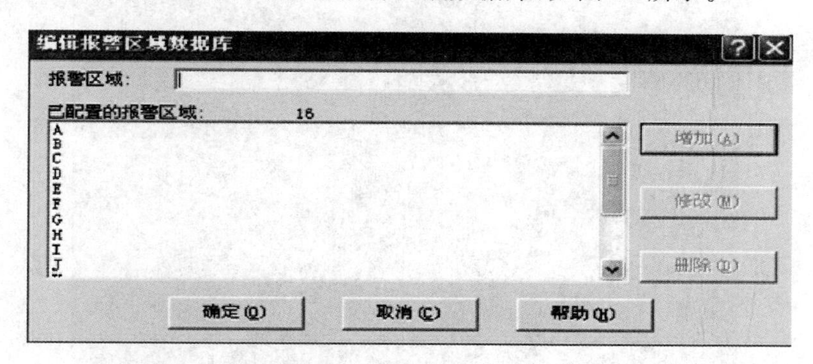

图 15　编辑报警区域数据库对话框

6.2　人机画面设计

使用过程自动化软件开发复杂画面是一件乏味且冒险的事，它需要专用的命令语言和图形格式，并且限制系统的灵活性。iFIX 提供了一种易于使用、灵活的软件解决方案，是面向对象和任务的软件开发工具。

iFIX 允许将图元文件(.WMF 格式文件)导入到画面中，使用.WMF 格式的优势是输入由单个对象组成的图像，给画面的极大的控制能力。

6.2.1　画面的可控性

在 iFIX 画面中，可直接修改组中的对象，无须将对象从组中分离出来，同时也不会丢失该组中的脚本及动画效果。

6.2.2　画面的灵活性

随着位图的格式种类越来越多，设计者可将已经有的位图加入到画面中。iFIX 很容易将位图作为一个对象导入到画面中，而且与其他 iFIX 对象一样，可以控制位图的属性。

(1) 用绘图软件绘制斜巷轨道和绞车、挡车栏，如图 16 所示。

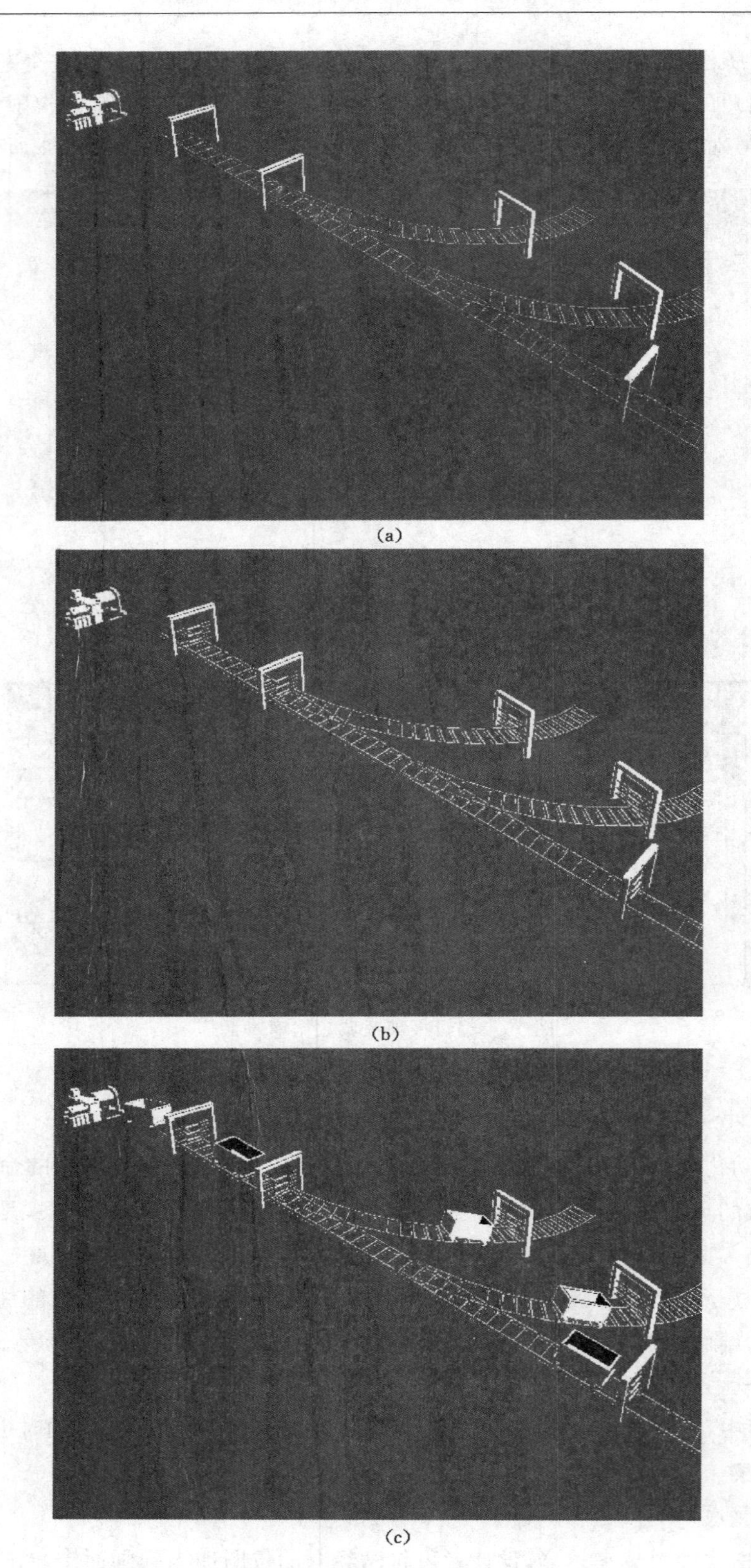

(a)

(b)

(c)

图 16　用绘图软件绘制的斜巷轨道和绞车、挡车栏

(a) 斜巷轨道；(b) 挡车栏；(c) 绞车

(2) 控制按钮，如图 17 所示。

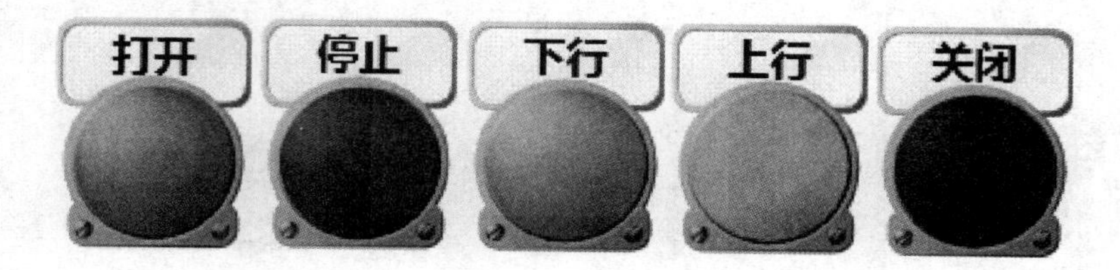

图 17　控制按钮

(3) 新建一个工程画面，如图 18、图 19 所示。

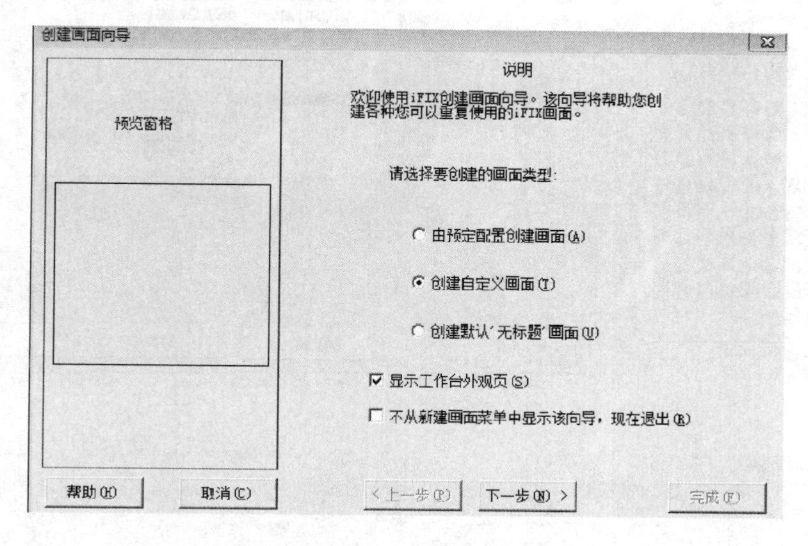

图 18　新建工程画面

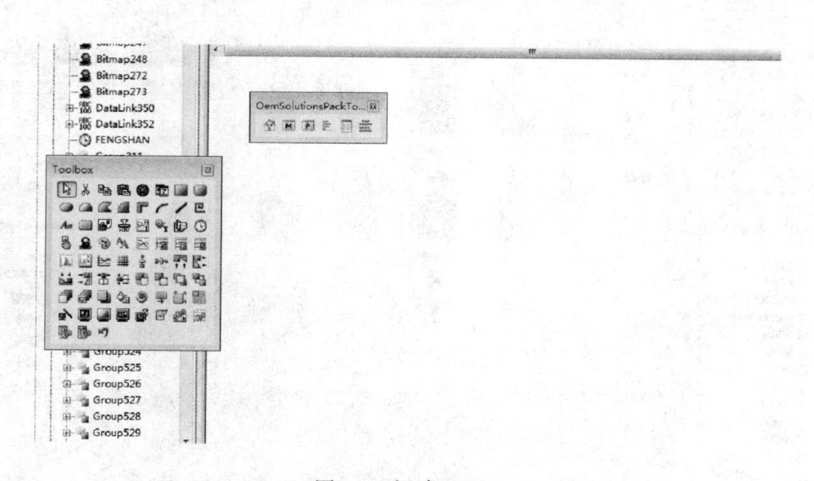

图 19　新建工程

(4) 位图功能，如图 20 所示。

(5) 绞车地址表，如图 21 所示。

(6) 报警情况，如图 22 所示。

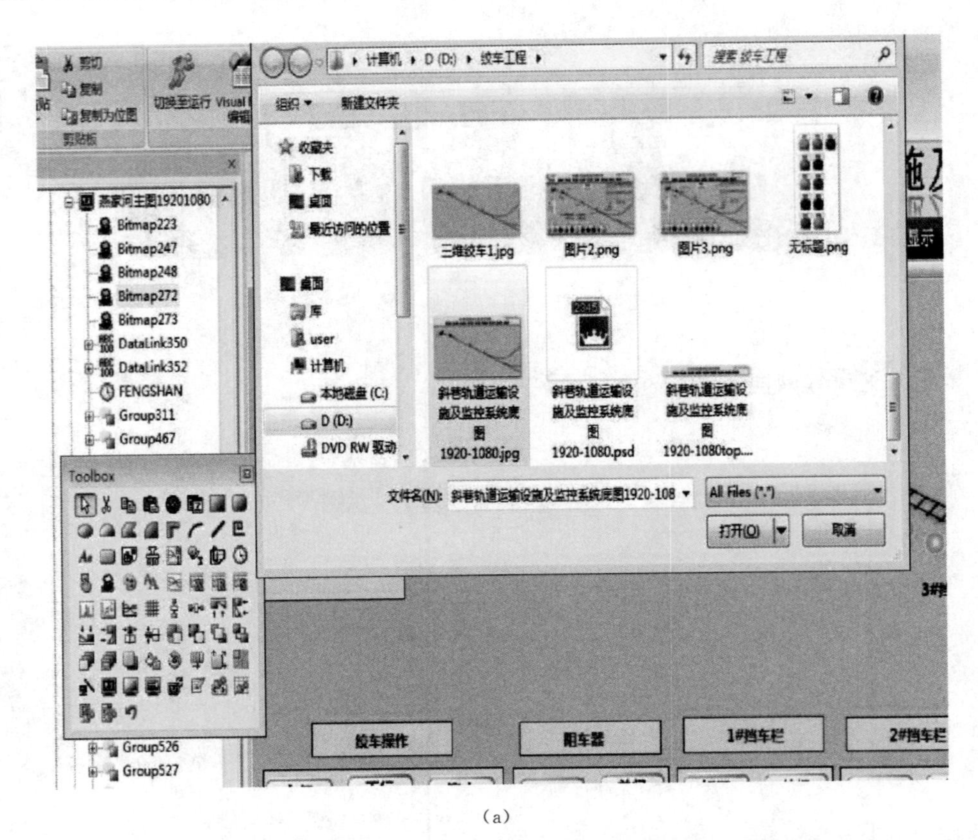

（a）

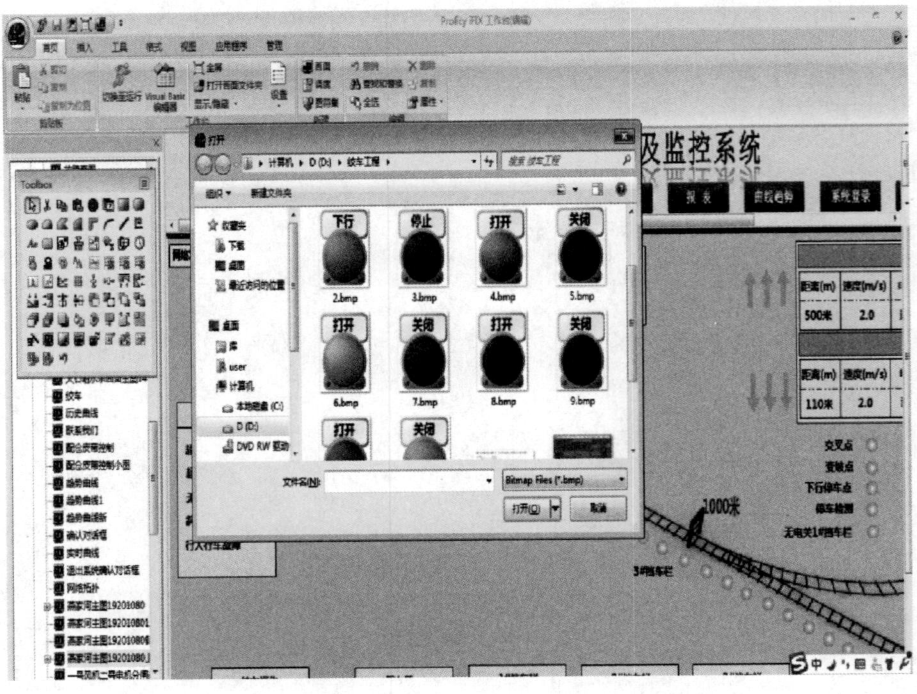

（b）

图 20　位图功能

（a）使用轨道位图；（b）使用指示灯位图

	A	B	C	D
31		D3_ZZ11	V243.1	挡车栏3手动打开
32		D3_FZ11	V243.2	挡车栏3手动关闭
33		WD_GDCL_	M20.5	无电关1 #挡车栏
34		BPD	I3.7	变坡点
35		BCD	I3.6	交叉点
36		XXTCD	I3.5	下行停车点
37		Q_DJZZ	Q1.0	上行
38		Q_DJFZ	Q1.1	下行
39		Q_ZCQZZ	Q0.0	阻车器打开
40		Q_ZCQFZ	Q0.1	阻车器关闭
41		Q_DCL1ZZ	Q0.2	1#挡车栏打开
42		Q_DCL1FZ	Q0.3	1#挡车栏关闭
43		Q_DCL2ZZ	Q0.4	2#挡车栏打开
44		Q_DCL2FZ	Q0.5	2#挡车栏关闭
45		Q_DCL3ZZ	Q0.6	3#挡车栏打开
46		Q_DCL3FZ	Q0.7	3#挡车栏关闭
47		CS_GZ	M31.6	超速故障
48		CG_GZ	M20.0	超挂故障
49		WDSC_GZ	M20.6	无电送车故障
50		XHPC_GZ	M20.7	斜巷跑车故障
51		XCXR_GZ	M21.0	行车行人故障
52		JCSD	VD416	绞车深度
53		SDZHI	VD436	速度值
54				
55				
56				
57				
58				
59				

Sheet1 Sheet2 Sheet3

图 21　绞车地址表

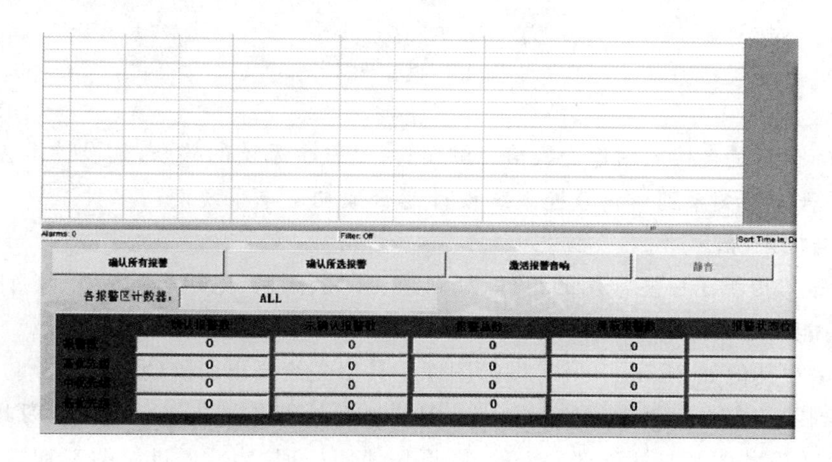

图 22　报警情况

(7) 模拟量记录,如图 23 所示。

序号	日期/时间	电机1电流(A)	电机2电流(A)
1	2013年06月07日 17:14:02	98.20	92.88
2	2013年06月07日 17:13:02	97.44	92.44
3	2013年06月07日 17:12:02	98.19	91.86
4	2013年06月07日 17:11:02	96.49	92.07
5	2013年06月07日 17:10:02	97.38	92.07
6	2013年06月07日 17:09:02	99.11	93.94
7	2013年06月07日 17:08:02	98.62	95.98
8	2013年06月07日 17:07:02	97.88	93.69
9	2013年06月07日 17:06:02	95.82	94.68
10	2013年06月07日 17:05:02	97.23	93.62
11	2013年06月07日 17:04:02	97.23	95.64
12	2013年06月07日 17:03:02	97.33	92.80

图 23　模拟量记录

(8) 曲线数据,如图 24 所示。

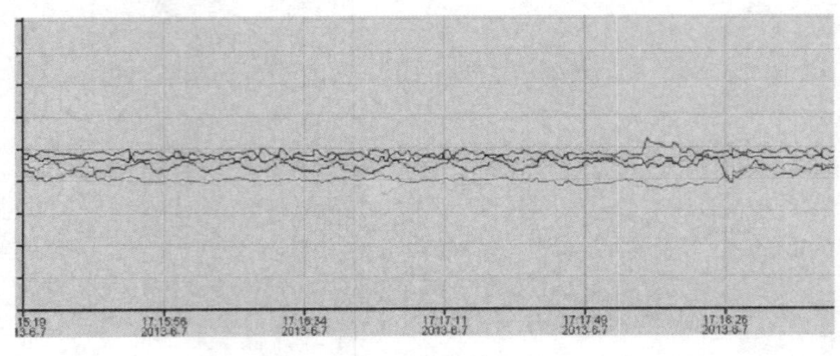

图 24　曲线数据

(9) 报警数据,如图 25 所示。

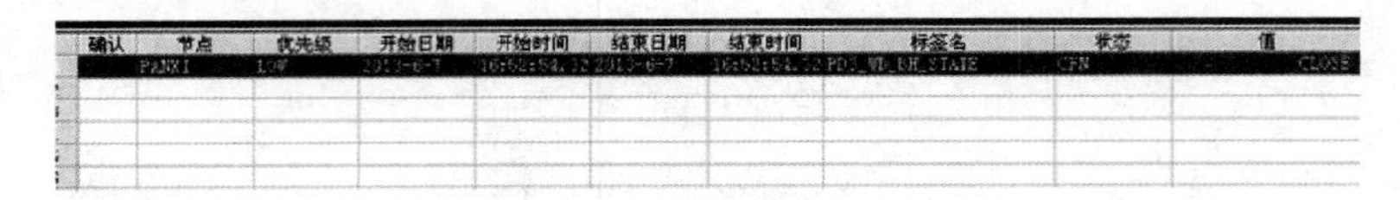

图 25　报警数据

监控系统的画面是直接与用户交换信息的窗口,是整个系统的核心,其设计是否简洁,界面是否友好,操作是否方便关系到一套监控系统设计是否成功。本系统使用多种工具,力求设计出一套实用性强的监控系统。

iFIX 的图符集提供了一些常用的组件,如轨道、开关、阀门、电机等,在实际设计过程中,这些组件有限,还不能满足实际需求,必须导入其他图形控件,例如 Reichard Software 公司的 symbool 图形库。也可以在其他如 photoshop 等图形图像工具中先绘制出所需的图符对象,并进行处理,再直接将其导入到图符集中以供重复使用。矿井斜巷涉及的设备复杂,种类繁多,因此,使用了这一特长,设计画面的设备图都是从外部导入的,图形先使用处理,然后通过位图工具导入。这种图形导入工具,使得设计画面图形不局限于内部的工具,可以充分利用外部工具进行开发,使得图形界面更加生动形象。

各个系统严格按照现场设备布置方案设计,界面中对于绞车的操作,红色表示停止,绿色表示上行,蓝色表示下行。阻车器绿色表示打开,红色表示关闭。挡车栏设有三道,严格遵守一坡三挡的防跑车保护措施。三个挡车栏分别用六种颜色区分,挡车栏的两种状态是打开与关闭。根据设备种类,每台设备都设计了不同的监控点,轨道报警点较多,有超速故障报警、超挂故障报警、无电送车故障报警、斜巷跑车故障报警、行人行车故障报警等。设计完成的画面如图 26 所示。

6.2.3　添加并定义数据链接

"数据链接"是灵活的数据显示工具,用来显示过程数据库的文本和数据信息,"数据链接"提供访问任何数据源,允许数据输入,具有灵活的显示格式,可定义输出错误信息。

6.3　数据库

6.3.1　过程数据库

iFIX 系统的核心是过程数据库。过程数据库是一个从过程硬件输入和输出过程数据的"房子",它由结构化的标签或块组成。标签(或块)是结构的独立单元。数据块可以接收、检查、处理

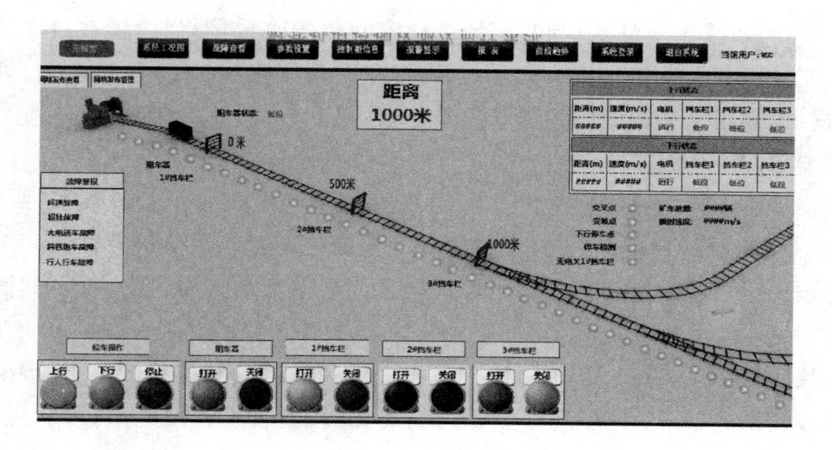

图 26　设计完成的画面

并输出过程数值,它包括一级标签和二级标签两种类型。一级标签的大多数数据来自于 DIT,大多数有扫描时间,一般与 I/O 硬件相联系。二级标签大多数从前一标签(链的前一块)发送或接收数据,根据输入完成特定的功能,可以完成计算或存储输入,不能是链中的第一个数据块。最常用的是数字量输入点、数字量输出点、模拟量输入点和模拟量输出点数据块,如图 27 所示。

标准块			
模拟量报警	模拟量输入	模拟量输出	模拟量寄存器
布尔	计算	数字量报警	数字量输入
数字量输出	数字量寄存器	事件动作	扇出
信号选择	文本	定时器	累计
趋势	扩展趋势	多态数字量输入	

图 27　二级标签数据

(1) 模拟量输入

AI——模拟输入,每次扫描、报警、控制程序(SAC)扫描块时,从 I/O 驱动器或 OPC 文件服务器发送和接收模拟数据。

特点:一级块,可以作为单独块;当其值超过规定的限值时报警;当设置在自动方式下,从 I/O 驱动器或 OPC 文件服务器发送和接收数据;当设置在手动方式下,从操作员输入、脚本、程序块或数据库接收数据;可被用于基于变位和基于时间处理的链中。

(2) 模拟量输出

AO——模拟输出,每次从前一块、操作员、程序块、脚本中接收的模拟数据发送到 I/O 驱动器或 OPC 文件服务器。

特点:一级块,可以作为单独块;可被用于基于变位和基于时间处理的链中;当 iFIX 运行或数据库重载时,可以读回当前 PLC 的值;当数据库初始化时,值仅可读回一次。

(3) 数字量输入

DI——数字量输入,每次扫描、报警、控制程序(SAC)扫描块时,从 I/O 驱动器或 OPC 文件服务器发送和接收数字量数据(0 或 1)。

特点：一级块，可以作为单独块；当其值超过规定的限值时报警；当设置在自动方式下，从 I/O 驱动器或 OPC 文件服务器发送和接收数据；当设置在手动方式下，从操作员输入、脚本、程序块或数据库接收数据；可被用于基于变位和基于时间处理的链中。

(4) 数字量输出

DO——数字量输出，一旦从前一块、操作员、程序块或一个脚本中接收数值，则将一个数字量(1 或 0)发送到 I/O 驱动器或 OPC 文件服务器。无论新的数据何时被送至硬件，iFIX 都处理数字量输出模块，一般来说，即使被闭锁，它们也可运行。如果作为单独块组态，每当其值发生变化时，都输出数字量信号。

特点：一级块，可以作为单独块；可被用于基于变位和基于时间处理的链中；当 iFIX 运行或数据库重载时，可以读回当前 PLC 的值；当数据库初始化时，值仅可读回一次；可从程序块或脚本接收信息。

数字量输入、输出如图 28、图 29 所示。

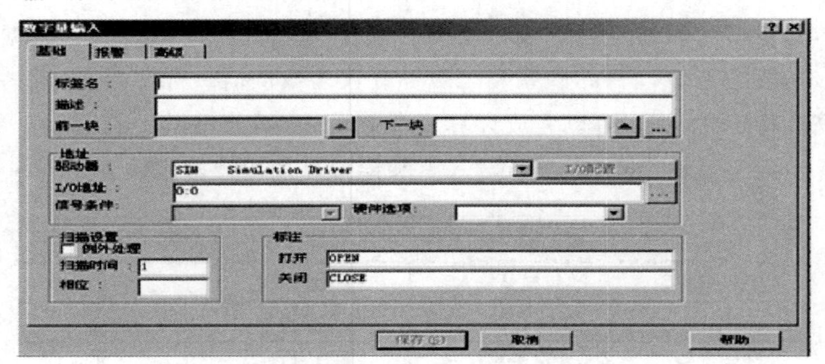

图 28　数字量输入

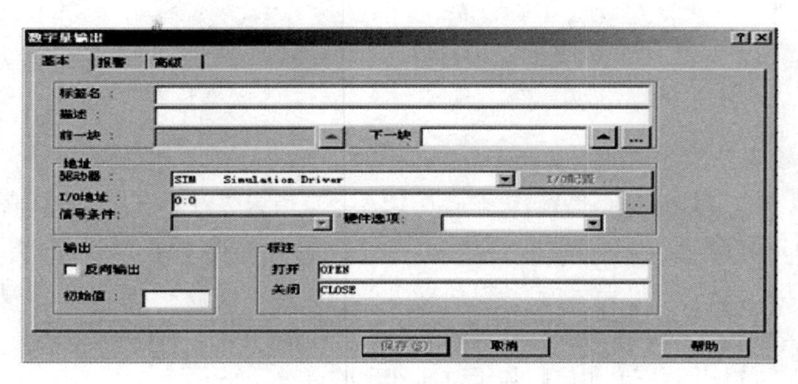

图 29　数字量输出

6.3.2　数据库编辑器

(1) 注解

① 用来创建和编辑数据库块。

② 数据库以电子数据表的形式出现。

a. 每一行是一个独立的数据库标签；

b. 每一列是一个域。

③ 数据库编辑器可以打开节点列表(SCU 中定义)中任何 SCADA 节点的数据库。

（2）特性

① 除了 GDB 文件，可导入和导出 CSV 文件。

② 在数据库编辑器和 Excel 之间导入/导出文件。

③ 数据块生产向导。

④ 用户化菜单（添加用户应用程序）。

⑤ 数据库自动刷新。

⑥ 多行复制。

⑦ 多行删除。

⑧ 冻结列。

a. 用户翻卷到右边时，数据库标签名列一直显示在屏幕上；

b. 同样可以选择冻结其他的列。

数据库编辑器如图 30 所示。

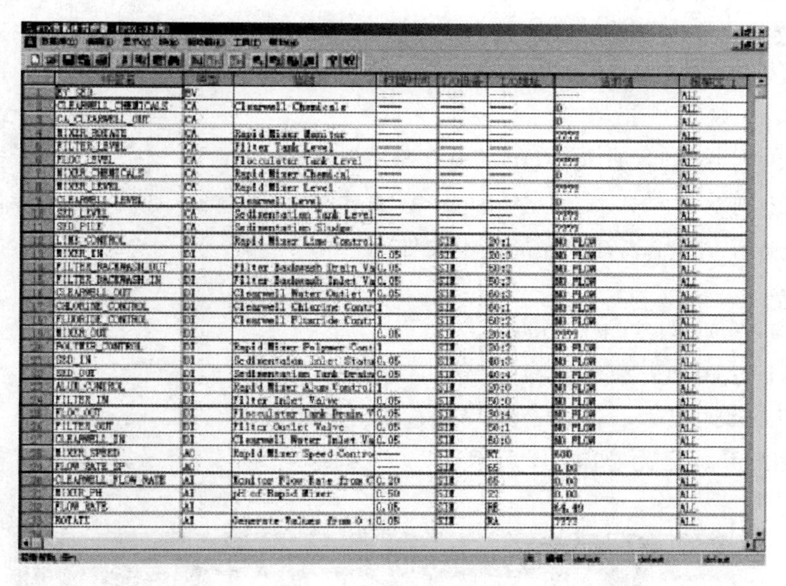

图 30　数据库编辑器

（3）打开

① 在数据库编辑器打开和显示数据库之前，首先必须建立与 SCADA 节点的连接（本地或远程节点）。

② 数据库编辑器可以显示和编辑网络中任何 SCADA 节点的数据库。

③ 从“数据库”菜单选择“打开”，显示并打开数据库。

（4）关闭

① 关闭数据库并不停止 SCADA 节点的数据库。

② 如果数据库没有保存所做的修改，关闭时数据库编辑器提示保存。

③ 从“数据库”菜单选择“关闭”，关闭当前显示的数据库。

（5）重新装入

① 当 SCADA 服务器有多个数据库时，数据库编辑器同时只能装入和显示一个数据库。

② 从“数据库”菜单选择“重新装入”,则装入该数据库并驻留在当前 SCADA 服务器中。

③ 重新装入数据库允许用户:

a. 从一个数据库切换到另一数据库;

b. 恢复数据库;

c. 完成和保存修改后,装入数据库;

d. SAC 启动时,置数据链为扫描并处理数据链。

④ 在 SCU 设置默认数据库,在系统启动时装入数据库。

数据库装入后将驻留在内存中直到重新启动 iFIX。

6.3.3 导入和导出数据库

(1) 注解

① 导出当前屏幕上的块。

② 使用文本编辑器或电子表编辑器完成较大的编辑任务。

③ 用过程数据库修改报警区域数据库。

④ 将其导入到关系数据库并进行分析。

(2) 导入和导出选项

① 导入/导出到一个 GDB 文件:用于现有的 FIX 数据库。

② 导入/导出到一个 CSV 文件:使用电子数据表编辑器编辑块时,它是一个非常有用的格式。

③ 导入/导出到一个制表符分隔的文本文件。

6.3.4 读写数据

iFIX 通过 DDE 读写 EXCEL 数据。

(1) 新建一个 EXCEL 文档,保存为 DDE.XLS。

(2) 在 DDE.XLS 的第一行第一列输入 50,然后保存。

(3) 运行 iFIX 系统配置,如图 31 所示。

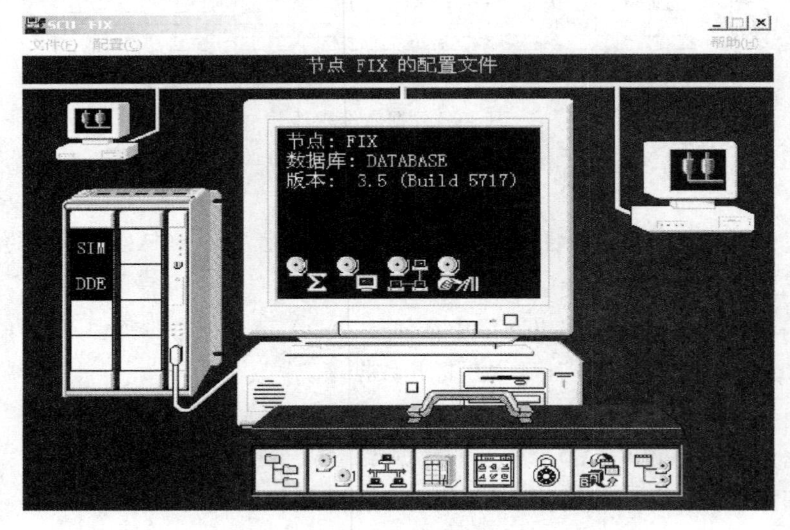

图 31 节点配置窗口

(4) 点击按钮,进入 SCADA 组态窗口,如图 32 所示。

(5) 添加 DDE 驱动,然后保存系统配置文件。

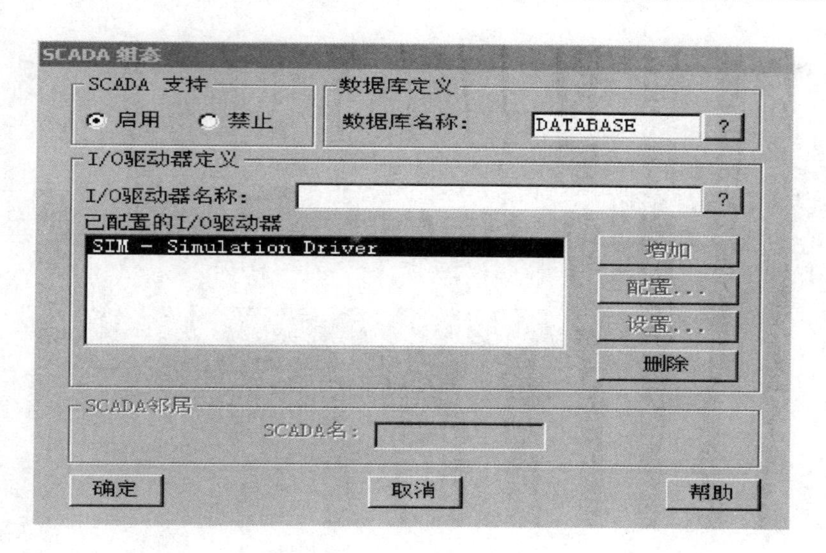

图 32　SCADA 组态窗口

(6) 运行 iFIX,打开数据库管理器,如图 33 所示。

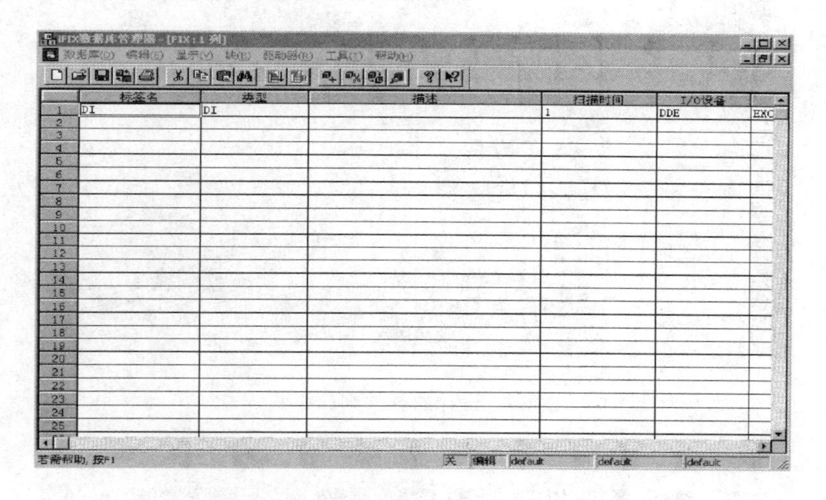

图 33　数据库管理器

(7) 添加 AI 数据块,驱动器选择 DDE 驱动,在 I/O 地址栏输入:EXCEL|[DDE.xls] sheet1! R1C1。

(8) 数据块允许输出,保存数据库。

(9) 在 iFIX 画面上添加一个数据连接,连接到该 AI 数据块。

(10) 运行 DDE.xls,然后运行 C:\Dynamics\Ddeclnt.exe,启动画面就可以读写该 EXCEL 了。

设置完成后启动软件进行系统登录获得编辑运行的权限,如图 34 所示。

最终的系统软件编辑模式和运行模式,如图 35、图 36 所示。

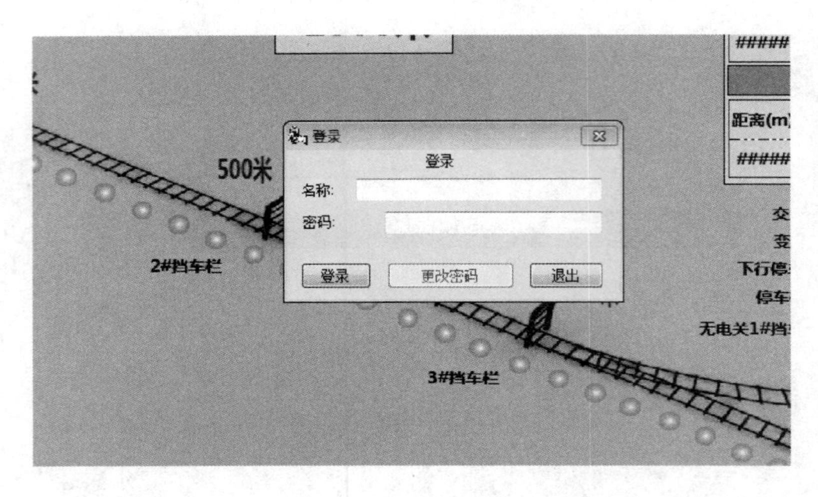

图 34　登录界面

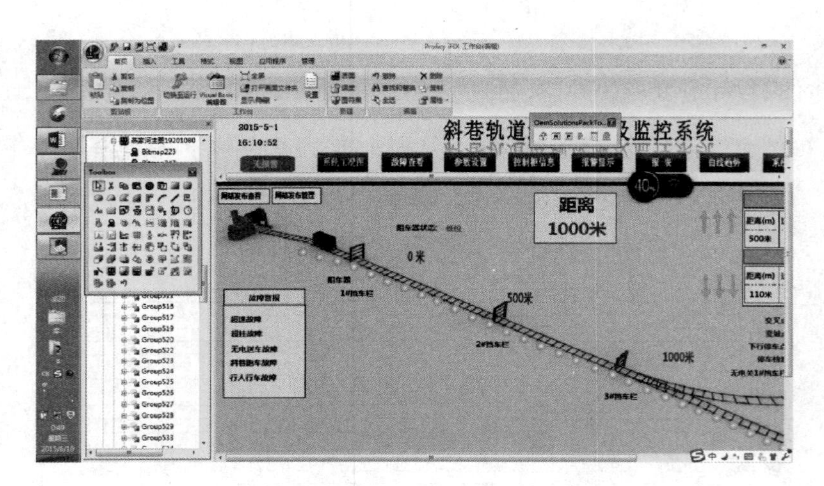

图 35　设计的软件编辑模式

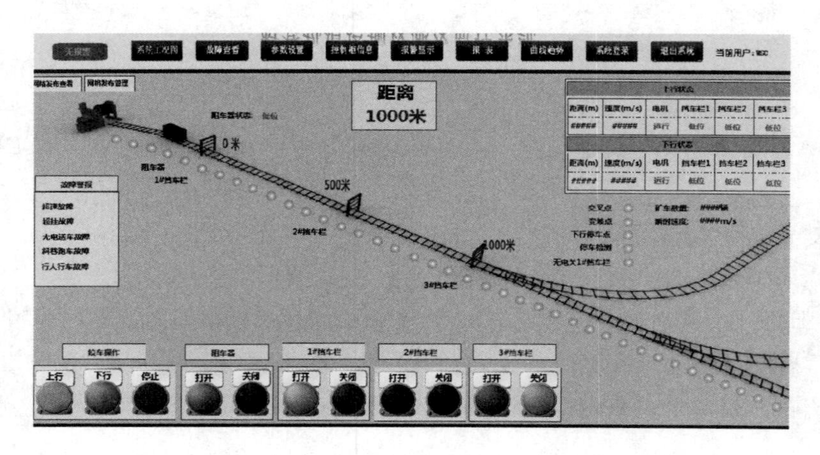

图 36　设计的软件运行模式

7 结论

斜巷作为事故多发区，加强对该区域的实时有效监测保护对于煤矿安全生产具有重要意义。所设计的煤矿井下斜巷绞车保护系统，实现了对斜巷警戒区的全程监测，切实实现了“行车不行人、行人不行车”，可从根本上保证运输时矿工人身安全，避免安全运输隐患和伤亡事故发生，既提升了运输工作效率，又实现运输设备的本质安全。

（1）这套基于iFIX能实现斜巷绞车保护软件的开发，大大改善了原来煤矿中各种工序的设备相对独立，单独控制，系统之间不能很好地协调，以及部分小系统之间形成信息孤岛的现状。改善了之前局部自动化使用的基于WinCC的监控系统由于兼容性问题而出现的通信故障、系统死机、反应迟钝等问题。

（2）Intellution公司的iFIX软件是一个功能强大的优秀组态软件，其组态灵活，使用方便，提高了软件的开发质量，缩短了开发周期。其基于VBA开放式的编程开发环境，为调试更改以及后续企业规模扩展时，监控软件再开发等提供了良好的平台。iFIX一次授权终身使用的特点，相比WinCC需要不断购买授权，节约了投资成本。

（3）系统设计了用户授权和用户登录系统，使不同权限的操作员只能在自己的权限范围内操作，只有登录到管理员权限才可以对iFIX工程进行编辑，设备启动时默认在游客用户权限内，用户只能对系统进行监控，不能对系统进行最小化或者编辑，防止系统设计由于误操作而导致改变。

特大型矿井辅助运输物流管理系统的研发

国　峰，殷培军，李庆武，牛　超

（山东新巨龙能源有限责任公司，山东 菏泽　274918）

摘　要　为了满足建设安全高效现代化矿井的需要，根据地面物流运行模式，采用条码识别技术、计算机技术、数据库技术、WiFi 网络通信技术等，开发特大型矿井辅助运输物流管理系统，将地面物流运输模式应用到煤矿物料运输过程中，通过条形码实现对井下货物的跟踪、统计、查询，全面掌握货物信息，更好地保障井下物料、工具和设备的供给。实际应用表明，该系统提高了矿井运输系统的管理水平，实现了对各运输环节的精细化管理。

关键词　煤矿运输；物流系统；条码识别；手持器；WiFi 网络通信

0　引言

山东新巨龙能源有限责任公司的辅助运输都主要采用地轨与单轨吊分段接力转载运输，从地面或从井底车场直至采区作业地点的物料在运输过程中要经过多次转载，造成运输效率低，事故多发，占用设备和用工人数多，资源的利用率不高，经常出现物料、设备等无法在指定的时间到达目的地，使得煤矿施工的各环节无法高效的配合，生产效率较低。为了满足建设安全高效现代化矿井的需要，通过研发辅助运输物流管理系统提高矿井运输系统的管理水平，实现对各运输环节的精细化管理。

1　辅助运输物流管理系统

1.1　井下辅助运输物流管理系统硬件

井下采用 WiFi 无线通信网络进行数据传输，在集装箱上使用陶瓷条形码，在矿车或平盘车上使用纸质条形码，提供陶瓷条码及安装架，使用 LXR-0642 型无线条码扫描器进行信息扫描，使用 IBM X3650 机架数据服务器储存信息，使用 ZM400 型工业级条码打印机打印信息，使用联想 Think Station E31 工业控制计算机管理和查询数据，使用手持器或系统软件进行货物和条码之间的绑定。如图 1 所示。

1.2　井下辅助运输物流管理系统软件

井下辅助运输物流管理系统软件主要包括 5 个部分：手持条码扫描器软件，数据服务器运行软件，工作站运行软件，客户端计算机运行软件。系统以数据服务器为核心，手持条码扫描器和服务间接访问数据库，工作站和终端计算机用户直接访问数据库，分别工作在 C/S 和 B/S 模式下。

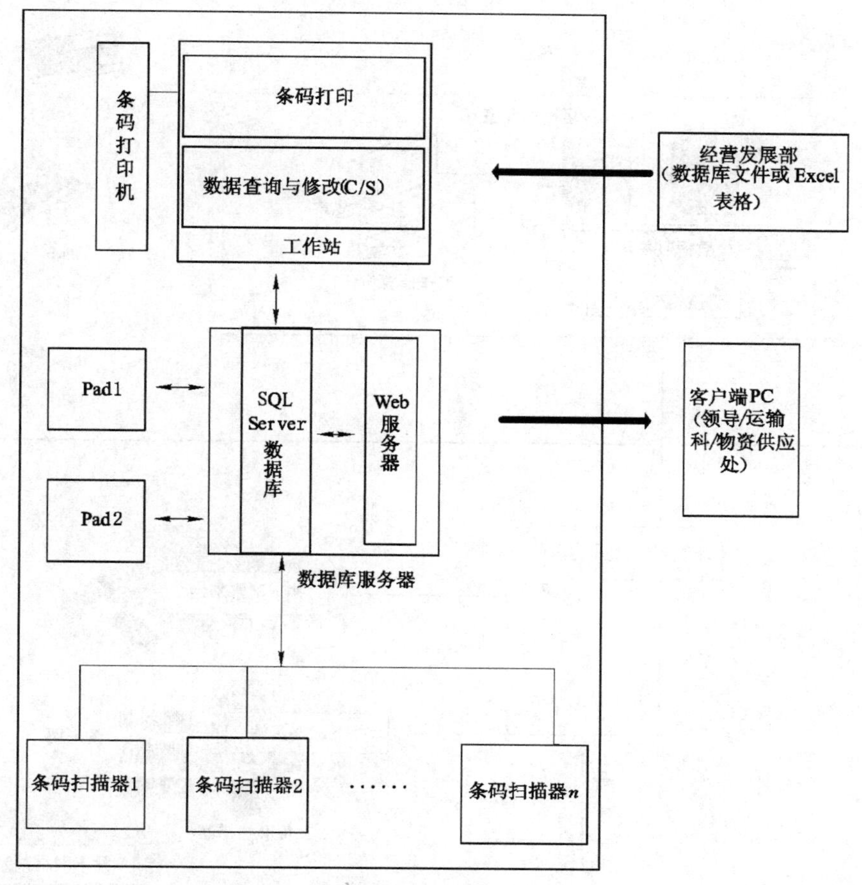

图1　系统硬件框图

如图2所示。

1.3　条码扫描器的使用

1.3.1　物料运输过程管理

运输员工每人一个手持器，在运输过程起始，能够扫描条码，通过WiFi读取数据服务器的相关数据，能够确认并选取当前所在地点，并把扫描的条码号、时间、地点、操作人员、运输工具类型、手持器编号等数据上传。

1.3.2　转运、上运物料管理

当有单位(非仓库)需要把物料从井下转运到其他地方或地面时，按要求系统已建立运输计划和物料计划，手持器开机下载，能够在手持器上编辑，建立运输单元，实现条码与物料的绑定，并把任务上传至服务器。

1.3.3　物料接收确认

接收物料的单位人员，能够使用运输员的手持器输入自己的用户名和密码，通过扫描条码可以显示本次要接收的物料，可以与本次送达的物料作对比，并且能够把确认人员的编号、手持器编号、时间等数据上传。

若不是在现场确认，可通过在线确认的方式确认，该单位的用户，能够通过任一手持器登录，通过在线确认，读取服务器对该单位还没有确认的货物进行确认。

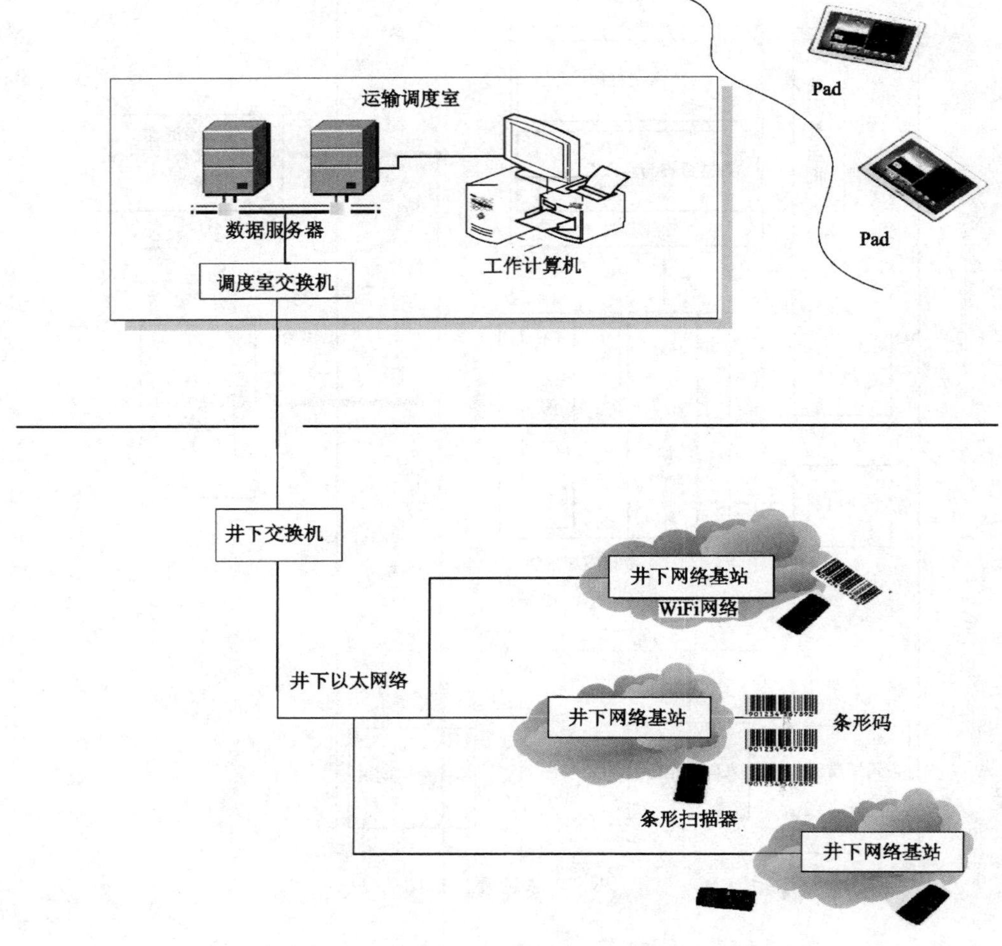

图2　系统软件框图

1.3.4　在站扫描

换装站人员通过手持器扫描，能够把在该站停留的物料信息上传到数据库服务器，方便地面管理人员查询物料所在地点。

1.4　基于WEB的物流查询管理模块

1.4.1　运输计划查询

对运输计划提供如下查询方式：基于条码查询；基于任务号查询（可根据条码号获得任务号）；依据如下字段及其组合的物料查询：需求时间区间（或季度、月、日等快捷时间区间）、班次、单位、起始/目的地、物料种类/名称/规格、发料单位、收料单位、编制时间区间、编制人等字段及其组合对物料进行查询。

1.4.2　运输执行查询

对运输执行提供如下查询方式：查询某一项运输计划的执行详情（状态、路段）；查询某一条码的执行详情（状态、路段）；获得处于某一运输状态的运输执行任务；基于启动时间区间、启动人、运达时间、收货人、扫描地点、扫描时间区间、扫描人、运输工具等字段及其组合查询运输执行任务，区分常用查询和全面查询。

1.4.3 库存查询

查询井下用料单位的物料库存情况，根据各单位已运物料数（运输执行）及其消耗物料数（物料消耗）的差额计算。

1.4.4 统计工作量

统计一段时间内某个人员运送的物料及其工作量，工作量的统计按照“物料细化支分标准”进行核算。

2 结语

特大型矿井辅助运输物流管理系统的研发，对矿井物料运输环节整个过程进行了有效的监控，解决了数据统计和分析的难题，为矿井材料计划提供依据，实现了辅助运输精细化管理。实际应用表明，在物联网快速发展和煤矿物资统一调配的形式下，该系统为矿井的决策判断提供了可靠的保障，也为矿井的安全生产奠定了基础。

参考文献

[1] 霍振龙，包建军.煤矿物联网统一通信平台的研究[J].工矿自动化，2011，37(10)：1-3.

[2] 高连周.基于 RFID 的现代物流管理系统研究[J].长沙铁道学院学报（社会科学版），2013，14(1)：28-29.

[3] 郝蕴彬.基于 SQL Server 数据库安全机制问题的研究与分析[J].信息安全与技术，2014(1)：48-50.

[4] 郭佳佳.煤矿企业物流中心信息化改进对策研究[D].天津：天津大学，2010.

[5] 沈敬敬.面向安全与效率目标的煤矿生产物流系统资源优化配置研究[D].郑州：郑州大学，2013.

无极绳连续牵引车托绳轮组的优化设计

孙彬强,赵军锋

(陕西华彬煤业股份有限公司蒋家河煤矿,陕西 咸阳 713500)

摘　要　针对蒋家河煤矿井下轨道运输大巷无极绳连续牵引车在使用过程中,钢丝绳与变坡点处枕木、道岔曲轨面经常摩擦产生深痕的问题,从托绳轮的受力、使用环境、结构形式等方面进行分析,对常规托绳轮进行了优化设计。通过分析对比,优化设计后的托绳轮使用效果得到显著提高,为钢丝绳的安全运行创造了有利条件。

关键词　井下运输;无极绳;托绳轮;摩擦

SQ 型无极绳连续牵引车是以钢丝绳牵引的轨道运输设备,主要用于井下大巷材料、设备运输,特别适用于大型综采设备的运输牵引,可适用于有一定坡度且起伏变化的轨道运输,配套弹簧压绳轮与转向装置后可实现弯曲轨道的直达运输。系统配套有绞车驱动装置、张紧装置、梭车、尾轮、压绳轮组、托绳轮组等。由于梭车牵引板和道岔曲轨面高度的相互限制,致使常规托绳轮安装高度不可调,加之钢丝绳自重的作用导致钢丝绳与枕木、道岔曲轨面经常摩擦产生深痕,对钢丝绳的损伤较大,所以有必要对托绳轮的结构进行优化设计。

1　托绳轮结构分析

1.1　托绳轮组的组成

为适应起伏变化坡道,无极绳连续牵引车沿途配置安装有轮组,既可防止钢丝绳抬高时车辆掉道,又可避免钢丝绳与巷道底板、枕木、道岔曲轨面摩擦,根据其用途分为主压绳轮组、副压绳轮组、托绳轮组。目前,矿井常用托绳轮基本组成如图 1 所示,主要由底座及托辊两部分组成。通过在托绳轮组连接孔处配套安装固定螺栓及压板后与轨道进行固定,达到托起钢丝绳的目的,以防止钢丝绳运行过程中与巷道底板、枕木、道岔曲轨面等摩擦,损坏钢丝绳。

1.2　常规托绳轮组的缺点

以往使用过程中当钢丝绳经过道岔曲轨面时,采取在道岔两边各加设一组托绳轮的方式进行托绳,以达到减小钢丝绳与道岔曲轨面摩擦的可能。由于梭车牵引板和道岔曲轨面高度的相互限制,致使常规托绳轮组安装高度被限制。加之安装空间限制,两组托绳轮之间距离较大,钢丝绳在自重的作用下不可避免地将会与道岔曲轨面产生摩擦,长期运行对钢丝绳的损伤较大,为矿井安全生产带来较大压力。

1.3　托绳轮组的结构分析

常规托绳轮组将托辊卡于底座中,托辊相对于底座在竖直方向内的自由度被限制,无法实现

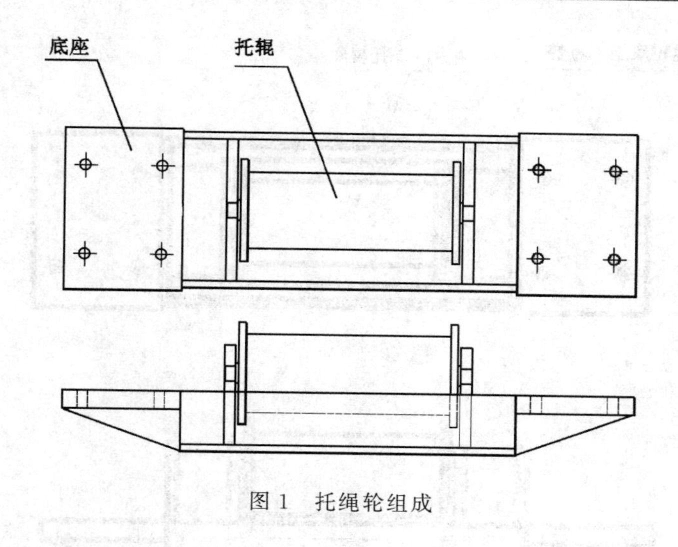

图1　托绳轮组成

相对运动，致使托绳高度被固定，这也是出现以上问题的主要原因。

2　托绳轮组的优化设计

2.1　设计依据

对于托绳轮的分析如图2、图3所示。钢丝绳作用于托绳轮时，由于托绳轮两侧钢丝绳的夹角α无限趋近于180°，所以F_1无限趋近于0；梭车牵引板作用于托绳轮时，托绳轮所受力F_2为梭车的自重。即：F_2远大于F_1。

通过对托绳轮竖直方向的受力分析，由于竖直方向上钢丝绳作用于托辊的力远远小于梭车牵引板作用于托辊的力，所以利用F_1与F_2的差值对托绳轮组结构进行改造。将托绳轮组底座与托辊座分离，采用布置在同一平面的四根拉簧分别将托绳轮底座与托辊底座对应连接固定，四根拉簧的拉力应大于F_1，小于F_2，以实现托辊在受力不同时可实现相对于底座在垂直方向的相对运动。

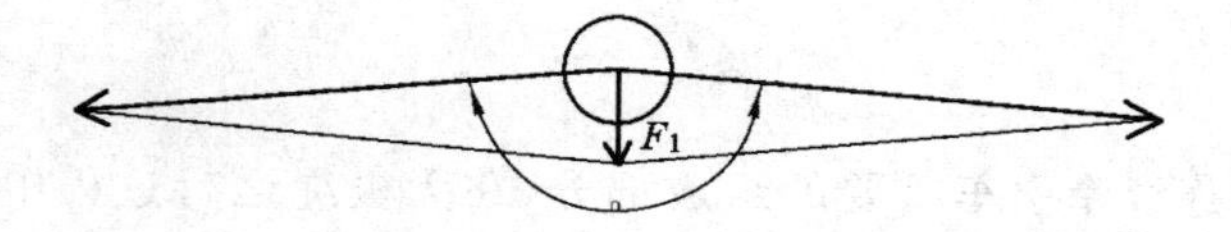

图2　钢丝绳作用于托绳轮的受力分析

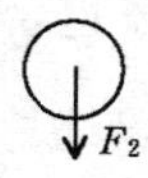

图3　梭车牵引板作用于托绳轮的受力分析

2.2　改进后的托绳轮结构组成

改进后的托绳轮组如图4所示，由托绳轮底座、托辊底座、拉簧、托辊四部分组成。

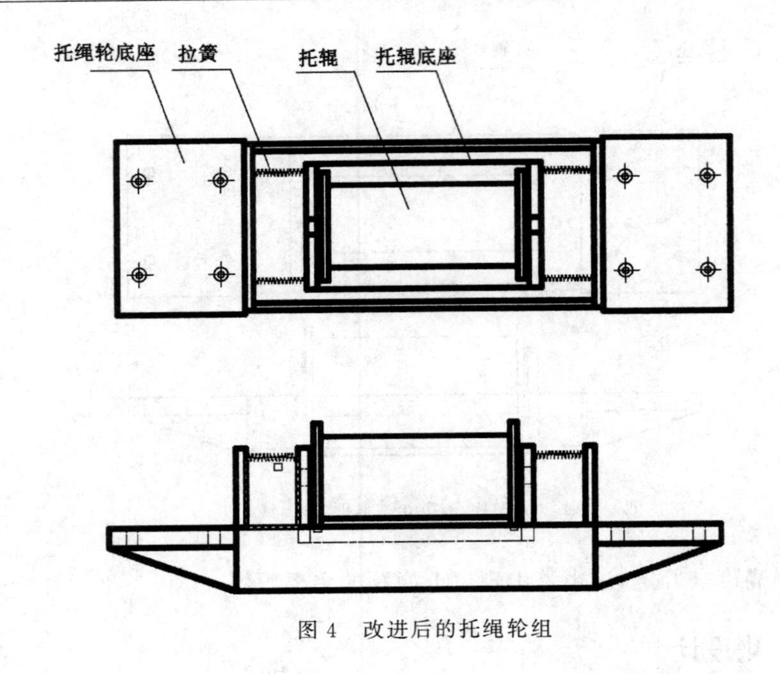

图 4　改进后的托绳轮组

3　两种托绳轮组的对比

两种托绳轮组的主要区别在于托辊的固定方式不同，常规托绳轮组虽然结构简单，但由于托辊竖直方向无法实现相对运动，加之梭车牵引板、道岔曲轨面、压绳轮组的共同限制，致使托绳轮托起钢丝绳的高度被限制，钢丝绳使用过程中难免出现因受力变化而发生允许范围内的拉伸，致使钢丝绳与枕木、道岔曲轨面摩擦，损伤钢丝绳。改进后的托绳轮组将托绳轮底座与托辊底座分开设计，并采用同一平面的四根拉簧分别将托绳轮底座与托辊底座对应连接固定，根据钢丝绳与梭车牵引板作用于托辊的受力差，实现托辊的上下运动，以保证梭车不通过时钢丝绳的托起高度较高。

4　结论

托绳轮组是无极绳连续牵引车重要的组成部分，在无极绳运行过程中起着非常重要的作用，如果不能很好地起到托绳的作用，钢丝绳长期与枕木、道岔曲轨面摩擦，将严重影响钢丝绳的使用寿命，为矿井安全生产带来极大的隐患。通过对两种托绳轮组的结构进行分析对比得出，优化设计后的托绳轮组使用效果较好，尤其将其安装于道岔两端时对于钢丝绳的保护优势较大。

无绳气液单轨吊车的可行性研究

凡继民，李小涛，李彦芳

（鹤壁起重运输机械总厂，河南 鹤壁 458000）

摘　要　本文介绍了无绳气液单轨吊车的研究背景，提出了设计方案和选型计算过程，并且和目前在用单轨吊车进行了比对，探讨了它的可行性及推广应用前景。

关键词　绳；气液；机车

0　前言

目前国内使用的单轨吊车按动力源分主要有四种，即柴油机、防爆蓄电池、压风、钢丝绳牵引作动力，这些种类均已推广应用。但其作为井下工作面上、下两巷的辅助运输仍有明显的缺点。用柴油机作为动力源的缺点是：排放大量的有害气体。为了保证井下安全，需要加大风量对风流进行稀释，另外柴油机的噪声较大。用蓄电池作为动力源只适应在大巷、中巷运行，且它不能进入工作面上下两巷，并且布置充电站，占用设备和人员多。用钢丝绳牵引作为动力源，在工作面逐渐向前推移时，要移动机尾的回转轮，很难跟着掘进头走。

用风动单轨吊车克服了以上设备的缺点，但在使用时需要拉风带。每走 80 m 要转换一次拉风口，而且是在机外操作，巷道内难免有障碍物，操作时很不方便，转换风管接头时需要来回拉风带，特别是转弯时极不安全。

为此，设计利用压风作为动力源的优点又克服其机外操作和来回拉风带的缺点而开发出一种无绳气液单轨吊车，并对此进行了可行性研究。它利用矿井压风作为动力源，由风马达带动油马达，并且用储存器把压力能储存起来。通过能量转换，由油马达带动摩擦轮转动，驱动单轨吊车的运行，摆脱了来回拉风绳的麻烦。并在吊车两头设有司机楼，克服机外操作的不便，从而实现无绳气液单轨吊车运输。

1　工作原理

利用矿井压风为动力源由气马达拖动液压油泵，由风能转换为液压能。利用蓄能器把压力能储存起来，通过控制系统传递给油马达驱动摩擦轮旋转做功，实现机车运行。

2　机车的构造

该机车由司机仓、驱动部、风液转换仓和承载部等组成。司机仓内装有控制阀、紧急制动阀和气笛供司机乘坐和进行前进、后退、制动、鸣笛的操作。驱动部装有液压马达、摩擦驱动轮、夹紧臂和失效制动闸。风液转换仓为机车提供动能，装有一套风源处理装置，对矿井压风进行粗滤、精滤和气雾化，然后除压风进入气马达，气马达驱动油泵将压力油送油箱。

蓄能器是无绳气液单轨吊车的主要部件之一。它将液力能对气体状态压缩和释放。对系统供给能源动力。各部件通过连接杆连接，运行在E型轨上，组成无绳气液单轨吊机车。

由于煤矿井下工作上、下两巷长度一般小于3 km，所以拟定在巷道两头设置充气口。每充一次运行3 km满足一趟的需要，中间无需充气，解决拉风绳的问题。

3 可行性探讨

目前在巷道的上方吊挂E型轨道的单轨吊车技术比较成熟，整机运行可靠。风处理已有整套技术成熟的标准件完全能满足风马达的要求。液压驱动控制技术也很成熟。摩擦轮传动各参数的获取也有一定的经验。蓄能器目前液压系统已广泛使用，所充气体为惰性气体（一般为氮气）。用于储存和释放能量时，气体的变化规律符合理想气体状态方程：

$$P_0V_0^n=P_1V_1^n=P_2V_2^n=\text{常数}$$

式中，n 为多变指数，当充放大于3 min时可认为等温，等温状态时 $n=1$。由上式可推出：

$$\Delta U=U_2-U_1$$

$$V_0=\frac{\Delta U}{P_0\left[\left(\frac{1}{P_2}\right)-\left(\frac{1}{P_1}\right)\right]}$$

4 无绳气液单轨吊设计计算

4.1 确定基本参数

（1）牵引力：$F=30$ kN。

（2）速度：$n=60$ m/min。

（3）摩擦轮直径：$D=0.3$ m。

（4）一次充液行走距离：$S=3$ km。

（5）摩擦轮转速：$n'=60$ r/min。

（6）摩擦轮的转矩（双轮）：$M=2.25$ kN·m。

4.2 油马达选型

根据《液压元件及选用》，选1JMD型径向柱塞马达，参数为：转速102 150 r/min，转矩额定为3.75 kN·m，最大为5.16 kN·m，排量1.608 mL/r，压力额定为16 MPa，最大为22 MPa，功率额定为57 kW，最大为79 kW，效率91.5%。

4.3 计算一次充液行走了3 km的用液量

（1）已知 $S=3$ km。

（2）计算（行走）的转速：

$$S=\pi Dn$$

$$n=\frac{S}{\pi D}=\frac{3\ 000}{3.14\times0.3}=3\ 184.7(\text{转})$$

(3) 计算双轮实现的排液量:

$$\Delta V = 2 \times 1.608 \times 3\ 184.7\text{r} = 10\ 241.9\ \text{mL} = 10.24\ \text{L}$$

4.4 蓄能器容积计算

在蓄能器的工作过程中,气体状态变化的规律符合气体状态方程,充放时间大于 3 min(等温)时,得:

$$V_0 = \frac{\Delta V}{P_0^{1/h}}\left[\left(\frac{N}{P_2}\right)^{1/h} - \left(\frac{h}{P_1}\right)^{1/h}\right] = 44\ \text{L}$$

4.5 蓄能器选型

根据以上计算结果 $\Delta V = 44$ L,考虑取 0.9 系数,选 2 台 NXQ1-F25/H,参数为:公称容积 25 L,公称通径 $\phi 50$ mm,公称压力 31.5 MPa,质量为 87 kg。

4.6 根据液压马达参数选油泵

根据液压元件手册,选择 CBQ-F412,技术参数为:每转排量 12.28 mL/r,额定压力 20 MPa,最大压力 25 MPa,转速 1 800~2 400 r/min。

4.7 驱动齿轮风马达选型

驱动齿轮风马达技术参数为:$P = 0.5$ MPa,$n = 2\ 850$ r/min,功率 10 kW,耗风量 140 L/min。

5 结论

通过以上的理论计算和可行性探讨,根据矿井现场条件拟定的参数,经计算无绳风液单轨吊的实现是完全可能的,它比现在的带绳吊车方便得多,而且运输效率高,有着发展空间和推广的价值,能达到快速、高效、安全的运输目的。

一种适用于掘进工作面及瓦斯治理需要的辅助运输方案设计

何　攀

（贵州盘南煤炭开发有限责任公司，贵州 盘州　553505）

摘　要　针对目前煤矿辅助运输的现状及现场实际情况，本文结合目前绞车的技术水平及煤矿生产的现场条件，从技术条件、实际需求方面对辅助运输系统进行较深入的分析、研究，并依据节省人力、降低劳动强度、提高生产效率的实际需要，设计了一种功能更全面、效率更高、劳动强度更低的辅助运输方案，将掘进工作面所需的材料或设备直接用绞车运送到距掘进工作面迎头 50～100 m 的位置，同时利用巷道中的轨道及绞车作为钻机的辅助运输设施，使钻机能够在巷道中方便地移动、施工，解决掘进工作面需要大量人力运输材料，以及钻孔治理采面瓦斯过程中频繁移动、调整钻机需要花费大量人力及工时等问题。根据设计结果分析，本方案能够达到预期的设计目标，投入应用后能够在一定程度上解决本文提出的问题。

关键词　辅助运输；无极绳绞车；车架式钻机基座

0　前言

目前绝大多数的煤矿采用绞车作为辅助运输设备，用来运输采煤工作面和掘进工作面所需的材料和设备。然而人力运输依旧占有较大的比例，以掘进工作面为例，绞车运输一般只能运到掘进工作面开口附近的车场，随着掘进工作面的逐渐延伸，人力运输的距离越来越远，从整体运输距离看，绞车运输占多数，但是从运输的人力消耗看，人工运输则占据 80%以上的人力投入。另外，随着开采深度的不断增加，大多数的煤矿逐渐成为高瓦斯矿井，瓦斯治理在生产过程中占用了大量的人力物力。一般情况下，随着掘进工作面的延伸，绝大多数的煤矿也同步开展了瓦斯治理工作，会在已掘出的巷道内大量施工瓦斯抽采孔抽采采面内的瓦斯，然而，目前一般均使用人力在巷道内移动、调整钻机，这个过程占用了打钻人员大约 30%甚至更多的工时，从人力消耗方面考虑，这个过程则占用了打钻人员 60%以上的体力。因此，若能将绞车运输实时延伸到掘进工作面迎头往外 50～100 m 的位置，同时将钻机的底座设计为与绞车轨道相匹配的车架式基座，使钻机能够灵活自如地在轨道上移动并实施钻孔作业，必将在材料运输、瓦斯治理等方面节省大量的人力投入，降低人工劳动强度，有力促进煤矿的掘进生产及瓦斯治理工作。

1　解决问题的方案设计

为了解决上述问题，设计了以下运输方案：第一，将绞车运输的轨道从车场延伸到掘进工作面迎头往外50～100 m的位置作为无极绳绞车运输区段，并使运输区段能够随着掘进工作面迎头的延伸而延伸；第二，在无极绳绞车运输区段的两端打设两组地锚，用来张紧无极绳绞车的钢丝绳；第三，从车场往掘进工作面方向安装一部无极绳绞车，该无极绳绞车直接固定在平板车上，同时在平板车上固定电缆收放装置，在轨道上方固定电缆钩，保证无极绳绞车运行过程中能够自动将电缆挂在电缆钩上或者自动从电缆钩上将电缆取下来，同时，在无极绳绞车的滚筒上储备一定的钢丝绳，确保运输距离延伸时，钢丝绳有足够的长度；第四，在巷道转向的位置固定一组钢丝绳变向滚轮，实现无极绳绞车能够在非直线巷道内顺利运输；第五，将钻机的底座设计为与绞车轨道相匹配的车架式基座，同时使钻机的机体能够在基座上作180°旋转，使钻机能够方便地施工巷道两帮的瓦斯治理孔。另外将钻机配套的泵站及操作站全部设计在平板车上，使整套钻机能够在轨道上轻松地移动。下面就以上各部分的内容作出详细的设计、说明。

1.1 轨道铺设及钢丝绳的固定

根据本单位所使用的平板车的规格，从距离掘进工作面最近的车场铺设相应的轨道至掘进工作面迎头往外50～100 m的位置，如图1所示。轨道的铺设质量依据《煤矿安全规程》、质量标准化管理办法等相关的规定执行。然后在运行区段的两端各设置一个锚固点，可以采用2～3根锚杆配合大链作为固定点，保证承载能力超过运输过程中的最大载荷(包括预留的安全系数)即可。

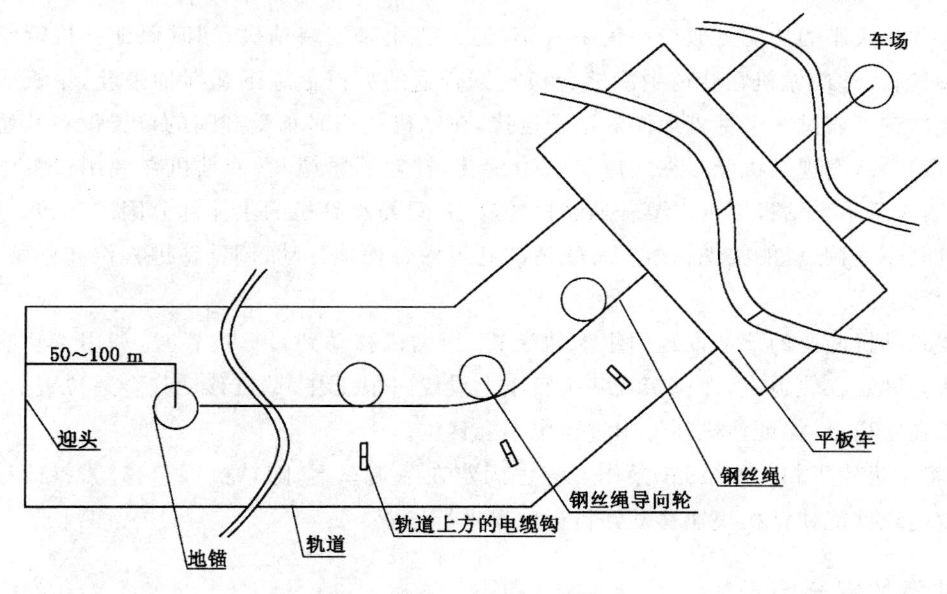

图1 运行区段及轨道铺设示意图

1.2 无极绳绞车的设置

将无极绳绞车固定在平板车上，同时在平板车上固定电缆收放装置，收放装置中设置一个能够将电缆缠绕或者松开的机构，实现电缆收放自如；在轨道上方固定电缆钩，保证无极绳绞车运行过程中能够自动将电缆挂在电缆钩上或者自动从电缆钩上将电缆取下来；平板车上另外设置一个专门缠绕电缆的滚筒，用来将绞车运输过程中多余的电缆缠绕起来。在无极绳绞车的滚筒上储备一定的钢丝绳，确保运输距离延伸时，钢丝绳有足够的长度。还应保证用来安装无极绳绞车的平板车能够与其他的材料运输车及车架式钻机底座连接，如图2所示。

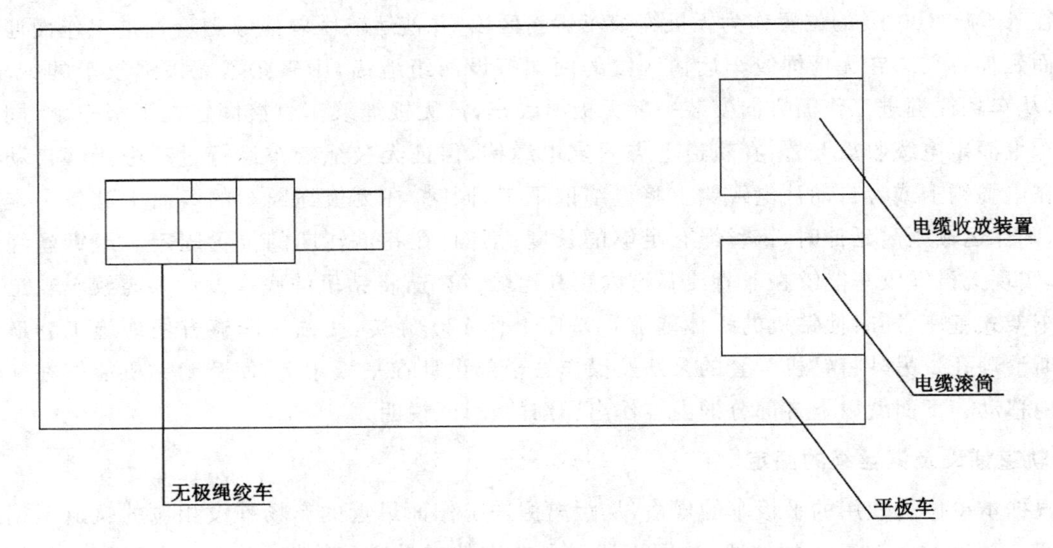

图2 无极绳绞车示意图

1.3 车架式钻机底座

车架式钻机底座的功能类似于一辆平板车，但主要用来安装钻机，同时保证钻机能够在底座上做360°旋转，以适应钻机在巷道中能够轻松转到合适的方位上施工瓦斯抽采孔，钻机底部的转盘与底座上的转盘通过一个垂直地面的销子连接，在钻机使用时承受载荷的位置设置几组锁紧装置，松开锁紧装置，实现钻机能够在底座上自由旋转，拧紧锁紧螺丝，使钻机在使用过程中不会产生摇晃，如图3所示。钻机不再需要普通钻机的底座，只需将钻机的主体部分固定在转盘上，再与车架式钻机底座连接，就能实现钻机在有轨道的巷道内轻松地移动，调整钻进方位和倾角，明显降低工人的劳动强度。

在车架式钻机底座的下部设置两组卡轨装置，当钻机移动到目标位置时，利用卡轨装置将车架式钻机底座固定在轨道上；在车架式钻机底座上设置三根压柱，钻机移动到合适位置后，利用压柱将钻机压在轨道上，保证钻机在使用过程中不会移位。

另外，将钻机使用相关的泵站、操作系统也固定在平板车上，随钻机一起移动，整体移动时只需实时收放电缆就能使钻机快速移动到目标位置进行作业。

2 需要注意的安全因素

使用前，绞车司机必须认真检查无极绳绞车的信号是否灵敏可靠，各零部件是否齐全、完整、牢靠，地锚是否完好，钢丝绳有无断丝断股现象，若钢丝绳的实际直径小于标称直径的10%时，必须立即更换新绳。信号工必须对轨道的完好情况、巷道的支护情况、风水管路吊挂、巷道的畅通情况以及“一坡三挡”是否齐全可靠进行全面检查，检查所提车辆是否按照规定安装了防滑叉，检查绞车的运输重量、车数、装车情况是否符合装车标准，只有确认无安全隐患、具备运输条件后方可作业。提放车前信号把钩工必须检查插销、防滑叉、连接器有无裂纹或变形现象，必须使用正规插销，不合格的插销、防滑叉、连接器严禁使用，插销必须插到位并锁牢靠。绞车运行时，除信号工在信号硐室打点接信号外，其余人员必须撤到绞车运行绳道及钢绳回弹区域以外的安全位置，并派

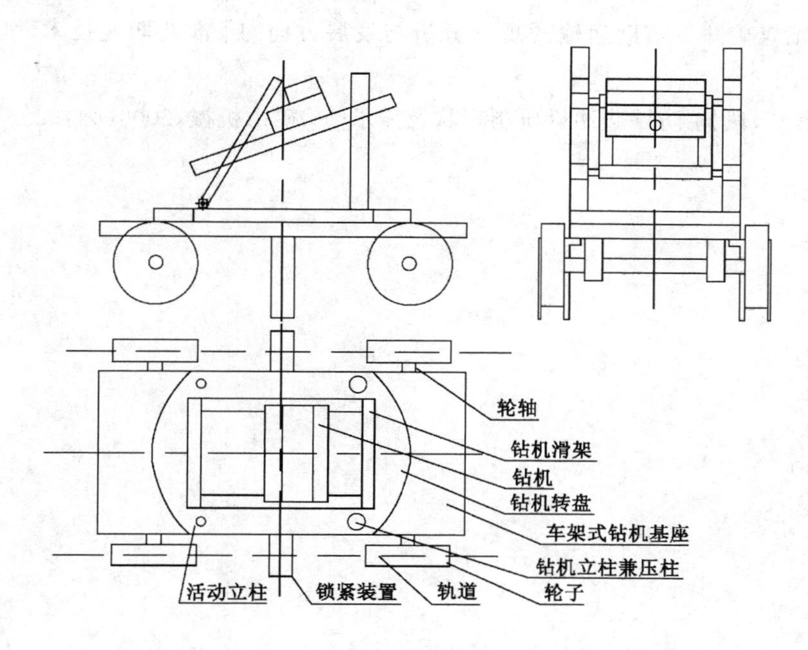

图 3　钻机及基座示意图

专人在指定位置站岗截人。

绞车两闸把严禁同时按下或松开，绞车运行时要随时注意绞车运行的声音和检查绞车温度是否正常。绞车严禁断电放车，或释放离合闸放车。当信号不清时，严禁提放车。严禁放飞车、蹬、爬车。

本方案相关的安全防护设施及使用必须遵照相关的国家规定、行业标准以及本单位的各项管理制度。

3　结论与展望

上述方案只是在现有的辅助运输技术条件上做出了一些相应的修改，根据实际需要对钻机的底座进行了相应的改进，从可行性方面看，是完全可以实现的；从经济投入方面看，本方案以现有的成熟技术为基础，仅需对少部分结构进行改进就可以达到预期功能，有利于在煤矿推广应用。

通过对上述方案的原理、技术方案、功能及安全因素分析，本方案能在一定条件下有效解决目前煤矿辅助运输及瓦斯治理过程中劳动强度大、效率较低、浪费工时较多等问题，值得在煤矿企业广泛推广使用，具有比较明显的经济及社会效益。

参考文献

[1] 黄福昌，倪兴华.兖矿集团矿井辅助运输技术规范[M].北京：煤炭工业出版社，2008.

[2] 姜汉军.矿井辅助运输设备[M].徐州：中国矿业大学出版社，2008.

[3] 李明国，苏其亮.煤矿采区辅助运输新模式的研究与实践[J].煤炭科学技术，2008，36(6)：68-69.

[4] 陈雷,苏吉佩.煤矿井下辅助运输的现状分析与发展方向[J].淮北职业技术学院学报,2009,8(5):40-41.
[5] 王桂梅,刘殿辉,段楠.防爆柴油机研制现状及需求[J].矿山机械,2000(4):62.

综采工作面切眼支架提升安全的研究与实践

辛显齐,朱曙光,张文涛

(新汶矿业集团华泰矿业有限公司,山东 莱芜　271100)

摘　要　本矿31510西工作面支架安装过程中利用液体转盘机构优化切眼提升系统,自主设计研制超低底盘多轮卡轨平盘车在切眼提升支架,彻底解决了切眼原有提升运输方式复杂、易出现综采支架车"掉道"、"翻车"的问题,实现综采工作面支架快速安装工作的安全无故障提升运输。

关键词　切眼;液体转盘;超低底盘;多轮卡轨平盘车

随着煤矿综采机械化水平的不断提高,综采机械设备的规格大小、整机质量也在不断升级,从而给矿井的提升运输安全管理带来较大的难度。特别是综采支架在一些产能落后的矿井普遍应用后,支架的提升运输多采用辅助轨道运输,使用回柱绞车、电瓶车牵引的方式。因此综采支架的提升运输过程中工伤事故也是频繁发生,综采工作的安装撤除如"猛虎"一般威胁着矿井安全。本文通过我矿31510西工作面支架安装过程中采取的提升系统优化和技术创新,彻底解决支架运输中的安全隐患。

1　问题提出

华泰矿业有限公司31510西工作面为三采区十五层煤西翼第10阶段,工作面平均走向长度为950 m,切眼平均斜长为175 m,切眼最大倾角45°,该面煤层赋存较稳定,最大煤厚3.0 m,最小煤厚1.1 m,平均煤厚为1.76 m。直接顶为深灰色粉砂岩,断口较粗糙,发育水平层理,富含植物化石碎片及层状黄铁矿结核,厚度为5 m,$f=4$,并且基本底为三灰,灰色或灰褐色,裂隙发育,并充填方解石脉,不含水,厚度为1.2 m左右,$f=6$。因切眼底板起底困难,所以切眼内巷道高度难以达到1.8 m。该工作面需使用ZY3400/14/32掩护型支架115个,支架质量12 000 kg。工作面的安装面临三大难题:一是切眼巷道高度不能满足标准支架车辆装车运输;二是切眼倾角大,造成切眼上部掘进施工难度大且轨道曲线段提升安全风险大;三是矿井生产接续紧张,安装时间紧迫,没有过多的巷道掘修安排。

2　技术方案分析

煤矿综采支架在进入采区平巷后的提升运输安全是整个过程的重点管控环节,而出现事故与问题最多的就是在工作面切眼上部支架转向与切眼内的提升作业,当前综采工作面运输支架的切眼转向方式主要为三种。

2.1 辅助轨道运输“甩车场”布置

辅助轨道运输“甩车场”布置的优点：① 支架提升车辆运行稳定性好，不易掉道；② 切眼上部变坡点前后可节省安全设施使用；③ 绞车与钢丝绳的提升，无明显的负荷剧增，减少对提升设备与钢丝绳的冲击；④ 可节省上变坡点的推车设备。缺点：① 切眼以上需增加提升巷道，以保证绞车房和回风通道的布置，增加掘进工作量；② 相对于大倾角工作面，绞车房的设置更困难；③ 相对于大倾角工作面对轨道及道岔质量要求较高，提升车辆的隐患较大；④ 在无回风通道情况下，需增加局部通风设备且供风距离近，风筒侵占安全空间并且有噪声侵扰的危害。

2.2 辅助轨道运输“平车场”布置

辅助轨道运输“平车场”布置的优点：① 在综采工作面切眼上部轨道直接转弯，切眼上口形成水平与竖曲线交叉，可节省提升巷道与回风通道施工；② 可以节省一组道岔的布置。其缺点：① 切眼上部要求有足够宽度才能满足合理曲线半径要求，所以形成巷道跨距超大，支护难度加大；② 变坡点必须增加推车设备才能使支架车辆顺利下滑，进入切眼斜巷；③ 变坡点上下都要增加安全设施；④ 对于变坡点轨道水平曲线与竖曲线半径要求较高，一般车辆 1.1 m 车距，水平曲线与竖曲线半径必须在 6 m 以上，且轨道的质量与道床的稳固性要求高，否则容易掉道造成翻车事故。

2.3 无轨道支架的“滑板”拖运

无轨道支架的“滑板”拖运是在切眼上部卸车点至切眼内铺设 150 cm×160 cm×25 cm（长×宽×厚）规格钢板，综采支架在切眼上部直接卸车后，使用上部与下部绞车配合，直接将支架拖入切眼运到安装位置。其优点：① 减少巷道施工与巷道支护的工作量，对于巷道高度要求较轨道运输低，掘进工作量小；② 省去了铺轨道及道岔的工作量和维护费用；③ 节省了在切眼斜巷内的卸车环节，安全性加大。其缺点：① 滑板的投入大；② 滑板安装与撤除工作量大；③ 支架在滑板上不受轨道的约束，需要上下两部绞车配合操作，危险系数加大；④ 支架在滑板上自由度加大，切眼斜巷内要有人观察支架在滑板上的运行轨迹，增加了危险性。

3 优化方案实施

（1）为保证掘进巷道的减少与上部变坡点处的设备与安全设施的投入，在切眼上部安装使用液压转盘机构（由山东省新泰市泰山矿车厂设计生产的专利产品），对支架车形成 90°的液压控制转向，转向后支架车直顺切眼内轨道。如图 1 所示。

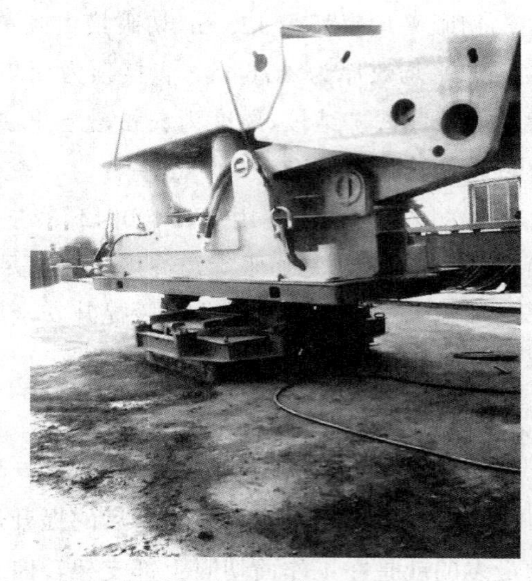

图 1 液压转盘机构

（2）为保证缩短切眼施工时间，切眼巷道在不起底的情况下，支架车能顺利通过，设计加工超低底盘多轮卡轨平盘车将支架装车高度下降 190 mm，并且为超低底盘平盘车设计上轮槽，轮槽卡在轨道之上，避免运行过程中掉道事故发生。如图 2 所示。

（3）为保证轨道在超重负荷下的稳固可靠和便于特别平盘车的通过，设计加工轨道铁轨枕，并

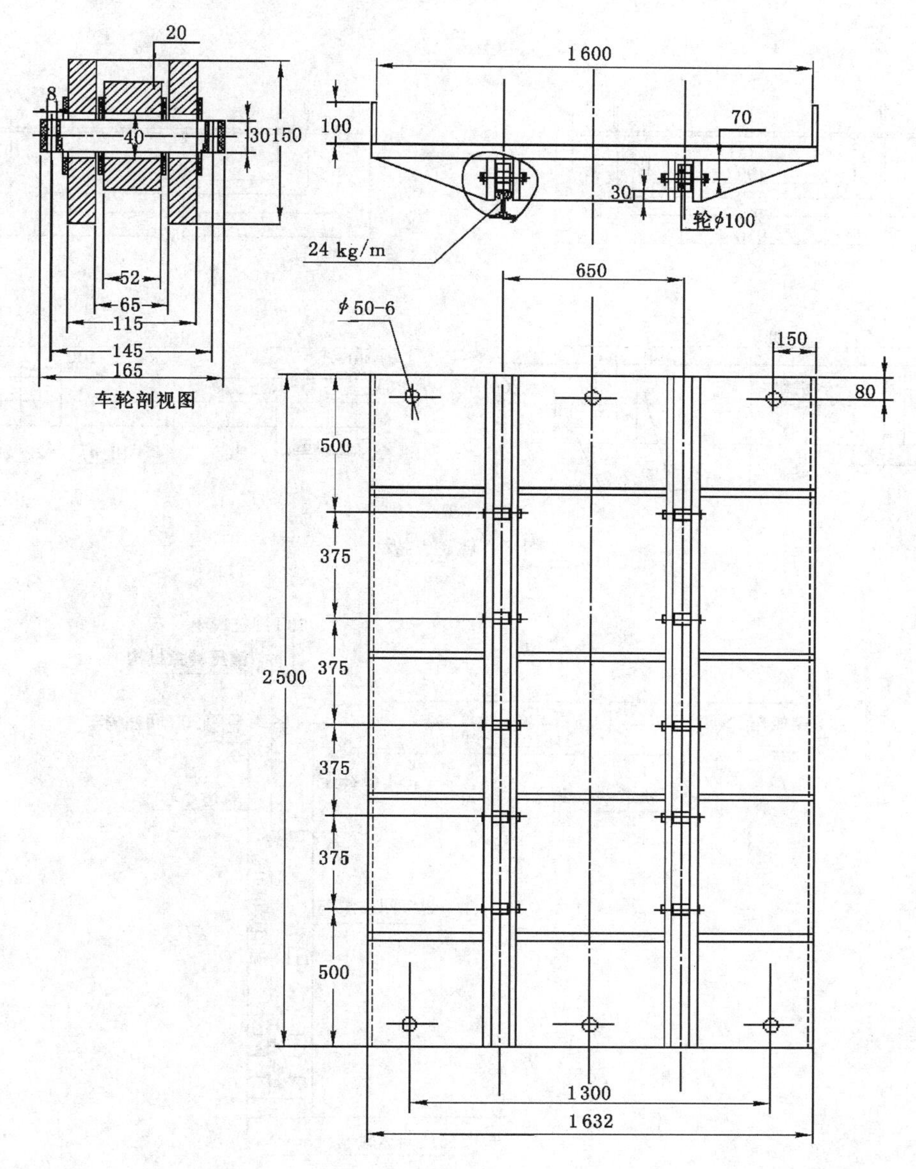

图 2　特殊平盘支架车

分段采用锚杆将铁轨枕固定在底板上形成稳定的整体。如图 3 所示。

(4) 31510 西工作面支架运输系统优化和技术改造后的作业步骤包括:标准平盘车装支架从 315 轨道下放至 31510 西上巷,经一部 55 kW 对拉绞车将支架车提至切眼以外车场,然后在切眼以外直道段用 20 t 回柱绞车将支架从标准平盘车拖至超低底盘多轮卡轨平盘车上,再用 20 t 回柱绞车将超低底盘多轮卡轨平盘车拖至液压转盘机构上,将切眼提升的 30 t 回柱绞车滑头用双股钢丝绳套与支架直接连接好,并将超低底盘多轮卡轨平盘车也与 30 t 回柱绞车滑头进行连接;而后操作液压闸阀使液压转盘机构顺时针转动 90°,超低底盘多轮卡轨平盘车轮槽对正切眼内轨道后,使用油缸推动超低底盘多轮卡轨平盘车,同时 30 t 回柱绞车慢松钢丝绳,从而超低底盘多轮卡轨平盘车下滑进入切眼内,超低底盘多轮卡轨平盘车轮槽始终卡在钢轨上运行,平稳地将支架放至卸车地点,完成一次运输循环。如图 4 所示。

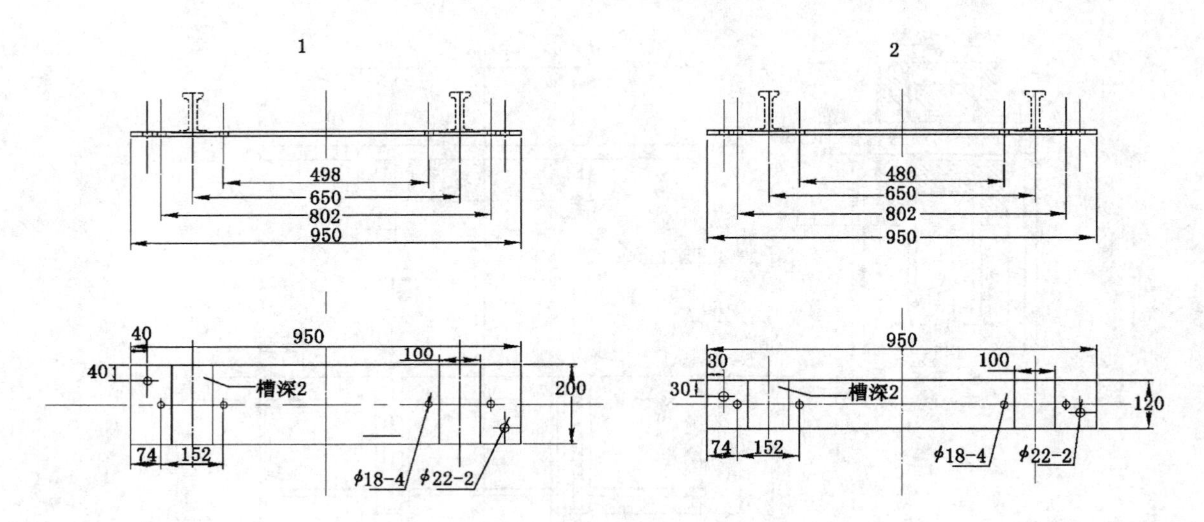

图 3　轨道垫板

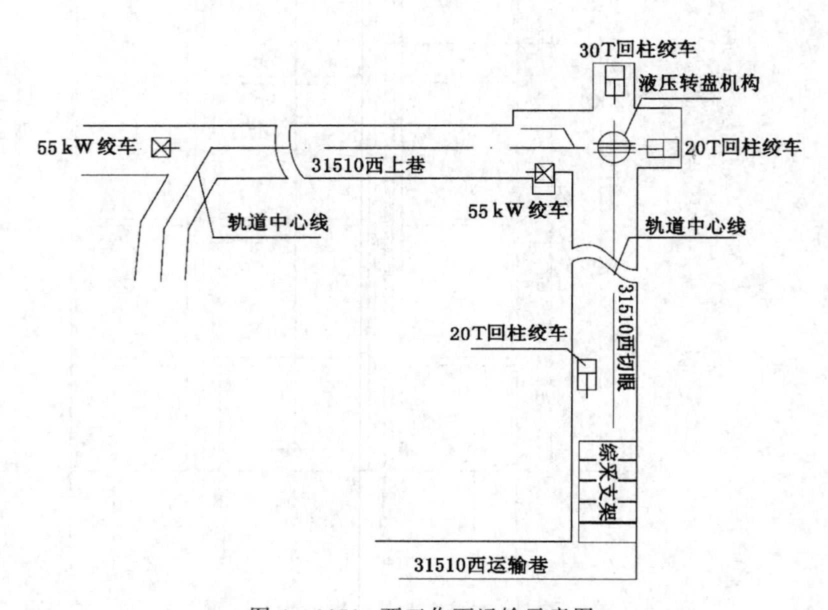

图 4　31510 西工作面运输示意图

4　应用效益分析

华泰矿业有限公司 31510 工作面辅助轨道运输系统的优化与创新工作，实现了标准综采支架车与超低底盘多轮卡轨平盘车在切眼提升的合理转载，并且在切眼上部转向使用液体转盘机构，彻底解决了原有切眼提升运输方式出现的支架车“掉道”、“翻车”问题，保证了支架安装工作安全顺利地完成。

4.1　经济效益显著

（1）该系统优化创新增加投入不足 8 万元，其中液体转盘机构 4.5 万元，超低底盘多轮卡轨平盘车 2 万元，铁轨枕及附件 0.8 万元；

（2）相比“甩车场”运输方式减少掘进巷道施工 35 m，节省成本支出 21 万元；

（3）相比“甩车场”和“平车场”运输方式减少巷道卧底施工 150 m，节省人工、电缆和材料费用支出 28 万元；

（4）相比“滑板拖运”方式，节省了滑板的投入费用和运输、安装撤除费用共 25 万元。

4.2 社会效益巨大

（1）31510 西工作面切眼轨道提升运输系统的优化和新技术的应用，真正实现综采支架无故障安全提升运输，对实现矿井安全生产意义重大；

（2）该系统施工简单，用工少，准备和施工方便，大大缩短了施工周期，保证了工作面的及时投产。

基于LVDT传感器的机械轴径测量系统

于润祥，胡兴志，林　卫

（华北科技学院机电应用技术研究所，河北 廊坊　101601）

摘　要　针对机械系统中轴径大小的测量，提出了基于线性可变差动式变压（LVDT）的微小位移测量系统。该系统以单片机为主控制器，利用AD7799采集LVDT信号，并对该信号进行调理，配合机械结构，可获取轴径的尺寸，最后通过上位机进行了实时显示。实验表明，该测量系统可以对尺寸为1～5 cm范围内的轴的长度或者轴径进行精确测量，测量精度能够到达0.1 mm，并且该系统可以实现自动化测量的要求。

关键词　LVDT；AD7799；轴径位移测量

0　引言

在现代测量技术中，高精度位移的测量被广泛用于机械加工、石油化工和高精密仪器。矿用机械轴径测量也属于高精度位移测量中的一种，虽然现在对于高精度位移测量具有很多的传感器可用，差动式位移传感器由于具有线性好、结构简单、工作可靠、灵敏度高、易于实时测量等特点，被广泛用于各种测量行业。本文采用差动变压器实现对轴径的测量，此系统由一个铁芯和一个初级线圈及两个反向绕制的次级线圈构成，能够达到对于旋转的轴径实现在线的位移测量。铁芯与线圈之间通过电感耦合实现非接触测量，初级线圈与次级线圈通过电磁耦合，使得铁芯的移动位移与输出电压呈线性关系。将输出电压信号通过AD7799模拟量转换成系统能够识别与处理的数字量，然后通过对数据的处理能够精确计算出铁芯的位移量，再将位移量显示在显示屏上。

1　LVDT的结构与测量原理

线性可变差动式变压器LVDT（Linear Variable Differential Transformer）是一种高精度的位移测量传感器，由于在工作中具有非接触测量的方式、密闭性良好等优点，在实际加工中具有广泛的应用。LVDT主要由铁芯、1个初级线圈、1个次级线圈组成，如图1所示。

在原线圈两端加上激励信号，根据电磁感应定律，副线圈将会产生频率相同、幅值随着铁芯的移动而改变的感应信号。设原线圈的激励信号为$U_i = A_i \sin(wt)$时，忽略磁滞涡流和耦合电容的影响时，则次级线圈输出的信号与总输出信号U_{21}、U_{22}、U_2的表达式如式（1）～（3）所示：

$$U_{21} = KX_1 \sin(wt + \phi) \tag{1}$$

$$U_{22} = KX_2 \sin(wt + \phi) \tag{2}$$

$$U_2 = U_{21} - U_{22} = K(X_2 - X_1)\sin(wt + \phi) \tag{3}$$

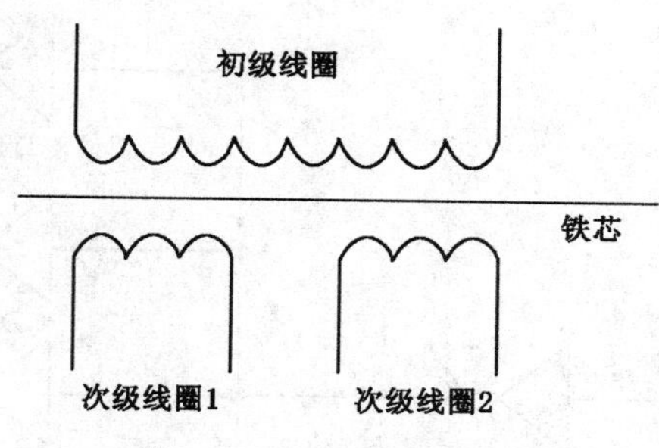

图 1　LVDT 的原理简图

式中：K 为传感器的系数；ϕ 为相位差；X_2、X_1 为铁芯位移量。从式(3)可以看出在中心位置的一段范围内，差分信号的幅值与铁芯的位移呈线性关系，利用这个关系可以将位移信号与输出电压之间转换。

2　系统硬件设计

测量系统的核心部分主要包括激励信号的产生和频率的选择，LVDT 输出信号的处理，AD 信号的转换。LVDT 通过内部的铁芯移动的位移与输出电压之间的线性关系，输出通过 AD7799 采集后，将采集的数据转换成对于位移的显示处理。

2.1　矩形信号产生电路

如图 2 所示，利用反向器 CD4069 自激振荡原理，通过左端的部分产生所需要频率的方波信号，然后利用右边的四个并联的反向器，由于 CD4069 外加电源，因此能够提高带负载能力且具有使输出信号稳定的效果。

通过 C_5 与 R_3 形成正反馈，维持输入高；然后中间的低电平通过 R_4 电阻向 C 充电使得 C 下端电压逐渐下降，一旦低于 $1/2V_{cc}$，输入电压为低，通过 2 级反馈，电路翻转，中间高电平，输出低电平；接着 R_3 电阻反向对 C 充电，到达一定程度再次翻转。

2.2　信号调理电路

如图 3 所示，在正弦激励信号输入 LVDT 的作用下，反向绕制的副线圈将会产生差分信号，将差分信号通过整流桥再利用滑动变阻器的调节，使得输出的信号为差分信号之间的差值。随后输入到滤波电路中，去除其他信号的干扰，使 LVDT 能产生稳定、精确的输出电压。

2.3　A/D 采集电路

本次设计采用 24 位 AD7799 进行 A/D 转换，AD7799 采用的是内部参考电压，内置 1～128 增益的低噪声可编程仪表放大器。设置将参考电压接入 REF＋端，REF－端接地，AD7799 采用四线制(时钟信号线 SCLK、数据输入线 DIN、数据输出线 DOUT 以及片选线 CS)SPI 通信方式。由于设计中该芯片单端输入情况下不能承受很大的电压，因此要对输入电压进行处理，设定控制在芯片承受的电压范围内。AD7799 与单片机以及外加参考电压的接线图如图 4 所示。

3　系统软件设计

系统主程序的框图如图 5 所示，主要完成 A/D 转换芯片与显示屏的初始化，以及对于采集数

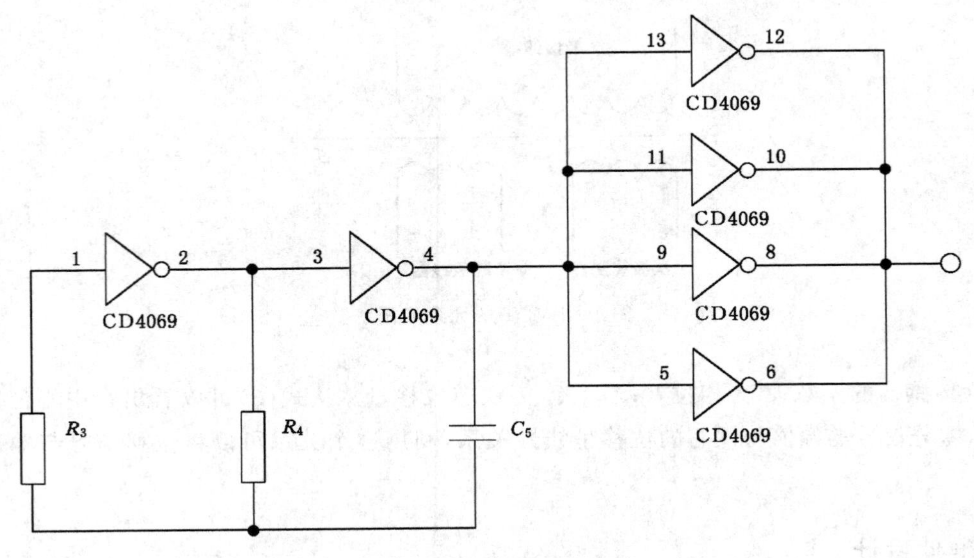

图 2　矩形信号产生电路

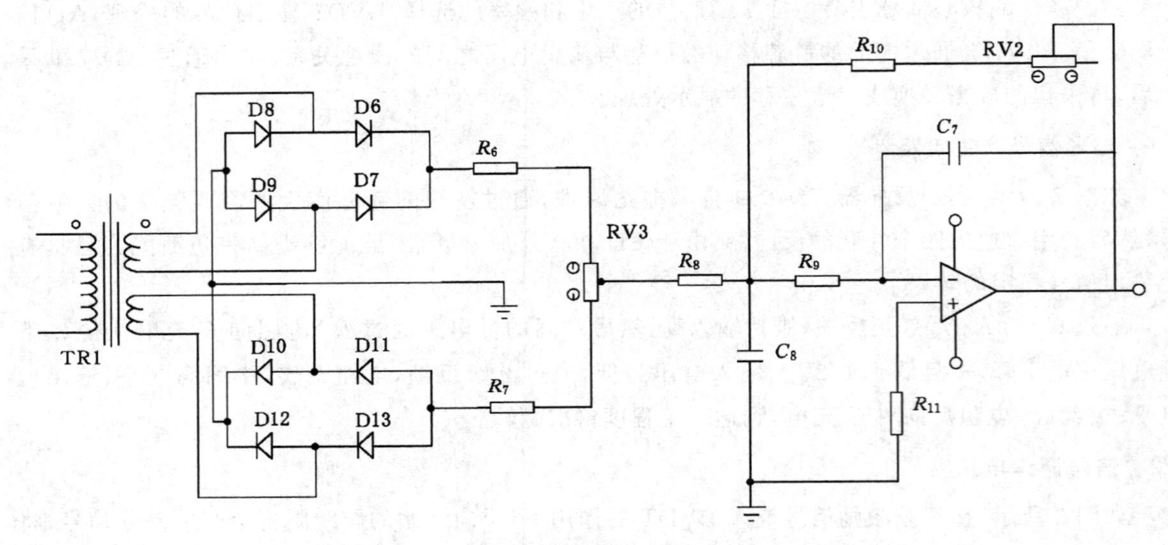

图 3　输出信号处理电路

据的处理，能够实现对采集数据的精确处理，使得输出的位移量能够十分的精确，而且采集的效率也非常高，足以实现快速化的测量。

3.1　信号放大模块

当输入 AD 采集芯片的信号幅值过小时，要通过一定的电路实现电压信号幅值的调整，而 AD7799 内置 1～128 增益的低噪声可编程仪表放大器可以直接通过程序中配置寄存器选择增益的倍数，达到信号放大的目的。在设计中要根据 ADC 输入电压的范围而选择合适的增益大小，达到最佳的测量精度的效果。该模块可以在保证分辨率不变的情况下，提高灵敏度。

3.2　A/D 采样

AD 采集是实现整个位移测量的关键步骤，只有实现精确的转换过程才能够使得到的数据符

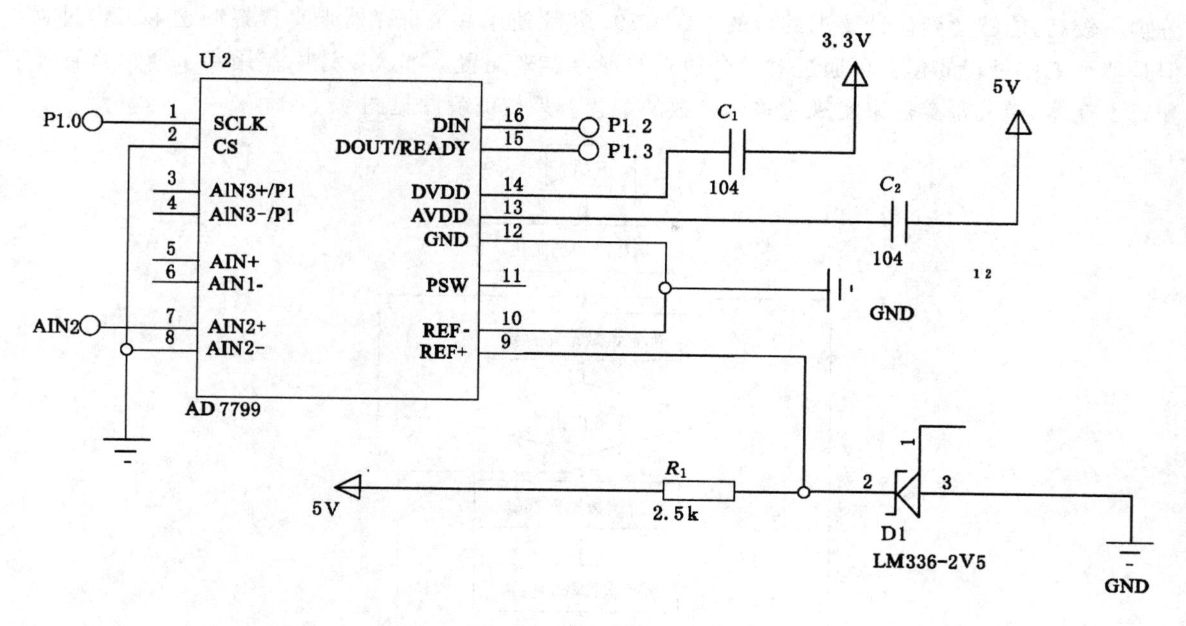

图 4　AD7799 接口电路

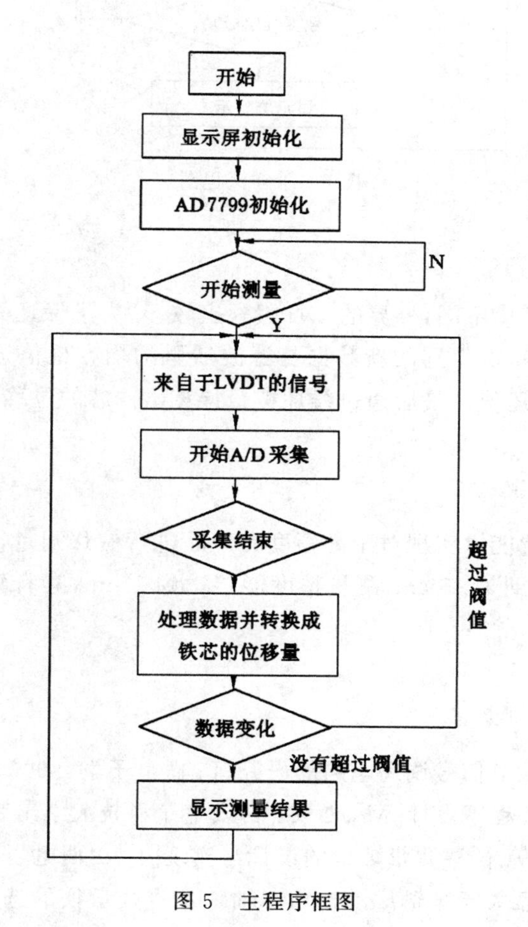

图 5　主程序框图

合测量的精度要求。该设计采用 AD7799 芯片，此芯片为 24 位的模数转换芯片，因此能够达到的分辨率较高,能够达到设计要求的目的。AD7799 芯片使用 9 个寄存器来直接控制整个工作过程,但是整个工作过程的建立可通过对 7 个独立的寄存器来配置。本次设计中仅用到了通信寄存器、配置寄存器、模式寄存器来实现对采样参数的配置。采校流程图见图 6。

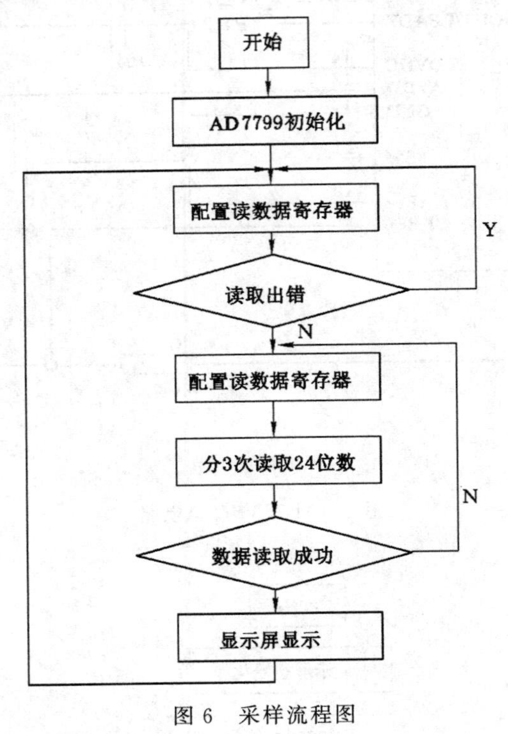

图 6　采样流程图

3.3　采样数据的处理

由于测量仪器的工作环境不同,外界的干扰因素也较多,为了保证采样数据的正确性,设计中采用数据变化判断算法,将每次得到的新数据与滤波器里的均方根值进行比较,判断是否超过阈值,从而得到一个精确的电压值。最后通过线性拟合计算出铁芯的位移量,即为测量的位移。

4　结语

所设计的位移测量装置能够实现对于高精度的产品进行位移测量,同时也可用于矿用设备的轴径测量,测量范围能够达到 1～5 cm,测量精度能够达到 1 μm,具有较好的重复性,可实现对各种产品的自动化检测。

参考文献

[1] 李勇,张俊安.一种 LVDT 信号调理电路的研究[J].微电子学,2007,37(3):320-325.

[2] 张勇.C/C++语言硬件程序设计[M].西安：西安电子科技大学出版社,2003.

[3] 杨峰,何晓慧,赵天法,等.位移测量装置的设计与实现[J].山西电子技术,2009,(1):9-10.

[4] 王晓政,陈亚杰,王国范.关于车辆滚动轴承车轴轴颈直径量仪的选用[J].铁道车辆,1994(4):57-58.

[5] 冯其波.激光高精度测量大型工件内外径方法和系统的研究[D].北京:清华大学,1993.

2 技术装备与设施

ZDC30-1.5 吸能式跑车防护装置在材料副斜井中的应用

李　强[1]，刘灿伟[2]

（1. 山东能源新矿集团伊犁能源公司一矿，新疆 伊犁　835300；
2. 山东能源新矿集团伊犁能源公司，新疆 伊犁　835300）

摘　要　煤矿辅助运输是矿井整个生产系统不可或缺的重要组成部分，它涉及面比较广，技术要求也比较高，煤矿辅助运输能否正常运行关系着整个煤矿的生产能否正常运行。本文就 ZDC30-1.5 跑车防护装置的功能、构成、原理及应用效果进行阐述，最后提出了一些提高矿井辅助运输安全的措施。

关键词　吸能式；跑车防护装置；矿井辅助运输

0　引言

煤矿井下辅助运输，是指煤矿井下生产中除煤炭运输之外的其他各种运输的总和，主要是指井下人员、设备、辅助材料和矸石等的运输，它是矿井整个生产系统的大动脉，是矿井生产不可或缺的重要组成部分。随着近年煤炭开采技术和安全投入的不断发展和提高，运输安全成为近年现代化矿井安全高效开采的薄弱环节。

为保证斜井提升运输的安全，从根本上消除辅助运输的安全隐患，本文着重介绍了 ZDC30-1.5 跑车防护装置的功能、构成、原理及应用。

1　概述

伊犁一矿是国家发改委核准的新疆第一座千万吨现代化大型矿井，2007 年 4 月开工建设，设计能力 1 000 万吨/年。井田位于伊犁盆地南缘的察布查尔山前坡及冲积平原地带，地势南高北低，南部为丘陵区，地形切割强烈，海拔标高一般为＋1 200～＋1 300 m；北部冲积平原地势平坦，坡度 2°～3°，海拔高程＋970～＋1 200 m，井田内地表被第四系地层覆盖，南部覆盖层厚度一般 35～100 m，向北厚度逐渐增大，一般 110～200 m，最厚达 260 m。

矿井开拓方式采用在浅部风井工业场地布置有材料副斜井和东回风立井，中部矿井工业场地布置主斜井、副立井，单水平开拓。

材料副斜井井口标高＋1 278 m，井底标高＋1 137 m，井筒平均倾角 16°，净宽 4 500 mm，斜长 537 m，装备 JK-3/20E 型单绳缠绕式提升机 1 台，铺设 36 kg/m 钢轨轨道一条，担负运送 25 t 以上液压支架等大型设备、长材料等提升任务。

为保证斜井提升运输的安全，安装使用了 ZDC30-1.5 跑车防护装置。该装置主要由跑车防护装置用挡车栏、电控箱、显示器、收放绞车、霍尔传感器、接近开关等设备组成。正常提物情况下，挡车栏处于常闭状态。当绞车运行，矿车到达设定位置，挡车栏自动升起，矿车通过后，挡车栏自动下落。当矿车超速(跑车、溜车等)时，挡车栏对跑车进行可靠的阻拦，避免事故的发生。运行人车时，挡车栏为常开状态可保证人车的正常通行。显示器能够及时准确地反映各提升机构的工作情况。

2 ZDC30-1.5 跑车防护装置实现的主要功能

(1) 监控功能：装置能够实现监控。

(2) 执行功能：装置在检测到信号后，能够有效驱动收放绞车的动作，实现挡车栏的上提、下放。

(3) 缓冲功能：挡车栏在受到车辆冲击时，能够有效缓冲车辆的冲击力。

(4) 挡车功能：挡车系统中挡车栏应常闭，具有跑车防护功能，正常运输时确保挡车栏的提升、下放，当发生跑车时，能够准确拦截车辆。

3 ZDC30-1.5 跑车防护装置的基本参数

(1) ZDC30-1.5 跑车防护装置的基本参数

① 巷道最大倾角：30°；

② 最大抗冲击能量：1.5 MJ；

③ 最高矿车运行速度：5 m/s；

④ 缓冲距离：0.3～－10 m。

(2) ZDC30-1.5 跑车防护装置的构成

ZDC30-1.5 跑车防护装置的构成见表 1。

表 1　　ZDC30-1.5 跑车防护装置的构成

序号	设备名称	型号	防爆型式
1	跑车防护装置用本质安全型显示器	XQH-12/24ZD	Exib Ⅰ
2	跑车防护装置用隔爆兼本质安全型电控箱	KXJ-127ZD	Exd[ib] Ⅰ
3	本质安全型接近开关	KHJ50	Exib Ⅰ
4	跑车防护装置用霍尔转数传感器	GZH-24ZD	Exib Ⅰ
5	跑车防护装置用挡车栏	DC30-1.5ZD	
6	跑车防护装置用收放绞车	JF-150ZD	

(3) ZDC30-1.5 跑车防护装置用挡车栏(普通型)

① 巷道最大倾角：30°；

② 最大抗冲击能量：1.5 MJ；

③ 缓冲距离：6 m；

④ 最大缓冲阻力值：150 kN；

⑤ 挡车栏：ϕ28 mm 钢丝绳 4 根；

⑥ 工作方式：常闭式；

⑦ 挡车网重：100 kg。

4 工作原理

装置通电后，安装在绞车上的霍尔转数传感器随时检测绞车动态，再配合从绞车电控取得的绞车旋转方向信号，电控箱处理得出车串所在位置及运动方向，并通过显示器指示出来。

若装置工作在提物状态时，当电控箱检测出车串正常到达提升位置后，电控箱发出信号令收放绞车提升挡车栏。当安装在收放绞车上的到位接近开关感应到提升到位信号后，电控箱将停止发出收放绞车提升信号。同样，当电控箱检测出车串正常通过挡车栏并到达设定的挡车栏下放位置后，电控箱发出信号令收放绞车下放挡车栏。当安装在收放绞车上的到位接近开关感应到下放到位信号后，电控箱即停止发出收放绞车下放信号。若电控箱通过检测霍尔转数传感器信号，计算出的提升绞车速度过速时即闭锁各提升绞车信号，禁止提升挡车栏。

若装置工作在提人状态时，电控箱自动控制收放绞车提升挡车栏到"常开"状态，并锁住此状态直至取消提人状态。

5 跑车防护装置安装示意图

跑车防护装置安装示意图见图 1。

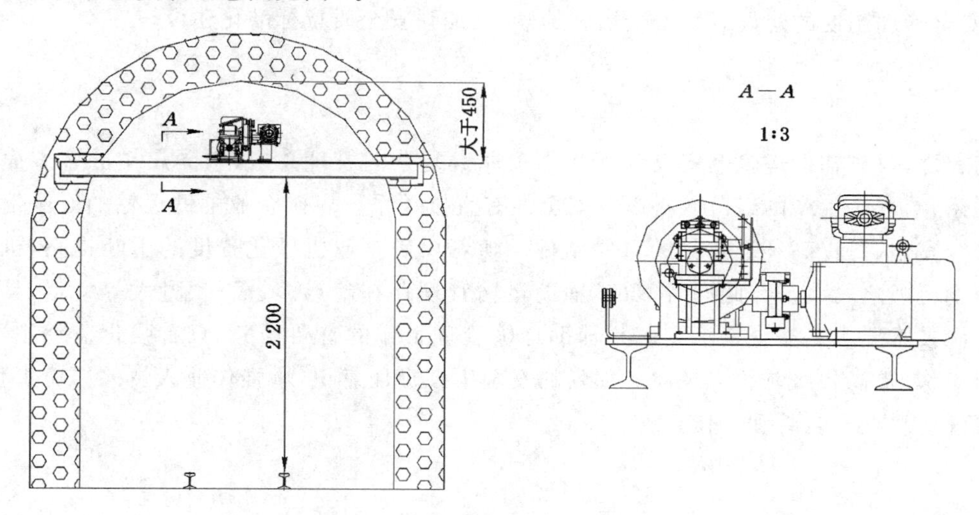

图 1 跑车防护装置安装示意图

6 效果

ZDC30-1.5 跑车防护装置通过在伊犁一矿材料副斜井中的使用，加强了斜巷提升的安全防护，更加有力地保证了矿井提升运输的安全。

7 提高矿井辅助运输安全的措施

认真贯彻党的“安全第一，预防为主，综合治理”的安全生产方针以及“管理、装备、培训”三并重原则，努力做好煤矿安全工作。首先煤矿管理者要提高对煤矿生产中机电运输设备主导地位的认识，意识到机电运输事故所导致后果的严重性，进一步认识领会到煤矿机电运输工作的加强是保障煤矿安全生产非常关键的环节。

(1) 改善技术条件，不断提高安全水平

一是合理选用并细心维护设备。依据矿井类型以及设备的工作地点、生产特点等，合理科学地对机电运输设备的规格、种类、型号以及数量进行选择。努力把握好设备的采购关，严格依据相关规程进行操作，对设备要认真维护和保养，让其始终保持良好的运转状态。二是加强技术改造，提高安全装备水平。条件允许的情况下，淘汰老式设备，换用高效率以及安全性能好的新设备，采取先进监控技术，实现主要设备的自动化操作。

(2) 提高人员素质，确保安全生产

一是提高人员素质，在加强安全管理的基础上，认真贯彻执行《煤矿安全规程》以及其他管理规章制度，提高全部工作人员的安全意识，主动防患于未然；二是不断提高操作人员以及技术人员的技术水平，提升预防以及避免事故产生的主观能力。

(3) 强化安全管理质量，提高安全管理水平

加强煤矿管理者对煤矿安全管理知识的学习，提高其管理水平，制定切实可行的安全管理措施，加强安全管理制度的建设以及安全措施的落实，加强安全质量标准化建设。

8 结论

总而言之，煤矿辅助运输的安全管理为一项非常复杂的管理总成，它同煤矿的多方面都存在着紧密联系，与煤矿生产的经济效益以及安全性有直接关系。煤矿企业辅助运输的安全情况是人与物的综合安全，是提高经济效益的重要条件。随着煤矿企业机械化程度的不断提高，机电运输的使用范围也随之增大。与此同时，煤矿辅助运输管理存在着点多、面广、量大等特点，具有较高的专业性和技术要求。安全是落实矿井辅助运输管理工作的首要任务，只有强化监督制约机制，做好安全工作，提高各级领导以及业务部门的安全生产责任意识，增强作业人员的岗位责任意识，才能做好煤矿运输安全管理工作。

便携式单轨吊梁拿弯装置及拿弯方法

牛玉泉，张元富，王志法，徐加瑞

（山东良庄矿业公司，山东 新泰 271219）

摘　要　一种便携式单轨吊梁拿弯装置及拿弯方法，它包括两个放置单轨吊梁的支撑座、一台顶在单轨吊梁上的千斤顶和一个带两根链条的固定帽，固定帽安装在千斤顶的顶端，两根链条呈八字形分开捆绑在单轨吊梁上；还包括按照弯道曲线半径制作的钢制曲线杆，钢制曲线杆的两端吊在单轨吊梁下面的链条环上。使用时，把单轨吊梁的两端平放在两个支撑座上，在单轨吊梁的中间部位放置上千斤顶，把固定帽安装在千斤顶的顶端，两根链条呈八字形分开捆绑在单轨吊梁上，将钢制曲线杆吊在单轨吊梁下面的链条环上；然后给千斤顶打压，千斤顶对单轨吊梁施加弯矩，弯至与曲线杆弯度一致时，拆下装置即可实现拿弯，方便简单，省时省力，大幅度提高了敷设单轨吊梁的工作效率。

关键词　单轨吊梁；拿弯装置；拿弯方法

1　研制背景、目的及意义

目前，煤矿井下辅助运输系统采用单轨吊机车运输方式越来越多，它可以解决传统的绞车牵引矿车运输方式安全性差，其轨道受巷道动压影响变形频繁，整修工作量大，占用设备和人员多等运输难题，能够有效提高矿井运输能力，并减少物料换装环节，大幅度提高物料的运输效率及提升运输系统的安全系数。单轨吊机车整体截面小，巷道断面空间利用率高，所运行的线路是用一条吊挂在巷道上方的特制工字钢作轨道，称为单轨吊梁线路。单轨吊机车行驶在单轨吊梁线路上运送物料时不受巷道底板条件限制，可用于主要运输大巷和采区巷道连在一起的辅助运输作业，可完成从采区车场直至工作地点不经转载的连续运输，可在巷道内各种水平弯道、变坡点及变坡点带拐弯的单轨线路上灵活运行，与传统运输方式相比可最大程度简化运输系统，大幅度减少人员和设备。

为保证单轨吊机车的安全高效运行，关键是敷设安全可靠的单轨吊梁线路，由于机车所运行的单轨吊梁线路经过弯道和变坡点时，只能在水平曲线半径≥6 m、竖直曲线半径≥10 m 的弯道吊梁线路上运行，所以井下运输大巷和采区巷道内弯道或变坡点安装单轨吊梁时，需首先对单轨吊梁进行拿弯。现有的单轨吊梁拿弯使用传统的机械地轨弯道器或液压地轨弯道器，以上两种弯道器重量达到 50～70 kg，携带起来极不方便，使用起来也费时费力。且地轨弯道器在对单轨吊梁拿弯过程中测量吊梁曲线半径标准时，只能反复拆下地轨弯道器，用钢卷尺和弦长 1 m 的线绳测量单轨吊梁曲线半径是否达到标准，职工体力消耗大，降低了工作效率。

为此技术人员研制了便携式单轨吊梁拿弯装置,实现了在巷道的弯道及变坡地点快速地将单轨吊梁加工成适用的曲线半径。该单轨吊梁拿弯装置具有成本低、重量轻、便于携带、移动方便、安全性能好、安装操作简单等优点。

2 便携式单轨吊梁拿弯装置的研制

2.1 结构组成

便携式单轨吊梁拿弯装置,主要由带凹槽的固定帽、固定链条、普通千斤顶、标尺和底座支撑架五部分组成(如图 1、图 2 所示)。

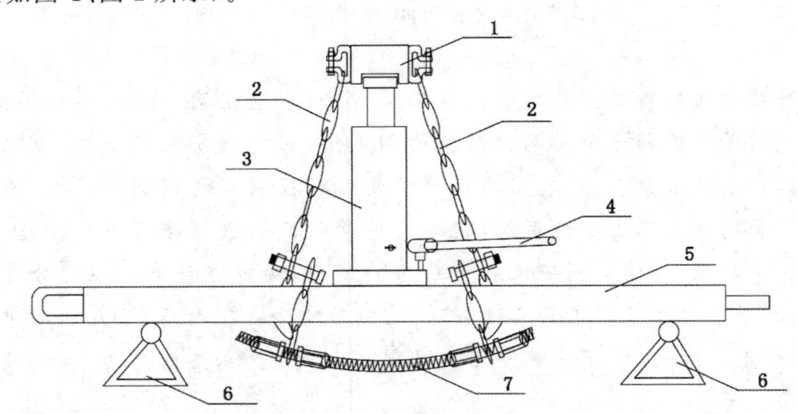

图 1 单轨吊梁水平曲线半径拿弯

1——带凹槽的固定帽;2——固定链条;3——普通千斤顶;4——千斤顶打压杆;5——单轨吊梁;
6——底座支撑架;7 ——ϕ20 mm 锚杆制作的标尺(曲线半径分别为 6 m 和 10 m)

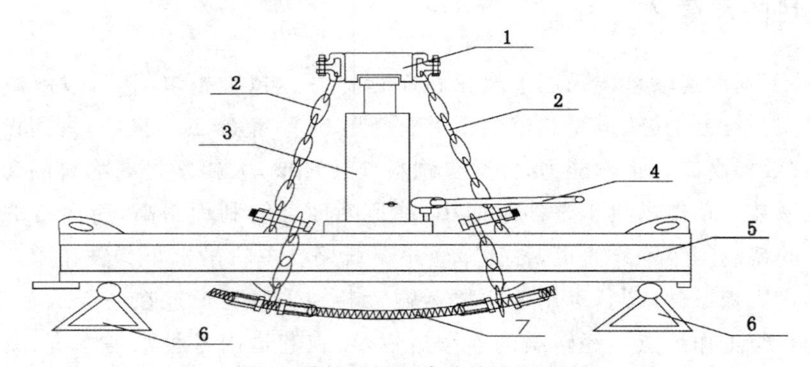

图 2 单轨吊梁竖直曲线半径拿弯

1——带凹槽的固定帽;2——固定链条;3——普通千斤顶;4——千斤顶打压杆;5——单轨吊梁;
6——底座支撑架;7 ——ϕ20 mm 锚杆制作的标尺(曲线半径分别为 6 m 和 10 m)

2.2 技术参数

弯道半径标尺尺寸:ϕ20 mm 锚杆(长 1 200 mm);

拿弯装置单件质量(最大):10 kg;

固定链条规格:ϕ18 mm×64 mm;

固定螺栓规格:ϕ20 mm;

液压千斤顶规格：10 t；

能制作的单轨吊梁弯道半径：6 m 以上；

能适应的工作环境：－5°～28°。

2.3 工作原理

便携式单轨吊梁拿弯装置的工作原理是：单轨吊梁拿弯时，把单轨吊梁平放在两个底座支撑架上，用2根链条分别捆绑，吊梁底部的两链条中间用 ϕ20 mm 锚杆制作的标尺固定牢固，再把千斤顶放置在单轨吊梁上面，将千斤顶、带凹槽的固定帽、千斤顶两侧的链条固定牢固后，然后用千斤顶打压杆升注千斤顶，实现对单轨吊梁拿弯。

2.4 拿弯方法

(1) 如图1所示，给单轨吊梁水平曲线半径拿弯时，把单轨吊梁5放在两个底座支撑架6上，然后将千斤顶3放在单轨吊梁5上，再把带凹槽的固定帽1固定在千斤顶3顶端，用两根固定链条2分别在千斤顶两侧捆绑住单轨道梁5并用螺栓固定，单轨吊梁5底面的两根固定链条2中间用 ϕ20 mm 锚杆制作的标尺(6 m 曲线半径)7固定牢固，两根固定链条2的另一端分别固定在带凹槽的固定帽1两侧的连接环上并用螺栓固定，最后用千斤顶打压杆4打压升注千斤顶3，这样就实现了为单轨吊梁水平曲线半径拿弯。

(2) 如图2所示，为单轨吊梁竖直曲线半径拿弯时，把吊梁5立起来放在两个底座支撑架6上，然后把标尺7更换为10 m 曲线半径的标尺，用千斤顶打压杆4打压升注千斤顶3，这样就实现了为单轨吊梁竖直曲线半径拿弯。

3 试验应用

良庄矿业公司在－350水平四采区41309轨道巷、41105轨道巷、东八采区81103轨道巷、八采二层区8202轨道巷敷设单轨吊梁线路时，使用便携式单轨吊梁拿弯装置对单轨线路沿途的多处弯道进行拿弯。经过现场使用验证，该拿弯装置在将直轨拿到弯轨的操作过程中，快速安全高效，标准符合要求。该拿弯装置在给单轨吊梁拿弯时体力消耗极小，体现出了人工给单轨吊梁拿弯省时、省力、安全快速的优越性。便携式单轨吊梁拿弯装置给单轨吊梁拿弯时未出现损坏单轨吊梁的现象，使用过程中也未出现卡阻及其他异常现象。

4 使用注意事项

(1) 用拿弯装置给单轨吊梁拿弯时，要选择在巷道底板平整的地方，不能倾斜，单轨吊梁底部要用底座支撑架垫平、垫实，液压千斤顶放置在单轨吊梁的对称轴线上，然后检查千斤顶底部与单轨吊梁连接部位是否稳固平整，稍有倾斜必须重新调整，直至千斤顶与单轨吊梁垂直、平稳、牢固时，方可继续操作，防止因受力点偏斜或载荷偏移而使整个拿弯装置倾斜、翻倒造成事故。

(2) 拿弯装置在使用前，应检查液压千斤顶是否完好，带凹槽的固定帽、固定链条、底座支撑架是否有裂纹开焊现象，若发现液压千斤顶漏油及各部件有裂纹开焊现象，应禁止使用。

(3) 拿弯装置与单轨吊梁固定好后升注千斤顶拿弯时，应先将千斤顶顶起一部分，待两侧链条拉紧后，仔细检查液压千斤顶及各连接部位无异常后，再继续升注千斤顶为单轨吊梁拿弯。若发现底座支撑架受压后不平整、不牢固或液压千斤顶有倾斜时，必须将液压千斤顶卸压回程，及时处理好后方可再次操作。

(4) 单轨吊梁拿弯时,一人升注千斤顶为单轨吊梁拿弯,另一人用手扶稳单轨吊梁的一侧,操作过程中如遇有异常时,应立即停止使用,并检查原因,待异常情况消除后方可继续操作。

(5) 严禁施工人员将肢体放在单轨吊梁底部,避免单轨吊梁从底座支撑架上滑落伤人。严禁施工人员站在液压千斤顶安全栓的前面,以防安全栓弹出伤人,安全栓有损坏现象不得使用。

(6) 便携式单轨吊梁拿弯装置的各部件应放在干燥、无尘处。切不可在潮湿、有淋水地点存放,防止锈蚀损坏,降低其使用寿命及安全性能。

5 经济效益及社会效益

(1) 便携式单轨吊梁拿弯装置整组拆开后重量轻、尺寸小,携带起来极其方便,使用时安装操作简单、安全性能好,并且在巷道弯道多的地点能够多组同时对多根单轨吊梁进行拿弯,进一步提高了敷设单轨的工作效率。

(2) 便携式单轨吊梁拿弯装置,无论从其性能,还是使用效果来讲,都具有创新性,同时该拿弯装置的成功使用,发现了单轨吊梁机械拿弯的新途径。也给在距离长、弯道多、变坡点多的巷道内快速敷设单轨线路带来了新一轮的技术革命。

(3) 减轻了工人劳动强度,提高了工作效率。原来敷设弯道半径 6 m 的弯道,用机械地轨弯道器拿弯,需 3 人一组同时配合操作,2 组轮流进行拿弯,每根单轨吊梁拿弯需 30 min。现使用便携式单轨吊梁拿弯装置对单轨吊梁进行拿弯只需 2 人同时配合操作,每根单轨吊梁拿弯 6 min 即可轻松完成,工作效率提高了 5 倍,节省了大量的时间、人力,年节约人工费可达 25 万元以上。

6 结束语

便携式单轨吊梁拿弯装置的成功使用,减轻了工人劳动强度,减少了工作人数,提高了工作效率,为安全生产提供了保障,经济效益和社会效益显著,极具推广价值。

车集矿新式高效集约型翻矸系统的构建与实施

李　增，张　强，赵体兵，郭激光

（河南能源化工集团永煤公司车集煤矿，河南 永城　476600）

摘　要　车集煤矿地面矸石山翻矸系统自2002年形成，至今已使用15年。随着矿井的高效发展及矿井底板抽放巷岩巷工程的施工，以往传统的翻矸模式效率低、环节多，不能满足矿井出矸系统要求，因此建立高效集约型翻矸系统成为发展趋势。根据公司“合岗分流、减人提效”的工作思路，结合车集煤矿矸石山翻矸系统情况，车集煤矿机电部门通过技术攻关，对矸石山翻矸系统进行了技术改造。改造后系统“精简、集约、高效”，实现了“一个人完成矸石山全部操作”的设计目标。

关键词　翻矸系统；高效集约；减人提效

1　矸石山原翻矸系统基本情况

1.1　概况

车集煤矿地面矸石山翻矸系统原采用2JTP-1.2×0.8双滚筒绞车提升，通过两辆1.7 m³三面翻矸车向矸石山顶翻矸。轨道坡全长110 m，平均坡度20°，最大坡度26°，提升高度38 m，铺设双股43 kg/m轨道。

1.2　系统配置

（1）2JTP-1.2×0.8双滚筒绞车提升机1台，YTB-63D型制动液压站1台。

（2）POSC-1.7 m³三面翻矸车2辆。

（3）FAZZ-1/6翻车机1台。

（4）弯道推车机1台。

1.3　岗位配置

绞车司机1人、翻车机司机1人、老坑口信号工1人、摘挂钩1人，共4人。

1.4　改造前系统画面

改造前系统画面如图1～图4所示。

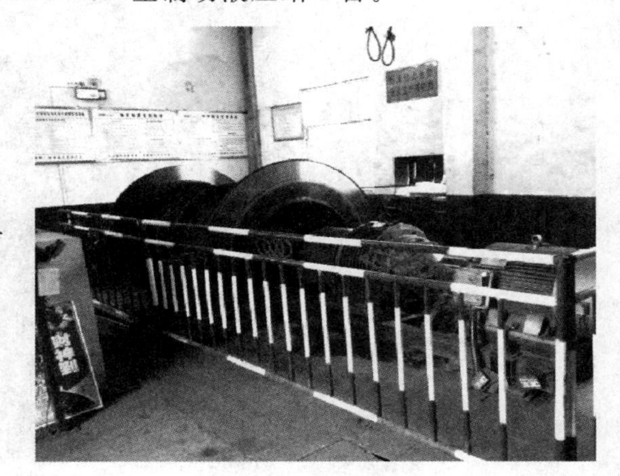

图1　改造前双滚筒绞车

图 2　改造前轨道运输方式

图 3　三面翻矸车

图 4　矸石山顶爬道

2 原有系统存在的问题

2.1 绞车提升效率低，提升能力满足不了翻罐笼出矸量要求

随着矿井底板岩巷工程的施工，矿井出矸量由原来每天500车增加至700车，出矸量的增加使得翻矸系统效率低的问题日益凸显。

2.2 绞车维护难度大、费用高

（1）钢丝绳更换频繁。牵引钢丝绳平均一个半月更换一次，仅钢丝绳材料费每月固定投入4 000元。

（2）日常山顶道头爬道、退道作业频繁。平均一个月施工一次，遇到恶劣天气，如冬天道路结冰，夏天天气炎热，人员在山顶作业不安全。

2.3 设备运行安全系数低

绞车提升运输易出现牵引钢丝绳断股、三面翻矸车掉道、车辆拉过山顶道头等事故。

2.4 双滚筒绞车提升三面翻矸车不能单台独立工作

绞车提升两辆三面翻矸车运行时，两台互为配重。根据现场运行情况，甩掉其中一辆或其中一辆出现问题，绞车不能满足另一辆提升要求。

2.5 原有翻矸系统环节多，占用大量人员，且设备不宜实现集中控制

绞车提升不宜实现集中控制，翻矸系统每班需固定绞车司机、翻罐笼司机、老坑口信号工、摘挂钩人员共计4人。

3 系统优化改造方案及实施

针对原有系统存在的问题情况，研究和构建最优的矸石山翻矸系统成为必然趋势。通过技术攻关小组多次讨论分析，结合易于集中控制的连续运转设备特点，决定用带式运输机系统代替原有绞车提升系统。

3.1 项目构建过程中的关键问题及解决方案

3.1.1 大倾角矸石皮带的安全运行问题的解决

通常皮带机运输坡度不大于18°，车集矿矸石山轨道坡最小坡度19°，最大坡度26°，若按照此坡度安装皮带机，大块矸块将会下滑。另外，受运输长度、翻罐笼矸仓下口高度、皮带机驱动装置高度等制约，运输倾角较难调整。

针对上述问题，专业组研究从多个方面进行解决：

一是调整皮带机上托辊架的槽角，增加物料堆积角；

二是合理选择驱动装置位置，通过H架调整倾角，使皮带机整体安装倾角控制在18°以内；

三是安装防滚矸装置，防止大块矸石滚落。

3.1.2 皮带机尾上料点矸石堆积、下滑问题的解决

矸石从翻罐笼矸仓内卸落在运行的皮带上，运行方向发生较大变化时，矸石就会在上料段打滑、翻滚、堆积。经过现场实践，在上带面上分段粘着防滑条，增加带面防滑效果，即可带动堆积矸石分段拉走，又可保证矸石很快稳定在大倾角运行的带面上，实现安全运行。

3.1.3 设备集中控制和实时监控系统的构建，实现了一个人完成矸石山翻矸系统的全部操作

现场操作人员控制皮带开停、操作翻车机和推车机，通过视频系统实时观察皮带机运行状况，真正意义上实现“一人多岗”，一个人完成整个系统的全部操作。

3.2 矸石山系统改造后设备、人员配置情况

3.2.1 系统配置

(1) DSJ80/40/2×55 皮带机 1 套，全长 110 m，驱动装置 1 用 1 备。

(2) FAZZ-1/6 翻车机 1 台。

(3) 弯道推车机 1 台。

3.2.2 岗位配置

系统操作人员，1 人。

3.3 改造后系统画面

改造后系统画面如图 5～图 8 所示。

图 5 改造后的皮带机

图 6 改造后的皮带

图 7　改造后的皮带系统

图 8　集控操作台

4　新旧系统综合性能、经济效益分析

4.1　系统翻矸效率提高

原绞车提升一个循环 2.5 min，按照 1.7 m^3 三面翻矸车载重 3.06 t 计算，绞车提升运输能力为 2×3.06 t×60/2.5＝146.88 t/h；翻罐笼 1 min 可翻 1.3 m^3 矸车 2 辆，按照 1.3 m^3 矿车载重2.34 t，翻罐笼翻矸量为 2×2.34×60＝280.8 (t/h)，即绞车提升配合翻罐笼翻矸，翻矸能力为 146.88 t/h。系统优化后，皮带机运输能力 280 t/h，即皮带机运输配合翻罐笼翻矸，翻矸能力为 280 t/h。通常一列车 30 辆，全部载重 70.2 t，绞车提升翻矸系统需时约 48 min，采用皮带分矸需时 25 min，即翻罐笼翻下的矸皮带机即可全部拉走，翻矸效率提升约 1 倍。

4.2　节约成本

皮带机运行维护费用平均每月 1 000 元，绞车提升仅钢丝绳费用每月 4 000 元，年度节约费用 3.6 万元，新式运输系统与老系统相比每年节约电量 15.85 万 kW・h，折合电费 12.6 万元。

4.3　系统实现集中控制，一人即可实现全部操作

每天减少岗位司机、信号工、摘挂钩人员共计 9 人。

4.4　系统运行安全系数高

杜绝绞车提升运输中车辆掉道、拉过山顶等事故，同时减少日常山顶频繁爬道、退道环节，提高维护人员作业安全系数。

5 结论

在当前煤炭企业经济下行压力的影响下，精简生产系统流程，构建高效集约型翻矸模式有效减少岗位人员，实现了“少人则安”，节约了成本投入。另外，这种高效集约型运行模式还有较广泛的推广价值。

（1）根据车集煤矿矸石山翻矸系统改造的成功案例分析，若这种翻矸系统在全公司推广，减人提效将更加显著。

（2）高效集约型运行模式可推广到矿井其他环节多、管理粗放、生产工艺复杂、占用大量人员的系统。

单轨吊在矿井辅助运输发展方向的前景分析

姬国昌

（山东能源淄博矿业集团有限责任公司许厂煤矿，山东 济宁　272173）

摘　要　随着煤炭生产高新技术和现代化生产的发展，新设备、新技术不断推广应用，煤矿综采综掘机械化已成为现代煤矿的发展趋势，但随之带来的是矿井辅助运输技术的滞后。本文通过对井下传统辅助运输设备在运量、运距、效率和安全等方面受到的诸多限制的分析，从而提出改变原有的运输方式，发展煤矿辅助运输机械化已经成为有效发挥采掘综合机械化效率、优化运输方式、实现安全生产的一项紧迫任务。在此背景下，通过对单轨吊运输系统优越性和适应性分析，指出单轨吊运输方式在煤矿辅助运输发展方向有着广阔的前景，煤矿企业要结合矿井技术条件和开采条件，逐步推广、发展单轨吊运输，使之形成网络化运输系统，以尽快提高煤矿辅助运输机械化水平和自动化能力，使矿井辅助运输能力和方式与采掘综合机械化相匹配、相适应。

关键词　单轨吊；辅助运输系统；高产高效；发展前景

0　前言

煤矿辅助运输是整个煤矿运输系统的重要组成部分。对于辅助运输设备的选型大多采用在普通轨道上运行矿车的运输方式，主要运输大巷由架线式或蓄电池式电机车运输，斜巷采用绞车或无极绳绞车分段运输。由于辅助运输工作地点分散，运输线路复杂，运输环节多，传统的运输设备在运量、运距、效率和安全等方面受到很大限制，特别是随着煤矿开采技术突飞猛进的发展，采掘机械化程度有了很大的提高，随着煤矿采掘设备的重型化和生产集中化，这个矛盾会更加突出。因此，改变原有的运输方式，发展煤矿新型辅助运输机械化已经成为有效发挥采掘综合机械化效率、优化运输方式、实现安全生产的一项紧迫的任务。

1　单轨吊机车出现的环境

随着煤炭生产高新技术和现代化生产的发展，新设备、新技术不断推广应用，煤矿综采综掘机械化已成为现代煤矿的发展趋势，但随之带来的是矿井辅助运输技术的滞后。据统计，我国目前绝大部分煤矿现在一直沿用小绞车、卡轨车及梭车等传统地轨运输方式，辅助运输人员约占井下职工总数的1/3以上，与国外先进采煤国家相比差距很大。综采工作面搬家，国外一般仅需1～2周即可完成，用工200～500个，而我国煤矿采用传统方式至少需要25～45天，用工5 000个以上。而且其安全状况较差，以山东省2003～2007年事故统计为例，全省共发生各类事故156起，运输事故就有41起，占到了事故总数的26%以上，仅次于顶板事故。因此，运输设备的老化已经成为制约煤炭生产发展的瓶颈问题，急需一种新型的适用于复杂地质条件下的辅助运输设备。经多方调研论证，目前国外新应用的单轨运输机车完全可以取代国内现有的煤矿辅助运输设备。

2 单轨吊运输方式

单轨吊机车是一种新型高效的煤矿辅助运输设备，它将物料、设备通过承载梁和起吊装置悬吊在巷道顶部的单轨上，由单轨吊机车牵引进行运输。它可实现液压支架的整体运输，主要用于采煤工作面搬家及采区大巷的运输。

2.1 单轨吊运输的主要优点

(1) 运行安全可靠

设有工作制动、停车制动和紧急制动三套安全制动系统，可实现运输环节的全过程控制，避免了调度绞车、卡轨车等传统地轨运输方式的断绳、脱钩、翻车、跑车等现象，实现了辅助运输的本质安全。

(2) 与巷道底板状况无关，不受底鼓、底板变形、积水或物料堆影响，能跨越刮板运输机和皮带运输机

巷道空间可以得到充分利用。解决了传统地轨运输方式占用人员多、效率低、受巷道变形影响严重等诸多问题，有效优化现场工作环境，减轻职工劳动强度，社会效益显著。

(3) 不靠黏重产生牵引力，同等运输质量条件下牵引车质量较轻

机车牵引力大，无需将设备进行分体或解装，可整体一次性地将设备运至安装地点。解决了大型设备在井下受空间限制、组装难的问题，使设备避免了反复拆卸所带来的人为损耗。

(4) 爬坡能力强，转弯灵活

适用于坡度小于25°的上、下斜巷运输，通过弯道半径水平为4 m，垂直为10 m，既能适应断面较小和起伏多变的巷道运输，又能方便地运用自身的吊运设备把物件、设备吊起或放落，可实现装卸作业机械化。

(5) 运行机动灵活

一台机车可以在多变坡、多道岔、多支线路中不经转载实现连续长距离直达运输。运行速度快、用人少，轨道钢材量比普通轨道明显减少。

(6) 清洁、无污染运输

若采用蓄电池为动力源，频率和电压可调，并利用先进的矢量控制方法实现重力势能转换、再生制动，低噪声、无污染、牵引力稳定、运行成本低廉、环保节能。

2.2 单轨吊运输的主要不足之处

(1) 对巷道顶板及支护要求较高

需要有可靠的悬吊单轨的吊挂承载装置。用锚杆悬吊时每个单轨吊挂点要用两根锚固力各90 kN以上的锚杆，受巷道支护的强度和稳定性以及巷道顶板状况的限制。

(2) 排放尾气污染巷道风流

柴油机单轨吊排气有少许污染和异味，对巷道风量的要求较高。

3 单轨吊运输系统

单轨吊运输系统主要由巷道条件、轨道性能、悬吊结构、配套设备、辅助设施等主要部分组成。

3.1 巷道坡度和断面

（1）巷道坡度

随着巷道坡度的增加，单轨吊的运输能力也随之下降，因此合理的巷道坡度应为：柴油单轨吊车运行巷道坡度不大于 25°，蓄电池单轨吊车不大于 15°。

（2）巷道断面

巷道断面的设计，必须按支护最大允许变形后的断面计算。运输巷道与运输设备最突出之间的最小间距顶部不小于 0.5 m，两侧不小于 0.85 m，曲线巷道应在直线巷道允许安全间隙的基础上，内侧加宽不小于 0.1 m，外侧加宽不小于 0.2 m，巷道内外侧加宽要从曲线巷道段两侧直线段开始，加宽段的长度不小于 5.0 m。

① 单轨吊运输巷道高度：

$$H \geqslant h_1 + h_2 + h_3 + h_4 + h_5$$

式中 H——巷道净高，mm；

h_1——轨道顶面至支护物或巷道顶部（锚喷巷道）距离，300 mm；

h_2——轨道高度，155 mm；

h_3——承载梁高度，500 mm；

h_4——运输物料（设备）的高度，mm；

h_5——运送物料（设备）距巷道底面的安全高度，250 mm。

② 单轨吊运输巷道宽度：

$$B \geqslant b_1 + b_2 + b_3 + b_4 + b_5$$

式中 B——巷道净宽，mm；

b_1——不行人侧的运输物料（设备）至巷道支架间距，300 mm；

b_2——运送物料（设备）本身宽度，mm；

b_3——行人侧的运输物料（设备）至巷道支护间的距离，800 mm；

b_4——双轨运行时，运送物料两车之间的距离，800 mm；

b_5——一侧有胶带运输机的宽度，mm。

巷道断面除上述所需安全空间外，同时还要满足巷道内同时运行机车所需要的风量。在一条巷道同时运行 2 台以下机车时，巷道风量不小于 5.4 $m^3/(min \cdot kW)$；超过 2 台的机车，风量不小于 4 $m^3/(min \cdot kW)$。

3.2 巷道支护方式

（1）锚杆

采用规格为 ϕ20 mm×2 400 mm 的左旋连续螺纹树脂锚杆，并使用与之配套的 2 个螺母紧固；在坡度较大地段稳固吊梁轨道的锚杆采用规格为 ϕ18 mm×1 800 mm 高强度全螺纹钢锚杆，锚杆外露长度不得小于 100 mm。

（2）树脂锚固剂

每根锚杆用一块 MSCK23/50 型和一块 MSK23/50 型树脂锚固剂。

（3）托盘

锚杆托盘采用长×宽×厚＝100 mm×100 mm×10 mm 的钢板制作；在坡度较大地段稳固吊梁轨道的锚杆托盘规格为长×宽＝120 mm×120 mm，用 10 mm 钢板冲压成弧形。

（4）锚索线

钢绞线采用 $\phi17.8$ mm 的钢绞线，长度 6～8 m，每条锚索线使用一个与锚索线配套的锁具和锚索盘固定，锁具规格型号为 QLM，锚索线外露长度不得小于 150～200 mm。

（5）锚索线锚固剂

锚索线采用一卷 MSCK23/50（超快速）和两卷 MSK23/50（快速）型树脂锚固剂固定，MSCK23/50 型树脂锚固剂在上部，MSK23/50 型树脂锚固剂在下部安设。其搅拌时间为 45 s。

（6）锚索盘

采用长×宽×厚＝90 mm×80 mm×10 mm 的钢板制作。

3.3 轨道及其安装

（1）轨道

单轨吊轨道按照其主体型材的结构不同，分为 I140E 轻型轨道和 I140V 重型轨道两种。其中 I140E 轻型轨道是按照德国 DIN 20593—1—2002 标准轧制而成，材质为 20SiMn。这种轨的上下翼缘厚 16 mm，宽度 68 mm，腹板厚度 6 mm，轨高 155 mm，具有较高的横向强度和耐磨性能。它每米质量为 24.3 kg，当长度为 3.0 m 时，每一个承载座可承载的最大载荷不超过 28 kN。

（2）轨道结构

成品轨道由轨道、连接件、吊挂件等部分组成，按照线路需要轨道有直轨、弯轨和标准的长短轨。直线轨的标准有 1 m、2 m、3 m 三种，弯轨长 1 m，水平弯轨曲率半径 4 m，垂直弯轨曲率半径 8 m。轨道之间的连接方式为：直轨两端以搭接板连接；弯轨两端以对接板连接；过渡轨的连接段分别与直轨、弯轨连接。

（3）轨道连接与吊挂

直轨连接对正连接孔，使轨道成一直线，连接端在水平和垂直方向允许有不大于 3°和 6°的夹角；弯轨连接靠对接板的下排孔用 3 个螺栓固定，上排孔用于吊挂，轨下的连接螺栓必须拧正上紧，以保证腹板及轨面结合平直。用螺栓吊环和吊链把轨道吊挂在巷道支护物上，每根轨道两端都进行悬吊，全部吊挂件上的安全系数不小于 5 倍，连接采用螺栓 M20，吊链采用圆环链 $\phi18$ mm×64 mm。

4 单轨吊运输系统实例

淄博矿业集团许厂煤矿 330 西翼采区是矿井的主采区，针对 330 西翼采区首采 3302 工作面配备的一次采全高设备运输量大、吨位重（液压支架重达 32 t）、运输路线长（1 200 m）、运输巷道坡度起伏大（＋15°～－11°）等特点，传统的运输设备（卡轨车）需要进行中转接力运输，且由于运输坡度大，运输载荷重，无法保证安全运输和工作面如期安装。为简化运输环节，提高工作面安撤效率，经过调研分析，最终于 2010 年 6 月选用德国布劳提干矿山技术有限公司生产的 H4-E＋3 型柴油单轨吊车，从而实现了 ZY7600/25.5/55 大吨位液压支架整体连续运输，用了不到 30 天时间 3302 工作面安装结束，比预计工期提前了 10 天，所需人员减少了 1/3，运输安全程度和运输效率大大提高，保证了工作面正常接序与生产。接着又引进第二套，后来又发展了 DX-100 蓄电池单轨吊机车和 DQD20 风动单轨吊机车。单轨员机车在矿井的推广使用，解决了综采大吨位设备的运输难题，实现了连续一体化运输，大大简化了运输环节，提高了运输效率，从而有效地保障矿井安全和高效运输。

5 单轨吊运输的前景分析

5.1 发展单轨吊运输的迫切性

随着安全、高产、高效现代化矿井的建设,辅助运输的效率直接影响着矿井的生产效率。传统辅助运输方式及设备存在的主要问题:运输环节多、系统复杂、占用设备多,由井底车场至采区工作面,需经过多次转载和中转,辅助人员多。据统计,我国煤矿辅助人员占井下职工总数的1/3以上,有些矿井甚至达到1/2。特别是在掘进队中一般有30%～50%的人员从事辅助运输,造成工作效率低、安全状况差,其事故仅次于顶板事故,而且呈上升趋势。因此,传统辅助运输方式已不适应我国煤矿开采技术发展的需要,成为煤矿安全高效和煤炭现代化建设的瓶颈,发展高效快捷的辅助运输方式是煤炭工业化、现代化建设的重要任务。

5.2 单轨吊运输方式的优越性

在煤矿辅助运输设备发展方向上,单轨吊机车作为一种新型高效的运输设备,其优点和安全性、适应性已得到一致认可。近年来,我国多数矿井推广使用单轨吊机车,效果非常好,提高了全员工效,保证了生产任务的顺利完成。

大力发展单轨吊运输方式,并结合矿井地质赋存条件和运输实际,不断优化运输方式,可节省大量的人力、提高了工时利用率,增加了采掘工作面的产量和进度,大量减少了设备搬家的停运时间,也提高了设备利用率,从而节约设备折旧和租赁费用,同时改善了采掘工人和辅助作业人员的劳动安全条件。

5.3 发展单轨吊运输亟待解决的几个问题

(1) 尽量降低矿井初期投资费用,为单轨吊国产化做好准备

由于柴油机单轨吊机车大部分依赖进口,投资太高,后期维修及备件成本较高,如果单轨吊能够国产化,在国内生产可以降低生产成本,减少投资。

(2) 逐步形成矿井辅助运输系统化格局

综合分析各类辅助运输设备的优越性和适应性,在安全、成本、效率等方面进行充分优化设计,整体发挥辅助设备的效能。在水平轨道运输大巷使用架线式电机车运输;在主要斜巷使用绞车串车提升;在综采工作面安装、回撤及掘进工作面搬家时逐步推广采用大功率柴油单轨吊机车实行一站式直达运输;在采掘工作面正常生产期间,对于巷道平缓段、载荷较小、作业不频繁的短途运输优先采用蓄电池单轨吊,发挥其清洁、无噪声、无污染的运输优势;在综采工作面移动电站范围内可采用气动单轨吊,发挥其轻小、灵活、方便、快捷的运输特点。

(3) 切实发挥辅助运输设备的综合监控系统的作用

在管理、调度、使用方面实现专业化操作,自动化控制,单轨吊运输系统逐步实现机车跟踪定位系统和"信、集、闭"管理系统,提高辅助运输设备的综合监控能力。

(4) 提高单轨吊运输的承载能力,向大功率方向发展

目前,有些矿井的综采设备单件总吨位达到30 t以上,对于一般的辅助运输设备而言,运输能力明显跟不上,运输的安全性也不能保证。随着采矿设备的重型化发展,对于辅助设备的运输能力也提出了新的要求,就是向大吨位、大功率的运输设备方向发展。

(5) 单轨吊机车各项技术指标要符合《煤矿安全规程》的相关规定和要求

单轨吊机车运行要符合2016年10月1日施行的新版《煤矿安全规程》。机车要有2路以上相对独立回油的制动系统，必须设置超速保护装置，发动机排气超温、冷却水超温、尾气水箱水位等保护装置；排气口的温度不得超过77 ℃，其表面温度不得超过150 ℃，冷却水温不得超过95 ℃，防爆柴油机需要风量符合AQ 1056—2008《煤矿通风能力核定标准》的要求；单轨吊的使用符合AQ 1064—2008《煤矿用防爆柴油无轨胶轮车安全使用规范》的要求。

（6）注意同步发展单轨吊辅助系统设施

在单轨吊运输系统的巷道设计中要考虑辅助系统设施的配套。如支架起吊硐室、加油硐室、检修硐室、调车道、中转站等都要具备，使之形成完整的运输系统。

（7）加强单轨吊技术队伍培养

单轨吊动力系统是一个多系统协同工作的复杂系统，从技术引进、技术掌握到技术改造还需要很长的时间去摸索，而关键看人力素质的提高和培养，要通过人力资源的培养重点解决好机车发动机启动装置、驱动部件和起吊部件、机车冷却系统和排气系统、发动机和机车轨道的日常维护及管理工作，为充分发挥设备效能创造条件，开辟道路。

6 结论

通过国内矿井单轨吊运输的实践和推广使用，单轨吊运输已发挥出它的运输工效和能力。单轨吊运输系统的使用，不仅提高了矿井辅助运输能力，而且实现了物料、设备、人员的直达机械化运输，与传统无极绳绞车相比，单轨吊运输系统能力大、速度快、效率高、环节少、用人少、劳动强度低，大量减少辅助运输人员，安全程度明显提高。

发展我国煤矿辅助运输机械化势在必行。近年来，相继出现的单轨吊、无轨胶轮车、齿轨车等系列产品，都是被公认的高效、安全、可靠、先进的运输设备。结合矿井技术条件和开采条件，逐步推广、发展单轨吊运输，使之形成网络化运输系统，以尽快提高煤矿辅助运输机械化水平和自动化能力，使矿井辅助运输能力和方式与采掘综合机械化相匹配、相适应。

顾桥矿斜巷打运系统卡轨车与安全装置联锁

程　灿，张乃忠，鲁　宁

（淮南矿业集团顾桥煤矿，安徽 淮南　232001）

摘　要　斜巷运输是煤矿运输安全的重中之重，为确保斜巷运输安全，斜巷运输按规定设置了“一坡三挡”，即斜巷上平位置的阻车器、变坡点处的门档和变坡点下的跑车防护栏。现有的“一坡三挡”都是由人工在硐室里观察卡轨车运行的位置来确定开启和关闭，带来了放大滑以及卡轨车和安全装置碰撞的安全隐患。而实现斜巷打运系统卡轨车与安全装置的联锁控制，根据卡轨车运行至安全装置前后的位置来确定阻车器或跑车防护栏的开启和关闭，且不能同时打开阻车器或跑车防护栏，有效地避免了此类隐患，实现了自动化控制安全装置的开启和关闭，减轻了工人的劳动强度，提高了井下运输的自动化程度。

关键词　斜巷运输；联锁控制；自动化

0　前言

顾桥矿中央区北一 11-2 下山采区是我矿的主要采煤区，北一 11-2 轨道下山的卡轨车提升系统的提升任务有举足轻重的作用。斜巷运输安全管理是井下轨道运输的重点环节，现代自动化控制是实现安全提升的重要保证。在北一 11-2 轨道下山卡轨车提升系统的原有基础上，对运输系统的卡轨车和斜巷的安全装置进行互锁联动设计，在现有电控系统上增加硬件元器件，实现安全装置之间的联锁控制以及与绞车的电气联动，并限制卡轨车运行范围，从而实现了卡轨车与安全装置之间联锁的自动化控制。

1　问题提出

1.1　北一 11-2 轨道下山卡轨车提升系统简介

原有的北一 11-2 轨道下山卡轨车提升系统采用以 SIEMENS S7-300 为控制器的电控系统来控制绞车的启动、工作制动等动作，搭配以 SIEMENS S7-200 为控制器的电控系统控制斜巷上口平巷段阻车器、斜巷段跑车防护装置，两套系统互为独立，互不影响。其中，绞车司机在上口车房控制绞车，上口变坡点处打点硐室的信号工在打点的同时操控阻车器、跑车防护装置以及气动挡车栏的开闭。图 1 为功能扩展前变坡点处信号工控制安全装置的示意图。

斜巷运行列车通过安全装置的提升作业的流程是（以下行为例）：卡轨车到达电动阻车器→手动打开电动阻车器、气动挡车栏→卡轨车继续下行过气动挡车栏→关闭电动阻车器、气动挡车栏

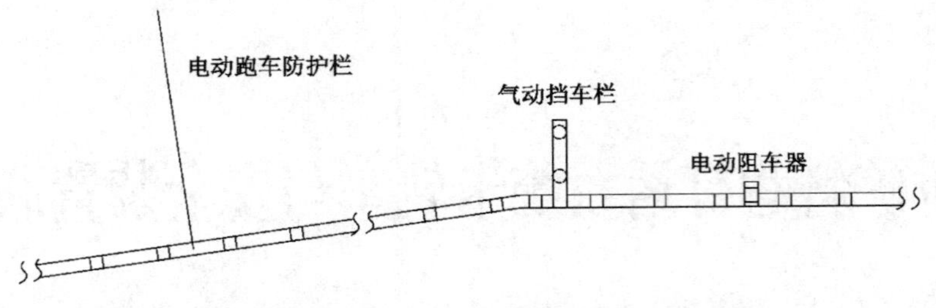

图 1　变坡点处安全装置示意图(功能扩展前)

→打开电动跑车防护栏→卡轨车继续下行过电动跑车防护栏→关闭电动跑车防护栏→卡轨车继续下行。

1.2　存在的问题

以上所述的斜巷提升系统的绞车运行部分与安全装置开闭部分是分别独立的两个子系统,分别由两名职工来控制,二者互为独立,互不影响。这样带来如下几个问题:

(1) 增加上口变坡点处信号工劳动强度。信号工除了要按照规定进行打点作业,还要时刻关注卡轨车运行位置状态,以便控制电动阻车器、气动挡车栏和电动跑车防护栏等安全装置。

(2) 现场条件使其操作不便。该斜巷上口变坡点处打点硐室门口有多路大口径的制冷管路通过,信号工的视线完全被挡住。为观察卡轨车运行位置状态,信号工必须起身趴在制冷管路上伸头观望,而操作装置在水管内侧下方,边观察边操作极为不便。

(3) 人为造成斜巷提升安全隐患。操作人员在休息不足、精神状态不佳等情况下,容易误操作,安全装置打开或关闭不及时,造成卡轨车碰撞安全装置,给该斜巷的安全生产带来隐患。

(4) 该斜巷控制系统并未对卡轨车的行程范围作出限制,万一发生意外,卡轨车以非控制速度下行或上行超出正常行程范围,将酿成不可估量的严重事故,严重影响斜巷运输安全。

2　设计目标、思路与实现方法

2.1　设计目标

根据上面所提出的问题,结合淮南矿业集团最新发布的《淮南矿业集团斜井运输管理规定(暂行)》(淮矿生〔2014〕292 号)中关于斜巷安全装置的相关要求,梳理出本次功能扩展的设计目标:

(1) 上平处电动阻车器与变坡点下方的电动跑车防护栏联锁,两者不能同时打开;

(2) 电动阻车器和电动跑车防护栏经常关闭,只有车辆通过时方可打开;

(3) 电动阻车器和电动跑车防护栏实现自动化,与卡轨车联动,即卡轨车运行到安全装置前自动打开,过安全装置后自动关闭;

(4) 机头前及尾轮处安装限位装置,限制卡轨车运行范围。

2.2　设计思路

在现有的硬件基础之上,尽可能地不增加或少增加电气设备、元器件,通过修改软件来解决存在的问题,这是我们这次功能扩展设计的总思路、总原则。

结合该条斜巷现有的硬件环境,欲实现上述三个目标,只需要对卡轨车提升系统的控制器 SIEMENS S7-300 的 CPU 模块型号由 CPU315 换成 CPU315-2DP,以便通过 PROFIBUS-DP 来实现卡轨车提升系统与安全装置系统之间的现场通讯;另外充分利用以前改造升级而未拆除的两处限位开关传感器作为卡轨车位置校正点,同时在卡轨车适当位置安装永磁铁,用于采集卡轨车的位置信号以提供控制系统对卡轨车位置进行对比校正。最后在卡轨车机头前和尾轮处分别安装限位开关传感器,以控制卡轨车的行程范围。本设计共置换 PLC CPU 模块 1 个,新增限位开关传感器 2 个、永磁铁 1 个以及信号线缆若干。

2.3 实现方法

如图 2 变坡点处安全装置示意图(功能扩展后)所示,以卡轨车机头为参照原点,向下 1 500 m 范围内是卡轨车爬行段,向下 188 m 处是一个变速点,向下 98 m 和 198 m 处分别是卡轨车位置校正点Ⅰ和Ⅱ。

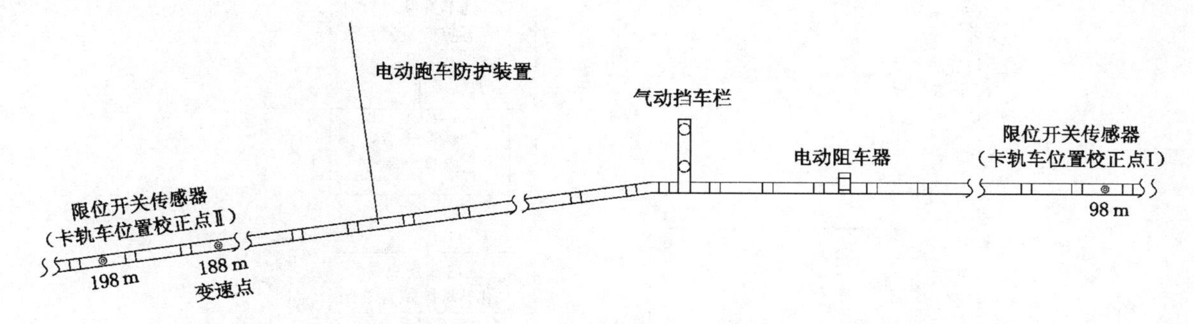

图 2 变坡点处安全装置示意图(功能扩展后)

当卡轨车下行时,爬行段保持小于 0.4 m/s 的低速运行,过了爬行段卡轨车速度由司机控制。当卡轨车经过原点向下 98 m 处的位置校正点Ⅰ时,控制系统自动限制车速在 0.8 m/s 以内。同时它会收到传感器发送的位置信号,系统自动将该信号与绞车上的编码器信号进行对比校正,如果位置信息正确,阻车器自动打开,卡轨车通行;如若位置信息不正确,阻车器维持关闭,卡轨车自动停车等待处理。当卡轨车完全通过阻车器到达指定行程时,阻车器自动关闭。阻车器关闭不到位,卡轨车自动停车等待处理;阻车器关闭到位后跑车防护装置方可自动打开,卡轨车继续行驶。当卡轨车达到 188 m 处的变速点时,系统解除车速限制,司机将控制车速。当卡轨车完全通过跑车防护装置达到 198 m 处的位置校正点Ⅱ时,跑车防护装置自动关闭。如果跑车防护装置不能关闭到位,卡轨车自动停车等待处理。

当卡轨车上行,卡轨车经过位置校正点Ⅱ时,控制系统会收到传感器发送的位置信号,系统自动将该信号与绞车上的编码器信号进行对比校正,如果行程正确,跑车防护装置自动打开,卡轨车继续行驶,期间当卡轨车通过变速点时,系统自动限制车速到 0.8 m/s 以内;如果行程不正确,跑车防护装置维持关闭状态,卡轨车自动停车等待处理。当卡轨车完全通过跑车防护装置到达指定行程时,跑车防护装置自动关闭。跑车防护装置关闭到位阻车器方可自动打开,卡轨车继续行驶;跑车防护装置关闭未到位,跑车防护装置维持关闭,卡轨车自动停车等待处理。当卡轨车完全通过阻车器到达位置校正点Ⅰ时,阻车器自动关闭;如果阻车器关闭未到位,卡轨车自动停车等待处理。

图 3 是卡轨车下行时,控制系统关于安全装置之间联锁以及与绞车联动的程序流程图。卡轨车上行时与之流程相反,不再赘述。

一般而言,卡轨车正常运行范围要小于本次功能扩展在机头前及尾轮处安装限位传感器之间

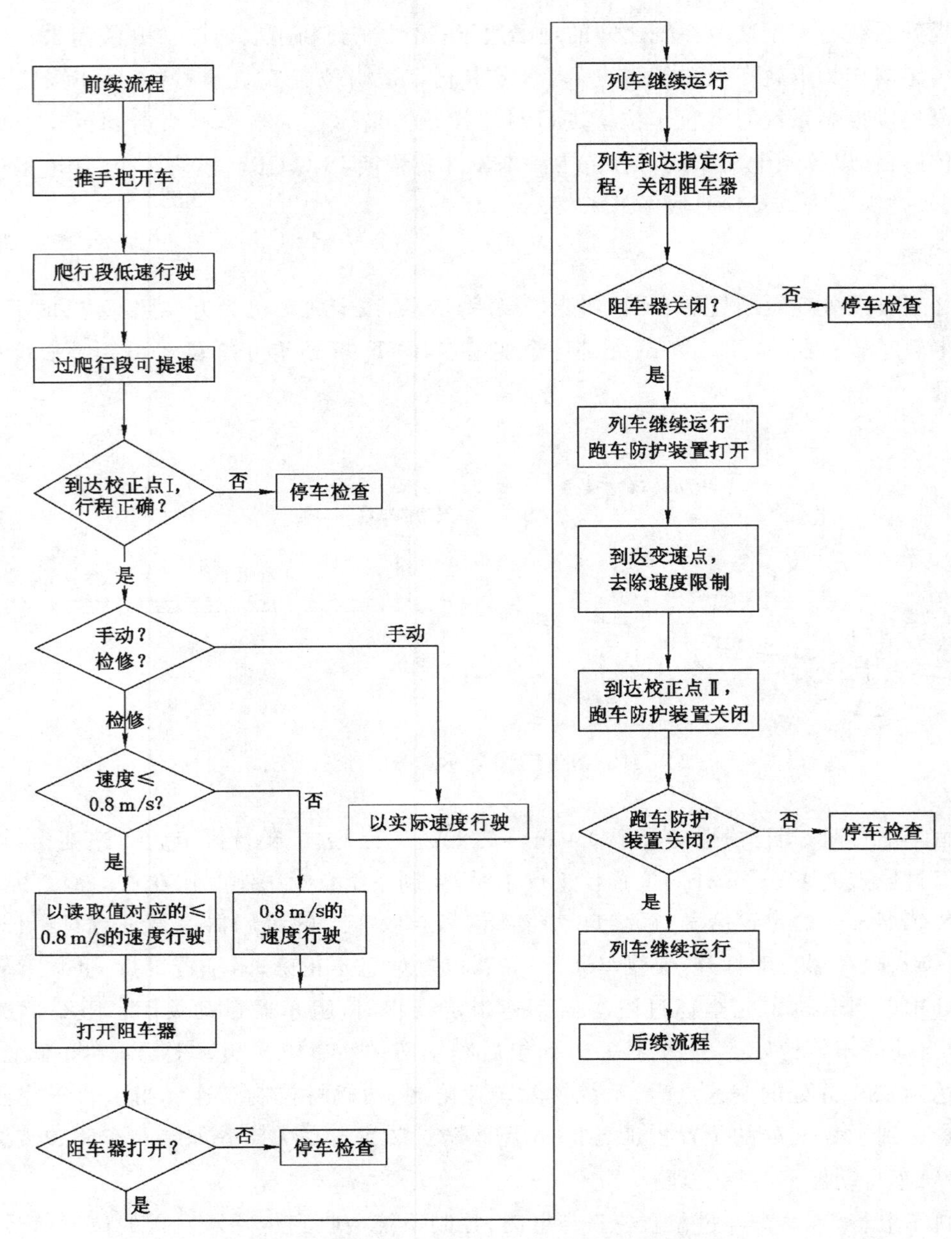

图 3　卡轨车下行程序流程图(本设计实现部分)

的范围。当发生意外情况时,卡轨车以非控制速度通过限位传感器,控制系统便接收到限位信号而自动停车,以保证卡轨车在正常的范围内运行。

3　结论

该设计实现了斜巷运输卡轨车和斜巷安全装置之间的联锁,限制了卡轨车的行程范围,提高了斜巷运输系统的自动化程度,减轻了工人的劳动强度,排除了斜巷运输的安全隐患,一定程度上提升了斜巷运输系统的安全系数。经过功能扩展后多日的实际应用,效果非常显著,满足了集团公司的相关要求。该设计具有较好的实际应用推广价值。

刮板输送机支护系统的改造

严二东,刘　冲,李毛毛,胡晓晨,周瑞博,裴洪飞

(洛阳矿业集团有限公司,河南 洛阳　471000)

摘　要　刮板输送机是煤矿生产主要运输设备,由于其使用方便、操作简单、移置容易,尤其是掘进短距离巷道和采煤工作面广泛使用。在井下的煤炭运输中使用的刮板输送机由于设备需要经常移动,特别是机尾装置移动比较频繁,就给刮板输送机的运输安全和固定带来了难题。针对刮板输送机的固定难题,我们决定对刮板输送机机头、机尾压柱进行改造设计。对刮板输送机的点杆进行重新设计。由于目前我公司所属矿井井下地质条件比较复杂,井底地面起伏高低不平,给刮板输送机的安全支护带来了难度,因此公司机电科人员与矿井机电系统工作人员经过不断的研究和改造,最终设计和制作了这套刮板输送机机头机尾底座的可调节支护系统。目前整个刮板输送机的支护系统已在我公司全面推广,取得了非常好的效果。

关键词　刮板输送机;固定;点杆;底座可调节支护系统

0　前言

《煤矿安全规程》规定:必须打牢刮板输送机的机头和机尾锚固支柱。在对我公司所属的兼并重组煤矿的检查中发现,井下使用的刮板输送机在频繁的移动后,每次移动后前面使用的点杆由于使用地点的变化都不能再次使用,需要重新寻找长度合适的原木代替,频繁地更换地点更换点杆造成极大的浪费,点杆的长度要是稍微不合适,又需要增加衬垫,影响点杆的支护质量,甚至影响人的生命安全。针对这样的缺陷,我们决定对刮板输送机的点杆进行重新设计。

1　伸缩点杆的设计改造

该伸缩点杆主要由两部分构成,一部分是焊接在丝杠和母杠上可以活动的套筒,套筒的内径约为 180 mm,在套筒的内部直接套接直径约 180 mm 的原木,原木的长短不定,根据不同巷道高度的需要可以进行调节,一部分是可伸缩的压柱,该压柱主要由丝杠和母杠组成,丝杠和母杠为公母一堆,螺距、行程等规格相同,通过丝杠在母杠中的旋转来实现调节不同的高度。

1.1　丝杠

丝杠一部分是空心的,为了节约费用,我们选择常见的 Q235 型钢作为材料,壁厚为 12 mm,外径为 140 mm。压力按下式计算:

$$p = \frac{2t\sigma_t}{DS}$$

式中　p——钢管压力；

t——壁厚；

σ_t——钢材抗拉强度；

D——外径；

S——系数，按下式取值：

$$\begin{cases} p<7\ \text{MPa} & S=8 \\ 7\ \text{MPa}<p<17.5\ \text{MPa} & S=6 \\ p>17.5\ \text{MPa} & S=4 \end{cases}$$

$$\tau_{\max}=\frac{T}{W_p}$$

式中，$W_p=\frac{1}{16}\pi D^3(1-\alpha^4)$，故：

$$\tau_{\max,空}=\frac{16T}{\pi D^3(1-0.8^4)}=\frac{27.1T}{\pi D^3}=[\tau]$$

$$D^3=\frac{27.1T}{\pi[\tau]}$$

求实心圆轴的最大切应力

$$\tau_{\max}=\frac{T}{W_p}$$

式中，$W_p=\frac{1}{16}\pi d^3$，故：

$$\tau_{\max,实}=\frac{16T}{\pi d^3}=[\tau]$$

$$d^3=\frac{16T}{\pi[\tau]}$$

$$\left(\frac{D}{d}\right)^3=\frac{27.1T}{\pi[\tau]}\cdot\frac{\pi[\tau]}{16T}=1.693\ 75$$

$$\frac{D}{d}=1.192$$

注：常用型材理论质量计算公式为：$m=FL\rho$，m 为质量，kg；F 为断面积，m^2/m；L 为长度，m；ρ 为密度，kg/m^3，Q235 钢材的密度为 7 850 kg/m^3。

经过计算得出相同质量的空心丝杠要比实心丝杠所能承受的压力更大。因此，我们选择 Q235 钢制作的外径为 140 mm、内径为 100 mm、长度为 1 000 mm 的空心丝杠。

1.2　母杠

丝杠的一段伸入母杠。我们选择外径为 180 mm、内径为 140 mm、长度为 1 000 mm 的母杠，母杠的前段为一螺距、行程与丝杠一致的螺帽。螺帽固定在母杠的前段，与丝杠配合转动，用来实现调节伸缩点杆的高度。

1.3　定位销

在母杠的中间位置有一个直径约 8 mm 的孔，用来安装防止丝杠转动的定位销。当伸缩点杆调节到合适的位置后，旋转定位销，丝杠的位置固定伸缩点杆的高度将不能再调节，相反，当需要

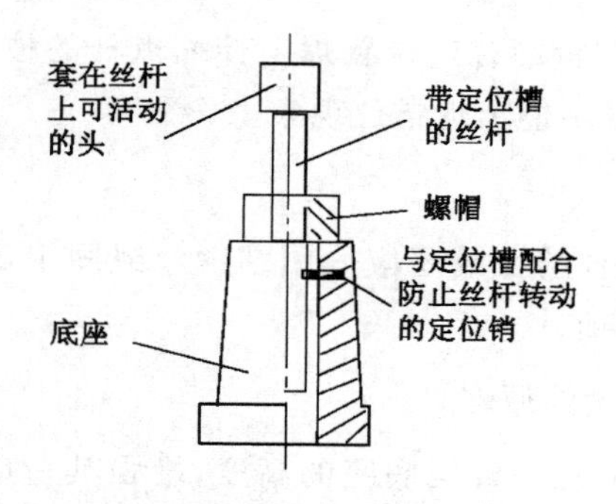

图1　伸缩点杆结构示意图

移动刮板输送机的位置时,反方向旋转定位销,丝杠可以转动,伸缩点杆高度可以调节。

1.4　加力杆

在我们用全力还不能把伸缩点杆固定到合适的位置时,我们就要使用加力杆了,在丝杠头部实心部分的中间位置有一个 ϕ40 mm 的孔,利用杠杆原理,插入加力杆后旋转,可以用较小的力来把伸缩点杆调节到更合适的位置。

为了让伸缩点杆能够防锈,也使管理更加规范化,我们在伸缩点杆的母杠上刷上红白相间的油漆,红白的间距为 200 mm,作为点杆的标识。

1.5　伸缩点杆高度调节的原理

伸缩点杆采用管状结构,手动式机械调节。母杠上端的定位销用来固定丝杠的关键位置,调节范围 1 600～2 100 mm。整体采用螺旋调节,在伸缩点杆的上下段,还可以调整原木的长短来调节伸缩点杆的高度,调节范围 120 mm。伸缩点杆整体结构简单,成本低廉,安全可靠,移动调节方便,使用寿命长。

2　刮板输送机机头机尾底座的改造

2.1　实现刮板输送机机头机尾高度的调节

我们要在刮板输送机的机头机尾的下面制作一个底座,经仔细研究,输送机机头底座最高尺寸为 1 100 mm,最低能放到 750 mm,由于矿井井下地质条件比较复杂,巷道高低错差较大,不能满足公司所属矿井现有工作面的需要,这样就需要一个能够调节范围更宽的底座。底座本身高度为 750 mm,用直径为 30 mm、长度为 350 mm 的螺栓加垫片调高油缸。研究发现,此底座中间的连接部分高度为 650 mm,在此上面可以做文章,经过反复研究,决定改造油缸的安装位置,原来是通过调整油缸伸缩提高底座的座身(中间)来调整底座的高度,现在把受力点提高到底座的顶部来提高底座,这样一来就可以降低整体的高度,解决了问题,在原来的基础上又降低了 150 mm 的高度,最低高度解决了,但最高高度呢?经过综合分析,通过加粗延长垫片支撑螺栓来加高底座的整体高度,但考虑到底座的支撑强度,在原来底座的基础上再增加四根螺栓,长度为 800 mm,把原来的最高高度提高了 100 mm,这样刮板输送机的机头机尾的高低位置就可以上下调整了,能够适用于井下巷道条件更复杂的环境。

2.2　伸缩点杆的柱窝

现在机头机尾底座的高度可以调节了,还需要在机头机尾的底座下面垫一块长度为 1 000

mm、厚度为10 mm的钢板，在钢板的合适位置焊上伸缩点杆的柱窝，用来固定伸缩点杆的位置，使其在正常使用的时候伸缩点杆不能出现错位现象。

2.3 防倒绳及其联锁

在正常使用的时候，伸缩点杆的上端还应采用细钢丝绳固定牢固，实现防止点杆倒下伤人的事故，左右两根点杆还应相互联锁。

2.4 机头机尾底座改造调节高度的原理

通过调节油缸的位置来调节机头机尾底座的高度，增强其适应复杂井底环境的能力，使稳定性、可靠性和安全使用性能得到了提高，适当减轻了作业工人体力劳动，创造了良好的经济和社会效益，有效解决了刮板输送机机头、机尾无压柱装置时人工支、回压柱的安全隐患问题。

3 刮板输送机中间部分安装

刮板输送机中间机身位置的安装要达到平、直、稳、牢标准。

平：刮板输送机整机铺设要平，坡度变化平缓。机头架下底板平整硬实，必要时必须用道木垫平、垫实、牢固。中部槽搭接端头靠紧，过渡平缓无台阶。相邻两节中部槽接口处在垂直方向的弯曲度不大于3°。机道底板应平整，无积煤等杂物，中部槽槽帮整体暴露在巷道底板上。

直：输送机整机铺设呈直线，无严重扭曲，直线变化平缓。相邻中部槽水平弯曲度不大于3°(综采工作面刮板运输机水平弯曲度不大于1.5°)。

稳：刮板机铺设稳固，落地坚实，运行平稳、无晃动。

牢：机头架、机尾架安装稳固的压柱。

4 结论

通过对刮板输送机支护系统的调节，使刮板输送机整个支护系统具有良好的稳定性和可靠性，提高了安全使用性能，适当减轻了作业工人体力劳动，创造了良好的经济和社会效益，有效解决了刮板输送机机头、机尾无压柱装置时人工支、回压柱的安全隐患问题。移动方便，节省材料，安全可靠，调节方便，使用寿命长。

刮板输送机的支护系统改造已在我公司所属复工矿井丰源、恒祥、永鑫、五星、中普、天安等矿井采掘运输工作面全面推广，事实证明，整套支护系统具有良好的可靠性和稳定性，移动方便，节省材料，在兼并重组矿井和井下地质条件复杂矿井中具有很大的推广意义。

架线电机车斩波调速控制系统改造应用

刘　涛，刘　勇

（兖州煤业股份有限公司兴隆庄煤矿，山东 兖州　272102）

摘　要　本文主要阐述了架线电机车斩波调速控制系统改造技术和安装工艺，功能特点及运行效果，延长了架线电机车使用周期，节能降耗，具有较高的经济效益。

关键词　电机车；斩波调速；改造

架线电机车承担着井下人员、设备、物料的运输，随着科学技术的发展，变频调速、斩波调速等电控调速系统的技术已经成形并已经应用到生产中，对电阻调速系统进行改造，通过将电阻式电机车电控系统改为IGBT斩波调速系统，提高了安全性能，杜绝了司控器在操作中打火现象，保证了操作人员的安全，确保了矿井运输系统安全高效的运行。

0　概述

架线电机车是井下运输大巷轨道运输的主要牵引动力设备，承担着矸石、材料、设备和人员的运输。但有些架线电机车使用的是金属电阻调速控制系统，这些控制系统多为20世纪90年代的产品。随着能源供应的紧张，价格的上涨，备件消耗费用的增加，使用旧的电控系统在综合效益上产生的负效应越来越明显。同时随着科学技术的发展，变频调速、斩波调速等电控调速系统的技术已经成形并已经应用到生产中，这时对电阻调速系统进行改造条件已经成熟。

针对目前的变频调速、斩波调速等新型的架线电机车调速系统，结合我矿使用的ZK7-6/550电机车，通过对变频调速、斩波调速等进行认真研究和科学的分析，认为变频调速具有节能效果好、启动力矩大等优点，但对环境及电源要求太高。变频调速在运行中属不间断通电，即使是瞬间断电，变频器保护动作停电，机车都要重新启动。我矿井下的运输轨道即电机车滑线根本满足不了变频调速的使用要求，加之变频调速成本高、投入大，因此，我矿决定ZK7-6/550型电阻式电机车电控系统改为IGBT斩波调速系统。

1　IGBT斩波调速系统改造

1.1　IGBT斩波调速系统构成

（1）IGBT斩波调速系统由主机箱、电抗器、电阻器、司控器组成，设备配件见表1，安装位置见示意图1～图5。

表 1　　　　设备配置目录表

系统名称	备件名称	规格型号	数量
IGBT 斩波调速系统	斩波器	ZKT-2×100/550 型	1 台
	司机控制器	QKT45-6	1 台
	制动电阻器	DCB-4.0	1 台
	平波电抗器	XDK2-200	1 台

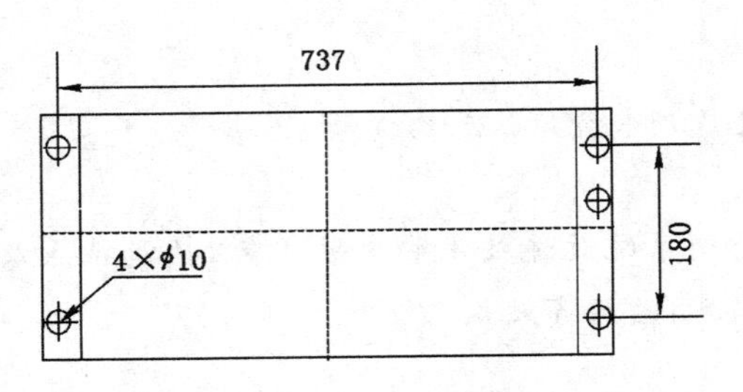

图 1　ZKT-2×100/550 型主机箱示意图

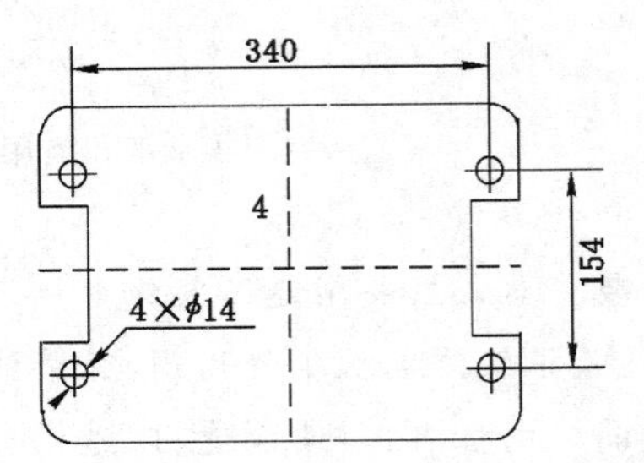

图 2　QKT45-6 型司机控制器示意图

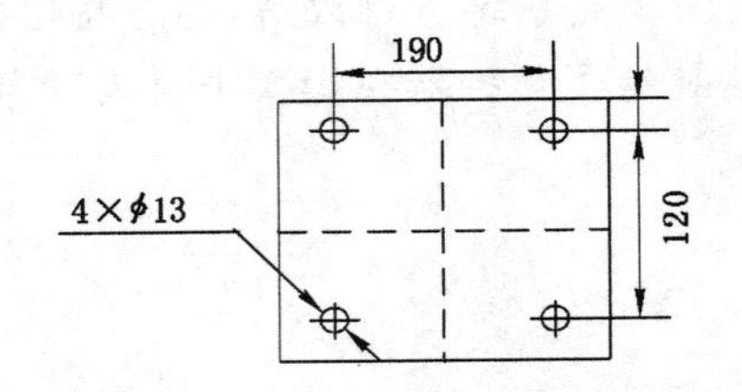

图 3　XDK2-200 平波电抗器示意图

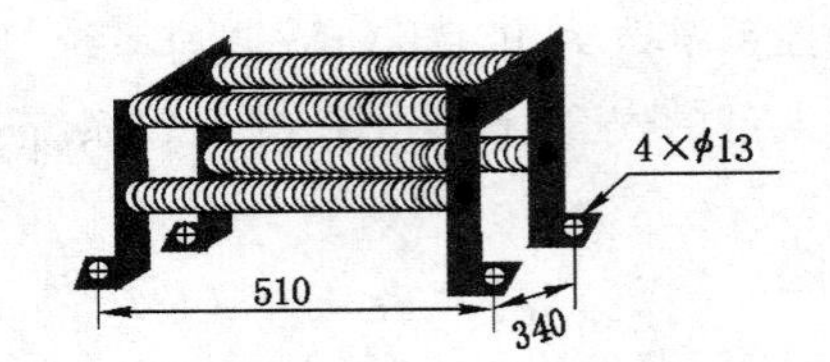

图 4　DCB-4.0 制动电阻器示意图

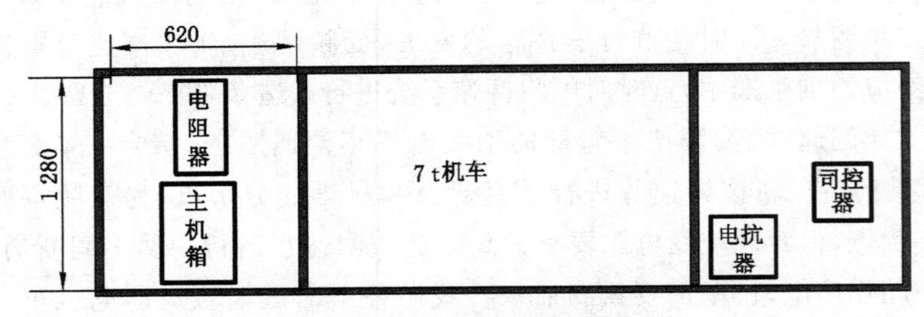

图 5　IGBT 斩波调速系统安装示意图

1.2　IGBT 斩波调速系统安装

(1) 改造时，原机车主线如完好无损且够长继续使用；否则更新采用 DCEYH 750 V、25 mm^2 电缆，按图纸要求连接。接线方法：司控器→斩波器 4 根线[＋E、D(S1-2)、D(C2-2)、－E]；司控器换向鼓→2 台电机 6 根线(S1-1、C1-1、C1-2；S2-1、S2-2、C2-1)；自动开关 QF 出线→平波电抗器 L1 的进、出电缆采用 DCEYH 750 V、50 mm^2 电缆连接。

(2) 司机控制器内光电给定器→斩波器主机箱 CZ1 控制线采用 6 芯汽车接插件 CZ3 连接。

(3) 司控器、斩波器、电抗器和自动电阻安装要牢固，并要有防震措施。

(4) 线路布线安装要求及注意事项:

① 司机室内电气线路应考虑防水、主线路应采用外加绝缘套管保护,折弯处应采用防磨措施;并采用槽钢做行线槽保护;二次仪表线路和其他小线应穿管保护(必要时要用 ϕ10～12 mm 的圆钢焊接走线支架)。

② 主线两端头采用 ϕ8 mm、150A 铜线鼻压接紧固,并套上绝缘套管,打上标记。

③ 控制线采用插头座连接时,要考虑防潮湿及防松动措施。

④ 主线相邻的爬电距离应尽可能大。

⑤ 按照图纸正确接线,特别是斩波器接线端子+E 和-E 绝对不能接反,否则必烧坏 IGBT 大功率管;另外-E(即地线)要从电机外壳引接。

⑥ 接电机线时,首先要对电机的定、转子对外壳绝缘用 1 000 V 摇表进行测量,绝缘电阻应在 0.55 MΩ 以上,否则易烧坏电机。

1.3 试车

(1) 机车改造后,在通电之前,应认真复查和校对所有接线准确无误,特别是确保电源极性正确,否则易烧坏主机箱主要功率元器件。

(2) 试车时,首先应单机试车,若方向不正确,应将该电机的电枢绕组或励磁绕组的头尾调换,待方向均正确后,再进行双机试车。

2 调速控制系统改造特点

2.1 安全可靠

(1) 再生制动,模拟汽车 ABS 智能制动方式,确保架线电机车行车安全,制动效果佳。

(2) 无级调速、启动力矩大、机车启动、运行平稳,避免机车掉道现象发生。

(3) 具有功率元件损坏保护,杜绝因功率元件损坏失控,给架线电机车带来的安全隐患。

(4) 高可靠性,故障率低,使用寿命长,操作简便。

2.2 高效节能

(1) 采用无级调速方式,司机可根据实际需要任意控制速度;且牵引力比电阻调速大,能拉更多的负载,工作效率高。

(2) 采用极低导通压降的功率元件,比原电阻调速机车节能 30%以上。

(3) 采用 PWM 调制方式,导通比为 0.5%～100%,极大地提高了机车的运行速度。

2.3 保护功能全

(1) 延时软启动保护:从启动到全速均能平稳过渡,有效地保护电机及机车机械系统。

(2) 启动操作顺序保护:如果操作顺序不对,机车不会启动,有效地防止司机误操作。

(3) 欠压保护:当架线电压低于国家规定的标准值后,欠压保护电路动作,让机车停下来,这样就可以有效地保护直流电机,不会因欠压后负载电流过大而损坏电机。

(4) 电流保护:采用电流传感技术,时刻跟踪检测电机电流变化。当机车超载或机车故障引起电流增大时,电流保护电路动作,机车速度降低,有效地保护电机及机械系统。

(5) 电源防反接保护:当蓄电池极性接反时,调速箱不工作,保护功率元件不受损坏。

(6) 设有两级温度保护:当斩波器工作温度达到设置值时,保护电路动作,有效地保护功率元件不受损坏。

3 调速控制系统改造效益

3.1 经济效益

（1）备件消耗较低，每台电机车可节约备件 0.8 万元，我矿共有 24 台架线电机车，每年可节约备件费 0.8×24＝19.2 万元。

（2）节能效果明显，改造后节电率为 28％。

3.2 社会效益

（1）安全性能较以前有所提高，司控器实现无电流通断，杜绝了司控器在操作中打火现象，确保无火灾，保证了操作人员的安全。

（2）司控室有效空间面积增大，新司控器比原司控器缩小，外形尺寸（长×宽×高）为：390 mm×280 mm×786 mm，操作方便、灵活。

（3）事故率降低，维修量大大减少。

4 结论

该架线电机车斩波调速控制系统改造应用，吸收借鉴了国内外井下安全、自动化控制技术，结合本矿井下实际，采用再生制动，制动效果佳。采用无级调速、启动力矩大、机车启动、运行平稳，避免机车掉道现象发生。其具备的高可靠性、故障率低、操作简便的优点大大提高了矿井的运输效率，提升了矿井辅助运输自动化装备水平，为矿井安全生产打下了坚实的基础。

矿车维修效率提升途径对策分析

姬国昌,李佳佳

(山东能源淄博矿业集团有限公司许厂煤矿,山东 济宁 272173)

摘　要　许厂煤矿运搬分区检修班修车组主要负责全矿运输车辆的维护工作。随着矿井发展方式的转变,一部分人调动分流,再加上退休自然减员,导致维修人员不足,而运输车辆的维护工作并未减轻,从而造成矿车维护跟不上,维修内在质量下滑,严重影响着矿井辅助运输工作,急需解决人员不足与矿车严重失修这一突出矛盾。通过现状调查分析,找出了问题的症结所在,从而提出“分类—集中—循环”新的维修模式,从维修方案和维修工艺两方面共同着手,有效解决了矿车维护工作中的突出矛盾,满足了矿井生产需要,并在一定程度上带动了职工创新创效的主动性和积极性,有力推动了矿井集约化生产。

关键词　矿车维修;效率;分类;集中;循环

0　前言

2012年以来,由于受全球金融危机、能源价格下降和国内宏观经济“三期叠加”等多重因素影响,煤炭行业进入需求增速放缓期、过剩产能和库存消化期、环境制约强化期和结构调整攻坚期“四期并存”的发展阶段。煤矿价格低位徘徊,行业利润下降,煤炭经济长期低位运行的态势已经形成。煤炭企业的生存和发展受到严重挑战和严峻考验,从而引发了煤炭企业发展方式和管理行为的变革,企业管理方式更趋向管理方法的创新多样化、管理手段的现代化和管理程序的科学规范化。

矿车维修作为煤矿辅助运输的基本工作,也受到了很大的影响:一是企业投入新矿车受到生产成本的限制;二是矿车维修人员锐减;三是矿车运输总量并未实质减少;四是矿车维修方案、维修工艺过于传统,头痛医头,脚痛医脚,缺少系统性和针对性。以上因素严重制约着矿车完好率,进而影响矿井辅助运输任务的完成,也给安全运输埋下了潜在威胁。因此,更新矿车维修理念、创新矿车维修方法、优化矿车维修方案成为企业安全生产经营活动的唯一选择。

1　现状调查分析

1.1　矿车运行现状调查

1.1.1　矿车运行中存在的问题

(1) 副井口北门打车时,部分矿车不能自动滑行,需长期用水管在轨道线路上撒水来减少矿车运行阻力，或者采取人力推车的方式。

（2）副井底北门打车时，部分矿车不能自溜滑行，停在罐笼摇台以里的位置，影响下井人员通行，有时甚至停在摇台附近造成副井安全门不能及时关闭，需要人力推车或采用回柱绞车进行牵引。

（3）330 轨道下山顶盘串车车辆进入摘挂场口，摘挂工打开阻车器后车辆不能自动滑行，需人力推车。

（4）其他车场及转载点需人力推车的地点，很多单位反映矿车推不动，阻力大。

（5）在各车场均有发现矿车“死车”（矿车轮对不转）现象和车辆串轴现象。

1.1.2 问题原因分析

（1）车辆串轴现象严重（车厢中心线与轨道中心线有夹角）。

（2）摘挂平车场的坡度是按矿车正常情况下能自溜滑行进行设计的，矿车之所以不自动滑行主要原因是矿车轴承磨损严重，矿车注油工作跟不上，造成矿车运行阻力系数增大。

（3）矿车维护不及时、不到位。

（4）维护方法传统、不科学，造成维修质量差，维修效率低。

（5）矿车管理滞后，维修随机性强，无根本性维修方案，与矿井运输实际脱节严重。

1.1.3 问题根源探究

（1）人员少

运搬分区现在册人员 136 人，而在 2010 年运搬队在册人员为 252 人，全队人员在 5 年间减少了将近一半。检修班修车组的矿车维修工也由 2010 年的 10 人减少为现在的 3 人。

（2）运输任务重

从 2010 年到 2015 年，矿井生产布局未发生根本性的变化，井下作业的采区数仍分散为 130 采区、430 采区、530 采区、330 东翼采区和 330 西翼采区（只有－400 m 水平停止开采），井下运输战线长、运输环节多的事实也并未改变。

（3）维护工作量大

运搬分区检修班修车组现分管全矿 300 多辆矿车、200 多辆车盘和 12 节人车的日常管理和维护工作，此外还负责井下轨道运输线路安全设施的维护工作和各种牌板、风水管路的维护工作。

1.2 矿车管理和维护现状

1.2.1 维护现状

（1）矿车的维修处于抢修的被动状态，哪里矿车出问题不走了，再安排人去处理。

（2）由于材料费用的控制，也造成轴承备件和润滑油脂供应时断时续，只是对矿车进行焊补、整形等外观处理，矿车内在检修内容缺失。

（3）矿车的维护也没有实行档案化管理，矿车维修周期只是凭人为做标记掌握，维修无针对性和计划性，造成矿车维修高峰期无力修复的尴尬局面。

（4）矿车轴承腔从未进行清洗，矿车注油时新油和旧油泥进行混合，大大降低了润滑性能和作用时间，造成浪费材料现象。

（5）矿车维护整体工作跟不上，造成矿车更换轴承的次数越来越多，增加维护成本，而且矿车完好率无法保证，直接影响其安全高效运行，间接影响辅助运输效率的提升和采掘生产的物料配送工作。

1.2.2 维护状态

由于人员少,维护量大,矿车的维护工作处于一种单一的、分散的、随机的、临时的、表面化的修理状态。矿车在管理上还处于失控状态,造成矿车的维护工作处于一种恶性循环状态,管理的无序、无计划、无前瞻性更加剧了这一突出矛盾。

2 应对措施

(1) 从减少更换矿车轴承的次数入手。矿车轴承属于变载荷、不等速运动机械,矿车在使用过程中不存在超载超强度运输问题,轴承的工作性能主要依赖于润滑情况是否良好,如果确保矿车轴承的润滑周期和润滑质量,那么,矿车的轴承使用寿命均会在3～5年之内,这样会大大减少矿车轴承的更换频率,从而减少矿车维护成本费用。

(2) 从确保矿车注油周期入手。根据《矿车检修质量标准》要求,矿车每半年要注油一次,每年要清洗检查一次,如果严格按照要求进行管理和操作,矿车注油前把轴承腔内旧油泥进行完全清洗,再注入新油,并把注油量控制在油腔容量的65%～75%,而不是传统的全部注满。通过对注油工艺进行改进,可节约一部分费用,而且能够保证轴承的润滑质量,进一步延长矿车使用寿命。

(3) 对工具进行改进,矿车注油机由传统的电动液压注油机升级为风动注油机,不但人工需求量少,而且注油效率高,可不受场地的限制,灵活使用于地面和井下,可实现对井下人车轮对的注油工作,无须将人车转运上井。研制矿车轴承退却器和拔轮机械,实现由人力向机械液压工作方式转变,提高工作效率。

(4) 人员少的问题无法解决,材料费用只能控制使用,唯一的出路就是把人员、场地、技术优势集中起来,对车辆进行分类管理,集中维护,达到提高劳动效率的目的,即用最少的人干最多的活,来保证矿车的完好率。

3 解决方案

基于矿车维护落后的这种状态,需从方案优化上、系统设计上、总体把控上、长远规划上进行系统思考,来解决这一突出矛盾。经过现状调查和原因分析,要通过管理和技术创新两种途径共同解决。

3.1 维修方案创新思路

矿井现运行矿车306辆,由于井下全岩巷道掘进任务很少,矿车只是用于地面装料及部分施工地点,矿车数量大于实际使用量,矿车在地面及井下有一部分库存,属于闲置状态。我们可以通过"分类—集中—循环"的新维修模式进行操作,达到提高工作效率的目的。矿车维修方案流程图如图1所示。

3.1.1 对矿车进行合理分类

对矿车进行合理分类,一是便于管理和考核,二是为了对矿车进行集中维护,三是为了矿车进入一个正常循环状态。

(1) 对地面矿车和井下生产使用矿车进行分类

地面使用的矿车有两种:接运洗矸仓的矿车和接运重介仓的矿车,重介矸石块度大,对矿车有冲击破坏作用,而洗矸块度小,矿车为正常装载状态。因此,两种矿车不能混用,必须进行分类

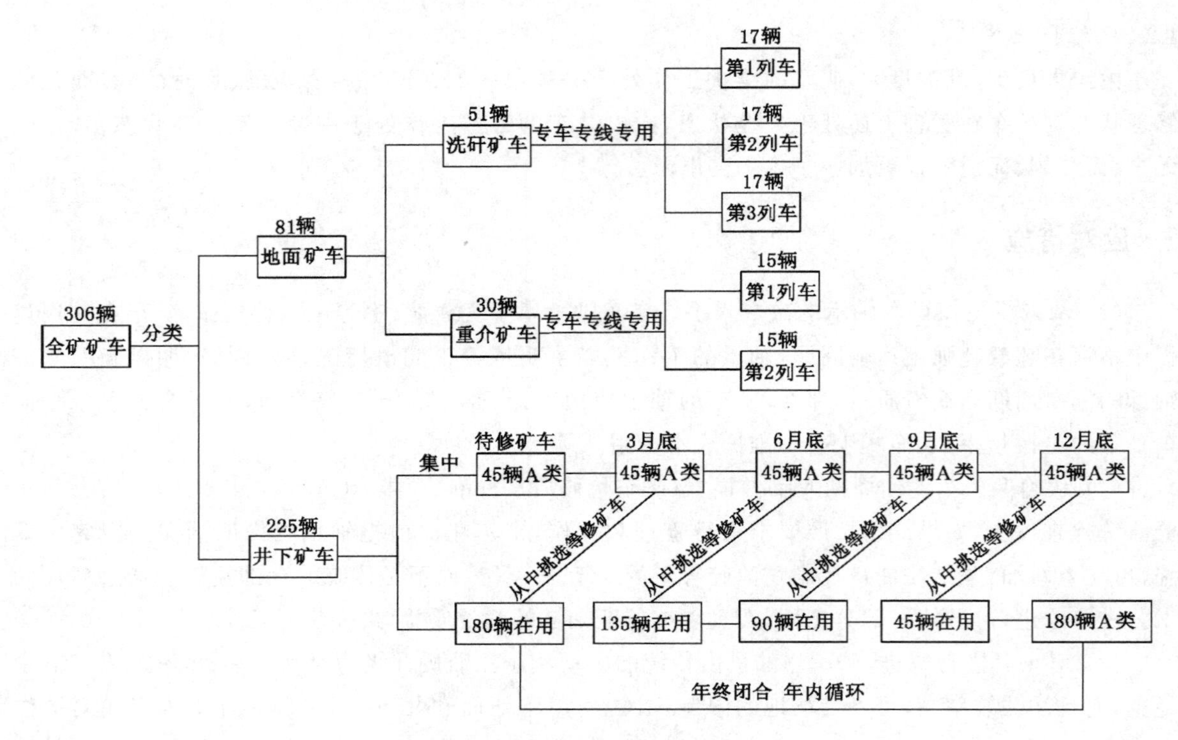

图1 矿车维修方案流程示意图

管理。

根据地面生产实际，接运洗矸仓的矿车投入51辆，分三钩车，每钩车17辆组织生产，并对矿车进行喷号标记，实行专车专线专用；接运重介仓的矿车投入30辆，分二钩车，每钩车15辆组织生产，对矿车进行喷号标记，也实行专车专线专用。

地面两种类型的矿车不能混用，地面需要装料的矿车来自于井下。地面矿车和井下矿车不能混用，上井的矸石车专门组列，排放后及时下井复用。

通过对地面矿车合理分类，也达到一个正常的生产循环："井下生产使用的矿车→接洗矸矿车→接重介矿车→淘汰矿车→废旧矿车利用"。

每年必须进行淘汰的矿车从重介车中挑选，缺少的重介车从洗矸车中挑选，缺少的洗矸车从井下生产使用寿命长的矿车中挑选，最后从必须淘汰的矿车中留出轮对、碰头弹簧和车厢铁板进入备用、复用程序。

(2) 对井下生产使用的矿车进行分类

经过统计，除去地面专用矿车81辆外，剩余矿车数量为225辆，把225辆矿车整体上分作两大类：从中挑选45辆存在问题较多的矿车，作为一个整体集中存放在地面待修区进入待修，这45辆矿车全部编入A类矿车，并在车厢固定位置上焊接标记；其余180辆矿车作为另外一个整体不作任何标记，进入井下正常生产循环使用。

3.1.2 对矿车进行集中管理、集中维护

矿车分类工作结束后，进入下一个重要的工作环节——对矿车进行集中维护。

存放在地面待修区的45辆A类待修矿车实行集中维护，安排1名专职矿车维修工利用3个月的时间，严格按照矿车完好标准和检修质量标准对A类矿车全部仔细大修一遍。平均每人每月

需修矿车15辆,平均每2天修好1辆。通过集中维修,工作对象数量相对减少,矿车维修实现了“五定”:即定人、定时、定标准、定地点、定工作量,使维修工作更具有针对性,也便于量化考核,能够切实保证矿车维修内在质量。

矿车维修时主要是矿车轮对易出问题,且维修工作量大,维修需用时间长。根据集中管理、集中维护的理念,提前在地面准备好20个完好的备用轮对,当井下180辆正常使用的矿车出现问题时,不带车维修,而是用最少的时间(半个小时)更换矿车轮对,并立即投入井下使用。然后再用最多的时间(7.5小时)专门维修轮对,此项工作安排一名专职矿车维修工负责,始终保持地面有20个完好的备用轮对,也实行集中维护。

修车组3名矿车维修工的工作内容,通过集中管理进行了专业化分组,也便于量化考核,1名专门负责地面81辆矿车的维护工作;1名专门负责地面20个备用轮对的维护工作;1名负责A类矿车的大修工作。这样可以充分利用人员、场地和技术优势集中管理、集中维护,取消了随机、零散的维修方式,调动起维修人员的积极性,为他们提高工作效率提供了一个平台。

3.1.3 矿车按周期进入一个循环过程

对矿车进行合理分类和集中后,进入下一个工作环节——循环。形成矿车维护工作的良性循环,打破矿车失修的恶性循环。

(1) 3月底,地面A类45辆矿车全部维修结束后,全部一次性地投入井下循环使用,同时再从180辆无标记的矿车中再挑选维修质量差的45辆矿车进入地面待修区待修。完成矿车维护方案的第一个小循环。

(2) 6月底,地面又有45辆A类矿车全部维修结束,再次井下循环使用,同时再从135辆无标记的矿车中挑选维修质量差的45辆矿车进入地面待修区待修。完成矿车维护方案的第二个小循环。

(3) 9月底,地面45辆A类矿车维修后全部下井,从剩余的90辆矿车挑选45辆矿车进入地面待修。完成矿车维护方案的第三个小循环。

(4) 12月底,地面45辆A类矿车下井,再把最后45辆无标记的矿车集体升井维修。这样井下使用的矿车变成了180辆A类矿车,这些车辆全部大修一遍,而地面仍有45辆处于待修状态的矿车,重新编号后进入下一年的循环,如此往复,形成一个闭合循环的工作过程。

最终的结果是:矿车维护工作变成了以年为周期完成了一个合理的循环过程,保证了井下生产使用的矿车每年每辆矿车都能大修一遍,这样相当于每季度定期投入一批“新”矿车,同时将存在问题的矿车集中挑选出来,形成了一个“辞旧迎新”的过程,矿车维护工作整体进入一个良性循环的发展过程。

3.2 维修工艺创新思路

在“分类—集中—循环”整体维修方案的运作前提下,通过对矿车集中维修,实行流程化作业,同时对注油工艺完成革新,提高矿车维修效率,并在一定程度上节省维护成本。

3.2.1 矿车维修流程化作业创新实践

以往矿车的维修只是随机抽取,而维修也是单一化,不能整体全部对矿车进行维修处理,造成了矿车维修后又出现其他问题,重复维修现象严重,维修工作跟不上,维修效率低、质量差。因此,必须对矿车维修进行工艺改革,使矿车维修工序遵循流程化的标准要求。

(1) 首先对矿车的检修内容进行分类,然后排定工序,工序之间的衔接符合矿车维修特点和内在要求,第一个工序向下一个工序转化时遵循由粗到细、由简到繁、由外到内的要求进行。

(2) 根据工序的工艺要求,划定场地和准备工具材料。

(3) 经过分析,矿车维修工艺化流程作业遵循以下程序:“整形→焊接→补件→处理串轴→维修轮对→清洗(更换)轴承→注油→验收→登记→投入使用”。

(4) 在实施每个环节维修内容时严格按照矿车完好要求和检修标准实施,确保矿车检修内在质量。

(5) 矿车经过流程化作业后,确保了每辆矿车能够全面彻底检查到位,实现了大修全修。

3.2.2 *矿车注油工艺优化创新实践*

以往矿车注油时不对轴承进行清洗,新油和旧油混合,注油后效果不明显。而且注油量不能控制,往往注到油外渗才结束,造成材料浪费现象。因此有必要对矿车注油工艺进行优化。

(1) 矿车注油时必须采用黏度大、油性好的油。考虑到地面冬季天气温度较低,使用传统的钙基润滑脂阻力较大,应推荐改用 2 号二硫化钼锂基脂,由于它对金属表面吸附力强,耐磨性好,耐高温,虽然价格高,但使用效果好,延长了检修周期,总体经济效益好。

(2) 矿车注油前必须对轴承进行全部清洗干净。对于新轴承,清洗时从轴承中挖出防锈油脂后放入热机油中(温度不超过 100 ℃)使残油熔化,然后将轴承从油中取出冷却后,用煤油或汽油洗干净,再用棉布擦干,并涂油待用;对于拆下的旧轴承,用碱水、煤油或汽油清洗,清洗时用手拨动外圈,洗净轴承空腔里的杂物,直到轻轻旋转内圈,任何方位都没有卡紧现象时为止,然后取出擦干,涂一层薄油以利装配,最后再进行注油。

(3) 采用使用方便的风动注油机,代替电动液压注油机。液压注油机需要人工加油、专人操作,单人无法完成操作,需用人工多,注油效率低。采用风动注油机单人可操作,十分方便快捷,而且可灵活使用于井下对人车进行注油,无须将人车转运上井进行注油。

(4) 控制好注油量。以往矿车注油时对注油量不控制,直到油脂外渗才结束,造成材料浪费现象,达不到物尽其用的目的。根据要求,轮毂注油量为油腔容量的 65%～80%即可。我们可以根据风动注油机注满油腔所需的时间为依据,将时间控制在注满时间的 70%,即可实现 70%的注油量,这样,每年可节省 30%的油脂材料费用。

4 方案优化效果分析

(1) 实现矿车维修理念由被动变主动,矿车维修方式由抢修(不得不修)变日常维护(预防性维修)。这样,矿车维护的集中程度高,可实现由单一检修向周期大修、全面检修的方向发展,矿车在集中维护的同时也可实现流程化作业,便于考核和监督。确保矿车注油周期按循环、按计划实施,结束无序的管理状态,同时化解了矿车维修高峰期,延长了矿车使用寿命,大大减少更换轴承的次数,减少了维护成本,避免了材料浪费现象,节约生产成本。

(2) 矿车维修效率显著提升,3 名专职维修工可以负责全矿 300 辆矿车的日常维护工作,人工维修效率提高了 3 倍,从而确保了矿车完好率,实现矿车动态达标和安全高效运行,提高车辆利用率,满足矿井辅助运输需要。

(3) 结束了矿车维护多年来不清洗轴承的弊端,打破了矿车维护的恶性循环,定期投入固定数量的完好车辆,再集中挑选待修车辆,实现了矿车维护进入良性循环的轨道。

(4) 充分利用地面场地、人员和技术优势,实现集中化管理和重点维护,使矿车维护工作有针对性,工作内容具体化,便于组织和运作,杜绝管理上的漏洞。

(5) 整体维修工作形成了年终闭合、年内循环的工作机制,推动矿车管理工作向着精益化、标准化、科学化、集约化的方向健康发展。

5 预期经济效益

通过对矿车维修方案的优化和工艺革新,每年可节省矿车轮对轴承和油脂材料费用 8 000 元。矿车维护工作效率整体得到提升,按正常情况下需 6 人的维护工作量,只需 3 人便可做到,省去 3 个人工,每年可节省工资成本 10.8 万元。矿车达到了质量标准化的完好率要求,确保了安全高效运行,同时可在一定程度上提高矿车使用寿命,降低矿车淘汰率,实现集约化利用。

矿井大角度乘人缆车断绳保护装置研制

涂兴子[1],陈华新[2],张延昭[2],赵军业[1]

(1. 平顶山天安煤业股份有限公司,河南 平顶山 467000;
2. 平顶山天安煤业九矿有限责任公司,河南 平顶山 467000)

摘 要 大角度架空乘人车缆车运送人员过程中牵引钢丝绳疲劳或受外力过大而断裂时,乘坐人员会随着断裂的钢丝绳下滑摔伤,严重时会出现多人伤亡事故。针对这一问题我们研发了一种矿井大角度乘人缆车断绳捕捉装置,设计了双向捕捉钩,在G型抱索器上固定双向捕捉挂钩,在巷道两侧固定捕捉器滑道,当断绳时,在重力作用下人员连同吊椅下落,双向捕捉钩勾住抓捕滑道横撑,不会使人员随断裂的钢丝绳下滑,从而实现人员及设备在上、下行两侧断绳后有效保护。设计并安装了掉绳停机保护开关,并接入PLC控制系统,在掉绳时能及时停车,防止捕捉器误动作;抓捕滑道还具有防止吊椅偏摆功能。该装置运行稳定,结构合理,经试验表明,效果良好,提高了架空缆车的安全可靠性,具有推广应用价值。该项目已于2012年12月通过河南省科学技术厅成果鉴定。专家们认为该装置设计新颖、实用性强,填补了国内矿用大角度架空乘人缆车断绳保护的空白,达到国内领先水平。

关键词 架空乘人缆车;断绳保护装置;固定抱索器

0 前言

煤矿固定抱索器架空乘人缆车是煤矿辅助运输设备,主要是在斜巷或平巷运送人员。具有运行可靠、安全、人员上下方便、随到随行、操作简单、维护方便、动力消耗小、输送数量高、一次性投资等优点,也是今后煤矿运人设备的发展方向。但其运行环境随着坡度的增加,安全系数也会逐渐下降,受重力影响,巷道坡度越大,物体滚落系数越大。当发生断绳事故时,钢丝绳松弛,张紧装置收缩,重锤下落,电气接点断开,主驱动轮停止旋转。但断开的钢丝绳将在重力作用下由上向下滑落,造成人员伤亡事故。

为了解决以上安全问题,我们组织技术人员成立攻关小组,深入现场,进行调查研究,充分计算论证,研制开发了矿井固定抱索器型大角度架空乘人缆车断绳捕捉装置(以下简称断绳捕捉装置)。

1 设备基本情况

平顶山天安煤业九矿有限责任公司行人斜井乘人缆车型号RJY55-35/1800,安装总长500 m,其中斜长450 m,坡度30°,上平巷30 m,下平巷20 m。有效安装宽度2.84 m,高度2.6 m,变坡点共2个,钢丝绳是绳芯少油、表面无油,右同向捻,型号为24NAT6×31WS+FC-1670(无油)。驱动装置采用单轮驱动,落地安装,机尾迂回轮及张紧装置均采用架空安装;直线段托绳轮间距为8 m,其直径为280 mm;变坡点采用双托轮,其直径为280 mm;托轮横梁底面安装高度(垂直巷道腰线方向)2.2 m;乘人器由G-Ⅰ型碟簧抱索器和G型吊椅组成,张紧形式为尾部重锤张紧。

主要技术参数一览表见表1。

表1　　主要技术参数一览表

序号	名称	单位	参数值	序号	名称	单位	参数值
1	适应最大坡度	(°)	≤35	12	同时乘坐人数	人	107
2	最大工作距离	m	500	13	钢丝绳最大牵引力	kN	26.7
3	驱动电机功率	kW	55	14	钢丝绳钢丝破断拉力总和	kN	384
4	运输速度	m/s	0～1.16	15	钢丝绳与驱动轮围抱角	(°)	180
5	最大输送效率	人/h	440	16	钢丝绳防滑系数		1.9
6	主驱动轮直径	mm	1 440	17	托轮间距	m	8
7	迂回轮直径	mm	1 440	18	张紧最大配重量	kg	550
8	钢丝绳间距	mm	1 440	19	张紧钢丝绳直径	mm	12.5
9	牵引钢丝绳直径	mm	24	20	张紧行程	m	9
10	最小乘人间距	m	9.5	21	钢丝绳离地间距	m	2
11	吊椅长度	m	1.7	22	系统工作电压	V	380/660

2　总体思路

从断绳事故现象中分析,当断绳发生时,驱动轮、钢丝绳、乘坐人员处于动态中,由此,可以在动态中找寻规律,从而将事故危害性降至最低。

2.1　从动态角度找出断绳后的规律

(1) 钢丝绳方面,通过受力分析可知,乘人缆车驱动轮处(乘人缆车上部)受力最大,迂回轮位置受力最小,重点考虑巷道全长60%以上位置,当发生断绳时,以抱索器和钢丝绳如何制动作为重点找寻突破点。

(2) 人员方面,当断绳发生时,人员会随下滑的钢丝绳滚落、摔伤,同时断裂的钢丝绳也会甩伤乘坐人员。人员在运输时是动态的,而且人的因素不宜控制,因此,将乘坐人员作为研究对象是不可取的。

2.2　从机械和电气方面考虑断绳保护制作方向

(1) 电气方面,当发生断绳时,考虑由电气系统控制对断开的钢丝绳制动,在各类保护中较为常见,如加装钢丝绳传感器,增加多点电磁感应装置,设计机械手,当断绳事故发生时,由电磁装置给出信号,机械装置动作抓住断开的钢丝绳。

经过分析认定:电磁控制装置较复杂,电磁装置及抓点安装较多,实际动作时,可靠性差,安全系数不高,易出现误动作,因此不再考虑。

(2) 机械方面,当发生断绳时,利用钢丝绳断开瞬间其运动规律或断开后运动规律,在抱索器上安装双向捕捉钩,在双向捕捉钩外侧下方布置抓捕器架子及横撑,直接抓捕,阻止吊椅及钢丝绳下滑，实现乘坐人员安全可靠制动。采用全机械式，安全系数高，可靠性强，设备投入少。

因此考虑利用机械抓捕方式来解决断绳事故产生的隐患。

3 研究主要内容

煤矿架空乘人装置工作原理是，将两端插接好的环形钢丝绳安装在驱动装置和迂回轮上，中间用托绳轮、压绳轮等将其固定，并由重锤实现张紧装置。架空乘人装置工作时由驱动装置带动驱动轮旋转，使缠绕在驱动轮和迂回轮之间的钢丝绳做无极循环运行，先将吊椅与抱索器连接，再将抱索器锁紧在运行的钢丝绳上，随着钢丝绳上行或下行，从而实现输送人员的目的。

矿井大角度架空乘人缆车断绳保护装置是在煤矿固定抱索器架空乘人装置的基础上，与之配套的另外一种保护装置，以解决钢丝绳疲劳或受外力过大而断绳时人员及设备不受伤害。提高了大角度乘人装置的安全性能，完善了保护，使之更可靠、更安全。

矿井大坡度架空乘人缆车断绳捕捉装置的原理是：在倾斜巷道两侧布置断绳抓捕滑道，滑道上每 0.5 m 固定一个抓捕横撑，在每个托轮横梁上安装支撑吊架来固定滑道，每两架横梁中间再在巷帮上加一个支撑架，使滑道稳固可靠，具有较高的耐冲击及抗拉强度。在每个普通型蝶形弹簧式固定抱索器上固定双向安全捕捉挂钩，并使其与抓捕滑道保持一定安全距离(保持 270 mm)。由于架空乘人装置钢丝绳在机头驱动轮处受拉力最大，若钢丝绳受外力作用或疲劳断绳时，往往会出现在斜巷上部主驱动轮附近。经过有关计算(九矿行人斜井坡度 30°，斜长 450 m)，断绳抓捕装置只需安装在巷道上部 240 m 段即可(实际是全巷道加装)。

当牵引钢丝绳发生断裂时，驱动轮两侧的钢丝绳分别在钢丝绳、吊椅、人员自重及机尾张紧重锤重力等的作用下，吊椅及乘坐人员往下滑落，最终双向捕捉钩必将落到抓捕滑道内，并勾住滑道横撑。当双向安全捕捉钩滑落到抓捕滑道内时，捕捉钩首先旋转一定角度，缓冲下滑冲击力后，抓捕滑道横撑。钢丝绳断裂后，双向捕捉钩几乎同时抓住滑道横撑，最终使断裂的钢丝绳、吊椅和乘坐人员不再滑落，安全制动，人员下落滑行不超过 0.5 m，另外人员乘坐的吊椅为弹簧缓冲型，当人员下落抓捕器动作时，可缓冲下滑冲击力，减少对人员的伤害，确保了人员及设备的安全。另外，抓捕滑道为 1 in(英寸，1 in＝2.54 cm)厚壁钢管，设备运行时防止吊椅外偏摆和掉绳。通过断绳实验证明大角度架空乘人缆车断绳捕捉装置，是可行的、可靠的、安全的，属首创，达到了行业标准和《煤矿安全规程》要求，具有很好的实用性和推广价值。钢丝绳断绳前后设备运行状态如图 1、图 2 所示。

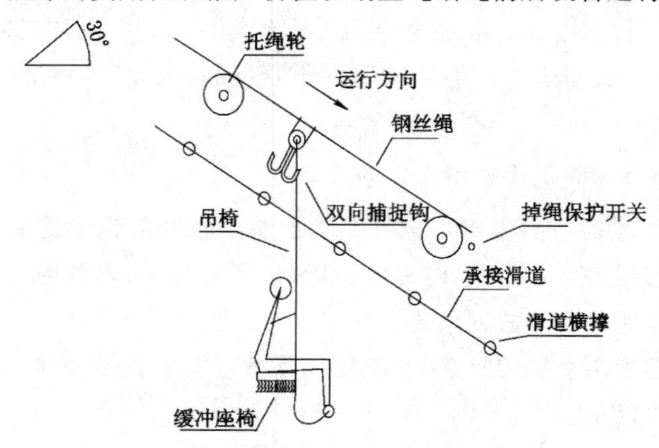

图 1　断绳前运行状态示意图

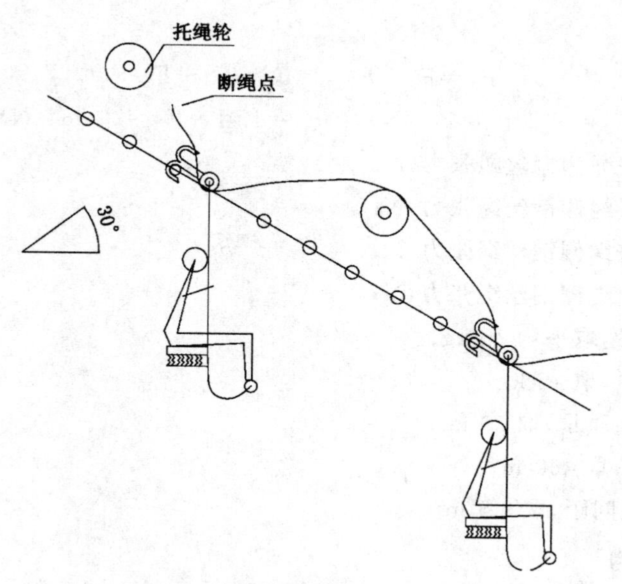

图 2　断绳后捕捉状态示意图

3.1　牵引钢丝绳张力计算

牵引钢丝绳张力示意图如图 3 所示。

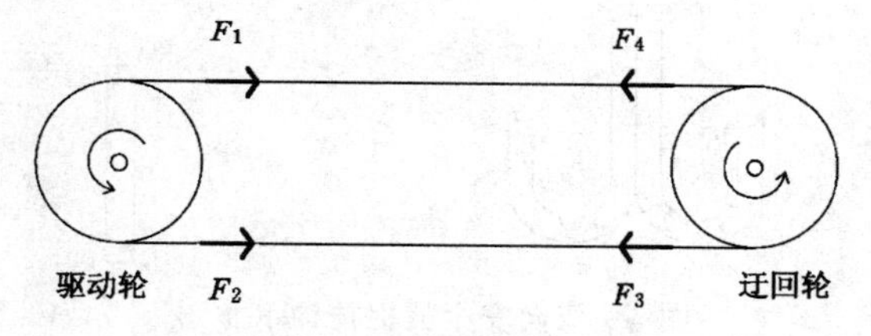

图 3　牵引钢丝绳张力示意图

最小张力为:

$$F_{\min}=Cq_0g=1\ 000\times2.12\times9.8=20\ 776(\mathrm{N})$$

式中　$F_{\min}$——最小张力点的张力;

C——钢丝绳的挠度系数,取 $C=1\ 000$;

q_0——钢丝绳单位质量(绳径 24 mm),取 2.12 kg/m;

g——重力加速度,取 9.8 $\mathrm{m/s^2}$。

各特征点的张力计算:

当下放侧无人乘坐,而上升侧满员时,线路运行阻力:

$$\begin{aligned}F_{上}&=[q_0+(Q_1+Q_2+Q_3)/\lambda_1]\cdot(\omega\cos\alpha+\sin\alpha)Lg\\&=[2.12+(75+15+20)/9.5]\times(0.02\times\cos30^\circ+\sin30^\circ)\times450\times9.8\\&=31\ 253(\mathrm{N})\end{aligned}$$

$$\begin{aligned}F_{下}&=(q_0+Q_2/\lambda_1)\times(\omega\cos\alpha-\sin\alpha)Lg\\&=(2.12+15/9.5)\times(0.02\times\cos30^\circ-\sin30^\circ)\times450\times9.8\\&=-7\ 873(\mathrm{N})\end{aligned}$$

各特征点张力：

$$F_1=F_4+F_{上}，\quad F_2=F_3+F_{下}$$

则 $$F_3=F_{min}=20\ 776(\text{N})，\quad F_4=1.01\times F_3=20\ 984(\text{N})$$

式中 F_1——驱动轮进绳侧钢丝绳张力，N；

F_2——驱动轮出绳侧钢丝绳张力，N；

F_3——迂回轮进绳侧钢丝绳张力，N；

F_4——迂回轮出绳侧钢丝绳张力，N；

Q_1——人体质量，取平均 75 kg；

Q_2——吊椅质量，取 15 kg；

Q_3——携带物品质量，取 20 kg；

L——巷道斜长，取 450 m；

λ_1——吊椅安装间距，取 9.5 m。

3.2 双向安全捕捉挂钩

双向安全捕捉挂钩用型材加工而成，如图 4 所示。经过实际拉力试验，使其发生形变时的拉力为 24.6 kN。

图 4 双向安全捕捉挂钩示意图

3.3 断绳抓捕器滑道及固定滑道支撑吊架

断绳抓捕器滑道及固定滑道支撑吊架示意图如图 5 所示。抓捕滑道不仅起到承接吊椅人员下落不滑脱的作用，而且还起着防止吊椅偏摆作用和防掉绳作用。经过实际拉力试验，使其发生形变时的拉力为 17.4 kN。

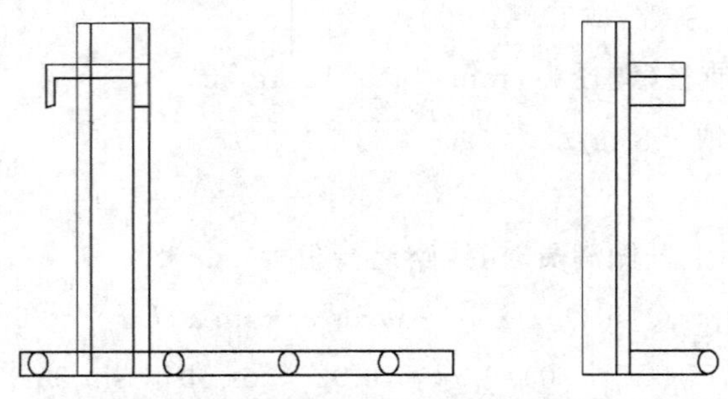

图 5 断绳抓捕器滑道及固定滑道支撑吊架示意图

3.4 普通型盘形弹簧式固定抱索器

普通型盘形弹簧式固定抱索器示意图如图 6 所示。经过实际拉力试验，使其在钢丝绳上发生滑动，形变时的拉力为 7.27 kN。

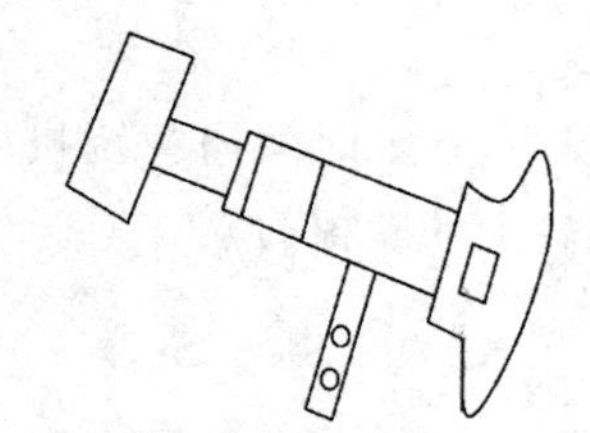

图 6　普通型盘形弹簧式固定抱索器示意图

3.5　运动学计算

当钢丝绳断绳时，上、下人侧为满员，且在主驱动轮处钢丝绳断裂，取系统为研究对象，系统受力分析如图 7 所示。

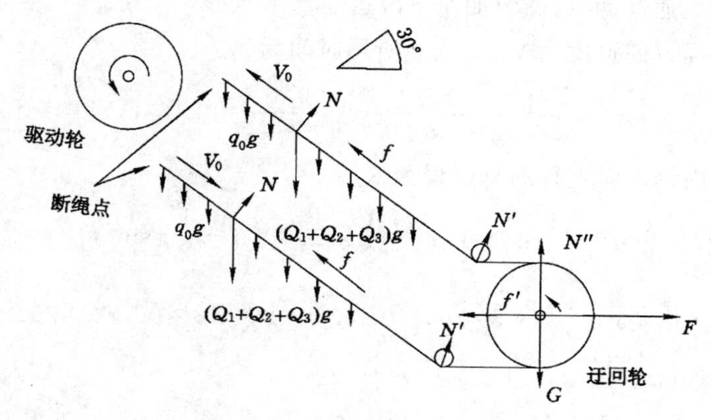

图 7　钢丝绳断绳时受力分析图

图中：

q_0g——钢丝绳单位长度的重力，取 2.12×9.8 N；

$(Q_1+Q_2+Q_3)g$——吊椅、人、物的重力，取 110×9.8 N；

V_0——钢丝绳在断裂前运行速度，取 0.8 m/s；

f——钢丝绳在托轮上的摩擦力(可忽略不计)；

N——钢丝绳在托轮上的反力；

N'——钢丝绳在底弯处托轮上的反力；

f'——迂回轮在滑道上的摩擦力，取 80 N；

N''——迂回轮在滑道的反力；

G——迂回轮的重力，取 1 000×9.8 N；

F——重锤对迂回轮的拉力，为 8×550×9.8 N。

当断绳后，吊椅乘坐人员及钢丝绳向下滑落，同时机尾重锤也可视为自由落体，因为机尾张紧为 4 轮 8 绳装置，所以在断绳捕捉钩动作时间内，机尾重锤不参与钢丝绳下滑受力，因此钢丝绳吊椅在运行初速度 V_0 下做匀加速运动，双向捕捉钩下落动作时间为

$$t=\sqrt{\frac{2h}{g}}=\sqrt{\frac{2\times 0.27}{9.8\times \cos 30^\circ}}=0.252(\mathrm{s})$$

式中　t——双向捕捉钩下落动作时间，s；

h——双向捕捉钩下落行程，取 0.27/cos 30° m；

g——重力加速度，取 9.8 m/s²。

断绳后，双向捕捉钩下落动作过程中，在 t 时间内缠绕机尾迂回轮的主绳圈移动距离为 S（不考虑钢丝绳弹性形变及钢丝绳在托绳轮上的摩擦力）：

$$S=\frac{1}{2}(S_{下}-S_{上})$$

在下人侧只做匀加速下滑动作，在 t 时间内钢丝绳运行的距离为 $S_{下}$：

$$S_{下}=V_0t+\frac{1}{2}at^2=V_0t+\frac{1}{2}g\sin 30°t^2$$

$$=0.8\times0.252+\frac{1}{2}\times9.8\times\frac{1}{2}\times0.252^2=0.357(\text{m})$$

在上行侧先做匀减速运动，后做匀加速下滑运动。

在上行侧沿钢丝绳方向速度由 V_0 变成 0 所用时间为 t_1：

$$t_1=\frac{V_0}{a}=\frac{0.8}{g\cdot\sin 30°}=\frac{0.8}{9.8\times0.5}=0.163(\text{s})$$

上人侧在 t 时间内钢丝绳上行的总行程为 $S_{上}$：

$$S_{上}=V_0t_1-\frac{1}{2}at_1^2-\frac{1}{2}at_2^2=V_0t_1-\frac{1}{2}g\sin 30°t_1^2-\frac{1}{2}g\sin 30°(t-t_1)^2$$

$$=0.8\times0.163-\frac{1}{2}\times9.8\times0.5\times0.163^2-\frac{1}{2}\times9.8\times0.5\times(0.252-0.163)^2$$

$$=0.046(\text{m})$$

$$S=\frac{1}{2}(S_{下}-S_{上})=\frac{1}{2}(0.357-0.046)\approx0.156(\text{m})$$

在 0.252 s 内重锤下落距离为

$$S_{锤}=\frac{1}{2}at^2=\frac{1}{2}\left(\frac{mg-\frac{1}{8}f'}{m}\right)t^2$$

$$=\frac{1}{2}\times\left(\frac{550\times9.8-\frac{1}{8}\times100}{550}\right)\times0.252^2\approx0.310(\text{m})$$

式中　m——重锤质量，取 550 kg；

f'——迂回轮滚动摩擦力，查手册后算出为 100 N。

在 t 时间内重锤下落 0.31 m 时，使迂回轮后移距离为 $\frac{0.31}{8}=0.039(\text{m})$，此值小于 $S=0.156$ m，这样再一次证明在断绳 t 时间内，重锤不参与钢丝绳下滑受力。

此时，钢丝绳缠绕迂回轮绳圈的松弛量允许重锤下落为 $8S$。

$$8S=8\times0.156=1.248(\text{m})$$

当重锤离地距离小于 1.248 m 时，断绳后捕捉钩抓捕横撑时，重锤已落地，重力不参与主钢丝绳下滑力，此时钢丝绳只有绳重力、吊椅及人员自重力的下滑分力作用在双向挂钩上，作用力下滑分力最大值为：

$$F=P(Q_1+Q_2+Q_3)g\sin 30°+q_0Lg\sin 30°$$

$$=47\times(75+15+20)\times9.8\times0.5+2.12\times450\times9.8\times0.5$$
$$=25\ 333+4\ 674.6$$
$$=30\ 007.6(\text{N})$$

式中　P——斜巷乘坐人员，取 47 人。

由试验得出，双向断绳捕捉装置中抱索器滑动变形时最大拉力为 7.27 kN(此时抱索器顶丝是以 30 N·m 扭矩为标准)。所需捕捉钩为：

$$\frac{30\ 007.6}{7\ 270}=4.127(\text{个})$$

因此当发生断绳时只要 5 个固定在抱索器上的双向捕捉钩起作用，就可以使 450 m 斜巷乘坐人员制动不下滑，从而实现人员及设备的安全。

当重锤离地距离大于 1.248 m 时断绳后捕捉钩抓捕横撑时，重锤重力参与主钢丝绳下滑力，此时下滑力为：

$$F_1=F+\frac{8mg}{2}=30\ 007.6+\frac{8\times550\times9.8}{2}=51\ 567.6(\text{N})$$

此时，需要参与的捕捉钩为：

$$\frac{51\ 567.6}{7\ 270}=7.09(\text{个})$$

取 8 个，也就是需要 8 个捕捉钩参与就能使单侧 450 m 钢丝绳和 47 个吊椅全坐人的情况下不下滑，双向捕捉钩足够能使乘坐人员安全脱险。

4　做仿真模拟试验验证效果

断绳抓捕装置制作成功后，能否做到有效捕捉，只有经过现场试验方能知道结果。

(1) 首先准备材料，ϕ21.5 mm 钢丝绳一根，长度 230 m，重锤 1 套 1.5 t，5 t 吊链 4 台，氧气、乙炔 1 套，滑轮 2 个，绳卡 20 个，缆车座椅 10 个，40 kg 沙袋 20 个，铁丝若干等。

(2) 将乘人缆车钢丝绳松开，从井口以下 130 m 位置东侧(下人侧)将缆车钢丝绳全部拉至横梁上并临时固定，将缆车乘人吊椅拆除，临时放置在上人侧。

(3) 由井口向下拉绳，当拉至距井口位置 120 m 时，挂滑轮固定吊链，钢丝绳经滑轮穿过后向井口拉；将钢丝绳两端其中一端用吊链牵引固定牢固，另一端经滑轮(由吊链固定)起吊，由重锤牵引，张紧钢丝绳，重锤距地 5 m 高。先期拉下去的钢丝绳全部放在托绳轮上。

(4) 按规定把 10 个乘人缆车吊椅固定在井口以下 120 m 钢丝绳上，间距 9.5 m，在每个座椅上放两个沙袋，用铁丝固定。

(5) 在井口割断钢丝绳，钢丝绳向下坠落，双向捕捉钩牢牢地钩住斜下方的捕捉滑道横撑，清点后 10 个捕捉钩全部抓住滑道横撑。

通过试验，该双向抓捕装置是可靠的，运行是安全的。

5　改进设备，确保本质安全

在试验过程中发现，如钢丝绳在运转过程中出现掉绳事故，双向抓捕钩也可抓捕滑道横撑，发生误动作，继续运转会拉坏设备。为解决在运行中掉绳后的误动作问题，在安装有断绳捕捉装置的长度段，每个托绳轮处安装有掉绳保护开关，当发生掉绳时及时报警并停车，解决了捕捉钩下落误动作隐患。

6 主要发明点与创新点

（1）设计了双向捕捉钩、抓捕滑道和横撑，无论在上人侧或下人侧断绳，两侧抓捕装置均可有效捕捉，确保了人员和设备的安全。

（2）原理科学，完全机械设计，结构合理、简单、安全、可靠。

（3）抓捕滑道还可有效预防缆车吊椅外翻和掉绳。

（4）每个托绳轮下安装有掉绳停机保护开关（采用常闭接点），并写入 PLC 控制系统中，在牵引钢丝绳掉绳时能及时停车，防止捕捉器误动作，实现了机电一体化。

7 结论

矿井大角度乘人缆车断绳抓捕装置的研发确保了乘坐人员和设备的安全，自 2011 年在平煤九矿投运至今运行正常，每年进行一次仿真试验都能可靠抓捕，并且架空乘人装置运行过程中，断绳抓捕装置没有发生过误动作现象，该成果已在其他矿推广应用。该项目已于 2012 年 12 月通过河南省科学技术厅成果鉴定，还获得了相关实用新型专利 3 项、发明专利 2 项。

立井罐笼与井口安全门闭锁装置

杨冬竹

(义煤职教中心,河南 义马 472300)

摘 要 副立井提升机担负着工作人员的上下井运输任务,井口及井底安全门是确保提升人员安全的重要设施,为确保安全,在安全门上必须装设闭锁装置。目前,大多数矿井采用立井提升,两侧罐笼安全门的闭锁装置是通过同一个电气和机械回路来共同控制的,其结构复杂,由于维护人员的素质参差不齐,维修维护极不方便,额外增加人力成本;市场价格昂贵,在市场上购置一套装备动辄几万。为此我们研制开发了一种新型的安全闭锁装置。

关键词 副立井;安全门;闭锁

0 前言

在对义煤公司所属的兼并重组煤矿的下矿检查中我们发现,大部分矿井的副立井罐笼与提升信号、安全门都没实现闭锁,不能满足《煤矿安全规程》的相关要求,给矿井的安全生产带来了巨大的隐患,由于近些年煤炭市场不景气,给矿井的安全投入带来巨大的困难,现在市场上购置一套安全门闭锁系统动辄就要几万元,也算一笔不小的投入,增加了不小的成本。为了解决这个问题,公司及矿井机电系统的同志们开动脑筋,经过不断地改造总结再改造,在现有罐笼安全门的基础上设计安装了罐笼与井口闭锁的机械闭锁装置。

1 安全门闭锁装置

1.1 机械闭锁机构

该机械闭锁装置主要由两部分组成:一部分为弹簧销,该机构为一带套的销轴,在内置弹簧的作用下为常闭状态,弹簧销安装在井口护栏安全门对面的护栏上,根据弹簧销销轴的直径并在安全门上制作一个闭锁销插孔。由于处于常闭状态的弹簧销的闭锁作用,安全门打不开。另一部分为闭锁机械的控制和动力机构,安装在罐笼侧面的护栏和竖梁上,该机构采用杠杆原理,杠杆的一段固定在井架上,另一端伸出至井口侧,由罐笼的提升和下降来提供动力,推动杠杆发生动作。两个机构之间采用钢丝绳连接。当主罐笼提升至顶部与井口锁口盘平行位置时压在机械闭锁插销连杆机构上,杠杆机构的一端由于罐笼的压力而带动连接的钢丝绳上提,钢丝绳的另一端连在弹簧销上,由于钢丝绳的拉力作用而打开弹簧销回收,离开安全门的闭锁孔的位置,如图 1 所示,从而可以打开安全门,即当罐笼提升至停止位置时,安全门可打开。反之,当主罐下至杠杆机构的下端时，杠杆机构因失去罐笼的作用力而放下，钢丝绳放松，自动解除作用在弹簧销上的拉力，安全门机械闭锁插销由自身及弹簧的作用力复位插入安全门闭锁孔内，实现安全门机械闭锁的全部过程。同理副罐也能实现机械闭锁安全门。这样就实现了《煤矿安全规程》上要求的罐笼到位后安全门才能打开。

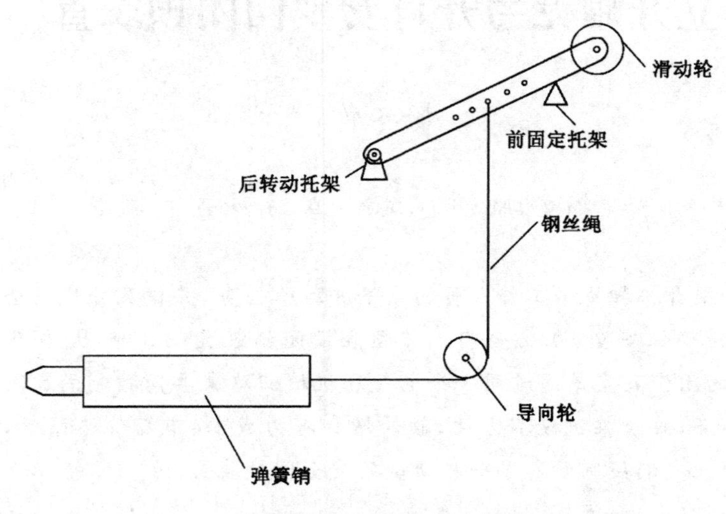

图1　机械闭锁装置示意图

1.2　信号闭锁机构

仅仅有机械闭锁机构是不能完全满足《煤矿安全规程》的要求的，我们还需要加上信号闭锁，即在安全门的闭锁孔上端和护栏对应位置分别加装一个信号传感器，两个组成一组，当安全门关闭时两个传感器相互靠近，一个传感器发出的信号在另一个传感器上得到反馈时，绞车的信号回路畅通，才可以发出提升信号，反之，当罐笼处于停止位置，安全门打开时，两个传感器分开，一个传感器发出的信号没有在另一个传感器上得到反馈，绞车的信号回路不畅通，发不出提升信号。安全门的两个信号传感器串入绞车提升信号回路来实现提升信号与安全门的闭锁。信号闭锁装置示意图如图2所示。

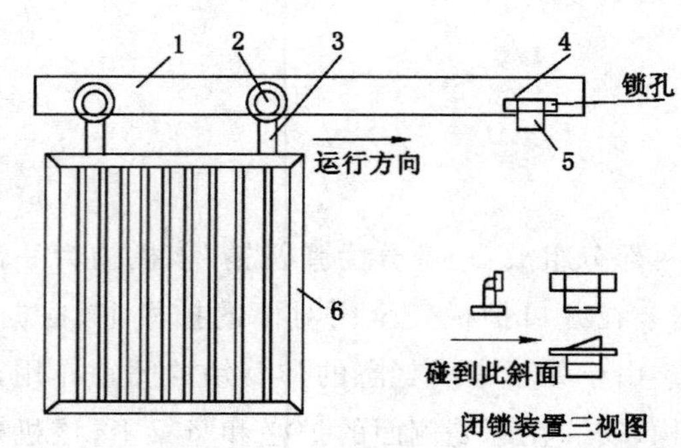

图2　信号闭锁装置示意图

1——顶梁；2——滑动轮；3——竖钢板；4——固定钢板；5——闭锁装置；6——安全门

安全门的机械闭锁与信号闭锁配合使用，共同来实现《煤矿安全规程》上要求的罐笼到位，并发出停车信号后安全门才能打开；安全门未关闭，发不出开车信号；安全门关闭后才能发出开车信号；发出开车信号后，安全门打不开。

2 制作说明

（1）如图1所示，在杠杆机构上分布着一排均匀分布的小孔，其为钢丝绳的连接位置，钢丝绳穿在不同的位置，在杠杆机构被罐笼抬起时，拉起的钢丝绳的行程是不一样的，可以根据实际需要选择合适的钢丝绳连接位置。

（2）对弹簧销内弹簧的规格要符合弹簧销自动复位的要求，在没有拉力作用时弹簧销的销轴能自动复位。

（3）连接弹簧销和杠杆机构的钢丝绳的要求：① 要够柔软，在通过导向轮时能与导向轮紧密接触，能轻易转变方向，不能有较大的刚性，产生较大的反作用力，在没有拉力作用的时候还能与导向轮紧密贴合，不脱离导向轮的导向槽；② 要防锈，因为井口一般都比较潮湿，且经受风吹雨淋，如果钢丝绳不防锈的话很容易锈蚀，影响其机械性能。因此建议使用 $\phi 4$ mm 的胶套钢丝绳。

（4）因为杠杆机构与罐笼接触的一端要经常在罐笼壁上滑动，时间久了难免会给罐笼造成划痕伤害，因此我们在杠杆机构的前段加装一个尼龙滚轮作为滑动轮，把滑动作用转变为滚动接触，这样就避免了因杠杆的滑动给罐笼带来了划痕，有效地保护了罐笼的防锈性能。

（5）杠杆机构与井架结合处的固定端设计为铰接，销轴的直径经过计算，应使用 7 mm 以上的销轴，这样能在承受较大的径向剪切力的作用下而不使销轴发生永久性形变；并要在销轴涂上黄油，一来起到避免生锈的作用，二来又能对杠杆与销轴间的摩擦起到很好的润滑作用。

我们设计的机械闭锁机构利用立井罐笼在井口位置的上下移动为机械闭锁装置提供原动力，采用一组尼龙滚轮来改变传导力的方向，采用弹簧销来作为安全门的闭锁装置，利用杠杆原理制作了安全门闭锁销连杆机构，通过罐笼正常使用时的上升和下降给杠杆机构的动作提供了开启和复位的信号，为杠杆机构的机械转动原动力，通过钢丝绳的连接和传导来实现弹簧销的开启与闭合。该机构结构简单，性能可靠，且成本低廉，与信号传感器串入绞车提升信号回路闭锁一起很好地实现了井口安全门的闭锁，不但满足了《煤矿安全规程》的规定，而且还为矿井的安全生产提供了有力的保证。

3 结论

该安全门机械闭锁装置使用了两套独立机械控制系统，对主副罐笼的两个安全门的闭锁装置进行单独控制，配合串入绞车信号回路的开停传感器，共同实现了井口安全门与罐笼的机械闭锁，且不但利用了罐笼提升下降时的原动力，还与罐笼提升时互不影响，该装置原理简单易懂，制作安装方便，使用效果非常理想，大大提升了副立井提升的安全系数。经过一年多的实践证明，该立井安全门机械闭锁装置的投入使用，避免了因操作人员误操作而造成的各类安全隐患，没有发生过一起因安全门打开而造成的安全事故，而且该装置性价比较高，投入资金较少，既实现了提升安全又降低了生产成本，该装置配合信号闭锁的使用，满足了竖井井口安全门信号、机械双闭锁的要求，大大提高了竖井提升的安全性。目前该装置已在义煤公司矿井全面推广，受到广大职工的一致好评，下一步我们还准备对该机构申请专利，争取在全国范围内推广该项技术。

煤矿地面矸石胶带输送机自动控制系统改造

王永建

（开滦股份吕家坨矿业分公司，河北 唐山 063107）

摘　要　本文主要介绍矸石胶带输送机电控系统自动化改造实施的方案及 S7-300PLC 在改造中的具体应用。

关键词　煤矿地面矸石；胶带输送机；S7-300PLC；自动控制系统

0　问题的提出

煤矿地面矸石胶带输送机的电控系统一般采用传统继电器控制方式，由于多年使用，设备陈旧老化，经常出现故障，而且胶带输送机的启停均需要人工现场操作，已经不适应公司发展形势。为进一步减人提效，实现矿井自动化，对地面矸石胶带输送机的电控系统进行自动化改造。下面将介绍分析由 PLC 控制的地面矸石胶带输送机电控系统自动化改造方案。

1　PLC 控制与继电器控制的区别

（1）继电器控制逻辑是由大量物理继电器连线组成，结构复杂。而 PLC 控制逻辑是由程序（软继电器）组成，取消了大量的中间继电器和时间继电器等控制器件，同时也大大简化了硬件接线。

（2）要改变继电器控制逻辑必须重新接线，工作量大，因此有的用户宁愿拆除旧的控制柜而另外做一个新的电器控制柜；而修改 PLC 的控制逻辑只需要重新编写程序即可。

（3）PLC 性能指标高，抗干扰能力强，能在工业生产环境下长期稳定工作。据统计，PLC 控制系统的电气故障仅为相应功能继电器控制系统故障的 5%。

2　改造实施方案

2.1　更换给料机控制箱

（1）改变原有电磁式振动给料方式，采用变频控制给料方式。根据电机功率及实现远程控制要求，采用 ABB 公司生产的 ACS550-01 型变频器。该变频器不仅能实现给料机变频控制，还能够使用标准的串行通信协议从外部系统接受控制。

（2）变频控制箱具有远程控制和就地控制功能，在远程控制下，通过集控 4～20 mA 电流信号的变化，调节变频器的输出频率。通过集控远程停止操作，则变频器停止输出。在就地控制下，即通过变频器控制箱上的控制钮进行控制操作。

2.2 增加皮带综合保护

(1) 在原有基础上增设KHP153-K型煤矿用带式输送机保护装置。该装置具有启动语音提示、启动延时、故障显示并停车等多种功能。

(2) 增设GQQ0.1(A)型烟雾传感器。以保证当烟雾浓度达到15%时报警,中止皮带运行,同时启动洒水装置,洒水降温。将传感器固定在皮带机容易摩擦升温起火的部位上方。

(3) 增设GSH5(A)型速度传感器。速度保护传感器和磁钢安装在皮带机导向滚筒支架和导向滚筒上,间隙不得超过3 mm,当皮带运转速度超过或低于额定速度15%时,皮带报警并终止运行。

(4) 增设GVD30(A)型撕裂传感器。防撕裂保护装置安装在输送机上下两层胶带之间,固定在输送带纵梁上,靠近上层皮带方向,当运行的输送带纵向撕裂时,该装置报警并终止皮带运行。

(5) 将原有GUJ20(A)型煤位传感器改成SFRD-603型雷达物位计。GUJ20(A)型煤位传感器属接触式传感器,不适应运输矸石,经常误动作。SFRD-603型雷达物位计测量精度准确,动作可靠。

2.3 更换机头控制柜

(1) 主回路元器件更换。皮带机头电动机功率为45 kW,原来使用CJ40-160接触器。主触头经常损坏,因此改成CKJ-250真空接触器。将JR36-160型热过载继电器去掉,改成JD-6型电机综合保护器。

(2) 增加PLC控制元件。PLC选型主要考虑满足现场控制需要,以及本公司备件统一性。使用S7-300可编程控制器(主要包括:CPU313C模块、DI/DO8×DC24/0.5A模块、AI8×12Bit模块、ETH-MPI通信模块以及输入输出继电器等)。

2.4 增加上位机监控功能

(1) 胶带输送机机头、机尾安装KBA5型网络摄像仪,用于监视机头滚筒运转情况及机尾给料机给料量大小。

(2) 集控室安装上位机,组态集控软件通过网络监控矸石胶带输送机运转情况。

2.5 增加机尾自动泵水功能

(1) 安装SONIC-2000型超声波液位计用于监视机尾水面高度。

(2) 水泵控制系统接入PLC,实现远程启停,当水面达到一定高度时自动开泵。

3 改造后的矸石皮带控制方式

(1) 检修控制方式。当转换开关打至“检修”挡时,机头、机尾分别能开停胶带输送机,给料机必须在机尾开停,给料量大小在机尾控制箱人为控制。机尾积水人为操作启动水泵,胶带输送机各种保护全部有效。

(2) 集中控制方式。当转换开关打至“集中”挡时,按下胶带输送机启动按钮,胶带输送机启动,启动后延时30 s自动开给料机,给料量大小由PLC程序控制。需要停胶带输送机时只需按下停钮,给料机先停,给料机停止后延时5 min再停胶带输送机。机尾积水实现自动泵水,胶带输送机各种保护全部有效,胶带输送机给料机控制箱打“集控”。

(3) 远程控制方式。当转换开关打至“远控”时,胶带输送机系统现场不能控制,必须由控制中心控制,通过网络实现胶带输送机及给料机启停。给料机控制箱打集控,胶带输送机各种保护都起作用。

4 结论

改造后的地面矸石胶带输送机控制系统接线变得简单,维修方便,故障率降低。各种保护项目完善,安全生产得到可靠保障,经济效益大大提高。改造前每班最少需两人操作设备,改造后实现了自动化,每年节省人工费用约 24 万元、维修费及材料费用 6 万元,设备运行稳定,而且适应公司减人提效快速发展的需要。以修改程序、设置参数的方式解决了以往更换元器件或改变电气线路的方式,PLC 控制取代继电器控制已成为煤矿技术改造发展的趋势。

煤矿辅助运输牵引电池选用问题探讨

胡兴志，罗建国，李学哲，于润祥

（华北科技学院，河北 廊坊 065201）

摘 要 煤矿辅助运输牵引方式由钢丝绳牵引向柴油机、蓄电池牵引发展，由于柴油机存在着环境污染问题，决定了蓄电池牵引方式成为一个令人关注的发展方向。考察目前煤矿蓄电池牵引常见电池，本文综合考虑各类指标及潜在提升空间，认为锂离子电池成为当前动力电池的主要发展方向。另外，新近出现的其他新型高性能电池、再生制动控制系统和复式能源电机车也是值得关注的方向。

关键词 煤矿；辅助运输；蓄电池

0 引言

煤矿井下辅助运输是整个矿井生产系统的重要环节，我国煤矿井下辅助运输使用人员较多，效率不高，装备水平相比采煤技术、采掘机械化程度以及主运输系统的装备水平等并未得到同步发展，安全性、舒适性跟不上时代要求。我国煤矿辅助运输作业人员占井下职工总数的 1/3 以上，有些矿井甚至达到 1/2。综采矿井每采百万吨煤辅助运输用工 500 人至 1 200 人，是世界先进水平的 7 倍至 10 倍。辅助运输条件严重影响了我国煤矿的全员效率，与安全高产高效矿井建设很不适应。

煤矿井下辅助运输日益成为各个煤炭企业重视的生产环节，提高其装备水平成为各企业的重点工作，牵引方式由钢丝绳牵引向柴油机、蓄电池牵引发展，设备类型由轻型向重型发展，设备功能由单一向多种功能发展，运输方式由有轨运输向无轨运输发展。

但柴油机存在着环境污染问题，在这种情况下，蓄电池牵引方式成为一个令人关注的发展方向。从技术角度看，蓄电池牵引中电池性能已成为制约实现产业化的最关键因素。理想的矿用电池要求安全性好、绿色环保、具有高能量密度和高功率密度、循环寿命长、成本低。

考察蓄电池牵引电池的性能指标包括能量密度、功率密度、使用寿命、快速充电性能等几个方面，分别用于描述电池的续航能力、加速和最高车速性能、循环使用次数、充电所需时间以及经济性能。目前锂离子电池技术虽已取得一系列可喜进展，但在能量密度、使用寿命、以及快充性能方面仍有待突破，这些指标直接决定蓄电池牵引整体性能和市场价格，也深刻影响着电能补给方式、运营模式和用户接受程度。

1 常用蓄电池性能对比

1.1 铅酸蓄电池

铅酸蓄电池是目前使用最为广泛的电池。铅酸蓄电池，具有成熟的技术，可以大批量生产，生产成本低，价格便宜。尽管新电池技术不断地产生，但铅酸蓄电池由于价格优势至今仍作为动力源大量应用。表1所示为铅酸蓄电池的性能指标和作为动力源的应用情况。

表1 铅酸蓄电池的性能指标

比能量/(W·h/kg)	能量体积密度/(W·h/L)	比功率/(W/kg)	循环次数	单体电压/V
30～50	60～75	90～200	500～800	2.105

1.2 镍氢电池

相对铅酸电池，镍氢电池在能量体积密度方面提高了约3倍，在比功率方面提高了约10倍。这项技术独特的优势包括更高的运行电压、比能量和比功率，较好的过度充放电耐受性和热性能。

表2 镍氢电池的性能指标

比能量/(W·h/kg)	能量体积密度/(W·h/L)	比功率/(W/kg)	循环次数	单体电压/V
30～110	140～490	250～1 200	500～1 500	1.2

1.3 锂离子电池

可以看出，相较镍氢电池，锂离子电池具有相对较高的工作电压和较大的比能量，约是镍氢电池的3倍。锂离子电池体积小、质量轻、循环寿命长、自放电率低、无记忆效应且无污染；电池单个性能指标的数值范围跨度大，这是因为锂离子电池有较多的电极组合，它们在性能上存在一定的差异。

表3 锂离子电池的性能指标

比能量/(W·h/kg)	能量体积密度/(W·h/L)	比功率/(W/kg)	循环次数	单体电压/V
100～250	250～360	250～340	400～2 000	3.7

1.4 三种电池性能对比

图1为铅酸电池、镍氢电池和锂离子电池（锂离子电池和锂聚合物电池）的比能量、比功率、安全性等基本性能。通过比较可以发现，目前这几种电池技术仍然没有一种能够占据每个方面性能的优势地位。这说明目前在蓄电池牵引应用领域出现这些不同种类电池共存情况的原因，也是各种电池技术在不同程度上存在的缺陷导致蓄电池牵引的发展受到制约而未大规模产业化的原因。

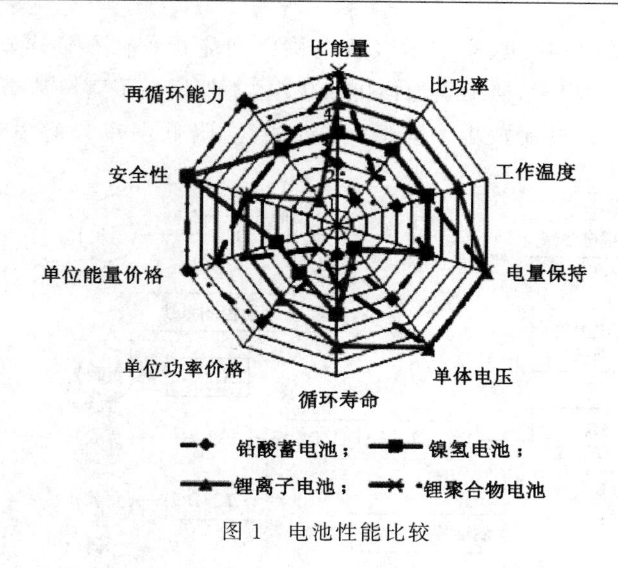

图 1　电池性能比较

由图 1 可以看出，在目前市场上的电池中，锂离子电池（锂离子电池和锂聚合物电池）除在价格和安全性方面处于劣势以外，其他方面均处于绝对领先地位，有进一步研发和大规模应用的前景。因此综合考虑各类指标及潜在提升空间，锂离子电池成为当前动力电池的主要发展方向。

2　其他新型高性能电池

比如，近年来出现了一种高能镍碳超级电容电池，这种电池集镍氢电池和超级电容电池的优点于一身，具体来说，这种电池有五大特点：第一，容量高。体积和重量比容量是目前车用超级电容电池的 10 倍，已接近锂离子动力电池比能量的 2/3。第二，循环寿命长。该产品标准检测寿命 5 万次以上，实际使用充放电循环已达 1.5 万次，超级电容电池使用寿命可达蓄电池的 25～100 倍。第三，充放电效率高。充电 10 min 即可达到其额定容量的 95％以上，大电流放电能力强，能量转换效率高。第四，安全环保。该产品具有良好的高低温性能与环境适应性，可在零下 40 ℃至零上 70 ℃之间正常使用。尤其是由于采用了水系电解液，制造工艺严格，电池过充或短路也不会导致致命危险，外部剧烈撞击或燃烧也不会爆炸，使用安全可靠。该产品实现了零排放，推广应用后，将大大缓解由汽车尾气造成的城市大气污染。同时，超级电容采用无污染材料制造，可全部回收利用，是真正的绿色环保产品。第五，性价比高。超级电容电池用于纯电动汽车的全寿命费用仅为锂离子电池的 1/3，其电动车的综合运营成本大大低于蓄电池。一套电源可供 4 辆车连续使用，比锂离子电池的综合成本降低 80％以上。

3　再生制动控制系统

制约蓄电池牵引发展的一个关键因素是它的续驶里程问题，而再生制动可以节约能源、提高续驶里程，具有显著的经济价值和社会效益。同时，再生制动还可以减少刹车片的磨损，降低车辆故障率及使用成本。

图 2 所示为蓄电池牵引再生制动控制系统的结构图，该系统由超级电容或飞轮及其控制器组成，而利用超级电容或飞轮吸收再生制动能量，具有非常突出的优点。当车辆制动时，电机工作于发电机工况，将一部分动能或重力势能转化为电能储存在超级电容或飞轮中，由于超级电容或飞

轮的功率密度大，因此可以更快速、高效地吸收电机回馈能量。在车辆启动和加速时，利用双向DC/DC将存储的能量释放出来，协助电池向电机供电，不但增加了蓄电池牵引一次充电的行驶里程，而且避免了蓄电池的大电流放电，达到了节省能源、降低刹车片磨损和提高蓄电池寿命的目的。

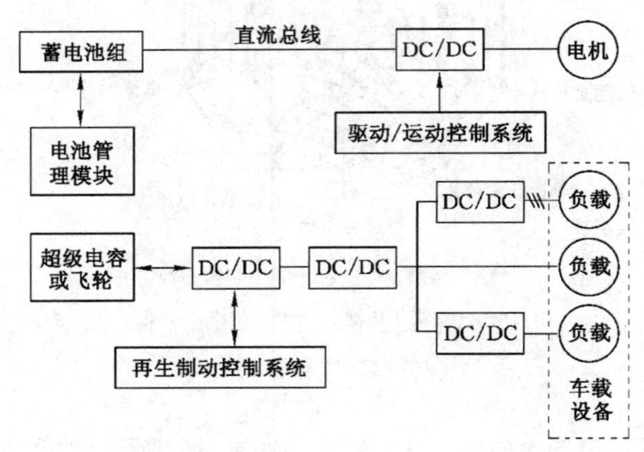

图2　电动汽车再生制动控制系统

4　复式能源电机车

这是一种架线蓄电池两用机车。这种机车在有架空线巷道运行区段，将集电弓升起，从架线获取电能向电机供电，同时向车载蓄电池充电以备用。

当机车到无架空线区段运行时，将集电弓降下，自动转换成由蓄电池供电。这就免除了到井下充电硐室充电的环节，因而，节省了充电设备和充电时间，也省去了更换蓄电池电源箱的繁重体力劳动。复式能源电机车克服了架线电机车和蓄电池机车的缺点，保留了它们的优点，运行安全可靠，机动灵活，没有排气污染，运转热量小，噪声低，是环保型的机车。该机车的运行成本较低。在有架空线区段运行时机车自动充电，节省了充电时间和繁杂的充电管理程序。可利用井下现有的轨道系统，不需作任何改造。机车的使用范围大大拓宽了，不仅能在大巷运行，也可在采区运行。可实现从井底车场，甚至从地面（平硐或斜井开拓时）直至采掘工作面端头不经转载的直达运输。从而大大减少了运输环节，提高了运输效率。

5　结论

分析目前煤矿蓄电池牵引常见电池的性能指标包括能量密度、功率密度、使用寿命、快速充电等几个方面可以看出，综合考虑各类指标及潜在提升空间，锂离子电池成为当前煤矿辅助运输动力电池的主要发展方向，有进一步研发和大规模应用的前景。另外，煤矿辅助无轨运输上新近出现一些技术，比如新型高性能电池、再生制动控制系统和复式能源电机车等也是值得关注的方向。

煤矿辅助运输设备二次调节静液驱动

王本永

(黑龙江科技大学,黑龙江 哈尔滨 150022)

摘 要 煤矿辅助运输设备是煤矿生产的重要设备,结构复杂、类型多样、数量众多,所耗能量占整个生产的比重很大,对节能措施的研究具有重大经济意义。液压系统本身的优点使其在煤矿辅助运输设备中得到广泛应用,但目前节能型液压系统在煤矿辅助运输设备中的使用几乎没有,鉴于此,本文引入二次调节静液驱动,对其发展状况、原理、特点及其在煤矿辅助运输设备中的应用进行阐述,目的是促使二次调节静液驱动技术在煤矿辅助运输设备中的应用能得到深入研究。

关键词 煤矿辅助运输设备;二次调节静液驱动;节能

0 前言

煤矿辅助运输设备是煤炭生产中的重要设备,其任务是在矿井内运输除煤炭之外的材料、设备和人员等。煤矿辅助运输设备的生产和使用必须适应煤矿辅助运输的特点,即运输线路交错连接,复杂多变;运输地点分散,环节多;运输对象繁多,特性各异;井下空间狭小,并有瓦斯、煤尘等易爆物质。这使得煤矿辅助运输设备具有结构上的复杂性、类型多样性和数量众多性。除了过去常用的传统辅助运输设备,比如绞车、电机车之外,近年来出现的许多先进的高效辅助运输设备,如单轨吊车、齿轨车、卡轨车、胶套轮机车、无轨胶轮车、无极绳牵引车等[1]。这些新型辅助运输设备的使用,大大提高了煤炭生产率,同时要看到,大量的辅助运输设备的使用,必然有一个不可忽视的问题,就是能量的利用效率。煤矿辅助运输设备中,很多的驱动部分用到了液压驱动,这是由液压驱动本身的优点决定的,比如功率质量比大、出力大、体积小、能量传输比机械传输方便灵活,与电气设备相比,适用于井下有瓦斯等易爆场合。煤矿井下辅助运输设备中所用的液压系统,往往包含了为了满足各种控制要求的控制阀,控制阀是采用节流原理工作的,工作中会产生大量的能量损失,导致液压系统效率不高,影响整机的能量利用效率,造成大量的浪费。从目前煤矿辅助运输设备中液压系统的使用情况来看,液压节能问题考虑的不多,尤其是几乎没有将节能效果非常好的二次调节静液驱动技术应用到具体的设备中。本文的目的是针对煤矿辅助运输设备本身的特点,通过对二次调节静液驱动的发展、原理、特点及应用等方面的阐述,促使二次调节静液驱动技术在煤矿辅助运输设备中得到应用。

1 二次调节静液驱动的发展状况[2-8]

二次调节静液驱动是 20 世纪 70 年代末由德国的汉堡国防工业大学 H. W. Nikolaus 提出并

进行研究，德国的亚琛工业大学流体传动与控制研究所的 W. Backe 和力士乐公司的 R. Kordak 对二次调节静液驱动的研究也具有代表性。此项技术具有独特的节能效果，越来越受到不同领域人们的重视，已在车辆、造船、钢铁等领域得到广泛的应用。二次调节静液驱动技术源于德国并在德国得到深入研究和推广，现已处于实用阶段，有多种系列产品推出。

在 H. W. Nikolaus 提出二次调节静液驱动的概念之后，1980 年 W. Backe 和 H. Murrenhoff 用单活塞杆液压缸作二次元件对液压二次调节静液驱动直接转速控制系统进行研究，H. W. Nikolaus 用双活塞杆液压缸作二次元件对液压二次调节静液驱动直接转速控制系统进行研究。随后在 20 世纪 80 年代期间，W. Backe、R. Kordark、H. Murrenhoff、H. W. Nikolaus、F. Metzner 等人先后对液压二次调节直接控制系统、液压二次调节先导控制调速系统和机液二次调节调速系统进行研究，W. Backe、H. Murrenhoff、H. J. Haas 等人对电液二次调节转速控制系统和电液二次调节转角控制系统进行了研究，提出了数字模拟混合控制的二次调节系统，采用数字 PID 控制算法，提高了系统的动静态性能，并实现了二次元件的转角、转速、扭矩和功率的控制。

1993 年 W. Backe 和 Ch. Koegl 对二次调节静液驱动系统中转矩和转速控制之间的耦合问题进行了研究，给出了参数解耦方法；1994 年 R. Kordak 从提高系统动态特性方面对电液二次调节静液驱动转矩控制系统进行了研究；1996 年 R. Kordak 对采用液压变压器的二次调节系统的能量损失情况进行了分析；1998 年德国的力士乐公司为德勒斯顿工业大学研制了一台用于试件旋转试验的二次调节静液驱动大功率液压试验台。

进入 21 世纪后，二次调节静液驱动技术的研究更加趋向于实用化，比如，日本对二次调节静液驱动技术进行积极的应用研究，将二次调节静液驱动技术应用到公交汽车上，显著降低了燃油用量和尾气排放量；日本的三菱、美国的 UPS 等公司出资将二次调节静液驱动技术应用到叉车、混合动力驱动汽车、混合动力驱动包裹运输车等。在国内，对二次调节静液驱动技术研究较晚，起步于 20 世纪 90 年代初，还不够成熟，距离实际应用还有一些路要走。1990 年哈尔滨工业大学的谢卓伟等人基于单片机搭建数字闭环反馈控制系统，采用变结构 PID 控制算法对二次元件输出转速进行控制，中国农机研究所的阎雨良等人对二次元件的速度调节特性进行了实验研究。1991 年浙江大学的金力民等人研究了二次调节静液驱动系统的低速滞环现象，分析了产生滞环的原因并用非线性控制算法进行补偿，同济大学的范基等人研制了基于二次调节节能技术的液压实验系统。1992 年哈尔滨工业大学的蒋晓夏采用自适应控制算法对二次调节静液驱动系统进行研究。1995 年哈尔滨工业大学的姜继海等人分别采用了神经网络、智能控制和模糊控制等理论对二次调节静液驱动系统的转角和转速控制进行了研究。1997 年哈尔滨工业大学的田联房等人研制出了第一台国内二次调节静液驱动转矩控制加载实验台，对系统的时域和频域特性进行了研究，采用双控制器的解耦方法消除转速和转矩控制系统间的参数耦合。2003 年哈尔滨工业大学的电液伺服仿真及试验系统研究所，采用德国的力士乐公司提供的液压泵/马达二次元件，试制出了“特种车辆轮桥模拟加载试验台”。2007 年哈尔滨工业大学的姜继海等人基于二次调节静液驱动技术设计了抽油机液压系统，给出了设计步骤和方法。2009 年哈尔滨工业大学的刘海昌等人对飞轮储能的二次调节流量耦联系统的性能进行了研究。2011 年哈尔滨工业大学的李国军等人将二次调节静液驱动技术应用到飞机牵引车驱动系统中进行研究。2013 年哈尔滨工业大学的刘成强等人对二次调节系统中能实现直线负载驱动的柱塞式液压变压器进行了研究。2015 年哈尔滨工业大学的姜飞等人完成了基于二次调节静液驱动技术的混合动力挖掘机回转液压系统的设计。

2　二次调节静液驱动的原理与特点[2]

在静液驱动系统中,能将机械能转变成液压能的元件(如液压泵)称为初级元件或一次元件,能将液压能与机械能进行互相转换的元件(如液压马达/泵)称为次级元件或二次元件。二次调节指的是在恒压网络中对能将液压能与机械能进行互相转换的二次元件所进行的调节。

二次调节静液驱动原理如图1所示。二次元件1从恒压网络获得能量或反馈给恒压网络能量的大小与其排量直接相关,二次元件1排量的改变由变量油缸3的输入流量决定,变量油缸3的流量由电液伺服(比例)阀4的输入电流大小进行控制。二次元件1转速(或转矩)的变化,可由与二次元件1转轴直接相连的测量元件7测出,并传送给控制器6,控制器6根据一定的控制算法产生控制信号,经放大器放大后传输给电液伺服(比例)阀4,控制进入变量油缸3的流量使其向左或向右移动,推动二次元件1的斜盘摆动,从而改变二次元件1的排量,使系统稳定地跟随所设定的输入信号(转速或转矩)工作在某一状态,这个状态可以是无级变化的。图中的位移传感器2用来构成内部小闭环,能进一步提高系统性能。

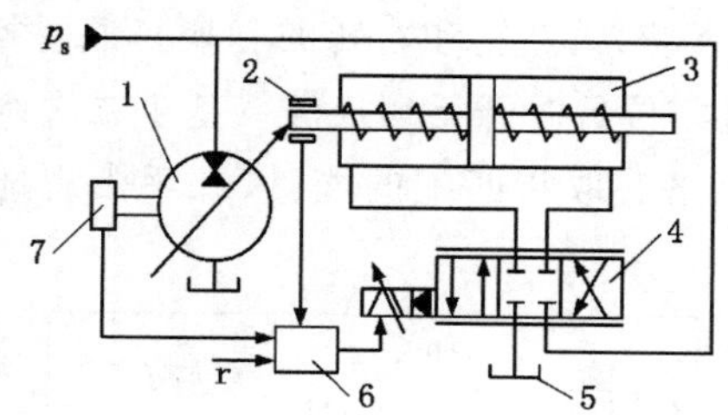

图1　二次调节静液驱动工作原理

1——二次元件;2——位移传感器;3——变量油缸;
4——电液伺服(比例)阀;5——油箱;6——控制器;7——测量元件

二次调节静液驱动系统中的二次元件对负载转矩或负载转速变化的响应,最终是通过调节它的排量来完成的,这种调节通过二次元件自身所形成的闭环来达到,调节的过程中并不改变网络系统的工作压力。通过改变二次元件的斜盘摆动方向(过零点),二次元件可以在四个象限内工作,既有马达工况,又有泵工况,为能量回收和再利用提供可能性。当二次元件在泵工况下工作时,可向系统馈送能量,能量可由蓄能器等形式储存,也可以直接输送给其他系统。

二次调节静液驱动具有以下特点:

(1) 多个二次元件可以同时工作在一个恒压网络系统上,系统压力几乎不变,能根据负载需要从系统获取能量,二次元件之间互不影响,除了电液伺服(比例)阀处的可忽略的节流损失外,系统中其他地方没有原理性节流损失和溢流损失,系统效率极高。

(2) 二次元件可以工作在泵工况状态,向系统馈送由制动、高差等转换来的能量,实现了能量的再利用,进一步提高了系统的效率。

(3) 通过连续改变二次元件的斜盘摆角可实现控制对象的无极调节,并能改变二次元件的转向,操控方便。

(4) 可将二次元件馈送的能量储存在蓄能器中,满足大功率工况的需求,减小液压泵站的装机功率,节省能源配置。

(5) 回馈于蓄能器中的液压能可辅助二次元件启动负载,减少启动时间,提高工作效率,并且不会产生压力冲击，延长元件寿命。

(6) 二次调节静液驱动系统属于压力耦联系统，其二次元件的流量与转矩和转速的乘积成比例。

(7) 二次调节静液驱动系统提供了新的液压控制结构，可采用不同的控制规律实现转角、转速、转矩等的单独控制和复合控制。

3 二次调节静液驱动在煤矿辅助运输设备中的应用

以无轨胶轮车为例，考虑行走和转向两个部分的二次调节静液驱动的应用，原理如图 2 所示。恒压变量泵 3 向液压变压器 7、二次元件 13 和变量油缸 16 提供恒压油源。控制器 19 对给定信号、位移传感器 15 和测量元件 12 的反馈信号，按一定算法进行计算得到控制信号，然后把控制信号经放大后输出给电液伺服(比例)阀 17，控制进入变量油缸 16 的油量，驱动二次元件 13 的斜盘摆动，改变二次元件 13 的排量，使二次元件 13 的输出转速或转矩与给定信号相一致。转向控制是通过液压变压器 7、转向油缸 11 和换向阀 9 实现的，当转动方向盘 8，可改变液压变压器 7 的变压比，达到克服转向负载所要求的驱动力，左转和右转的互换是通过换向阀 9 来切换的，换向阀 9 是在方向盘 8 和液压变压器 7 的过零位置时开始切换的。基于二次调节静液驱动的行走部分和转向部分，能随着负载需要，从恒压网络获取相匹配的能量，几乎没有能量损失，并可在减速或制动时进行能量回收。

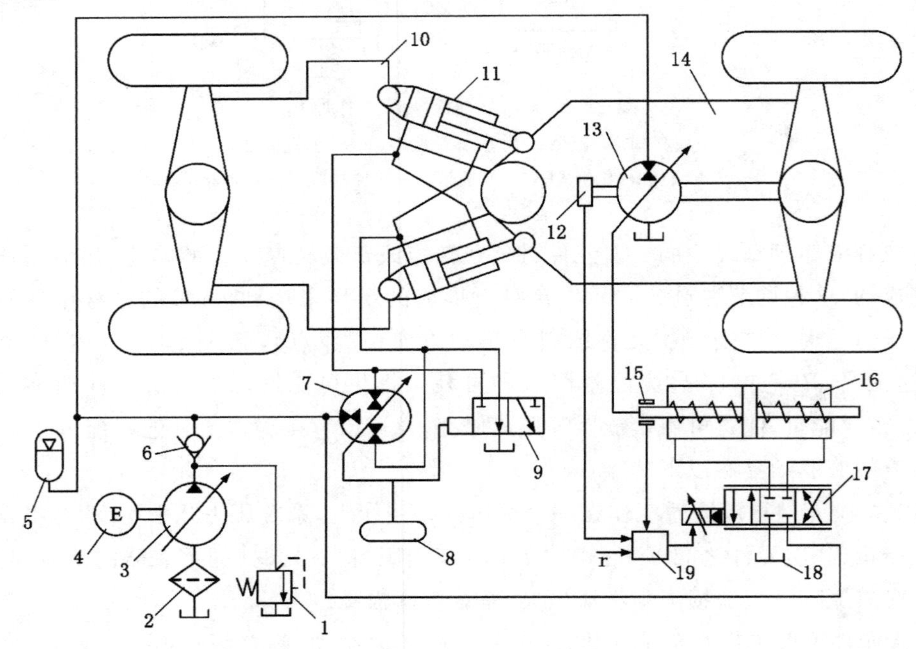

图 2 无轨胶轮车二次调节静液驱动

1——溢流阀；2——过滤器；3——恒压变量泵；4——内燃机；5——蓄能器；6——单向阀；7——液压变压器；8——方向盘；9——换向阀；10——前车架；11——转向油缸；12——测量元件；13——二次元件；14——后车架；15——位移传感器；16——变量油缸；17——电液伺服(比例)阀；18——油箱；19——控制器

4 结论

目前煤矿辅助运输设备中使用的液压系统几乎没有考虑节能问题。二次调节静液驱动能随着负载的需要从恒压网络中获取匹配的能量,能量损失非常小,并具有能量回收和重新利用的特性,具有很好的节能效果。目前国内对二次调节静液驱动的研究落后于国外10年以上,没有自己的定型产品,煤矿作为能量消耗大户,应对二次调节静液驱动在煤矿设备中的应用进行积极探索。

参考文献

[1] 姜汉军.矿井辅助运输设备[M].徐州:中国矿业大学出版社,2008.
[2] 刘宇辉,蒲红,张艳萍,等.二次调节静液传动技术的发展及应用[J].佳木斯大学学报(自然科学版),2001,19(1):52-56.
[3] 孙野.基于二次调节的采煤机截割部模拟加载系统研究[D].阜新:辽宁工程技术大学,2009.
[4] 姜继海,刘宇辉.二次调节静液传动液压抽油机液压系统设计[J].液压与气动,2007(12):60-62.
[5] 刘海昌,姜继海.飞轮储能型二次调节流量耦联系统[J].华南理工大学学报(自然科学版),2009,37(4):75-79.
[6] 李国军.飞机牵引车驱动系统优化匹配及控制性能研究[D].哈尔滨:哈尔滨工业大学,2011.
[7] 刘成强.电液伺服斜盘柱塞式液压变压器的研究[D].哈尔滨:哈尔滨工业大学,2013.
[8] 姜飞.混合动力挖掘机回转系统设计及其控制的研究[D].哈尔滨:哈尔滨工业大学,2015.

煤矿辅助运输新装备的推广

付 松

(徐矿集团新疆赛尔能源有限责任公司,新疆 伊犁 834406)

摘 要 推行安全高效的矿井建设是我国煤矿发展的必由之路,作为矿井生产的一个重要环节,辅助运输系统的构建也成为关键。对于我国大部分煤矿来说,人员、材料、设备等由井底车场至采区工作面需经多次中转,占用大量设备和劳力,生产费用增加,安全隐患多,运输事故居高不下。针对我国煤矿井下辅助运输系统的现状,提出了加快辅助运输设备新技术的推广与应用,并对应用过程中应注意的问题进行了论述。综采工作面与掘进头的设备辅助运输一般使用小绞车,需要投入大量的人力、物力,安全系数低,事故率高,运输效率低,运行费用高。经过合理设计,在六矿东二运输巷安装一台 SQ-80/90B 型无极绳绞车,解决了长距离运输变坡多等问题,实现了安全高效率运输。

关键词 无极绳;连续牵引;推广应用

0 概述

随着矿井生产能力的提高,对机械化要求越来越高,因地质条件比较复杂,运输距离较长,运送大型液压支架小绞车满足不了拉力需求,采用回柱绞车在接力运输中存在效率低、劳动强度大等问题,同时应用传统的小绞车运输大型设备给安全带来了极大的隐患。随着物料的增多,利用回柱绞车运输已不能满足生产需要,落后的运输方式已经严重制约了矿井的安全生产。结合该矿井具体实际情况,经过合理设计,在本公司六矿井下东二运输巷安装一套 SQ-80/90B 型无极绳绞车,实现了安全运输,提高了工作效率,缩短了安装工作面的工期,解决了巷道内变坡、距离远、运输大型设备难等问题,应用效果良好。

1 东二运输巷运输环境

东二运输巷为该矿井 A4012 工作面、A4014 工作面等多个工作面安装综采设备运输巷道的必经之地,巷道总长将近 1 600 m,运输距离战线超长,坡度忽略不计。

2 无极绳绞车运输系统概况

2.1 无极绳绞车主要组成部分及技术参数

SQ-80/90P 型无极绳绞车系统主机部分由绞车、张紧装置、梭车、尾轮、轮组等构成;配套部分由电器、钢丝绳通讯等构成。

通讯主要采用徐州苏煤矿山设备制造有限公司生产通信设备，包括基地台、通讯电缆、中继放大器和对讲机。

无极绳绞车主要技术参数如下：

型号	SQ-80/90P
绞车功率	90 kW
滚筒直径	1 200 mm
最大牵引力	80 kN
钢丝绳规格	6×19＋FC-ϕ24 mm
绳速	0.84 m/s 和 1.0 m/s
最大牵引质量	15°时 20 t

2.2 无极绳绞车运输系统

东二运输巷运输系统使用 SQ-80/90P 无极绳绞车运输，起点东二运输巷巷口，终点在东二 A4012 轨道上山绕道。

无极绳绞车主机和张紧装置布置在东二运输巷一部皮带机头处，尾轮在东二 A4012 轨道上山绕道下出口三角门处，巷道总长 1 560 m。

无极绳绞车在副井绕道到东二运输巷三角门处车场交接物料。由于沿途有支巷、有道岔，解决钢丝绳过道岔曲连接规比较困难，因此在钢丝绳穿越的轨道上打眼斜穿过去，沿途布置相应轮组，在巷道低洼处布置组合压绳轮组，防止钢丝绳抬得过高而挑翻矿车，在巷道凸起处布置组合托绳轮组。所有组合轮组均用螺栓、压板固定在轨道底部。

跟车工、绞车司机和其他运输作业人员通过通信系统联系。绞车硐室内安装有基地台，运输线路沿途布置通讯电缆，电缆每隔 400 m 加一个信号中继放大器，跟车工、司机和运输作业人员手拿对讲机进行通话联系。对讲机具有通话和打点发信号功能，还可以紧急制动无极绳绞车。

绞车为两挡，速度为 0.84 m/s 及 1.0 m/s，具有制动延时功能，且延时可调。并能实现对称安装布置和前后出绳，便于靠帮布置。

2.3 无极绳绞车运输系统使用情况及存在的问题

2.3.1 运输系统使用情况

系统使用一套 SQ-80/90P 无极绳接力运输，运输时间采用“两班制”作业，从副井绕道与东二三角门处接力运输开始，东二运输巷每个班只需要梭车司机 1 名、跟车工 1 名、摘挂钩工 2 名，共 4 名工人。

按绞车牵引重车慢速度 $v=0.84$ m/s 计算，运输一趟所需要的时间为：

$$t=1\ 500\div 0.84\div 60\approx 28(\text{min})$$

按回程快速 $v=1.0$ m/s 计算，所需要的时间为：

$$t=1\ 500\div 1\div 60=25(\text{min})$$

摘挂钩时间按 10 min 计算，进出一趟则用时 20 min。

运输一趟(来回)总用时为：

$$30+25+20=75(\text{min})$$

一天两班倒，每次交接时间按 60 min，除去吃饭时间 30 min 外，两次交接共计 180 min。

则一天用无极绳绞车运输，可以运输：

$$(24\times 60-180)\div 75\approx 17\text{ 趟}$$

假如使用8台回柱绞车牵引重车慢速度，所需的时间为：

$$t=1\ 560\div 0.168\div 60\approx 155(\text{min})$$

8台回柱绞车牵引重车慢速度，所需的时间为：

$$t=1\ 560\div 1.51\div 60=16.5\approx 17(\text{min})$$

除此之外，8台回柱绞车比无极绳绞车多3次摘挂钩时间，每次摘挂钩10 min，每趟共需30 min。

1天8台回柱绞车运输一趟来回所需时间为：

$$155+17+30=202(\text{min})$$

一天可以运输：

$$(24\times 60-180)\div 202=6.2\approx 6(\text{趟})$$

综上所述，A4012工作面安装需求液压支架115架，每天使用无极绳绞车可以比8台回柱绞车多接力运输13架。运输一套115架液压支架共需节省天数为：

$$115\div 6-115\div 17\approx 19-7=12(\text{天})$$

2.3.2 运输系统存在的问题

由于运输距离长，张紧装置不能可靠地把钢丝绳因弹性变形伸长的部分吸收。

锁车通过道岔时，需将道岔岔心段改装成简易的“驴尾”道岔。如果车辆通过道岔进弯道时，对岔心段冲击较大，不便于维护，且易发生掉道事故。

2.4 技术创新

2.4.1 钢丝绳润滑

为了安全使用钢丝绳及延长其使用寿命，钢丝绳需要定期进行润滑。若人工用刷子刷一遍，工作量将非常大，通过运用钢丝绳运动带动滑轮，滑轮运动带动自动润滑钢丝绳的原理，自制安装了一套简易的润滑钢丝绳的装置，成功解决了钢丝绳的润滑问题。

2.4.2 固定道岔曲连接轨

未解决钢丝绳过岔道的问题，可以将道岔连接规锯开，使用道岔时，将曲连接轨接住；不用道岔时，搬开曲连接轨，使钢丝绳顺利通过，但此时必须将搬开的曲连接轨固定住。加工一块钢板并将其固定在轨枕上，在钢板上焊接固定两个小半圆圈，开口相对形成卡槽，钢轨正好放在两个小半圆圈之间(卡槽内)，卡槽卡住钢轨底部，这样能把曲连接轨可靠地固定住，工人操作时拿起曲连接轨直接放入卡槽内，方便有效。

3 效益分析

3.1 经济效益

东二运输巷改造前需要使用JSDB-25A回柱绞车才能拉动最大的物件ZF6500/17/32型液压支架，每个支架最重23 100 kg，每部此种类型的回柱绞车容绳量为400 m，巷道长约1 500 m，共需要8台对拉回柱绞车接力运输才能完成倒运整条巷道。

(1) 在设备投入费用方面。

每台 JSDB-25 回柱绞车单价为 19.8 万元。若投入 8 台回柱绞车总费用为：19.8×8＝158.4 万元。而投入一台 SQ-80/90P 无极绳绞车的费用是 117 万元。则使用无极绳绞车可以直接节省成本 158.4－117＝41.4 万元。

(2) 在人员投入方面。

假如使用 8 台 JSDB-25 回柱绞车，需要投入 8 个绞车司机，16 个摘挂钩工，共需要 24 人投入才能有序实现接力运输。

而使用一台 SQ-80/90P 无极绳绞车只需要投入 1 个绞车司机与 2 个摘挂钩工，共需要 3 个人员投入就能够实现长巷道运输。

安装一个工作面液压支架需要 7 天运输综采设备，每人按每天 200 元薪资计算，无极绳绞车人员薪资费用为：(24－3)人×30 天×200 元/(天·人)＝126 000 元＝12.6 万元。

(3) 在电力成本节约方面。

8 台 JSDB-25 回柱绞车如果接力运输只需要使用两台对拉即可，每台回柱绞车电机功率为 55 kW，两台共计 110 kW。而一台无极绳绞车功率为 90 kW。每天除去检修 4 h，设备每天正常运转 20 h，电费按 0.5 元/(kW·h)计算。则使用无极绳绞车安装一个采煤工作面可以节省的费用为：(110－90)×20 h×0.5 元×30 天＝6 000 元＝0.6 万元。

(4) 每天设备检修、保养、管理还需人员投入等费用。

(5) 在时间成本方面。

假如使用 8 台 JSDB-25 回柱绞车从东二运输巷外口运输到 A4012 绕道下口摘钩结束，中途摘挂钩需要倒运 3 次，每次摘挂钩需要至少 10 min。

综上所述，每安装或拆除一个工作面使用无极绳绞车比使用 8 台回柱绞车节省的费用为：41.4＋12.6＋0.6＝54.6 万元。

3.2 社会效益

使用无极绳绞车运输，有以下优点：

(1) 设备简单，数量少，维护方便，便于管理。

(2) 简化了运输环节，区段内直达运输，无须转载，减少人力倒车次数，减轻了工作人员的劳动强度。

(3) 运行速度恒定，大大减少了车辆掉道对生产的影响时间。

(4) 操作简单，可靠性高。采用机械传动方式，结构紧凑，操作方便，大大提高了工人的可操作性和设备的可靠性，降低了设备使用的事故率。

(5) 跟车工可乘坐梭车，降低了职工的劳动强度，解决了人员往返走路的问题。

(6) 安全性能高，不会因跑车、脱钩、断绳等情况出现伤人、损坏设备的情况。

(7) 运输效率大大提高。

气动阻车器的研制

李荣旭

（鹤壁煤业机械设备制造有限责任公司，河南 鹤壁　458000）

摘　要　阻车器是煤矿窄轨线路运输中一种必不可少的安全保护停车装置，主要用于翻车机或罐笼前、斜井井口及其他需要的场所，控制矿车定位停止、防止矿车自溜、分车及摘挂钩等。常规阻车器的开启方式有脚踏杠杆式或手扳连杆式，操纵人员必须站在钢轨旁边一直操作，等待矿车全部通过完毕后离开。由于操作人员距离矿车太近，矿车内装的材料如过多或固定不牢有可能滚落在轨道旁边对矿工造成伤害，同时操作即费时又费力，而电动等其他操纵方式的阻车器也各有弊端。为解决这一问题，我们利用井下现有的气源动力，开发设计了一种新型的气动阻车器。本文主要介绍了该气动阻车器的工作原理、结构组成、工作过程及选型设计计算。

关键词　气缸；阻车器；卧闸；复位弹簧

1　国内矿用阻车器的现状

目前，国内矿用阻车器的种类很多，根据操作方式的不同阻车器可分为手动式、电动式、液动式等。

手动式阻车器：手动式是最早最常见的操作方式，其在正常情况下处于常闭状态，当需要提升或者下放矿车时，靠人工将阻车器打开；当矿车通过后，再靠人工将其关闭。由于操作过于烦琐，工人有时会长期将阻车器置于通车状态，因此给斜坡运输安全造成了严重的威胁。

电动式阻车器：电动式阻车器是由电机驱动的方式控制阻车器，虽然电动式阻车器比手动式阻车器在操作灵活性上有了很大的提高，但在实际生产中，由于井下空气潮湿，电机有时会烧毁损坏，严重影响生产和安全，同时也增加了防爆管理的难度系数。

液动式阻车器：液动式阻车器是由液压系统驱动，通过操作液压阀来实现其开合，具有结构简单、省时、安全系数高等优点，但液动式阻车器受动力源限制，无法适用于所有矿井。

2　气动阻车器的研制

常规阻车器主要操纵方式为手扳或脚踏式，需要专人操作，同时由于距离矿车太近还不安全，而电动等其他操纵方式的阻车器各有弊端。为此，我们利用井下现有风源，开发设计了一种新型气动阻车器。

2.1　工作原理

该气动阻车器主要借助气体动力实现卧闸的关闭，依靠弹簧力卧闸自动开启。气动卧闸始终处于对一方向矿车开启阻车状态，阻挡此方向矿车，防止矿车自溜，当此方向矿车需要通过卧闸时，利用气动操作关闭卧闸放行矿车，当矿车通过后，卧闸自动开启。

2.2 结构组成

气动阻车器主要由卧闸、传动轴、阻车架、摇杆、扭转弹簧、弹簧拉杆、气缸、二位三能气动控制阀等零部件组成。

阻车架由 10 号矿工钢及连接板焊接成一个四方框架，两片刀形卧闸中间由隔离套隔离，隔离套外套装上复位扭转弹簧，将其放入四方框架中间，并通过摇杆的四方轴将卧闸与阻车架装配在一起。扭转弹簧的一头固定在卧闸的侧面，另一端钩装在弹簧拉杆上，弹簧拉杆连接在阻车架上。摇杆的一端焊接有摇臂，气缸头与摇臂销接，气缸尾部通过气缸座固定在阻车架上。阻车架上面对称连接有四个连接座。

现场安装时，在需要安装位置的钢轨下面开挖一个地坑，再用导轨钻在两根钢轨侧面对称加工 4 个 $\phi 22$ mm 的孔。将装配好的整机放入地坑后，通过螺栓将四个连接座与钢轨侧面连接在一起。

2.3 工作过程

气动阻车器常态下依靠扭簧的弹簧预紧力使卧闸立靠在阻车架上，始终使某一方向矿车处于阻车状态，阻挡该向矿车，防止矿车自溜。当需要矿车通过时，搬动控制阀，气缸活塞杆在压缩空气的作用下伸出，克服扭簧的反作用力，带动传动机构的摇杆、卧闸进行转动，关闭卧闸，放行矿车。当矿车通过后，搬下控制阀，卧闸在弹簧力的作用下自动复位。

2.4 选型设计

2.4.1 工作扭矩的确定

为保证卧闸能可靠复位，必须先确定螺旋弹簧的最大工作扭矩 T_n。

$$T_n = GLS = 125\times 2\times 0.22\times 2.8 = 154(\mathrm{N\cdot m})$$

式中，G 为卧闸的重量，取 125 N；L 为卧闸重心到回转中心的距离，取 0.22 m；S 为考虑其他附加阻力的安全系数，一般取 2～3。

为保证卧闸复位后能与阻车架可靠接触，螺旋弹簧还必须保证有一定的预紧最小工作扭矩 T_1。由经验取 $T_1=40\ \mathrm{N\cdot m}$。

2.4.2 圆柱螺旋扭转弹簧设计

由 $T_n=154\ \mathrm{N\cdot m}$，$T_1=40\ \mathrm{N\cdot m}$，工作扭转角 $\theta=90°$，使结构紧凑，暂定旋绕比 $C=6.4$。选用碳素弹簧钢丝，查得 $\sigma_b=1\ 270$ MPa 许用弯曲应力为 $\sigma_{Bp}=0.8\sigma_b=1\ 016$ MPa。

钢丝直径 $$d=\sqrt[3]{\frac{32T_nK_1}{\pi\sigma_{Bp}}}=\sqrt[3]{\frac{32\times 154\ 000\times 1.14}{3.14\times 1\ 016}}=12(\mathrm{mm})$$

弹簧中径 $$D=Cd=6.4\times 12=76.8(\mathrm{mm})，取\ D=77\ \mathrm{mm}$$

弹簧圈数 $$n=\frac{Ed^4\theta}{3\ 667D(T_n-T_1)}=\frac{206\times 10^3\times 12^4\times 90}{3\ 667\times 77\times(154\ 000-40\ 000)}=12(圈)$$

弹簧刚度 $$T=\frac{Ed^4}{3\ 667D_n}=\frac{206\times 10^3\times 12^4}{3\ 667\times 77\times 12}=1\ 261(\mathrm{N\cdot mm})$$

弹簧节距 $$t=d+\delta=12+0.5=12.5(\mathrm{mm})$$

2.4.3 气动缸的选型

由设计知摇臂力臂 $L=110$ mm，最大扭矩为 154 N·m，风路系统最小风压为 $P=0.4$ MPa，作用在气缸上的压力为 $F=T_n/L=154/0.11=1\ 400$(N)

气动缸作用面积 $A=F/P=1\ 400/0.4=3\ 500\ mm^2$，则缸内径 $d=66.7$ mm，经标准化选缸径 $d=80$ mm。

由于阻车器在钢轨下面安装，为防止腐蚀，我们选用 SC 系列铝合金管标准气动缸，该系列缸结构简单、质量小、耐磨耐腐蚀、永不生锈。

3 结论

气动阻车器结构简单，成本低，安装、维修方便，并且气动阻车器的气动动力抗干扰，安全可靠，气动卧闸灵敏度高，协调性好，操作省力。

浅谈 DLZ110F-06 型单轨吊在工作面安装中的应用

李　鹏

(山东唐口煤业有限公司,山东 济宁　272000)

摘　要　工作面出面时间主要取决于设备安装效率,过慢的安装速率,不仅影响矿井工作面接续,而且存在自然发火的风险。通过引进 DLZ110F-06 型单轨吊,实现两顺槽同步安装,大幅提高了工作面安装速率,而且为以后设备及配件运输提供了可靠保障。

关键词　单轨吊;工作面安装;劳动效率;安全性

0　前言

面对严峻的煤炭市场形势,如何低成本、高效率地回收煤炭资源是煤矿企业生存发展的决定因素。轨道运输系统从工作面安撤到日常设备、材料转运,时刻关系着矿井的生产。传统的轨道运输系统存在着巷道适应能力差、运输效率低的问题,如何提高轨道运输效率是制约矿井发展的主要因素。柴油单轨吊改变了传统的轨道运输理念,其作为一种安全、高效的轨道运输工具,越来越受到煤炭企业的重视。

1　矿井概况

唐口煤业公司位于济宁市西部,隶属于山东能源淄博矿业集团,设计能力为 300 万 t。矿区范围南北长 12～13 km,东西宽 4.5～8 km,面积约 78 km^2;该矿井筒深、地质条件复杂,全区开采深度－1 300～－650 m;矿井为全隐蔽的石炭-二叠系煤田,主要含煤地层为太原组和山西组,主要可采煤层 3($3_上$)、$3_下$、16 和 17 煤层,当前开采 3($3_上$)煤层为高采层,全区平均厚度 5.51 m,属低灰特低硫、特低磷、结焦性能好的气煤和肥煤。

矿井采煤工作面均采用在轨道顺槽安设无极绳绞车牵引运输系统,受地压及采动影响,巷道变形后需不断进行落底施工,并对铁路进行返铺,以保证轨道运输安全。

2　单轨吊机车

2.1　单轨吊机车简介

DLZ110F-06 型单轨吊机车产自捷克共和国,该机车主体由两个驾驶室和发动机部以及驱动单元等主要部分组成。机车以防爆柴油机做动力,依靠夹紧于轨道腹板上的驱动轮产生牵引力,在悬挂于顶板锚杆上的单根轨道上行驶。

驱动轮在工字钢的两侧成对装设，用弹簧或液压缸使驱动轮紧压在工字钢单轨的腹板两侧。柴油机带动驱动轮旋转时，驱动轮产生牵引力使机车运行。驱动轮外表面衬有高摩擦系数的聚氨酯，借以提高牵引力，使机车可以在大倾角巷道中运行。

2.2 单轨吊机车工作原理

单轨吊机车柴油机的启动方式为气、液启动，第一次开车前用手压泵加压，当达到调定压力后，液压马达启动柴油机，实现循环工作。主传动回路为闭式液压系统，主泵是一台轴向变量柱塞泵，驱动马达为斜轴定量柱塞马达。控制系统分别由气、液控制系统组成，实现联动操作，气、液控制由压缩空气和气压阀来控制液压阀，通过液压阀组最终来控制单轨吊的液压系统。

此外单轨吊机车还有温度控制保护系统，压力控制保护系统及制动保护系统，依靠压力传感元件和气动传感元件对机车系统实现自动控制。

3 应用实例

3.1 工作面概况

5305 采煤工作面是该矿 530 采区的第 5 个综采工作面，面长 260 m，顺槽长度 1 976 m，巷道净高 4.0 m，净宽 4.8 m，煤层底板标高－936.3～－879.0 m；该面 3 煤层沉积较稳定，全部可采，厚度在 1.2～5.9 m 之间，平均厚 4.5 m。工作面内受断层及小褶曲影响，煤层略有起伏，煤层倾角在 0°～9°之间，平均 2°。直接顶为泥岩，厚度 2.44 m；直接底为泥岩，厚度 3.00 m。煤层及顶底板冲击倾向性类别为Ⅱ类，具有弱冲击倾向性。受埋深及地压灾害影响，巷道变形较严重。

5305 工作面轨道顺槽采用传统轨道运输，皮带顺槽安设单轨吊机车辅助运输。

3.2 5305 工作面单轨吊机车运输应用实例

5305 工作面之前，采煤工作面安装均采用轨道顺槽安设无极绳绞车牵引系统的传统运输方式，根据煤层赋存条件及巷道布置等都有较高的相似度的 5304 工作面安装进度，预计 5305 工作面安装出面时间为 57 天。采用单轨吊运输后实际安装出面时间 40 天，比预计提前 17 天。

通过与传统安装方式的对比，单轨吊机车辅助安装主要有以下优点：

(1) 安装、回撤方便。单轨吊只需要固定在顺槽掘进过程打设的锚杆上，安装效率较高，单轨吊安装平均每天 6 m/人；铁路敷设平均每天 5 m/人。同时，单轨吊后期使用维护较方便，只需定期检查螺栓紧固程度，及时对松动螺栓加固。传统轨道运输需不定期更换枕木，因底鼓造成的落底施工返铺铁路工作效率为每天 4 m/人，比铺新铁路更费时。

(2) 运送物料机动性强，安全稳定系数高。传统运输方式需使用打点器与操作台工人配合完成，操作人员不能直观形象地看到被操作对象，只能被动听指挥，工作效率及安全稳定性都较差。单轨吊司机在现场操作机械，稳定性和安全性更高，运输速率更快。

(3) 单轨吊兼做乘人装置，避免了单独安装猴车的工程量。猴车为钢丝绳柔性运输，且猴车机头需不定期牵移，受设备列车长度及安全距离影响；职工下猴车后仍需行走较长距离；设备一旦发生故障，维修人员需行走至猴车机头，用时较长。单轨吊机车拆卸方便，运输距离可实现最大化，6 驱电动机可最大限度降低故障停机的风险，大幅降低了职工劳动强度。

(4) 单轨吊机车采用柴油作为独立能源驱动，不受工作面临时故障停电等影响，可持续运输，增强了运输稳定性。

另外,5305 工作面存在后期缩面问题,撤出支架时如需更换运输机电机等大型机械配件,可实现轨顺回撤支架,皮顺转进配件,实现平行作业,完全不影响设备检修。

4 结论

结合 5305 工作面安装的实际情况,总结了单轨吊机车辅助运输在工作效率、运输稳定性、安全性、降低劳动强度等方面的优点,通过引进 DLZ110F-06 型单轨吊机车实现工作面两顺槽物料平行运输作业,大幅提高了工作效率。

参考文献

[1] 陆振新,陈军,秦秀清.轻型单轨吊在煤矿应用中的设计计算[J].煤矿机械,2011,32(1):26-28.
[2] 肖亚宁,王志清,林健,等.锚杆支护巷道单轨吊悬吊技术及应用[J].煤矿科学技术,2003,31(8):16-18.
[3] 王志文.南岔煤矿单轨吊辅助运输的设计[J].山西煤炭,2011,31(9):37-39.
[4] 王志清,万世文.单轨吊辅助运输对巷道支护的影响[J].煤炭科学技术,2003,31(5):19-21.
[5] 郭泽海,侯红伟,符阳.基于单轨吊的新型驱动部设计与分析[J].煤矿机械,2016,37(1):144-145.

无极绳连续牵引车压绳轮、拐弯轮的技术改造

吉永梅

（鹤壁煤业机械设备制造有限责任公司，河南 鹤壁 458000）

摘 要 无极绳连续牵引车是一种煤矿辅助运输装备，是以一台无极绳绞车作为驱动装置，以钢丝绳为牵引构件，与张紧装置、梭车、尾轮等配套设备一起构成一套完整的无极绳连续牵引车运输系统。本文主要分析了无极绳连续牵引车在中间部安装的压绳装置与弯曲巷道的拐弯装置的受力情况，及其绳轮在使用过程中的磨损情况，压紧螺母脱落导致绳轮掉落的实际问题。并对拐弯轮装置与压绳装置中使用的绳轮从材质到结构进行的技术性改造以及取得的效果。

关键词 无极绳连续牵引车；压绳装置；拐弯装置；绳轮

0 前言

无极绳连续牵引车是一种煤矿辅助运输装备，是以一台无极绳绞车作为驱动装置，以钢丝绳为牵引构件，与张紧装置、梭车、尾轮等配套设备一起构成一套完整的无极绳连续牵引车运输系统，适用于有瓦斯和煤尘的煤矿井下工作面顺槽和轨道巷，实现材料、设备、人员的长距离不经转载的连续高效运输，特别适用于大型综采设备（如成台支架等）的连续运输，也可用于金属矿井下和地面的轨道运输。无极绳连续牵引车简化了运输环节，减少了辅助人员，改善了工人劳动条件，运行安全可靠，操作和维修都比较方便。

压绳轮分主副压绳轮。副压绳轮的钢丝绳安装好后相对固定，而主压绳轮的轮子靠拉伸弹簧压紧，在受外力作用时会张开。在使用过程有坡度变化和弯曲巷道变化较恶劣的工况条件下，特别在坡度较大，变坡处轨道铺设质量又较差，同时在2～3个弯曲巷道内实现直达运输的工况条件下，安装完后张紧的钢丝绳在无极绳绞车启动时常常会弹出压绳轮，叫作弹绳。钢丝绳弹出后，绷紧的钢丝绳会高悬于巷道棚顶，影响主机设备的使用和安全，弹绳后，钢丝绳远离转弯装置，所以压绳问题必须解决，才能满足无极绳绞车的实际运行需求。为了解决压绳问题，我们对压绳装置进行了受力分析。

1 无极绳连续牵引车压绳轮装置及其受力分析

1.1 无极绳连续牵引车压绳装置结构

无极绳绞车压绳装置主要由绳轮、托架、转轴、拉紧弹簧组成。主要是压住运行中的钢丝绳并起导向作用。

1.2 无极绳连续牵引车压绳轮装置工作时的受力分析

无极绳连续牵引车压绳装置安装在没有坡度的位置时的受力分析如图1所示。假设钢丝绳向上的弹力为F,F的作用线到转轴中心的距离为L,即力F的力臂,压绳轮1、2的拉紧弹簧预紧力分别为F_1,F_2。预紧力的作用线到转轴中心的距离分别为L_1,L_2。若不计压绳轮自重,则作用于压绳轮的总力矩为

$$M=FL-F_1L_1 \quad 或者 \quad M=FL-F_2L_2 \tag{1}$$

由式(1)可知:如果$M\geqslant 0$则压绳轮压紧;如果$M<0$则压绳轮被分开,钢丝绳就会弹出。

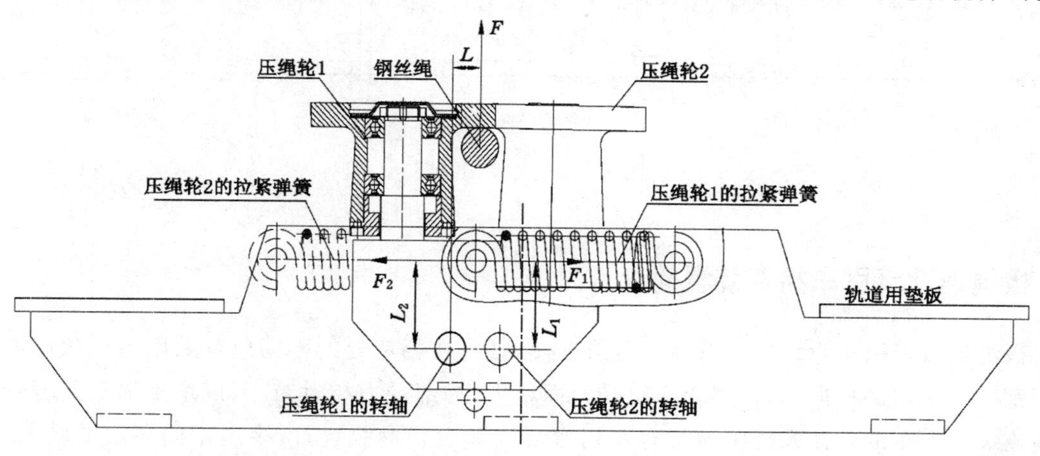

图1 压绳装置正视图

无极绳连续牵引车压绳装置安装在变坡处位置时的受力分析:当钢丝绳的方向与压绳轮的压绳面有一夹角β时,钢丝绳向上的弹力$F=T\sin\beta$,其中T为钢丝绳的内力,静态时为钢丝绳的预紧力,动态时为钢丝绳的牵引力会增大。坡度越大,压绳角β越大,向上的弹力就越大,在静态时,钢丝绳可能不被弹出,但当无极绳绞车一开动,牵引力瞬间增大,导致弹力F增大,钢丝绳直接推动压绳轮的轮缘,钢丝绳就会弹出。

因此为了使得钢丝绳在动态启动及实际运行时不被弹出,将压绳轮的拉紧弹簧设计成了两个相同的弹簧并联,并联弹簧的总拉力为两个弹簧的拉力之和,即弹簧总预紧力为

$$T=2k\Delta x \tag{2}$$

其中k为单个弹簧的弹性系数,Δx为弹簧的伸长量。式(2)中的T就是式(1)中的F_1或F_2。拉紧弹簧的安装情况如图2所示。

通过以上对压绳装置的受力分析情况,我们根据无极绳连续牵引车钢丝绳刚刚启动时的动态弹力大小及选择较高的安全系数,通过计算来选择拉紧弹簧的型号与现场使用的拉紧弹簧进行对比,更换了较为合理的拉紧弹簧。

1.3 压绳装置在无极绳连续牵引系统中的具体布置情况

压绳装置在无极绳连续牵引系统中的具体布置情况,可根据钢丝绳负载大小现场确定,负载大,每组压绳装置之间的距离就小;负载小,每组压绳装置之间的距离就大。弹簧压绳装置为可分离式,在梭车梭子通过后采用弹簧复位,压住梭子侧钢丝绳,又可以使梭子正常通过。

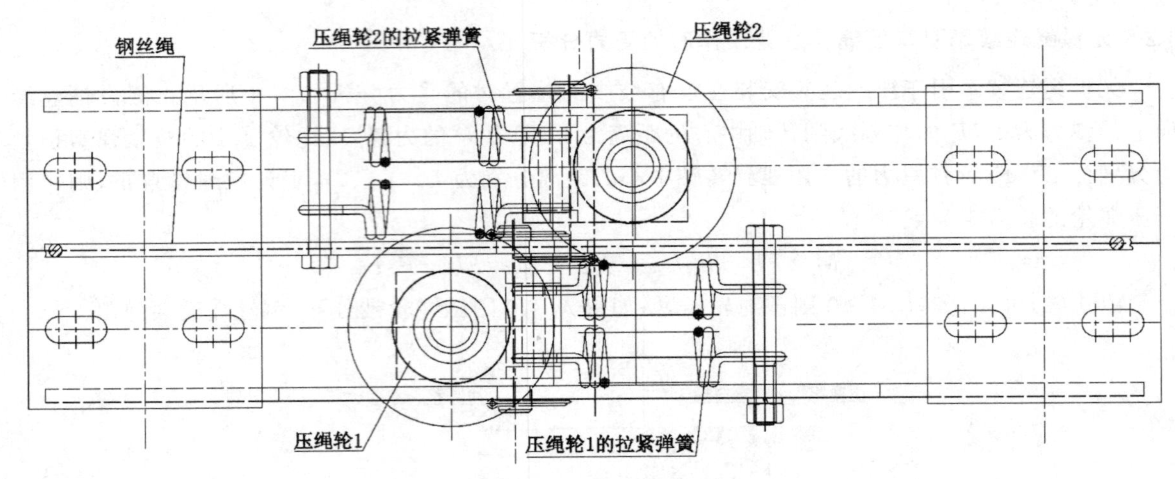

图 2　压绳装置俯视图

2　无极绳连续牵引车拐弯装置简介

无极绳连续牵引车系统中拐弯装置是成套使用的，在拐弯处的不同位置采用不同角度的转向轮抵消钢丝绳转向的径向力，使得拐弯轮受力面增大，局部受力相对减小，以增加绳轮的寿命。在无极绳连续牵引车的整体系统中通常有左拐弯装置和右拐弯装置，由多组不同角度的转弯轮、托架、轨道压板、连接板等组成。梭车在进入弯道前，由普通压绳装置与弹簧压绳装置压住两根牵引钢丝绳，梭车可以在拐弯装置引导下完成转向。拐弯装置布置在弯曲巷道处，采用轨道压板与轨道连接。使用拐弯装置可以简化运输环节，实现工作面顺槽连续直达转向运输，如图 3 所示。

3　绳轮的改进

拐弯装置和压绳装置都使用同一种绳轮，只是安装角度不同，并且作为压绳轮和拐弯装置的导绳轮在工作过程中受力情况也是不同的。压绳轮主要受轴向力，而作为拐弯装置的导绳轮受到最主要的力是拐弯半径方向的径向力，再结合客户反映的绳轮在使用过程中与钢丝绳接触部位磨损量较大和下方的压紧螺母容易松脱实际情况，因此，该绳轮的设计需要考虑两种受力情况，对结构和材质有针对性地进行改进。

3.1　对绳轮材质选择分析

针对拐弯装置和压绳装置在使用过程中，绳轮与钢丝绳接触的部位磨损严重而不能正常使用的情况，进行了技术讨论并分析了绳轮材质选用情况。绳轮的材质为 ZG270-500，我们对铸钢和球墨铸铁的性能进行了比较：铸钢的综合机械性能好于球墨铸铁，尤其是抗拉强度和抗冲击性能。但球墨铸铁具有更高的屈服强度和较好的疲劳强度，其屈服强度最低为 400 MPa，而铸钢的屈服强度只有 350 MPa。由于球墨铸铁的球状石墨微观结构，在减弱振动能力方面优于铸钢；球墨铸铁铸造性能也好于铸钢；其抗拉强度、塑性、韧性与相应基体组织的铸钢相近。球墨铸铁与铸钢材料性能对比如下：

ZG270-500：抗拉强度≥500 MPa，屈服强度≥270 MPa；

QT600：抗拉强度≥600 MPa，屈服强度≥370 MPa，硬度 190～270 HB；

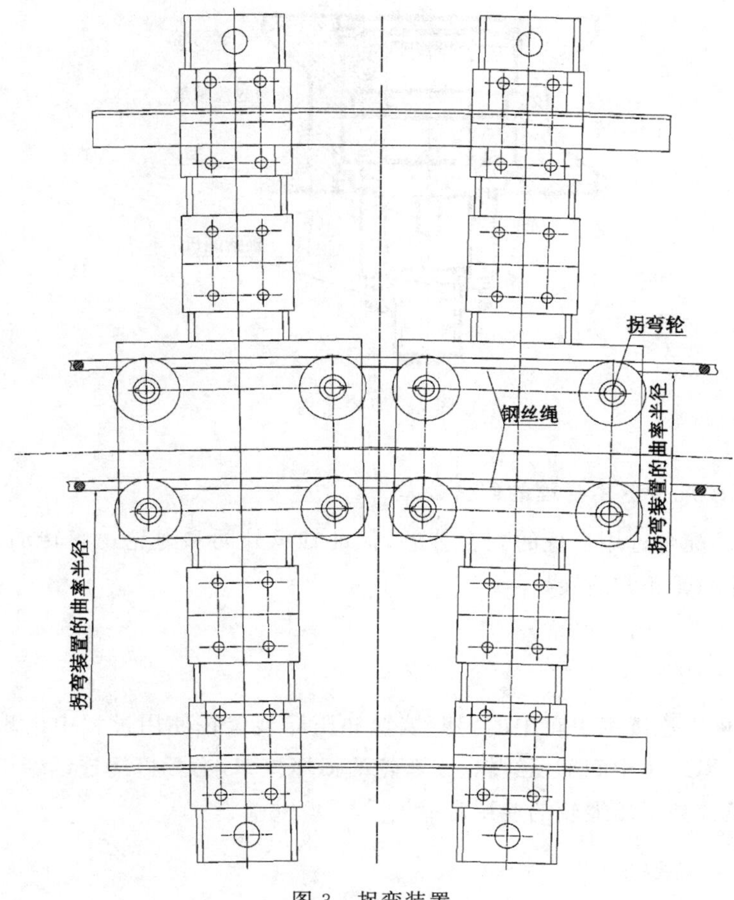

图3　拐弯装置

QT700:抗拉强度≥700 MPa,屈服强度≥420 MPa,硬度 225～305 HB。

QT600 为珠光体型球墨铸铁,具有中高等强度、中等韧性和塑性,综合性能较高,耐磨性和减振性良好,铸造工艺性能良好等特点,能通过各种热处理改变其性能。主要用于各种动力机械曲轴、凸轮轴、连接轴、连杆、齿轮、离合器片、液压缸体等零部件。

QT700 为珠光体型球墨铸铁,具有较高强度、耐磨性、低韧性(低塑性)等特点。适于对强度要求较高的零件,如柴油机和汽油机的曲轴、凸轮轴、部分磨床、铣床、车床的主轴、球磨机齿轴、小型水轮机主轴等。

通过以上对材质的性能分析,对转弯装置和压绳装置中使用的绳轮材质作出了修改:更换成既具有和铸钢相当的强度,同时耐磨性较高,在减振、减磨能力方面优于铸钢的 QT600。并且适当增加了轮缘厚度,由原来的 8 mm 增加为 14 mm,有效地解决了绳轮与钢丝绳接触部位磨损严重的问题。

3.2　对绳轮设计结构进行优化

针对拐弯装置和压绳装置中的绳轮在使用过程中有下方螺母松脱,导致绳轮从固定架上掉落,不能正常使用的情况进行了研究分析。在绳轮的设计结构上进行了优化,增加了防止轴随轮转动的挡销,有效地防止了压紧螺母的松动和脱落现象。如图 4 所示。

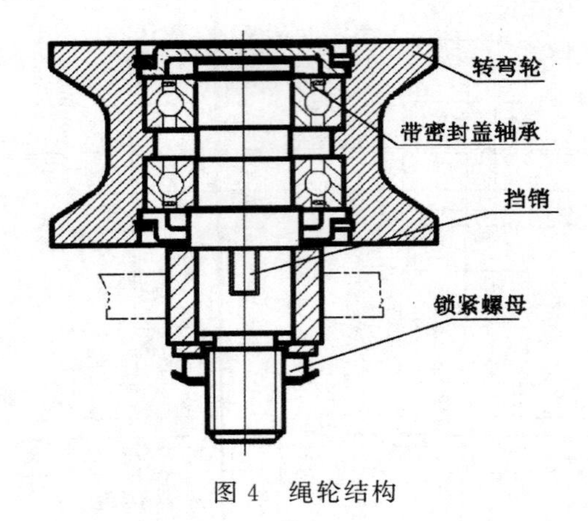

图 4　绳轮结构

3.3　对绳轮和轴承的配合选用合理的配合公差

对绳轮和轴承的配合选用合理的配合公差，保证轴承外圈和绳轮一起转动，而轴承内圈和绳轮中心轴不转，确保绳轮正常运转。

4　结论

通过以上对无极绳连续牵引车中的拐弯装置和压绳装置在使用过程中出现问题的分析和改进，大大减小了无极绳绞车中间部压绳轮、拐弯轮的损坏概率，为无极绳连续牵引车的正常使用提供了安全保障，明显提高了压绳轮的使用寿命。

参考文献

[1] 秦洁.无极绳绞车转弯与压绳技术研究[J].中国科技信息，2010(13):43-44.
[2] 王成学，刘军.无极绳绞车存在问题及具体解决办法[J].煤，2013,22(7):39-41.

下沟煤矿大倾角行人斜巷架空乘人装置选型

傅振云

(彬县煤炭有限责任公司,陕西 咸阳　713500)

摘　要　煤矿架空乘人装置是一种运输能力强、运输距离远、成本相对较低的井下辅助运输设备,对提高煤矿生产效率以及降低工人劳动强度有着很大作用。本文在介绍架空乘人装置结构的基础上,介绍了其诸多的优点。本课题的研究丰富和发展了架空乘人装置的设计理论和方法,为其提供了一定的理论基础和依据。有利于保证架空乘人装置稳定、可靠地运行,降低工人的工作强度,提高劳动生产效率。

关键词　架空乘人装置;组成;选型

0　绪论

0.1　架空乘人装置结构

地下矿用架空索道,俗名猴车,主要用于地下矿山,由驱动部、托绳轮、回绳张紧装置、乘人器、牵引钢丝绳、电控系统等组成。它适用于长距离、大断面、服务时间长的倾斜巷道,如上山等;牵引钢丝绳是无极绳,由巷道两边的托绳轮架设,不间断地循环运行。它与断面小、多起伏、多变坡的顺槽不相适应,不能满足采煤面推进不断移动不影响顺槽轨道运输的要求。

将钢丝绳安装在驱动轮、托绳轮、压绳轮、迂回轮上并经张紧装置拉紧后,由驱动装置输出动力带动驱动轮和钢丝绳运行,从而实现输送矿工。用地下矿用架空索道来输送矿工,其目的是缩短矿工上下井的路途时间,减轻矿工上下井的体能消耗。

本方案设计的斜巷架空乘人装置由驱动部、改向装置、机头乘人站、乘人器、托压绳轮组、机尾乘人站、回绳张紧装置、牵引钢丝绳、电气控制等几部分组成。由机头驱动绳轮牵引钢丝绳,乘人器卡在钢丝绳上随之运动,随着巷道的起伏而变化,保持距地面 0.2 m 高度。机头是驱动部分,钢丝绳在机头绳轮处换向,围抱角 180°。机头绳轮中镶有聚氨酯绳衬,用来提高摩擦力,并减少钢丝绳的磨损。驱动单元设置为电动机+制动器+减速器+驱动绳轮方式,具有结构驱动紧凑,分体、运输、安装灵活,运行安全可靠,故障率低,噪声低等优点。

机尾有一从动绳轮,钢丝绳在此换向。整个机尾可在一滑道内滑动,在重锤张紧部分的拉动下,张紧主传动钢丝绳。托轮是用来在中间段承载,承受钢丝绳、乘人、乘人器的重量。托轮中也镶有聚氨酯衬。乘人器采用活动抱索器,其顶部有悬挂在牵引钢丝绳上的抱索器,下端有一座板,中间有一横杆用来挂工具包或乘人趴在上面,最下面是蹬杆。其设计符合人机工程学,人在其上的坐姿接近日常生活中的坐姿,安全舒适,克服了乘人抱杆、重心后仰的缺陷。拉紧部分采用动滑轮结构，拉紧重锤可节省一半，并且调整重锤高度简单，单人即可操作。电气控制部分用来控制乘人装置的主电机运行、停车，制动抱闸的开闭，打滑时可自动停车，在沿线布置有紧急停车点，出现紧急事故时可快速停车。具有通信距离远，抗干扰能力强，可并网与全矿安全监视系统实现通信等功能。

0.2 架空乘人装置的应用效果

架空乘人装置自安装投入使用后，进行了最大功率测试试验和满乘人运转试验，并与斜巷人车进行了比较。架空乘人装置有以下突出效果：

架空乘人装置造价和安装费较斜巷人车低；架空乘人装置乘人器过托轮无振动，乘人器按人机工程学设计，乘坐安全、舒适、可靠；架空乘人装置驱动功率小，机头部分结构紧凑，运行噪声低；托轮安装方式简单快速，更换维护方便容易；机头驱动轮、机尾从动轮、托轮及压轮都采用聚氨酯绳衬，使钢丝绳的磨损大大低于斜巷人车，故障率较低；架空乘人装置每小时乘人数量320余人，效率较斜巷人车高；电控部分保护齐全、可靠，安全系数高；操作简单方便，可实现多点开车、停车，可实现无人值守，遥控监视。

0.3 《煤矿安全规程》对架空乘人装置的规定

《煤矿安全规程》对用架空乘人装置运送人员有如下规定：

(1) 有专项设计。

(2) 吊椅中心至巷道一侧突出部分的距离不得小于0.7 m，双向同时运送人员时钢丝绳间距不得小于0.8 m，固定抱索器的钢丝绳间距不得小于1 m。乘人吊椅距底板的高度不得小于0.2 m，在上下人站出不大于0.5 m。乘坐距离不应小于牵引钢丝绳5 s的运行距离，且不得小于6 m。除采用固定抱索器的架空乘人装置外，应当设置乘人间距提示或者保护装置。

(3) 固定抱索器最大运行坡度不得超过28°，可摘挂抱索器最大运行坡度不得超过25°，运行速度应当满足表1的规定。运行速度超过1.2 m/s时，不得采用固定抱索器；运行速度超过1.4 m/s时，应当设置调速装置，并实现静止状态上下人员，严禁人员在非乘人站上下。

表1 架空乘人装置运行速度规定 单位：m/s

巷道坡度/(°)	28≥θ>25	25≥θ>20	20≥θ>14	θ≤14
固定抱索器	≤0.8			≤1.2
可摘挂抱索器	—	≤1.2	≤1.4	≤1.7

(4) 驱动系统必须设置失效安全型工作制动装置和安全制动装置，安全制动装置必须设置在驱动轮上。

(5) 各乘人站设上下人平台，乘人平台处钢丝绳距巷道壁不小于1 m，路面应当进行防滑处理。

(6) 架空乘人装置必须装设超速、打滑、全程急停、防脱绳、变坡点防脱绳、张紧力下降、越位等保护，安全保护装置发生保护动作后，需经人工复位，方可重新启动。

应当有断轴保护措施。

减速器应当设置油温监测装置，当油温异常时能发出报警信号。沿线应当设置延时启动声光预警信号。各上下人地点应当设置信号通信装置。

(7) 倾斜巷道中架空乘人装置与轨道提升系统同巷布置时,必须设置电气闭锁,2 种设备不得同时运行。

倾斜巷道中架空乘人装置与带式输送机同巷布置时,必须采取可靠的隔离措施。

(8) 巷道应设置照明。

(9) 每日至少对整个装置进行一次检查,每年至少对整个装置进行一次安全检测检验。

(10) 严禁同时运送携带爆炸物品的人员。

1 矿井原始条件及主要参数

1.1 原始参数

(1) 下沟煤矿三采区行人斜巷总长 470 m,最大坡度 35°,平均坡度 19°。其中斜长 17.8 m,坡度 4°;斜长 96.6 m,坡度 8°;平巷 4.2 m;斜长 9 m,坡度 14°;斜长 114.9 m,坡度 35°;斜长 45 m,坡度 8°;斜长 164.7 m,坡度 23°;斜长 20.7 m,坡度 11°。有效安装宽度 2.8 m,高度 2.8 m。

为保证安装条件符合《煤矿安全规程》相关规定,我矿对行人斜巷进行起底达 3 m 多高,起底长度为 100 m,使原来最大坡度 35°变为 28°,最终满足安装要求。

(2) 变坡点共 10 个。

(3) 巷道无水平方向的转弯。

1.2 其他参数

(1) 吊椅间距 $a=10$ m。

(2) 运行速度 $v=0.75$ m/s。

(3) 托绳轮间距:一般取 $\lambda=(0.85,1.15\sim2.13)a$,本文中取 $\lambda=0.85a=8.5$ m。

(4) 驱动轮围抱角:即主导轮与钢丝绳的围抱角 180°。

(5) 载物质量:吊椅质量 $G_0=15$ kg,人员质量 $G=75$ kg。

2 设计基本要求

(1) 长度超过 1.5 km 的主要运输平巷或者高差超过 50 m 的人员上下的主要倾斜井巷,应当采用机械方式运送人员。

(2)《煤矿安全规程》中对架空乘人装置的有关规定。

(3)《煤矿井下辅助运输设计规范》对架空乘人装置的有关规定。

3 钢丝绳的选择计算

3.1 牵引钢丝绳的选择

预选 ϕ22-6×19S+IWR-1960 型钢丝绳(钢芯)。参数如下:

钢丝绳近似质量:196 kg/100 m;

钢丝绳公称抗拉强度:1 960 MPa;

钢丝绳最小破断拉力:287 kN。

3.2 钢丝绳沿程张力的计算

钢丝绳张力计算示意图如图 1 所示。

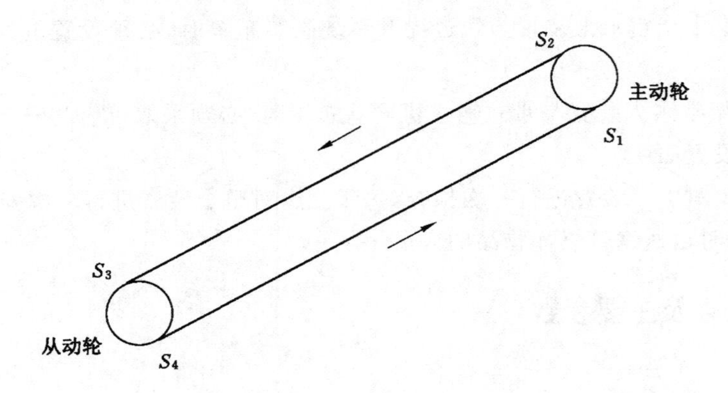

图 1　钢丝绳张力计算图

3.2.1　最小张力

$$S_{min}=Cq_0g$$

S_{min}——最小张力点的张力,N;

C——钢丝绳的挠度系数,取 $C=1\ 000$;

q_0——牵引钢绳的每米质量,取 1.96 kg/m;

g——重力加速度,取 $g=9.8\ m/s^2$。

$$S_{min}=1\ 000\times1.96\times9.8=19\ 208(N)$$

3.2.2　各点张力计算

(1) 当下放侧无人乘坐而上升侧满员时,线路运行阻力(动力运行状态)

$$W_1=[q_0+(Q_1+Q_2+Q_3)/a](\omega\cos\alpha+\sin\alpha)gL$$
$$=[1.96+(75+15+10)/10]\times(0.02\times\cos28°+\sin28°)\times9.8\times470$$
$$=26\ 834.9(N)$$

$$W_2=(q_0+Q_2/\lambda)(\omega\cos\alpha-\sin\alpha)gL$$
$$=(1.96+15/10)\times(0.02\times\cos28°-\sin28°)\times9.8\times470$$
$$=-7\ 200.4(N)$$

各点张力:

$$S_3=S_{min}=19\ 208(N)$$
$$S_4=1.01S_3=19\ 400.1(N)$$
$$S_1=S_4+W_1=19\ 400.1+26\ 834.9=46\ 235(N)$$
$$S_2=S_3-W_2=19\ 208+7\ 200.4=26\ 408.4(N)$$

(2) 当下放侧满员乘坐而上升侧无人乘坐时(制动运行状态)

$$W_1=(q_0+Q_2/\lambda)(\omega\cos\alpha+\sin\alpha)gL$$
$$=(1.96+15/10)\times(0.015\times\cos28°+\sin28°)\times9.8\times470$$
$$=7\ 692.9(N)$$

$$W_2=[q_0+(Q_1+Q_2+Q_3)/\lambda](\omega\cos\alpha-\sin\alpha)gL$$
$$=[1.96+(75+15+10)/10]\times(0.015\times\cos28°-\sin28°)\times9.8\times470$$
$$=-25\ 132.5(N)$$

各点张力：

$$S_3=S_{min}=19\ 208(\mathrm{N})$$

$$S_4=1.01S_3=19\ 400.1(\mathrm{N})$$

$$S_1=S_4+W_1=19\ 400.1+7\ 692.9=27\ 093(\mathrm{N})$$

$$S_2=S_3-W_2=19\ 208+25\ 132.5=44\ 340.5(\mathrm{N})$$

式中　q_0——每米钢丝绳质量，取 1.96 kg/m；

Q_1——每人人体质量，取 75 kg；

Q_2——每把吊椅质量，取 15 kg；

Q_3——携带重物质量，取 10 kg；

a——吊椅间距，10 m；

L——巷道总长，470 m；

ω——牵引钢丝绳运行阻力系数，动力运行时取 $\omega=0.02$，制动运行时取 $\omega=0.015$。

3.3　钢丝绳强度校验

牵引索最小安全系数

$$m=\frac{F}{S_{max}}$$

式中　F——钢丝绳破断张力，取 287 kN；

S_{max}——逐点计算出的钢丝绳最大张力，取 46.24 kN。

则 $m=\frac{F}{S_{max}}=\frac{287}{46.24}=6.2>6$，满足《煤矿安全规程》要求。

3.4　钢丝绳防滑校验

驱动轮绳槽的摩擦材料用高分子尼龙材料作衬垫，摩擦系数为 0.2，根据挠性物体摩擦传动理论，当驱动轮依靠摩擦力带动牵引索运动时，牵引索相遇张力 F_y 和分离点张力 F_1 之比，应符合欧拉公式

$$\frac{F_y}{F_1}\leqslant e^{\mu\alpha}$$

式中　μ——驱动轮与牵引索之间的摩擦系数；

α——牵引索在驱动轮上的围抱角。

(1) 当下放侧无人乘坐而上升侧满员乘坐时，处于动力运行状态，且 $S_1-S_2>0$。

$$F_y/F_1=S_1/S_2=\frac{46\ 235}{26\ 408.4}=1.75<e^{\mu\alpha}=1.87$$

符合要求。

(2) 当下放侧满座乘坐而上升侧无人乘坐时，处于制动运行状态，且 $S_2-S_1>0$。

$$F_y/F_1=S_2/S_1=\frac{44\ 340.5}{27\ 093}=1.64<e^{\mu\alpha}=1.87$$

符合要求。

故最初预选 ϕ22-6×19S+IWR-1960 型钢丝绳符合《煤矿安全规程》相关规定要求。

4 电动机功率及型号

4.1 电动机功率计算

(1) 动力运行时

$$P=\frac{K(S_1-S_2)V}{1\,000\eta}=\frac{1.5\times(46\,235-26\,408.4)\times0.9}{1\,000\times0.9}=29.7(\text{kW})$$

(2) 制动运行时

$$P=\frac{K(S_2-S_1)V}{1\,000\eta}=\frac{1.5\times(44\,340.5-27\,093)\times0.9}{1\,000\times0.9}=25.9(\text{kW})$$

式中 K——电动机功率备用系数,取 $K=1.5$;

η——传动功率,取 0.9。

4.2 电动机的选择

按环境条件选择 YB 型矿用防爆电机,电动机型号为 YBK2-280S-8 型。

根据以上计算结果,选用 RJY45-28/470 型煤矿固定抱索器架空乘人装置。

相关参数见表 2。

表 2　RJY45-28/470 型架空乘人装置技术参数

型号	最大适应坡度 /(°)	最大运输距离 /m	速度 /(m/s)	钢丝绳直径 /mm	效率 /(人/h)	功率 /kW
RJY45	28	470	0.75	22	270	45

5 结论

通过对三采区大倾角架空乘人装置的设计、选型,形成了一套较完整的理论和实践体系,补充了我矿在架空乘人装置设计方面的资料,并为以后设计提供了方便,提高了劳动效率。当倾角大于 15°的巷道安装架空乘人装置时不宜设置上下车站房,倾斜上乘车宜采用固定式抱索器。

下沟煤矿斜巷架空乘人装置的选型

张建刚,张锟鹏,何　永,王彬波

(陕西华彬煤业股份有限公司下沟矿,陕西 咸阳　713500)

摘　要　本文主要阐述了架空乘人装置的工作原理,并根据下沟煤矿巷道实际环境及相关技术要求,对架空乘人装置进行设计,合理确定了架空乘人装置所需设备参数,为以后类似选型设计提供技术依据。

关键词　架空乘人装置;斜巷;选型;设计

0　引言

下沟矿 403 回风上山斜长总长 330 m,局部最大坡度 35°,平均坡度 25°,巷道断面如图 1 所示。该巷道主要承担着三采区作业人员上下班的主要任务。由于架空乘人装置具有结构简单、安全可靠、易于管理、适应范围广、可以连续运输等优点,因此下沟矿根据 403 回风上山巷道实际环境对架空乘人装置进行设计,合理确定架空乘人装置所需设备参数,确保下沟矿 403 回风上山架空乘人装置正常运行,从而减少矿井作业人员的上下班时间。

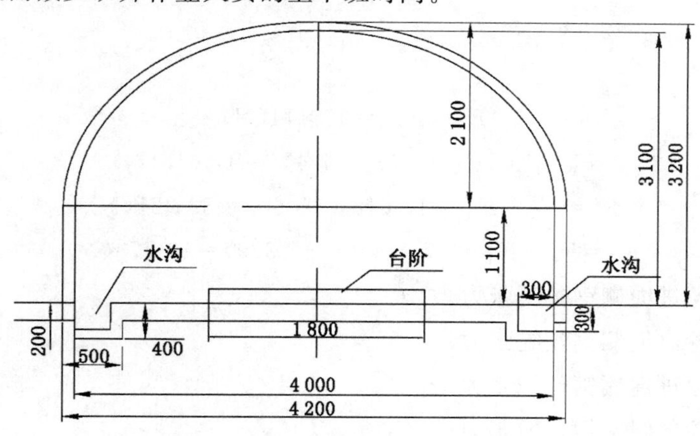

图 1　回风上山巷道断面图

1　架空乘人装置工作原理

将钢丝绳安装在驱动轮和迂回轮上,中间利用托绳轮和压绳轮等将其定位,并经张紧装置将钢丝绳拉紧后,驱动装置带动驱动轮旋转,使缠绕在驱动轮和迂回轮之间的钢丝绳做无极循环运动，从而实现输送作业人员的目的。如图2所示。

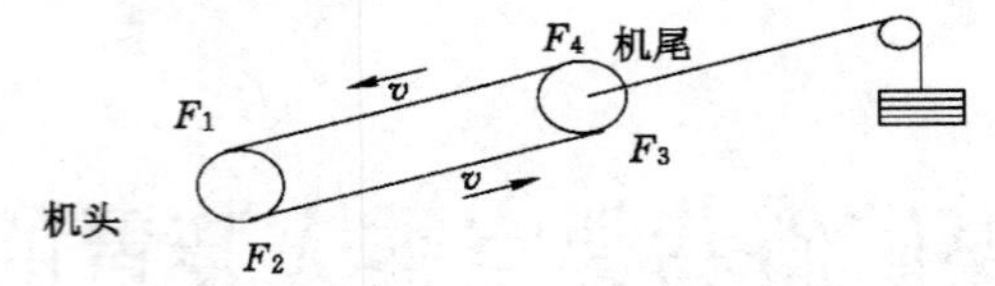

图2 架空乘人装置工作原理图

2 架空乘人装置设计计算

2.1 牵引钢丝绳张力计算

2.1.1 最小点张力计算

$$F_{\min}=Cq_0g=1\ 000\times1.78\times9.8=17\ 444(\text{N})$$

式中 C——钢丝绳的挠度系数，取 $C=1\ 000$；

q_0——钢丝绳单位长度质量，取 $q_0=1.78$ kg/m；

g——重力加速度，取 $g=9.8$ m/s^2。

2.1.2 各特征点张力的计算

(1) 当下放侧无人乘坐而上升侧满员时(动力运行状态)，线路运行阻力

$$\begin{aligned}F_{上}&=[q_0+(Q_1+Q_2)/\lambda_1](\omega\cos\alpha+\sin\alpha)Lg\\&=[1.78+(95+15)/12]\times(0.02\times\cos25^\circ+\sin25^\circ)\times330\times9.8\\&=15\ 603(\text{N})\end{aligned}$$

$$\begin{aligned}F_{下}&=q_0(\omega\cos\alpha-\sin\alpha)Lg\\&=1.78\times(0.02\times\cos25^\circ-\sin25^\circ)\times330\times9.8\\&=-2\ 329(\text{N})\end{aligned}$$

各特征点张力：

$$F_3=F_{\min}=17\ 444(\text{N})$$

$$F_4=1.01F_3=1.01\times17\ 444=17\ 618(\text{N})$$

$$F_1=F_4+F_{上}=17\ 618+15\ 603=33\ 221(\text{N})$$

$$F_2=F_3-F_{下}=17\ 444-(-2\ 329)=19\ 773(\text{N})$$

式中 F_1——驱动轮进绳侧钢丝绳张力；

F_2——驱动轮出绳侧钢丝绳张力；

F_3——迂回轮进绳侧钢丝绳张力；

F_4——迂回轮出绳侧钢丝绳张力；

Q_1——人和物总质量，取 $Q_1=95$ kg；

Q_2——吊椅质量，取 $Q_2=15$ kg；

λ_1——吊椅间距，取 $\lambda_1=12$ m；

L——巷道斜长，取 330 m；

g——重力加速度，取 $g=9.8$ m/s^2；

ω——钢丝绳与托轮间阻力系数，动力运行时取 $\omega=0.02$，制动运行时取 $\omega=0.015$。

(2) 当下放侧满员乘坐而上升侧无人乘坐时(制动运行状态)，线路运行阻力

$$F'_{上}=q_0(\omega\cos\alpha+\sin\alpha)Lg$$
$$=1.78\times(0.015\times\cos 25°+\sin 25°)\times 330\times 9.8$$
$$=2\ 511(\mathrm{N})$$

$$F'_{下}=[q_0+(Q_1+Q_2)/\lambda_1](\omega\cos\alpha-\sin\alpha)Lg$$
$$=[1.78+(95+15)/12]\times(0.015\times\cos 25°-\sin 25°)\times 330\times 9.8$$
$$=-14\ 480(\mathrm{N})$$

各点张力：

$$F'_3=F_{min}=17\ 444(\mathrm{N})$$
$$F'_4=1.01F'_3=1.01\times 17\ 444=17\ 618(\mathrm{N})$$
$$F'_1=F'_4+F'_{上}=17\ 618+2\ 511=20\ 129(\mathrm{N})$$
$$F'_2=F'_3-F'_{下}=17\ 444-(-14\ 480)=31\ 924(\mathrm{N})$$

2.2 驱动防滑安全系数校验

牵引绳在驱动轮上的围抱角 $\alpha=180°$。

(1) 动力运行状态，且 $F_1-F_2=33\ 221-19\ 773=13\ 448(\mathrm{N})>0$

$F_1/F_2=33\ 221/19\ 773=1.68<e^{\mu\alpha}$，符合要求。

(2) 制动运行状态，且 $F'_1-F'_2=20\ 129-31\ 924=-11\ 795(\mathrm{N})<0$

$F'_2/F'_1=31\ 924/20\ 129=1.59<e^{\mu\alpha}$，符合要求。

2.3 牵引钢丝绳校核

预选钢丝绳直径 22 mm，每米质量 $q_0=1.78$ kg/m，抗拉强度为 1 670 MPa，钢丝绳钢丝破断拉力总和为 323 kN。安全系数按下式计算：

$$m=F_K/F_{max}=\frac{323}{33.22}=9.7>6$$

式中 F_K——钢丝绳钢丝破断拉力总和，取 323 kN；

m——钢丝绳安全系数；

F_{max}——最大张力点张力，取 $F_{max}=F_1=33.22$ kN；

因此，选 ϕ22 mm 钢丝绳符合要求。

2.4 驱动轮直径 D_1 和尾轮直径 D_2 与钢丝绳型号确定

$$D_1\geqslant 60\phi=60\times 22=1\ 320(\mathrm{mm})$$
$$D_2\geqslant 60\phi=60\times 22=1\ 320(\mathrm{mm})$$

最终选取驱动轮直径为 $D_1=1\ 400$ mm，尾轮直径为 $D_2=1\ 400$ mm。

驱动轮直径 D_1 为钢丝绳直径的 63.6 倍；尾轮直径 D_2 为钢丝绳直径的 63.6 倍。

2.5 电动机功率(N_e)

选减速机速比：$i=63$。

钢丝绳运行速度：

$$v=K(\pi d/60)N/i=0.84(\mathrm{m/s})$$

式中 K——钢丝绳运行时蠕动系数，取 $K=0.98$；

N——电动机转速，取 735 r/min。

（1）动力运行时

$$N_e = K_\mu(F_1 - F_2)v/(1\,000\eta)$$
$$= 1.2\times(33\,221 - 19\,773)\times 0.84/(1\,000\times 0.8)$$
$$= 16.9(\text{kW})$$

（2）制动运行时

$$N_e = K_\mu(F'_2 - F'_1)v/(1\,000\eta)$$
$$= 1.2\times(31\,924 - 20\,129)\times 0.84/(1\,000\times 0.8)$$
$$= 14(\text{kW})$$

式中　v——钢丝绳运行速度，取 0.84 m/s；

η——机械传动效率，取 0.8～0.85；

K_μ——功率备用系数，取 1.15～1.25。

考虑乘人间距的不固定性及一定的富余，选取电动机功率为 45 kW。因此，选型号为 YBK2-280M-8，额定功率为 45 kW，额定电压为 660/1 140 V 的隔爆型三相异步电动机。

2.6　减速机选型

最大负载功率：

$$N_f = (F_1 - F_2)v/1\,000 = (33\,221 - 19\,773)\times 0.84/1\,000 = 11.3(\text{kW})$$

根据驱动轮直径 D_1 为 1 400 mm，最大负载扭矩为：

$$M_f = (F_1 - F_2)D_1/2 = (33\,221 - 19\,773)\times 1.4/2 = 9\,414(\text{N}\cdot\text{m})$$

要求减速机的额定输出扭矩不小于最大负载扭矩的 1.5 倍，即为 14 121 N·m。

要求减速机的额定机械功率大于或等于最大负载功率的 1.8 倍，即为 21 kW，且不小于电动机功率 45 kW。

因此，选用减速机型号 B3HV9-63-C-HX，传动比均为 63，额定功率为 45 kW，符合使用要求。

2.7　制动器选型

（1）高速端制动器

根据电机功率计算高速端制动器扭矩为：

$$T_C = T = 9\,550\times(P_w/N) = 9\,550\times(45/735) = 584.7(\text{N}\cdot\text{m})$$

式中　T——理论扭矩，N·m；

T_C——计算扭矩，N·m；

P_w——驱动功率，取 45 kW；

N——工作转速，取 735 r/min。

选定制动器为 $BYWZ_{4B}$-400/50，制动力矩为 1 000 N·m。

（2）低速端轮边制动器

负载牵引力 $F = F_1 - F_2 = 33\,221 - 19\,773 = 13\,448(\text{N})$，选用制动器型号为 YQP50-C112，其制动力可达 50 000 N，为负载牵引力的 3.7 倍。

2.8　拉紧行程

$$S = 0.01L_{总} = 3.3(\text{m})$$

取 $S=7$ m。

2.9 尾轮拉紧力

$$F_{拉}=F_3+F_4=17\ 444+17\ 618=35\ 062(\mathrm{N})=3\ 578(\mathrm{kg})$$

采用四滑轮八绳牵引尾轮，拉紧重锤质量为 450 kg。

3 设计方案

3.1 驱动部传动方式

采用机械传动方式，该驱动部分主要包括隔爆电动机、联轴器、高速端制动器、减速机、驱动主轴组件、驱动轮以及低速端轮边制动器等。

3.2 驱动部结构形式

经计算单轮驱动时，钢丝绳与驱动轮之间的围抱角 180°完全可以满足驱动力的要求，因此本方案采用单轮驱动方式。

该驱动结构紧凑，承载能力强，噪声小，传动效率较高，安装简单方便。该驱动装置采用空架安装方式。

3.3 驱动轮（和迂回轮）的选取

《煤矿安全规程》规定：井下提升绞车和凿井提升绞车的滚筒、井下架空乘人装置的主导轮及尾导轮和围抱角大于 90°的天轮，其直径不得小于钢丝绳直径的 60 倍，围抱角小于 90°的天轮，其直径不得小于钢丝绳直径的 40 倍。根据主传动轮直径与钢丝绳直径 60 倍的关系，驱动轮直径应大于或等于 1 320 mm，根据现场安装条件和使用要求，本方案选用驱动轮直径为 1 400 mm，迂回轮直径为 1 400 mm。

驱动轮轮衬为进口材料生产，该轮衬与钢丝绳的摩擦系数为 0.25 以上，该轮衬摩擦系数大、耐磨性好，耐油、耐水，能提供较大的牵引力，减小系统张紧力，从而减小钢丝绳的张力，提高钢丝绳寿命，使系统运行更加合理。

3.4 钢丝绳的选取

根据国家标准《重要用途钢丝绳》(GB/T 8918—2006)中规定，架空乘人装置（乘人索道）用钢丝绳为右同向捻的线接触型，不得使用交互捻钢丝绳，为了保证钢丝绳与驱动轮之间有较大的静摩擦力，满足驱动力的需要，钢丝绳表面应无油且绳芯少油。根据《煤矿安全规程》的规定，架空乘人装置的钢丝绳安全系数不得小于 6。由计算可知，牵引钢丝绳的最大张力为 33 221 N，选取牵引钢丝绳为 22NAT6×19S+FC1670，其抗拉强度 1 670 MPa，钢丝绳钢丝破断拉力总和为 323 kN，安全系数为 9.7。驱动轮直径为钢丝绳直径的 63.6 倍，符合《煤矿安全规程》和《煤矿用架空乘人装置 安全检验规范》的规定。此钢丝绳为西鲁式结构，韧性较好，适合于转弯和变坡点较多的情况下使用。

3.5 安全距离的确定

《煤矿安全规程》规定：蹬座中心至巷道一侧的距离不得小于 0.7 m。根据巷道尺寸，本方案为 1 m，符合安全要求。

3.6 托、压绳轮的选用方案

配套的托绳轮有三种结构形式：单托轮、托压绳轮、双柱双轮托（压）绳轮。直线段托绳轮间距为 8 m，每 4 个单托绳轮安装 1 个压绳轮。双柱双轮托压绳轮组主要用在变坡点和头尾轮出入绳口处，每组双托(压)绳轮有 2 个轮体，2 个托绳轮为浮动式，可绕中间横轴回转，吊椅平滑过渡，各轮受力均匀；单轮托绳轮支撑轴为整体加工；托绳轮与压绳轮配合使用；托压绳轮不但有效避免钢丝绳的跳动、摆动和脱槽，而且解决了吊椅通过时的卡阻和震动问题。

托绳轮轮体为铸造件加工而成，每一个托绳轮轮体均为双轴承结构，保证了轮体运行平稳无噪声；轮体与钢丝绳接触部分均镶有非金属高耐磨材料轮衬，轮衬采用螺栓限位固定，更换轮衬只需拆卸螺栓即可，简单方便。该轮衬具有耐磨性能好、使用寿命长的特点，能有效降低钢丝绳的磨损，提高钢丝绳的寿命。

双托(或双压)绳轮直径为 248 mm，直线段托绳轮直径均为 248 mm，压绳轮直径均为 188 mm，吊椅通过时平稳无振动。

托、压绳轮安装在巷道横梁上，所有吊架均可在横梁上旋转，托轮在吊架上可上下移动调节，从而实现托压绳轮的四向可调，因此可弥补横梁的水平度和垂直度安装误差，从而降低了横梁的施工难度。

直线段每个托轮约承受 120 kg 质量，变坡点托轮随钢丝绳张力与变坡坡度大小不同而不同，最大可达 530 kg。因此，直线段采用单托轮，变坡点根据受力大小的不同采用相应组数的双托轮或双压轮，双托(压)轮均为铰支结构，各托(压)轮受力相等，且能减少对托(压)轮的冲击，能减缓托、压轮衬垫的磨损，提高托、压轮的使用寿命和乘坐的舒适性。

3.7 乘人器的设计

乘人器由 HK 型可摘挂抱索器和 HK 型吊椅组成，吊椅总高 1 650 mm。吊椅坐凳为舒适型。

座椅按人的正常坐姿进行优化设计，使其符合人机工程学，故乘坐舒适，上下车安全。抱索器的外形设计满足绳轮衬垫要求，使之与轮衬吻合较为充分，并在过轮时无太大振动，因而乘坐安全、舒适。

3.8 机尾部分的设计

机尾主要包括迂回轮装置、张紧小车、滑道、导绳轮和重锤；迂回轮直径为 1 400 mm，绳槽内镶嵌硬橡胶轮衬；迂回轮装置在滑道内可自由移动，保持系统恒定的张紧力；通过导绳轮可将重锤置于巷内或巷帮硐室中。由于钢丝绳使用初期伸长较大，故滑道长度(即拉紧行程)设计为 7 m，避免由于钢丝绳的伸长造成系统不能正常运行。

4 结语

经过合理选型计算，下沟矿自从使用架空乘人装置以来，运行安全可靠、易于维护、操作简单，降低了井下作业人员的劳动强度，缩短了上下班时间，从而提升了矿井的安全经济效益。

参考文献

[1] 李庆阳.采区上山架空乘人装置的选型及安装[J].工矿自动化，2011(9)：81-84.

[2] 张生旺.云驾岭煤矿八采轨道下山架空乘人装置设计计算与应用[J].河北煤炭，2011(2)：59-60.

大倾角阻尼式皮带机的设计与研究

任　芸，李　俊，李　华

（贵州盘江矿山机械有限公司，贵州 六盘水　553536）

摘　要　贵州盘江矿山机械有限公司的很多矿区巷道为大倾角倾斜煤层，上运倾角可达到18°～28°，下运倾角在16°～25°，这样矿区的皮带机承担着大量的运输工作，由于现在使用的皮带机没有减速装置，皮带机上方通常是敞开式结构，在大倾角巷道里如出现皮带断带会造成煤块下滑、散落和堵塞，敞开式结构会造成皮带携带着煤块在重力的作用下加速滑落，并且煤块四处散落，后期清理工作量较大。为解决这些问题，设计了大倾角阻尼式皮带机，该皮带机是在普通皮带机上增加断带减速装置并把皮带机改为封闭式结构。

关键词　大倾角；减速装置；封闭式结构；断带；皮带机

0　前言

大倾角阻尼式皮带机主要针对大倾角倾斜煤层，由于在大倾角巷道里运输强度大，运输环境复杂，皮带断带的情况时有发生，一旦皮带断带，特别是运煤过程中断带，将造成大量的煤块下滑、散落和堵塞，由于皮带下方只有托辊，无法起到减速作用，皮带机的敞开式结构造成后期清理工作量较大，为矿区生产带来了极大的不便。现以某巷道为例对大倾角阻尼式皮带机进行设计，该巷道输送原煤，运行堆积角 $\theta=30°$，堆积密度 $\rho=0.9\ \mathrm{t/m^3}$，输送量 $Q=630\ \mathrm{t/h}$；输送机长度 $L=300\ \mathrm{m}$，输送机倾角25°；工作环境与装载点：输送机于煤矿井下，工作条件一般，装载点在机尾处（一般布置方式）；煤的最大块度 $a_{\max}=400\ \mathrm{mm}$。

1　皮带机的设计选型

1.1　输送带宽度确定

（1）满足设计能力的带宽 B_1：

查表得 $K=453$，倾角系数 $K_\beta=0.72$，由于下运速度不要太高，故取 $v=2\ \mathrm{m/s}$，于是得

$$B_1=\sqrt{Q/(K\rho v K_\beta)}=\sqrt{630/(453\times 0.9\times 2\times 0.72)}=1(\mathrm{mm})$$

（2）满足块度条件的带度 B_2：

$$B_2\geqslant 2a_{\max}+200=1\ 000(\mathrm{mm})$$

根据上述计算，选用1000S强力阻燃胶带，单位长度输送带的重量：$q_0=90\ \mathrm{N/m}$。

1.2 输送线路初步设计

驱动滚筒直径 $D \geqslant 125Z = 125 \times 4 = 500(\text{mm})$。

考虑到花纹绕过滚筒的变形，取驱动滚筒直径 $D = 630$ mm，表面菱形包胶。

机尾改向滚筒直径：$D_1 = 0.8D = 0.8 \times 630 = 504(\text{mm})$。

考虑机尾改向滚筒在低张力区，选 $D_1 = 500$ mm，其余改向滚筒 $D_2 = 400$ mm。

输送机布置简图如图 1 所示。

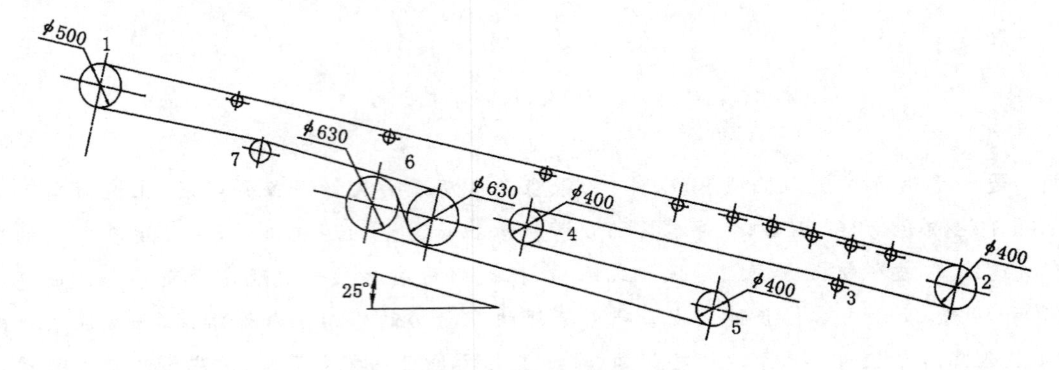

图 1　输送机布置简图

1.3 基本参数的确定

输送带单位长度上物料的重量：

$$q = 9.8Q/(3.6v) = 9.8 \times 630/(3.6 \times 2) = 858(\text{N/m})$$

$$q_0 = 90\ \text{N/m}$$

托辊传动部分折算到承载分支单位长度上的重量：

$$q_1 = G_1/L_1 = 228.3/1.5 = 152.2(\text{N/m})$$

托辊传动部分折算到空载分支单位长度上的重量：

$$q_2 = G_2/L_2 = 81.6/3 = 27.2(\text{N/m})$$

其中，G_1，G_2 为承载分支和空载分支托辊转动部分的重量；L_1，L_2 为承载分支和空载分支托辊组件距。

取承载分支和空载分支的运行阻力系数分别为 $\omega' = 0.04$，$\omega'' = 0.035$，则直线段阻力为：

$$\begin{aligned} F_{zh} &= L[(q+q_0+q_1)\omega'\cos\beta - (q+q_0)\sin\beta] \\ &= 300 \times [(858+90+152.2) \times 0.04 \times \cos 25° - (858+90)\sin 25°] \\ &= -108\ 222(\text{N}) \end{aligned}$$

$$\begin{aligned} F_{zh5\text{-}6} &= L[(q_0+q_2)\omega''\cos\beta + q_0\sin\beta] \\ &= 300 \times [(90+27.2) \times 0.035 \times 0.906\ 3 + 90 \times 0.422\ 6] \\ &= 12\ 525(\text{N}) \end{aligned}$$

$$F_e = [F]BZ/K_{da} = 200 \times 1\ 000 \times 3/12 = 50\ 000(\text{N})$$

1.4 输送带张力计算

(1) 按摩擦条件确定 F_7，按照张力逐点计算：

$$F_2 = F_1 + F_{zh} = F_1 - 108\ 227(\text{N})$$

$$F_3 = 1.03F_2 = 1.03F_1 - 111\ 474(\text{N})$$

$$F_4=1.03^4F_3=1.16F_1-125\ 464(\text{N})$$
$$F_5=1.02^2F_4=1.2F_1-130\ 533(\text{N})$$
$$F_6=F_5+F_{zh5\text{-}6}=1.2F_1-118\ 008(\text{N})$$
$$F_7=1.02^2F_6=1.25F_1-122\ 776(\text{N})$$
$$F_1=0.8F_7+90\ 175(\text{N})$$

围抱角 $\alpha=200°$，$u=0.25$，$K_{m_q}=1.3$，所以 $e^{u\alpha}=e^{0.25\times(200\pi/180)}=2.39$，则 $F_1-F_7=F_7(2.39-1)/1.3=1.07F_7$，于是

$$F_1=146\ 978$$
$$F_7=71\ 004\quad F_2=38\ 751\quad F_3=39\ 913$$
$$F_4=45\ 030\quad F_5=45\ 841\quad F_6=68\ 032$$

(2) 验算悬垂度条件

$$F_{Z\min}=5L_1(q+q_0)\cos\beta=5\times1.5\times(858+90)\times\cos 25°=6\ 444(\text{N})$$
$$F_{K\min}=5L_2q_0\cos\beta=5\times3\times90\times\cos 25°=1\ 224(\text{N})$$
$$F_2>F_{Z\min}\quad F_3>F_{K\min}$$

故满足悬垂条件。

1.5 驱动滚筒牵引与电动机功率

(1) 驱动滚筒的轴牵引

$$\begin{aligned}F_q&=F_7-F_1+0.03(F_7+F_1)\\&=71\ 004-146\ 978+0.03\times(71\ 004+146\ 978)=-69\ 434(\text{N})\end{aligned}$$

因为 $F_q<0$，所以驱动滚筒输出制动力。

(2) 电动机反馈功率

$$N'=-F_qvK_1\eta\times10^{-3}=69\ 434\times2\times0.5\times0.95\times10^{-3}=66(\text{kW})$$

由于电动机工作于发电制动工况，故取电动机功率备用系数 $K_1=0.5$，传动装置的效率为 $\eta=0.95$。查手册，选择 DSB-75B 型电动机。

传动装置减速机的传动比 i 为：

$$i=2\pi n/(120v)=2\times3.14\times1\ 520\times0.63/(120\times2)=25$$

其中，电动机发电运行时的额定转速 $n=1\ 520$ r/min。

根据传动比和输入功率，选用 DCY 系列减速器，具体为 $i=25$、公称输入转速 $n=1\ 500$ r/min，公称输入功率 $N=83$ kW 的减速器。

1.6 拉紧力与拉紧行程

(1) 拉紧力 T

$$T=F_7+F_7/1.03=71\ 004+68\ 935=139\ 939(\text{N})$$

(2) 拉紧行程 ΔL

$$\Delta L=0.02L+B=10.06(\text{m})$$

经计算，皮带机的技术参数为：输送能力 630 t/h，输送长度 300 m，输送倾角 30°，电机功率 75 kW，上托辊间距 1.5 m、下托辊间距 3 m，张紧方式采用张紧绞车进行张紧。

2 大倾角皮带机断带减速装置

如图 2 所示，断带减速装置包括张紧螺栓 1、阻尼板连接座 2、张紧座 3、阻尼板 4，阻尼板位于

皮带下端,阻尼板两端用张紧座和张紧螺栓与 H 支架上的阻尼板连接座连接,张紧座和张紧螺栓用于调节阻尼板和皮带间的间隙距离,两者间保持一定间隙,通常不超过 20 mm。在阻尼板设计过程中,阻尼板的尺寸以能过覆盖皮带下表面为前提,以 3 小块组合成一块阻尼板,各阻尼板间采用螺栓的铰接形式。两组相邻的托辊之间至少放置一块阻尼板,也就是 3 m 放置一块,也可根据皮带运输机的倾角和负荷来调整,倾角大时可多增加阻尼板,倾角小时可减少阻尼板的数量。安装阻尼板后,一旦皮带断带,由于皮带自重和货物的自重,二者一起下落,此过程中便于阻尼板接触并摩擦,这样能够延缓皮带断带时的迅速下落及长距离滑动带来的损失。

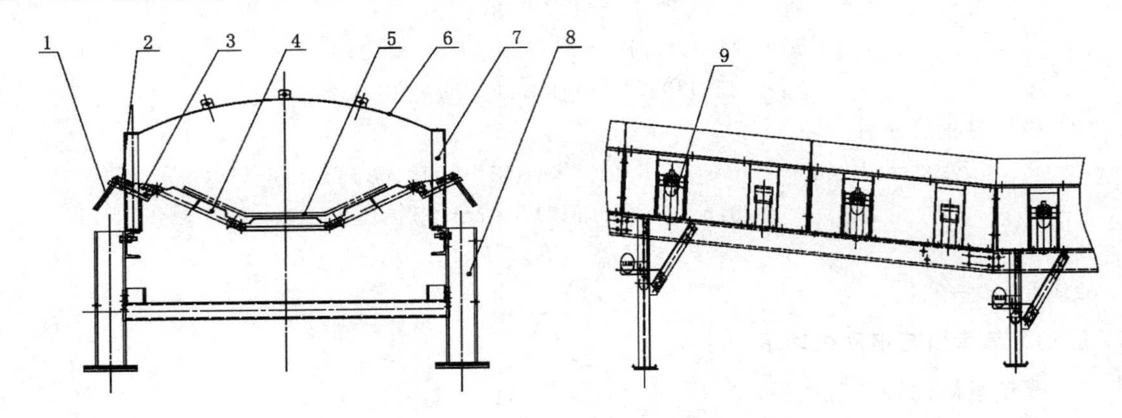

图 2　断带减速装置和封闭式结构

1——张紧螺栓;2——阻尼板连接座;3——张紧座;4——阻尼板;5——皮带;
6——盖板;7——挡煤板;8——H 形支架;9——托辊

阻尼板的结构为槽形结构,四个角为圆弧角,采用 3 mm 的板制作而成,不使用焊接的方法,因为焊缝会刮到皮带造成皮带损坏。制作阻尼板压制成型的胎具如图 3 所示,此胎具分为上、下胎具。在制作上胎具是压制阻尼板成形的槽,是由三块板组合而成,带角度的圆弧槽 1 直接气割成形,带角度的直边 2 也直接气割成形,三块板组焊起来就形成的阻尼板的形状。上、下胎具在焊接时采用 CO_2 气体保护焊(焊机型号 YD-500/CR2,焊接参数:焊丝 ER50-6,直径 1.6 mm,焊接电流 200～400 A,电弧电压 25～43 V),根据带宽计算出阻尼板内侧为 290 mm,展开宽度为 360 mm、长度为 870 mm,将下好料的板(360×870×3)mm,放入两胎具之间,用 200 t 压力机压制成型。

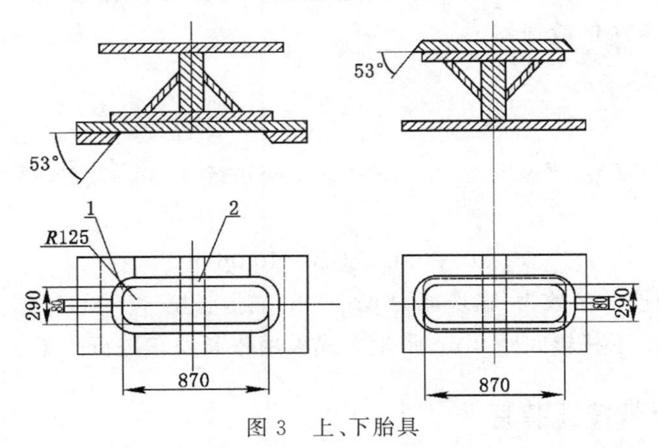

图 3　上、下胎具

3 封闭式皮带输送机

如图 4 所示，封闭式皮带输送机包括皮带、H 形支架和托辊，两侧有挡煤板，挡煤板安装在 H 形支架上，挡煤板上方安装盖板。盖板分为封闭式和开天窗式，安装盖板后煤块不会四处扩散，起到了包裹作用，避免皮带断带时煤块飞出后的大量清理工作。盖板呈圆弧状，为了利于观察皮带机内部情况或方便清理，3 m 设置一个开天窗的盖板。

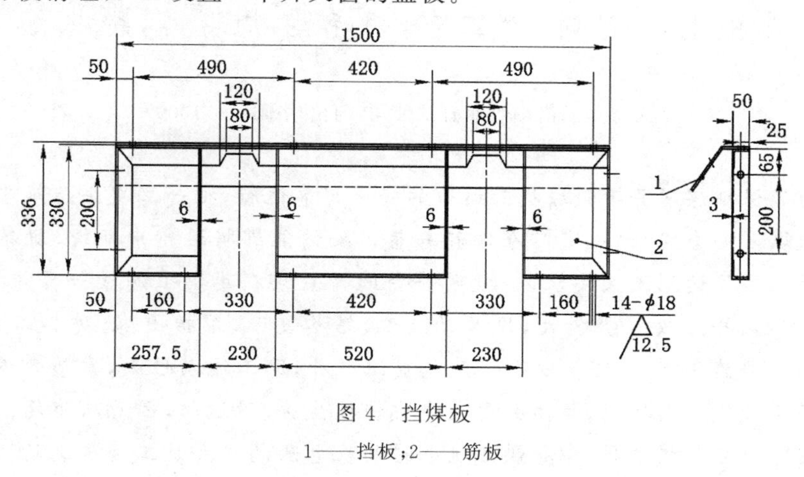

图 4　挡煤板

1——挡板；2——筋板

3.1 挡煤板的制作方法

如图 4 所示，下料：挡板 1、筋板 2，将挡板气割成形按图示位置尺寸摆放并点焊固定，检查校正位置尺寸，焊接方法为 CO_2 气体保护焊（焊机型号 YD-500/CR2，焊接参数：焊丝 ER50-6，直径 1.6 mm，焊接电流 200～400 A，电弧电压 25～43 V），将上述点焊固定的各组件焊接牢固。焊缝为连续角焊缝，焊缝高度不得低于最小板厚，如图尺寸画线孔 14-ϕ18 mm，并检验各尺寸。

3.2 盖板的制作方法

如图 5 所示，下料：40 mm×40 mm×5 mm 角钢、弧板、轴、板，用卷板机压出弧板弧度后折两头平直部分。画线钻孔 6-ϕ14 mm、8-ϕ18 mm，将加工好的角钢以中心位置向两边反 16°焊接在加工好的盖板上，再将轴和板焊接在盖板上。焊缝为连续角焊缝，焊缝高度为 5 mm，焊接方法为 CO_2 气体保护焊（焊机型号 YD-500/CR2，焊接参数：焊丝 ER50-6、直径 1.6 mm，焊接电流 200～400 A，电弧电压 25～43 V）。

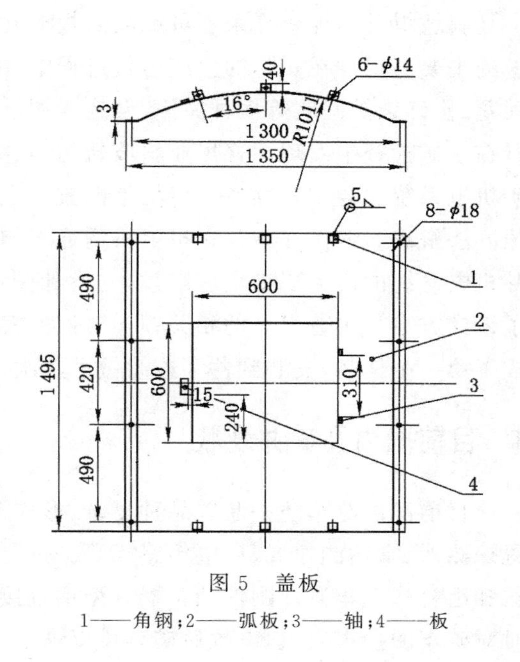

图 5　盖板

1——角钢；2——弧板；3——轴；4——板

4 结语

目前，贵州盘江精煤股份有限公司已分别在 6 矿的大倾角巷道使用该大倾角阻尼式皮带机，设备运行良好，成功地解决了大倾角巷道煤块下滑、散落、堵塞、后期煤泥清理工作量较大的问题。

跑车防护装置设计

李毛毛，刘　冲，严二东，胡晓晨，周瑞博，裴洪飞

（义煤集团洛阳煤业有限公司，河南 洛阳　471000）

摘　要　为了保证煤矿井下斜坡提升运输的安全可靠运行，把一旦发生跑车事故可能造成的损失降到最低，《煤矿安全规程》规定："在倾斜井巷内安设能够将运行中断绳、脱钩的车辆阻止住的跑车防护装置。"为了达到这项要求，一般矿井会选择直接在市场上购置一套该装备，少则几千元，甚至两三万都有，并且投入资金大，投入工期长，结构复杂，维护困难，对职工素质的要求高。而我公司所属的矿井为年产45万t以下的兼并重组矿井，职工流动性大，素质普遍偏低。特别是在目前煤炭经济不景气的前提下，集团公司大力宣传保生存、稳运转，因此从市场上购置一套该装备就显得不太实际。公司机电科、中普煤业机电科和机电队的广大员工为了满足《煤矿安全规程》的要求，保证斜坡轨道运输的安全运行，调动广大员工的积极性，开动脑筋，自己动手设计制作此跑车防护装置。

关键词　跑车防护；安全；设计制作

0　前言

斜坡提升是煤矿开采不可或缺的提升运输方式，也是煤矿生产材料、设备设施运输和人员运送的主要通道。在实际的生产运行过程中，由于司机操作不当、超负荷提升、连接装置的产品质量问题、检修维护问题等多种原因，会造成钢丝绳和连接装置断裂或脱钩，发生跑车事故。公司机电科在下矿检查中发现中普煤业斜坡轨道运输中缺少该装备，不能满足《煤矿安全规程》的要求，该矿机电系统领导本来准备从市场上购置一套跑车防护装置，但由于资金比较困难，毅然决定自己想办法解决。该矿在与公司机电科沟通了自己的想法，公司机电领导非常支持，动员机电科和矿井机电系统的广大职工集思广益，先设计图纸，在桌面上不断模拟，发现问题不断修改，最终确定了设计方案。中普煤业的相关领导对该方案予以肯定，从矿井废旧的设备材料中准备材料制作完成了第一个样品，安装到井下连续做了几次试验，又经过修改，最终确定了该方案。

1　目前国内及矿井现状

目前国内跑车防护装置品种复杂、形式多样，按触控机构分为手动式、机械式、电磁感应式、位置探测式、雷达测速式、广电传感式等。按照挡车器的类型通常又可以分为刚性挡车器、柔性挡车器和组合式挡车器。刚性挡车器有型钢直接焊接制成，形状易于控制，成形较好，但发生跑车事故时对矿车的损害较大，事故后矿车难以恢复。柔性挡车器一般由钢丝绳制成，成形上有难度，但是

事故发生时对矿车的损坏程度小,且事故后易于恢复。气动式跑车防护装置属于混合式挡车器,用钢丝绳挡车,又用钢丝绳成形,并辅助气缸阻尼作为缓冲,位置在斜巷下口作为捕车的后备保护。而气动式跑车防护装置可以简化为平面式摆杆机构,通过气缸活塞的伸出和缩进实现捕车和车辆通过两种工作位置。按照工作状态跑车防护装置又可分为常开式和常闭式。

汇总市面上常见的各种跑车防护装置,结合中普煤业的实际情况,我们设计和制作了机械常开式混合挡车器的跑车防护装置。

中普煤业的25绞车坡度大约为25°,长度大概230 m,巷道断面为8 m^2,肩负着往工作面上巷运送材料的任务。由于矿井的显示条件,巷道还兼做行人巷,在巷道上边坡点装了一组阻车器,边坡点下5 m处装有一组挡车梯,巷道的下边坡点上一列车处装了一个挡车梯,巷道的支护方式为架棚支护,装上防跑车装置后强度不足以应对事故跑车的冲击,因此需要对安装防跑车装置处前后两米的巷道及支护支架进行加固。对巷道顶部要加装锚杆,与顶部岩巷接顶,中间空当位置打上水泥混凝土,最下面一层的四排支护支架要相互连锁。

2 跑车防护装置的结构

该跑车防护装置主要由两部分组成。一部分是防护栏(如图1所示),作为防护装置。该防护栏是用50的角铁焊接制作的2 m×1.5 m长方形框架,在框架的四周每隔200 mm钻一个ϕ20 mm的圆孔,保证框架相对的边框上的圆孔两两对照;再用ϕ18.5 mm的废旧钢丝绳穿入孔中,编成网格状,钢丝绳相互错压;中间钢丝绳交错的位置用相同规格钢丝绳卡固定,钢丝绳管过边框的圆孔后反压在钢丝绳上,用同样规格的钢丝绳卡固定。这样就编制成一张2 m×1.5 m带边框的钢丝绳网。在钢丝绳网1.5 m长的一端焊接带有两个圆孔的厚度超过15 mm的铰支座,圆孔的直径大约为35 mm,两个铰支座的间距以800 mm左右为宜。在巷道支架的横梁上焊制两个同样规格的铰支座,两个铰支座的间距以750~770 mm为宜,防护栏与巷道支架的铰支座用一根长度约为850 mm的钢制销柱连接,销柱的两端分别钻一个圆孔,打上开口销。

图1 防护栏

跑车防护装置的另一部分是撞击引导装置(如图 2 所示)。该装置由两根长约 1.8 m 的方钢并列焊接在两块钢板上,两根方钢之间有 30 mm 的间隙,在距方钢一端 200 mm 左右的位置钻一个通孔,通孔的位置装一根长度约为 1.5 m 的撞杆,撞杆与两块方钢制成的底座铰接,并保证撞杆能在底座上自由转动。在底座的另一端 200 mm 左右的位置也钻一个通孔,通孔上装一个机关挂钩,保证撞杆在受到较大外力撞击的时候能向后转起,撞到机关挂钩的尾部。在防护栏和机关撞钩之间用一根 $\phi6$ mm 的胶套钢丝绳连接,在巷道支架防护栏底端向上抬起的位置处装一个导向轮(见图 3),用来改变钢丝绳传导力的方向。由于发生跑车的矿车在到达防护梯时的速度可能极大,所以撞击引导装置距防护梯的距离要合适。这样才能保证发生跑车的矿车在撞击到撞击引导装置的撞杆后再到达防护梯的位置。现在我们就以最大的可能来计算(见图 4)。

图 2　撞击引导装置

图 3　导向轮

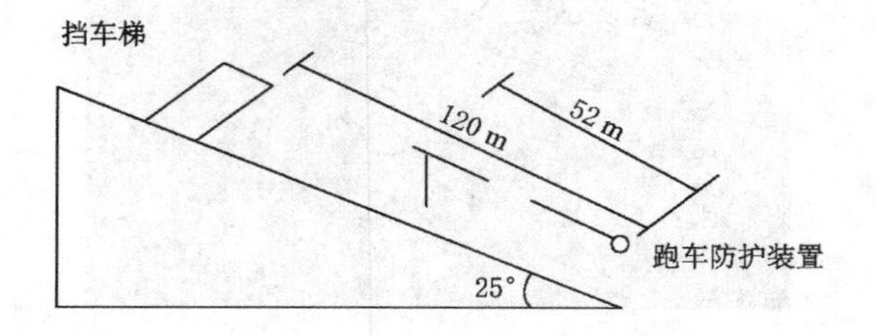

图 4　巷道模拟计算示意图

假设从经过挡车梯的位置就发生跑车事故,计算矿车从挡车梯自由落下的最大速度:

$$s=(v_2+v_1)/2\times t=gt^2/2\times\sin 25°,\ t=5.3,\ v_2=45\ \mathrm{m/s}$$

经试验,矿车从挡车梯自由落下的时间大约为0.5 s,故

$$s_1=(v_3+v_1)/2\times(t-0.5)=g(t-0.5)^2/2\times\sin 25°,\ v_3=40.32\ \mathrm{m/s}$$

$$s_2=(v_2+v_3)/2\times 0.5=21.4(\mathrm{m})$$

从撞击引导装置到防护栏的距离最小应该为21.4 m。

当然,这里计算的距离仅仅适合于我们现在研究的巷道,如果遇到具体的问题,还要进行具体的分析。

3 跑车防护装置的原理

运行中的矿车发生跑车事故时,矿车会以较大的速度向巷道底部冲去,当矿车撞到撞击引导装置上的撞杆时,撞杆会以极大的力量向后弹起,撞击在引导装置另一端的机关挂钩上,接受撞击的机关挂钩的一端向上旋转,另一端向下旋转,挂在机关挂钩上的连接钢丝绳脱落,防护网落下,挡住高速向下冲的矿车。

决定跑车防护装置能否起作用的一个重要因素就是发生跑车事故的矿车与撞杆撞击瞬间的速度,只有这一瞬间速度达到一定值时撞击到撞杆,撞杆才能有足够的速度和力量弹起,而决定这个瞬间撞击速度的因素主要有两个:① 斜巷倾角的大小,斜巷倾角的大小直接影响了跑车速度的大小,又决定了冲力的大小;② 发生跑车事故的位置到跑车防护装置的距离,还有撞击引导装置距防护栏之间的距离,要保证从最上面发生跑车事故时,该装置能够有效地拦住跑车的矿车。

4 结论

经我们设计和安装的跑车防护装置是利用钢丝绳绳卡、废旧的钢丝绳、角钢、胶套钢丝绳、地锚等废旧材料和煤矿常用的废旧材料自制而成。该装置不但满足《煤矿安全规程》和相关规定的要求,而且可以对发生跑车事故的矿车进行保护性拦截,把可能发生的事故的损失降到最低。以极低的代价创造了极大的经济性、实用性和安全性。该装置设计安装完成后得到了公司和矿井领导的一致认可,目前正在洛阳煤业公司兼并重组矿井大力推广,并且适宜在任何有斜巷轨道运输的矿井推广。

双速自动转换提升绞车在主要提升斜巷的应用

陈守明

（兖矿集团东滩煤矿，山东 济宁 273500）

摘　要　针对目前国内煤炭市场持续低迷及国内外节能降耗的需求，东滩煤矿主要提升斜巷绞车既摒弃了传统高能耗落后的串电阻调速方式，也不采取高成本的变频电控调速方式，而是以低成本、低能耗的双速多用绞车 JSDB-30 为基础，采用西门子 PLC 精确控制双速电机，低速大转矩启动，高速恒转矩运行，低速大转矩停车，高低速自动无间断切换，并采用进口 SEW 减速及大容量高强度滚筒，大大提高了煤矿主要提升斜巷运输的安全性及高效性。

关键词　双速自动转换；西门子 PLC；大扭矩；绞车；提升斜巷

0　前言

兖矿集团东滩煤矿位于兖州煤田中部的东面，1979 年开始兴建，1989 年投产，设计年生产能力为 400 万 t。其中该矿的辅助运输系统经过近几年的发展已经逐步通过淘汰落后设备进行技术改造，基本实现了各种运输设备的数字化控制。

东滩煤矿一采区轨道上山主要承担一采区运输任务，为主要提升斜巷之一，斜巷长度 870 m，倾角 8°，斜巷上部有一甩车场，中间无其他水平车场。由于一采区采面较多，大型设备及物料运输任务比较繁重，其安全生产压力尤为突出，原提升绞车为 2.5 m 液压绞车，已投入使用 15 余年，现已老化严重，故障率升高显著。鉴于国内煤炭市场持续低迷，在东难矿节支降耗压缩成本的大环境下，该斜巷绞车不能再使用成本较高的自动化变频改造。经深入调研论证，数据验收校核，决定采用 JSDB-30 绞车为基础，使用西门子 PLC 精确控制双速电机，并采取进口 SEW 减速箱、大容量高强度滚筒改造双速自动转换提升绞车，作为主要提升斜巷的绞车。

1　煤矿主要提升斜巷绞车情况简介

当前煤矿主要提升斜巷绞车已淘汰了技术较为落后、能耗较高的传统串电阻调速绞车，替代产品为变频调速电控绞车，较好地解决了节能降耗及提升全过程控制问题，各种安全性能保护齐全安全可靠，缺点为成本较高，动辄 150 余万元，不符合目前全国持续低迷的煤炭行情及节支降本的要求。

本单位自主设计研发的基于 JSDB-30 双速多功能绞车，采取西门子 PLC 精确控制双速电机，低速大转矩启动，高速恒转矩运行，低速大转矩停车，高低速自动无间断切换，并采取进口 SEW 减速箱、大容量高强度滚筒改造双速自动转换提升绞车，作为主要提升斜巷的绞车，既解决了节能降耗及提升全过程控制问题,各种安全性能保护齐全、安全、可靠,又降低了成本,成本控制在40万元以内,较变频调速电控绞车节约成本约110余万元。绞车参数见表1。

表1　　绞车参数

产品型号	单位	额定值
基准层最大牵引力 $F_{基}$	kN	100
基准层最快牵引速度 $v_{基}$	m/s	0.24/0.48
容绳量	m	1 050
钢丝绳直径 d	mm	26
滚筒直径×宽度	mm	810×1 410
电机		37/75 kW　8/4级
减速机		M4RHF70-160(不配风扇)
高速联轴器		GIICL6
低速联轴器		GIICL14
制动器		YWZ5-315/80

2　绞车关键部件数据核算及控制方式

2.1　绞车提升力核算

最大牵引能力为10 200 kN(0.5 m/s),取 $\alpha=8°$,$\beta=8°$,$f_1=0.015$,$f_2=0.15$,$q=2.444$ kg/m(ϕ26 mm绳),$L=870$ m。

(1) 计算绳端允许最大载荷

$$W=\frac{P_{\max}-qL(\sin\beta+f_2\cos\beta)}{\sin\alpha+f_1\cos\alpha}$$
$$=\frac{10\ 200-2.444\times870\times(0.139\ 2+0.15\times0.990\ 3)}{0.139\ 2+0.015\times0.990\ 3}$$
$$=\frac{9\ 588}{0.154\ 05}=62\ 239.5(\mathrm{kg})$$

式中,W 为绳端载荷,取绳端最大允许载荷为25 000 kg。

(2) 计算斜巷实际提升静拉力

$$P'_{\max}=W(\sin\alpha+f_1\cos\alpha)+qL(\sin\beta+f_2\cos\beta)$$
$$=25\ 000\times(0.139\ 2+0.015\times0.990\ 3)+2.444\times870\times(0.139\ 2+0.15\times0.990\ 3)$$
$$=4\ 463(\mathrm{kg})$$

(3) 计算钢丝绳的安全系数:

$$K=\frac{Q}{P'_{\max}}=\frac{34\ 600}{4\ 463}=7.75>6.5$$

式中,Q 为钢丝绳的破断拉力总和,kg。

经计算,当钢丝绳的安全系数 $K=6.5$ 时,最大允许载荷为31 000 kg。

2.2　滚筒直径及容绳量计算

根据标准《运输绞车》(JB/T 9028—2012)规定,滚筒直径与钢丝绳的绳径比应大于25,则滚筒

直径 $D \geqslant 25d = 25 \times 26 = 650(\mathrm{mm})$，取滚筒直径 $D = 810$ mm。

按钢丝绳直径 26 mm、容绳量 1 100 m、滚筒宽度 $B = 1\ 410$ mm、每圈绳间距 2 mm 考虑，滚筒每层缠绕钢丝绳排数 $n = B/(d+2) = 1\ 410/(26+2) = 50.4$，则取 $n = 49$。

表 2　　　　滚筒各容绳量

钢丝绳	ϕ26-49 排
第一层	ϕ836-128.7 m
第二层	ϕ888-136.7 m
第三层	ϕ940-144.7 m
第四层	ϕ992-152.7 m
第五层	ϕ1044-160.7 m
第六层	ϕ1096-168.7 m
第七层	ϕ1148-176.7 m
合　计	1 068.9 m

滚筒轮缘直径 $D_{缘} = 1\ 148 + 26 + 26 \times 2.5 \times 2 = 1\ 304(\mathrm{mm})$，取 $D_{缘} = 1\ 310$ mm。

取基准层钢丝绳直径 $D_{基} = D_4 = 992\ \mathrm{mm} = 0.992$ m。

2.3 总速比计算

根据《机械设计手册》计算，得到初步计算绞车总速比：

$$i_{慢} = n\pi D_{基}/(60 v_{基慢}) = 740\pi \times 0.992/(60 \times 0.23) = 167.11$$

$$i_{快} = 2n\pi D_{基}/(60 v_{基快}) = 1480\pi \times 0.992/(60 \times 0.455) = 168.95$$

式中　n——电机额定转速，r/min；

$D_{基}$——基准层钢丝绳直径，m；

$v_{基慢}$、$v_{基快}$——基准层慢速、快速牵引速度，m/s。

那么选用减速机名义速比为 160。

2.4 电机功率计算

(1) 慢速时功率

$$P_{计} = F_{基} \cdot v_{慢}/\mu = 100 \times 0.23/0.85 = 27.06(\mathrm{kW}) < 37\ \mathrm{kW}$$，满足要求。

(2) 快速时功率

$$P_{计} = F_{基} \cdot v_{快}/\mu = 100 \times 0.455/0.85 = 53.53(\mathrm{kW}) < 75\ \mathrm{kW}$$，满足要求。

式中　F——基准层额定牵引力，kN；

$v_{慢}$——基准层慢速牵引速度，m/s；

$v_{快}$——基准层快速牵引速度，m/s；

μ——绞车机械效率。

通过以上验算，YBSD-75/37-4/8 电机的功率为 75/37 kW 满足要求。

2.5 减速机选型校核

(1) 根据 SEW 减速机样本选型校核

① 按 37 kW 电机选型：

运行功率 $P_{k1}=P_{k2}/\eta=37/0.955=38.74$(kW)

运行转矩 $M_{k2}=F_{基}\cdot D/2\ 000=100\times992/2\ 000=49.6$(kN·m)

② 根据使用系数 F_S 选择减速器:

额定功率 $P_{N1}\geqslant P_{k1}\cdot F_S=38.74\times1.5=58.11$(kW)

初选减速器:M4RHF70,$P_{N1}=66.9$ kW,$M_{N2}=95.1$ kN·m,$S=M_{k2max}/M_{k2}=1.92>1.6$,满足要求。

③ 根据热功率 P_T 选择减速器:

$$P_{k1}\leqslant P_T=P_{TH}\cdot f_1\cdot f_2\cdot f_3\cdot f_4=P_{TH}\times1.0\times1.0\times1.0\times1.3=P_{TH}\times1.3(\text{kW})$$

式中 P_{TH}——额定热功率,kW;

f_1——海拔系数,$f_1=1.0$;

f_2——减速器安装系数,底脚安装减速器的 $f_2=1.0$;

f_3——润滑系数,飞溅和浸油润滑的 $f_3=1.0$;

f_4——风扇系数,$f_4=1.3$。

初选减速器:M4RHF70,无风扇,$P_{TH}=80$ kW,$P_T=104$ kW,满足要求。

④ 润滑方法:采用飞溅和浸油润滑。

(2) 减速机选型校核

表 3 **减速机选型表**

减速机型号	M_{k2} /(kN·m)	i	P_{k2} /kW	n /(r/min)	P_{k1max} /kW	M_{k2max} /(kN/m)	S	P_T /kW 无风扇
M4RHF70	49.6	160	37/75	740/1 480	66.9	95.1	1.92	104

结论:选用减速器 M4RHF70-160,$P_{k2}=37$ kW,不配风扇,可以满足使用要求。

2.6 联轴器及胀套选型校核

(1) 高速联轴器选型校核

初选鼓形齿轮联轴器 GIICL6,$\phi80\times172/\phi45\times97$。

工作转矩 $T_1=0.310$ kN·m。

根据《机械设计手册》,查表得:公称转矩 $T_n=5$ kN·m$>T_1$,满足要求。

(2) 低速联轴器选型校核

① 初选鼓形齿轮联轴器 GIICL14,$39z\times6m$-122/$29z\times6m$-135。

工作转矩 $T=49.6$ kN·m。

根据《机械设计手册》,查表得:公称转矩 $T_n=112$ kN·m$>T$,满足要求。

② 减速机花键联结校核。

初选花键联结:$39z\times6m$-122。

根据《机械设计手册》,计算花键的挤压强度,得

$$p=2T/(\psi zhlD_m)\leqslant ppp$$

$$p=2\times49.6\times1\ 000\times1\ 000/(0.7\times39\times6\times122\times39\times6)=21.2(\text{MPa})\leqslant ppp$$

式中 T——转矩，N·mm；

ψ——各齿载荷不均匀系数；

z——齿数；

h——齿的工作高度，$h=m$（m 为模数），mm；

l——齿的工作（配合）长度，mm；

D_m——平均直径，渐开线花键 $D=mz$，mm；

D——渐开线分度圆直径，$D=mz$，mm；

ppp——许用压强，查表 $ppp=30\sim50$ MPa。

那么，$p\leqslant ppp$，满足要求。

③ 滚筒花键联结校核，

初选花键联结：$29z\times6m$ -135。

根据《机械设计手册》，计算花键的挤压强度，得

$$p=2T/(\psi zhlD_m)\leqslant ppp$$

$$p=2\times49.6\times1\,000\times1\,000/(0.7\times29\times6\times135\times29\times6)=34.7(\text{MPa})\leqslant ppp$$

式中参数意义同上。

那么，$p\leqslant ppp$，满足要求。

(3) 胀套选型校核：滚筒与筒内套件联结胀套

初选胀套联结：Z9-240×305。

工作转矩 $T=49.6$ kN·m。

根据《机械设计手册》，查表得：额定转矩 $M_t=88$ kN·m$\geqslant T$，满足要求。

2.7 制动器选型

(1) 高速端电液推杆制动器选型

工作转矩 $T=310$ N·m。

设计工作转矩 $T_{制}=(1.5\sim2)T=(465\sim620)$N·m（按标准规定选取）。

选用电液推杆制动器 YWZ5-315/80，允许最大工作转矩 $T_n=(630\sim1\,000)$N·m；则根据《机械设计手册》，$T_n>T_{制}$，满足要求。

(2) 减速器二轴手动制动器设计

选用 YWZ3-500 型手动刹车装置。

2.8 控制方式

采用德国原装进口西门子 S7-300PLC 为核心的控制系统，使用双旋转编码器作为过程控制终端，在绞车启动时通过 PLC 控制双速电机使双速绞车低速大扭矩运行，在提升过程中采取高速低扭矩运转，绞车接近停车位置后 PLC 控制绞车低速运行准确停车，大大提高了绞车运行的安全性、高效性。由于该绞车采取了先进的控制系统，将《煤矿安全规程》中所要求的提升绞车所有安全保护都安全可靠地加入到了系统中，从而具备了比较高的安全保护性能。

3 结论及应用效果

双速自动转换绞车自 2013 年投入运行以来，安全可靠，稳定高效，经济实用，保障了井下主要

提升斜巷运输系统的安全,优化了斜巷提升运输系统的流程,节省了煤矿安全生产的支出,降低了能耗,取得了良好的经济效益和社会效益,改变了传统主要提升斜巷运输的格局。

参考文献

[1] 国家安全生产监督管理总局.煤矿安全规程[M].北京:煤炭工业出版社,2014.

[2] 成大先.机械设计手册[M].5版.北京:化学工业出版社,2008.

[3] 中华人民共和国国家质量监督检验检疫总局,中国国家标准化管理委员会.运输绞车:JB/T 9028—2012[S].北京:机械工业出版社,2012.

[4] 王林祥.煤矿机电工程师技术手册[M].北京:煤炭工业出版社,2012.

斜巷上车场安全设施及闭锁控制系统的研究与应用

吕迎春，郭镇铭，卞　峰

（兖矿集团兴隆庄煤矿，山东 济宁　272102）

摘　要　老式的主要斜巷上车场是用三个独立的控制阀分别控制 2 组挡车器及 1 组老式挡车栏的起落，相互之间无法实现连锁，不符合《煤矿安全规程》的规定；后来引进一种控制箱可以实现 2 个控制阀的连锁，还需配 1 个控制阀单独控制 1 组挡车器，也没有实现 2 组挡车器之间的连锁，而且老式的挡车栏为刚性件，实际使用中存在重量大、起落慢、维修更换复杂的问题，实际生产过程中给把钩人员带来了安全隐患。通过设计一种使用先导阀作为调节各个按钮之间进出风顺序的控制箱，成功实现了两组挡车器与挡车栏的相互闭锁；通过设计一种槽钢和钢丝绳配合使用的柔性捕车网，成功代替了原有的挡车栏。

关键词　斜巷上车场；挡车栏；挡车器；先导阀

老式的上车场安全设施控制不能实现闭锁功能，不符合《煤矿安全规程》的规定，且 H 形挡车栏的防护效果不理想，如发生跑车事故，不能有效地对车辆进行拦截。因此，研制一种新的安全设施闭锁控制系统及挡车栏势在必行。

1　上车场安全设施闭锁控制系统的研究

新设计的上车场气动三控三闭锁控制箱，通过先导阀对进风、出风的相互巧妙搭配，实现了三个操作按钮之间，其中一个按钮进风时，其他按钮的闭锁，从而实现了两组挡车器与挡车栏的相互闭锁，提高了现场生产的安全系数。

1.1　上车场控制箱改造

老式的控制阀为转动式操作阀，一个操作阀只能控制 1 个挡车器或挡车栏。兴隆庄矿自行设计了一种控制箱，将 2 组挡车器及 1 组挡车栏的进风按钮集中在控制箱中，并在每一路的进风管路上分别安设一个先导阀，在控制上边坡点的挡车器的出风管路上加设一个先导阀，见图 1。

通过先导阀与进出风管路之间的配合，实现了两组挡车器与挡车栏之间的相互闭锁。

1.2　闭锁控制系统的工作原理

(1) 当按下 1 号按钮时，风流从进风侧流经 2 号先导阀，通过 1 号按钮的出风管路经过 1 号先导阀，在切断 2 号按钮进风侧风源的同时，导通控制挡车栏的增速阀。此时，挡车栏升起，控边坡点挡车器的 2 号按钮闭锁。见图 2。

(2) 当按下 2 号按钮时，风流从进风侧流经 1 号先导阀，通过 2 号按钮的出风管路经过 2 号先

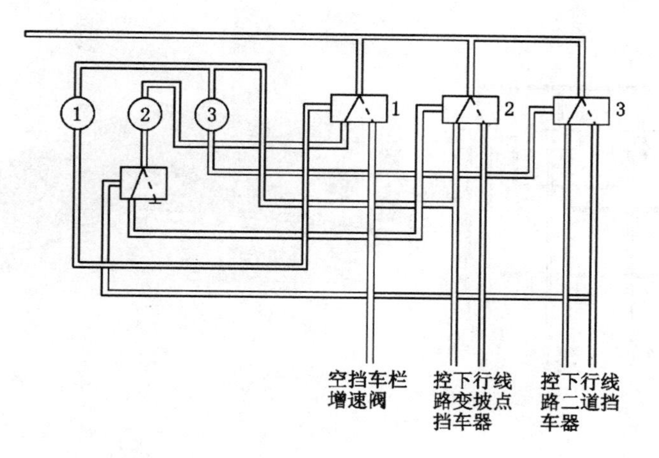

图 1

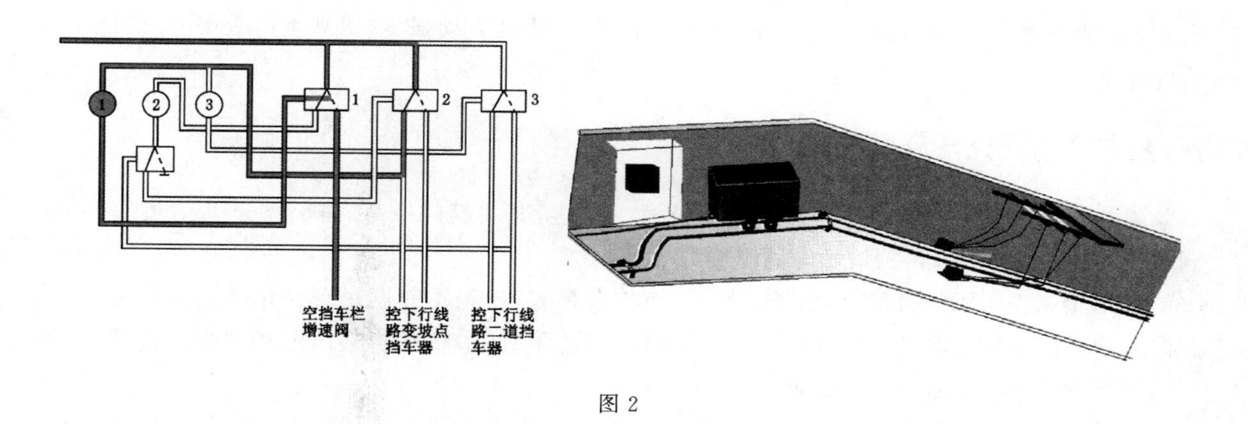

图 2

导阀,在切断 1 号、3 号按钮进风侧风源的同时,将控制边坡点的挡车器的先导阀推至导通位置。此时,边坡点挡车器落下,控制防误入挡车器的 3 号按钮和控制挡车栏的 1 号按钮闭锁。见图 3。

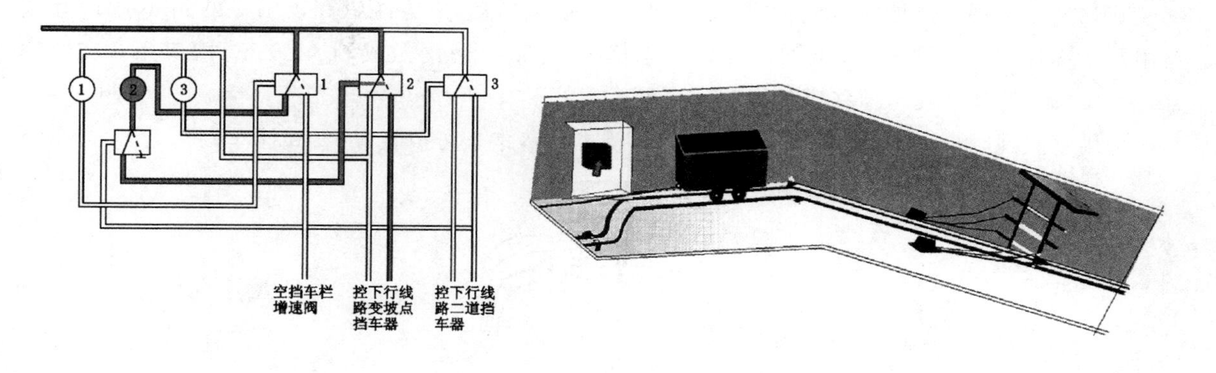

图 3

(3) 当按下 3 号按钮时,风流从进风侧流经 2 号先导阀,通过 3 号按钮的出风管路经过 3 号先导阀,将控制防误入挡车器的先导阀推至导通位置,此时风流经过回路导通至 2 号按钮出风侧的先导阀处,并将 2 号按钮出风侧的先导阀推向闭锁位置。此时,防误入挡车器落下,控制边坡点挡车器的 2 号按钮闭锁。见图 4。

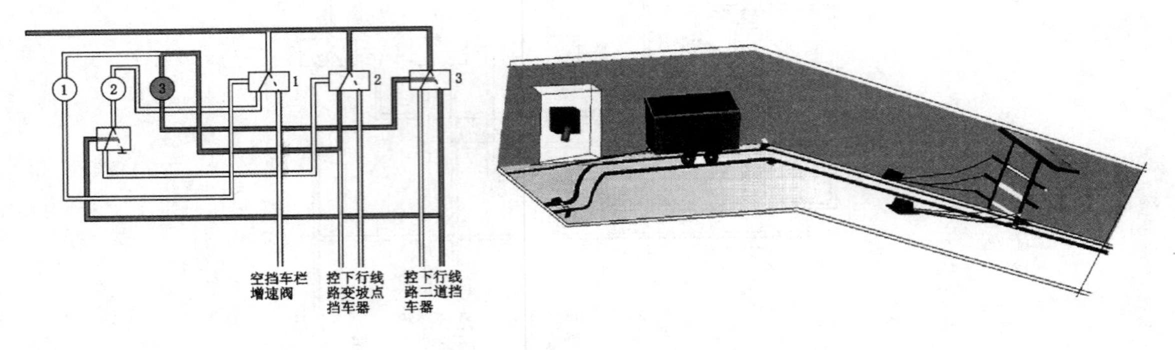

图 4

新的闭锁控制系统，将斜巷防跑车装置中的“一坡三挡”控制阀都集中在一个控制箱内，并且实现了相互之间的连锁，具有节约人工、简化作业程序、降低劳动强度、提高生产效率、降低跑车事故的优点。

2 挡车栏的研究与应用

斜巷跑车防护装置种类较多，也经历了多次的改进，其关键的挡车、捕车部分，从单根 H 形钢到双根梯式梁 H 形钢，再到钢丝绳捕车网。

H 形钢制挡车梁的自重大、起降动作慢、防护效果差，已经不能满足现代化矿井生产需要；单纯的钢丝绳捕车网自重轻、动作快，但因钢丝绳本身的柔韧性，很难将其固定在理想的位置，且吊挂的钢丝绳由于频繁动作，导致钢丝绳磨损断绳。

针对以上两种跑车防护装置存在的问题，区队经过多次讨论及现场勘查，决定对以上两种跑车防护装置进行改造，将两者的优点合二为一，重新制作一种跑车防护装置（捕车网）。

2.1 新式挡车栏的研究

新式捕车网用 12# 槽钢做成 H 形框架，上方连接起吊盘，下方距铁路上沿 200 mm，起吊盘则是用两条锚杆固定到顶板上，牢固可靠。四条横担用 6.3# 槽钢做成，长 1.6 m，槽口用 4 条 $\phi 16$ mm×40 mm 的高强度螺栓将钢丝绳固定在槽内。

采用钢丝绳、槽钢相结合的方式，制作一种新式斜巷跑车防护装置（新式捕车网），见图 5。

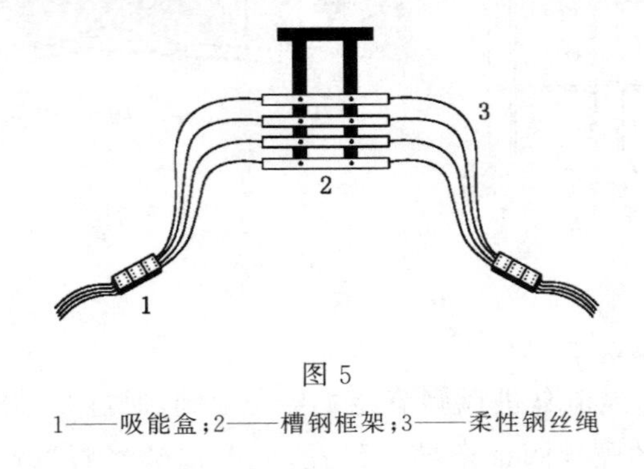

图 5

1——吸能盒；2——槽钢框架；3——柔性钢丝绳

新式捕车网采用绳、梁结合，即把吊挂钢丝绳的细绳改成用 10# 槽钢做的框架梁，把钢丝绳固定在框架梁上,即可以把钢丝绳整齐地稳定在理想的位置,而且槽钢框架较轻,安装、维护、更换方便,跑车防护效果好。

吸能装置的使用是新式捕车网的亮点所在,由 4 条 ϕ32 mm 钢丝绳(6 股 19 丝)和 2 组压绳板组成。将副井提升更换下来的废旧钢丝绳裁成每条 40 m,将下压绳板用 8 条地锚固定在底板上,将 4 条钢丝绳沿下压绳板的槽布置好后,将两块上压绳板通过 18 条 ϕ16 mm×90 mm 的高强度螺栓固定在下压绳板上,压绳板外余绳不得小于 10 m。

2.2 新式挡车栏的工作原理

当发生斜向跑车事故时,新式捕车网与跑车接触后,由于跑车动能很大,捕车网的钢丝绳发生弹性形变,将跑车的动能转化为钢丝绳的弹性势能,卸掉跑车的动能。钢丝绳发生弹性形变后,弹性势能很大,造成钢丝绳在两压绳板之间移动,因压绳板与钢丝绳之间的摩擦系数大,钢丝绳移动时将之前吸收的能量卸掉。

整个吸能装置是利用钢丝绳的弹性形变和钢丝绳与压绳板的高摩擦力把跑车的动能转化为钢丝绳的弹性势能,最后通过摩擦做功将能量卸掉,实现了柔性跑车防护。见图 6。

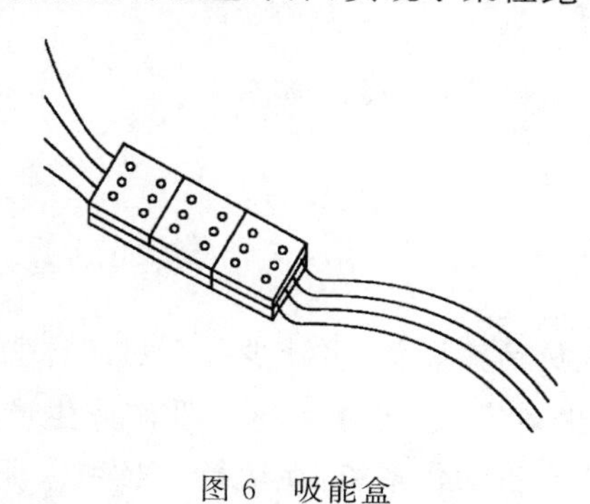

图 6　吸能盒

3 实际应用效果与评价

目前,兴隆庄矿在 8300 轨道下山成功应用了该套闭锁控制系统,该系统的成功应用,减少了上车场投入的人工数量,简化了设备安装的步骤,实现了挡车器与挡车栏之间的相互闭锁,有效降低了发生跑车事故的频率,提高了安全生产效率。

新式捕车网的成功应用,解决了目前老式挡车栏自重大、动作慢、制作加工时间长、安装维护费时费力及跑车防护效果差的问题。新式捕车网具有自重轻、动作灵敏、制作周期短、安装维护方便等优点,且斜巷跑车防护效果可靠,使职工的安全得到了保证,提高了现场安全生产效率,是一种安全有效且实用的斜巷跑车防护装置。目前兴隆庄矿已在所有的主要下山及各主要巷道内设置了这种新式捕车网。

浅谈煤矿井下架空人车无人值守的实现

唐　波

（兖矿集团兴隆庄煤矿，山东 济宁　272102）

摘　要　架空人车为井下斜（平）巷运输人员设备，有运行速度快、运输人员量大等优点，为矿井提高自动化水平、提高工作效率、减轻职工劳动强度发挥着重要作用。本文主要介绍了在利用架空人车原有控制系统的基础上，对控制系统进行扩展，实现了无人乘坐时自动停车及机头、机尾开车的功能。

关键词　煤矿井下；架空人车；保护；无人自动停车

0　前言

架空人车为井下斜（平）巷人员运输设备，可减少井下员工体力，提高作业效率，因其运输人员的特殊性，其安全运转关乎职工生命安全，可靠运转关乎矿井生产效率。但架空人车原始的控制系统是一种需要值班司机控制的半自动化系统，在运行时必须保证机头有司机来控制架空人车的开停，停机的时刻完全依据司机的经验及机头、机尾人员的通讯。本文重点对扩展架空人车控制系统功能、实现无人值守进行阐述。

1　架空人车实现的电气保护及试验方法

架空人车在运行过程中应有必要的电气保护，以保证系统正常运行及乘坐人员安全。架空乘人装置必须具备 9 项电气安全保护［根据兖州煤业股份有限公司《架空乘人装置完好标准》（2012）］：过速保护；防滑保护；重锤保护；上下变坡点掉绳保护；全程急停保护；机头机尾乘人越位保护（活动抱锁器除外）；减速箱油位油温检测报警保护；机头机尾下车点前 15 m 处语音提示；防逆转保护。

以上电气安全保护的实现与试验方法见表 1。

表 1　　电气保护的实现与试验方法

保护类型	实现方法	试验方法
过速保护	正常运行时，速度传感器测得速度值连续 3 s 超过报警值 15%时，乘人装置应停车，并自动抱闸	人为调整降低超速报警值，启动架空人车，正常运行 3 s 后，超速保护动作，架空人车停止运行
防滑保护	正常运行时，速度传感器测得速度值连续 3 s 小于 0.1 m/s，乘人装置应停车，并自动抱闸	人为固定速度检测托绳轮，使速度传感器测得的速度为 0，防滑保护动作，架空人车停止运行

续表 1

保护类型	实现方法	试验方法
重锤保护	由行程开关和支架组成,当重锤因牵引钢丝绳伸长而下降,触动限位开关给控制系统一个信号,系统停车	人为扳动行程开关,重锤保护动作,架空人车停止运行
上下变坡点掉绳保护	行程开关固定在上下变坡点钢丝绳之上或之下,掉绳时,钢丝绳触动行程开关给控制系统一个信号,系统停车	人为扳动行程开关,掉绳保护动作,架空人车停止运行
全程急停保护	采用 KHS1/12L-II 启东天盟机电有限公司的急停编码开关及钢丝绳组成	在全程任一点,人工拉动钢丝绳,架空人车应停车
减速箱油位油温检测报警保护	油位:在减速箱排油口加三通,利用连通器原理设置油浮及传感器,调节传感器与油浮位置设定油位保护。 油温:在电机绕组和减速箱上装温度传感器	油位:人为调动传感器与油浮相对位置,传感器动作油位保护动作,架空人车停止运行。 油温:人为设置保护系统内保护点的油温设定值高于现有温度,系统启动后油温保护动作,架空人车停止运行
机头机尾下车点前 15 m 处语音提示	由报警箱及感应探头组成,固定于机头机尾下车点 15 m 处	人员经过探头时报警箱可靠报警
防逆转保护	利用自行车飞轮原理制作托绳轮,随钢丝绳转动,正转不驱动机构动作,反转驱动机构动作,触动行程开关	人为转动托绳轮逆转,机构触动行程开关,逆转保护动作,架空人车停止运行

2 无人自动停车功能

2.1 方案提出的理由

架空人车运行线路长,机头、机尾司机都无法知道沿线是否还有乘员,所以存在架空人车长时间空载运行的现象,造成了不必要的电能浪费与机械损耗,在节约型社会及企业节能减排的号召下,这一现象急需解决。如果有一种在无人乘车的情况下,系统自动停车的功能,将大大提高效率,降低能耗。

2.2 方案的确定

方案一:在控制箱程序中加入固定延时,也就是说人工算出乘员乘坐全程需用时间,然后在系统启动后程序自动计时,到时间后系统停机,如第一人还未到达,第二人又拉动了乘座给进器(乘座给进器是乘座从机头或机尾滑道进入钢丝绳的装置,人员拉动行程开关,气缸动作,带动挡铁开启,乘座才可以通过,并给控制箱一个输入信号)行程开关,计时复位,重新计时。这种方案程序简单,但不适合需调速的架空人车,因为速度的变化造成乘坐全程需用时间的变化。

方案二:在控制箱程序中加入几个挡位的固定延时,对应几个挡位的速度,比如 10 min 延时对应 0～1 m/s 的速度,5 min 对应 1～2 m/s 的速度。这种方案程序烦琐,解决了不同速度下自动停车功能,但这种方法停车计时不精确,不适合无级调速的变频系统。

方案三:在控制箱程序中计算全程距离除以当前运行速度,得出所需要停机时间,当然随着当前速度的不同，所计算出的需要停车时间是不同的，并与当前速度成反比，用这一时间延时停车。程序相对方案一复杂，但在任意速度下都可实现无人精确停机，适合无级调速的变频控制系统。

2.3　方案的实施

最终确定第三种方案，以兴隆庄煤矿西翼行人架空人车为例实施步骤如下：

（1）确定全长距离为 420 m。

（2）确定机头上车点给进器输入点为 I2.7，机尾上车点给进器输入点为 I3.0，变频启动输出为 Q0.6。

（3）程序梯形图如图 1 所示。

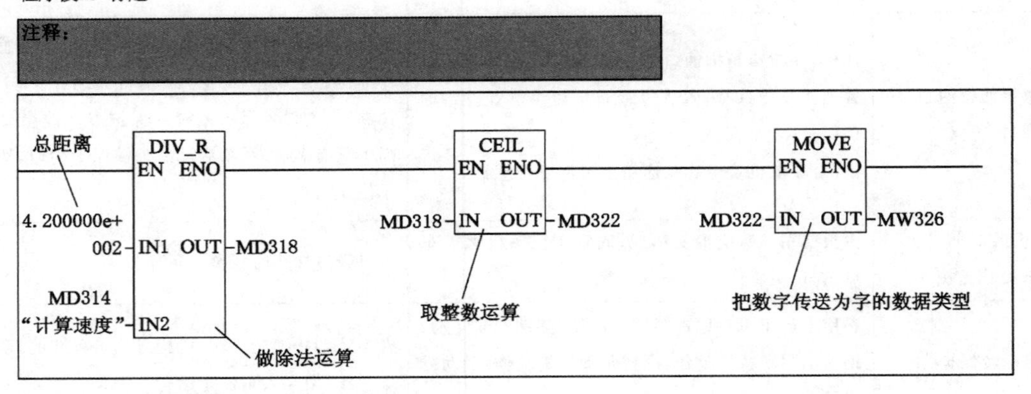

程序段2：自动停车计时

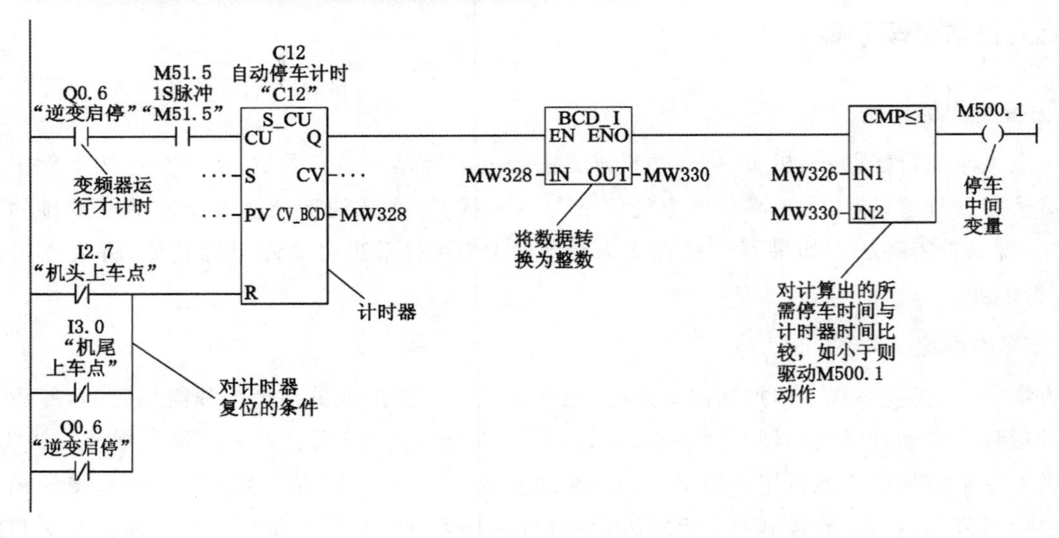

图 1

（4）程序说明：

程序段 1 主要是计算出乘员在全程 420 m 乘坐的距离，在当前速度下所需时间，并对计算出的数据取整，发送到 MW326 数据区。

程序段 2 主要是在系统运行后开始计时，并把所计时间数据转换为整数发送到 MW330 数据区，然后如果所需停车时间小于或等于计时器运行时间，将驱动停车中间变量。同时，机头、机尾上车点有乘座请求，都将计时器清零复位，重新计时。

2.4 创新点及效益

具备自动停车功能的架空人车在兴隆庄煤矿西翼行人架空人车调试使用，运行半年以来，计时准确可靠、节约能源，减少机械损耗，实现了在架空人车不同速度下、无人乘坐时精确自动停车的功能。

3 机头、机尾开车功能

3.1 方案提出的理由

兴隆庄矿西翼下组煤工作人员较少，架空人车需现场工作人员自行开启。而现场只有机头硐室内操作台可以开启系统，当机头无人员时，机尾工作人员需一人徒步爬坡到机头开启系统，其他人员才可从机尾乘坐架空人车到达机头。这种方式费时费力，给工作人员带来极大不便，因此急需增加一套既能在机头硐室外也可在机尾乘车处远程启动架空人车的系统。

3.2 方案的实施

(1) 所需材料

① 1 根 450 m 的四芯控制电缆，从机头控制箱敷设至机尾。

② 2 个三头按钮，分别固定于机头硐室外及机尾乘人处。

(2) 三头按钮与机头 PLC 控制箱接线图(见图 2)

(3) 修改后程序(见图 3)

(4) 程序说明

当按下机头或机尾三头按钮上启动按钮时，程序中 I1.3 闭合，系统启动。

当按下机头或机尾三头按钮上停止按钮时，程序中 I3.3 断开，系统停止。

当按下机头或机尾三头按钮上复位按钮时，程序中 I3.2 闭合，系统安全回路复位。

(5) 开车步骤

按机头或机尾语音打点箱上的“预警”按钮，打点与沿线联系。

按机头或机尾三头按钮上的“复位”按钮。

按机头或机尾三头按钮上的“启动”按钮。

架空人车正常启动。

3.3 关键技术及创新点

利用三头按钮的常开点，接入电控箱启动、停止和复位三个输入点，再从程序中将三头按钮的输入分别写入启动程序、停止程序及安全回路复位程序中，来实现三头按钮对架空人车进行开车、停车及故障复位的功能。

改造前的架空人车系统只能从机头硐室内操作台开车，改造后不仅可以在机头硐室内开车，还可在机头硐室外及机尾乘车处开车。人员到站后也可按三头按钮停止键来对架空人车停车。将安全回路复位功能也与三头按钮联系后，当出现故障未复位时，远在机尾的工作人员也可通过三头按钮进行复位后开车。为安全考虑增加了开车预警功能。

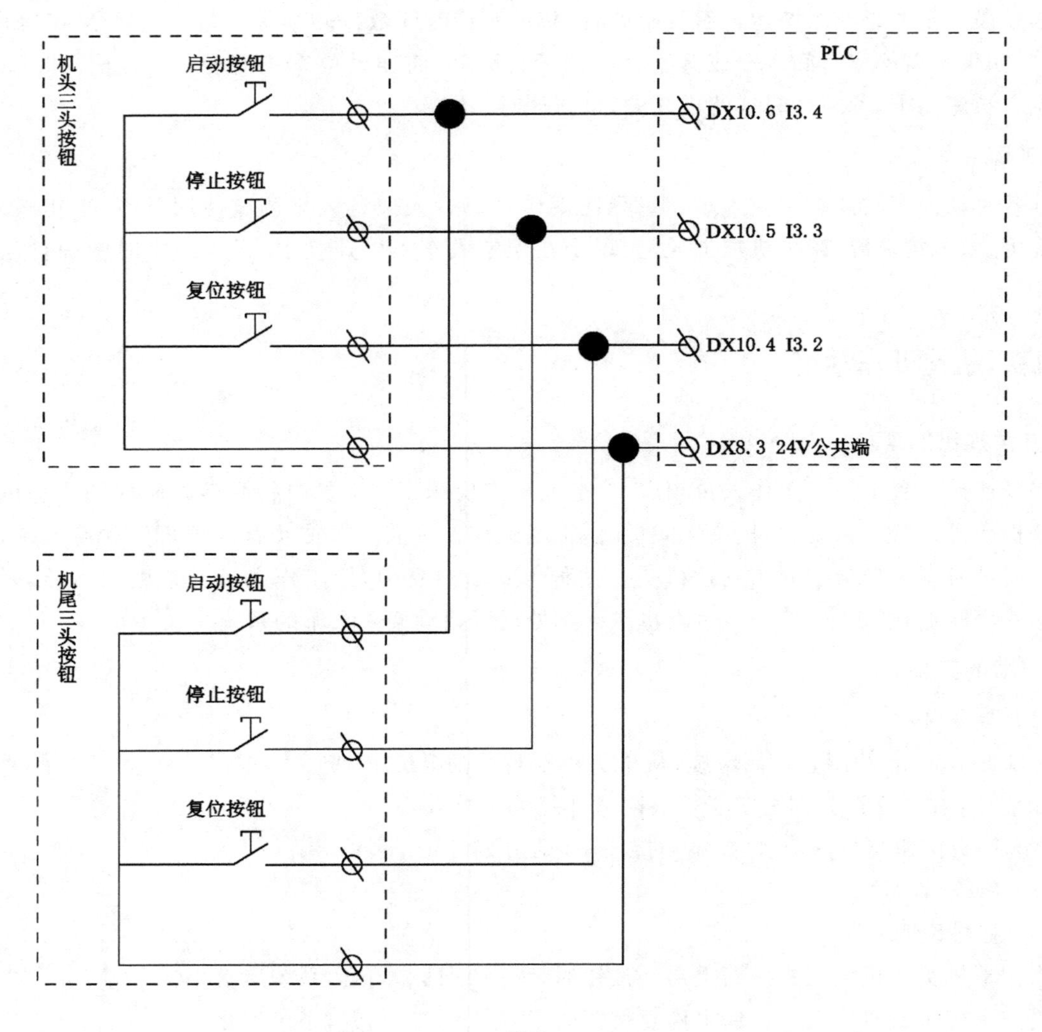
机头三头按钮
启动按钮
停止按钮
复位按钮
PLC
DX10.6 I3.4
DX10.5 I3.3
DX10.4 I3.2
DX8.3 24V公共端
机尾三头按钮
启动按钮
停止按钮
复位按钮

图 2

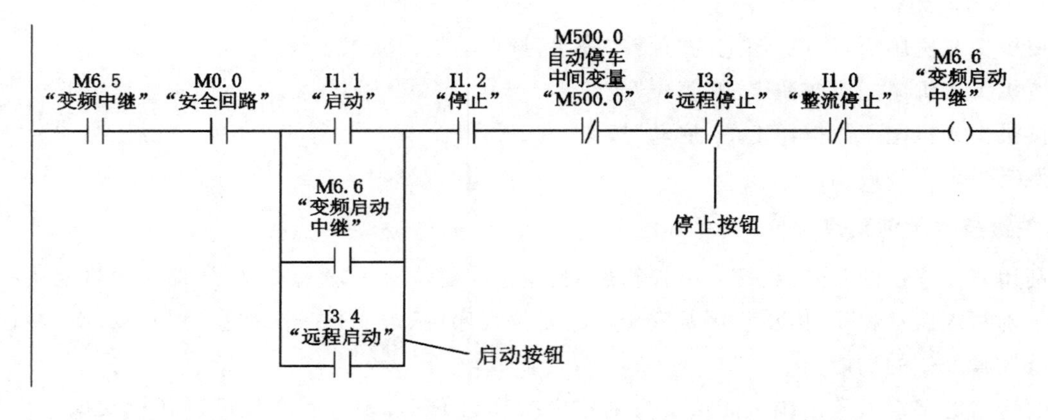
M6.5
"变频中继"
M0.0
"安全回路"
I1.1
"启动"
I1.2
"停止"
M500.0
自动停车
中间变量
"M500.0"
I3.3
"远程停止"
I1.0
"整流停止"
M6.6
"变频启动
中继"
停止按钮
M6.6
"变频启动
中继"
I3.4
"远程启动"
启动按钮

图 3

I1.5 “复位”
I1.2 “停止”
M500.0 自动停车 中间变量 “M500.0”
I3.3 “远程停止”
I0.0 “急停”
M6.5 “变频中继”
M3.6 “变频故障”
M1.1 “轻故障”
M0.0 “安全回路”
M0.0 “安全回路”
M3.2 “远程复位”
复位按钮

续图 3

参考文献

[1] 王兆晶.维修电工(2010)[M].北京:机械工业出版社,2010.

[2] 张宏干.矿井维修电工[M].北京:煤炭工业出版社,2012.

[3] 汪小光.可编程控制原理及应用[M].北京:机械工业出版社,1994.

[4] 范国伟.维修电工[M].北京:中国劳动社会保障出版社,2012.

[5] 张燕斌.小孙学变频[M].北京:中国电力出版社,2013.

[6] 国家安全生产监督管理总局.煤矿安全规程[M].北京:煤炭工业出版社,2016.

[7] 兖州煤业有限公司.架空乘人装置完好标准,2012.

矿井复杂地质条件下轨道运输系统研究与应用

董化鹏

（淄博矿业集团岱庄煤矿，山东 济宁 272175）

摘　要　岱庄煤矿井下找煤扩量过程中沿地质构造带掘进的回采巷道增多，巷道受到断层等方面因素影响，出现调向及连续坡度地段，造成轨道沿途运输方面诸多困难，运输环节复杂管理重点多，存在安全危险因素增多。通过对岱庄煤矿1300采区1358工作面轨道运输系统的分析，轨道运输顺槽受地质条件影响有3次大角度调向及3处坡度较大地段，使用以往的运输设备，运输环节复杂，安全管理难度大；结合矿井轨道运输实际和技术数据分析，确定采用SQ-1200/75型卡轨车牵引的方式实现复杂地质条件下轨道运输，减少运输环节，提高安全运输效率。

关键词　地质构造带；轨道运输系统；安全管理；卡轨车

0　前言

岱庄煤矿受城市发展压覆资源影响，矿井资源压缩严重，现主要根据矿井实际找煤扩量延长矿井服务年限；在矿井巷道掘进过程中，断层及构造带的存在影响巷道的布置，回采巷道常沿断层附近掘进，为增加回采工作面的煤炭回收量，现场根据断层的走向布置工作面，轨道运输巷道常因断层走向起伏调向，在其工作面安装运输过程中运输环节复杂，运输设备多，管理难点多，工作进度慢，给安全运输环节带来不安全因素。目前，矿井回采巷道运输多采用绞车运输，绞车运输能适用于平巷及有坡度的斜巷运输，在有连续坡度段及拐弯段，一部绞车无法完成运输的情况下，需要多部绞车接力运输，沿途需设的安全设施较多，绞车中途摘挂钩时易发生跑车事故。根据矿井回采运输巷道实际，针对1358工作面运输遇到的问题进行系统分析研究，采用SQ-1200/75型卡轨车作为工作面顺槽辅助运输设备，卡轨车代替了以往的绞车运输，能适用于大坡度（小于等于14°）、大角度调向拐弯（小于等于90°），长距离连续运输（小于等于2 000 m），实现材料、设备及液压支架的整体运输，优化了运输系统，减少运输环节，消除多部绞车接力所带来的安全隐患，实现物料、设备快速安全直达，运输效率得到提高。

1　工作面及轨道运输顺槽概况

岱庄煤矿1358工作面位于1300采区，所采煤层为早二叠系山西组3下煤层，综合考虑采区的形状、地质构造情况、煤层赋存特点及地面建构筑物的分布等情况，尽量减少煤柱留设。1358轨道运输顺槽与－410 m水平北翼轨道上山连通，沿3上煤层顶板掘进，采用锚网索支护，断面为矩形，轨道运输顺槽全长780 m，净宽3.5 m，净高2.6 m，净断面面积9.1 m^2，其中车场段长40 m，净宽5

m,净高 2.6 m。轨道顺槽揭露断层 3 条,分别是 F1358-3、F1358-4、F1358-8,巷道起伏地段较多,其中有 3 处坡度较大,分别为 12°、7°、9°,3 处遇构造调向拐弯地段,调向拐弯角度分别为 90°、41°、32°,复杂地段条件下给轨道运输带来困难。

2 SQ-1200/75 型卡轨车结构性能及提升运输能力

2.1 SQ-1200/75 型卡轨车结构性能

岱庄煤矿 1358 工作面使用的 SQ-1200/75 型卡轨车主要由无极绳绞车、张紧车(钢丝绳张紧装置)、领车、钢丝绳、压绳滑、托绳滑、尾轮组成,运输车辆与领车连接,由固定绞车牵引领车带动运输车辆在绞车和尾轮之间的轨道上行驶,根据绞车功率大小和巷道实际情况,配合铁路可在 5°～15°的坡度上连续运输 20 t 以下物料及设备,如图 1 所示。

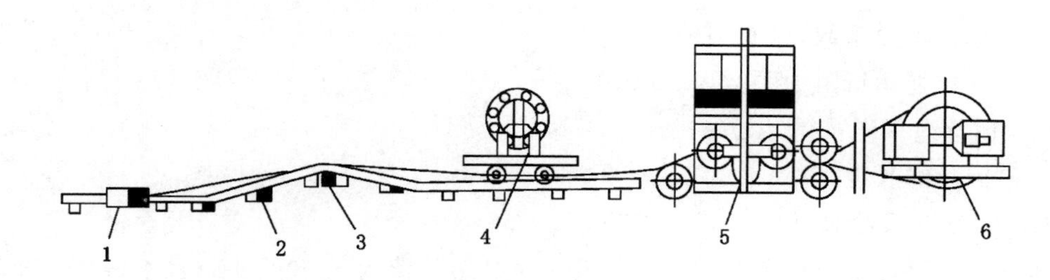

图 1　SQ-1200/75 型卡轨车结构

1——尾轮;2——托绳滑;3——压绳滑;4——领车;5——钢丝绳张紧装置;6——无极绳绞车

2.2 SQ-1200/75 型卡轨车及钢丝绳提升运输能力

1358 采煤工作面选用 SQ-1200/75 型卡轨车运输,卡轨车牵引力 $F=60$ kN,装车运输最大负荷为 12 000 kg,大车盘自重 $M_{车}=1\ 490$ kg,领车自重 $M_{领车}=2\ 000$ kg,最大坡度为 14°,卡轨车技术参数如表 1 所示。

表 1　卡轨车技术参数

型号	SQ-1200/75	公称绳速	1/1.7 m/s
绞车功率	75 kW	适用轨距	900 mm
滚筒直径	1 200 mm	适用轨型	22 kg/m
最大牵引力	60 kN	运行长度	780 m
钢丝绳规格	6×19-24.5-1670	最大爬坡能力	14°

(1) 钢丝绳选型依据

最大坡度为 14°,提升长度 $L=780$ m,最大提升重量为 13 490 kg,每次提升车盘数为 1 辆。

(2) 钢丝绳选型

钢丝绳型号　　6×19-24.5-1670,右捻

钢丝绳直径　　$d=24.5$ mm

单位质量　　$P=2.17$ kg/m

钢丝绳公称抗拉强度　　1 670 N/mm^2

钢丝绳破断拉力总和　　$Q_d = 381$ kN

(3) 钢丝绳最大静张力

$$F_{max} = (M_{物} + M_{车} + M_{领车})g(\sin\alpha + f_1\cos\alpha) + PL_c g(\sin\alpha + f_2\cos\alpha)$$
$$= (12\ 000 + 1\ 490 + 2\ 000)\times 9.8\times(\sin 14° + 0.015\times\cos 14°) + 2.17\times 780\times 2\times 9.8\times(\sin 14° + 0.2\times\cos 14°)$$
$$= 53.4(\text{kN})$$

式中　$M_{物}$——提升物件质量，kg；

$M_{车}$——车盘自重，kg；

$M_{领车}$——领车自重，kg；

α——斜巷倾角，$\alpha = 14°$；

f_1——车盘阻力系数，取 0.015；

f_2——钢丝绳运行阻力系数，取 0.2；

P——钢丝绳每米自重，kg/m；

L_c——钢丝绳长度，m。

(4) 钢丝绳安全系数验算

《煤矿安全规程》规定卡轨车配用钢丝绳安全系数最低值为 $5-0.001L$，且不得小于 3.5。

① 根据运输距离验算：$m_1 = 5-0.001L = 5-0.001\times 780 = 4.22$；

② 根据钢丝绳最大静张力验算钢丝绳安全系数：$m_2 = Q_d/F_{max} = 381/53.4 = 7.1$。

由于 $m_2 > m_1 > 3.5$，所以选用直径为 24.5 mm 的钢丝绳满足安全需求。

(5) 卡轨车提升能力验算

卡轨车牵引力 $F = 60$ kN，大于钢丝绳最大静张力 $F_{max} = 53.4$ kN，选用 SQ-1200/75 型卡轨车满足安全需求。

(6) 卡轨车尾轮固定钢丝绳套安全系数验算

连续牵引绞车尾轮采用钢丝绳套与尾轮架连接，钢丝绳套采用直径 24.5 mm 的钢丝绳两头插接，插接长度不小于 49 mm，尾轮架采用 6 条 ϕ18 mm×1 800 mm 锚杆打地锚方式固定，锚杆垂直于尾轮架，锚固力不小于 85 kN。

钢丝绳套安全系数验算：

① 钢丝绳套受到拉力为连续牵引绞车最大静张力：$F_{max} = 53.4$ kN；

② 钢丝绳套破断拉力总和：$Q_d = 381$ kN；

③ 钢丝绳套安全系数：$m_3 = Q_d/F_{max} = 381/53.4 = 7.1$。

由于 $m_3 > 3.5$，所以卡轨车尾轮选用直径为 24.5 mm 的钢丝绳套满足安全需求。

3　SQ-1200/75 型卡轨车安装技术要求

(1) 卡轨车主机(绞车)采用锚杆固定时，锚杆数量不少于 8 条；锚杆直径为 18 mm，锚杆长度不低于 1.8 m，每孔使用 MSZ2350 树脂药卷 2 支，锚入硬岩深度不小于 1 m，锚杆垂直于绞车底座，每条锚杆必须使用双螺帽紧固，锚杆外露长度 10～40 mm，锚固力不得小于 85 kN。地锚拉力试验达不到规定要求时，可采用四压两趄固定。压、趄柱必须采用木柱，其小头直径不低于 160 mm，打在顶板完整处,超柱在顶板支点位置锚网上剪开与柱头大小相近的口子,刨上柱窝见硬岩,支设牢固并用 $\phi 6.5$ mm 钢丝绳拴牢防倒,注意压柱不得使用重楔。

(2) 张紧装置固定时,锚杆数量不少于 4 条;锚杆直径为 18 mm,锚杆长度不低于 1.5 m,全长锚固,锚杆垂直于底座,每条锚杆必须使用双螺帽紧固。张紧装置必须保证完好,单绳配重不得小于 4 块。紧绳时必须将配重块全部卸下。配重应无偏斜,无卡滞,滑动灵活,并正常使用防护罩。

(3) 尾轮架必须采用矿用 12# 工字钢焊接。卡轨车尾轮用锚杆固定时,锚杆数量不少于 6 条;锚杆直径为 18 mm,锚杆长度不低于 1.8 m,全长锚固,锚入硬岩深度不小于 1 m,锚杆垂直于尾轮架,每条锚杆必须使用双螺帽紧固,锚杆外露长度 10～40 mm,锚固力不得小于 85 kN。尾轮架后梁应焊接成半圆弧形,防止伤绳,尾轮架与尾轮用钢丝绳套连接,钢丝绳套采用直径不小于 21.5 mm 的钢丝绳两头插接,插接长度为绳径的 20 倍,钢丝绳套严禁用"U"卡固定。

(4) 用卡轨车运输设备及物料时必须配备合格的保安绳。保安绳必须插接,插接长度不小于主绳绳径的 20 倍,并有合格绳皮,保安绳绳径与主绳一致。保安绳长度根据提升车数确定,以保安绳张紧但不受力为宜。保安绳固定在被运物料的上方,不得垂下车盘,防止运行过程中挂住其他设备物料。

(5) 卡轨车钢丝绳插接长度不得小于钢丝绳直径的 1 000 倍。

(6) 卡轨车在启动前及运行过程中,尾轮必须设有可靠的封闭式防护罩。卡轨车场和尾轮车场必须设置限位器和阻车器。尾轮处的限位器距尾轮距离不得小于 3 m。配重张紧车前设置限位器和阻车器,限位器距张紧车护网距离不得小于 3 m;车场铁路尽头设置直拐角阻车器。严禁超限越位停车。

(7) 1358 轨道顺槽从卡轨车场到尾轮段经过三处调向拐弯(从外向里依次编号),1# 左拐弯 90°,2# 右转弯 41°,3# 右转弯 32°。在每个转弯地点安设拐弯装置,每组拐弯装置的拐弯角度为 6°,现场安装过程中可以根据拐弯角度的大小调节每组装置的间距,以适应现场需要。

4 SQ-1200/75 型卡轨车应用技术分析

SQ-1200/75 型卡轨车最大运输距离 2 000 m,能适应有起伏变化及左右调向拐弯的轨道运输顺槽,可替代多部绞车,简化了运输系统,减少了运输环节,消除了多部绞车接力运输带来的安全隐患,牵引重量大,运输效率高,可实现远距离物料及设备的快速直达。

卡轨车尾轮移动方便,可根据现场需要向前或向后延伸、回缩运输距离。张紧装置为卡轨车运输系统提供一定初涨力,张紧装置采用重锤式,可以吸收钢丝绳由于弹性变形而伸长的部分,保证钢丝绳在绞车滚筒上有较稳定的正压力,在牵引车辆过程中增加钢丝绳与绞车滚筒的摩擦力,减少打滑。张紧装置也可作为运输系统的监测装置,张紧装置的重锤会因运输途中路况的变化在一定区间升降,当运输途中出现事故,比如运输车辆出现掉道下辙时,张紧车的重锤装置就会急剧下降,钢丝绳会在绞车滚筒上出现打滑现象,出现这种情况时,卡轨车司机可以通过观察发现运输途中发生事故,及时停车进行检查处理。

5 结论

岱庄煤矿在 1358 工作面轨道运输顺槽使用 SQ-1200/75 型卡轨车作为运输工具,是充分结合现场实际设计安装使用的，能在连续转弯、变坡地点发挥出卡轨车的性能特点，在生产工作面的安装及撤出运输环节中消除了多部绞车运输带来的不安全因素，节约了人工，降低了成本；提升运输距离长，运输途中车辆速度稳定，减少了串车中途摘挂等环节，增加了运输过程的平稳性和安全性，提高了运输效率，实现工作面安全、快速安装和撤出。

柴油单轨吊机车设备选型研究

王永涛

(淄博矿业集团有限责任公司煤炭产业部,山东 淄博 255120)

摘 要 唐口煤业公司综掘迎头设备及物料多采用人力运输,为缓解职工劳动强度,提高转运效率,通过对6307轨道顺槽地质条件及转运物料要求进行分析,最终确定选用捷克生产的DLZ110F-06驱动单轨吊机车。

关键词 单轨吊;设备选型;综掘工作面;重载

0 前言

目前,唐口煤业公司综掘工作面物料及设备多采用人力运送,为了缓解职工劳动强度,提高物料转运效率,计划在6307轨道顺槽安装使用柴油单轨吊机车。

1 工作面概况及设备选型要求

6307掘进工作面顺槽为矩形巷道,宽度为5 m,高度为3.8 m,锚网、钢带、锚索支护,最大坡度为18°,顶板为煤,底板变形大。柴油单轨吊主要运送综掘设备、散料、支护设备和人员等,对该设备主要有以下要求:

(1) 用于运送设备部件,最大件质量约20 t。

(2) 用于运送散料和支护材料等。

(3) 用于运送人员,一次约20人。

(4) 最大运输坡度20°。

(5) 轨道安装长度约2 500 m。

(6) 下井最大不可拆卸件尺寸不超过长×宽×高=(4 800×2 300×2 100)mm。

2 单轨吊机车选型

通过考察,拟采用捷克生产的DLZ110F-06驱动单轨吊机车,该机车主要设备参数如表1所列。

表 1　**DLZ110F-06 驱动单轨吊机车主要参数**

运输巷道倾角	≤±30°
最大载荷	44 t,随坡度增大而减小(附载重曲线图)
轨道曲率半径	水平最小 4 m,垂直最小 8 m
运输巷道倾角	≤±30°
牵引力	120 kN
制动力	180 kN
自重	5.6 t
最大运行速度	4.9 km/h
长度	10 650 mm
宽度	850 mm
高度	1 425 mm

2.1　图像分析方法

图 1 是单轨吊柴油机车选型的唯一标准曲线,每种机型的单轨吊机车有着不同的关系图。

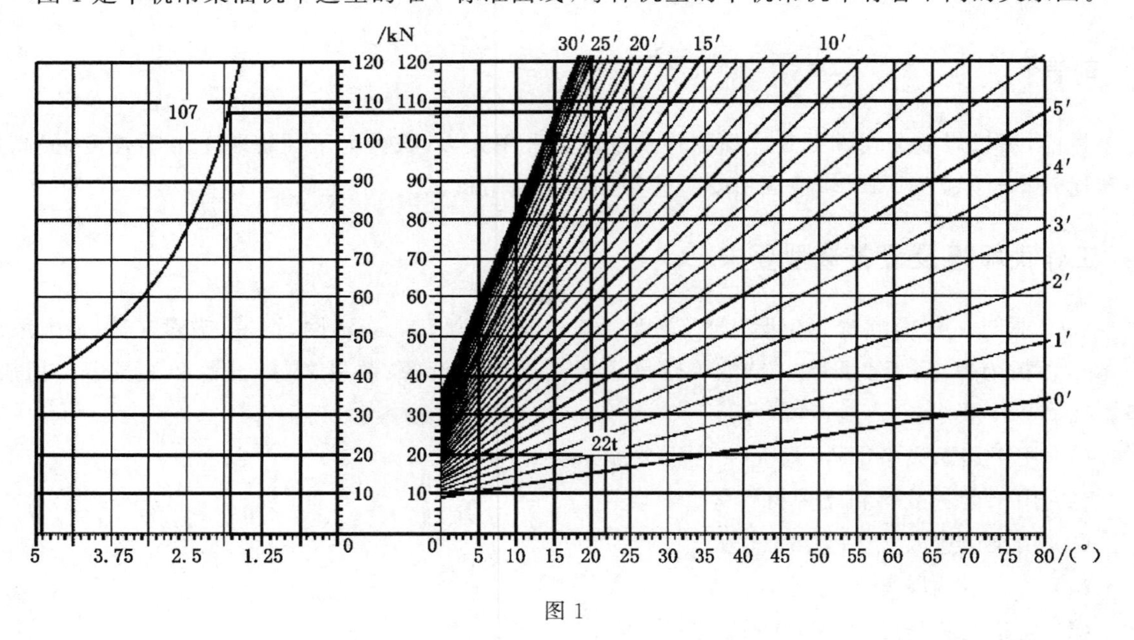

图 1

(1) 右横轴数值为除机车自重外其他设备、货物的重量之和(包括起吊梁、重物和其他设备);

(2) 斜线为单轨吊轨道倾角;

(3) 竖轴为对应牵引力;

(4) 左横轴为对应速度;

(5) 上述曲线为实际实验曲线。

由图 1 中标为 20°的斜直线在 22 t(设备 20 t,起吊梁与其他设备按照 2 t 计算)载重轴相交点,引一条垂直线与牵引力轴相交,可以看出此时牵引力大约是 107 kN。这就是说,单轨吊机车在 20°的坡度,载重 20 t 时,所需牵引力为 107 kN,而 DLZ110F-06 型 6 驱柴油单轨吊的最大牵引力为

120 kN,因此,完全可以完成运输 20 t 大件的运输目标。

机车在空载时,速度 4.9 km/h ,在 20°坡度的情况下,20 t 载重时,机车速度可达 1.875 km/h。

通过上述选型分析,DLZ110F-06 型 6 驱柴油单轨吊机车可以满足运输要求。

2.2 理论计算法

根据牵引力理论计算,在 20°巷道内上行,运送最大件(20 000 kg)时需用牵引力:

$$F_1=(P_1+P_2+P_3+P_4+P_5)\cdot(\sin\alpha+\omega\cos\alpha)g=98.22(\text{kN})$$

式中 F_1——运送设备所需牵引力,kN;

P_1——机车质量,取 5 600 kg;

P_2——制动车质量,取 400 kg;

P_3——司机体重,取 2×75 kg;

P_4——20 t 起吊梁质量,取 1 600 kg;

P_5——最大件质量,取 20 000 kg;

ω——机车运行阻力系数,取 0.02;

α——线路最大坡度,取 20°。

经过以上计算,矿井单轨吊运输所需最大牵引力 98.22 kN 小于单轨吊机车最大牵引力 120 kN,理论计算和实验曲线存在一定误差,但所需牵引力都小于额定牵引力。

2.3 机车防滑计算

DLZ110F-06 型 6 驱单轨吊车的保险制动和停车制动装置为失效安全型,当机车出现故障时,制动装置自动抱死。

运送设备大件时下滑力为:

$$F_2=(P_1+P_2+P_3+P_4+P_5)\cdot(\sin\alpha-\omega\cos\alpha)g=87.9(\text{kN})$$

防滑系数 K,要求不小于 2,按下式计算:

$$K=\frac{F_Z}{F_2}=2.16>2.05,\text{满足要求。}$$

式中 K——防滑系数;

F_Z——机车制动力,额定 180 kN。

2.4 机车重载下坡时的制动减速度和制动距离的核算

经过上述计算,矿井单轨吊重载运输最大荷载为 20 t,最大坡度为 20°,其加速度和制动距离计算如下:

$$F_Z+F_0-F_G=ma$$

$$F_0=(P_1+P_2+P_3+P_4+P_5)g\omega=27\ 750\times9.8\times0.02=5\ 439(\text{N})$$

$$F_G=(P_1+P_2+P_3+P_4+P_5)g\sin\alpha=27\ 750\times9.8\times\sin20°=93\ 000(\text{N})$$

$$a=(F_Z+F_0-F_G)/m=3.33\ \text{m/s}^2$$

$$s=v^2/(2a)=1.29\ \text{m}$$

式中 F_0——列车运行阻力;

F_G——惯性力;

m——总质量,取 27 750 kg;

v——速度,取 2.75 m/s;

a——制动减速度，m/s^2。

因此，单轨吊机车在最大荷载 20 000 kg、最大坡度 20°、以最大设计速度 2.75 m/s 向下运行时，制动距离为 1.29<2.75 m/s×6 s=16.5 m，满足要求。

2.5 功率验算

经过上述计算，DLZ110F-06 型 6 驱单轨吊车在矿井最大坡度 20°向上运输最大荷载 20 000 kg 货物时，以最大速度 0.52 m/s(1.875 km/h)运行，所需最大牵引力为 98.22 kN，所需功率为：$P=Fv=98.22\times0.52=51.07$(kW)<81 kW，满足要求。

曲线验算法所需功率：$P=Fv=107\times0.52=55.64$(kW)。

2.6 单轨吊对通风系统、通风量的要求

(1) 对通风系统的要求：单轨吊轨道系统气动道岔供风系统的风压需达到 0.4～0.6 MPa，矿井压风系统风压 0.6～0.8 MPa，满足设计要求。

(2) 通风量要求：通风量不小于柴油发动机额定功率的 4 倍，即 $81\times4=324(m^3)$，6307 轨道顺槽供风量 400 m^3，满足通风量要求。

3 结论

根据综掘工作面现场生产条件，通过图像分析、理论计算、防滑计算、功率计算等方式进行柴油单轨吊的选型验算，最终确定了捷克生产的 DLZ110F-06 型 6 驱单轨吊车，它既能满足运输要求，又符合现场通风条件。

参考文献

[1] 张淑玲，赵维纲.国产辅助运输设备的种类、特点及使用[J].煤矿设计，1996(4)：19-22.

[2] 汪秀华.国内外辅助运输概况及对我国发展辅助运输的看法[J].山东煤炭科技，1989(3)：5-17.

[3] 裴江涛，郭立伟，李建国，等.单轨吊车防爆柴油机国产化研究[J].煤，2004(4)：20-21.

[4] 吴中伟，谭建华，高峰，等.单轨吊运输系统在大屯矿区的应用研究[J].煤矿机械，2011(1)：184-186.

[5] 张玉龙，朱绪力，孙朝阳，等.矿用单轨吊新型紧急制动装置研究[J].矿山机械，2014(9)：25-28.

[6] 李建升.单轨吊运输在综采综掘工作面的应用实践[J].煤炭工程，2011(9)：58-59.

3 技术应用与创新

1+3 机电零事故体系在石壕洗煤厂的构建与应用

赵　乐，李青青

（河南大有能源有限公司石壕洗煤厂，河南 三门峡　472123）

摘　要　随着煤矿行业的“遇冷”，洗煤厂的重要性正在逐步提升，洗煤厂机电设备的地位和作用变得越来越重要。洗煤厂机电设备的管理与维护对企业安全生产和生产效率提高有着重要意义。洗煤厂机电设备运行环境的特殊性、复杂性，使得洗煤厂机电设备的管理和维护也相应带来了一定的难度，再加上洗煤厂所用洗选设备主要朝着大型化、自动化和智能化发展，这给洗煤厂设备管理带来了新的挑战，是否具备科学合理的管理模式直接影响着洗煤厂的安全生产和设备的使用效率。因此，石壕洗煤厂从基础抓起，建立了一套以机电设备零事故为中心结合机修工、岗位司机、跟班电工三维一体的“1＋3”管理模式来确保机电设备的安全运行，为石壕洗煤厂的正常生产提供可靠的设备保障。

关键词　“1＋3” 机电零事故体系；石壕洗煤厂；应用；效果

0　前言

河南大有能源石壕洗煤厂由煤炭工业石家庄设计院唐山国华分院设计。该选煤厂设计规模为年入洗原煤 120 万吨，煤源以石壕矿生产的原煤为主，可入洗观音堂、曹窑、华兴矿等附近单位的原煤作为原料补充；选煤工艺为“重介＋浮选”联合工艺流程，即采用“不脱泥、不分级无压给料三产品重介旋流器选煤”主工艺，－0 5mm 煤泥进浮选，尾煤泥水采用高效斜管浓缩后用沉降过滤式离心机和压滤机回收，洗水闭路循环、环保节能。产品根据市场需求，既可以生产冶炼精煤，又可以生产优质动力煤，系统操控灵活。

1　“1＋3”机电零事故体系建设在石壕洗煤厂构建背景

1.1　构建“1＋3”机电零事故体系管理构建的背景

近来，洗煤厂的重要性正在逐步提升，洗煤厂机电设备的地位和作用变得越来越重要。洗煤厂机电设备的管理与维护对企业安全生产和生产效率提高有着重要意义。洗煤厂机电设备特殊、复杂的运行环境，使得洗煤厂机电设备的管理和维护有了一定的难度，再加上洗煤厂所用洗选设备主要朝着大型化、自动化和智能化发展，这给洗煤厂设备管理带来了新的挑战，是否具备科学合理的管理模式直接影响着洗煤厂的安全生产和设备的使用效率。因此，石壕洗煤厂从基础抓起，建立了一套以机电设备零事故为中心结合机修工、岗位司机、跟班电工三维一体的“1＋3”管理模式来确保机电设备的安全运行，为其正常生产提供可靠的设备保障。

1.2 “1+3”机电零事故体系管理指导思想

“1+3”管理是石壕洗煤厂提高企业核心竞争水平，提升企业对外形象，实现企业快速发展、安全发展、科学发展的创新之路，是企业追求卓越、实现企业完美发展的必然选择，通过将“1+3”管理工作做精、做细，全面提升企业的管理水平和产品质量，实现洗煤厂本质安全全面发展，是确保石壕洗煤厂长期发展的重要方向。

1.3 “1+3”机电零事故体系实施的目标

设备“零事故”管理是以“零”为目标全力杜绝设备故障发生，维持高效、稳定的生产秩序而实施的一系列管理过程。虽然它的管理目标是零概念，但它不是目标效果管理而是过程管理，是通过一系列有效的过程管理，向“零”概念推进，经过不断螺旋上升，直至可以使设备故障减少到接近于“零”的程度。

2 “1+3”机电零事故体系管理在洗煤厂应用的必要性

大部分洗煤厂设备管理一直采取的是一种粗狂型管理模式；虽然在生产实际过程中制定了一系列的规章制度来保证设备的有效运行和安全生产，但在管理时往往缺乏新模式、新技术和新手段对设备进行管理。在生产实践过程中岗位工进行设备操作时往往存在很多弊端和漏洞，其作为潜在的危险源严重地威胁洗煤厂设备的安全运行，而在企业的生产经营活动中，设备管理的主要任务是为企业提供优良而又经济的技术装备，使企业的生产经营活动建立在最佳的物质技术基础之上，保证生产经营顺利进行，以确保企业提高产品质量，提高生产效率，降低生产成本，进行安全文明生产，从而使企业获得最高经济效益。

3 “1+3”机电零事故体系在洗煤厂的建设

3.1 “1+3”机电零事故体系的创新方法

首先“1+3”指的是以机电设备运行零事故为中心结合机修工、岗位司机、跟班电工三维一体的管理模式来确保机电设备的安全运行，在保证设备安全运行的过程中以“零”为目标全力杜绝设备故障发生，维持高效、稳定的生产秩序而实施的一系列创新管理过程。

3.2 “1+3”机电零事故体系管理特点

（1）坚持以预防为主。首先“1+3”的指导思想是以预防为主，改变以往以抢修为主的传统思想，以最大限度地减少机电事故的发生。

（2）实行全员管理。要求机电维修工、跟班电工、岗位司机以上人员都要关心和参与设备的维护、保养工作，使生产人员与设备维修人员融为一体，成为全员设备管理的基础。

（3）突出为生产服务的观念。整个设备管理的每个环节（包括运行与检修）都按一切服务生产为前提执行，这样既保证了生产计划的正常执行，又满足了检修要求，体现了生产与设备的统一性和协调性。

（4）倾向周期性管理。依据设备运行状态来确定检修时间和内容，防止过度维修或过久维修，其重要在于通过对设备的检查诊断，从而预测设备零部件的寿命周期，确定检修项目，提出改善措施，使设备始终处于高效稳定运行状态。

（5）管理目标集中。一是减少设备故障，二是降低维修费用。

（6）规范一切。从“规范一切，一切规范”的角度出发，建立一套较为完整的设备完好体系，并严格执行。其中强调的是检修标准、维修技术标准、给油脂标准及检修作业标准。设备检修就是将设备可能发生故障的部位设定若干点，实行定点、定标、定期、定法、定人的点检。

3.3 “1+3”机电零事故体系管理推进过程

（1）建立适应设备零故障管理的企业文化。设备零故障管理是建立在全员设备管理体系下的管理方法，必须培育适应设备“零故障”管理的企业文化。

（2）一切规范、规范一切要求每位员工按标准规范工作，就必须建立相应的标准体系。应包括：① 技术基准、标准规范化；② 管理方法标准化；③ 行为动作标准化；④ 时间系列标准化；⑤ 工作秩序标准化；⑥ 环境、礼仪标准化。

这些标准涵盖了设备前期、使用期、后期等各方面工作，并建立各类相应的管理台账及相应的考核办法，强化目标考核管理。

（3）建立与之相应的设备维修策略。设备的维修策略就是要解决“何时修，如何修”的问题。

（4）强化设备的缺陷管理。设备存在缺陷并不可怕，关键是早期发现设备存在的缺陷，掌握其劣化趋势，在设备缺陷成为设备故障之前，通过适时适当的检修予以消除。

（5）建立设备安全、高效运行的防护网。

① 岗位司机的日常巡检。通过日常巡检，一旦发现异常，除及时通知设备包机人员外，还能自己排除异常，进行小修理，这是预防事故发生的第一层防护网。

② 设备包机人的专业巡检。主要依靠五官或借助某些工具和简易仪器实施巡检，对重点设备实行倾向检查管理，发现和消除隐患，分析和排除故障，这是第二层防护网。

③ 专业电工对线路的检查。在日常巡检的基础上，定期对设备进行严格的线路检查、测定、调整，这是第三层防护网。

④ 设备故障诊断。在运行或非解体状态下，对设备进行定量测试，帮助包机人员作出决策，以防止故障和事故发生，这是第四层防护网。

⑤ 设备维修。通过上述四层防护网，可以摸清设备故障的规律，减缓故障进度和延长机件的寿命。但建立一支维修技术高、责任心强的维修队伍和一套完善的维修标准和管理制度是设备零故障管理的一个重要环节，这是第五层防护网。

⑥ 如何进行故障事故处理。设备故障事故发生后，要迅速组织抢修或处理，尽快恢复生产，并按洗煤厂的事故管理办法处理，坚持故障事故原因和责任不清不放过；故障事故责任者和有关人员没有真正受到教育不放过；防止和处理故障事故的措施不落实不放过。强化重复故障事故的管理，专业点检员是重复故障的直接责任人，也是落实纠正措施的责任人。

⑦ 从加强设备基本维护入手。所谓基本维护，就是指正确调整、清扫、加油、紧固等。故障是由设备损坏引起的，只要加强设备操作及维护，使设备在良好的状态下运行，设备的使用周期及寿命就会成倍增加。

⑧ 应严守设备使用条件。设备在设计时就预先决定了使用条件。根据该使用条件而设计的设备，如果严格达到这些使用条件，就很少产生故障。比如，载荷、转速、安装条件及温度等，都是根据设备的特点而决定的。盲目地操作设备或拼设备，也许短时间内产量会有所增加，但长期来看只会适得其反，得不偿失。要做到设备零故障，就应严守设备本身使用条件。

⑨ 强化预防维修,使设备恢复正常。所有设备,即使遵守基本使用条件,设备还会发生损坏,产生故障。因此,使故障的设备明显化,使之恢复至正常状态,这就是防故障于未然的必要条件。这意味着应正确地进行检查,使设备恢复至正常的预防修理。根据零故障的原则,就是将这些“潜在缺陷”明显化,在未产生故障之前加以重视,在这些缺陷形成故障之前即予处理,就能避免故障。设备处一再强调的预防维修,是实现零故障的重要保证。

⑩ 提高职工业务技能。实现零故障管理,根本上在于人,最大的问题是即使采取了对策,还会产生操作差错、修理差错等。防止这类故障,只有靠提高操作人员及保全人员的专业技能。上述达到零故障的对策,必须由设备使用部门和设备维护部门相互协作。即在使用部门,要以基本条件的准备,使用条件的恪守,技能的提高为中心;维修部门的实施项目有使用条件的恪守、故障的复原、缺点的对策、技能的提高等。细化设备管理环节实施设备分级管理,提高维修质量,确保了设备及操作人员的本质安全。

3.4 “1+3”机电零事故体系管理过程中加强机电管理的辅助措施

(1) 加强特殊工种的用工制度管理。除特殊情况外,特殊工种人员不能随意调换,要严格考核发证,持证上岗。

(2) 加强思想教育工作。通过各种途径加强引导教育职工,明确事故的危害性,消除安全侥幸心理,增强安全意识。运用典型的事故案例对职工进行思想教育。

(3) 加强职工的安全、专业培训工作。对新工人、新岗位、新技术要进行强化培训,以全面提高职工的安全业务素质为目的,为搞好安全生产打下坚实的“以人为本”的基础。

(4) 努力加强洗煤厂质量标准化管理。实践证明,洗煤厂质量标准化工作的投入,能得到十几倍甚至几十倍的效益产出,有力地促进安全生产。要把这项工作当作一项经常化的工作来抓,要由静态达标向动态达标转变,由重结果向重过程转变,实现生产全过程达标。

4 结论

通过“1+3”机电零事故建设,强化了设备基层管理。使设备管理不断规范完善,促进设备管理由被动型向主动型的根本转变;强化了包机责任制,针对各级设备管理人员和岗位司机制定了多项规章制度,本着“谁主管,谁负责,谁失误,谁买单”的原则,使设备管理落实到基层,降低了设备事故率和影响时间。

通过“1+3”机电零事故建设,达到了全员参与设备维护的目的,实现了机修工、岗位司机、跟班电工三维一体的管理模式,共同维护管理设备,操作者精心操作,维护者精心维护保养,设备信息相互共享,发现故障严格按分类控制,使设备运行始终处于受控状态,呈现出集中统筹、全面高效运行的良好局面。

“1+3” 机电零事故体系的建设是机电管理工作的创新,是实现洗煤厂机电安全管理长治久安的必由之路,是一项系统工作。通过一年多时间的摸索,取得了可喜的成绩,洗煤厂没有出现一起重大机电事故,实现了机电零事故的目标。

ACS-800 变频调速的应用及原理

周志选，单鑫鑫

（徐矿集团新疆赛尔能源有限责任公司，新疆 塔城地区和布克赛尔蒙古自治县 834406）

摘　要　煤矿辅助提升运输系统是保证矿井正常生产以及提高煤质的一个重要环节。在国家对煤炭生产矿井没有整合、重组、关闭之前，我国有不少小型矿井；其普遍共性是生产能力较小、开采技术比较落实，人力、物力耗费巨大，再加上经济效益的制约和煤炭企业或个人不愿出钱大量投资，从而导致矿井在新型设备的使用上比较落后，尤其是变频器的应用在生产作业中很少。我矿之前也是小型生产矿井，使用高档普采技术。随着近年集团公司大量的资金投入和矿井的改造扩建工程，我矿全面实现了综采、综掘开采技术，同时使用了大量的高科技设备，尤其是辅助运输系统变频调速在主提升绞车、无极绳梭车上的应用，并取得了较好的效果。本文就变频调速在我矿辅助提升运输系统的应用进行探讨。

关键词　煤矿；辅助运输系统；ACS-800 变频调速；保护可靠；能量回馈

1　变频调速的应用简述

副井提升系统是煤矿生产的关键。主提升机采用双回路供电，并且对电气控制系统要求很高，对“三电”（电力传动、电力控制、电力仪表仪器）、“三量”（开关量、模拟量、脉冲量）的使用要求甚是严格；对提升机的各大保护要求更是缺一不可，并且要动作可靠、灵敏。其重要性直接关系矿井生产效率和企业的发展。

目前，我公司其他几个矿井主提升机的电气传动主要采用直流传动系统。这种控制系统优点是：

（1）调速性能好、调速范围广、易于平滑调节。

（2）启动、制动转矩大，易于快速启动、停车。

（3）过载能力强，能够承受较频繁的冲击负荷。

（4）国内外技术比较成熟，工程应用较广。

虽然直流传动控制系统有诸多优点，但是仍有很多缺点，主要表现在以下几个方面：

（1）由于采用相控整流技术，在晶闸管换向时会产生大量谐波，污染电网。

（2）在低速启动时，晶闸管导通角导致功率因数较低，无功分量较大，需要对功率因数进行补偿。

（3）与同容量、转速的交流电机相比，直流电机的造价高，体积大，制动惯量大。

（4）日常维护量大，需要定期检修、更换碳刷。

(5) 直流电机效率不高,而且投入的附属控制设备和动力设备较多,再加上直流电机结构比较复杂。

近年来,随着我国自动化技术的迅速发展,变频器由于性能稳定、节能环保、性价比高,在工业各个领域得到了广泛的应用。同样矿井大型重要设备也使用变频调速控制技术,变频调速技术在我矿副井提升机和其他辅助运输系统得以使用,为矿井安全生产提供了一个可靠的保障,同时有效地制约了矿井运输事故的发生。随着变频调速技术的发展,我矿有部分大型设备已经采用交-直-交 ACS800 型变频调速技术,尤其是在副井提升机使用上效果显著。

2 ACS-800 变频原理

ABB 变频器 ACS-800 系列变频器控制采用直接转矩(dtc)作为其核心控制原理。而直接转矩控制技术是在变频器内部建立了一个交流异步电动机的软件数学模型,根据实测的直流母线电压、开关状态和电流计算出一组精确的电机转矩和定子磁通实际值,并将这些参数值直接应用于控制输出单元的开关状态,真正实现对电动机转矩和转速的实时控制。大功率变频装置可以将工频三相交流电,利用设定的参数进行逆变,使得输出为某一相应设定频率的交流电。变频器输出频率的变化,将导致电动机的输出转速变化,二者之间的关系近似线性。这样,就起到了调速的作用。

主回路中,用于连接制动单元和制动电阻的端子,用于防止提升机在垂直方向上运行时,发生工件在带动电动机运转,而产生很大的再生电动势,即泵升电压过高,损坏变频器的现象出现。加入外接制动电阻或外接制动单元可消耗部分能量,提高变频器的工作能力。根据变频调速原理,在变频器的控制输入回路中接入额定电路,由 PLC 输出的模拟量,即电压或电流信号来控制变频器的输出频率。此时的变频器输出频率与设定电压或电流输入成正比。为了便于监控变频器的运行状态并及时发现异常,取出变频器的异常信号送到 PLC 的输入模块,以作为变频器的事故报警信号。

3 变频调速的优点

(1) 实现无级平稳加减速,提高提升系统的安全水平。

(2) 节约电能,提高效率。

(3) 用变频器内置的编程软件替代继电器实现提升速度控制,减少设备维修工作量。

(4) 启动电流低,对系统及电网无冲击节电效果明显,启动时无须串金属电阻启动,降低了启动能耗。

(5) 系统各项保护功能齐全,操作安全性能高。

4 变频调速控制系统抗干扰措施

(1) 变频器干扰的来源

首先是来自外部电网的干扰。电网中的谐波干扰主要通过变频器的供电电源干扰变频器。电网中存在大量谐波源,如各种整流设备、交直流互换设备、电子电压调整设备,非线性负载及照明设备等。这些负荷都使电网中的电压、电流产生波形畸变,从而对电网中其他设备产生危害的干扰。变频器的供电电源受到来自被污染的交流电网的干扰后若不加处理，电网噪声就会通过电网电源电路干扰变频器。

其次是变频器自身对外部的干扰。变频器的 IGBT 对电网来说是非线性负载，它所产生的谐波对同一电网的其他电子、电气设备产生谐波干扰。另外变频器的逆变器大多采用 PWM 技术，当工作于开关模式且做高速切换时，产生大量耦合性噪声。因此变频器对系统内其他的电子、电气设备来说是一电磁干扰源。

变频器的输入和输出电流中，都含有很多高次谐波成分。除了能构成电源无功损耗的较低次谐波外，还有许多频率很高的谐波成分。它们将以各种方式把自己的能量传播出去，形成对变频器本身和其他设备的干扰信号。

(2) 变频调速系统的抗干扰对策

根据电磁基本原理，形成电磁干扰(EMI)须具备三要素——电磁干扰源、电磁干扰途径、对电磁干扰敏感的系统。为防止干扰，可采用硬件抗干扰和软件抗干扰。其中，硬件抗干扰是应用系统最基本和最重要的抗干扰措施，一般从抗和防两方面入手来抑制干扰，其总原则是抑制和消除干扰源、切断干扰对系统的耦合通道、降低系统干扰信号的敏感性。具体措施在工程上可采用隔离、滤波、屏蔽、接地等方法。

a. 所谓干扰的隔离，是指从电路上把干扰源和易受干扰的部分隔离开来，使它们不发生电的联系。在变频调速传动系统中，通常是电源和放大器电路之间电源线上采用隔离变压器以免传导干扰，电源隔离变压器可应用噪声隔离变压器。

b. 在系统线路中装设滤波器的作用是为了抑制干扰信号从变频器通过电源线传导干扰到电源从电动机。为减少电磁噪声和损耗，在变频器输出侧可设置输出滤波器。在变频器的输入和输出电路中，除了上述较低的谐波成分外，还有许多频率很高的谐波电流，它们将以各种方式把自己的能量传播出去，形成对其他设备的干扰信号。滤波器就是用于削弱频率较高的谐波分量的主要手段。根据使用位置的不同，屏蔽干扰源是抑制干扰的最有效的方法。

c. 通常变频器本身用铁壳屏蔽，不让其电磁干扰泄露；输出线最好用钢管屏蔽，特别是以外部信号控制变频器时，要求信号线尽可能短(一般为 20 m 以内)，且信号线采用双芯屏蔽，并与主电路线(AC380V)及控制线(AC220V)完全分离，绝不能放于同一配管或线槽内，周围电子敏感设备线路也要求屏蔽。为使屏蔽有效，屏蔽罩必须可靠接地。

d. 正确的接地。在电路系统中，为了保证设备安全运行，必须将设备可靠地接地；变频器正确的接地是提高控制系统灵敏度、抑制噪声能力的重要手段，变频器接地端子 E(G)接地的电阻越小越好，接地导线截面积不小于 2 mm^2，长度应控制在 20 m 以内。变频器的接地必须与动力设备接地点分开，不能共地。信号输入线的屏蔽，应接至 E(G)上，另一端不能接于地端，否则会引起信号变化波动，使系统震荡不止。

e. 合理布线。

对于通过感应方式传播的干扰信号，可以通过合理布线的方式来削弱。具体方法有：

(1) 设备的电源线和信号线应尽量远离变频器的输入、输出线；

(2) 其他设备的电源线和信号线应避免和变频器的输入、输出线平行。

5 能量回馈单元

在变频调速系统中，我矿用主提升机属于大惯量负载，在运行期间需要快速制动，这样电机不可避免地存在发电过程，即电机转子在外力的拖动或负载自身转动惯量的维持下，使得电机的实际转速大于变频器输出的同步转速，电机所发出的电能将会储存在变频器的直流母线滤波电容中，如果不把这部分能量消耗掉，那么直流母线电压就会迅速升高，影响变频器的正常工作。

我矿选用 RBU100H 型能量回馈单元解决了这一难题，通过自动检测变频器的直流母线电压，将变频器的直流环节的直流电压逆变成与电网电压同频同相的交流电压，经多重噪声滤波环节后连接到交流电网，从而达到能量回馈电网的目的，回馈到电网的电能达到发电能量的 97%以上，有效节省电能。

6 ACS-800 变频调速在煤矿辅助提升运输系统的运行效果与分析

经过两年时间对我矿辅助运输系统，变频调速设备的观察和记录，其主要研究对象是副井主提升机。副井主提升机采用变频器和可编程序控制器相结合的方法，实现提升机的调速运行安全可靠、操作简便，维修量比较小，与直流和其他电气控制系统相比较具有一定的优越性和前沿性，变频调速提升机各项性能、各种保护和技术参数均符合行业规定，变频调速系统在提升机控制中显示出的优越性是其他控制系统无法逾越的，用于矿井提升机确实是一套可靠的电气控制系统。在使用过程中实现了软启动、软停车，减少了机械冲击，使运行更加平稳可靠，为我矿的安全生产、增效、降耗作出一定的贡献。

参考文献

[1] 北京 ABB 电气传动系统有限公司.固件手册　ACS800 泵和风机传动应用程序[Z].
[2] 英威腾电气股份有限公司.RBU100H 能量回馈单元说明书[Z].

单轨吊道岔综合保护装置的研究与应用

王　东，陈相蒙

（山东能源新汶矿业集团山东新阳能源有限公司，山东 济南　251401）

摘　要　单轨吊道岔综合保护装置消除了因机车脱轨引发财产损失、人员伤害的隐患，简化了工作程序，缩短了机车运行间歇时间，提高了机车运输效率，具有显著的社会效益和经济效益。

关键词　单轨吊；道岔；保护装置

单轨吊道岔是单轨吊运输网络的重要组成部分，其本身质量、工作状态直接关系到单轨吊运输安全和效率。由于单轨吊机车本身长达30余米，机车司机视野受限，无法在车上掌握道岔的工作状态，需下车走近检查确认，影响运输时间。个别责任心不强的司机，常常凭经验或感觉直接开过道岔，一旦道岔活动轨不密贴或不在运输方向上，就会发生机车脱轨或拧坏道岔活动轨等影响生产的现象。因此，研制应用单轨吊道岔综合保护装置具有十分重要的意义。

1　研究内容及主要技术性能指标

1.1　研究主要内容

制作安装道岔位置指示器，活动轨连接侧为绿灯，不连接侧为红灯，活动轨不到位或闭锁销没下落到位时红、绿灯都不亮，让机车司机在不下车的情况下掌握道岔工作状态，以便及时采取可靠措施，防止脱轨事故发生。

制作安装单轨吊道岔端头联动式阻车器，保证道岔不连接端头阻车器关闭，连接一侧端头阻车器打开，即使机车司机误操作，运行进入未连接轨端头时，也会被端头阻车器挡住。

1.2　主要结构组成及工作原理

该安全保护装置由机械传动部分、联动阻车器、道岔位置指示器、限位开关等四部分组成。

工作原理如下：该装置以风源为动力，当操作道岔时，原有风缸动作，通过机械传动带动联动阻车器工作，当平移风缸到达预定位置，限位开关动作，由此完成岔位指示器的红、绿灯转换，检查活动轨接触密贴后，落下闭锁的同时，触发开关动作，接通电源，红、绿灯完成最后的指示转换。电气原理图见图1。示意图见图2。

1.3　主要技术性能指标

联动阻车器由折页型阻车器、传动部分等组成。主要技术参数：折页型阻车器由20 mm的钢板制作；传动部分由导绳轮、直径6 mm的油丝绳及配套绳卡子等组成，折页型阻车器固定部分用螺丝固定到道岔端头处，活动部分骑跨道岔基本轨并通过油丝绳与平移气缸连接。

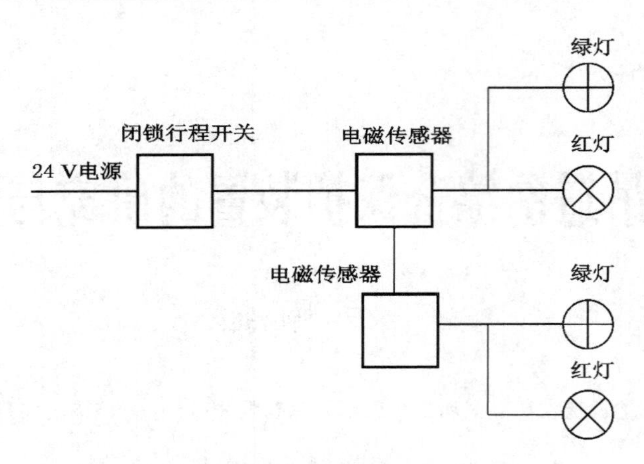

图1 电气原理图

道岔位置指示器由红、绿灯与限位或触发开关两部分组成。电源电压 127 V,红绿灯电压 127 V,触发开关工作电压 24 V。

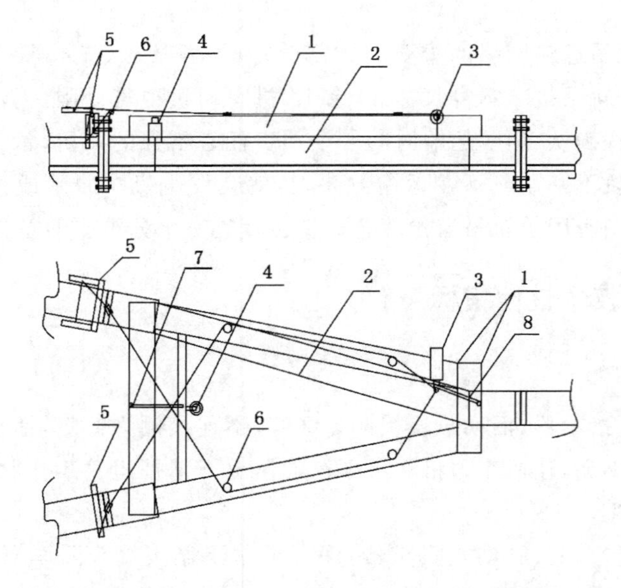

图2 单轨吊道岔综合保护装置示意图

1——固定架;2——直通式电磁阀;3——推移气缸;4——闭锁气缸;5——联动阻车器;
6——油丝绳导绳轮;7——限位开关;8——触发开关

2 应用效果

研制应用前,单轨吊司机视野受限,无法在车上掌握道岔的工作状态,需下车走近检查与确认,影响运输时间。个别司机经常凭经验直接开过道岔。一旦道岔活动轨不密贴或不在运输方向上,极易发生机车脱轨或拧坏道岔活动轨等影响生产的现象。

该装置研制应用后,很好地解决了上述问题,即使误进入没有连接或连接不好的道岔区间也不会发生机车脱轨事故。

3 具有的特点

该装置适用于任何一组单轨吊道岔。具有结构、制作简单，安装、维修方便，可让机车司机在不下车的情况下掌握道岔活动轨位置和工作状态，能有效避免道岔活动过不到位造成的机车脱轨事故，缩短运输时间等特点。

4 创新点

该装置的研究与应用实现了道岔位置远距离可视化、断开吊轨线路的闭锁化，司机能在不下车的情况下提前预判道岔位置与状态，达到了有效防止机车误进入未连接线路或没连接好线路造成机车损坏等财产损失、甚至人员伤害的目的，简化了跟车人员上下车行走确认即将通过道岔位置或状态的工作程序，缩短了机车运行间歇时间，提高了机车效率。

该装置具有很强的实用性，它的研制与应用填补了单轨吊行车保护的空白。

5 作用意义

该装置的研究与应用，消除了因机车脱轨引发财产损失、甚至人员伤害的隐患；简化了工作程序，缩短了机车运行间歇时间，提高了机车运输效率，社会效益和经济效益显著。

6 结论

该保护装置工作中具有很强的实用性、操作性，可为任何一组单轨吊道岔提供行车保护，具有很好的推广应用前景。如该装置能与单轨吊机车司机遥控配合使用，效果会更好。

该保护装置不仅安全效益显著，在一定程度上避免了运输事故的发生，也具有很高的经济效益，大大增强了单轨吊道岔的使用寿命，节约了材料费用的支出和配件的投入。

该保护装置的研究具有较高的理论创新性，技术可行、安全可靠，解决了单轨吊机车运输中存在的难点，获得了2014年度全国煤矿职工技术创新成果三等奖。

参考文献

[1] 洪晓华.矿井运输提升[M].第2版.徐州：中国矿业大学出版社，2005.

[2] 王东.新阳能源单轨吊运输网络建设与实施[J].山东煤炭科技，2012(3)：34-35.

[3] 国家安全生产监督管理总局，国家煤矿安全监察局.煤矿安全规程[M].北京：煤炭工业出版社，2016.

单轨吊辅助运输网络的建立与应用

汪苗盛，闫瑞廷

（河南能源化工集团，河南 永城 476600）

摘　要　近年，虽然永煤公司城郊煤矿采掘机械化有了大幅度提升和发展，但是有些方面还不尽如人意，还存在劳动强度大、效率低、安全性差的问题，如掘进工作面的材料和设备运输，还以皮带机或人工搬运的方式进行，劳动强度大、效率低；采煤工作面设备安装回撤主要以双速绞车和无极绳绞车为主，系统复杂、运输环节多、不安全因素多、管理难度大；职工均步行进出工作面，遇有长距离、大倾角工作面，职工体力消耗大。永煤公司城郊煤矿根据矿井采掘工作面实际情况，经过研究论证，率先引进单轨吊，并初步形成采区单轨吊辅助运输网络，解决采掘工作面辅助运输和人员运输问题。

关键词　单轨吊；辅助运输；网络

0　前言

城郊煤矿采掘工作面物料全部采用绞车或胶带机进行运输，运输速度慢、效率低、投入人工多，运输方式相对落后。目前十四采区有 1 个综采工作面和 2 个掘进工作面，巷道顶板采用锚网支护，顶板较为稳定，巷道高度在 2.8～3.5 m，满足单轨吊安装及运行需要。为了充分发挥单轨吊运输的优势，城郊煤矿在十四采区采掘工作面建立了单轨吊辅助运输网络，并成功投入运行实施。

1　单轨吊辅助运输网络的建立

根据采区工作面布置，在 21402 采煤工作面轨道顺槽、21404 轨道顺槽、21404 胶带顺掘进工作面、采区运输大巷巷道内安装单轨吊轨道，并全部沟通形成单轨吊轨道运输网络，运输路线总长 6 800 m。运输路线如图 1 所示。

1.1　轨道安装

单轨吊轨道采用锚杆或锚索在顶板固定的方式进行悬挂：① 吊挂轨道选用锚杆悬挂时，选用 ϕ20 mm×2 200 mm 以上规格高强锚杆，全长锚固。如有特殊地质条件需选用其他型号锚杆或锚索。② 每个悬挂点应使用专用吊座，避免圆环链直接与锚杆或锚索连接。悬挂板通过一根 ϕ18 mm×64 mm 圆环链与轨道连接；链条上端通过 ϕ20 mm 高强度螺栓固定在悬挂板上，下端通过大吊环套、专用销轴、螺母固定在轨道上。现场条件确实有困难时，可以使用锚具直接压吊挂链吊挂轨道，采用双链吊挂方式，两根锚杆（锚索）分别固定两根吊链，呈横向“V”形布置。③ 悬挂板要与

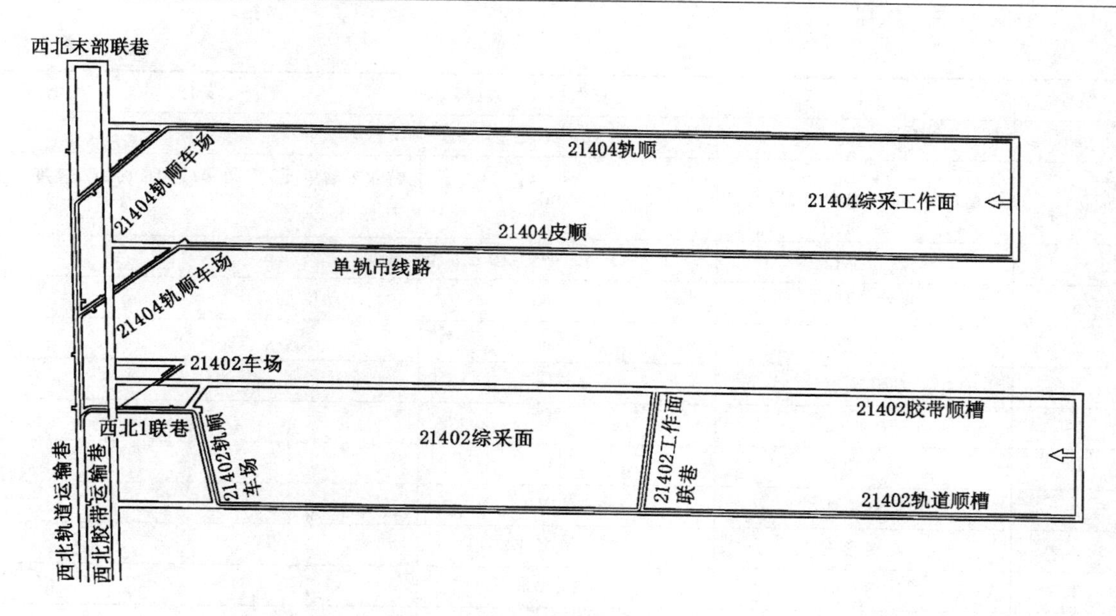

图 1　单轨吊轨道线路图

顶板接触严密，顶板倾斜处可用木板或铁板支垫。④ 每个吊挂点使用的锚杆或锚索数量不少于 2 根。⑤ 单根锚杆、锚索锚固力不小于 90 kN，安装轨道前对每根锚杆、锚索进行锚固力不小于 50 kN 的预定集中载荷试验，锚杆、锚索外露悬挂板长 30～50 mm，巷道中垂线与锚杆夹角小于 10°。⑥ 巷道拐弯处使用曲率半径不小于 4 m 的水平弯轨，斜巷变坡处使用曲率半径不小于 8 m 的垂直弯轨道，轨道交叉口安装气动道岔装置。单轨吊轨道安装如图 2 所示。

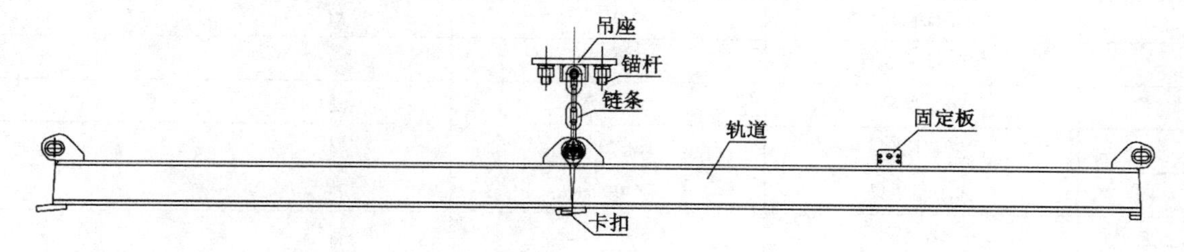

图 2　单轨吊轨道安装示意图

1.2　单轨吊运输

在单轨吊运输网络内安装 1 台柴油机单轨吊和 1 台气动单轨吊。物料运输时主要使用运输能力较强的柴油机单轨吊，在掘进工作面距离迎头较近或空间狭窄区域可选择使用气动单轨吊，生产期间根据现场实际情况，灵活采取气动单轨吊配合柴油机单轨吊进行运输。柴油机单轨吊主要技术参数见表 1，MK10 型气动单轨吊技术参数见表 2。

表 1　　柴油机单轨吊主要技术参数

序号	项目	技术参数	备注
一	整机		
1	额定载质量	16 t	
2	最大运行坡度	30°	

续表 1

序号	项目	技术参数	备注
3	牵引力	120 kN	带六驱动单元
4	运行速度	0～2 m/s	带六驱动单元，重载爬坡(16 t、20°)速度不小于 0.5 m/s
5	转弯半径	水平:6 m。垂直:12 m	
6	机车总长度	10.65 m	含六驱动单元
7	机车宽度	0.85 m	
8	机车高度	1.425 m	
二	柴油机		
1	额定功率	81 kW	
2	燃料消耗	250 g/kW·h	
3	隔爆形式	板式隔爆片	
4	使用寿命	≥15 000 h	
5	尾气排放温度	≤70 ℃	
6	尾气排放氮氧化合物	$<350\times10^{-6}$	
7	尾气排放 CO	<0.02%	
三	具备的报警和停机显示		具备声音报警功能
1	柴油机冷却水温度	90 ℃	
2	柴油机机油压力	0.1 MPa	
3	柴油机机油温度	90 ℃	
4	液压油温度	60 ℃	
5	尾气排放温度	70 ℃	
6	超速保护	2.75 m/s	
7	瓦斯超限保护	1.0%停车	
四	16 t 起吊梁	16 000 kg	
五	8 t 起吊梁	8 000 kg	
六	人车	14 人	尺寸规格 4 200 mm×1 100 mm×1 600 mm
七	轨道	I140E	

表 2　　MK10 型气动单轨吊技术参数

序号	项目	单位	技术参数
1	额定牵引力	N	16 000
2	制动力	N	20 000
3	平轨最大运行速度	m/min	28
4	额定功率	kW	2×3.5
5	轨道最大坡度	(°)	±25
6	工作空气压力	MPa	0.4
7	空气供给管内径	mm	32

续表 2

序号	项目	单位	技术参数
8	尺寸(高×宽×长)	mm	800×874×1 126
9	质量	kg	390
10	最大负载 (摩擦系数 0.1) 0.4 MPa 压力下	kg	0°坡～16 000 5°坡～8 566 10°坡～5 880 15°坡～4 502 20°坡～3 670

2 单轨吊使用情况分析

2.1 气动单轨吊

优点：

(1) 该设备具有质量轻、移动灵活方便，可随工作面一同推进，操作简单等特点。

(2) 气动单轨吊灵活性强、应用范围广，一般不受巷道底鼓、片帮等的影响。

(3) 安全性高、适应性强。

实施效果：

大大降低作业人员劳动强度，提高工作面设备拆装效率，尤其在大件设备等胶带运输无法实现时省时又省力。以带式输送机电机减速机(质量约 1 t)运输 1 000 m 为例，以往需要十几人抬运或拖运数小时方可运输到位的地点，采用气动单轨吊仅需 2 人配合利用 40 min 即可安全运输至施工地点。气动单轨吊与带式输送机运料进行对比分析(以运输 1 000 m 为例)见表 3。

表 3　　气动单轨吊与带式输送机运料对比

项目	气动单轨吊运料	带式输送机运料
运输时间	1. 设计速度 28 m/min，加倒换风绳等，平均速度 20 m/min，运输 1 000 m 需 50 min； 2. 装卸料时间 60 min； 3. 总时间 110 min	1. 带速 2 m/s，运输 1 000 m 需 8 min； 2. 装料时间 50 min，并捆绑结束； 3. 卸料时间 50 min，并不能集中卸料； 4. 装卸料不集中； 5. 总时间约 120 min
需要人力	装料、运输 2 人，集中卸料	装料 3 人，接料 3 人
物料种类	所有支护材料及大型设备	大型设备、H 架、金属网无法运输，靠人力运输
安全系数	安全可靠，连接风水绳时需注意安全，运行期间注意物料滑动	物料必须绑扎牢固，易动态打料接料，材料掉落或进入机尾易损伤皮带，运料区间内有人工作物料易窜出皮带伤人

通过对比分析气动单轨吊运输与带式输送机运料发现，气动单轨吊运料与带式输送机运料时间上相差无几，但是在节省人工、减轻职工劳动强度和安全系数方面有明显的优势；并且气动单轨吊适应性更强，可以运送全部设备和材料。在掘进工作面顺槽掘进期间使用气动单轨吊运输物料能够较好地减轻职工的体力劳动，提高劳动效率。

2.2 柴油机单轨吊与轨道运输比较

以 21402 工作面综采安装为例，运输距离总长度 2 920 m，分别按照单轨吊机车运输和绞车轨道运输进行经济技术比较。

(1) 设备及轨道投入比较，见表 4。

表 4　　设备及轨道投入比较

单轨吊机车运输				绞车轨道运输			
名称	型号	数量	金额/万元	名称	型号	数量	金额/万元
单轨吊	DLZ110F	1 台	400	无极绳绞车	JWB-90J	2 台	100
轨道	I140E	2 800 m	56	双速绞车	SDJ-28	3 台	27
双速绞车	SDJ-28	1 台	9	双速绞车	SDJ-14	6 台	26.1
调度绞车	JD-11.4	2 台	2	调度绞车	JD-11.4	4 台	4
双速绞车	SDJ-14	1 台	4.35	开关	QJZ2-80N	10 台	4.6
开关	QJZ2-80N	3 台	1.38	开关	QJZ2-120N	5 台	2.65
开关	QJZ2-120N	1 台	0.53	通信信号		1 套	10
				轨道	22 kg/m	6 020 m	54.3
合计			473.26	合计			228.65

从上表两种运输方式比较，单轨吊机车运输比绞车轨道运输，设备减少 22 台(其中绞车 10 台，开关 12 台)，投入增加 244.61 万元。

(2) 一次性辅助材料投入，见表 5。

表 5　　一次性辅助材料投入比较

单轨吊机车运输				绞车轨道运输			
名称	单价	数量	总价/元	名称	单价	数量	总价/元
锚杆	35 元/套	2 200	77 000	道木	28 元/根	4 682	131 096
锚固剂	2.2 元/支	6 600	14 520	道钉	4 元/千克	3 100	12 400
道木	28 元/根	214	5 973	扣件	2 元/副	1 338	2 676
扣件	2 元/副	52	104	托辊	115 元/个	20	2 300
道钉	4 元/千克	122	490	钢丝绳	6.5 元/千克	10 260	66 690
钢丝绳	6.5 元/千克	342	2 223	挡车装置	3 500 元/组	19 组	66 500
挡车装置	3 500 元/组	3	10 500				
合计			110 810	合计			281 662

从上表两种运输方式比较，使用单轨吊机车运输一次性辅助材料投入 11.081 万元，轨道运输投入 28.166 2 万元，减少 17.085 2 万元。

(3) 人工投入

① 单轨吊轨道安装每班 8 人，平均每班安装轨道 30 m，投入工时：2 920 m÷30 m/班×8 人＝779 工时，安装机车和道岔投入人工 36 个，人工费用：(779＋36)×190＝15.485 万元(190 元/工)。

采用轨道运输时,安装绞车、铺设轨道以及安全设施安装等总计约需 1 860 个工时(根据工程量,由安装队逐项统计得出)。人工费用:1 860×190=35.34 万元(190 元/工)。

② 工作面直接参与设备安装人员比较,见表 6。

表 6　　工作面直接参与设备安装人工比较

运输方式	单轨吊机车运输		绞车轨道运输	
人员配置	工种	数量/个	工种	数量/个
	机车司机	2	绞车司机	8
	绞车司机	2	信号工	8
	信号工	3	辅助倒车人员	4
	磨架人员	5	磨架人员	5
合计		12		25

从上表两种运输方式比较,使用单轨吊机车运输每班减少 13 人(每天两个班安装作业),按工作面实际安装工期 25 天计算,累计减少人工投入 13×25×2=650 个、人工费 650×190=12.35 万元(按照 190 元/工计算)。

(4) 能耗比较

按工作面安装期间,日均油耗和电耗费用比较,见表 7。

表 7　　能耗比较

单轨吊机车				绞车			
柴油	日均消耗/L	单价/元	总价/元	总功率/kW	日运输时间/h	电价/元	总价/元
−10#	130	7.3	949	90	18	0.63	1 020
合计			949	合计			1 020

从上表两种运输方式比较,日均油耗和电耗基本持平。

(5) 运输效率比较

单轨吊平巷重载运行速度 1~1.53 m/s,空载 2 m/s;无极绳绞车重载运行速度 0.67~1 m/s,空载 1.7 m/s ;双速绞车重载平均运行 0.15 m/s,空载平均运行速度 1.28 m/s(SDJ-28 型绞车)。单轨吊运行速度快于无极绳绞车,并且单轨吊运行距离长,中间无倒车和摘挂钩影响,整体运行效率高。

2.3　其他比较分析

以 21404 工作面为例,在工作面施工设计、完成工期方面再进行比较。

(1) 工作面施工设计比较

21404 工作面顺槽平均长度 2 150 m,如果采取绞车运输,因为胶带顺槽第二部胶带运输机缩短后胶带运输需要,需在巷道中间施工 1 条与工作面切眼平行的联络巷道,长 180 m,按照掘进投入 7 000 元/m 计算,需增加投入 136 万元;采用单轨吊运输,可以在掘进期间逐步将单轨吊轨道铺设至第二部胶带机位置,不需再施工联络巷道,且安装单轨吊轨道投入材料费用与联巷使用绞车运输投入费用基本持平。

（2）工作面完成工期比较

单轨吊轨道可以在巷道掘进期间进行安装，与巷道掘进平行作业，且不影响掘进进度，工作面圈成后很快就可以直接进行工作面综采设备的安装。如果采用绞车运输，巷道需要安装绞车、轨道、安全设施等，且只能在工作面圈出后重新安排队伍进行施工。城郊煤矿已经完成安装的21603工作面与21404工作面运输路线相似，21603工作面运输距离1 500 m，安装各类绞车17部，综采设备安装前准备工期为30天；21404工作面运输距离2 350 m，如果采取绞车运输方式，准备工期至少需要40天，因此采用单轨吊运输直接将工作面投入回采时间提前40天。按照安装队月工资结算100万元计算，直接节约人工工资投入约133万元。

从以上所有分析得出：十四采区单轨吊辅助运输网络形成后，在设备投入上，初期设备一次性投入单轨吊比绞车轨道运输多244.61万元，但是由于一部单轨吊机车可以同时服务一个采区多个工作面，从长期投入来看，单轨吊运输更加经济。在人工和材料投入上，使用单轨吊运输比绞车轨道运输，总计节约工时1 645个，节约人工费用31.255万元，使用单轨吊运输，一次性辅助材料投入减少17.085 2万元，总计节余31.255＋17.085＝48.34万元。在工作面施工设计和完成工期上，节省投入136＋133＝269万元。

3　单轨吊辅助运输的优点

（1）安全系数高。单轨吊安全保护多，设备连续运输，直接运到工作面，省去了很多中间周转环节，不掉道、不摘挂钩，不转道，安全可靠性大幅度提高。

（2）设备数量少，系统简单，安装维护方便。以21402工作面为例，使用单轨吊运输比轨道运输少安装2台无极绳绞车和8台双速绞车。而且，单轨吊安装比轨道安装快2～3倍。设备维护上，单轨吊每天2人即可，而轨道运输每天得4～5人。单轨吊形成网络运行，一台机车服务多个工作面，网络越大越能发挥效率，避免了轨道运输繁杂的安装和维护过程。

（3）用人少，运输效率高。21402综采工作面安装减少工时1 678个。

（4）解决了人员运输问题。职工上下班都乘人车，一趟20 min，步行约40 min以上，节省了体力和时间。

（5）解决了顺槽掘进期间的材料、设备等辅助运输问题，降低人工搬运的劳动强度。

（6）形成运输系统时间短。单轨吊轨道在掘进时随掘随安，可以用于工作面设备安装运输，一直服务至工作面回采结束。轨道可重复使用，减少了钢丝绳、轨枕等一次性材料投入。

（7）单轨吊机车牵引力大，爬坡能力强（30°），能在起伏坡度较大的情况下实现液压支架、采煤机等重型设备的运输。无极绳绞车遇有较大坡度时牵引能力达不到，需要配小绞车辅助运输。

（8）方便采煤工作面设备运输。机车可以将设备、配件直接运至工作面机尾处，无极绳绞车受设备列车影响，靠近工作面有100～200 m的距离需要人工搬运。

4　单轨吊辅助运输的缺点

（1）设备初期一次性投入较高。21402工作面单轨吊机车运输比绞车轨道运输设备多投入244万元，人工和一次性材料投入节余49万元，实际多投入195万元。

（2）空气有污染，有煤油味。单轨吊机车运行期间产生的尾气对风流造成一定污染，必须适当加大风量来稀释有害气体和尾气。

（3）对检修、维护及操作人员的技术水平和责任心要求高。相关人员必须熟练掌握单轨吊机车基础知识，必须严格按照规定进行检修和操作，并做好定期保养。

（4）对巷道高度要求高。运送不同综采支架，巷道高度要求不同，局部巷道需要破底，在掘进工作面施工时，需要提前考虑。

5 总结

（1）城郊煤矿十四采区单轨吊运输网络运行以来，整体运行稳定，性能可靠，取代了绞车和轨道运输系统，简化了运输环节，减少了人力物力投入，解决了职工运输问题，具有运输安全系数高、安装维护简单、劳动强度低等优势，城郊煤矿综采安装队、综掘队、综采队均给予极高评价。

（2）采煤和掘进工作面单轨吊联网运行，气动单轨吊和柴油机单轨吊配套运行，为整个采区及工作面安装服务，使用效率高，充分发挥了单轨吊运输效率，适宜在我矿进行推广应用。

单轨吊辅助运输系统的应用

许林勇，亓守平，朱曙光

（莱芜市万祥矿业公司潘西煤矿，山东 莱芜 271100）

摘 要 随着我矿发展及开采规模的不断扩大，传统的轨道绞车辅助运输形式越来越不能满足当前的生产效率，由于巷道受地质条件的影响起伏较大，若采用轨道绞车运输，需要安装各类绞车多部，一方面运输环节多，安全可靠性差；另一方面占用的设备和人员多，经济效益差。单轨吊辅助运输作为一种新型运输方式，实现多巷道贯通联网运输，提高了辅助运输的安全性和效率。

关键词 单轨吊；应用；辅助运输

1 辅助运输现状

万祥矿业潘西煤矿矿井提升运输方式为立井与斜井混合提升，有 3 条斜井分别是二号主井、－150 m暗斜井和－740 m 检修井；1 条立井是副立井。矿井生产水平在－740 m 水平。上下井的设备及工作人员主要通过副立井提升运输；3 条斜井只担负超长超重大件的少量运输和少部分上下井人员的运输；－150 m 水平车场和－350 m 水平车场通过 CDXT-2.5(5)型电瓶车运输，－740 m 水平大巷内主要通过 CTL12/6P 电机车运输。生产采区为后六采区，后六采区内布置有两条轨道上山、一条运输上山。2 条轨道上山，即后六轨道上山和后六二段轨道上山。采区内的材料设备均采用 JYB60×1.25 型内齿轮绞车提升运输，人员运输采用架空乘人装置来实现机械运人。采区内设计共布置了 4 个综采工作面。由于工作面上平巷的巷道受地质条件的影响起伏较大，若采用轨道绞车运输，需要安装各类绞车多部，这样运输环节多，一方面不安全因素多，安全可靠性差；另一方面占用的设备和人员多，经济效益差。为了提高矿井辅助运输的安全性能和运输效率，决定在后六采区使用新型运输方式单轨吊辅助运输，实现后六采区单轨吊的联网运输。

2 单轨吊辅助运输系统的实施

2.1 实施方案

2.1.1 实施目标

实现采区内多巷道贯通联网运输，1 部单轨吊机车能服务于整个采区的材料、设备运输，提高辅助运输的安全性和效率。

2.1.2 实施方案

后六采区内设计共布置了 4 个综采工作面，按开采顺序依次是：6195 面、6194 面、6193 面、

6192 面，目前只剩余 6192 上下两个工作面。

前期在 6195 工作面安装期间采用单轨吊辅助运输，先在后六轨道上山 6195 片口车场设置单轨吊机车换装站，沿 6195 上巷绕道、6195 上巷、6195 切眼敷设单轨吊吊轨，安装单轨吊吊轨 2 300 m，工作面需要的综采支架、采煤机组等设备材料通过后六轨道上山 JYB60×1.25 绞车提升到 6195 片口车场，由单轨吊机车沿 6195 上巷绕道、6195 上巷直接运输到 6195 切眼。

6195 工作面安装工作结束后，在 6195 斜上巷、6195 运输巷敷设单轨吊吊轨，用于 6195(外面)运输巷掘进期间的材料、设备运输；然后在 6195 联络巷、6194 运输巷敷设单轨吊吊轨，用于 6194 运输巷掘进期间的材料设备运输。随后又在 6194 上巷、6193 上巷及 6192 上巷敷设单轨吊吊轨用于掘进期间的材料设备运输，以及各综采工作面的安装均通过单轨吊辅助运输，进而扩大了单轨吊的服务范围，最后覆盖整个后六采区。最终形成后六采区内多巷道贯通联网运输，1 部单轨吊同时服务于采区内所有采掘工作面的材料、设备运输，实现了后六采区单轨吊辅助运输系统的联网。

2.1.3 单轨吊轨道系统的敷设

(1) 单轨吊轨道选用的是 155Ⅰ特型工字钢。

(2) 单轨吊轨道的固定方式为单吊链吊挂方式，分以下两种情况：

① 单吊链吊挂方式。由 2 根锚杆固定 1 个专用吊板，用 1 根吊链(ϕ18 mm×64 mm 圆环链，破断拉力 S_b=410 kN)将吊板和轨道连接起来。锚杆直径不小于 ϕ20 mm，全螺纹锚杆长度不小于 2 m，锚深不小于 1.6 m，锚固长度不小于 0.7 m，锚固力不小于 130 kN/根。吊挂点间距，正常线路不大于 3 m，水平弯道及竖曲线段不大于 1.5 m。

② 条件困难时，采用以下两种吊挂方式：采用双吊链吊挂方式，由两根锚杆固定两根吊链，吊链再吊挂轨道；采用矿用工字钢、吊链固定方式。在矿用工字钢支护巷道中，将矿用工字钢(不小于 1.2 m)制作的短梁沿巷道方向固定在两棚头之间，采用 U 型卡子固定在棚头上，吊链固定在短梁上，再用吊链吊挂轨道。

(3) 锚杆及圆环链起吊能力的验算

单轨吊机车液压起吊梁最大载荷情况下，将重力分解到至少 2 个锚杆吊链上，最大载荷 $M=m_1+m_2$=12 536 kg(合 123 kN 的重力)，m_1=500 kg；m_2=12 036 kg；

每个吊挂点受最大载荷的拉力为 123 kN/2=66.5 kN。

因此，每根 ϕ18 mm×64 mm 及以上的圆环链破断力是最大载荷的 6.1 倍(410 kN/66.5 kN)。

每根固定锚杆受最大载荷的拉力为 66.5 kN/2=33.25 kN。

因此，每根固定锚杆锚固力是最大载荷的 3.9 倍(130 kN/33.25 kN)。

2.1.4 设备选型

采用由捷克 Ferrit 公司生产的 DLZ110F 柴油机单轨吊机车 1 台(五驱)，配套 TZH8/16 液压起吊梁和人行车制动车各 1 台。

机车牵引能力验算：

柴油机单轨吊机车总载质量 $M=m+m_1+m_2$

m：柴油机单轨吊机车自重，m=5 200 kg；

m_1：液压起吊梁质量，m_1=500 kg；

m_2：最大载质量，m_2=12 036 kg。

$$Q_{Max}=(m+m_1+m_2)g(\sin\alpha+f_1\cos\alpha)$$

$=(5\ 200+500+12\ 036)\times 9.8\ \text{N/kg}\times(\sin 24^\circ+0.03\cos 24^\circ)$

$=75\ 459.6\ \text{N}\approx 75\ \text{kN}$

五驱动柴油机单轨吊机车牵引力 $Q=100\ \text{kN}>Q_{\text{Max}}=75\ \text{kN}$，且有25%的牵引力富余系数。我矿综采工作面使用ZQ3200/15/36型掩护式液压支架，支架质量12 036 kg，因此柴油机单轨吊机车牵引能力符合后六采区所有巷道条件要求。

2.1.5 单轨吊机车运输能力

柴油机单轨吊机车四驱动时运行速度0～5.4 km/h(1.5 m/s)，五驱动时运行速度0～4.3 km/h(1.2 m/s)。系统运输距离最长2 000 m，机车四驱状态下运行一趟大约需用时25 min，机车五驱状态下运行一趟大约需用时30 min。

(1) 综掘运料运输：正常运行时，每天1个班次为综掘工作面运送材料2趟，运送人员2趟，机车采用四驱运输2 000 m共往返8趟，用3小时20分钟，加上装卸料时间1小时20分钟，每个班次机车运行时间为4小时40分钟，保证有1 h的机车保养时间。

(2) 综采安装与运料：采煤工作面安装时，运输距离2 000 m，最大坡度24°。每天一个班次为综采工作面运送人员2趟，运送支架及材料3趟，机车采用四驱运人往返4趟，用1 h 40 min，机车采用五驱运支架、材料共往返6趟用3 h，加上装卸料时间2 h，每个班次机车运行时间为6 h 40 min。每天运送支架及其他设备、材料9～11趟，并保证每个班次的正常检修时间。

3 单轨吊与绞车运输的比较

3.1 使用小绞车运输

(1) 后六采区若采用轨道绞车运输方式，最多需投用JD－55kW调度绞车6部，由于多部小绞车运输环节多，大量时间消耗在人工多次倒车、联车和摘挂钩上，因此运输效率较低，直接影响掘进材料及采面安装过程中设备、支架的运送速度。

(2) 占用绞车司机及信号把钩工多，造成运输效率降低，职工劳动强度大，由于岗位人员的增加，也给运输安全构成威胁。

(3) 占用较多设备多。最多需占用JD－55 kW绞车6台，真空开关8台，各种小型电器约30台，并且需敷设电缆4 500余米，不仅增加设备安装和维护工作量，也增加设备投入和维修费用。

(4) 使用调度绞车运输必须铺设轨道，需要扩修绞车房、车场、信号室、躲避硐等。

(5) 使用调度绞车运输安全隐患大。一是小绞车的使用环境差，造成小绞车排绳乱，钢丝绳损坏严重，易造成断绳和空绳跑车；二是各车场频繁摘挂钩，易造成跑车和矿车挤人；三是绞车运输受安全间隙的影响，提升过程中整个运输区段严禁有人员行走和施工，无法实现运输区段的平行作业，给运输现场安全管理带来很大难度。

(6) 调度绞车不具备牵引人行车能力，因此使用小绞车运输无法实现人员的运送。

3.2 单轨吊运输

采用单轨吊辅助运输有以下优点：

(1) 单轨吊运输占用人员少，效率高，减少了矿井辅助人员。

(2) 单轨吊作为综掘机高效掘进巷道的后配套辅助运输系统，同时作为工作面形成后的安装运输系统使用，可以节省工作面安装前的准备时间。

(3) 单轨吊系统安装、维护相对简单。轨道每 3 m 一节，每个固定点只需 2 根锚杆和 1 条链子即可固定，设备安装十分简单，吊轨系统维护量很小。

(4) 柴油机单轨吊爬坡能力强（最大可达 25°），牵引力大（100 kN），基本能够满足采区顺槽运输的需要。柴油机单轨吊适应性较强、适用范围广、灵活性强、安装简单，并具有可扩展性，一个采区装备 1 部单轨吊，即可解决整个采区的综采支架和设备等辅助运输问题。

(5) 柴油机单轨吊安全性能高，有人驾驶可全程掌握运行状况，能够及时采取措施应对异常情况。与传统运输方式相比无掉道、断绳、跑车的危险；无钢丝绳跳绳伤人的危险。

(6) 单轨吊机车可以悬挂人行车运送人员，减轻工人的劳动强度。

4 结论

通过对两种运输方式的分析和比较，在目前后六采区顺槽巷道运输距离长、使用大型设备和设施多、综采综掘设备质量大的情况下，传统的轨道绞车辅助运输形式越来越不能满足当前的生产效率。单轨吊辅助运输系统安全可靠性高，设备性能稳定，系统建设简单。因此，潘西煤矿后六采区采用单轨吊替代原小绞车辅助运输方式，减少了运输环节和运输设备的安装使用，不仅确保了辅助运输系统的安全，而且减少了辅助运输人员，提高了矿井的经济效益。

单轨吊机车在平巷中安全快速调运的运输方法

王志法，万金鹏，牛玉泉，徐加瑞

（山东良庄矿业公司，山东 新泰 271219）

摘 要 本文阐述了一种单轨吊机车在平巷中整车安全快速调运的运输方法。首先按照单轨吊机车的尺寸加工制作里面带单轨吊梁的运输框架车，并将运输框架车固定在大平盘车上。再按照单轨吊机车各部位连接杆的尺寸，加工制作单轨吊梁短接，然后将框架车用短接全部连接起来，组成单轨吊机车整车运输框架车。调运机车时将组列好的运输框架车运送到采区单轨吊换装站，把换装站末端的单轨吊梁线路下调到和运输框架车内的吊梁线路同等高度后连接起来。然后把单轨吊机车开至运输框架车内的单轨吊梁线路上，用牵引电机车把单轨吊机车运送到同一水平的另一个采区使用。该单轨吊机车整体运输方式，避免了将机车驾驶室、驱动部、起吊梁和各类管路、电路系统全部拆开和重新组装过程，节约了大量的人力、物力和时间，提高了单轨吊机车使用效率，保证了矿井正常安全生产。

关键词 单轨吊；调运；方法

1 研制背景、技术

目前，随着新的科学技术在煤矿工业的应用，安全、高产、高效现代化矿井的建设，辅助运输的现代化程度成为衡量一个煤矿现代化水平的重要指标，同时辅助运输的效率直接影响着矿井生产效率。作为高产高效辅助运输之一的单轨吊辅助运输系统越来越显示出它的优势，它不受底板条件的影响，运输巷道布置方便，节省空间，运输效率高，过去一个月才能完成的综采工作面安装撤除工作，利用单轨吊可以在一周内完成，大幅度提高了煤矿辅助运输系统的工作效率。

通常情况下，当采区工作面开采结束后，单轨吊机车也相应地调运到其他采区运送物料。由于在老矿井中同一水平的采区之间距离远，没有实现单轨吊梁线路网络化，只能将机车驾驶室、驱动部、起吊梁和各类管路、电路系统全部拆开捆绑在大平盘车上，运往其他采区再组装起来使用。整个拆卸、运输、组装过程，复杂烦琐占用时间长，且重新组装起来的单轨吊机车故障多，很难在短时间内正常运行，浪费了人力物力和时间，严重影响了矿井正常生产。

因此为实现单轨吊机车在平巷中整车安全快速调运，技术人员研制了一种单轨吊机车整体运输框架车，该运输框架车具有加工制作简单、成本低、结构稳定、组列方便、安全性能好等优点，可在同一水平未实现单轨吊网络化的两个采区之间，不用拆装机车就能快速地整体调运单轨吊机车。

2 单轨吊机车整体运输框架车的研制

2.1 结构组成

单轨吊整体运输框架车，主要由里面带单轨吊梁的运输框架车、大平盘车、大平盘车连接杆、接头可以水平转向的单轨吊梁短接和牵引电机车五部分组成(见图 1)。

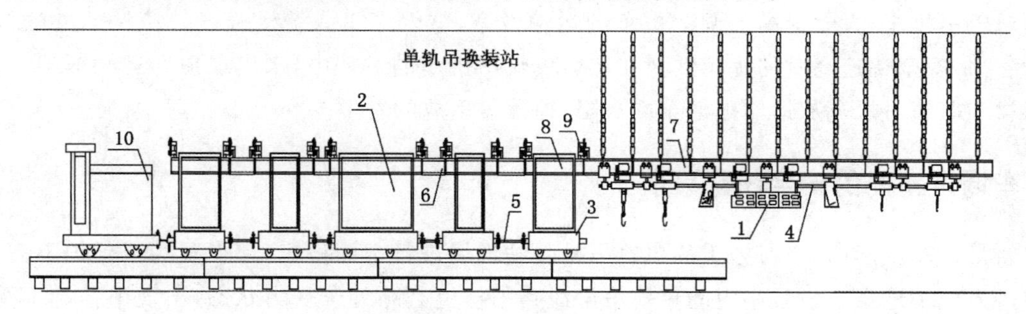

图 1　单轨吊机车整体运输框架车

1——单轨吊机车；2——运输框架车；3——大平盘车；4——单轨吊机车各部位连接杆；5——大平盘车连接杆；
6——单轨吊梁短接；7——换装站单轨吊梁线路；8——运输框架车内的吊梁线路；
9——框架车内吊梁线路和换装吊梁线路连接部位；10——牵引电机车

2.2 技术参数

单辆运输框架车外形尺寸：长 3.5 m；宽 1.4 m；高 1.6 m。

大平盘车尺寸：长 3.7 m；宽 1.4 m；高 0.4 m。

单轨吊梁短接尺寸：长 1.5 m。

大平盘车连接杆尺寸：长 1.5 m。

单轨吊机车尺寸：长 28 m；宽 1 m；高 1.4 m。

整体运输框架车数量：8 辆。

2.3 调运方法

如图 1 所示，首先按照单轨吊机车 1 的尺寸加工制作里面带单轨吊梁的运输框架车 2，并将运输框架车 2 固定在大平盘车 3 上。

再按照单轨吊机车各部位连接杆 4 的尺寸，加工制作接头可以水平转向的单轨吊梁短接 6，然后将运输框架车内的吊梁线路用短接全部连接起来。大平盘车 3 也要用与短接同等长度的连接杆 5 连接起来，组成单轨吊机车整车运输框架车。

将组列好的运输框架车 2 运送到采区单轨吊换装站后，把换装站末端的单轨吊梁线路 7 下调到和运输框架车内的吊梁线路 8 同等高度后连接起来。然后把单轨吊机车 1 开进运输框架车 2 内的吊梁线路 8 上。待机车停稳后熄火施闸，确定机车固定牢固后，拆开运输框架车内的吊梁线路 8 与换装站单轨吊梁线路 7 末端的连接部位 9 和单轨吊机车各部位连接杆 4，随后用牵引电机车 10 把单轨吊机车 1 运送到同一水平的另一个采区使用。

当被调运的单轨吊机车到达目的地采区后，把该采区换装站末端的单轨吊梁线路同样下调到和运输框架车内的吊梁线路同等高度后连接起来，再把机车各部位之间的连接杆连接在一起，检查无误后启动机车，将单轨吊机车从运输框架车内开到换装站的单轨吊梁线路上，立即就能为该采区各地点运送物料。

3 试验应用

良庄矿业公司在－350 m水平四采区至三采西区，－580 m水平东八采区至八采二层区相同水平的采区之间调运单轨吊机车时，多次使用运输框架车整体调运，经过现场实践验证，采用该方法调运单轨吊机车，大大提高了调运机车的运输效率，减轻了工人劳动强度。该调运方法体现出了省时省力、安全快速高效的优越性。在调运单轨吊机车的过程中，未出现损坏运输框架车、拧坏单轨吊梁和单轨吊机车从运输框架车内卡阻、掉落等事故的发生。

4 机车调运期间的安全注意事项

单轨吊机车调运前，应对施工的单轨吊换装站现场进行全面检查，顶板及两帮支护不完好，人员不得进入施工地点。换装站内的单轨吊梁线路吊挂链必须处于受力状态，出现吊挂链不受力现象时严禁调车。换装站单轨吊梁末端与运输框架车之间连接的单轨吊梁短接接头平整度及接头轨缝应符合标准要求，并且运输框架车内单轨吊梁线路终点应装设阻车器，以防止发生机车脱轨造成坠车。

运输框架车组列连接完毕后，要检查好框架车与平盘车固定螺丝是否紧固，各框架车之间是否连接可靠，确认无误后，要刹紧牵引电机车车闸，防止运输框架车移动。然后在机车调运地点两侧30 m的地方分别设置警示牌板、路障，并派专人站岗，调车期间严禁其他车辆或闲杂人员进入该施工区段内。

调运机车时，要有专人负责指挥，机车调运过程中运输框架车两侧不准有人。工作人员要躲入就近的躲避硐内或退到10 m范围以外的安全地点，发现异常或不安全因素时立即停止操作，待处理安全后方准再进行调车。

机车从单轨吊换装站的单轨线路上往运输框架车内开车时，配备的司机要持证上岗并熟悉机车的结构性能和操作方法。司机要在前进方向的驾驶室内操作，保持正常自然姿势，坐在座位上，集中精力目视前方，注意观察单轨吊梁联接情况，右手控制操作手把，脚踏安全阀缓慢开车，防止机车碰到框架车造成事故。司机开车时严禁将头或身体探出车外，更不准在车下开车，防止机车挤人。

开车前，必须将机车起吊臂及起吊臂上的起吊链收回固定好，严禁单轨机车携带物料往运输框架车内开车，防止机车运行时起吊臂及物料摆动幅度过大撞击框架车造成事故。

单轨吊机车从换装站单轨线路上开到运输框架车内后，机车要熄火施闸，待工作人员确认机车在运输框架车内固定牢固后，安排专人将运输框架车与换装站单轨线路之间的连接短轨断开，防止牵引电机车拉车时因连接部位未断开造成拉坏运输框架车、单轨吊梁线路等事故。

5 经济效益及社会效益

运输框架车加工制作简单成本低，使用时组装调运简便、安全性能好，调运机车总长度不一的机车时，只需增加或减少运输框架车的数量，便可调运机车，体现其组列方便、机动灵活的优越性，进一步提高了调运机车的工作效率。

使用运输框架车调运单轨吊机车省时省力，避免了复杂烦琐的拆卸、组装过程，杜绝了组装机车时因接错油管路造成机车故障的发生。

减轻了工人劳动强度，提高了工作效率。原来在同一水平两个未实现单轨网络化的采区之间调运单轨机车，从拆车、运输、组装机车至正常运行的整个过程中，需配备 8 个人配合工作，用时 16 h 才能完成整部机车的调运工作。现使用运输框架车整体调运单轨吊机车，只需配备 3 人配合操作，8 h 便可轻松完成两个采区之间的单轨机车调运工作，工作效率提高了 2 倍，节省了大量的时间、人力。

6 结束语

采用运输框架车调运单轨吊机车，使整个调运机车的过程更加快捷方便，调配更加便利，充分发挥了其运输优势，减少了无效工作时间，提高了运输速度，并兼顾了安全可靠性，应用效果非常好，保证了煤矿辅助运输系统的高速、高能、高效运行，经济效益和社会效益显著。

吊轨式远程遥控推车机的研制与应用

朱曙光，殷培军，万金鹏，闫　峰

（山东能源集团有限公司新矿集团，山东 新汶　271219）

摘　要　集团公司孙村煤矿在副立井井口弯道轨道线路上安装应用吊轨式远程遥控推车机一部，此推车机具有结构紧凑、操作方便、安全性高等优点，可广泛应用于煤矿运输系统。通过安装使用，提高了人身安全，杜绝了人工推车，起到减人提效的效果；同时加快了车辆周转效率。

关键词　吊轨式；远程遥控；井口环形推车；减人提效；人身安全

0　引言

辅助运输是煤矿生产重要的补给线，安全、高效、连续的辅助运输是矿井安全生产的保障，随着煤矿建设的集约高效，对辅助运输的要求不断提高，传统的绞车地轨运输方式效率低下、环节复杂、事故多发，制约矿井安全高效的问题日益凸现，新矿集团针对这一课题进行了深入调研，借鉴国内外先进经验，结合自身实际，提出了创建安全高效辅助运输新模式的思路，经过几年的努力，新矿集团有 25 对矿井 42 个采区装备了 123 台单轨吊机车，吊轨总长度达到 330 km，122 个掘进工作面实现了皮带机运送矸石，9 对矿井的 16 条井下水平运输大巷和各矿井地面取消了架空线运输方式，规范并投用专用车辆 2 820 辆，井下取消小绞车 400 余台，减少岗位工 1 866 人，安全状况得到根本好转，连续 7 年实现了运输安全年。

随着先进设备的不断投用，井下辅助运输设备不断高效、连续升级，部分老的矿井主井口或副井口推车机效率远远滞后，成了制约辅助运输的瓶颈，不能满足现在运输需求。在当下的煤炭市场形势下，投入重大资金改造，对现在老的矿井就出现了困难，本着少投入，治亏创效的思想，结合井下单轨吊使用的优势，自行研制出了吊轨式远程遥控推车机，首先在孙村煤矿副井口环形车场试验使用。

1　概述

孙村煤矿副立井井口是－800 m 至－1 100 m 水平物料运送的第一站，平均每天运送下井物料 300 车左右，每一辆物料车进入副立井井口地面料场环形通道时，必须经过通道内弯形地轨，车辆无法滑行至副立井井口进车侧，导致每一辆物料车必须安排 2～3 人将其拥至副立井井口进车侧（冬季天气寒冷时，需安排 4～6 人才能将车辆拥至井口）。如此一来每天至少安排 6～9 人专门进行拥车工作，才能确保不影响下井物料正常运送。如此一来，岗位人员体力消耗大，人员频繁拥车存在安全隐患，且严重制约井下各单位物料车下井效率和车辆装车循环率，不利于矿井安全生产。如何解决这一问题，成为目前急需解决的问题。经实际考察，我单位研究安装了吊轨式远程遥控推车机。

2 改造目的

杜绝人工推车，消除人工推车车辆撞人安全隐患、减少岗位人员。

实现远程遥控器推动车辆运行，人员操作方式简单、快捷。

推车机安装有防过位装置、实现推车机与声光报警装置联动，确保推车机始终处于运行范围内，运行时能时刻提醒人员严禁进入推车区域。

3 改造方案

2013 年 11 月，经过对现场调查、查阅资料、考察论证，最终确定了以下优化目标：自主研究应用吊轨式远程遥控推车机。

吊轨式远程遥控推车机包含驱动滚筒，电机、减速机、导绳轮、单轨吊吊轨轨道、钢丝绳、单轨吊滑动跑车、推车装置、信号收发器、远程遥控器、护栏、警示标志、声光报警信号装置。

通过电机、减速机带动缠绕在驱动滚筒上的钢丝绳运行，钢丝绳拉动悬挂在单轨吊吊轨上的滑动跑车运行，推车机跑车装置运行，推动车辆前进。人员通过控制远程遥控器控制推车机开停。推车机运行至单轨吊轨道线路轨道末端时，限位开关将推车机电源断电，杜绝推车机跑车装置坠落。

4 设计安装方案和工作原理

4.1 驱动部设计方案：驱动装置结构采用落地驱动型式

推车机装置驱动部安装在副立井地面料场通道墙外北侧 1.2 m 处位置。采用混凝土浇筑基础固定（按图纸施工）。

驱动部位外形尺寸（长宽高）1.9 m×0.7 m×0.5 m。驱动轮直径 0.5 m。

4.2 推车机跑道设计安装方案

在副立井井口进车侧环形通道顶板每隔 3 m 钻 2 个 ϕ22 mm 孔在顶板上层安放长度 2 m 的 11# 工字钢共计 9 根。

使用 ϕ20 mm 锚杆穿过工字钢将工字钢与顶板下层厚度 20 mm 铁板固定在一起。

将 9 根单轨吊轨道焊接在顶板下层厚度 20 mm 铁板上，单轨吊轨道接头处使用电焊机进行焊接。

4.3 导绳轮设计

将 20 个报废 1 t 矿车轮子进行焊接，加工成 10 个导绳轮。将 8 个导绳轮安装在环形通道外减速机位置前后方位置，在环形通道东面墙体上安装 2 个导绳轮。

4.4 电控系统

在副立井井口环形通道外安装电机、减速机各 1 台。

在环形通道门口安装单臂吊远程控制器 1 个。

将远程控制器与推车机电机电源控制开关进行连接，实现远程控制器控制电机开停。

4.5 上全各种保护装置、警示牌板

在环形通道进出口各安装1组“正在行车，严禁行人”声光报警信号装置；在悬挂式跑道前后端各安装1组防过位装置；在驱动部周围搭建1处防雨设施；在环形通道进出口各悬挂1块“行车不行人”警示牌板。

4.6 上齐各种防护

在各转动部位、钢丝绳运行区域安设护栏；在钢丝绳下方安装50 kg铁质坠砣，杜绝钢丝绳松绳、脱绳、不吃劲现象。

5 具体实施方式

将单轨吊小跑车安装在单轨吊轨道上，将钢丝绳两端分别与前钢丝绳连接孔和后钢丝绳连接孔进行连接，然后将推爪安装在单轨吊小跑车下面。钢丝绳缠绕在减速机滚筒上，推车机电机运行带动减速机，缠绕在滚筒上的钢丝绳拉动单轨吊小跑车运行，当小跑车运行至最前端或最后端时，限位装置动作，切断推车机电源，使得推车机停止运行。

6 实施效果

该推车机结构紧凑、运行平稳、维护简单，导向轮全部使用1 t矿车轮对，实现导向轮经久耐用。

电气控制部分结构简单、人员操作方便、维护量小，确保电气控制部分长时间处于正常工作状态。

该系统具有结构简单、安装使用维护方便、运行平稳、安全可靠等优点。

该系统脱绳保护和沿线保护采用拉绳开关，使用方便、灵敏，更换容易，运行更加安全可靠。

该系统自安装使用以来，运行正常，物料车运行平稳、安全可靠，推车能力满足要求，应用效果很好，杜绝人工推车方式，消除了人工推车车辆撞伤、挤伤人员的安全隐患，解决了人工推车困难的问题，提高了运输效率。

该系统的社会效益如下所列：

实现减人提效，减少岗位人员9人，每人按60元/班，每年按300天工作日进行计算，每年可为矿节约人工费＝60元/人×9人×300天＝16.2万元。

通过修旧利废，实现变废为宝，为矿节约材料费用约15万元。共计节约人工费、材料费约31.2万元。

降低人员劳动强度，提高劳动效率，杜绝了人工推车，消除了人工推车车辆撞人的安全隐患，提高了物料车下井效率和车辆装车循环率。

7 结论

吊轨式远程遥控推车机研制应用，解放了人员的使用，提升信号工只需按动推车机远程遥控按钮就可轻松运行推车机。该推车机实现了在弯曲地轨矿车自动运行，从根本上杜绝人力拥车，实现减人提效目的，符合集团公司辅助运输工作目标规划，体现了“治亏创效”、管理信息化、系统

自动化、岗位无人化的规划要求，通过辅助运输系统优化改造，减少辅助运输人员，实现了运输安全年。

参考文献

[1] 山东新沙单轨运输装备有限公司.单轨吊使用说明[Z].
[2] 山东新沙单轨运输装备有限公司.《单轨吊维护工》培训资料[Z].

动态点检制在煤矿机电设备管理中的应用与创新

陈玉标，李书文，郭俊才，刘　超，文　斌，王新建

（河南大有能源股份有限公司新安煤矿，河南 新安　471842）

摘　要　设备点检是机电设备管理的一项主要内容，也是一项基础性工作。不少人认为设煤矿企业备陈旧、落后、粗笨，设备管理无足轻重，更谈不上管理方法及管理体系。事实上，煤矿设备的维护和管理更需要较先进、较科学、切合实际的管理体系及管理模式，因为它直接关系煤矿的安全生产及矿井的生死存亡。煤矿设备，一方面具有机电设备的共性，另一方面还具有煤矿作业自身的特殊性。针对这两方面因素，摸索出一套适合自身的设备管理模式，设备动态点检实质就是以预防为基础，以点检为核心，以定期检修为手段的设备管理方法。本文论述了动态点检维修制的重要性及其在煤矿机电设备管理中的应用、实施、创新过程，详细介绍了设备动态点检制的分类及主要环节、建立设备点检运行管理制度、健全设备点检资料管理体系、完善设备点检隐患"闭环"程序、创新设备的"零故障"管理，指出了动态点检维修制是一种先进的设备维护管理方法。

关键词　动态点检制；设备管理；应用与创新

0　前言

设备点检是机电设备管理的一项主要内容，也是一项基础性工作。煤矿企业在一些人看来，设备陈旧、落后、粗笨，设备管理无足轻重，更谈不上管理方法及管理体系。事实上，煤矿设备的维护和管理更需要较先进、较科学、切合实际的管理体系及管理模式，因为它直接关系煤矿的安全生产及矿井的生死存亡。煤矿设备，一方面具有机电设备的共性，另一方面还具有煤矿作业自身的特殊性。针对这两方面因素，摸索出一套适合自身的设备管理模式，设备动态点检其实质就是以预防为基础，以点检为核心，以定期检修为手段的设备管理方法。

1　动态点检制的分类及主要环节

按检查作业时间间隔和内容的不同，点检可分为日常点检、定期点检和专项点检三类。

1.1　日常点检

由设备操作人员根据规定标准，通过人的五感（问诊、目视、嗅诊、听声、手触）为主，每日对设备的关键部位进行技术状态检查，以了解设备运行中的声响、振动、油温和油压是否正常，并进行日常保养。日常点检的结果记入日常点检表中。

1.2　定期点检

由维修人员凭感官和专用检测工具，定期对设备的技术状况进行全面的检查和测定，主要测

定设备的劣化程度、精度和设备的性能，目的是查明设备的缺陷和隐患，以确定修理方案和修理时间。点检的项目、内容和要求全部写入定期点检表中。

1.3 专项点检

确定检查点：一般将设备的关键部位和薄弱环节列为检查点。

确定各检查部位（点）的检查内容：确定时要考虑必要性，还要考虑点检人员的技术水平和检测仪器的配套情况。确定后，将点检项目规范登记在检查表中。

制定点检的判定标准：根据制造厂家提供的技术要求和企业实践经验，制定各检查项目的判定标准。判定标准尽可能定量化，将判定标准规范化地写入检查表中。

确定点检周期：根据检查点在维持生产或安全上的重要性以及生产工艺特点，并结合设备维修经验制定点检周期。点检周期的最后确定，还需要一个摸索、试行的过程。经过对运行期的维修记录、故障和生产情况进行全面分析研究后，制定切合实际的点检周期。

确定点检的方法和条件：根据点检要求，规定各检查项目采用的方法和作业条件。

确定点检人员：确定各类点检（指日常点检、定期点检、专项点检）的负责人和各检查点的负责人。日常点检一般由操作工人完成。

编制点检表：点检表是点检人员进行点检作业的依据，也是维修技术状态分析、控制和管理的重要文件。其内容有各检查点、检查项目、检查周期、检查方法、检查判定标准等。

做好点检记录：进行点检作业时应做好记录，以便研究分析和及时处理。

2 建立设备点检运行管理制度

2.1 实行岗前技术培训和持证上岗操作制度

点检制的正常开展必须依赖于富有经验的点检人员、合理科学的点检方式，两者缺一不可。因此，规定在操作工人使用设备前必须进行技术培训，学习设备的结构、操作、维护和安全等基本知识，了解设备的性能和特点，同时进行操作技术学习和训练。经理论学习和操作技术考核后，发放操作证，凭证操作。

2.2 建立健全点检网络和点检制度

在落实设备点检制的过程中，将责任层层分解，层层落实，细化到每个岗位、每个人身上，严格考核。将点检制、违规操作、遵章守纪、危险源辨识和隐患排查、定置化管理、联责联保等各个方面的内容纳入精细化管理，实现对员工工作质量和工作数量的全面考核。

2.3 规范点检程序制度

设备点检方法及标准应包括设备点检部位、点检周期、点检方法、点检标准、点检人几大部分通过制定与完善点检程序制度，使点检更程序化、制度化、规范化、简单化，即使非专业人员也能一目了然。

2.4 制定管理人员走动式管理制度

形成干部和员工的相互制约机制，一方面可促进基层管理水平的提高，严格现场工作过程管理；另一方面，可及时发现问题、解决问题，变被动处理事故为主动预防，使现场管理朝着程序化、规范化的方向发展。

2.5 建立设备运行动态分析制度

由调度室负责对生产过程中出现的各类机电设备事故进行记录并备案。对照该系统或设备点检周期责任表以及检修日历表，由专业部门负责对事故进行分析总结，从而促使设备管理水平大大提高。

2.6 确定“三定”原则制度

设备点检的范围包括通风、排水、提升、压风、供电、运输、采掘各机电系统和设备。

确定点检单元：(1) 按系统确定点检单元。(2) 形不成系统的按单台设备进行点检。

确定点检阶段：包括设备的全过程管理，重点是使用阶段的管理。

确定点检的单位和责任：包括岗位工、维修工、区队专职检查员、区队管理人员、专业管理人员、专职检测机构。

2.7 建立点检定期检修制度

点检定期检修制度的实质是以预防为基础，以点检为核心，以定修为目的。从设备经济管理角度出发所追求的应是总体运行成本最低化，因此定修计划的制定不能机械化、教条化，应当统筹兼顾，不仅与系统主体设备各个环节相结合，还要与生产、工艺、工序、维修技能相结合。点检定修制是一项重要的设备管理制度，推行以点检为核心的设备动态点检制是保持设备稳定运行的有力保障，从而延长设备的周期使用寿命。

3 健全设备点检资料管理体系

健全设备点检资料管理体系需要编制设备点检周期及责任表、设备检修日历表以及设备日检查表。

设备点检周期及责任表：根据各设备性能，制定检修周期及检修类别，如大修时间、大修内容、中修时间、中修内容、小修时间和小修内容等。

设备检修日历表：根据设备系统（如提升系统、排水系统、供电系统等系统）的多台性或设备运行状况及性能，确定每月检修时间及检修工作量，并在一定周期内将该系统所有设备或该设备所有部位全部点检或检修完毕。此表是设备点检运行的重要环节，也是设备检修实施的依据。

设备日检查表：该表是设备日检设备点检运行的必要环节，也是周期检修同日常点检的重要体现。该表主要由小班维修工或包机人员负责日常性检查、应急处理及对设备进行隐患排查。

4 完善设备点检隐患“闭环”程序

为了有效地收集、记录设备的日常点检、周检的结果，为每一台设备运行建立了隐患统计台账及档案，其主要内容有维修情况及目前存在的设备隐患。对现场事故隐患及时落实整改，做到“五有”，即有排查、有落实、有整改、有反馈、有记录，形成闭环。具体操作程序为：岗位操作人员、维修工或机电管理人员持卡下井→将发现的设备或其他现场隐患填入 A 卡→交专业科室→分类统计、记入台账→下达设备隐患处理卡（黄卡）→制定点检隐患处理任务书→交相关隐患处理人员→对问题进行处理→返设备隐患处理卡（黄卡）→由区队管理人员或专业科室进行复查后，填写红卡→隐患台账签字并确认→此隐患闭合。

5 创新设备的“零故障”管理

设备的故障管理是煤矿机电设备管理的一项主要内容，实现设备的“零故障”始终是煤矿追求的管理目标之一，降低设备故障率对于保证生产均衡稳定，降低维修费用以及提高设备的可靠性和安全性至关重要。推行管理现代化，就必须创新设备的“零故障”管理。积极开展设备状态监测与故障诊断技术，实现故障倾向管理，不断掌握和积累故障诊断技术的知识和经验，提高分析判断设备故障的准确率，使设备管理由静态管理发展到动态管理。

6 结论

实践证明，机电设备点检制是一种先进的设备维护管理方法。对设备进行点检维护管理是设备自身运行的客观要求，也是保证设备处于完好的技术状态，延长设备使用寿命所必须进行的日常工作。

通过“设备动态点检制”的开展运行，一方面使机电设备的使用环境和内在质量得到改观，加强了现场设备的科学管理；另一方面有效堵塞了设备管理漏洞，提高了现场管理水平，提升了安全质量标准化工作，保证了矿井安全生产的顺利进行。通过采取设备动态点检体系，机电事故明显减少，提升设备完好率达到了100％，节约了维修材料费用，同时，也使整个矿井的设备故障率逐年降低，并引导矿井向“机电设备零故障”的目标大步迈进。

副立井罐笼水配重及托盘在无轨化运输的研究与应用

李森考

(陕西彬长矿业集团有限公司生产服务中心,陕西 咸阳 713600)

摘　要　胡家河煤矿使用无轨胶轮车、托盘、拖车和支架搬运车结合罐笼水配重装置等结构尺寸合理的无轨运输工具,减少了人工装卸工作量,减轻了劳动强度,提高了辅助运输效率;实现了供料地点到用料地点的直达连续运输,减少转载、停顿和换装等环节,最大限度地保证运输系统安全可靠运行,有完善的信号联络、制动停车和自动监控系统,实现了高效、完善的无轨化运输。

关键词　无轨化运输;罐笼托盘;支架姿态调整;罐笼水配重;高效;节能

胡家河矿井由于开拓方式为立井,初步设计中辅助运输采用有轨和无轨相结合的辅助运输方式,其运输工艺流程复杂,运输效率低下,工人劳动强度大,严重制约着矿井生产效率的提升,因此胡家河矿经过多次反复试验,大胆提出辅助运输彻底实现无轨化的方案,即彻底摒弃初步设计中有轨运输部分,实现从地面至井下辅助运输无轨化。胡家河矿辅助运输实现无轨化的难点在于如何解决好立井提升条件下的无轨化问题。

1　辅助运输无轨化的实施情况

胡家河辅助运输无轨化的发展经历了两个重要的阶段。第一阶段:使用无轨胶轮车替代矿车,无轨胶轮车装载物料进入副立井罐笼,固定牢靠后随罐笼运行至井口或井底,实现无轨胶轮车从地面,经副立井井筒,到达井底的连续运输。第二阶段:大型机械设备(综采设备等)的无轨化运输,要实现大型综采设备无轨化运输必须根据实际情况定制合适的承载设备,并选用大型无轨运输车辆。胡家河根据实现情况选用托盘来承载大型机电设备,并使用大型拖车、牵引车、搬运车相互配合,从而实现了大型机电设备的无轨化运输。

1.1　使用无轨胶轮车替代矿车

胡家河副立井提升系统形成后,为彻底实现辅助运输无轨化,提升辅助运输效率,矿业公司决定使用无轨胶轮车替代矿车,将需要升井或下井的物品装入无轨胶轮车,将无轨胶轮车开进罐笼,采用罐笼直接提升无轨胶轮车的方案,不经地面翻矸和井下换装的流程,地面不安装翻矸系统,井下不建设换装站和电瓶车维修充电硐室。矿井辅助运输系统逐步形成后,通过对副立井提升系统调研,提升系统循环周期约为 8～12 min。采用宽罐提升无轨胶轮车,罐笼提升时完成矸石和杂物升井,升井后运送到指定地点,无轨胶轮车采用自卸方式完成物料卸车工作。罐笼下放时完成物料入井,入、升井物料均可不经换装运送到指定地点,无轨胶轮车采用自卸的方式完成物料卸车工作,副立井无轨胶轮车提升如图 1 所示。

图 1 罐笼内无轨胶轮车提升

1.2 使用托盘承载综采大型设备

小型设备、材料可以通过无轨胶轮车进行运输,但综采等大型设备由于其质量大,外形尺寸大,无法装入无轨胶轮车,因此能否解决好综采设备运输问题,是胡家河矿井辅助运输无轨化能否彻底实现的标志。经过研究、考察,根据副井提升系统性能参数及综采设备的参数等,量身打造了托盘,托盘的使用彻底解决了综采设备运输无轨化的难题。

2 托盘在罐笼运输大型设备的研究应用

2.1 在罐笼内安装托盘

支架托盘是安装在罐笼内承接拖车的专用设备,是针对罐笼特点和基于拖车不能直接附带支架进出罐笼而设计的支架搬运辅助设备。整个托盘由引板、主体、牵引部件和润滑系统组成。主体包括 9 根托辊(地轴)、4 个滑轮体及其他部件,如图 2 所示。托盘装有滚动地轴,可使支架顺利

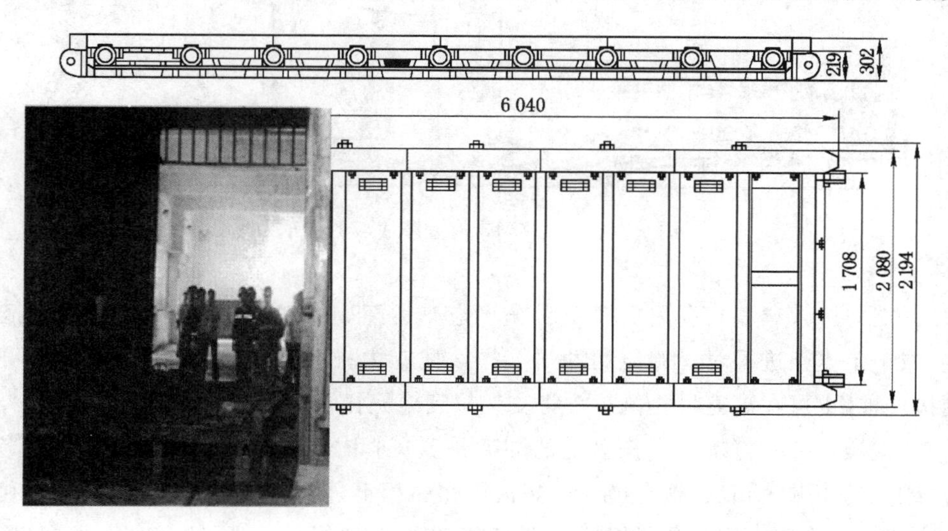

图 2 托盘安装固定图

进出罐笼，减少摩擦保护罐笼防止受到冲击。托盘同时满足以下几大要求：托盘完全符合罐笼内运输条件；托盘完全符合设备拖车技术要求；托盘最大承重能力设计应当与设备匹配；拖车的选择也应该满足托盘的使用需要。

2.2 调整液压支架姿态

液压支架结构参数如图 3 所示。

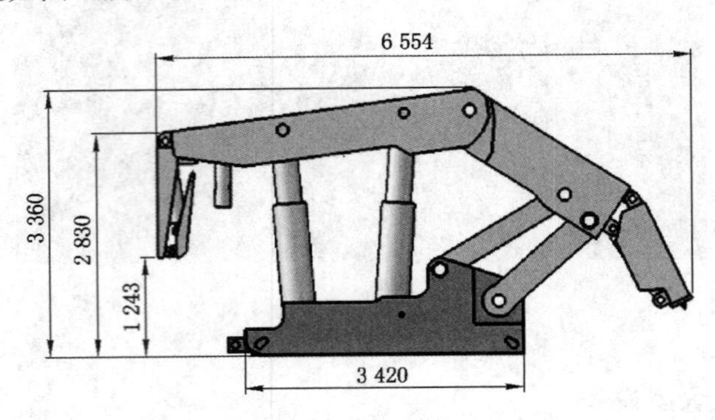

图 3 液压支架结构参数

按图 3 尺寸，调整液压支架姿态既可适应支架拖车装载，又可适应进罐笼容积尺寸；预先一次性调整姿态，可较少占用时间，提高工作效率。

2.3 操作步骤

步骤一（支架上拖车）：拖车的底板是可以升降的，可在牵引车驾驶室内操作拖车自带的绞车、油缸装卸支架（附录二：支架搬运拖车相关参数资料）。回撤时，将工作面支架拉出后移至通道口，在工作面降低支架拖车的底板，利用拖车内的绞车将支架拉上拖车，提升底板后固定支架，如图 4 所示。

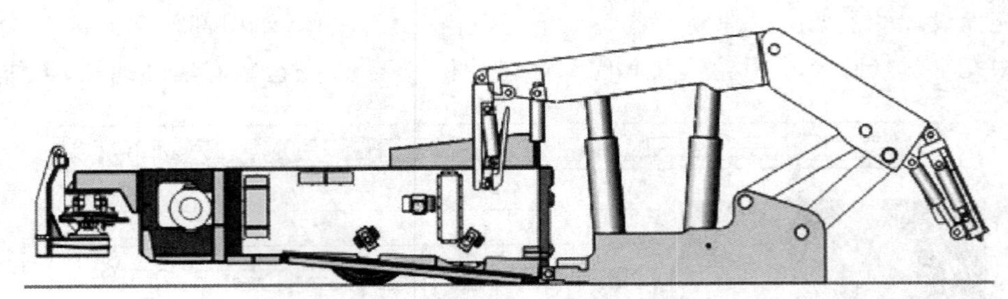

图 4 将支架拉到带有升降底板的拖车内

步骤二（支架进入罐笼）：利用支架牵引车将拖车运至副井底入罐侧，利用引板将拖车与托盘牢固连接，减小了支架进罐时对罐笼的冲击。操作拖车内推移油缸将支架推出一段距离，缩回油缸可再用接杆推，也可在罐笼另一侧用车将支架拉到罐笼托盘上，如图 5 所示。

步骤三（支架升井）：将罐笼内托盘上的支架锁紧，防止支架在托盘上滑动。将罐笼提升至地面，支架出罐与进罐顺序相反，拖车（空车）底板压在引板上，引板的钩子可钩住拖车。利用拖车上的绞车将支架拉上拖车。用快速紧绳器固定支架，拉至广场行吊下，降低拖车底板推出，支架在罐笼中的示意图如图 6 所示。

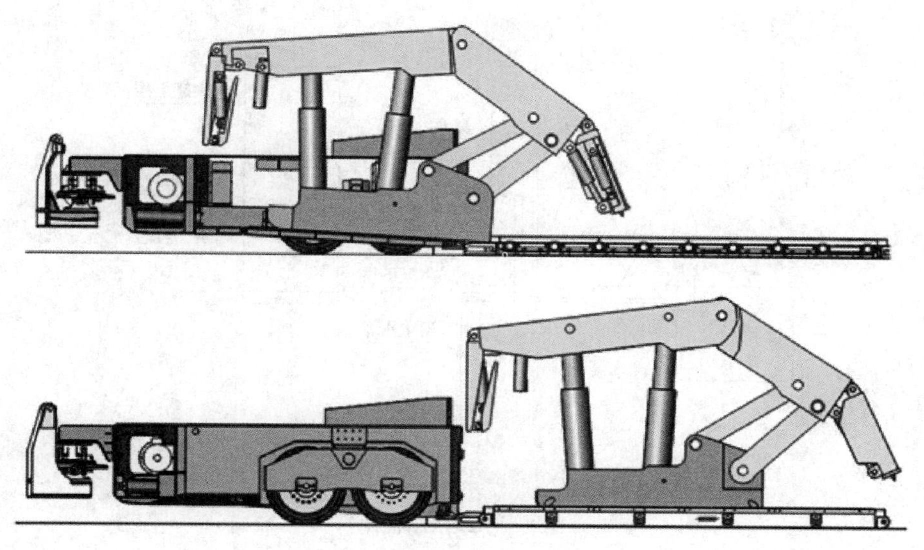

图 5　将支架推入罐笼内的推盘

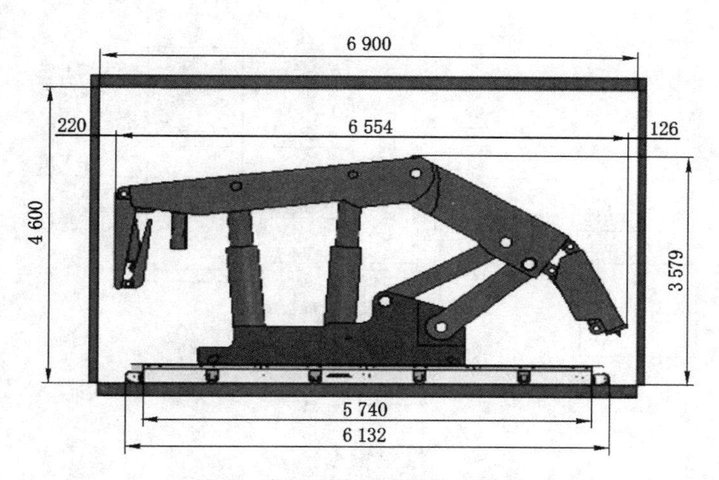

图 6　支架在罐笼内摆放示意图

3　水配重在无轨化中的研究应用

3.1　方案提出

在副立井罐笼摩擦式提升系统中,大小罐以天轮为支点互相实现重力平衡,在运行过程中重力差必须小于 14 t。因此在大罐笼运输重型物料的时候,小罐笼配以相应的配重物,实现两罐笼间的重力差在规定范围以内。大罐笼运输质量的频繁变动造成了小罐笼里面的配重物必须频繁增减,传统的配重方式会导致配重物积压在井上或者井下的一侧,需要花费大量时间与人力物力将配重物运回再使用。针对上述情况,我们提出水配重理念,水配重的核心概念是用水替代配重铁块来调节配重,制作水箱,将水箱固定在副罐内,需要加配重时给水箱内注水,重物出罐后将水箱内的水排出,不需要给主罐笼内准备重载胶轮车,也不需要将重载胶轮车从地面倒向井下这一环节,简化了工艺流程,提升了辅助运输的效率,大幅度降低了电耗。见图 7、图 8。

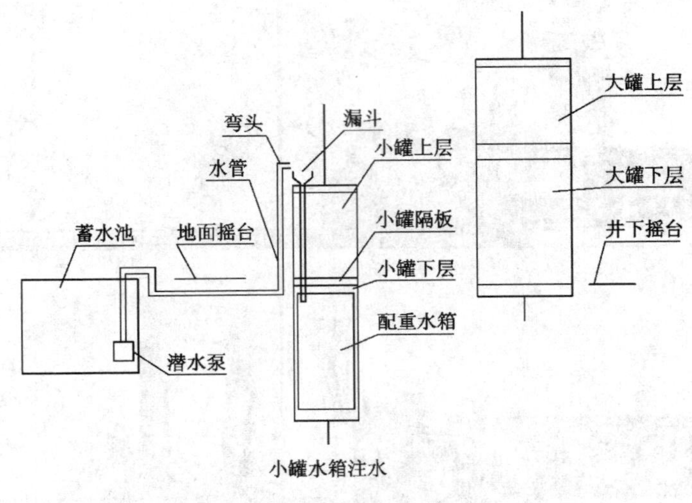

图 7　小罐水箱注水

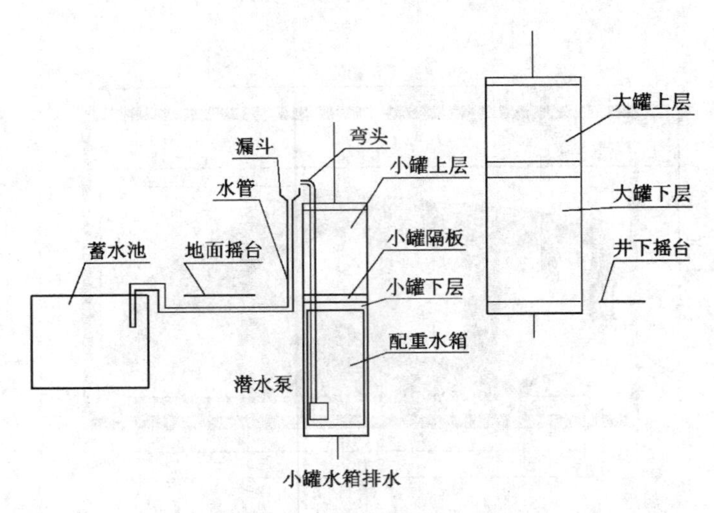

图 8　小罐水箱排水

3.2　总体方案

在小罐笼下层装备一个容积为 25 m^3 的配重水容器模块。如图 9 所示，小罐笼上层设置封闭式电路快速连接/分离装置，异形进出水管；地面罐笼房附近设置一个 54 m^3 的循环蓄水模块；利用原有的一套井下消防洒水管路设施，分别在井上、下加上管路控制模块；井上污水处理站与井下排水硐室循环水系统设置供水模块与排水模块；罐笼配重水容器模块内设置联合排水系统与雷达水位感应装置；循环蓄水模块内设置联合供水系统与雷达水位感应装置；设置远程控制模块及操作系统模块；各个模块通过电路系统联动，实现小罐笼质量 12～35 t 无极配重调节。见图 10。

3.3　技术参数

配重水容器模块有效容积：23 m^3。

配重水容器模块重量：12 t。

蓄水模块内部容积：54 m^3。

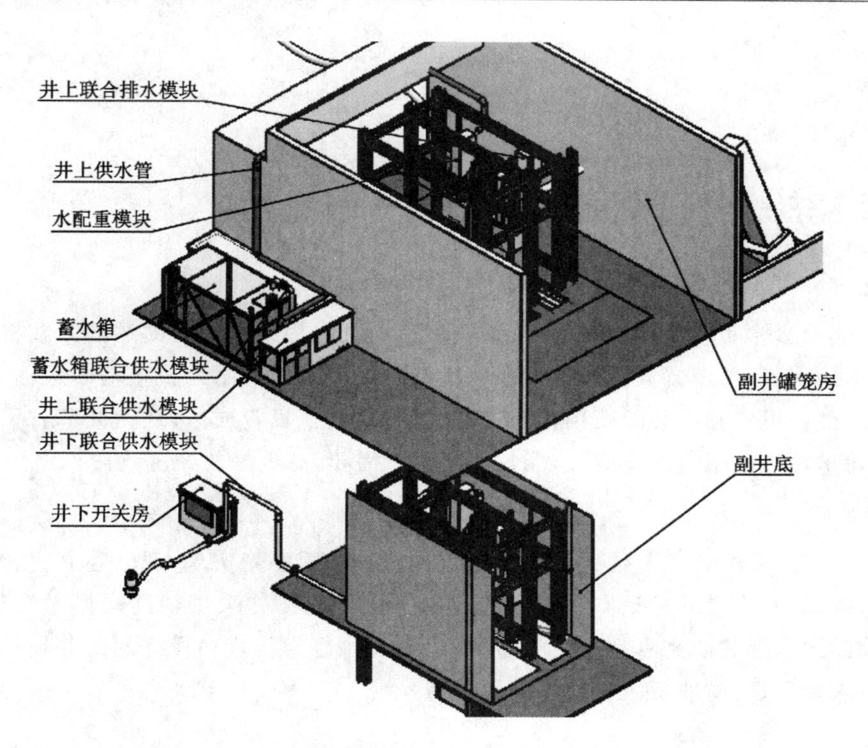

图 9　井上、下水配重布置图

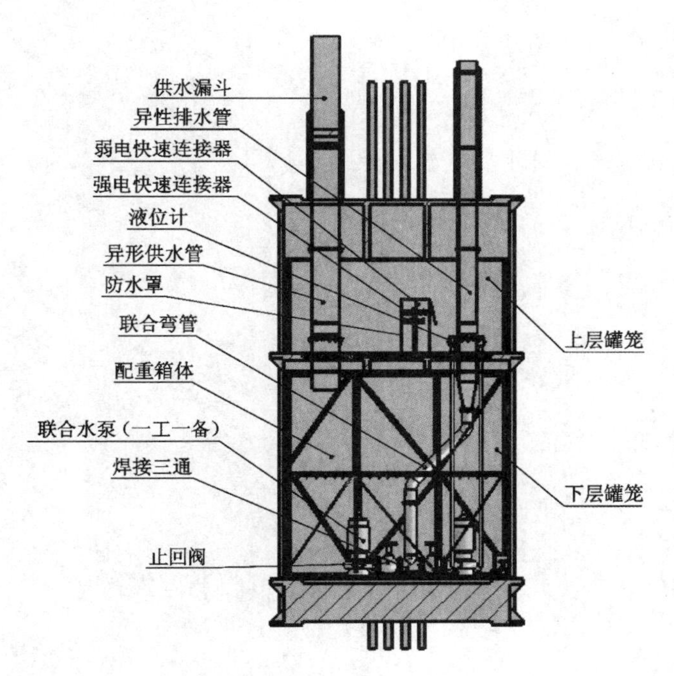

图 10　小罐下层配重水箱模块

液位计规格:雷达感应。

潜水泵规格:300 m^3/h。

给排水及辅助时间:各占 4～5 min。

装机总功率:190 kW。

最大工作功率:37 kW。

额定工作电压:660 V。

4 无轨化运输结合水配重使用的经济效益与社会效益

4.1 经济效益

立井提升辅助运输实现无轨化,相比较有轨化和无轨化相结合的辅助运输方式将永久性地节省人力130～140人,每年节省人力成本1 000万元左右。因此采用无轨化辅助运输,不仅节省了相关硐室开掘、设备投资和安装的费用,为基本建设节约大量投资成本,还大大节省了人力资源成本。此外,胶轮车本身有很强的适应性,能够满足生产需要,有良好的经济效益。

4.2 社会效益

胡家河矿井水配重配合立井辅助运输无轨化在彬长集团率先实现,现已建立完整的立井提升无轨化运输系统,具有先进的理论和实际经验支撑。胡家河矿井采用辅助运输无轨化,对立井提升类矿井的辅助运输形式研究具有很大的借鉴意义,同时也为新建和投产的矿井辅助运输系统建设提供有力技术参考,具有非常重大推广应用价值。

基于自动化平台无线视频监控系统在斜巷运输中的应用

王松平，李春峰

（永煤集团股份有限公司顺和煤矿，河南 永城　476600）

摘　要　基于自动化平台无线视频监控系统的安装，实现了绞车司机对提升车辆的运行情况的实时监测，使得绞车司机能够更好地掌握各偏口的人员和车辆的通过情况、斜巷防跑车装置状态，通过进行实时视频监控，增加了斜巷运输安全性，大大降低了安全事故发生的概率，为斜巷安全运输提供了安全可靠的保障。

关键词　无线视频；斜巷提升；运输安全

0　前言

煤矿井下斜巷运输通常具有坡度起伏变化大、运输距离长的特点。井下绞车司机在运输过程中无法直观地看到车辆运行情况，仅仅能通过看听信号开车，加之绞车司机对运行车辆的状态、巷道内人员情况、防跑车装置状态、轨道前后环境等信息了解很少，无法实时掌握现场视频信息，对安全造成很大威胁；另外，地面运输调度指挥中心不能实时监控井下斜巷运输状况，掌握现场运输信息。因此为了避免人、车争道、减少安全运输隐患，提升运输安全系数，我矿在21采区轨道上山安装斜巷运输无线视频监控系统一套，为斜巷运输安全提供了有力的保障。

目前，国内外采用的矿井斜巷运输安全监控系统，主要是通过斜巷信号系统、防跑车装置、变频器控制等方式实现。现有的斜巷监测监控系统基本需要通过大量的传感器、固定摄像仪等进行监测，由于这些监控系统参数单一、可靠性低，对斜巷各偏口甩车道岔、车场口的人员情况、防跑车装置状态、轨道沿线环境等信息了解很少，无法实时掌握现场视频信息。现有的斜巷运输安全监控系统虽然在矿井安全生产中起到一定的作用，但难以满足现代化矿井安全生产需要。

1　顺和矿现状

顺和矿21采区轨道上山斜巷段全长862 m，坡度为5°～13.5°，有6个偏口甩车场。21采区轨道上山斜巷运输作为我矿的主要运输巷，担负着整个21采区物料提升任务。在斜巷运输过程中，我矿主要存在以下几方面的安全问题：(1) 绞车司机仅通过斜巷信号系统开车，不清楚现场运输环境；(2) 斜巷防跑车装置已动作，车辆正常运行易撞到挡车杠造成掉道；(3) 部分人员违反行车不行人规定，绞车司机不能观察到行人；(4) 车辆经过偏口道岔时不能及时减速，造成车辆掉道；(5) 斜巷人员工作后遗留部分工具材料在轨道上，造成车辆通过时掉道；(6) 绞车保险绳在车辆运行过程中由于绑扎不规范伸出或拖地挂到其他物体；(7) 车辆提升过程中出现掉道不能够及时发现，造成设备、轨道损坏严重；(8) 运输大件期间需要人跟踪车辆运输时，现场发现问题时无法随时随地与绞车司机联系并及时采取有效措施。为解决以上问题，我矿安装基于自动化平台斜巷无线视频监控系统一套，在绞车运行过程中能够实时掌握巷道内的环境，及时发现现场不安全因素并采取有效措施防止出现伤人事故。

2 基于自动化平台无线视频监控系统解决方案

2.1 系统结构组成及工作原理

本系统由本安无线通信基站、本安摄像仪、本安无线摄像仪、本安显示器、硬盘录像机、本安电源箱等组成。系统结构如图 1 所示。

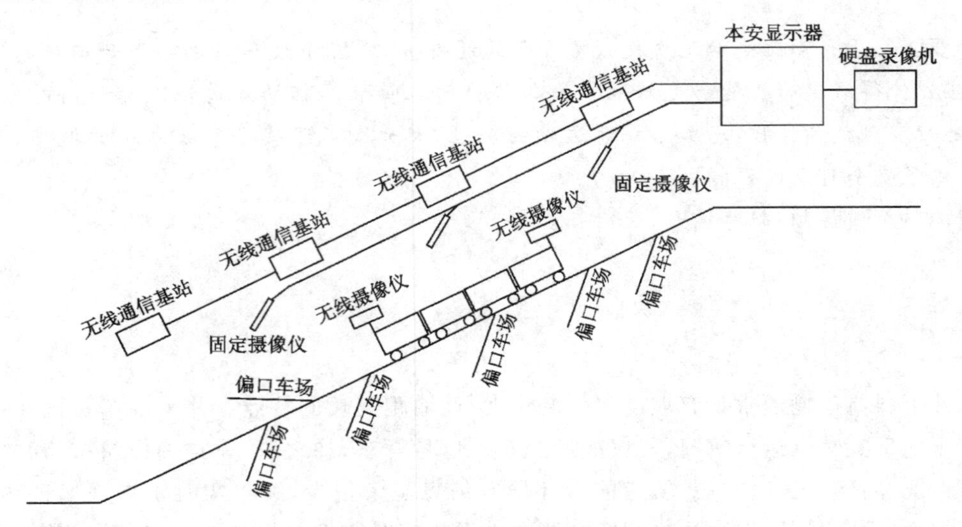

图 1　21 采区轨道上山斜巷无线视频系统结构示意图

通过在车辆上安装向前和向后方向的 2 个无线摄像仪对车辆运行过程中周围的环境和路况进行视频信号采集，然后无线摄像仪通过天线将 Wi-Fi 视频信号发送给安装在巷道帮部的无线通信基站，无线视频信号再通过通信基站将数据传输至绞车房，通过无线基站控制器将视频信号分别发送至硬盘录像机和本安显示器，绞车司机便可以通过本安显示器观察车辆前后的环境视频，实时掌握车辆运输情况操纵绞车，同时硬盘录像机对视频图像进行存储。另外，通过无线通信基站与井下环网进行对接，可将井下视频信号通过环网传送至地面运输指挥中心，从而实现井上、下均可对斜巷运输情况进行实时监控的功能。

在井下，斜巷运输绞车司机除了通过移动无线摄像仪观察提升车辆前后的运输环境外，还需要对部分偏口处人员情况和三道防跑车装置的状态采用固定摄像仪方式进行监控，这样就能为绞车司机提供更加全面的监控画面。

2.2 采用的关键技术

2.2.1 采用本安无线摄像仪，实现井下绞车运行画面实时监控

KBA12W 矿用本安型无线摄像仪由本安外壳、光学定焦镜头、CMOS 传感器、红外灯板、视频编码模块、电源板及无线射频模块组成。景物的光线通过光学镜头聚焦在摄像头的 CMOS 传感器上，由 CMOS 芯片将光信号转换成电信号后输出，该信号经过网络视频编码模块将模拟视频信号

转换成数字视频信号，并对视频信号进行视频压缩后封装处理成网络数据包，通过网络传送给无线 Wi-Fi 模块，无线模块将视频信号转换为无线电磁波进行传输。无线摄像仪将斜巷运输过程中的视频图像通过无线通信基站传输至绞车房本安显示器上，绞车司机可通过显示器实时、直观地观察到斜巷行人情况、车辆前后轨道情况、防跑车装置动作情况、偏口道岔及行人情况等现场情况，从而判断绞车运行环境是否安全，可针对现场存在不安全因素及时采取有效应对措施，大大提高斜巷提升安全性，杜绝斜巷运输事故的发生。本系统中的无线摄像仪支持彩色（正常）/黑白（黑暗）自动切换模式，图像分辨率大于 130 万像素，具有红外灯内置，黑暗条件下红外灯照射距离大于 50 m。无线摄像仪通过本安电源箱供电，可供摄像仪连续工作 10 h。

2.2.2 系统可接入现有井下环网，实现地面实时监控指挥

我矿的综合自动化网络平台主要由两台赫斯曼 4002-L3P-48G 作为核心交换机、6 台赫斯曼 4128-L2P 作为节点交换机组成，在井下与地面分别单独形成环网。软件系统采用 GE 公司的 IFIX5.5 进行综合自动化软件平台开发，对各子系统的数据进行采集。

通过斜巷无线视频监控系统中无线通信基站内的交换机可与井下 21 采区变电所内环网交换机实现对接，这样无线视频监控系统就成为矿井综合自动化的一个子系统。通过井下环网可将斜巷运输实时监控画面传输至地面调度指挥中心，地面值班人员同样可对井下斜巷运输情况进行实时监控，直观地监视和记录井下工作现场的安全生产情况，对于存在的隐患能够迅速作出处理，避免可能发生的事故，也能为事后分析事故提供有关的第一手图像资料。

2.2.3 采用无线通信基站进行数据传输，可实现 Wi-Fi 手机通信

无线通信基站主要由 Wi-Fi 模块、Zigbee 模块、光电转换模块以及天线组成。无线通信基站通过 Wi-Fi 技术将通信基站接收到的视频信号传输到显示器上。无线通信基站最大传输距离为 20 km，无线发射距离不小于 250 m，具有以太网接口。另外，无线通信基站通过天线发出 Wi-Fi 信号，然后配置好具有煤安认证的 Wi-Fi 手机，在信号覆盖范围内配置好参数手机就可以自动连接，在斜巷内手机就可以实现随时随地通话，节约了寻找固定电话的时间，提高工作效率。根据我矿巷道长度和起伏情况安装 4 台无线通信基站就可以实现 Wi-Fi 信号的不间断传输。

2.2.4 采用硬盘录像机进行数据存储

硬盘录像机是监控终端控制的核心设备，采用网络技术、智能技术、音视频技术相结合，能够把无线摄像仪传来的图像信号加以处理，以单画面或多画面的方式输出到显示器上，同时以 MPEG-4 的格式实时保存视频信号到存储硬盘上，需要回放时可以任意调用保存的图像信号。本系统采用的 16 路 24TB 硬盘录像机通过连接基站控制器，能够实现图像的录像及回放功能。录像机内置 24TB 存储空间，支持录像存储时长 1 年以上。

2.2.5 采用统一的 TCP/IP 协议

TCP/IP 协议是因特网最基本的协议、因特网国际互联网络的基础，由网络层的 IP 协议和传输层的 TCP 协议组成。TCP/IP 定义了电子设备如何连入因特网，以及数据如何在它们之间传输的标准。协议采用了 4 层的层级结构，每一层都呼叫它的下一层所提供的协议来完成自己的需求。通俗而言，TCP 负责发现传输的问题，一有问题就发出信号，要求重新传输，直到所有数据安全正确地传输到目的地。而 IP 是给因特网每一台联网设备规定一个地址。

2.2.6 采用无线数字信号传输技术，抗干扰性强

无线数字信号传输相对于传统的模拟信号传输具有以下优点：

(1) 可以降低因线路故障而发生的视频信号中断的发生概率,信号抗干扰性强,不易失真,传输无延时。

(2) 数字信号本身具有更好的抗噪能力和更强的抗信道损耗性能。

(3) 传输差错可以控制。通过不同的信道编码,可以得到不同的编码增益,从而根据通信质量的要求采用不同的编码方式,从而改善整个通信系统的传输质量。

(4) 数字信号传输系统便于与计算机相连,实现系统和网络智能化。系统和网络便于规划和优化,便于实现集中监控、维护和管理;同时,系统升级扩容方便。

2.2.7 系统所有设备均为本安型设备

本系统包括无线通信基站、无线摄像仪、本安电源箱、硬盘录像机、本安显示器在内的所有安装在井下的设备均为本安型设备。由于本安型电气设备的电路本身就是安全的,所产生的火花、电弧和热能都不会引燃周围环境爆炸性混合物,所以在煤矿井下使用本安设备提高了系统的安全性,同时无线通信基站、无线摄像仪、显示器均配有不间断电源箱,能够保证在停电的情况下系统正常工作。

2.2.8 采用光纤远距离传输

光纤传输,即以光导纤维为介质进行的数据、信号传输。光导纤维,不仅可用来传输模拟信号和数字信号,而且可以满足视频传输的需求。光纤传输一般使用光缆进行,单根光导纤维的数据传输速率能达几 Gbit/s,在不使用中继器的情况下,传输距离能达几十千米。光纤是传输信号极为方便的一种工具,缆线其中一根纤细的光芯,就可以取代上千条以上的实体通信线路,完成大量及长距离的通信工作。光纤传输与其他传输方式主要有以下优点:

(1) 灵敏度高,不受电磁噪声的干扰。

(2) 体积小、质量小、寿命长、便于敷设。

(3) 绝缘、耐高压、耐高温、耐腐蚀,适于特殊环境之工作。

(4) 高带宽,通信量大,衰减小,传输距离远。

(5) 讯号串音小,传输质量高。

3 系统实现主要功能

通过在斜巷安装无线视频监控系统,解决了我矿长期以来斜巷运输中的安全问题,实现以下几种功能:

(1) 绞车司机通过移动无线摄像仪可以观察车辆运行时前后运行环境,通过固定摄像仪可以对部分甩车道岔及车场入口处的人员情况以及设备运行情况进行视频监控,大大提高了运输的安全性。

(2) 能够观察到斜巷中防跑车装置的状态,防止车辆撞到防跑车装置出现掉道伤人事故。

(3) 基于自动化无线视频监控系统无缝接入矿综合自动化系统,利用矿现用客户端实现实时浏览和录像浏览,可实现地面实时监控。

(4) 能够观察到车辆上保险绳是否拖地或伸出现场,避免挂到其他物体发生掉道。

(5) 能够地面监测到司机开车情况,对司机起到监督作用,有利于安全生产。

(6) 大件运输期间需要人跟车时,跟车人员可通过 Wi-Fi 手机随时随地与绞车司机联系,提高运输安全性。

4 结论

井下斜巷运输作为煤矿安全工作的管理重点和运输事故的多发场所，通过安装斜巷无线视频监控系统实现了运输过程的实时画面监控，大大降低了斜巷运输事故发生的概率。斜巷无线视频监控系统的应用提升了煤矿信息化管理水平，可以实时监测矿井运输安全状况，随时调度指挥生产，避免和减少安全事故的发生。斜巷无线视频监控系统的推广应用大大降低了斜巷安全管理的难度，同时也可推广应用于立井提升、无极绳绞车运输等领域，对于煤矿企业的安全生产有着重要的意义。

参考文献

[1] 黄海，于若愚，魏家文，等.无线视频监控系统的设计[J].哈尔滨理工大学学报，2014，19(2)：63-67，72.
[2] 陈明.矿井斜巷轨道运输视频监控联动系统在煤矿的应用[J].煤矿安全，2009，40(10)：68-70.
[3] 魏广科.企业无线视频监控系统的设计与应用[J].计算机与现代化，2010(7)：170-173.

架空乘人装置集中控制系统的开发应用

冯明伦

（河南能源化工集团永锦公司云盖山一矿，河南 禹州 461670）

摘 要 架空乘人装置是近年来在煤炭行业推行的一种新的人员运输形式。该装置具有快速、安全、高效的运输特点，在井下辅助运输中得到快速的发展，成为井下人员运输的主要方式。本文较为详尽地论述了河南能源永锦一矿架空乘人集中控制系统的特点和功能，以期能为其他企业类选型和应用提供参考。

关键词 架空乘人装置；无人值守；集中控制

架空乘人装置是近年来在煤炭行业推行的一种新的人员运输形式，该装置因其快速、安全、高效在煤矿井下辅助运输系统中得到了快速的发展，已逐渐成为井下人员运输的主要工具。河南能源永锦一矿，2012 年初到 2013 年底两年内开掘了两条行人斜巷，采用 RJY-55 型和 RJY-37 型两部斜巷乘人装置运送人员，随着两部架空乘人装置的运行，永锦一矿彻底淘汰了斜巷人车，给生产带来了极大的便利，但由于系统采用人工操作，自动化程度很低，在使用中暴露出了诸多问题，为此，永锦一矿与株洲天成公司合作，共同开发出一种稳定、可靠、保护齐全、功能强大、技术先进的自动控制和监控系统。本文对该系统的特点和功能进行了系统的论述，以期为其他企业选型和应用提供参考。

1 背景

依据《煤矿安全规程》第三百八十二条规定，人员上下的主要倾斜井巷高差深超过 50 m 时，应采用机械方式运送人员。目前我国煤矿作为辅助提升运送人员，广泛采用斜巷人车和斜巷架空乘人装置，而架空乘人装置更是近年来在煤矿行业推行的一种新的人员运输形式，该装置因其快速、安全、高效的运输特点，在井下辅助运输系统中得到了快速的发展与普及，已逐渐成为井下人员运输的主要方式。河南能源永锦一矿，提倡“以人为本，科学发展”推广应用新设备新技术，淘汰落后设备，从 2012 年开始到 2013 年底两年内开掘两条行人斜巷，安装使用由湘潭恒心实业公司开发的 RJY-55 型和 RJY-37 型两部斜巷乘人装置。随着两部架空乘人装置的开始运行，永锦一矿彻底淘汰斜巷人车。

使用架空乘人装置运送人员，乘车人员随到随走，不再候车，实现了连续性运输，提高了运输功效；但是使用架空乘人装置运送人员，由于采用人工操作，不能对乘人装置运行情况及时巡查，不能及时发现钢丝绳掉道、跳槽等事故，造成事故扩大，危及乘坐人员安全；又因乘人装置运送距离远，不能确定人员上下数量和时间，更不能确定有没有人乘车，导致架空人车必须不间断运行，这样造成设备运行时间加长,既浪费能源,又使设备磨损加剧,产生维修量大、材料投入多、费用高、安全威胁大等各种不利因素。

为了推广适合煤矿需要的安全、高效辅助运输设备,加快煤矿辅助运输机械化和现代化的步伐,实现架空乘人装置无人乘坐时能自动停机断电、有人候车时能自动开车,开发应用架空乘人装置无人值守运行,成为提高设备运行安全水平和运输效率,降低运行成本的迫切需求。

为确保架空乘人装置实现无人值守安全运行,永锦一矿再次与株洲天成公司共同开发出一种稳定、可靠、保护齐全、功能强大、技术先进的控制系统与监控系统。该系统不用专门操作司机,维护工作量少,既能实现长期的连续运行,又能实现无人值守运行和远程智能监控运行等多种运行状态;具有故障报警、开车预警、声光语音提示等报警提示功能,为目前国内较先进的乘人控制系统。

2 系统组成及功能说明

本系统由调度室上位机、组态监控软件、以太网交换机、通信接口、UPS电源、打印机、井下光端机、隔爆兼本安型稳压电源、辅件等组成。该系统核心硬件构成主要包括可编程控制器(PLC)控制模块、可编程控制器(PLC)通信扩展模块、以太网网络通信设备以及工控机服务器等。本系统通过组建工业以太网实现通信功能,在工控机上组态软件的监控界面来实现设备运转状态的简单、直观的实时监测与控制。

该系统具备的功能:

(1) 集控室可远程控制架空乘人装置的启、停、急停、故障复位等。

(2) 对系统(传感器等)相关数据进行实时监测,如减速机油温、当前运行速度、运行时间等。数据计算、判断、处理、传输、控制等功能具有实时性,能周期循环运行,而不中断。

(3) 实时掌握系统的当前状况、故障等情况。

(4) 具有在不中断正常监控功能的条件下由用户随时生成、修改各种参数及表格的功能。

(5) 具有系统相关信息输出、存储、历史查询、打印(可打印运行画面、图片、数据报表、曲线)等功能。

(6) 可实现监控信息、画面等远程局域网访问,方便设备信息共享。

(7) 系统对各个监视点进行远程监视、对关键画面进行拍照、历史记录存储、调入查看等。上下人地点及变坡点有视频监控装置。

(8) 采用研华原装工控机,运用组态软件技术平台模拟现场工况,实时监控系统参数、系统状态、各保护传感器的状态、故障信息、故障实时"语言告警"、历史记录查询等;提供通信服务器及相关软件,并可在以太网上进行信息共享(即WEB发布功能)。

以太网交换机接线示意图见图1。

3 RJY-55型架空乘人装置的电控系统及工作原理

RJY-55型架空乘人装置电控系统主要是由防爆型PLC控制箱、本安操作台、各种系统保护开关(越位保护、速度保护、掉绳保护、沿线急停保护、重锤下线保护等)、语言报警信号、人员操作信号、音乐播放装置等部分组成。RJY-55型架空乘人装置的核心控制装置防爆型PLC控制箱、本安操作台安装在架空乘人装置机头位置。本安操作台可以实现架空乘人装置的启停、紧停控制,以

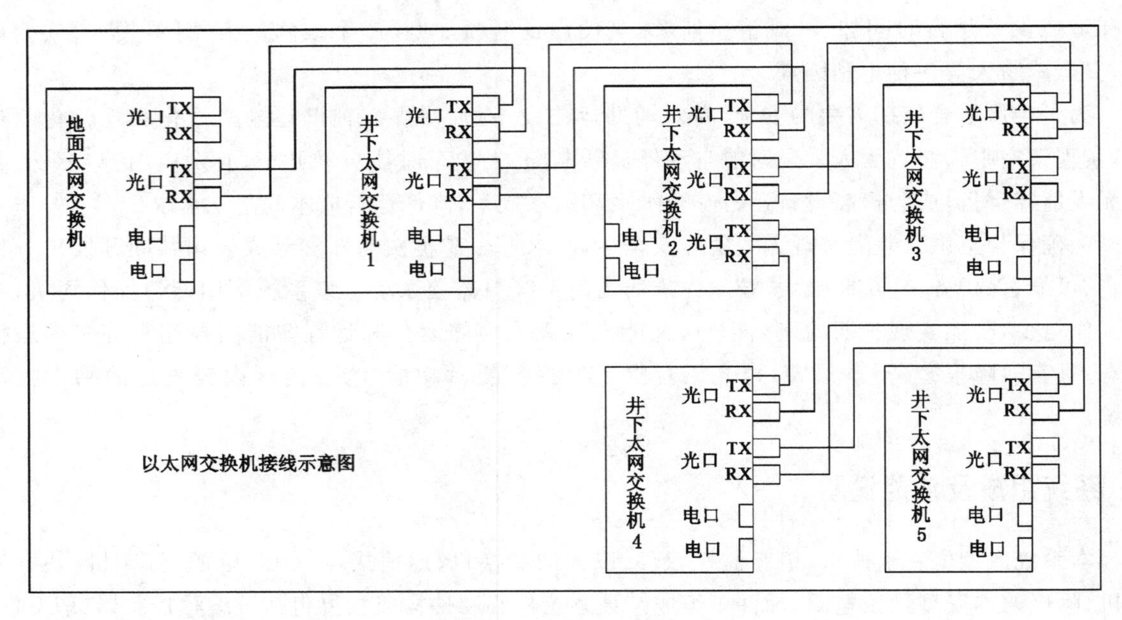

图 1

及故障复位和画面切换功能,各种保护装置接入 PLC 控制箱,根据现场控制程序要求实现系统保护功能和设备运行需要。

PLC 对整个系统的运行进行控制和管理,并执行正常的操作程序,接收并生成开车信号和停车信号,实现各种保护及闭锁。通过 PLC 运算和处理远红外监测单元采集入口处的上人车时自动开车,无人乘坐时自动停车。在系统运行期间,控制站实时接收各类保护开关、监测装置的状态信号,经 PLC 运算和处理之后,进行系统运行控制和输出保护信号。

操作台完成控制操作,操作台分操作面板和显示面板,显示面板显示当前设备运行状态见图 2。

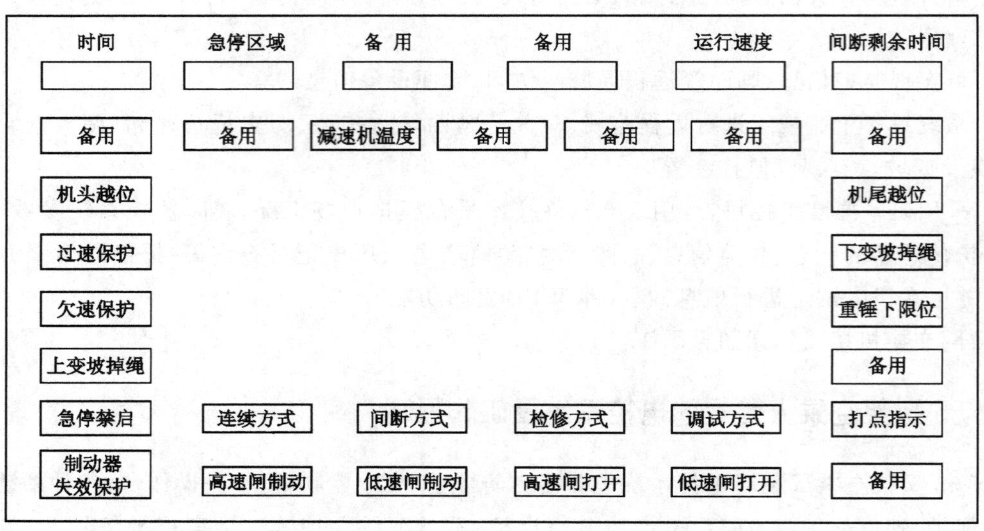

图 2

显示窗功能信号采用LED显示相应的故障,如"机头越位"、"机尾越位"、"过速保护"、"掉绳保护"、"重锤下限"、"急停*区"等故障。"连续(手动)方式"、"间断(自动)运行"、"检修方式"、"调试方式"、"急停,禁启"、"高速闸制动"、"运行速度"、"运行剩余时间"等功能显示相应的运行状态。

操作面板可完成手动和自动操作切换,选择旋钮处于"连续"位置为手动操作,处于"断续"位置为自动操作。控制系统主要由一台主站控制器和若干分站控制器组成。它们之间采用CAN总线进行通信。

RJY-55型架空乘人装置主站控制器置于机头操作台,分站控制器4台分别安装在+87乘车点、-23乘车点、-81乘车点和机尾-150乘车点。主站控制器负责架空乘人装置的启动与停车等操作,同时监测驱动装置与各分站控制器的状态,根据监测数据和运行控制逻辑,向驱动装置发出相应控制信号,并把当前的运行信息通过CAN总线发送给各个分站控制器。架空乘人装置被分站控制器划分成若干运行区段,各分站控制器负责监测其归属段的启动、拉线、故障和闭锁信号,同时显示由主站控制器发送的系统倒计时时间等运行状态信息。分站控制器不能直接向驱动装置发出控制指令,相应控制信号经编码后通过CAN总线发送到主站控制器.然后由主站控制器执行相应的控制命令。

乘人装置机头、机尾以及中途各乘车点分别安装有光电红外线传感器,然后传感器分别接入各分站控制器。光电红外线传感器作为一种新型高灵敏度探测元件,能以非接触形式检测出人体辐射的红外线能量的变化,并将其转换成电压信号输出,然后传输到主控制器。当乘车人员通过乘车点时,通过传感器检测来实现无人乘坐时,系统自动停车,有人乘车时自动启动,从而实现无人值守的启动模式。运行将以程序内部设定的时间限时运行(此时间根据装置从机头运行到机尾的时间设定,再延时30 s后自动停机),启动后计时器开始计时,当有上人检测信号时,时间将返回到原来的数值并重新计时,即时间记忆刷新,当剩余时间为0时系统将自动停机。

4 结束语

通过远程监控系统与架空乘人装置控制系统相结合,实现了架空乘人装置监控和无人值守一体化,通过组建工业以太网实现通信功能,采用研华原装工控机,运用组态软件技术平台来实现设备运转状态的监测与控制,提高了煤矿企业对设备运行状况的监测和对设备的科学管理能力,在煤矿安全生产中将有着非常广阔的应用前景。

参考文献

[1] 陈国华.基于工业以太网的架空乘人装置无人值守运行研究[D].成都:电子科技大学,2012.
[2] 翟仁羽,郑红娟.新型架空乘人装置的设计与应用[J].煤矿开采,2008,13(4):83-74.
[3] 颜兴亮.井下架空乘人器驱动装置技术改造[J].矿山机械,2003,31(5):63-64.
[4] 陈岐范,王敬冰,王伟.长距离多变坡架空乘人装置的开发应用[J].山东煤炭科技,2002(2):31-32.

静态上下车装置在机运斜巷中的安装和应用

吴国栋，王　芳

（河南能源化工集团义煤公司跃进煤矿，河南 义马　472300）

摘　要　跃进矿井下 2-5 区轨道下山安装使用的 RJHZ55-18/1800U(A)型液压驱动式活动抱索器架空乘人装置，是我矿井下安装使用的第一部架空乘人装置。该套设备机头动力部分安装在绞车房的平巷绳道内，机尾张紧部分安装在倾斜的轨道巷内。因巷道条件限制，乘坐人员无法在水平巷道区段内上、下车，上、下车位置只能限定在 15°的斜坡巷道内，因此配备的标准静态上下人装置就无法按要求进行安装使用。为解决该问题，我们将标配的静态上下车装置进行改造，使其能够在倾斜巷道中正常安装使用。

关键词　煤矿；架空乘人；静态上下车；斜巷；安装应用

0　前言

架空乘人装置中的静态上下车装置，是确保乘坐人员在架空乘人装置不停车的状态下，能使乘坐人员在静止状态中上车和下车，确保乘坐人员在上下车时的人身安全。该类型的静态上下车装置适用于 HM-ⅡA、HM-ⅡB 型抱索器，我矿选用的是 HM-ⅡB 型可摘挂活动抱索器。该抱索器锻压一次成型，四个角安装四个小轴承，中间与钢丝绳接触部分加装橡胶衬垫，增大与钢丝绳摩擦力，因此该类型抱索器配备的静态上下车装置只能水平方向安装，而无法倾斜安装。然而根据我矿实际情况，必须安装一套静态上下车装置，因此我们基于原设计的基础进行了改造，使其能够在不大于 18°的倾斜巷道中顺利使用。

1　静态上下车装置的结构及安装

静态上车装置由一组滑道、一套开关机构、两个吊架及两根横梁组成。静态下车装置与上车装置的组成基本一样，只是将开关机构更换成单向防后退下滑的挡板机构。在该装置中，滑道的长度为 2 m，由 6 mm 厚的钢板制作成开口的 A 字形，钢丝绳从倒 V 中间通过；静态上车装置是在滑道 2/3 的位置上安装一组杠杆原理的上下开关机构，用于抱索器静止状态到活动上车状态的操作控制；静态下车装置是在滑道 2/3 的位置安装一组单向防后退下滑的挡板机构，用于抱索器活动运行状态到静止下车状态的动作。滑道两端安装的是吊架，均由钢板进行钻孔焊接，制成高低不一的形状，方便在安装过程中调整滑道的高低，依据安装要求，将上车装置滑道的 1/3 端降低，2/3 端抬高，将开关机构安装在略高于主牵引钢丝绳的上方，便于控制抱索器的运动；将下车装置滑道的 1/3 端降低，2/3 端抬高，将单向挡板机构安装在略高于主牵引钢丝绳的上方，挡板方向与主牵引钢丝绳的运行方向一致,便于挡住抱索器的后退和下滑。滑道两端的吊架,使用U型卡固定在巷道内安装的横梁上。在安装上下车装置的过程中,根据现场实际情况和乘坐人员的习惯,确定主牵引钢丝绳的运行方向,即静态上下车装置的安装方向。我矿2-5轨道巷是下山斜巷,因此我们规定面向下山,右侧下行侧的钢丝绳安装静态上车装置,左侧上行侧的钢丝绳安装静态下车装置。

2 安装中出现的主要问题及分析

静态上下车装置在斜巷安装的过程中,我们发现了一些影响该装置的顺利安装的问题,主要有以下几方面:

(1)横梁安装过低,影响矿车的轨道提升。因为是15°的倾斜巷道,所以主牵引钢丝绳的运行方向也是倾斜状态,因此按水平的安装方法进行安装就会造成滑道与钢丝绳夹角太大,巷道内的横梁安装后,无法正常进行轨道运输。

(2)滑道中间的连接部件与钢丝绳摩擦,损伤钢丝绳。抱索器滑道使用钢板制作的开口A字形状,中间每间隔一段距离有一个横向的连接钢板,因此当滑道与钢丝绳夹角不合适时,容易出现相互磨损,损伤钢丝绳。

(3)上车装置抱索器的初速度过快,人员前后摆动幅度过大。人员在上车时,拉动开关,抱索器沿着滑道向下滑行至主牵引钢丝绳上,从活动状态到突然静止,初速度过快,乘坐人员在惯性作用下,向前摆动幅度过大,约为38°,使乘坐人员产生不适感。

(4)下车装置脱离惯性小,造成抱索器内的橡胶条磨损加快。当架空乘人装置的运行速度一定,下车装置滑道安装不合适时,易造成抱索器在惯性作用下无法完全脱离主牵引钢丝绳,形成半脱离状态,抱索器摩擦条一半脱离钢丝绳,一半未脱离,钢丝绳继续运行,形成胶条磨损,单向挡板机构不起作用。

(5)乘坐人员上下车不方便,易摔倒。在上下车装置的下方地面是倾斜巷道,人员上车时,需将抱索器及座椅先挂在滑道上,然后乘坐;人员下车时,在未停稳状态下急于下车取座椅,站在倾斜的地面操作不便,易摔倒。

3 确定改装方案,并安装试验

根据安装过程中出现的问题和分析情况,我们对静态上下车装置进行了逐项解决,通过反复的设计和试验最终确定了合适的安装方案,并试验成功。首先我们对主牵引钢丝绳和抱索器滑道的夹角进行计算对比,选择最佳的角度,然后根据设计的夹角,调整横梁的安装位置,调整滑道两端安装吊架的高低,最后调整滑道中间横向连接板、开关机构和挡板机构在滑道上的安装位置,直至达到合适要求,然后标出横梁位置进行预埋、安装。经过改造后上车乘坐人员向前摆动的幅度减至22°左右,提高了乘坐人员的舒适度。为了解决人员易滑倒的问题,我们在上下车区段的下方,制作并安装了一套气动控制的木板平台机构。该套机构根据巷道实际情况,先用角钢焊接一个矩形框架,然后在框架内铺设木板并将其固定,将平台的上方端制作成固定旋转结构,另一端进行气动升降,升起时直至水平,升降高度可进行计算得出,对于行程较长的气缸,可根据计算结果对行程进行限位,以达到操作简便的目的。模板平台在上下人时,打开控制阀将平台升至水平;提升运输时,将平台下降至低于轨道面与巷道坡度一致,这既解决了问题,又提高了机运一体巷道的实用性，降低了人员的工作强度。

4 效益分析

通过斜巷静态上下车装置的安装和应用，既减少了水平巷道的扩修量，又减轻了乘坐人员的体力浪费，同时又取消了上下人位置一名专职摘挂工的配置。直接节约经济效益 8.7 万元/年，间接节约经济效益 30 多万元，该安装方法适用于不大于 18°的倾斜坡度，可以进行全面推广，效益可观。

5 结语

该装置使用至今已有一年半时间，动作灵敏可靠，性能稳定，操作方便，有效地解决了静态上下车装置只能安装在平巷的要求，开辟了静态上下车装置安装的新思路，扩展了静态上下车装置适用范围，避免了斜巷人员上下时的事故发生，确保了架空乘人装置的安全运行，提高了矿井机运混用斜巷中运输的安全系数。

参考文献

[1] 刘建荣，马小龙.活动抱索器架空乘人装置在煤矿的应用[J].煤矿机电，2008(3)：114-115.
[2] 李雪领.轨道巷安装架空乘人装置应用实践[J].矿山机械，2009，37(2)：65-66.
[3] 罗贤峰.煤矿架空乘人装置的设计与应用[D].成都：电子科技大学，2012.
[4] 张传晖.煤矿架空乘人装置的系统研究[D].青岛：山东科技大学，2010.
[5] 葛玉柱.矿用架空乘人装置液压传动系统研究[D].长沙：中南大学，2010.

矿车定位系统在辅助运输系统中的应用

刘助民

(河南能源化工集团永煤公司城郊煤矿,河南 永城 476600)

摘 要 矿车作为运载工具,在我国煤矿生产中广泛应用,起着极其重要的作用,矿车的周转流通、矿车数量的多少、分布地点、滞留时间、分布数量及周转率,都直接影响物料的及时送达及矸石的输送。矿车也一直是辅助运输管理中的重点和难点,对于采煤、掘进等生产工序起到重要的辅助作用,直接左右煤炭产量和生产接替。矿车定位系统利用测控技术原理和方法,给出矿井机车定位的方法,对机车运行状态(位置、时间、方向等)进行实时监测和管理,大大提高了辅助运输效率。

关键词 煤矿;辅助运输;矿车;定位

0 前言

煤矿辅助运输是指煤矿井下除煤炭运输之外的各种运输,主要包括材料、设备、人员和矸石等各种运输。煤矿井下辅助运输可分为轨道辅助运输和无轨辅助运输两种,无论哪种辅助运输形式,矿车都不可缺少。城郊煤矿正常流通 1.5 t矿车 1 300 辆左右,分布在井上、井下各个地方。长期以来,都通过调度室派专职调度员去井下各个工作面及停车场清点矿车来了解矿车使用的详细情况,以便合理调度使用,故管理难度较大,容易遗漏。机车定位系统是在现有的安全监测系统的基础上,在矿车上安装无线编码发射器,无线编码发射器发出的无线编码由无线数据监测站(原有设备)接收处理,可监测出具体位置、存放时间、运行轨迹、每一区域的总数等,通过定位系统的实施,能够更加准确地了解井下使用情况,提高矿井调度的科学性、及时性,减少特殊材料的丢失。

1 城郊煤矿矿车管理现状

城郊煤矿轨道运输系统采用电机车和斜巷绞车提升运输,一水平采用 10 t 架线电机车运输、二水平及采区采用 8 t 和 5 t 防爆特殊型蓄电池电机车运输,运送矸石采用 1.5 t 矿车(标准型号为:MG1.7-6A),运送物料有 12.5 t 平板车、3 t 平板车、1.5 t 平板车、3 t 花架车、1.5 t 花架车等材料车,种类较多,且数量大。城郊煤矿矿车管理存在部分矿车滞留时间过长、物料卸车不及时、部分工作面闲置矿车太多、部分工作面矿车紧张、调度指挥不便等问题,严重时堵塞巷道,造成该运送到位的料车无法运送到位,需要拉出的杂物车及矸车无法及时运出,直接导致生产工序脱节。

2 矿车定位系统的技术路线

矿用车辆位置监测系统主要由两部分组成，综合操作平台和通信子系统。综合操作平台主要用于实现车辆定位系统各项功能的查询和主机的日常操作，通信子系统则主要用于实现分站和收发器的配置及查看通信状态。系统提供一个导航板，用于矢量图的缩放操作，通过导航板可以很清楚地查看矿井的各位置。

井下车辆定位系统是由地面监控中心主计算机在系统软件支持下，通过数据传输接口和沿巷道铺设的通信光缆，无间断、即时地对井下安装的无线数据采集器进行数据信息采集；无线数据采集器将自动采集有效识别距离内的标识卡信息，并无间断、即时地通过传输网络将相关数据传送至地面中心站。数据信息经分析处理后，将井下车辆的动态分布在主计算机界面中得以实时反映，从而实现井下安全状态在井上数字化管理的目的。

3 系统组成

地面中心站的主机选用工业控制计算机。主机通过通信电缆与传输接口，与设在井下的各监测站进行通信。系统能提供实时、同步、安全的数据，并保存在专门的数据库中。系统具备数据实时备份和灾难恢复功能，能够备份保存 12 个月以上的历史资料，实时监测识别卡和定位分站故障。矿井综合自动化通信网络见图 1。

无线编码发射器由扣式电池供电，一个电池可工作半年以上。系统中最多可容纳 8 000 多个发射器，编码固化不重码。其正常工作时红色指示灯闪亮，当无线编码发射器的电池电量不足发出报警(红灯闪烁)指示时，需及时(十天之内)更换电池，否则十天后无线编码发射器将自动停止工作，同时监控主机会发出无线编码器缺电显示报警。无线编码发射器无辐射，对人体和环境无害；抗干扰性强，井下有效识别距离不低于 30 m。

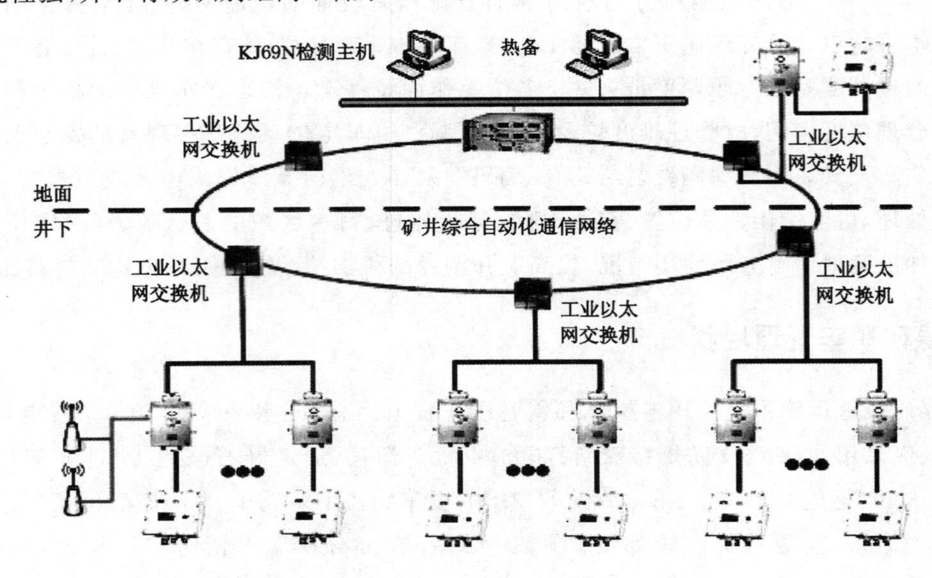

图 1

本安电源为井下数据检测站供电,其后备电池可保证在交流电停电情况下,数据检测站可连续工作 2 h 以上。

数据监测站是以微处理器为核心的智能化矿用电子设备,结合目前最先进的无线电通信技术,通过无线接收器对无线编码发射器发出的无线编码信号进行接收处理,可检测出机车的位置、编码等信息,并可提供开关量信号输出和串行数据信号输出,是机车定位系统的主要组成设备。该监测站为矿用本质安全型。

4 系统的主要功能

矿车定位系统软件智能化程度高,界面友好、反应迅速,具有较强的扩展兼容和分析处理能力。系统能实时地显示井下的总矿车、显示井下各区域的矿车数、材料车、时间段内通过等信息。系统具有良好、便捷的查询功能:可查询任一指定车辆在当前或指定时刻所处的区域;查询任一指定车辆当天或指定日期的活动踪迹;选定某一区域可以获得当前该区域的车辆信息;选定某一分站接收探头可以获得经过该分站探头所有的时间信息;可对特定的车辆进行实时跟踪;可查询各区域在过去每个整点时刻的车辆数,也可查询各区域在过去一个具体时刻有哪些车辆;显示矿车在井下行走的路线,可以是当前井下的矿车,也可以是历史中某段时间内的矿车下井记录。

5 应用效果

矿车定位系统有助于提高煤矿企业生产效率。通过该项目的实施,车辆周转率可以至少提高5%。城郊煤矿现有 1.5 t 矿车 1 300 辆,2014、2015 年矿车周转数据如下所列:

2014 年:1 300 辆/天÷100×5×240 天=15 600 辆,每辆车的周转电费和人工费等周转费用(运输队 44.2 元+机电一队 18.2 元)×15 600≈97.34 万元;提高周转率后,可以减少矿车数量 65 辆,节约费用 65×4 700 元/辆=30.55 万元,合计 127.89 万元。

2015 年:1 235 辆/天÷100×5×180 天=11 115 辆,每辆车的周转电费和人工费等周转费用(运输队 44.2 元+机电一队 18.2 元)×11 115≈69.4 万元。

2014、2015 年合计 197.29 万元。

矿车定位系统内嵌短信平台,能实现与井下移动通信系统或其他移动通信系统的信息互动,能够及时地实现与相关人员的信息互动,提升了煤矿运输信息化水平。实时显示井下矿车数量及分布情况、井下指定区域内矿车的信息、指定区域内井下矿车的分布情况及信息,可对指定矿车行进轨迹进行查询,提升了矿井车辆运输管理和调度的科学性、先进性、准确性。具有全面的报表查询功能;可按时间、部门对全矿的矿车信息、区域及基站时间段内矿车列表等进行统计,并提供丰富的查询打印输出功能,并提供丰富的查询打印输出功能,提升了矿井运输管理和调度科学性和便捷性。总的来说,提高煤矿的辅助运输系统信息化水平,有利于提高煤矿自动化水平,实现煤矿的高产高效,也促进了煤矿的安全、高效发展。

6 结论

随着煤矿企业自动化水平的逐步提高,安全型矿井、高效型矿井是未来煤矿企业发展的方向,也是摆在煤矿管理者们面前的一件大事。矿车定位系统在辅助运输系统中的应用建立了一个具有标志意义的现代化运输车辆管理、调度的模板，为轨道运输系统自动化水平的提升和发展打下了坚实的基础，加速自动化矿井的发展。同时，也为同类型矿井的发展提供了一个很好的典范，给同类型矿井提供可以借鉴的思路或者启发，由此可见，本项目具有极广泛的应用前景。

参考文献

[1] 翟红.矿井辅助运输机械化的探讨[J].矿业快报，2006，22(4):8-10.
[2] 张海滨.浅谈煤矿辅助运输设备的合理选用[J].中国新技术新产品，2014(2):41-42.

煤矿井下掘进运输工作面自动化控制系统自主研发与应用

王永建

(开滦股份吕家坨矿矿业分公司,河北 唐山 063107)

摘　要　为减轻掘进工作面劳动强度、提高安全生产效率,本自动化控制系统是根据设备现状及使用情况,进行的自主研发与应用。采用 S7-300PLC 作为主控设备,触摸屏、视频监视、语音告警装置作为安全监控装置,利用网络功能实现远程监控、控制功能。本自动化控制系统实现了皮带、转载设备现场就地控制、操作台点动控制、集中控制及控制中心远程控制四种方式。

关键词　自动化;掘进工作面;S7-300PLC

1　问题的提出

随着计算机技术和自动化技术飞速发展,综采工作面的装备水平及自动化程度得到进一步提高。但在目前煤矿生产中,掘进工作面自动化滞后于综采工作面,制约了煤炭生产的发展。掘进工作面自动化主要包括掘进机自动化、锚杆支护自动化、运输自动化,其中运输自动化作为掘进工作面重要部分。以吕家坨 5424 掘进运输工作面为例,它有 4 部运输设备,包括 2 部皮带、1 部刮板输送机和 1 部转载机。自动化改造前每班由 4 名员工去操作 4 部设备,1 个掘进运输工作面需要 12 名操作员工,显然与减人提效不符,是对人力资源的大大浪费,自动化改造存在必要性。

目前煤炭企业掘进运输工作面自动化系统普遍存在一些问题。其中主要有,一是自动化设备控制工艺复杂,不能根据现场实际进行选型设计,一般自动化设备多、初期投入大,掘进工作面周期短,经常搬迁倒面,在拆装过程中自动化设备易损坏,换到另一工作面时不能使用。二是自动化设备出现故障时现场工人不能及时处理,影响生产,对维护人员技术水平要求高。以上问题制约了掘进工作面自动化投入使用及推广。针对以上问题提出了解决方案,研制了一种简单实用、便于维护的自动化控制系统。

2　本系统设计方案

根据现场实际,1 部皮带机头距操作台 350 m;2 部皮带机头距操作台 50 m;3 部刮板输送机机头距操作台 240 m;4 部转载机头距操作台 290 m,采取掘进运输面现场不加自动化控制设备。如果在现场加 ET200 通信模块、输入/输出模块、通信电缆、隔爆分线箱及控制箱,4 部设备需增加 10 万多元投入。利用现有设备,一套 PLC 控制设备进行自主研发,取消外挂 DI/DO 模块、取消 CP340 通信方式降低设备控制复杂性,由 CPU314C-2DP 自带 I/O 模块来实现控制要求。根据实际操作台与被控设备距离不远,采取操作台与被控设备之间分别放设 7 芯电缆,用电缆直接传输控制信号，直接控制皮带保护器或启动器，反馈控制电压采用直流 24 V 以减少干扰，这样可减少中间环节，减少投入。由 PLC 实现集控及远程控制；由操作台按钮实现点动控制；现场实现就地控制，几种方式相互独立，并联方式存在。在保留沿线扩音电话同时，增加操作台语音告警功能且两套语音装置相互独立，提高现场操作可靠性。

3　本系统主要组成部分

主控设备以 S7-300PLC 作为主站，包括 I/O 模块、CP343-1 以太网模块、24VDC 电源等组成。

监控装置由视频摄像头、隔爆视频显示器、交换机、光缆、触摸屏、485 通信线等组成。见图 1。

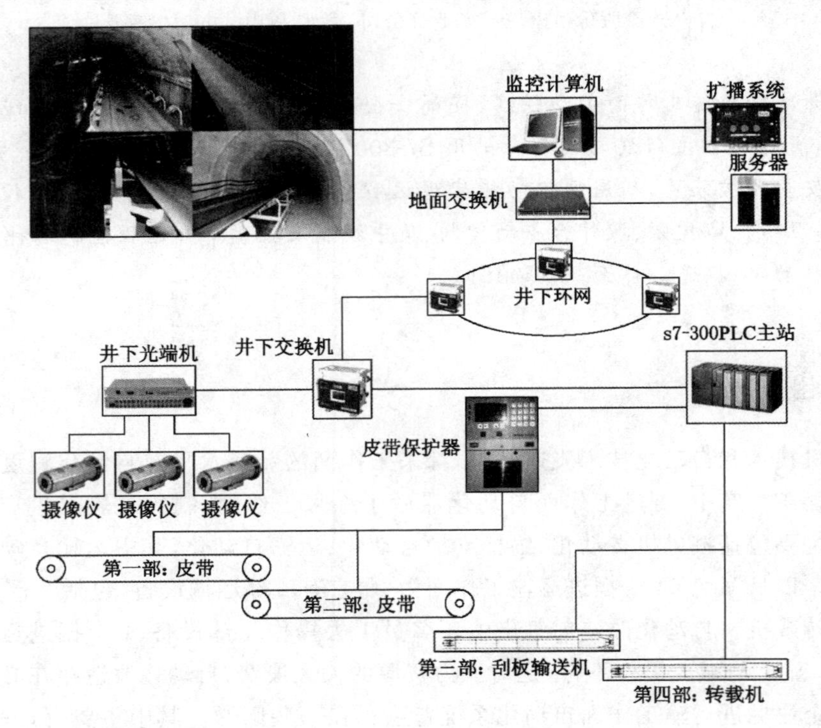

图 1

语音告警装置由沿线扩音电话、操作台语音模块、密封放大器等组成。

沿线保护装置由各种传感器、皮带保护器、启动器、急停开关等组成。

4　本系统实现的功能

(1) 由 PLC 实现集中控制，通过以太网实现远程控制。集中及远程控制方式下实现一键启动、一键停止功能，启动方式为顺序启动、反向停止，当某一部设备出现停车时上一级设备立即停，下一级设备延时停车，此方式能有效避免停车后压皮带事故发生。

(2) 由操作台按钮实现点动控制。按下一部启动按钮后，一部皮带启动，按下一部停止时一部皮带立即停车，其他 3 部设备启停同上。

(3) 由现场实现就地控制。现场加闭锁开关，当闭锁开关打至现场位置时，只能进行现场操作，此功能用于检修时操作。

(4) 语音告警功能。在保留沿线语音电话功能同时,本系统在操作台加装语音告警模块,此模块为自行设计,由电脑编程录入语音,两套语音告警相互独立。

(5) 视频实时监控功能。在运输工作面加装摄像头通过光纤传至视频显示器上,实时监控运输工作面运行状态。对上位机监控画面进行开发,利用 EB800 组态软件丰富的图形界面功能,完成系统所需图形的绘制,主要设备运行时形象地用动画功能体现设备运行状态。见图 2。

(6) 沿线实现各种保护功能,由各种传感器、保护开关、保护器、沿线急停等来实现,当任一运输面出现紧急情况时,能及时停车,提高生产的可靠性。

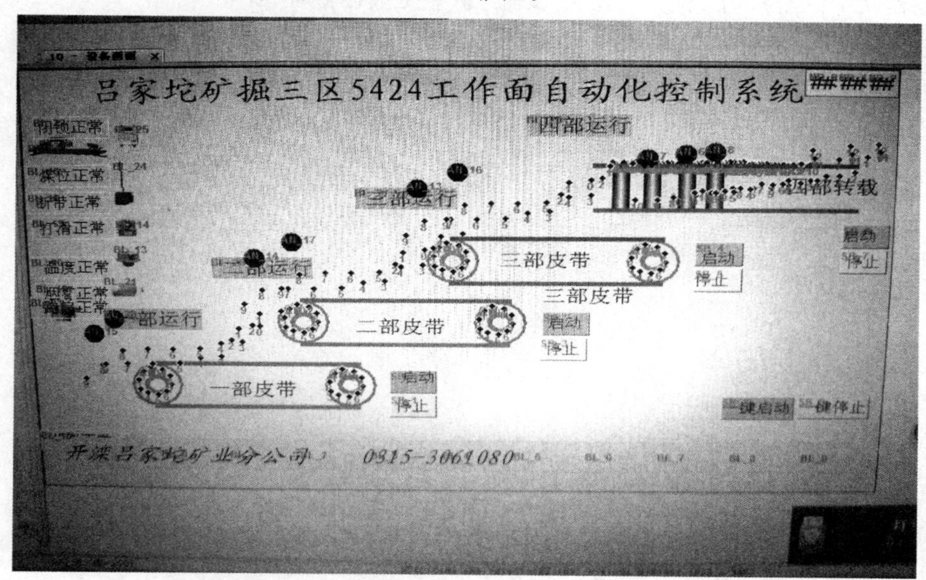

图 2

5 本系统特点

(1) 操作台与被控设备之间采用多芯电缆控制,省去自动化附属设备,减少投资,设备简单容易安装及回收利用。

(2) 现场实现按钮控制和 PLC 分别控制方式,当 PLC 设备出现故障时只需停掉 PLC 电源,现场使用点动功能不影响生产,提高自动化系统实用性。

(3) 保留沿线语音同时增加操作台语音模块,提高安全可靠性,此方式为本系统一创新点。

(4) 本系统设计适用于中小掘进运输工作面生产、投入少,见效快,设备维护量小等优点。

6 实施效果

(1) 达到了减人提效目的。每天可以少用 9 人,节省人工费用 5 万元/人×9 人=45 万元。

(2) 实现了输送机启停连锁功能、上位机监控功能,大大提高了安全系数,保障了安全生产。

(3) 利用 PLC 控制程序,实现了防止任一部设备出现故障时压煤事故发生。

(4) 利用触摸屏动画监控功能及语音告警功能解决了现场员工生产时长期盯着视频显示器的生产难题,出现故障时自动报警。

(5) 大大提高了生产效率,每年可创效 5 分钟/每班×2 班×2.08 吨/分钟×300 天×300 元/

吨= 187.2 万元;提高了掘进运输自动化水平。

(6) 通过对 5424 掘进运输工作面自动化自主研发,对吕矿公司掘进及综采工作面自动化的应用起到了借鉴作用。通过实践证明,此自动化控制系统具有控制工艺简单、实用、设备少、安全可靠等优点,具有推广价值。

参考文献

[1] 黄净.电器及 PLC 控制技术[M].2 版.北京:机械工业出版社,2011.

[2] 王芹,王浩.可编程控制器技术及应用(西门子 S7-300 系列)[M].天津:天津大学出版社,2012.

钢丝绳芯胶带非正常磨损原因分析及预防措施

王永建

（开滦股份吕家坨矿业分公司，河北 唐山　063107）

摘　要　在使用过程中，钢丝绳芯胶带的磨损是不可避免的，但非正常磨损会造成胶带寿命大幅缩短，甚至发生断带等安全事故。针对胶带非正常磨损的不同原因而采取不同措施，能有效提高钢丝绳芯胶带使用寿命，进而避免安全事故。

关键词　钢丝绳芯胶带；非正常磨损；原因分析；预防措施

0　引言

随着煤矿企业向现代化、信息化、自动化方向的发展，胶带输送机正在全部或局部替代矿车运输以完成煤矿原煤或矸石运输任务，而钢丝绳芯胶带也在胶带输送机中广泛应用，钢丝绳芯胶带非正常磨损也引起人们广泛关注。

1　钢丝绳芯胶带简介

钢丝绳芯输送带是由单层相同直径的钢丝绳按一定间距、分左右捻相间排列，上下覆以不同性能的中间胶、覆盖胶，经硫化而成。如有特殊需要可加横向防撕裂尼龙网、钢丝绳网或埋置线圈，防止胶带横向撕裂或覆以具有特殊性能的覆盖胶，然后制成不同性能的钢丝绳芯输送带。钢丝绳芯输送带结构如图1所示。

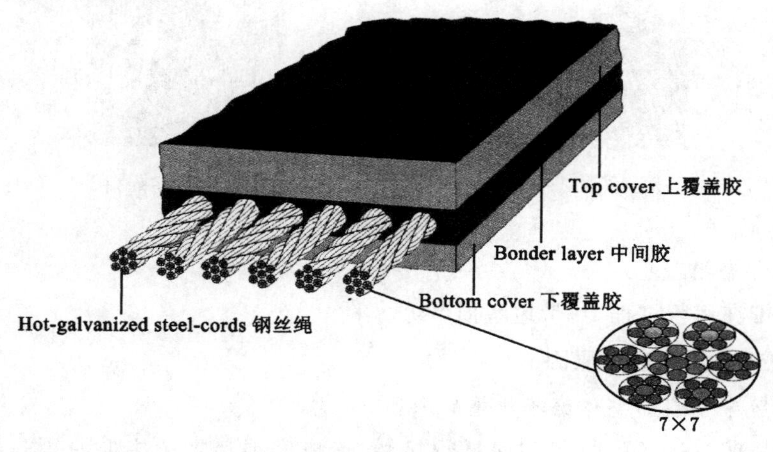

图1　钢丝绳芯输送带结构简图

2 钢丝绳芯胶带非正常磨损原因分析

2.1 钢丝绳芯胶带非正常磨损分类

2.1.1 承载面或非承载面非正常磨损

钢丝绳芯胶带在运行过程中,承载面或非承载面单独磨损严重,造成钢丝绳大部分外露,如图2所示。

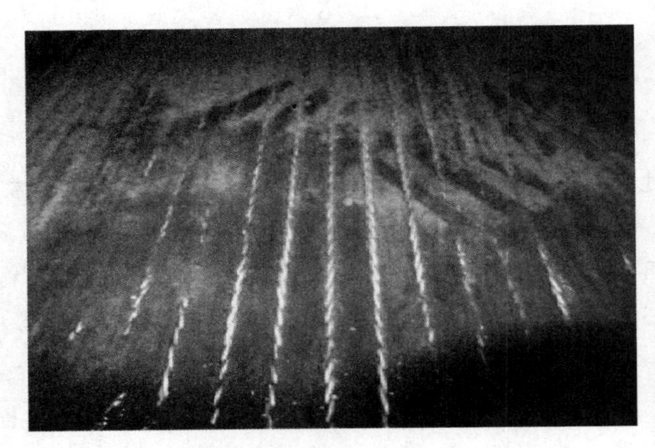

图2 钢丝绳芯胶带承载面或非承载面非正常磨损

2.1.2 承载面或非承载面单边非正常磨损

钢丝绳芯胶带在运行过程中,承载面或非承载面单边外露钢丝绳,如图3所示。

图3 钢丝绳芯胶带承载面或非承载面单侧非正常磨损

2.1.3 带边非正常磨损

钢丝绳芯胶带在运行过程中,带边磨损严重。

2.2 钢丝绳芯胶带非正常磨损原因

2.2.1 钢丝绳芯胶带承载面整体磨损严重的原因

胶带承载面长期与运送的物料和底托辊接触,造成磨损严重的主要原因是物料频繁接触磨损、物料下落冲击承载面、机头清扫器对承载面的磨损、底托辊或调偏托辊磨损。此类问题一般出现在运输距离短、运输量大的胶带输送机上,如靠近提升竖井的上仓胶带输送机。

2.2.2 钢丝绳芯胶带非承载面整体磨损严重的原因

钢丝绳芯胶带非承载面长期与上托辊接触,造成磨损严重的主要原因是输送带与上托辊或调偏托辊的滑动摩擦磨损、输送带与驱动滚筒或导向摩擦磨损、输送带张紧力不当、带速过高与托辊规格不匹配等。此类问题一般出现在运输距离长、运输量大的胶带输送机上,如靠近采区的胶带输送机或斜巷胶带输送机。

2.2.3 钢丝绳芯胶带承载面单边非正常磨损的原因

钢丝绳芯胶带承载面单边非正常磨损的原因主要有落煤点不正对带边的冲击、部分下托辊或调偏托辊磨损、清扫器局部损坏对胶带的磨损等。

2.2.4 钢丝绳芯胶带非承载面单边非正常磨损的原因

钢丝绳芯胶带非承载面单边非正常磨损的原因主要有驱动滚筒或导向滚筒包胶厚度不均、输送带跑偏、巷道变形导致托辊受力不均、水煤散落磨损、托辊锈蚀磨损等。

2.2.5 钢丝绳芯胶带带边非正常磨损的原因

钢丝绳芯胶带带边非正常磨损的主要原因有胶带在驱动滚筒或导向滚筒处跑偏、由于巷道变形胶带摩擦机架等。

3 钢丝绳芯胶带非正常磨损预防措施

3.1 合理选用钢丝绳芯胶带

由于胶带输送机的使用部位不同,其运行速度、运输量有很大区别,针对不同用途的胶带,可适当加厚磨损严重面的覆盖胶厚度、降低磨损不严重面的覆盖胶厚度,以保证胶带整体质量和使用寿命。

3.2 严格限制胶带跑偏

无论胶带在驱动滚筒、导向滚筒,还是在胶带输送机中部,一定要防止胶带跑偏。特别是胶带偏离滚筒外圆会加速非正常磨损。

3.3 合理调整落料位置、方向

胶带在运行过程中,落料的位置、方向、速度等尽可能与胶带运行要求一致,否则可能加速胶带的非正常磨损。

3.4 合理选用调偏托辊种类、数量

根据胶带输送机的安装环境,合理选用调偏托辊种类、数量显得尤为重要,对于运行环境较好的区域,可适当减少调偏托辊数量,降低调偏托辊对胶带的滑动摩擦。

3.5 适当选用低摩擦托辊

目前使用的托辊大部分采用金属型的。由于煤水的腐蚀,托辊与胶带接触面不平整,加速对胶带的磨损,可以选用部分或全部非金属层托辊以减少摩擦。

3.6 加强水煤、杂物管理

水煤、杂物掺杂在原煤系统中,会导致运行环境变差,严重时可能影响胶带的正常运转,甚至加大胶带的磨损。同时减小水煤对钢丝绳的腐蚀。

3.7 加强接口管理

胶带接口管理是胶带输送机日常查验的主要工作,定期安排专人对接口进行查验。

3.8 清扫器的配置和管理

合理安装、使用清扫器,可降低对胶带的非正常磨损,机头卸载部位应使用树脂型刮板清扫器2道,机尾导向滚筒处应使用回程清扫器,防止掉落的煤矸进入机尾滚筒。

除以上措施外,在硫化施工中严格按照工艺要求进行作业,保证硫化接头的质量,避免因接头出现偏差而引起胶带跑偏,从而减少胶带边缘被托辊架或机架等金属构件摩擦。对于由于巷道变形等原因引起歪斜的带式输送机架,要及时进行调整,保证平直。

4 结语

通过实践,要提高钢丝绳芯胶带输送机的安全运转效率,首先要做好设备及配件的选型,将直接关系钢丝绳芯胶带输送机的使用寿命和维修成本;其次是设备维护,发现问题要及时处理,避免扩大影响范围;第三是做好日常管理和完善,推广应用新技术、新材料、新工艺。

参考文献

[1] 周久华.钢丝绳芯阻燃输送带非正常磨损分析研究及应用[J].神华科技,2012,10(3):36-38,52.

[2] 张毅.煤矿用钢绳芯胶带损坏原因及对策[J].煤炭技术,2008,27(9):158-159.

煤矿掘进胶带输送机底皮带运输物料技术的应用

王振兴

(神华宁煤集团任家庄煤矿综掘一队,宁夏 银川 751400)

摘 要 任家庄煤矿综掘巷道随着巷道的延伸物料运输越发困难,使用架子车、人工运输等方式浪费大量人力与工时。本文通过理论推敲,设备部件调试、改造,现场测试实验,结合 PDCA 的模式循序改进,实现了带式输送机底皮带运料,节省了大量工时,为任家庄煤矿综掘队提高"单进"水平提供了可靠的技术保障。

关键词 任家庄煤矿带式输送机;底皮带运料;H 架扩音闭锁组合电话

0 前言

任家庄煤矿综掘巷道辅助运输方式设计为轨道运输,常规段巷道宽度设计为 3 700～4 800 mm,巷道长度为 800～1 500 m。掘进机采用 EBZ-160 型,带铲板总宽为 3 600 mm,后通过二运转载机搭接 DSJ80 型胶带输送机实现连续出渣,每日掘进在 15 m 左右。巷道掘进到位后,安装无极绳绞车实现辅助运输。巷道断面轨道、带式输送机位置对照图见图 1。

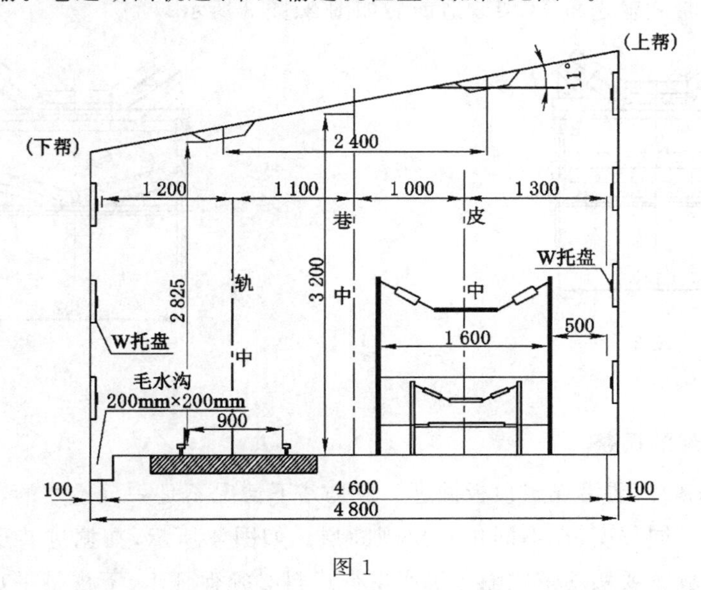

图 1

1 “带式输送机底皮带运料技术”的提出

随着巷道的延伸，综掘巷道进料困难问题越发明显。锚杆、网片、药卷、锚索、锚梁、棚梁、单体液压支柱、风水管路、喷浆材料等多种材料每日都需要进运。在巷道施工完毕后，还需要大批量进运轨道、轨枕及道钉、道夹板等配件。人工搬运方式不仅会浪费大量的工时，而且长距离正、负坡搬运也给安全管理带来极大的隐患。

利用设备牵引运输物料有两种方式：

第一种方法是提前安装无极绳绞车辅助运输，随时延伸轨道、延伸无极绳绞车尾轮。但此方法延伸尾轮过于频繁，如每 100 m 移设一次尾轮，需要铺设轨道 100 m、插接延伸钢丝绳、延伸通信信号、添加托、压绳轮、调试钢丝绳张紧度与信号、挪移无极绳绞车机尾限位装置。仅一次移设至少需要 3 个班处理与完善。而且每次物料无法一次性运输到位，仍然需要人工搬运 100 m 左右的距离。相比连续铺设轨道，延伸无极绳绞车尾轮也浪费了较多的工时。

第二种方法是利用胶带输送机底皮带辅助运输。如果能够实现，该方式可以将物料一次性运输至电气平台处，而且能够避免其他工序造成的工时影响。但是该方法如何能够合理地应用于现场，杜绝物料碰击皮带机架子、托辊等情况成为一项攻关课题。

2 带式输送机底皮带运料前的准备

2.1 带式输送机 H 架的改造

任家庄矿 DSJ80 型胶带输送机 H 架下托架原厂设计为单根长托辊。此种方式底皮带无法存放物料，在带式输送机运行时，所摆放的物料必然会出现下滑、倾斜，造成物料撞击皮带架或者运行中脱落。因此，需要对 H 架改造，将 H 架下托辊单根长托辊模式改换为双联托辊，形成 V 字，两端各带有 15°倾角。带式输送机 H 架改造前后如图 2、图 3 所示。

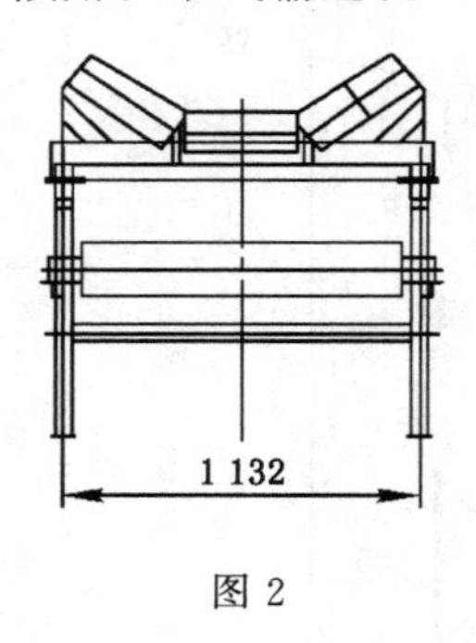

图 2

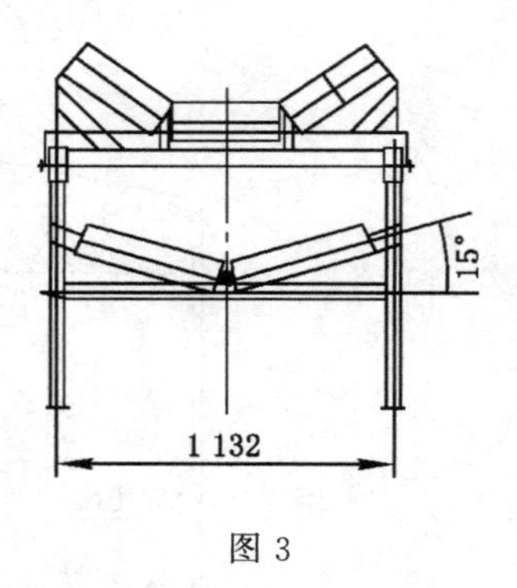

图 3

2.2 带式输送机 H 架的调整

掘进巷道在施工中需要沿煤层顶板掘进。但是井下情况不是一沉不变的，根据地质构造的不同，每个工作面都会不同程度、在不同位置出现断层。如图 4 所示，在掘进巷道出现断层后，掘进巷道就出现了正、负坡。要实现带式输送机底皮带运料必须保证上、下皮带平直度，存在弯曲位置要保证弯曲半径过度平滑。因此，要根据巷道的坡度走向，在低洼处支设高腿，高坡点支设底腿。见图 5。

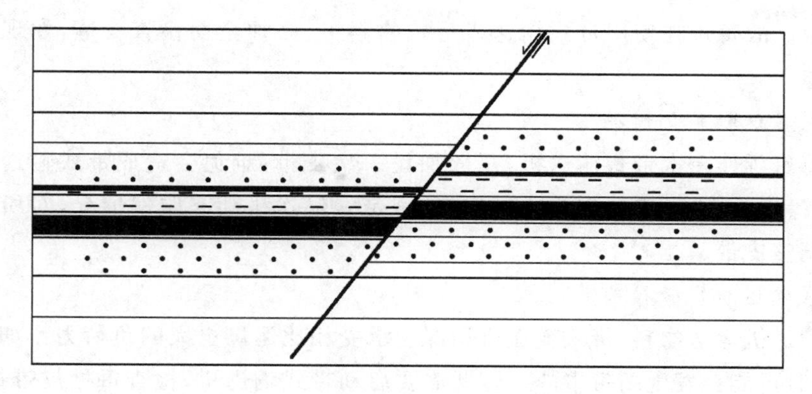

图 4

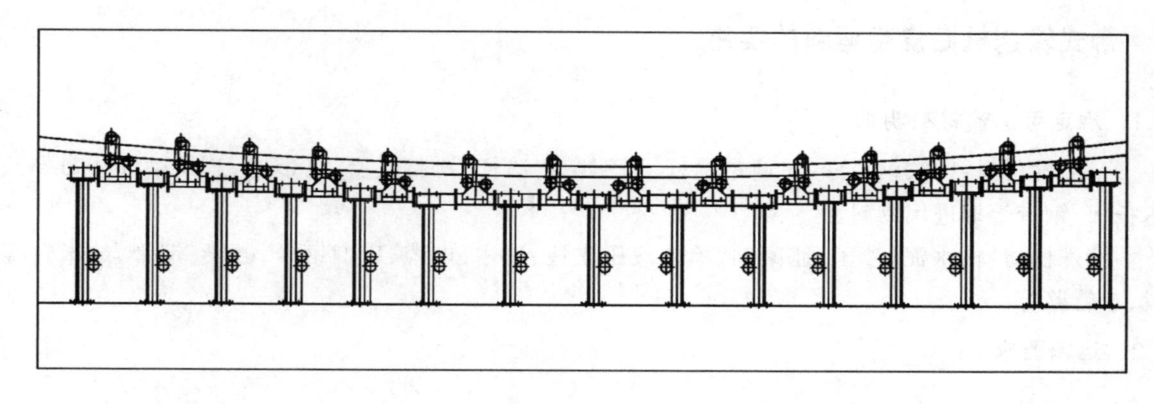

图 5

2.3 加装带式输送机扩音闭锁组合电话

我矿带式输送机使用管理标准中规定,带式输送机每隔 50 m 安装一组急停闭锁装置,每隔 100 m 安装一组可以语音喊话的闭锁装置。使用带式输送机运输物料时,在特殊地点需要跟料人员与带式输送机司机语音联系。故在巷道起伏较大的位置(该位置发生物料倾滑概率最大)、卸料位置加密扩音闭锁组合电话。

2.4 使用带式输送机底皮带运料前的安全检查

2.4.1 检查带式输送机皮带上煤渣是否运空

带式输送机上皮带如存在大量的浮煤,会影响整条带式输送机的承载力;上、下皮带同时受力也可能会对带式输送机的平稳性造成影响,导致带式输送机局部跑偏。因此,使用带式输送机底皮带运料要确保带式输送机上皮带的煤渣运空。

2.4.2 检查带式输送机急停闭锁装置

使用带式输送机底皮带运料时,跟料人员、重点部位(巷道起伏较大位置处)观察人员、卸料人员在途中遇到突发情况或物料到位时,均需使用急停闭锁装置将胶带输送机打停。因此,带式输送机急停闭锁装置是否灵敏可靠极为重要。

2.4.3 检查带式输送机上、下皮带的平滑度

当带式输送机运输物料的长短、宽窄不一,带式输送机局部平滑度较差时,可能会发生物料磕

碰皮带架等现象。故每班在使用带式输送机运输物料前,必须全面检查一遍,发现不合适的位置要及时进行调整。

2.4.4 检查带式输送机跑偏情况

综掘区队每班延伸一次带式输送机,每周加设一次皮带,难免会造成带式输送机局部跑偏现象。因此,每班操作前,必须启动带式输送机,检查带式输送机动态跑偏情况,对所有出现跑偏的位置必须立即调整皮带。

2.4.5 检查带式输送机皮带接头

使用带式输送机运送物料,带式输送机局部会承受相比运煤更大的负荷力。如皮带接头不完好,在运输物料时可能会发生断带事故。因此需要启动带式输送机,检查每处皮带接头,确保皮带接头完好、磨损宽度不超过带宽的10%。

3 带式输送机底皮带运料的实施

3.1 规定可运输材料明细

一般性材料:螺纹钢锚杆、玻璃钢锚杆、圆钢麻花锚杆、树脂药卷、皮带槽钢、托梁(600 mm)、木托板、钢带等掘进用物料。

特殊性材料:水泥、沙子、速凝剂、单体液压支柱、枕木、电缆、Π型钢梁、棚梁、钢管、纳米管等风、水管路等。

3.2 运输要求

3.2.1 一般性要求

物料在装运时,要将物料装在底皮带中心,以防偏装掉落。

不同类型的物料不得混装(不同类型物料是指一般支护型材料和特殊性材料之间、不同种类特殊性材料之间)。

长度超过3 m的物料需要在物料中间位置,使用14#镀锌铁丝将皮带包裹;长度超过5 m的物料需要在物料前后端各1/3位置处使用14#镀锌铁丝将皮带包裹;所有镀锌铁丝扭结成扣后,要放置在物料正上方,避免带式输送机运行时,铁丝扭扣卡阻皮带或托架。

物料运输过程中,应由专人跟随物料,跟随人员距离胶带输送机1 m位置随行,确保可以随时伸手拉下拉线急停。

3.2.2 一般性支护材料运输要求

运送锚索、钢带时,每组不超过5根,间距不得小于5 m;运送锚杆时,每组一捆(每捆不超过5根),每组间距不得小于5 m。

运送托梁(600 mm长)、木托板、铁托板、树脂药卷等小型支护用材料时,仅需把物料放置于底皮带中,但不得垂直叠放。

3.2.3 特殊性支护材料运输要求

运送风水管、锚索梁、Π型钢梁、棚梁、钢管时,每组不超过2根,每组间距不得小于10 m。其中装运钢管、风水管时,必须使用14#镀锌铁丝将管路前后各一道进行捆绑。捆绑后铁丝在上表面中扭结成扣,要避免在侧位及下方向扭结成扣,防止扭扣刮扯皮带或托辊。

运送单体液压支柱时,每组不超过1根,每组间距不得小于10 m。用14#镀锌铁丝在单体液压支柱中间位置捆绑皮带。

3.2.4 电缆运输流程及要求

(1) 电缆运输流程。

① 运送电缆时,带式输送机必须采用变频调速,否则严禁运送电缆。

② 装电缆前,提前将电缆卸车,并码放至带式输送机附近。码放盘绕应整齐,避免出现混缠现象。

③ 启动带式输送机,待带式输送机一处接头运转到电缆附近时,打停带式输送机。

④ 将上表面侧电缆端头拉开穿过 H 架内侧进入底皮带(长度不小于 10 m)铺设在底皮带中,使用 14# 镀锌铁丝将电缆端头固定在皮带接头上,并在电缆端头处放置一醒目的物料(木托板或其他物料)。

⑤ 使用橡胶棒支设在带式输送机 H 架耳钩上,将电缆支设在橡胶棒上通入底皮带,用 14# 镀锌铁丝捆绑在 H 架上。

⑥ 通过变频调成低速,启动带式输送机。安排一个专人观察电缆进入底皮带的安全情况,两个人扶持进入底皮带的电缆。

⑦ 安排一专人随电缆前行,观察安装情况,如有意外情况,及时闭锁胶带输送机并处理。

⑧ 电缆全部进入带式输送机底皮带后,将皮带闭锁,使用沙袋将电缆末端压实。此处人员全部进入巷中,分段观察电缆位置,确保整条电缆均位于底皮带中。调整电缆位置后,人员分段布置,启动带式输送机,人员跟随前行。

⑨ 电缆运输到卸料点前 5 m 位置时,将胶带输送机闭锁。将电缆头固定铁丝解开,使用橡胶棒卡阻在 H 架耳钩上(使用 14# 镀锌铁丝将橡胶棒固定在 H 架上),卸载的电缆通过橡胶棒上表面至巷中,1 人扶持电缆控制方向,其余人员负责将卸下的电缆盘好。

(2) 安全要求。

① 使用带式输送机底皮带运送电缆必须采用全程低速。

② 严禁在带式输送机运行期间装、卸电缆。

(3) 跟料人员在跟随电缆运行时要仔细观察电缆位置,出现位移时及时将带式输送机闭锁后调整。

(4) 严禁在带式输送机运转时调整电缆位置。

3.2.5 砂浆料运输要求

(1) 运送砂浆料前,必须在卸料处底皮带安设两道移动式扫煤器(角尖向皮带机头一侧),使用配重盘将扫煤器一端压下,确保被运物料清扫干净、彻底。

(2) 必须安排专人看护带式输送机机尾滚筒,在机尾滚筒处堆积砂浆料较多时及时将带式输送机闭锁后进行清理。

(3) 使用带式输送机底皮带运送砂浆料时,带式输送机要使用低速。

(4) 操作人员分段将砂浆料利用铁锹从 H 架中间位置装料,每次装料不宜过多,要放置在带式输送机底皮带中。

(5) 严禁使用铁锹触碰带式输送机上、下皮带与转动托辊。

(6) 卸料点要安排专人清理扫煤器,避免扫煤器处堆积过多砂浆料。

4 经济效益

4.1 原运输方式工效

4.1.1 常规性掘进支护材料运输工效核算

按照巷道长度为 1 000 m 计算，人员行走速度按 0.9 m/s，每班出勤人数按 10 人标准。每班掘进生产按照 6 片网循环，所需物料为钢筋网 6 片、顶部锚杆 36 根、帮部锚杆 42 根、树脂药卷 4 箱、锚索 4 根、W 托盘 18 个、木托板 24 个、塑钢网 2 卷、托梁 4 个。每班开始前，班组长 1 人进入工作面检查作业环境、掘进机司机 1 人检查掘进机、胶带输送机司机 2 人检查胶带输送机，剩余 6 人负责运输物料。常规性掘进支护材料运输工效核算见表 1。

表 1 常规性掘进支护材料运输工效核算

<table>
<tr><td>物料名称</td><td>钢筋网
6 片</td><td>顶部锚杆
36 根</td><td>帮部锚杆
42 根</td><td>树脂药卷
4 箱</td><td>锚索
4 根</td><td>W 托盘
4 个</td><td>木托板
24 个</td><td>塑钢网
2 卷</td><td>托梁
4 个</td><td>合计</td></tr>
<tr><td>所需人次</td><td>6</td><td>3</td><td>4</td><td>4</td><td>2</td><td>1</td><td>4</td><td>2</td><td>2</td><td>28</td></tr>
<tr><td colspan="4">人工搬运次数</td><td colspan="7">C=28/6≈4.7，需要 5 次运输，需要在巷道反复行走 9 次</td></tr>
<tr><td colspan="2">人员单次行走
巷道所需时间</td><td colspan="2">18.5 min</td><td colspan="2">9 次合计</td><td colspan="2">166.5 min</td><td>占用当班工时</td><td colspan="2">166.5/(8×60)
≈34.7%</td></tr>
</table>

每班按照 8 h 正常工作时计算，仅运输物料占用当班总工时的 34.7%，如考虑上述因素所占工时将更多。

4.1.2 过断层期间支护材料运输工效核算

按照巷道长度为 1 000 m 计算，根据人员行走平均速度按 0.9 m/s 计算，每班出勤人数按 10 人标准。每班掘进按照过断层期间 4 片网掘进任务计划，共计需要钢筋网 4 片、顶部锚杆 24 根、帮部锚杆 28 根、树脂药卷 3 箱、锚索 12 根、Π型钢梁 4 根、木托板 16 个、塑钢网 2 卷。过断层期间支护材料运输工效核算见表 2。

表 2 过断层期间支护材料运输工效核算

<table>
<tr><td>物料名称</td><td>钢筋网
4 片</td><td>顶部锚杆
24 根</td><td>帮部锚杆
28 根</td><td>树脂药卷
3 箱</td><td>锚索
12 根</td><td>木托板
16 个</td><td>塑钢网
2 卷</td><td>Π型钢梁
4 个</td><td>合计</td></tr>
<tr><td>所需人次</td><td>4</td><td>2</td><td>2</td><td>3</td><td>6</td><td>2</td><td>2</td><td>8</td><td>29</td></tr>
<tr><td colspan="3">人工搬运次数</td><td colspan="7">C=29/6≈4.8，需要 5 次运输，需要在巷道反复行走 9 次</td></tr>
<tr><td>人员单次行走
巷道所需时间</td><td colspan="2">18.5 min</td><td colspan="2">9 次合计</td><td colspan="2">166.5 min</td><td>占用当班
工时</td><td colspan="2">166.5/(8×60)
≈34.7%</td></tr>
</table>

通过表 1、表 2 统计分析，在未计算人员往返取料、码放物料、体力消耗等情况下，常规掘进期间与过断层期间，因掘进任务的变化，人工进料的影响均占到当班工时的 34.7%。

4.1.3 砂浆材料运输工效核算

因人工背料过于浪费时间，无轨道运输、不允许带式输送机底皮带运输物料时，只能采取喷浆机分级打料运输。每台喷浆机最大可运输沙子150 m,1 000 m巷道需要使用6台喷浆机。如巷道中有较大落差断层,则需要加装喷浆机,而且在每台喷浆机处必须加装声光通信信号装置,以便于各部喷浆机处操作工信号联系。

不考虑喷浆机、管路、信号铃的安装工程,7台喷浆机需要8人操作,其中工作面喷浆机需要2人操作,1个人抱喷头,一个人负责打灯。巷口倒车、拌料需要4人,维护管路、喷浆机每班需要2人。每班需要12个人。

4.2 使用带式输送机底皮带运输方式工效

4.2.1 掘进支护材料运输工效核算

按照巷道长度为1 000 m计算,带式输送机运行速度按照0.5 m/s核算。带式输送机运输所需时间为33.4 min,不论常规、过断层期间的材料,每班仅需要运输一次物料。与原运输方式核算相同,不考虑人工折返搬运物料时间。启动带式输送机需要皮带机尾有专人看护卸料,人员行走时间为18.5 min,运输物料累计需要时间为52 min。

与过去运输方式比较,每班节约作业时间:166.5－52＝114.5 min,提升工效24.9％。

4.2.2 喷浆材料运输工效核算

巷口倒车、拌料需要4人,卸料点接料、向喷浆机上料2人,工作面喷浆2人,共计需要8人。

与过去运输方式比较,每班节约用功4人,且避免了多台喷浆机、长线喷浆管路的铺设、维护工作。人工效率提高了33.3％。

5 结论

带式输送机底皮带运输物料可以大幅度提高煤矿综掘区队的辅助运输的效率,从而达到提高“单进”的目标。但在使用此方式过程中,要加强现场管控。

煤矿斜巷轨道运输自动化发展与应用

向　阳[1]，耿明强[2]，陈旭昌[1]，李金锁[2]

（1.平顶山天安煤业有限责任公司，河南 平顶山　467000；
2.平顶山天安煤业有限责任公司首山一矿，河南 许昌　461700）

摘　要　煤矿斜巷轨道运输一直以来是煤矿安全生产的关键环节，也是安全管理的薄弱环节。斜巷轨道运输不仅担负着矿井生产物料运输重任，而且还是斜巷行人的通道，斜巷轨道运输的安全保障设施齐全、灵活、可靠尤为重要。而斜巷轨道运输人工操作烦琐、自动化水平低直接制约着斜巷轨道运输的发展。本文重点对斜巷轨道运输自动化的发展与应用展开论述，斜巷轨道绞车系统、跑车防护装置、斜巷信号系统以及在线监测系统等斜巷轨道运输自动化设备的投入应用，不仅提高了安全管理的水平，提升了轨道运输的效率，而且降低了安全事故发生率。

关键词　斜巷轨道；安全保障；运输自动化；投入应用

0　前言

一直以来煤矿斜巷轨道是生产物料运输以及人员通道，由于斜巷长度较大，变坡点较多，片盘口较多，给安全管理带来很大的难度。据统计，由于人员"三违"造成的安全事故占斜巷所有事故的80%以上，斜巷有车辆运行时，人员未得到警告进入斜巷行走；人员在斜巷行走时，绞车未得到任何提示运输车辆，这些行为都是引起事故的重要因素。为了保证斜巷轨道运输安全生产，要求斜巷轨道运输符合"行车不行人，行人不行车"的《煤矿安全规程》规定。

为切实加强井下斜巷运输安全管理，努力改善斜巷运输条件，消除不安全因素，减少乃至杜绝运输中的人身伤亡和设备损坏事故的发生，确保安全生产，斜巷轨道运输自动化设备应运而生，变频绞车的投入，一坡三挡装置的联锁，以及信号系统与在线监测的安装，使整个斜巷轨道运输自动化水平更上一个台阶，不仅降低了人员操作控制的劳动强度，而且增加操作的安全系数，从而提升了斜巷安全管理水平。

1　斜巷轨道绞车系统自动化发展

斜巷轨道运输自动化水平以及发展趋势，主要依赖于斜巷轨道绞车系统自动化水平的发展。随着工业的迅猛发展，煤矿装备也有了翻天覆地的大变革，一些新技术、新装备、新工艺得到了推广应用，煤矿斜巷绞车由落后的小绞车逐步被液压绞车、电控变频绞车取代，斜巷信号系统、跑车防护装置由简单的机械式、人工操作，绞车司机与信号把钩工仅仅根据信号信息相互独立操作，逐步被斜巷信号、通信、工业视频监控等系统取代，进而实现联动控制和闭锁的自动化监控系统，确保斜巷绞车提升安全运行，从而改善斜巷煤矿轨道运输条件，提高了斜巷的运输效率，降低了斜巷安全事故率。

针对斜巷轨道绞车自动化新技术、新工艺的革新应用，中国平煤神马集团某矿己二轨道下山绞车进行了自动化改造，此次改造革新具有合理性、针对性和代表性。

1.1 绞车应用现状情况

某矿己二轨道下山担负己二采区行人、运料的任务，总长 840 m，最大坡度 18°，平均坡度 12°；其中斜长 800 m，平均坡度 12°，巷道宽度 4.3 m，高度 3.45 m。变坡点共 2 个，巷道无转弯，现有中间片盘车场三个。示意图如图 1 所示。

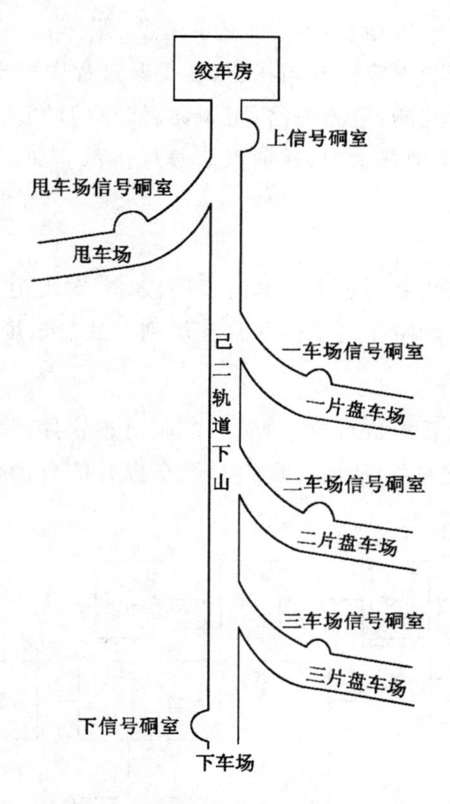

图 1　斜巷轨道运输巷道布置示意图

针对图 1 所示斜巷布置以及片盘设计，斜巷绞车运输安全设施自动化控制系统改造完善本着“立足现状，实现控制自动化，安全防护无人化，在线监测视频化”的原则与思路，进行系列改造革新。

1.2 斜巷运输安全设施完善

完善“一坡三挡”(挡车门、挡车器、挡车栏)等安全设施，对信号、语音、报警系统进行完善，辅助工业视频监控，从而保证绞车运输系统的安全运行。

1.2.1 完善“一坡三挡”(挡车门、挡车器、挡车栏)等安全设施

依据《煤矿安全规程》规定，完善挡车门、阻车器、防跑车装置等安全设施的安装地点。

1.2.2 完善信号、语音、报警装置

完善语言报警信号装置：当绞车启动时，供给电源，语言报警提示“正在运行，严禁行人”；在各

片盘车场安装阻人红灯,当绞车运行时阻人红灯亮。

1.2.3　完善建设视频监控

安装摄像头,对车场、道岔、挡车门、阻车器等场所和安全设施进行实时监控,并在绞车操作硐室以及各片盘车场信号硐室集中显示。

1.3　斜巷运输“信集闭”技术的应用

对斜巷安全设施进行电控改造,应用“信集闭”技术,辅助语音、报警及视频监控,从而保证绞车提升系统的安全运行。

1.3.1　建设安全设施位置监测,采集信号

在绞车操作硐室可以通过模拟指示图实时显示道岔、阻车器、挡车门的位置状态。绞车司机通过语音信号指挥提升沿线安全设施的开闭状态,在提升过程中发现安全设施异常,立即停车。

道岔、阻车器、挡车门位置监测:监测道岔、阻车器、挡车门的开、闭、故障(未吸合到位)三种状态,并将信号传输至绞车硐室模拟显示图,并辅以信号灯指示。如:开状态为绿灯,闭状态为红灯,故障状态为闪烁的黄灯。

1.3.2　安全设施的电控改造

对道岔、挡车门、阻车器进电控改造,应用信集闭技术,实现道岔、阻车器、挡车门、防跑车装置、集中远程控制。如:现有 3 辆空车需从一片盘车场到三片盘车场,形成区段闭塞运行。

1.4　斜巷轨道运输自动化控制

对绞车的控制系统及制动系统进行改造,应用工业组态软件开发集控平台,利用 PLC 编程技术实现提升系统中的相互闭锁关系,从而实现斜巷绞车提升的自动化控制。绞车系统结构示意图见图 2。

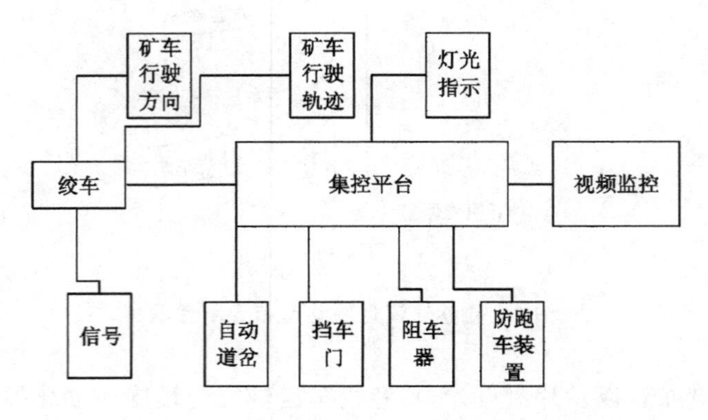

图 2　绞车系统结构示意图

2　斜巷绞车控制自动化系统构建

煤矿井下斜井绞车,曾以内齿轮绞车(机械拖动)、液压绞车(液压拖动)和交流异步电机转子串电阻调速绞车(电气拖动)等几种类型为主,但这些设备在安全可靠性、调速、节能、操作、维护等方面都不同程度地存在缺陷。串电阻调速绞车在电气防爆性能方面也很难满足要求。自从有了防爆变频绞车后,斜井绞车的装备水平发生了质的变化。目前变频绞车已成为市场的主导产品,其主要特点如下:

（1）结构紧凑、体积小、移动方便，用于矿山井下可节省大量开拓费用。

（2）安全防爆，适用于煤矿井下等含有煤尘、瓦斯或其他易燃易爆气体的场所。

（3）变频绞车是以全数字变频调速为基础，以矢量控制技术为核心，使异步电机的调速性能可以与直流电机相媲美，表现在低频转矩大、调速平滑、调速范围广、精度高、节能明显等。

（4）采用双PLC控制系统，使斜井绞车的控制性能和安全性能更加完善。

（5）操作简单、运行安全稳定、故障率低、基本免维护。

3　绞车电控系统结构

变频绞车电控系统可简单地划分为变频调速系统（由输入电抗器、变频器组成），PLC控制系统（由PLC控制箱、司机台组成），信号系统。绞车电控系统组成如图3所示。

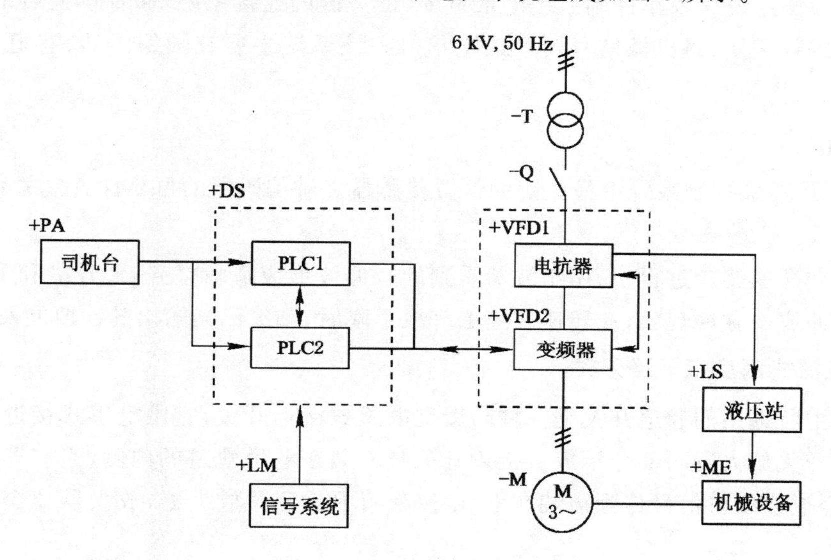

图3　电控系统组成

3.1　变频调速系统

根据PLC控制系统发出的控制指令，通过对绞车交流拖动电动机的转矩和频率控制，来完成对绞车的启动、加速、稳速、减速、停止等运行过程的控制。交流异步电动机采用了矢量控制技术后，使异步电机的调速性能可以与直流电机相媲美，表现在低频转矩大、调速平滑、调速范围广、精度高、节能明显等。

3.2　PLC控制系统

主要完成绞车从启动、加速、等速、减速、爬行到停车整个过程的逻辑控制；行程测量、控制与指示；故障检测、报警与保护；安全电路及液压站工作制动与安全制动控制等。PLC控制系统极大地提高了控制系统本身的安全可靠性，使绞车控制性能和保护性能更加完善；使控制系统的硬件组成和线路更加简化；操作和维护更加容易。PLC控制系统受信号系统的控制与闭锁。

3.3　信号系统

根据上下车场或各个片盘的生产情况，在具备开车条件后，由各水平车场信号工以打点形式，通知司机按要求开车，同时与PLC控制系统之间有各种信号闭锁，可避免因司机误操作造成安全故障。信号系统内部有严格的逻辑闭锁，并有语音对讲和报警功能。

3.4 信号与绞车闭锁系统

信号与绞车控制系统进行闭锁：不发信号开不了车；开车方向与所发信号方向不一致时开不了车。急停信号与绞车安全电路闭锁：信号系统急停按钮按下时，绞车立即进行安全制动。信号与信号之间闭锁：当信号发出后，其他提升信号发不出（急停和停止除外），只有所发信号清零后，方可发出其他提升信号。上下车场信号之间的闭锁：信号实行转发式，下车场不发信号，上车场不能发出信号。与其他设备闭锁。

4 绞车位置检测系统组成

绞车位置检测系统是绞车控制系统中最重要、最关键的连接系统，起着承上启下的桥梁作用，将模拟量转换成数字量，将机械信号转换成电信号。该系统主要有轴编码器、巷道及机械式深度指示器开关等。

4.1 轴编码器

轴编码器是 PLC 控制系统中最关键的位置传感器。轴编码器的可靠性直接关系 PLC 控制系统的安全可靠性。

轴编码器在高速旋转过程中，用示波器看到的脉冲波形应清晰整齐，上升沿和下降沿陡度好，并不出现多脉冲或少脉冲现象；在转速急速上升或下降时，轴编码器输出脉冲要能及时跟随变化。

4.2 巷道及机械式深度指示器开关

控制系统中所选用的巷道开关是一种防爆型电感式接近开关，它由电感式接近开关和与开关相配套的隔离开关放大器两部分组成。接近开关被平装在巷道轨道的内侧，当矿车的车轮经过它时开关导通，经过连线将信号传到被装在 PLC 控制箱内的开关放大器，放大器就会输出相应的接点信号。

装在机械式深度指示器上的开关主要有上下过卷和上下减速开关。这些开关主要用作硬件后备保护。过卷位置和减速位置应与 PLC 内软件设置的位置基本一致。

5 跑车防护装置构建应用

利用高精度传感器信号控制挡车栏的提升、下放，能实现准确车辆运行位置的确定。即将挡车栏状态信息在声光监控箱上显示，显示挡车栏的提升到位、提升中、下放中、下放到位的状态指示，以及挡车栏动作、控制故障报警，便于问题的及时发现处理。挡车栏采用吸能式结构，能有效地拦截矿井斜巷发生跑车的车辆。与绞车控制系统构成联锁，启动绞车后方能动作，绞车断电后，跑车防护装置处于常闭状态。

跑车防护装置在斜巷应用的特点如下所列：

（1）将先进的设计技术应用到本装置中，属国内首创，能使装置的寿命延长，可靠性大幅提高；

（2）采用先进的 PLC 控制和轨道传感器测速，时间、速度测量精度高，提高了装置控制的准确度；

（3）具有故障报警、挡车栏状态指示、人车和货车分别控制，功能强大，控制方便；

（4）柔性减速吸能器设计，技术领先，吸能量大，使矿车的损伤程度降到了最低；

（5）控制装置具有自检功能，对各部件的工作情况进行巡检，特别是对挡车栏（车挡）的位置自检，最大限度地避免装置的误动作，对于跑车脱轨能有效地拦截。

6 在线监测系统构建组成

斜巷在线监测系统由矿用隔爆型摄像机、矿用隔爆型光电转换器、矿用隔爆型录像机、矿用隔爆型矿用隔爆型监视器、视频监视系统用遥控发送器组成。在线监测系统（以下简称系统）适用于煤矿井下有瓦斯、煤尘爆炸危险环境或地面严酷环境，以实时视频的方式监视煤矿井下的重要场所，并记录存储视频信息以便查看。在线监测系统与绞车控制系统相互结合使用，在线监测系统如图4所示。

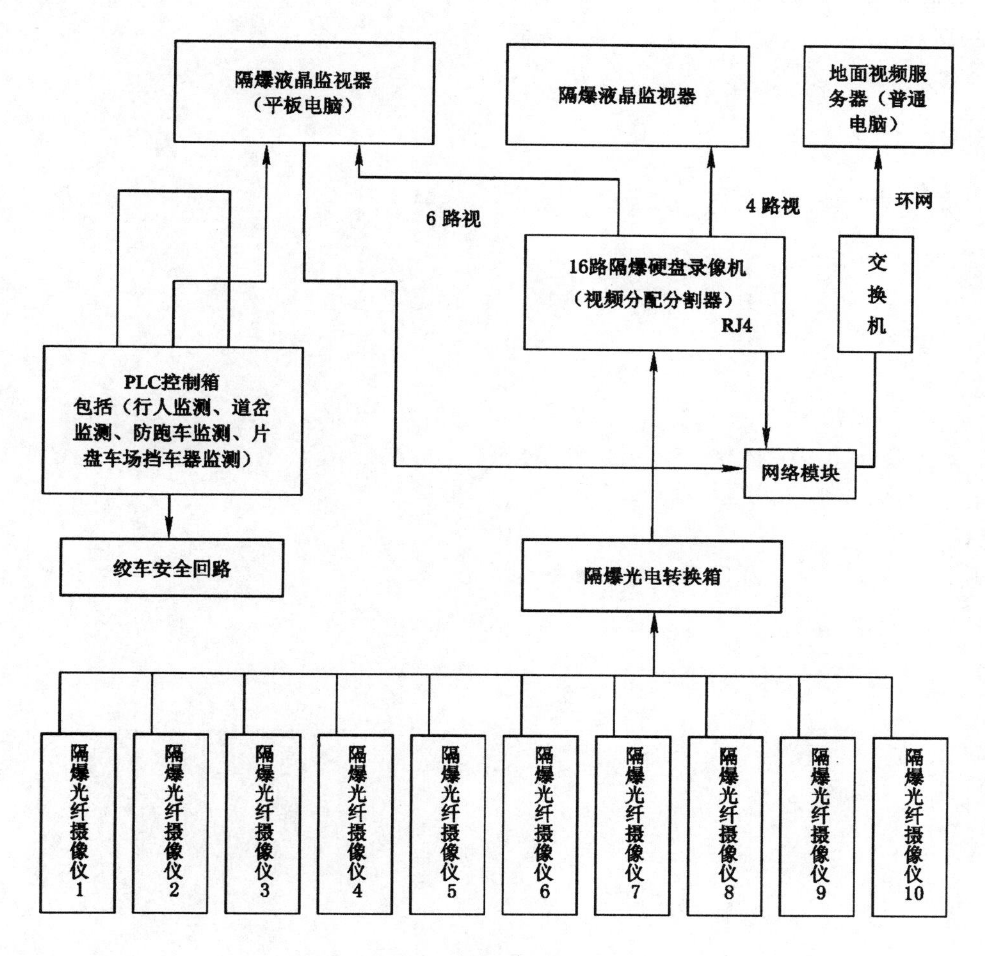

图4　在线监测系统图

矿用隔爆型摄像机获得的视频信号经光缆传输给矿用隔爆型光电转换器，由光电转换器光信号转换为视频信号，经同轴电缆传输给矿用隔爆型录像机，然后传输给矿用隔爆型监视器显示图像；视频监视系统用遥控发送器遥控控制矿用隔爆型录像机，然后控制监视器显示图像。

7 结论

斜巷轨道运输将绞车控制系统、斜巷跑车防护装置以及斜巷信号系统有效地融合成自动化系统,对绞车的控制系统及制动系统进行改造,且与斜巷安全设施控制系统相互联动、闭锁,辅助信号、语音、报警及视频监控,从而保证绞车运输系统的安全运行。该系统主要包括:绞车的提升控制;行程测量、控制与指示;故障检测、报警与保护;安全电路及液压站工作制动与安全制动控制等。以 PLC 为控制核心的绞车控制系统,极大地提高了控制系统本身的安全可靠性,使绞车控制性能和保护性能更加完善,使控制系统的硬件组成和线路更加简化,操作和维护更加容易,从而使斜巷轨道运输实现了控制自动化、安全防护无人化以及在线监测视频化的目标,提高了斜巷运输的安全性、高效性。

面向物联网的架空乘人装置无人值守应用

陶建平[1]，司士军[2]，韩　澎[1]，景三虎[2]

（1.平顶山天安煤业有限责任公司机电处，河南 平顶山　467000；
2.平顶山天安煤业有限责任公司二矿，河南 平顶山　467000）

摘　要　为提高井下多部架空乘人装置集中控制管理水平和操作上的安全性，本文介绍了面向物联网的架空乘人装置无人值守总体方案。该方案结合通信网络及通信、监控、视频网络和工控机服务器等，并以PLC可编程控制器为核心，通过详细介绍该系统的工作原理以及系统的越位、全线急停、欠速、过速、掉绳、制动、重锤下限、张紧限位、减速机油温、油泵压力等保护功能，实现了物联网环境下架空乘人装置无人值守安全运行。最后，以平煤股份二矿井下无人值守架空乘人装置的成功应用为例，证明了在实际应用中此装置不仅运行良好，实现了无人值守，而且降低了设备运行成本，提高了经济效益。

关键词　物联网；架空乘人装置；无人值守；PLC

0　前言

物联网是互联网和通信网的拓展应用和网络延伸。它利用感知技术与智能装置对物理世界进行感知识别，通过网络传输互联并进行计算、处理和知识挖掘，实现人与物、物与物之间信息交互。

随着矿井的不断延伸，运输距离也在不断增长，如何减轻工人的劳动强度，如何保证下井人员安全到达工作地点成为煤矿考虑的首要问题。近年来，在煤矿大步伐的建设过程中，煤矿引入了大量的新技术、新工艺和新设备。尤其是在乘人运输方面，很多煤企都采用架空乘人装置来输送人员，因架空乘人装置由于其结构简单、安全可靠、维修方便及投资小等特点，被广泛运用于矿井斜巷、平巷中，实现对井下人员的远距离运输。但随着井下巷道的不断增多，架空乘人设备也在不断增多，加之煤矿对乘人系统的可靠性、自动化及智能化也越来越高，如何实现井下多部架空乘人装置的集中控制和实现无人值守安全操作，也成为目前研究的重点。传统的网络系统虽然使设备的反应速度大为加快，但在多部设备的集成下其系统的可靠性、反应速度没有多大提高。

针对以上问题，本文为了提高矿井多部架空乘人装置的安全可靠性和自动化管理水平，并实现无人值守功能，确定把通信网络及通信、监控、视频网络和PLC可编程控制器应用于架空乘人装置无人值守系统的自动控制系统中，构建了在物联网环境下的多部架空乘人装置平台，取得了良好效果。

1 面向物联网的架空乘人装置总体方案

面向物联网的架空乘人装置系统是在现有自动化、信息化的基础上，构建基于工业以太环网、有线混合的网络体系结构，实现井下架空乘人设备监控数据、语音、视频等的融合。图1为面向物联网的架空乘人装置无人值守总体方案。

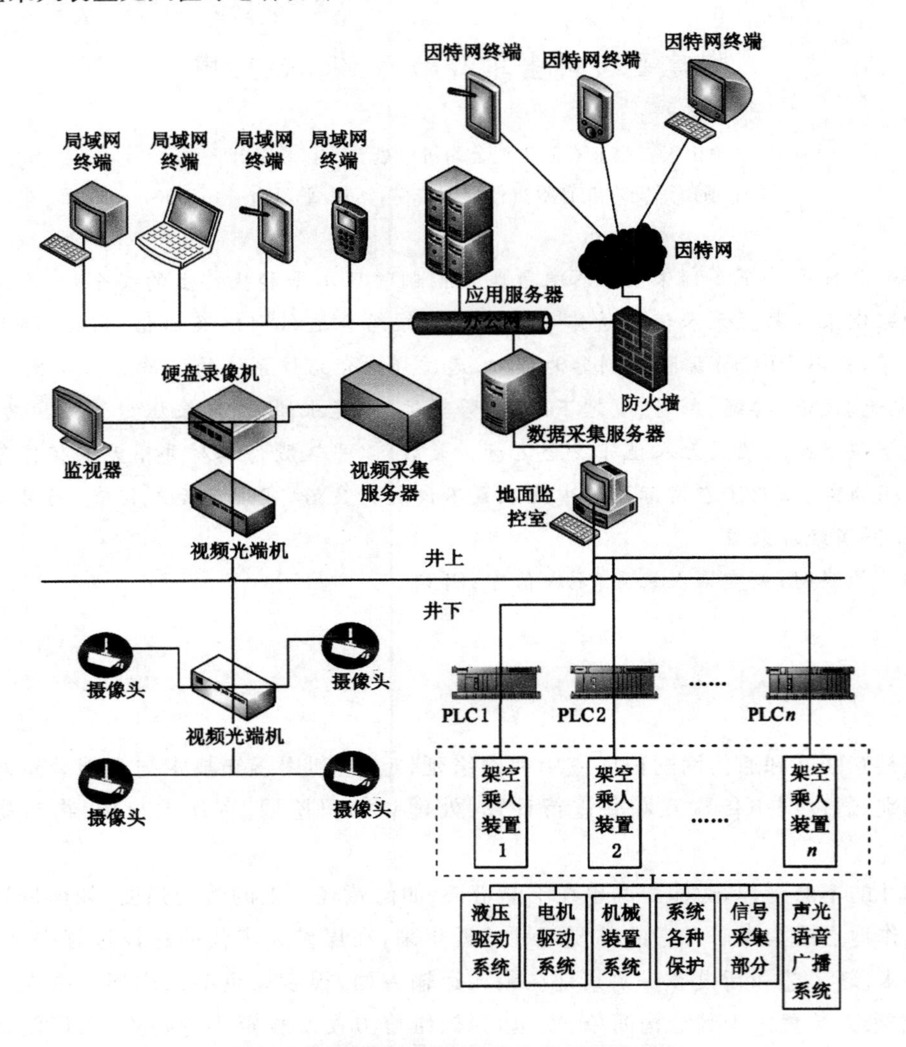

图1 面向物联网的架空乘人装置总体方案

架空乘人装置具体由液压驱动系统、电机驱动系统、防爆型PLC控制箱、本安型操作台、系统保护部分、机械装置系统声光语音广播系统等组成。其中，PLC控制箱是架空乘人装置的核心控制装置，利用工业以太网与计算机进行数据交换；并通过输入端来采集控制及安全保护信号，利用输出端来控制架空乘人装置的运行，对整个系统的运行进行控制和管理。在各种保护装置接入PLC控制箱后，可实现系统保护功能和设备无人值守安全运行。

架空乘人装置的工作原理：将钢丝绳安装在驱动轮和迂回轮上，中间用托绳轮、压绳轮等将其定位，并将张紧装置将钢丝绳拉紧。其机头电控及驱动系统一般由PLC控制，工作时由驱动装置的电机通过联轴器带动减速机旋转，减速机带动驱动轮，利用机尾张紧装置产生驱动摩擦力，使缠绕在驱动轮和迂回轮之间的钢丝绳做无极循环运行，先将吊椅与抱索器连接，再将抱索器锁紧在运行的钢丝绳上，随钢丝绳上行或下行，从而实现输送人员的目的。

2 面向物联网的架空乘人装置保护功能

2.1 越位保护、全线急停保护

为防止人员在下车地点睡觉或因其他原因未能下车，在架空乘人装置机头站、机尾站设置越位保护行程开关，当其越过越位保护点时，系统会自动停车，图 2 所示为越位及拉线急停程序流程图。

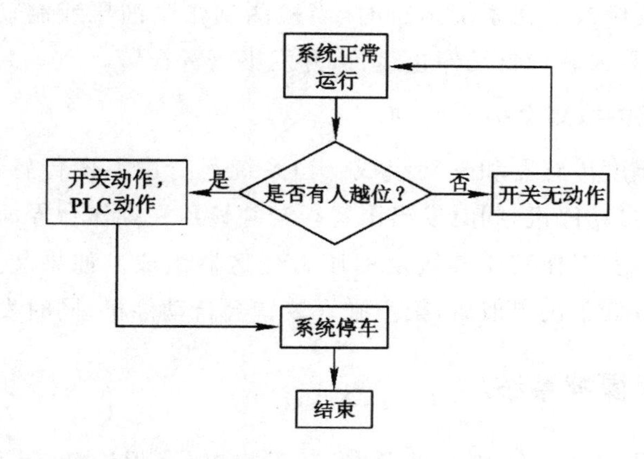

图 2 越位及拉线急停程序流程图

根据架空乘人装置运输线路的长度，在沿途布置合适数量的拉线开关，一般情况下，全线每隔 50 m 安装急停拉线开关，可以从机头至机尾沿线布置，也可以分区域布置，然后将拉线开关的常闭点串接引入 PLC 输入点中。在下井人员正常乘坐期间，开关将不产生动作；当人员在乘坐过程中遇到紧急情况需要停车时，乘坐人员则可以在乘车区域内任何一点拉动急停开关拉线使架空乘人装置停止运行，同时显示台显示故障发生的区间编号。

2.2 欠速、过速、掉绳保护

架空乘人装置速度保护利用固定在托绳轮一侧的 KGSS 霍尔速度传感器将速度信号以高速脉冲的形式反馈至 PLC。架空乘人装置正常运行速度 1.2 m/s，当架空乘人装置运行速度低于设计速度的 20%或高于设计速度的 10%，即出现欠速或过速现象时，系统会自动停车，并发出“欠速或过速”的语音报警装置。同时，操作台显示界面跳转到故障显示界面并显示相应故障发生日期、时间、事件内容，避免打滑或飞车时对电控装置造成损坏及对乘坐人员造成人身伤害。

掉绳保护由跑偏传感器和吊架组成，当架空乘人装置在运行中因托压绳轮磨损、横梁受力变形等原因，牵引钢丝绳从托绳轮上往下掉落时，架空乘人装置立即自动停止运行，并发出语音报警，同时操作台显示界面跳转到故障显示界面，显示相应故障发生日期、时间和时间内容，便于以后查询。

2.3 张紧限位、重锤下限保护

架空乘人装置张紧限位保护由跑偏传感器和安装支板组成，当张紧装置到极限位置时，架空乘人装置将会自动停止运行,并发出故障报警音"张紧限位保护",同时操作台显示故障内容。

架空乘人装置在运行中如出现重锤到下限位的情况,容易导致钢丝绳预紧力不足,导致钢丝绳打滑、人员落地情况。需在重锤基础上设置一行程开关,当重锤到达上下限位位置时,要及时停车,并在屏幕上显示重锤限位故障。架空乘人装置的重锤下限保护由行程开关和吊架组成,重锤会因牵引钢丝绳的伸长而下降,当下降到离地面约 200 mm 时,限位保护装置将触发行程开关发送给控制系统一个限位信号。当控制系统接收到超限信息后立即发出停车指令,并发出声光故障报警。同时,机头和机尾的显示屏上显示相应的"重锤下限位"提示。

2.4 制动器保护

制动器保护分为高速轴制动和液压轮边制动器。轮边制动器由液压张紧油压检测装置或制动油压检测装置油路分支组成。在系统运行时,当检测到张紧油压或制动油压低于正常值,致使制动器无法打开时,架空乘人装置自动停止运行,并发出语音报警。

2.5 减速机油温、油泵压力检测保护

减速机油温保护由温度传感器和支架组成。当系统运行中温度传感器检测到减速机油温高于设定值时,电控装置会自动停机,同时发出语音报警并显示在操作台界面上,便于人员发现。

油泵压力检测保护由安装在液压装置上的压力变送器组成。如果装置运行中压力变送器检测到各处的压力高于或者低于设定值时,架空乘人装置会自动停机,同时发出语音报警。

3 面向物联网的远程操控系统

面向物联网的远程操控系统包括远程操作、远程监控、远程诊断、远程维护及数据存储等功能。井下架空乘人装置的远程操作是在地面实现井下缆车各种模式的开、停、报警复位、故障复位、急停禁起等操作。远程监控系统部分由报警信息、故障显示、报警查询、历史报表窗口和各部架空乘人装置的集中状态显示界面组成。如果要查询哪一部缆车的运行状况,则点击相应的缆车操作按钮进入对应的缆车运行操作界面。

煤矿架空乘人装置远程诊断是以该装置的电动机、减速机与驱动轮为对象;采用加速度传感器与温度传感器来监测架空乘人装置的振动与温度变化情况;将采集到的温度信号和加速度信号转换为数字信号并送入计算机中;由计算机来完成信号的分析、记录、显示与故障诊断等工作。

4 实例应用

本文以平煤股份二矿井下无人值守架空乘人装置为例,具体实现流程如图 3 所示。

根据缆车启动信号,系统进行初始化数据。数据初始化正常后延时 4 s,缆车将自动运行,否则查找原因继续初始化数据。人员乘坐期间如未遇到非正常停车情况,则将工人顺利送到目的地。若遇到停车情况,如人员在乘坐期间遇到各类保护动作,系统将自动停止运行。若系统各项保护正常,则判断是否为其他原因停车,如检修、故障、程序问题等。若系统一切正常,系统将自动化运行,否则系统将停止。另外,在井下安装视频监控装置,实时监控系统运行和人员安全状况。同时,为防止人员乘坐架空乘人装置时出现过站等现象,在装置的机头、机尾下站点分别都配有下车语音提示功能,可以及时提醒人员下车,整个过程结束。

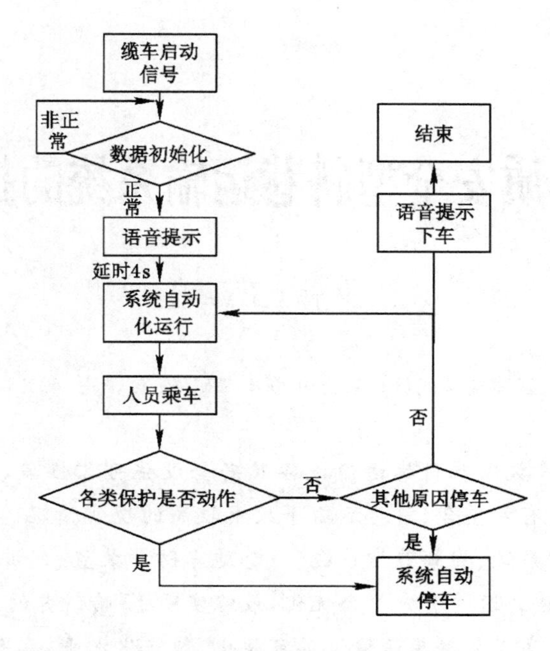

图3　架空乘人装置的流程图

5　结论

本文介绍了基于物联网的井下多部架空乘人装置无人值守集中控制运行，在利用现有自动化、信息化基础上，构建基于工业以太环网、有线混合的网络体系结构，实现井下架空乘人设备监控数据、语音、视频等融合；并以PLC为核心控制系统，结合以太网通信设备及工控机服务器等，由PLC实现架空乘人装置预警、启动、运行、停车及全方位安全保护等自动化控制。本文详细介绍该系统的越位、全线急停、欠速、过速、掉绳、制动、重锤下限、张紧限位、减速机油温、油泵压力等保护功能，认为此装置实现了基于物联网的架空乘人装置自动化无人值守安全运行，提高了矿井架空乘人装置的安全可靠性和自动化管理水平。

参考文献

[1] 孙彦景，左海维，钱建生，等.面向煤矿安全生产的物联网应用模式及关键技术[J].煤炭科学技术，2013，41(1)：84-88.
[2] 高俊峰.基于PLC的矿井架空乘人装置控制系统设计[J].煤炭技术，2014，33(9)：226-228.
[3] 姜秀华.煤矿架空乘人装置研究[J].煤炭技术，2011，30(9)：19-21.
[4] 张传晖.煤矿架空乘人装置的系统研究[D].青岛：山东科技大学，2010.
[5] 陈国华.基于工业以太网的架空乘人装置无人值守运行研究[D].成都：电子科技大学，2012.
[6] 罗林.基于物联网的矿山井下架空人车监控系统的研究[D].阜新：辽宁工程技术大学，2013.

浅谈煤矿本质安全型斜巷运输系统的探索及应用

汪夕伟，王淮喜

（国投新集能源股份有限公司 新集二矿，安徽 淮南　232180）

摘　要　针对目前大多数煤矿斜巷运输设备及安全设施可靠性差，技术相对落后，安全监控不到位，设备之间单一不能有效整合、斜巷运输事故率较高的现实情况。新集二矿在1#暗斜井安装了防爆矿井提升机、电控系统、视频监控系统、斜巷跑车防护装置、斜井车场安全调配车系统、双钩提升错钩保护等设备设施。通过有效整合优化，最终实现1#暗斜井的本质安全型运输。对减少煤矿斜巷运输安全事故，提高煤矿斜巷运输设备可视化、智能化水平，具有重要的方向性意义。

关键词　斜巷运输；本质安全型；防护装；视频监控；斜井车场安全调配车系统

0　前言

煤矿斜巷运输是煤矿生产的重要环节，同时斜井运输也是煤矿安全生产的薄弱点、事故高发区，究其主要原因是运输设备、设施安全监控不到位；信号装置和监控装置技术落后；操作工违章操作；运输轨道质量较差；没有可靠的跑车防护装置、挡车装置等保护措施不全；上下口工作人员在非安全区域活动；闲杂人员闯人绞车运行范围内等情况，都有可能发生事故造成设备或人员的伤害，严重影响煤矿的安全生产。

1　系统简介

新集二矿1#暗斜巷斜巷全长600 m，坡度20°，巷道断面3.9 m×4.8 m。肩负着－650 m水平（矿井二水平的辅助水平）及－750 m水平（矿井二水平）的矸石及物料运输工作，生产任务繁重，由于贯通三个水平，共有六条巷道可以到达斜井上下车场，安全管理难点多，责任重大。本安型斜巷设备设施主要由防爆矿井提升机、电控系统、视频监控系统、斜巷跑车防护装置、斜井车场安全调配车系统、双钩提升错钩保护装置等组成。新集二矿通过与相关单位合作及自行设计研发，不断完善、提高、整合、优化斜巷运输设备及安全设施，在探索煤矿斜巷本质安全型运输方面做了大量工作，使1＃暗斜井的运输安全性得到了质的飞跃。

1.1　防爆矿井提升机

新集二矿－550 m 1#暗斜巷车房安装了中信重工机械股份有限公司生产的型号为2JKB-2.5×1.2P型的单绳缠绕式防爆矿井提升机，主要由动力系统、传动系统、工作系统、制动系统、控制操作系统、指示保护系统等及其附属部分组成。它以隔爆型变频三相异步电动机为动力源，通过行星齿轮减速器、主轴装置构成传动系统和工作系统；由隔爆型液压站、制动器装置构成制动系统；由隔爆型操纵台、隔爆电气控制设备构成控制操纵系统；由隔爆型深度指示器、离心限速装置构成指示、保护系统。这些系统的共同作用使缠绕在主轴卷筒上的钢丝绳进行收放，以实现提升容器的斜巷中的升降。

1.2 防爆矿井提升机电控系统

新集二矿 1# 暗斜井防爆矿井提升机电控系统主要由变频电机、变频调速控制系统及制动控制系统组成。变频电机为隔爆型变频三相异步电动机，型号为 YBPT400L-8，功率为 315 kW，电压为 600 V，生产厂家为佳木斯电机股份有限公司。变频调速控制系统由焦作华飞电子股份有限公司提供，防爆变频电控系统是集现代化计算机技术、防爆技术、变频技术和热管散热技术为一体的高科技产品，采用了能量回馈型四象限变频器，在重物下放时，电动机处于发电状态，自动将电能回馈到电网中，在节省了大量电能的同时，提高了系统操作尤其是下放重物时的安全性。其系统包含：(1) 电动机调速部分：四象限变频器作为驱动电动机的核心，具有完善的软、硬件保护功能与控制功能，完全满足提升工艺的现代化要求。(2) 矿井工艺控制和安全保护部分：主控部分控制技术采用三菱 PLC 可编控制器，能完成提升机运行工艺要求的控制功能，实现对调速系统按速度给定的控制，具有完善的保护功能，对于等速段超速、减速段过速、过卷等安全保护可以多重保护。(3) 四象限变频调速部分：由矿用隔爆型交流变频调速装置用整流器、矿用隔爆型交流变频调速装置用逆变器和矿用隔爆型交流变频调速装置用电抗器等主要控制设备构成，另附传感器和必要的外部控制端子。提升机制动控制系统由 PLC、安全继电器和可调闸模块组成，其主要功能有：(1) 当系统发生故障导致安全回路断开时，PLC 利用采集来的速度信号和油压信号，对液压站制动电液阀进行 PID 闭环控制，以实现液压站的减速制动功能。(2) 当减速制动发生故障时，若提升机在井中，PLC 直接控制安全阀和二级制动阀动作，实施二级制动控制；若提升机接近井口，则实施一级紧急制动。

1.3 视频监控系统

视频监控系统主要包括：矿用隔爆型摄像机、矿用隔爆型硬盘录像机(可选)、矿用隔爆型监视器等，配合矿用隔爆型光端机、矿用隔爆型画面分割器、矿用本安型盘纤盒等辅助产品。可以构成多种可视化斜巷监控系统，做到图像的可视、可控、可查、备份等，为煤矿井下斜巷运输现场安全生产构筑一系列可靠的安全监控网络。如图 1 所示。

该系统具有如下四大功能：(1) 视频监控：对斜巷内的运输车辆和进出人员实现在线视频监控，对所发生运输故障进行实时在线排查。(2) 显示功能：可集中显示斜巷中阻车器、道岔、跑车防护装置的运行状态，实时监测各个设备的工作状态，可以监测各个车场、片口及斜巷是否有行人进入。(3) 闭锁功能：通过使用与绞车相互闭锁的阻车器，实现自动控制，减少因人工误操作造成的跑车事故的发生。(4) 人员管控：斜巷人员安全监控系统对采集的视频信息，通过视频对比和红外线人员探测等措施进行对比、分析、处理，然后发出对应的信号，提醒注意。如果绞车在运行时，斜巷内在各上述点有人员走动或做其他工作，系统会自动抓拍违章人员，并且会进行语音警告“正在行车，禁止行人”，确保“行人不行车，行车不行人”制度的落实。

1.4 斜巷跑车防护装置

新集二矿跑车防护装置采用的是由泰安科创矿山设备有限公司生产的 ZDC30-2.2 常闭式跑

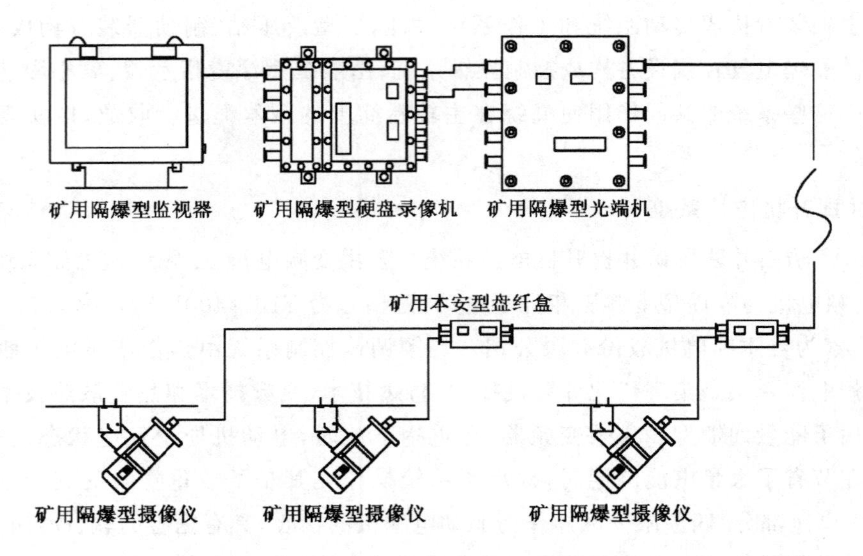

图1　煤矿井下斜巷视频监控系统技术简图

车防护装置，主要由主控箱、辅助控制箱、收放装置、挡车栏、矿用本安型状态报警显示柜及本安型位置传感器等组成。具有位置传感器采集信号；“常闭”式防护功能；挡车栏提升机构可靠锁定及保护功能；“缓冲”式拦截功能；反向自动迫开功能；巷道距离及车位距离显示功能；矿车运行状态显示功能；自身故障自动监测及故障信息液晶屏汉字显示功能；手动、自动转换功能；防止误拦截双重检测功能；声光报警功能；模拟测试功能。系统采用PLC(可编程控制器)作为控制核心，轴编码器作为测速传感器。跑车防护装置通过计数传感器来对矿车的运行位置进行检测。当矿车运行时，传感器就以脉冲或高低电平的形式将信号传送给主控箱，主控箱通过PLC逻辑控制分析，得出相应的距离值，并发出相应的指令，给矿用本安型状态报警显示柜显示距离和各种指示，并通过硬接线或RS-485总线的方式传递信号给辅助控制箱。当辅助控制器在接收主控箱发出的指令后，执行其命令，控制电动收放绞车的放行或阻挡，通过位置传感器检测挡车栏是否放行或阻挡到位，并将信号反馈给主控箱PLC。显示柜在接收主控箱的指令后，立刻显示矿车的距离，显示挡车栏的放行和阻挡的状态或显示故障，语音报警等相应指令。

1.5　斜井车场安全调配车系统

新集二矿1#暗斜井车场安全调配车系统采用山东虹昊机电设备有限公司生产的具有行业先进水平的销齿操车推车机。该系统用于将矿车短程调运、限位，并实现安全闭锁、逻辑控制，达到操车作业机械化、自动化的机电液一体化操车系统。设备主要由销齿直线编组推车机、销齿弯线调车机、销齿直弯线调推车机、多联矿车定位器、阻车器、液压站、矿用本安型操作台和电机组成。1#暗斜井上口车场，按功能区划分为斜巷口调度道岔、前部调配编组矿车车场、后部储车线车场三部分；下行车辆由电机车将整列矿车推至斜井上车场的储车线，通过销齿弯线调车机及多联矿车定位器进行编组，再由销齿直线编组推车机推车向斜井运行。上行车辆由提升机拉至斜巷上口，再由出车线直弯线调推车机，送往出车线后部车场待命，由电机车把车辆拉走。该设备的投入使用改变了以前在提升机刚启动运行阶段，使用JD-1型调度绞车牵引斜井上车场下行编组车辆，到斜井变坡点的运行方式，使小绞车司机在提升机运行时能到达安全空间内，在矿用本安操作台上就可以完成推动编组后的矿车进入斜巷的工作，杜绝了工作人员在非安全区域操作小绞车的现象，使安全有保障，同时减少人员，提高工效。

1.6 双钩提升错钩保护装置

新集二矿1#暗斜井辅助运输部门根据双钩提升的现实情况，自行设计研发了错钩保护装置，在保障斜巷运输安全，提高功效方面效果显著。错钩保护装置由：跑偏传感器、导线、KXT18型矿井提升信号装置常开触点组成。在1#暗斜井－650 m水平及－750 m水平信号硐室内，各有一套KXT18型矿井提升信号装置，同时在－550 m 1#暗斜井斜巷内－650 m水平及－750 m水平向上约50 m处间隔10 m左右依次设置3道错钩保护，该装置停止按钮的常开触点与GEJ-15X型矿用本质安全型跑偏传感器内的行程开关的一对常开触点并联，当发生错钩时，钢丝绳就会发生位移碰到跑偏传感器(传感器杆子长约300 mm)，行车开关常开触点受压常开点动作闭合，信号停止点打响，绞车与信号有电气联锁，绞车停止运行。

2 结论

综上所述，煤矿本质安全型斜巷运输系统，集提升机运行、视频监控系统、跑车防护、安全预警于一体，综合分析斜巷内各设备闭锁运行状况、视频图形等信息，为斜巷运输的安全运行提供了直观、重要的科学分析依据，极大提高了作业的安全性和工作效率。当前，煤矿行业面临严峻的经营局面，作为煤矿企业在这个困难时期更要保持清醒的认识，务必保证安全形势的长期稳定，确保煤矿安全设备投入不能减少。可视化、智能化、自动化矿山将是煤矿发展的必然趋势。煤矿企业只有不断提升装备水平，才能最终实现安全、高效、绿色开采达到可持续发展的目标。

浅谈煤矿辅助绞车运输交换摘挂钩双绳头连接器的应用

周小厚,毛胜超

(贵州盘南煤炭开发有限责任公司,贵州 六盘水 553505)

摘　要　本文通过交换摘挂钩双绳头连接器的应用,有效解决了辅助绞车运输摘挂钩时出现脱钩、跑车等现象,且不用设置专用摘挂钩停车场,大幅度降低了生产成本和劳动用工。

关键词　交换摘挂钩;双绳头连接器;辅助绞车运输

0　前言

煤矿辅助绞车运输担负着煤矿采煤工作面安装、回收,采掘工作面及其他作业地点的设备、材料运输等工作,在煤矿安全生产中占有举足轻重的地位。在煤矿辅助运输系统中,绞车运输巷道条件复杂,绞车安装数量多,运输占线长,运输量大,运输频率高,周转环节多,是安全管控的难点,也是成本控制的重点。本文所述双绳头连接器的应用,使辅助提升运输系统安全工作得到有效保障,运输成本大幅度降低,运输效率有效提升,施工工期及运输时间缩短,劳动用工降低。

1　原辅助绞车运输概况

(1) 盘南公司95%的辅助运输巷道为上山和下山巷道,坡度平均为6°～26°,因为运输线路长,坡度变化较大,转弯巷道多,全部采用JSDB系列双速多用绞车,目前单程最远运输距离8 100 m,小绞车最大容绳量530 m,每趟辅助绞车运输线路安装小绞车数量平均4～12台,小绞车使用数量共29台,每台小绞车设安装硐室,混凝土基础配合四压两戗固定,运输轨道采用30 kg/m钢轨。按《煤矿安全规程》规定,每个坡段安装齐全、灵敏可靠的“一坡三挡”装置,每台绞车与前后绞车之间设置独立的声光信号,每趟运输线路设置一套通信信号,全线互通,每台绞车处安装调度电话,配备钢丝绳验绳、巷道巡检、安全防护装置检查、绞车检查、检修、维护保养、运行、车辆检查、瓦斯检查等记录,张挂绞车操作规程、岗位责任制等制度。

(2) 在每台绞车提升车辆(平板车、矿车、材料车等,下同)交换钢丝绳钩头处,铺设近水平停车场,有的设置为甩车场,车场长度大于提升车辆最多时的串车长度,用于车辆摘挂钩专用停车场,共铺设26个停车场,水平巷道不用铺设专用停车场。

(3) 在每台绞车提放至指定位置(即专用停车场)停稳,用卡轨器将车辆固定后,将本台绞车钢丝绳钩头摘除,再连接下一台绞车钢丝绳钩头,锁定并检查确认合格后,撤出卡轨器,人员进入安全区域,撤人设岗警戒到位,方可进行下一台绞车的提升工作。

(4) 车辆与绞车钢丝绳钩头的连接方式为,将钢丝绳钩头与运输车辆采用专用插销、三环链

（经检验、检查合格的）直接连接。

（5）每台绞车有独立的运行、检查、检修维护保养措施，有该条运行线路综合运行措施。

2 原辅助绞车运输未使用双绳头连接器时存在的问题

（1）在每台绞车提升车辆交换钢丝绳钩头处，铺设近水平停车场或甩车场。近水平停车场或甩车场必须在开拓巷道前就进行设计，且掘进后的巷道坡度起伏变化较大，巷道工程量增加，巷道拉底工程、顶板支护工程、轨道铺设工程等工程量较大，耗费大量的人、物、财，延长了施工周期；坡度较大的巷道，铺设的轨道起伏严重，轨道平整度差，运行车辆稳定性差，易发生车辆掉道事故，同时实施前探钻孔和瓦斯治理工程，事故周期较长，前期投入费用多，大幅度增加企业的生产成本和安全费用投入。

（2）在摘挂钩专用停车场摘挂钩时，为了保险起见，运输车辆停稳后还必须对车辆设置卡轨器，摘除本台绞车钢丝绳钩头，再连接下一台绞车钢丝绳钩头，锁定并检查确认合格，撤出卡轨器，人员进入安全区域，撤人设岗警戒到位，方可进行下一台绞车的提升工作，增加了操作环节、人员和工作量，增大了撤人设岗频率和不安全因素，延长了提升的时间。

（3）在实际操作过程中，因绞车司机、信号工、把钩工等的业务操作技能，配合默契程度，现场环境难度增加、环节因素增多、管理难度增大，车辆下放不到位、过放、卡轨器未安装、连接不到位、操作失误等概率增多，发生掉道、拉翻、跑车事故的概率增多，严重威胁矿井安全生产。

3 双绳头连接器的应用

（1）双绳头连接器由连接板、连接环、螺纹插销、开口销组成（见图1），就是在钢丝绳钩头与提升车辆之间增设一套双绳头连接器进行连接，连接器连接板的前端孔与车辆的碰头用专用插销进行连接，连接板双孔端其中的一个孔用连接环的一端穿过连接板的孔，连接环再与钢丝绳钩头用专用螺纹插销进行连接，螺纹插销用锁紧螺母上好后加装开口销进行闭锁，连接时应根据各台绞车安装的位置和钢丝绳的左右方向，选择左孔还是右孔，预先确定，下一台绞车在右帮先连接左孔，下一台绞车在左帮先连接右孔，预留出另一个孔给下一台绞车的钢丝绳钩头使用，本台绞车提升到位后，停止绞车运行，将下一台绞车的钢丝绳钩头与双绳头连接器连接板的双孔端的另一个孔连接，将下一台绞车提升1～2 m，待本台绞车钢丝绳完全松弛后，撤出钢丝绳钩头，此时下一台绞车的钢丝绳钩头已经连接好，人员进入安全区域，撤人设岗警戒到位，即可进行下一台绞车的提升工作。多台绞车提升时，按此方法以此类推。

（2）我公司于2013年6月研究自制了双绳头连接器，送4套至市连接器检验机构进行了检验，同时出具了合格的检验报告。我公司将4套检验合格的双绳头连接器分别发放至不同采区、不同地点的辅助绞车运输巷道进行试用，同时编制了双绳头连接器使用管理规定和相关安全技术措施，现场安排管理人员、工程技术人员跟踪安全管理、使用情况并进行数据收集，经4个月的试用，多次论证，使用双绳头连接器，达到预期设计目的。

（3）2014年初开始，在全公司所有（现在用小绞车29台）辅助绞车运输系统，开始推广使用双绳头连接器，先后安装了1237、1251、1257、1239、1131-1、11171、1135等7个综采工作面，回收了1237、1251、1131-1、11171等4个综采工作面，全部采煤工作面、掘进工作面、各作业地点的设备运输、材料运输、矸石排放、煤矸分装分运中的矸石运输等所有辅助绞车运输中，应用效果良好。

4 使用双绳头连接器产生的效果

（1）费用投入方面：双绳头连接器，加工成本 1 200 元/套，检验费用 300 元/套，合计 1 500 元/套，将每个辅助绞车运输系统根据坡度的不同，划分为不同的区段，每个区段使用两套双绳头连接器，一套车辆上行使用，一套车辆下行使用，按每个辅助绞车运输系统平均划分 5 个区段计算，使用双绳头连接器 10 套，投入总费用 15 000 元。使用双绳头连接器后，不用设置近水平停车场或甩车场，以我公司为例，共有 5 趟辅助绞车运输系统，绞车在用 29 台，使用双绳头连接器 50 套，连接器投入总费用 75 000 元。如果未使用双绳头连接器，在用的 29 台绞车，有 26 台要设置近水平停车场或甩车场，按每处车场 10 m 长度计算，每处瓦斯治理工程、钻孔施工工程费用约 5 000 元，每米巷道施工工程费用 6 500 元，10 m 巷道施工工程费用 65 000 元，每处车场巷道施工投入总费用 70 000 元，26 处近水平停车场或甩车场合计总费用 1 820 000 元，使用双绳头连接器只需要投入 75 000 元，此项工程全公司节约总成本 1 745 000 元。

（2）设计及措施方面：由于矿井地质条件复杂，巷道施工设计时就要考虑每台绞车的安装位置，绞车的选型设计及计算，供电方案，近水平停车场或甩车场布置方式、位置、长度、高度、宽度，巷道坡度布置的合理性等，巷道施工工程费用预算等工作量和设计难度增加；同时掘进作业规程，施工措施、图纸等方面的工作量和内容大幅度增加，给设计、措施编制带来很多的困难，投入使用双绳头连接器，设计和措施中没有了近水平停车场或甩车场，设计方案、图纸资料更为直观、简单，施工方法和措施更为直接。

（3）施工工期和人工投入方面：26 处近水平停车场或甩车场，增加的施工工期按每处 3 天计算，合计多增加施工工期 78 天，每处按作业人员 24 人计算，每处 3 天合计多增加人工 72 个工时，26 处共增加人工 1 872 个工时，耗费了大量的施工工期和人工投入；投入使用双绳头连接器，26 处近水平停车场或甩车场所增加的施工工期和人工投入完全得到解决，大大缩短了施工工期和人工投入，同时将施工的时间、人员用于其他工作，为其他工作或工程创造了更多有利条件。

（4）安全及管理方面：由于使用了双绳头连接器，不再设置近水平停车场或甩车场，巷道坡度起伏变化平缓，钢丝绳提升安全系数增加，单独车辆和列车运行长度增大，在满足安全的前提下可多运输设备、材料等，提高了运输效率；轨道铺设质量得到保障，提升车辆运行平稳，车辆掉道、翻车现象得到有效控制；同时减少了提升过程中的操作环节，大幅度降低操作人员操作失误、误操作现象，杜绝了跑车事故的发生；管理的难点降低，操作简单，安全工作得到有效保障。

双绳头连接器如图 1 所示。

(a) 连接板

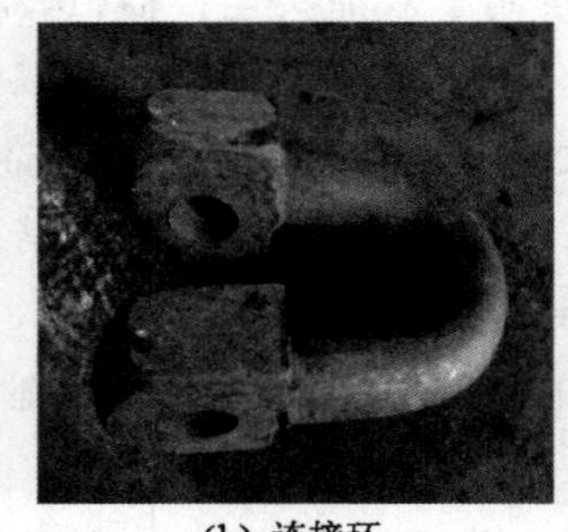
(b) 连接环

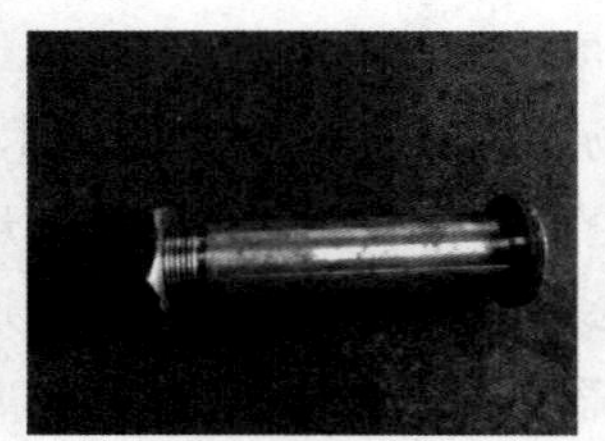
(c) 螺纹插销

图 1

5 结论

双绳头连接器在我公司两年半的使用实践证明，该连接器加工简单，检验方便，成本较低，现场使用方便，耐磨、耐砸不易损坏，使用时间长；投用该连接器后，车辆掉道、翻车、跑车事故完全杜绝，我公司辅助提升运输系统安全工作得到了有效保障；运输成本大幅度降低，运输效率全面提升，巷道施工工期缩短，劳动用工有效降低。在当前煤矿安全生产形势、经济形势条件下，煤矿企业的创新、改革尤为重要，本文所述双绳头连接器值得在煤矿企业的辅助提升运输系统中全面推广应用。

浅析连续运输排矸系统在鲁班山北矿的运用

杨代华，吴小勇，陈　翔

（川南煤业有限责任公司鲁班山北矿，四川 宜宾　632184）

摘　要　鲁班山北矿14采区连续运输排矸系统主要针对14采区掘进过程中运输环节多、作业人员多及掘进单进低的问题，对原有巷道及现有运输巷道的排矸线路进行优化设计，介绍了通过施工反井钻孔与相邻巷道贯通、卸矸架的使用、大倾角皮带的主要功能及现场的实际应用情况。应用结果证明，连续运输排矸系统适用于多个掘进工作面的矸石运输，提高了运输效率，具有较好的经济效益和安全效益。

关键词　大倾角皮带运输机；连续运输；排矸

0　前言

川南煤业公司鲁班山北矿是筠边矿区首对开发的国有煤矿。鲁班山北矿设计生产能力为450 kt/a。按照国务院国办发〔2002〕47号文要求，以及为缓解四川煤炭供应紧张局面，根据矿井储量丰富，开采条件较好的情况，采取提高技术装备水平，特别是提高采煤机械化程度和各生产系统的装备能力，核定生产能力为900 kt/a，于2002年11月开工建设，2005年9月完成基建工程投入联合试运转，2006年元月竣工投产。矿井采用平硐开拓，上下山开采，主要回采3#、8#煤层，二采区局部2#煤层可采。2#煤层平均煤厚0.95 m，3#煤层平均煤厚1.08 m，8#煤层平均煤厚2.31 m；2#、3#煤层属于薄煤层，8#煤层属于中厚煤层，二采区7#、8#煤层合并区属于中厚～厚煤层。鲁班山北矿14采区属开拓采区，多区段多个掘进工作面同时掘进，排矸量大，且排矸上山坡度均大于或等于19°。如果采用装岩机配矿车进行排矸，这种间断不连续的排矸方式受到矿车供应及周转的制约，一旦矿车供应不上，就会影响整个掘进排矸，严重制约巷道的掘进进度，同时由于提升运输环节多，给安全生产带来了较大威胁。为了从根本上解决运输安全和排矸不畅影响，提高掘进单进，实现运输连续化，鲁班山北矿经多次技术论证，设计使用反井钻机施工反井钻孔联通各运输巷，通过多台皮带集中连续排矸，运用成功后极大地提高了掘进排矸速度，达到了加快巷道施工的目的，为未来煤矿的采掘工作面实现连续运输起到了很好的示范作用。

1　14采区原有运输方式

原系统运输方式：14采区各区段掘进工作面矸石采用2 m^3侧卸式矿车运输→各区段联络石门采用5 t蓄电池机车运输→采区轨道上山→通过提升机提升至14采区上部车场→由12 t蓄电池机车牵引至箕斗井矸仓→箕斗井→采用提升绞车提升至地面排矸场；14采区轨道上山上段斜长

360 m 坡度 23°，采用 1 台 JKB-2.5P 型提升绞车一次提升 2 辆 KCC2-6C 型侧卸式矿车排矸，每班循环提升 18 次，每班排矸量为 72 m^3。

原系统运输方式运输环节复杂掘进过程中大量使用了调度绞车和蓄电池机车，排矸环节多导致人工费用和设备维护费用高，且因使用较多数量的非标道岔，各掘进工作面生产受矿车下道和蓄电池机车故障影响较大，同时由于各区段掘进工作面运输距离增加，造成矿车周转时间过长和矿车利用率低，且机车蓄电池因人为使用因素导致蓄电池组损耗严重，受这些因素影响，14 采区原计划 4 个掘进工作面，但受运输条件制约，只能基本满足 3 个掘进工作面排矸的需要，月计划单头掘进进尺 100 m，实际最多只能完成 90 m，最终造成采掘交替矛盾凸显。

2 连续运输采区改造设计

2.2 采区巷道设计和设备布置

在不改变原有巷道的作用下，通过设计对掘进工作面排矸方式进行方案改造。

一是区段掘进巷道连续运输：将区段运输巷道改为机轨合一，并在各区段运输巷施工 ϕ1 m 反井钻孔与运输机上山贯穿，贯穿后将反井钻孔设置为 200 m^3 矸仓，矸石通过放矸嘴进入大倾角皮带直接运送至箕斗井矸仓，从而实现耙矸机→区段普通皮带→反井矸仓→大倾角皮带→箕斗井矸仓的排矸连续运输方式。

二是井底车场掘进连续运输：在轨道上山适当位置施工反井钻孔与运输机上山贯穿，贯穿后将反井钻孔设置为矸仓，在矸仓上口设置 2 t 侧卸式矿车卸矸架，矸石通过放矸嘴进入大倾角皮带直接运送至箕斗井矸仓，从而实现耙矸机→蓄电池机车→轨道上山→载矸架→反井矸仓→大倾角皮带→箕斗井矸仓的排矸连续运输方式，采区连续运输系统图如图 1 所示。

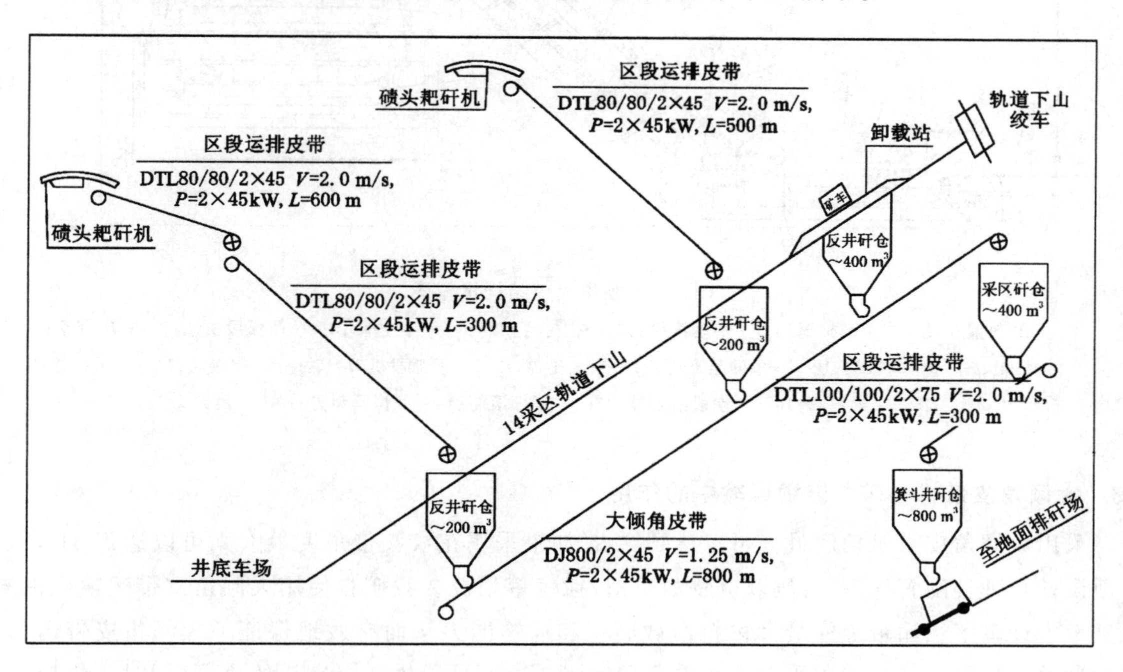

图 1 采区连续运输系统示意图

2.2 大倾角皮带设计

因鲁班山北矿 14 采区运输机上山倾角达 19°，普通皮带机不具备适用性，因此选型设计大倾角带式运输机。大倾角皮带结构示意图见图 2，其主要技术参数如下：

运输物料：矸石。

物料密度：0.9 t/m³。

运输量：200 t/h。

水平机长：432.128 m。

带宽：800 m。

带速：2.0 m/s。

倾角：19°。

电动机：YB280M-4 2×90 kW 114060。

减速器：B3SHO7-31.5。

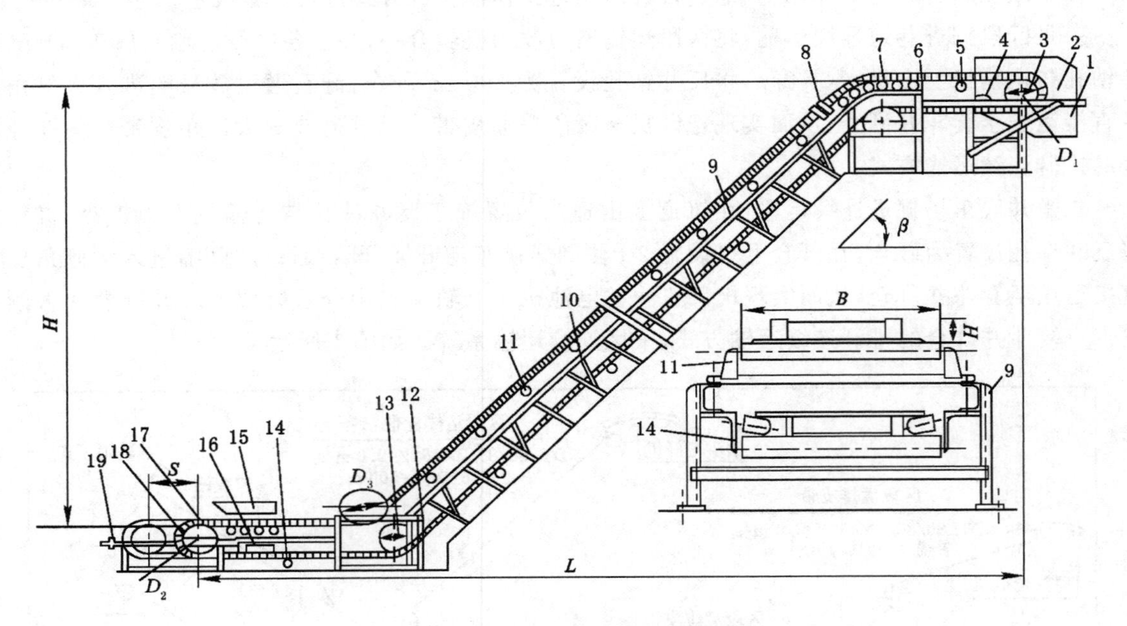

图 2　大倾角皮带结构示意图

1——卸料漏斗；2——头部护罩；3——传动滚筒；4——拍打清扫器；5——挡边带；6——凸弧段机架；7——压带轮；8——挡辊；9——中间机架；10——中间架支腿；11——上托辊；12——凹弧段机架；13——改向滚筒；14——下托辊；15——导料槽；16——空段清扫器；17——尾部滚筒；18——拉紧装置；19——尾架

2.3 大倾角皮带机在矿井连续运输中的作用

采用大倾角皮带机角度最大可以达到 27.5°如果采用花纹胶带角度最大则可以达到 31°，但是必须设计合理且配置先进，否则就会物料下滑、撒煤等情况。我矿自使用大倾角皮带运输机以来，认真考虑计算了运输带上的最大物料横截面积和运输能力从而有效地保证了大倾角皮带运输机安全高效的运行。该皮带机受料点在中间和机尾 3 处可分段供 3 个碛头的排矸(同时可供应 2 个头)，其中两处是从矸仓直接卸料通过放矸嘴将矸石卸到该皮带机上，可以实现均匀给料，很少会出现撒矸、落料等现象，机尾也不会出现堆矸现象，设计中使用软启动，可达到启动运行平稳、整个运转过程噪声小；上托辊组均采用前倾式深槽托辊组，可有效防止矸石下滑现象且装矸均匀，皮带机基本不会出现跑偏现象。皮带机平均每天排矸量可达 2 800 t，最大平均每小时可达 200 t；通过实际运行情况，证明大倾角皮带完全能满足 3～4 个掘进工作面排矸的需要。

2.4 矿大倾角皮带机的技术运用特点

我矿在使用大倾角皮带运输机时采取了防滑、防飞设施，能够确保运输矸石时不产生下滑，在矸仓下货点采取的“双排 V 形深槽托辊组”防滑技术，能够有效解决下货时飞矸和矸石下滑的问题。

（1）4 个托辊按双排中心对称方式布置，有利于输送带的对中运行，输送带不易跑偏。托辊两端尖角不与输送带接触，有利于提高输送带的寿命。

（2）中间两节托辊呈 V 形布置，水平的夹角为 25°，增加了侧压力及矸石与胶带的接触比压。

（3）外侧两节托辊槽形角加大到 60°，增加输送带槽形的深度和物料与胶带的接触比压，提高托辊装置的摩擦系数，保证物料在 28°的坡度上不会产生下滑。

（4）托辊装置的 4 节托辊采用标准通用型托辊，便于制造和维修。

2.5 卸矸架的设计应用

针对轨道上山提升循环次数少，专门设计出 2 t 侧卸式矿车卸矸架，在反井矸仓上口布置双道，分别作为提升及专门卸矸之用，卸矸架利用升降曲轨达到自动卸车的目的。由于采用自动卸车，避免用人工给翻斗车摘挂钩卡车方法带来的安全隐患，实现矸石车卸载自动化，减轻工人的劳动强度及有效缩短了提升循环时间，提高 2 t 侧卸式矿车和钢丝绳的使用寿命，同时可以保障生产安全。

3 使用效果

3.1 单产单进对比

区段掘进工作面采用耙矸机套普通皮带连续排矸、矸仓储矸、主皮带集中排矸。通过统计，每班排矸能力为 180 m^3，对比原有矿车排矸的 72 m^3 多了 108 m^3，同时两个运输系统相比较，电耗上可节约电量 500 kW·h；采用矿车排矸 3 个掘进工作面每月计划进尺 300 m，实际只能完成 280 m，采用皮带连续运输排矸系统后，每月实际完成 330 m，月提高单进 50 m。

井底车场掘进通过反井矸仓连续运输，每班排矸能力为 96 m^3，原有轨道上山提升矿车排矸方式每班提升循环次数为 12 次，矸石运输量为 48 m^3，每天最多只能满足 1 个掘进工作面 2～3 个循环 144 m^3 排矸的需要，采用反井矸仓连续排矸后，每班提升循环次数为 24 次，矸石运输量为 96 m^3/班，每天可远远满足两个掘进工作面正规循环作业排矸的需求；两个运输方式相比较，采用提升矿车排矸 1 个掘进工作面每月计划进尺 100 m，实际只能完成 80 m，采用连续运输排矸方式后，两个掘进工作面每月实际完成 240 m，月提高进迟 160 m。

3.2 环节优化、安全保障

采用掘进排矸连续运输后，并且安全效果明显提升，相比以往杜绝了矿井斜巷跑车及人身事故，大大减少了提升其他事故；机运安全“隐患”同期约减少 70％，“三违”人员降低约 60％，事故同期减少 40％，同时皮带连续运输系统采用了皮带机综合保护器避免了皮带断裂、打滑、跑偏、着火等安全事故的发生。

3.3 投入和人员减少

原系统(不含轨道上山绞车司机和磨盘人员)各区段3个掘进工作面面用于运输的绞车司机和磨盘工、机车司机等人员共计28人,采用皮带连续运输,掘进排矸时整个运输线路只有皮带司机操作人员、放矸工和装岩司机3个班共计14人,人员减少50%,每月可节约人工费用3万元左右,同时减少了设备投入,仅蓄电池组一项,每年就可节约资金9万元左右,符合了当前矿井减人提效、安全提效的要求,创造了可观的经济效益,缓解了采掘接替。

鲁班山北矿14采区采用连续运输系统后,随着掘进工效的提高,掘进工作面单产单进有了明显提高,最大程度缓解了矿井采掘接替矛盾,同时员工收入得到增加,稳定了职工队伍。

4 结论

鲁班山北矿采用连续排矸运输系统后一方面减少了绞车提升环节,保证了安全生产,提高了矿车周转率,另一方面改善了掘进工作面的排矸条件,提高了单产单进,保证采掘的正常接替,为后续皮带自动化集中控制的实现提供了平台,同时也为建设高效矿井提供了参考。

孙村煤矿 2422 工作面矿用柴油机单轨吊机车的研究与应用

韩清斌,殷培军,王航民

(山东能源新汶矿业集团有限责任公司孙村煤矿,山东 泰安 271219)

摘 要 本文介绍了矿用柴油动力单轨吊机车的技术性能以及在大坡度、长运距、多变坡、多拐弯巷道中的应用情况,作为采区辅助运输的一种形式,具有适应性强、适用范围广、灵活性强、安装简单等特点,是采掘工作面运送综采支架、物料设备的比较理想的辅助运输工具。其能够满足采区顺槽运输的需要,在巷道坡度小于 25°(现在已经有爬坡能力为 30°的机车)的巷道使用,是代替调度绞车和卡轨车运输等的理想运输设备。

关键词 柴油动力;单轨吊机车;技术性能;运行

1 问题的提出

新汶矿业集团公司孙村煤矿是一座百年老矿,目前,开采深度已达 1 000 m,是全国最深矿井之一。随着该矿先进综采综掘设备的不断推广和应用,加上矿井埋藏深,巷道底鼓变形频繁,采区辅助运输成为制约人身安全和机械化发展的老大难问题。

该矿二采区 2422 工作面设计储量约 100 万 t,采用轻型薄煤层综采设备开采,开采约需 2 年时间。由于该工作面顺槽长度达 2 470 m,且地质条件极为复杂,工作面内存在多条斜交断层,致使巷道多起伏,坡度变化大(最大达到 22°)。按原设计采用内齿轮绞车对拉运输,需投用内齿轮绞车 11 部,占用设备多、人员多,运输条件极为困难,安全管理难度极大。因此,如何确保 2422 工作面轨道运输系统的运输安全,提高运输效率,是亟待解决的问题。

2 解决方案

该矿经过对现场运输系统多次勘察和分析研究,决定与北京凯润设备有限公司合作,采用一种新型煤矿辅助运输设备——捷克产矿用柴油动力单轨吊机车,以取代工作面顺槽中内齿轮绞车接力运输,实现长距离连续运输。

(1) 机车产生的牵引力能够满足在最大坡度 25°下运输最大载重 16 t,并保证车辆在变坡起伏及拐弯处运行平稳。制动系统设计为失效安全型。

(2) 适应转弯半径:水平 4 m,垂直 8 m。

(3) 该设备能够实现连续运行,中间不需转载,以提高运输效率。

(4) 噪声及尾气排放符合《煤矿安全规程》有关规定要求。

(5) 采用泄漏通信技术在机车运行线路内任何地点即可通话联系,实现机车的及时通信。

(6) 轨道固定方式:轨道在巷道顶板用锚网支护的地段采用锚杆悬挂的固定方式,在钢棚支护地段采用链条悬挂在横穿工字钢上的固定方式。

3 方案的实施

采用 DLZ110F-4 型四驱柴油动力机车作为牵引设备,配置 16 t 液压式起吊梁,通过敷设在巷道顶板上的 I155 型单轨组合成一套完整的运输系统,单轨布置在巷道中间偏上帮一侧。

3.1 机车

机车主体由 2 个驾驶室和发动机部分组成,其中后者包括 3 个驱动单元和 1 个附属驱动单元。发动机为四冲程涡轮增压型煤矿专用柴油发动机,装有抽气管和排气管。废气经专门的排气箱冷却排出。机车的工作状态、速度、运行时间、柴油机液压和湿度值全部由电子调节和安全系统控制,如果超过额定值,发动机会立即停止运转,机车立即制动停车。驱动单元构成了最终牵引元件,它把瞬时扭矩传送到驱动轮上以驱动机车。驱动单元由 2 个低速液压发动机和 1 个带有紧急制动功能的延迟固定刹车系统组成。如果超过了额定速度,这套刹车系统将自动动作以制动机车。

3.2 轨道系统

轨道采用截面为 I155 的单轨,它由一个锚杆固定在顶板的悬挂板,通过链条悬吊在巷道上部的两根锚杆上。它由直轨道、弯轨道、道岔组成,轨道长度为 1 m、1.5 m、2 m、3 m 不等,弯轨道采用法兰连接方式,以防机车通过弯道时损伤连接部分。

将单轨吊轨道铺设在巷道中间偏上帮处,确保单轨吊轨道中心距两帮间距不小于 1.35 m,距离底板高度不小于 2.2 m(换装站高度不小于 2.8 m)。转弯半径设置为水平不小于 4 m,垂直不小于 8 m。

在 2422 顶板绕道处,设计一个带有自动控制道岔的环形车场,作为停车站、检修站、加油站和换装站。

3.3 泄漏通信系统

泄漏通信系统由 KTL12 基地台、KDW29 基地电源、KTL2B 手持电台和 MSLYFVZ-50-9 型泄露同轴电缆组成。该系统具有打点、通话、急停等功能,通过手持电台可随时与司机取得联系,当出现意外情况时,可及时通话、打点,实现紧急停机。此通信系统通话效果良好,在近 2 500 m 的线路上未接任何中继器。

3.4 四驱柴油机车技术参数

牵引力:80 kN。

运行速度:0～2 m/s。

噪声:82 dB。

适应转弯半径:水平 4 m;垂直 8 m。

最大坡度:25°。

功率:81 kW。

耗油量:255 g/kW · h。

冷却方式：水冷。

发动机启动方式：液压。

机车总长：8 650 mm。

机车自重：4 800 kg。

4 运行情况

(1) 柴油机单轨吊到货后，由煤炭科学研究总院上海研究院和邢台煤研所在地面对机车进行了全面测试，经测试合格取得了煤安标志。

(2) 设备从12月22日安装调试，12月25日试运行，到次年1月8日安装完工作面，共用13天完成工作面安装。每小班运送3趟，每小班留有2 h的设备检修保养时间。

期间共运送119车次，运送总吨位达734 t，最大运送单件吨位12.5 t，最大爬行坡度25°。具体详见表1。

正常需要单轨吊司机2人，外车场2人（有1部电瓶车），内车场1人，维护工1人，共6人。

表1　2422面单轨吊车运输量统计表

设备名称	液压支架	采煤机	刮板输送机	转载机	回柱绞车	其他	合计
型号	ZY2400/12/26型	MG180/435-W	SGD630/264W	SGW-40T	30T1部14T4部	开关钢梁等	
数量	68个	1台	1部	1部	5部		
单重	8.5 t	34 t	0.8 t	0.3 t	最大6.5 t		
运输次数	68车次	4车次	27车次	8车次	5车次	7	119
运输的总质量	578 t	34 t	70 t	9 t	16.96 t	26	734 t

该系统替代了11部55 kW绞车、40 kW绞车、回柱机等提升设备，提升环节大大优化，节省大量设备、车场、人员、安全设施、信号、电缆、开关等，效率高，占用人员少，安全性能大大提高。

(3) 发展到现在，该矿共有单轨吊机车11部，运行轨道2万余米，道岔30余组，所有采区辅助运输已经全部实现了单轨吊网络化，消灭了传统的内齿轮绞车和轨道运输。

(4) 实践证明，该柴油机单轨吊具有牵引力大(80 kN)，爬坡能力强(25°)，续航能力强，运行速度快(2 m/s)，质量轻(4.8 t)，体积小(长度8.65 m)，安装、使用和维护简单等特点。

(5) 存在问题及建议

① 初期投资较大，配件费用高，急需研究国内替代产品。

② 单轨吊车对巷道顶板要求较高，顶板必须稳定，支护良好，并定期检测。

③ 对维护人员要求较高。单轨吊机车技术含量较高，相应要求单轨吊车的使用、维护人员素质较高，尤其是电气部分的维护。

④ 轨道安装质量有待进一步提高。当轨道比较潮湿时，上坡、下坡容易出现滑行现象。

⑤ 有尾气排放，影响空气质量。

⑥ 需定期检测机车牵引力、制动力和尾气排放，需专用便于携带的尾气检测设备。

⑦ 必须加强巷道拐弯和变坡处轨道的调整与维护。

⑧ 对于巷道底鼓变形严重的巷道，设计时需考虑排矸问题。

⑨ 急需研究适合单轨吊机车运输的车辆，尤其对改造矿井要考虑车辆的不转载运输，以进一步减少岗位人员。

⑩ 采区运送人员的设备的标准、规定及安全设施及保护等方面还需研究确定。

5 结论

(1) 单轨吊机车作为采区辅助运输的一种形式，具有适应性强、适用范围广、灵活性强、安装简单等特点，是采掘工作面运送综采支架、物料设备的比较理想的辅助运输工具。

因其宽度只有 0.85 m，目前单轨吊机车已经广泛应用于综掘工作面的辅助材料运输，解决了原有的综掘机配件、输送机配件的运输主要靠人抬肩扛的难题，大大减轻人员的劳动强度。而且在综掘工作面工作结束后，可以直接服务于综采工作面的辅助材料运输，避免二次铺设轨道等工作。

(2) 在采区变坡平巷内，单轨吊机车运输与普通轨道运输相比较，可实现巷道内的分段平行作业。

(3) 单轨吊机车安全性高，与普通运输相比，无掉道、断绳、跑车的危险，与卡轨车相比无跳绳伤人的危险，并且有人驾驶可全程掌握运行状况，及时采取措施应对异常情况。

(4) 由于柴油机单轨吊是新事物，在使用过程中存在一些问题是正常的，需要随着设备的使用逐步解决。

(5) 通过近年的使用实践证明，单轨吊机车作为一种运送设备、物料的运输工具，基本能够满足采区顺槽运输的需要，在巷道坡度小于 25°(现在已经有爬坡能力为 30°的机车)的巷道使用，是代替调度绞车和卡轨车运输等的理想运输设备，但其推广范围因受巷道坡度的影响而受限。

柴油机单轨吊的成功应用，破解了我矿采区辅助运输的难题，是采区辅助运输的一次变革，对辅助运输的发展具有深远意义。

无极绳绞车远程控制系统在车集煤矿采煤工作面的推广应用

姚　尧，张　强，赵体兵，郭激光

（河南能源化工集团永煤公司车集煤矿，河南 永城　476600）

摘　要　车集矿井有多台无极绳绞车运输系统，在日常生产运输中起到了非常重要的作用。由于无极绳绞车工作覆盖距离长，路况复杂，正常工作时需要多个工作人员协同工作。加之工作地点分布零散，突发情况较多，一旦出现信号发送失误或延迟，可能造成脱轨、过卷等事故以及较大损失。鉴于此情况，综合考虑车集煤矿对无极绳绞车远程控制系统的实际需求和特点，从设备的先进性、可靠性、经济性考虑，设计出一套基于PLC为核心技术的矿用无极绳绞车远程控制系统具有重要的意义。

关键词　无极绳绞车；远程控制系统；PLC

1　系统设计方案

在无极绳绞车机头主机位置安装一台ZJK127-Z无极绳绞车控制装置主机，主机采用西门子PLC为核心，集成操作、控制、采集、显示、输出、报警等多种功能。沿运输巷道每100 m安装一台KJF5高频抗干扰无线信号接收分站，保证整个巷道覆盖无线信号，分站之间用可靠信号电缆连接至主机。跟车工配发高频信号手持发射机，跟随梭车行走并对梭车进行各种操作。沿途安装10台声光报警装置，每台装置都由主机控制，实现灯光警示及多种语言警示，绞车每个操作状态都有不同的声音警示。沿途巷道墙壁挂装10台组合信号器，实现跟车工应急时与主机头或机尾人员的通话、发信号、紧急停车操作。沿途全线覆盖急停拉绳开关，当遇到紧急情况时，拉下联动钢丝绳，绞车可以实现断电停车。系统总体设计方案如图1所示。

2　系统组成及功能

2.1　系统组成

系统主要由矿用隔爆兼本安型无极绳绞车保护控制装置主机、矿用通信分站、矿用本安型转速传感器、矿用本安型磁性接近开关组成、矿用隔爆兼本安型声光信号器、矿用隔爆兼本安型声光报警器、矿用急停开关、矿用温度传感器、矿用本安型手持机、矿用隔爆兼本质安全型真空交流软启动器、矿用通信电缆等组成。

2.2　主要功能

（1）速度保护功能

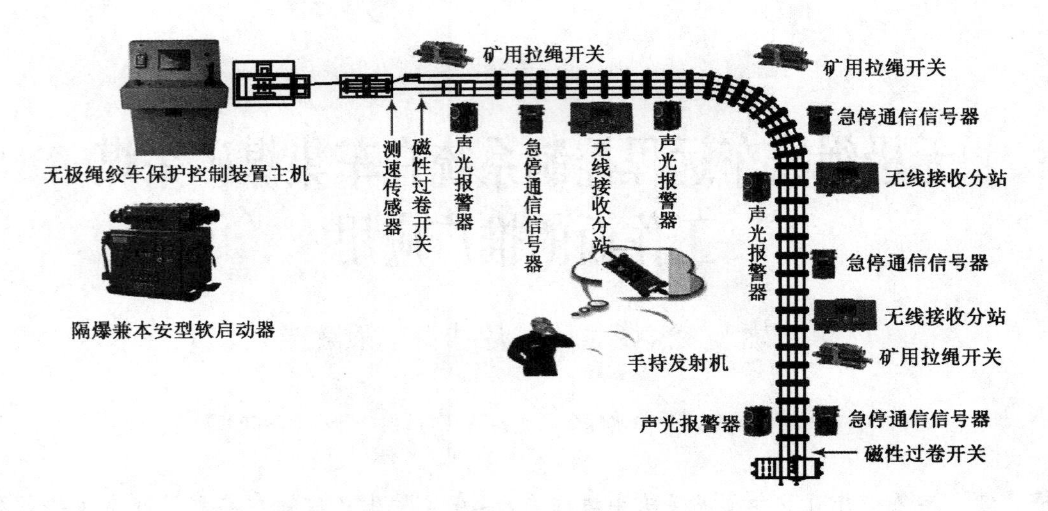

图1　无极绳绞车远程控制系统工作原理图

配置无触点速度传感器，对绞车实现连续可靠的速度检测。

① 超速保护功能。

② 失速打滑保护。

(2) 多重过卷保护

① 软件数据设置过卷保护。

② 多重非接触式磁性传感器硬件过卷保护。

(3) 设备软启软停

系统配套防爆软启动器，实现设备软启、软停，并能实现多种显示及保护。

(4) 跟车工遥控开车

跟车工手持无线遥控机，对梭车进行遥控开车，具有启动语音预警、前进、后退、停止、紧急停车、安全闭锁等多个按键。

(5) 无线信号冗余交叉覆盖

整个运输巷道无盲区覆盖较强的无线接收信号，各信号接收站独立工作，互相覆盖且不干扰，可实现可靠的信号接收。

(6) 全巷道覆盖声光语音报警

整个巷道覆盖声光语音报警，红绿灯光警示，全程多种语音提示，清晰洪亮。

(7) 全巷道覆盖固定式应急组合信号装置

实现全巷道覆盖固定式应急，可进行打点、通话、急停操作。

(8) 全巷道覆盖固定式拉绳急停开关

当发生紧急情况时，可以通过拉下贯穿于整个巷道的拉绳开关，实现紧急断电停车。

(9) 人机界面

友好生动的人机显示界面，操作简单，画面精美。动态显示梭车运行位置、速度、曲线，打点信号显示及记忆，各种运行状态显示，保护参数的设置，事件报警记录等。

(10) 触摸控制显示屏

可通过触摸板灵活控制显示屏，进行参数设置及状态查询。

(11) 远程控制闭锁切换

通过控制主机的闭锁开关可以实现远程/就地的控制切换，以实现控制优先级的分配。

(12) 电压、电流信号检测

实现对电压、电流的连续检测，当超过设定保护值时进行断电报警保护。

(13) 定点停车功能

主机可以根据实际情况设置6组定点停车，梭车到达预订地点时自动精准停车，同时报警装置语音提示。

(14) 报警记录

自动记录报警事件，方便查询。

(15) 多种控制接口

PLC预留多种接口，可匹配变频器、软启动、防爆开关等设备。

(16) 人性化集成操作台

操作台符合人体力学设计，高度集成功能。防爆腔内置，减少占位空间，美观大方。

3 主要设备选型

3.1 控制装置主机

控制装置主机选用ZJK127-Z型，适用于煤矿井下无极绳绞车，采用德国西门子PLC可编程控制器作为核心，高清动态模拟触摸屏为人机显示界面，真人语音告警提示，多位闭锁操控手柄。本装置不但具备全程实时动态监视绞车运行状态，更能够为绞车提供多种控制方式。

3.2 电机控制器

电机控制器采用矿用隔爆兼本质安全型真空交流软启动器是在矿用隔爆兼本质安全型真空电磁启动器的基础上，改直接启动为软启动，降低了启动电流，减少了冲击电流对电网及负载的冲击。软启动器是目前最先进、最流行的电动机启动器。采用16位单片机进行中文智能化控制，可以无级调压至最佳启动电流，保证电动机在负载要求的启动特性下平滑启动，再轻载时能节约电能。传统鼠笼型异步电动机的启动方式有直接启动或自耦降压启动、Y/△转换、电抗器减压启动、延边三角形减压启动等。这些启动方式，启动转矩基本固定，但不可调，启动过程中会出现二次冲击电流，对负载机械有冲击转矩，且受电网电压波动的影响。造成的启动瞬间电流尖峰冲击，对前一级总开关(馈电开关、高压馈电开关带漏电保护的)冲击跳闸。当电网电压下降时，可能造成电机堵转等问题，但是软启动可以克服上述缺点。软启动器具有无冲击电流、可自由地无级调压至最佳启动电流及轻载时节能等优点，是传统的矿用隔爆本质安全型真空电磁启动器的理想替代产品。启动器具有启动时间可调，还具有漏电闭锁、断相、过载、欠压、过流、过载、三相不平衡、短路等保护功能及相应的故障指示功能。

4 功能模块安装与实施

4.1 传感系统安装与实施

4.1.1 转速传感器的安装与实施

电机轴传感器要求探头工作面与各磁钢S极表面间距应在9 mm之内；磁钢随电机转动时，各磁钢中心点所形成的圆周线应与传感器工作面的标志线吻合，允许最大偏离值不大于 1.5 mm。磁钢表面与传感器表面之间的距离应在 9 mm 之内。丝杠转动时，磁钢经过传感器，两工作面应保持水平。其安装示意如图 2 所示。

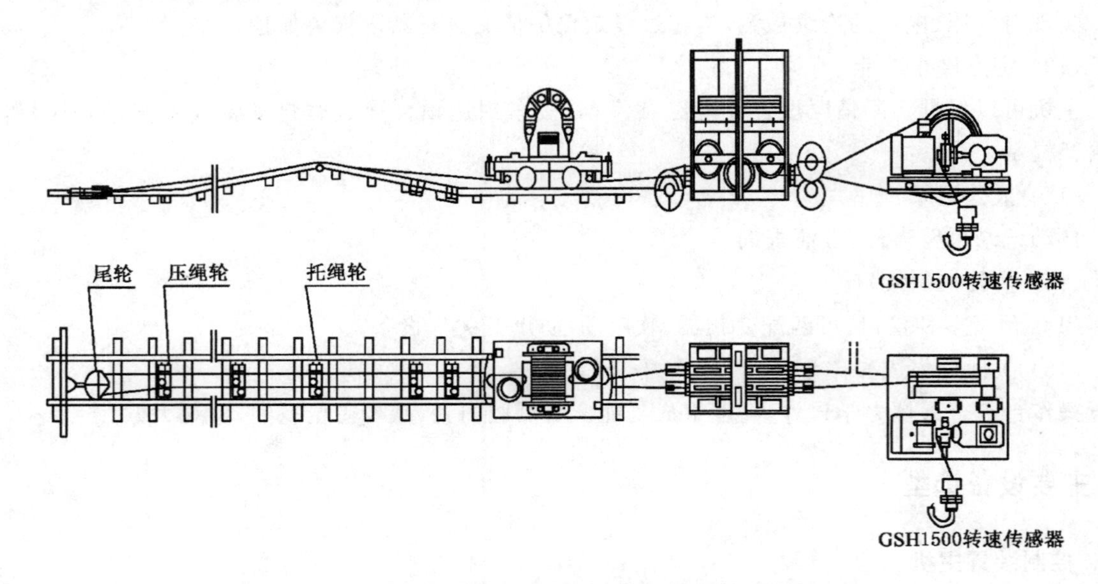

图 2　电机轴上 GSH1500 转速传感器安装示意图

4.1.2　校正、过卷传感器的安装与实施

校正传感器安装在无极绳绞车轨道两侧；梭车运行时，校正开关中心线与大磁钢中心线应基本吻合，允许偏离量不大于 20 mm；校正传感器与大磁钢之间的工作距离 $H=30\sim100$ mm，应保证在梭车最大晃动时校正开关不能与大磁钢相碰。

过卷传感器安装在无极绳绞车轨道两侧；梭车运行时，过卷传感器中心线与大磁钢中心线应基本吻合，允许偏离量不大于 20 mm；过卷传感与大磁钢之间的工作距离 $H=30\sim100$ mm，应保证在梭车最大晃动时过卷开关不能与大磁钢相碰。安装示意图如图 3 所示。

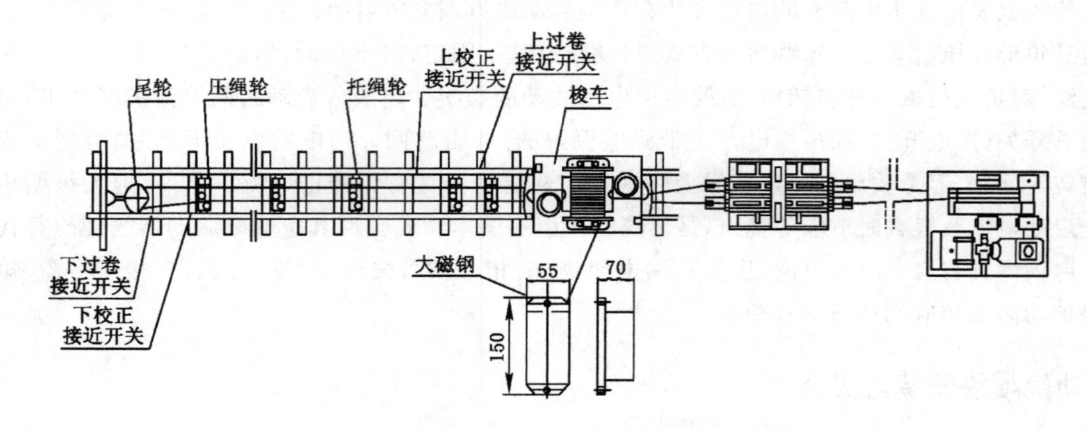

图 3　上、下校正及上下过卷传感器的安装

4.2 电控系统安装与实施

4.2.1 主机控制系统

主机有7路信号输入信号：打点信号、脉冲信号、故障指示信号、上下校正开关信号和上下过卷开关信号，4路输出信号(正转线圈、反转线圈、故障指示回路、安全回路)，输入、输出信号。控制原理图如图4、图5所示。

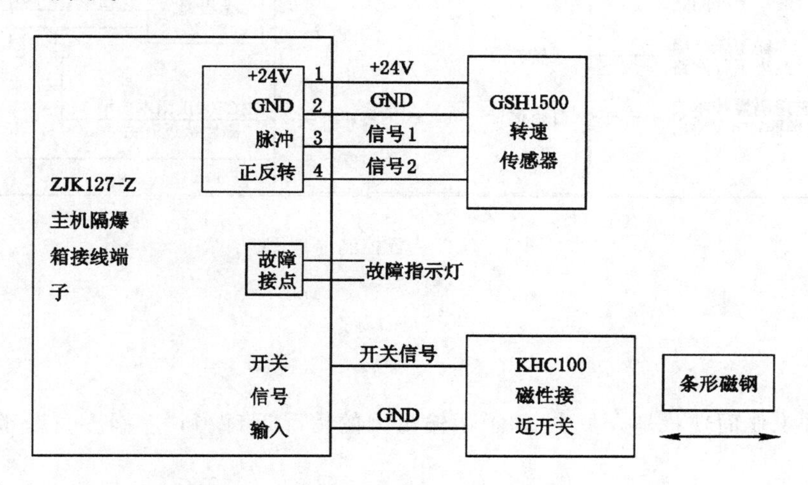

图4 主机输入信号原理

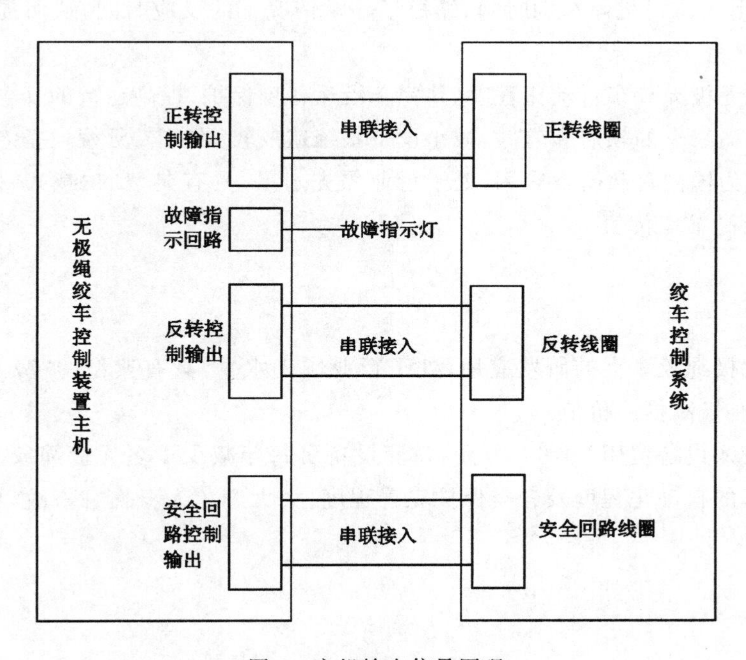

图5 主机输出信号原理

4.2.2 安全回路控制系统

保护装置控制系统主要通过采集各种传感器的信号经主机转换实现各种设计的功能，其接线原理如图6所示。

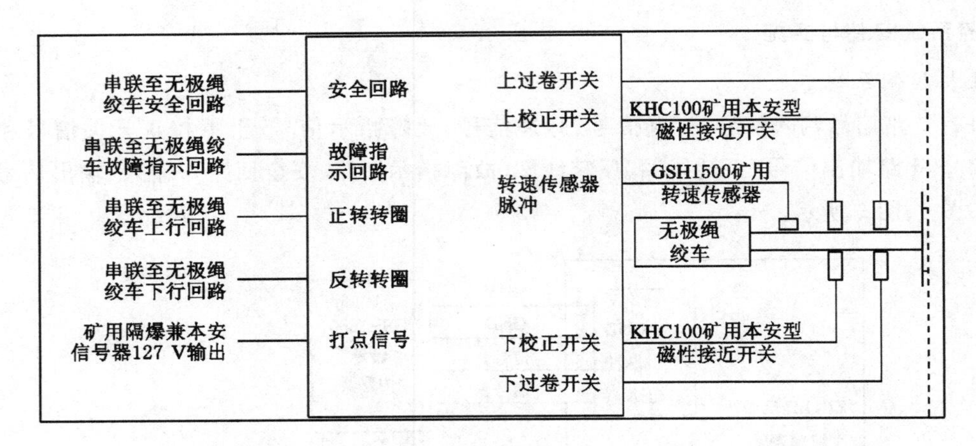

图 6　保护装置控制原理图

5　效益分析

(1) 在综采工作面现状是人员少、轨道运输量大的情况下，做到"一岗多责"，节省一名无极绳绞车司机。

(2) 实现跟车工远程控制无极绳绞车，出现异常跟车工可直接停掉绞车，省掉了跟车工传递信号给绞车司机后，由绞车司机停车的时间，缩短了异常情况下的反应时间，从而提高了无极绳运行的安全性。

(3) 大大提高无极绳绞车自动化程度，并完善沿途各项保护，提高运行的安全性。

(4) 增加无极绳绞车的软启和软停，减小设备系统造成较大冲击，延缓设备老化。

(5) 该项技术为国内首次研发应用，处于行业领先水平，具有典型的"减人、提效、增安"意义，在其他矿井具有极高推广价值。

6　结论

该项技术在无极绳绞车上的研发应用，处于行业领先水平，具有典型的"减人、提效、增安"意义，在其他矿井具有极高推广价值。

该套安装的投入设备费用为 16.9 万元，每套设备可每年减少 1 名无极绳绞车司机，同时可极大提高无极绳绞车的自动化程度及各类保护完善程度，大大避免人身伤害事故，价值不可估量，具有推广意义。

无极绳连续牵引人车技术在新疆焦煤集团的推广应用

尤国俊

(新疆焦煤集团有限责任公司,新疆 乌鲁木齐 830025)

摘 要 在煤矿井下,辅助运输大巷、工作面顺槽、掘进后配套和采区巷道等,通常都使用无极绳连续牵引车来运送生产所需的材料、设备、煤矸以及整体液压支架,但随着开采范围的不断扩大,运输距离越来越长,在解决设备、材料、矸石运输的同时,人员往返的运输显得更加迫切。本文针对无极绳连续牵引车及乘人装置的方案设计、工作原理、主要技术特征作了全面介绍,无极绳连续牵引人车解决了煤矿井下长距离、多变坡和弯道等复杂工况条件下的人员运输,减少了井下工人的非劳动体力消耗和时间消耗,工作效率大大提高,既降低了工人的体力消耗,又创造了良好的经济效益,是煤矿辅助运输技术的又一创新。

关键词 无极绳牵引;乘人装置;技术应用

1 概述

新疆焦煤集团2130煤矿井田内有可采煤层6层,矿井主要开采煤层属下侏罗纪八道湾组1、2、4、5、6号煤层,累计可采煤层厚度为22.78 m,煤种为低灰、低硫、特低磷、高发热量、强黏结性的优质炼焦煤,煤岩层倾角在36°~55°之间,井田煤层为单斜构造,走向近东西,向南倾斜,井田内各煤层的顶、底板岩石稳固性属不稳定的类别,工程地质条件属中等类型,属于急倾斜、软煤、软底、硬顶板地质结构。

开采25221工作面上、下顺槽断面皆为斜梯形,下帮净高为1.8 m,上帮净高为3.5 m,净宽为3.5 m,净断面为11.6 m^2,采用锚网梁支护,煤层厚度为3.5~4.5 m,煤层厚度变化较频繁,煤层结构复杂,工作面走向长度为2 380 m,倾斜长度为110 m,煤层倾角由东至西在36°~55°之间,整个工作面平均倾角为45.5°,工作面由西向东回采。

2 综采工作面顺槽辅助运输现状

2130煤矿自应用综采技术以来,工作面设备安装辅助运输系统一直使用小绞车与电瓶车联合运输。随着矿井的不断开采,水平的不断延伸,地质条件发生很大变化,井巷的运输距离较长,小绞车与电瓶车联合运输不能适应矿井安全生产的需要,2006年在综采工作面回风顺槽采用无极绳连续牵引车运输模式。连续牵引车除具有普通多极绞车运输的全部功能外,设备数量少、维护方便、操作简单,本身又具有张紧力恒定可调、钢丝绳调节量大、安全制动保护装置可靠、运行速度不变等特点。采用无极绳连续牵引车运送物料,巷道铺设轨道,轨距为600 mm。工作面生产所需物料及回收物料通过无极绳绞车从回风顺槽运输。在大巷、集中轨道运输巷及工作面顺槽，实现了设备和材料，尤其是液压支架的往返运输，取得了良好的效果和业绩。

由于巷道走向长度为2 380 m，加上联络巷道及主大巷，人员行走距离约4 000 m。随着开采范围的不断扩大，运输距离越来越长，在解决了设备、材料、矸石运输的同时，人员往返运输的需求显得更加迫切。

3　无极绳连续牵引人车系统

25221巷道全长2 380 m；巷道最大坡度为12°，共有四段坡度，坡度最长为120 m；巷道拐弯段有4处，其中一处为S形拐弯；巷道铺设矿用30 kg/m普通轨道，轨距为600 mm。由于是急倾斜煤层，受巷道断面的限制，只能在回风顺槽安装绞车，安装SQ-90/132K型无极绳连续牵引人车作为系统动力源，系统还包括绞车、张紧装置、制动梭车和尾轮及轮组，通过钢丝绳串联成一套运输系统。

无极绳连续牵引人车系统是煤矿井下巷道以钢丝绳牵引的一种普通轨道运输设备，适用于长距离、多变起伏坡工况条件下的工作面顺槽等地材料、设备、人员的不经转载的直达运输，和坡度不大且有起伏变化的轨道运输，最大适应倾角不大于15°。

3.1　方案设计

根据计算，选用SQ-90/132K型无极绳连续牵引人车作为系统动力源，采用开关磁阻电机和进口变速箱，双制动闸设计；绞车配置开关磁阻控制系统后可实现无级变速，速度为0～2.5 m/s；滚筒为抛物线摩擦式单滚筒结构，能实现对称安装布置和前后出绳；绞车可以根据巷道中轨道的布置情况灵活布置，适应性强。考虑到该套设备除用于支架等设备的运输外，还需要人员运输，为了充分保证系统更加安全的运行，系统特设计为主绳布置在轨道内（理论上主绳在两股轨道中心线位置），副绳布置在轨道外侧，距离主绳（两股轨道中心线）650 mm，绞车和张紧器安装在巷道内，正对轨道布置，从张紧器出来的钢丝绳经过机头尾轮导向后进入设计位置（主绳在轨道内，副绳在轨道外侧）。RQ15-6/50型煤矿用起伏巷普轨乘人装置是无极绳牵引绞车的配套车辆，主要用于煤矿井下顺槽等地人员运输。

3.2　工作原理

绞车是无极绳连续牵引人车系统的动力源，由电机提供动力，利用减速机带动绞车滚筒旋转，借助钢丝绳与滚筒之间的摩擦力使钢丝绳运动，从而达到牵运的目的。通过调速装置改变电机转速，调整牵引速度，从而做到重载低速、轻载高速，既可提高工作效率，又可以增加设备运行的安全性能。矿用起伏巷普轨乘人装置由头尾各一辆制动车和中间1～3辆专用乘人车（简称人车）通过连杆和保险链连接而成。制动车和乘人车之间、乘人车和乘人车之间连接均采用硬连杆连接，同时加上保险链以保证连接的安全可靠性。乘人装置的制动车，具有脱钩（断销、脱销、断绳、断链等总称）自动保护和人工保护功能。制动采用钳式抱轨制动，既可手动又能自动控制，为失效安全型。运行时，闸钳可以提离轨面以上，适用于普通轨运行；制动时，钳式制动器抱住轨头两侧。安全性高，可靠性强。任意一辆制动车，在脱钩后实施制动，均能提供足够的制动力，所以两辆制动车无须进行制动联动。专用乘人车上设置前后转向架，保证乘人车能适应起伏巷道运行要求。乘人装置在运行时，跟车工坐在制动车里。只要不发生脱钩事故，跟车工不允许操纵手动阀实施人工制动;当发生脱钩事故后,跟车工可操作手动阀实施制动。

3.3 人车特性

人车上设计了左右轮摇摆机构,可以使所有轮子始终与轨道接触,防止掉道。还有水平转向机构,进行可靠的水平小半径转弯。后转向架还设计了防倾倒机构,当人员乘坐出现偏载时,可有效防止车辆倾倒。技术特征:

最大牵引力:45 kN; 最大运行速度:2.5 m/s;
轨距:600 mm; 适用:30 kg/m;
适用:30 kg/m; 适用巷道倾角:±15°;
额定载:15 人; 水平转弯半径:9 m;
垂直转弯半径:15 m; 单台紧急制动力:135 kN;
制动闸提离轨面:>10 mm; 额定压力:8 MPa;
自重:3 100 kg; 外形尺寸:4 830 mm×1 200 mm×1 650 mm。

主要结构及特征:RQ 型人车主要由行走部(前、后转向架)、车厢、车架、液压系统、碰头、连杆等组成。

4 应用效果

25221 综采工作面回风顺槽全长 2 380 m;巷道最大坡度 12°,共有四段坡度,坡度最长为 120 m;巷道拐弯段有 4 处,其中一处为 S 形拐弯,巷道呈起伏状态。安装无极绳连续牵引人车系统后,实现了人、物两运目的,产生明显的经济效益和社会效益。

4.1 经济效益分析

(1) 运人设备投入少,节约成本

首先是利用现有设备增加运人装置解决运人问题,需增加设备购置费 11.77 万元,安装材料费及人工费 5 万元,共需资金 16.77 万元。由于是急倾斜煤层,受巷道断面的限制,只能在回风顺槽安装绞车。

(2) 使用无极绳连续牵引车运输物料劳动强度小、安全高效

25221 综采工作面回风顺槽按原有的运输方式,共安装有 9 部小绞车,总造价 259.14 万元。全程运输时,每班只能运输三趟,运送物料 3 车,进车、出车时间长达 8 h。每班运输作业人员需 6 人,按人均收入 8.5 万元计算,仅人工工资每年节约 51(=6×8.5)万元。职工劳动强度大,尤其是在综采工作面安装运输支架,每班只能运输一架。

安装一部 SQ-90/132K 型无极绳连续牵引车,设备投资 247.8 万元,但使用无极绳连续牵引车后,运输量明显增加,每班能运输六趟,运送物料 12 车,是原来的 4 倍,进、出车每趟仅 1 h。在综采工作面安装运输支架时,每班运输三架。每班的运输作业人员 2 人,仅人工工资 17(=2×8.5)万元,每年节约 34 万元。如表 1 所列。

通过比较,无极绳牵引 RQ15-6/5 型煤矿用起伏巷普轨乘人装置与小绞车运物系统相比,费用投入减少,效率提高 4 倍。由于是急倾斜煤层,受巷道断面的限制,无法安装猴车运人系统。因此使用无极绳连续牵引人车系统,达到的效果是运人和运物,如果使用小绞车接力运输,人员只能步行上下班。

表 1　　无极绳连续牵引运输牵引车运输物料的优势

比较项目	小绞车运料	无极绳牵引乘人装置	节约费用
设备投入费用	小绞车 259.14 万元	投入费用 247.8 万元	
安装材料及人工费用	6 万元	10 万元	
使用人员	6 人/每班	2 人/每班	
运料车数	3 辆/每班	12 辆/每班	
人工费用	6 工×8.5 万元/年工资＝51 万元	2 工×8.5 万元/年工资＝17 万元	34 万元
汇总	316.14 万元	276.57 万元	39.47 万元

4.2　社会效益分析

无极绳连续牵引人车在 25221 工作面投用后，整个系统能够正常、高效、平稳地运行，缩短了职工路途消耗的时间，减轻了职工的劳动强度，提高了生产效率。职工上下班由原来的 40 min 缩短到现在的 15 min，一天 3 个班，每班上下班节约 50 min 算，一天节约 150 min，可多生产原煤 400 t。每吨原煤按 520 元计算，每天可为煤矿创收 20.8 万元。

因为无极绳连续牵引人车系统的运输区段从巷道的一端到另一端，在固定区段实现了直达运输，则：① 减少了摘挂钩次数，不会因跑车、脱钩、断绳等情况出现伤人、损坏设备的情况；② 设备简单、数量少、维护方便、故障率低，不会影响生产需要；③ 系统运行平稳，减少了掉道对生产的时间影响；④ 设备操作简单，不像小绞车对拉运行对司机的经验和操作熟练程度的要求那样严格，减少了人为不安全因素；⑤ 降低了劳动强度，提高了劳动效率。

无极绳连续牵引人车自 2011 年在 2130 煤矿投用以来，由于设备适应性强、机动灵活、调运方便、爬坡能力强、安全系数高，不受巷道底板变形影响，尤其在复杂巷道多起伏变化，多拐弯确保了运送人员的安全，整个系统能够正常、高效、平稳地运行，缩短了职工路途消耗的时间，减轻了职工的劳动强度，提高了生产效率。使用了 4 个综采工作面，产生很大的经济效益，保证了职工在工作面的有效工作时间。同时也积累丰富的安全运行经验，为其他矿井的辅助运人提供了丰富的实践经验和技术保证。

5　结束语

无极绳连续牵引人车解决了煤矿井下长距离、多变坡和弯道等复杂工况条件下的人员运输，减少了井下工人的非劳动体力消耗和时间消耗，工作效率大大提高，既降低了工人的体力消耗，又创造了良好的经济效益。无极绳牵引人车系统解决了采区工作面顺槽人员上下班的代步问题，是煤矿辅助运输技术的又一创新。新疆焦煤集团将该系统在所属四对矿井中进行全面的推广应用。

无极绳牵引绞车在井下运输中的应用

王朋军[1]，毛　柯[1]，杨建伟[2]，梅峰漳[2]

（1.平顶山天安煤业有限责任公司十二矿，河南 平顶山　467000；
2.平顶山天安煤业有限责任公司机电处，河南 平顶山　467000）

摘　要　在煤矿生产中，井下各采区的斜巷运输一般多使用调度绞车，调度绞车从安装到运输需要投入大量的人力、物力、财力，并且在运输过程中受巷道走向变化的影响需要多次转运，中间环节较多，安全系数相对较低，运输的效率也比较低。而使用无极绳牵引绞车运输，就能解决运输环节复杂，运输距离长、巷道多变坡、连续转弯，运输效率和安全系数低的问题。并且随着矿井开采深度和长度的不断延伸，采区片盘内轨道运输的距离也越来越长，职工到达工作地点徒步行走距离也在不断延长，为体现以人为本的经营理念，减少职工上下班期间的体力消耗，十二矿安装使了用无极绳牵引人车。本文将从无极绳牵引绞车的工作原理、结构、用途和特点出发，结合在生产中的实际应用，论述无极绳牵引绞车在十二矿井下生产运输过程中所产生的安全效益、社会效益、经济效益。

关键词　无极绳牵引绞车；人车；安全效益；社会效益；经济效益

0　前言

无极绳牵引车是以钢丝绳牵引的煤矿辅助运输设备，是整个系统的动力源，采用机械传动、摩擦驱动。其主要用于煤矿井下工作面顺槽、采区上（下）山及集中轨道巷，实现不经转载的连续直达运输，适用于长距离、大倾角、多变坡、多转弯、大吨位工况条件下的轨道运输，主要进行工作面材料、设备及人员运输，尤其是液压支架整体运输。系统设备操作简单，减少了人为不安全因素，提高了劳动效率，减轻了工人劳动强度，简化了运输环节，是当前煤矿高效辅助运输设备之一。

1　无极绳牵引绞车工作原理、结构及用途

1.1　工作原理

无极绳连续牵引车为成套设备，通过钢丝绳组合成一套完整的运输系统，由电气控制装置对牵引车进行启停、加减速和正反向控制，由漏泄通信系统完成打点、通话和急停保护，由各种传感器完成相应停车安全保护功能。牵引绞车提供动力，采用减速机或变速箱和渐开线圆柱正齿轮传动，通过无极绳绞车滚筒旋转与钢丝绳产生的摩擦力来带动钢丝绳运行，从而使牵引绞车沿轨道往复运行。

1.2 结构

无极绳牵引绞车主要由牵引绞车、张紧装置、梭车、尾轮、压绳轮组、托绳轮组和弯道轮组组成;配套部分由电控系统、钢丝绳、通信系统等构成。

1.3 用途

无极绳连续牵引绞车是以钢丝绳牵引的普通轨道运输设备,适用于煤矿长距离、大倾角、多变坡、大吨位工况条件下的辅助运输。如工作面巷道、采区上(下)山和集中轨道巷运输材料设备,运输线路内不经转载可直达运输地点,广泛用于综采工作面巷道的两个顺槽以及采区运输斜巷起伏角度不大于20°的巷道中。

1.4 特点

无极绳连续牵引车具有如下特点。

1.4.1 操作简单,可靠性高

采用机械传动方式,结构紧凑,操作方便,大大提高了工人的可操作性和设备的可靠性。采用张紧器张紧钢丝绳,张紧器放置在牵引车前部,钢丝绳张力随牵引工况变化,钢丝绳寿命长。

1.4.2 适应性强,用途广

无极绳牵引绞车既可使用在顺槽,又可应用在采区上(下)山,还可布置在集中轨道巷,又能为掘进后配套服务。

1.4.3 系统布置灵活

(1) 无极绳牵引绞车既可平行于轨道布置,又可垂直于轨道布置。

(2) 系统既可布置成单轨(两条轨道)单运输,又可布置成双轨(四条轨道)双运输,还可布置成三轨(三条轨道)双运输。

(3) 如系统布置成单轨(两条轨道)单运输,可采用两根钢丝绳同在轨道内;也可采用主绳在轨道内,而副绳在轨道外的布置形式。

(4) 无极绳连续牵引车采用双向出绳,进出绳方便且体积适中,既可利用原有硐室布置,又可靠巷帮布置,可适应不同巷道工况灵活布置。系统采用导向轮分绳,避免钢丝绳咬绳,减少钢丝绳磨损;系统采用主副压绳轮组进行压绳,平托轮组托绳,可适应起伏变化坡道。

1.4.4 系统配置方便

根据不同的工况条件,采用不同轮组配置方式,可适应起伏变化坡道的不同运输需求。

1.4.5 可实现巷道水平转弯运输

配备专用弯道达到水平曲线运输的目的。

1.4.6 梭车储绳量大,运行费用低

梭车采用储绳结构,可减少有运距变化的巷道钢丝绳浪费;系统采用可靠的机械结构,故障率低,维护量小。

1.4.7 安全高效,经济实用

采用两套制动系统;区段内直达运输,无须转载,减少人力倒车次数,减轻了作业人员的劳动强度;同时大大降低了管理难度和运输事故率。

1.4.8 安装简单

采用灵活的固定结构,拆装方便;尾轮固定简单,可方便快捷地移动,实现运距变化。

2　无极绳牵引绞车在十二矿的应用

十二矿现有己七一期、己七二期、三水平采区，矿井采掘布置几乎全部安排在己七和三水平两个采区，正常掘进工作面9～10个，综采工作面3个，使用的调度绞车井下约50台。受煤层分布和走向的影响，井下辅助运输巷道大多距离长、倾角大、变坡多、拐弯多，采用调度绞车每逢遇到拐弯，大坡度，变坡都需安装对拉绞车，安装设备多，投入运输人员多，造成设备、人员浪费较大，并且调度绞车不易操作，绞车司机稍微操作不当，即可造成重大运输事故。为了提高运输效率、减少运输环节、节约人员、减轻职工劳动强度、减少运输事故的发生，在采掘风巷安装使用无极绳绞车运输物料。

随着十二矿开采深度和长度的不断延伸，职工到达工作地点徒步行走距离也在不断延长，尤其是在采掘一线工作的职工，在采面进、回风巷内行走距离较长，消耗了大量体力，造成职工容易出现接班后需要较长时间恢复体力的现象，浪费了大量的工时，下班时，为了赶时间而匆匆收工影响工作质量，留下安全隐患，出现安全事故。为体现“以人为本”的经营理念，减少职工上下班期间的体力消耗，避免安全事故的发生，十二矿在己$_{15}$-17062采面回风巷安装无极绳绞车后加装人车系统，减少了工人的劳动体力消耗，提高了工人的工作效率。

2.1　十二矿安装无极绳绞车的适用标准

2.1.1　系统要求

(1) 使用矿用24 kg普通轨道，满足运送大型设备的要求。

(2) 整体轨道顺直，同时避免阴阳轨道出现，轨枕间距为500 mm，轨距为600 mm。

(3) 坡度平缓过大时，垂直曲线半径大于15 m。

(4) 水平拐弯处的曲线半径不小于9 m，且弯道处没有道岔。

(5) 在巷道转弯处加装防掉道护轨装置。

(6) 巷道断面和坡度符合牵引车安装位置，巷道（硐室）宽度为4～6 m。

(7) 根据巷道的长度、坡度、载重对无极绳牵引人车装置电机、钢丝绳、电控等进行测算、选型。

2.1.2　以己$_{15}$-17062采面安装无极绳绞车、人车为例

己$_{15}$-17062采面回风巷运输长度为2 000 m，采用U钢支护，巷道多变坡，最大坡度为17°，坡长为600 m，17°下部是一处90°左转弯，单趟运输总重（支架重＋平板车自重＋梭车自重）共15 t，平板车牵引高度为300 mm。

2.2　选型计算

2.2.1　牵引车选型计算

(1) 根据实际工况条件及运行要求计算运送支架时的行车阻力。

$$F=(G+G_0)(0.02\cos\beta_{\max}+\sin\beta_{\max})g+2\mu q_R gL$$

式中　G——梭车自身质量，t；

G_0——运输最大质量，t；

$\beta_{\max}$——运行线路最大坡度，(°)；

μ——钢丝绳摩擦阻力系数，0.25；

q_R——单位长度钢丝绳质量，kg/m；

L——运输距离，m；

g——重力加速度，m/s^2。

$$F=(G+G_0)(0.02\cos\beta_{max}+\sin\beta_{max})g+2\mu q_R gL$$
$$=15\times1\ 000\times9.8\times(0.02\cos15^\circ+\sin15^\circ)+2\times0.25\times2.82\times9.8\times2\ 000$$
$$\approx70\ kN \qquad (1)$$

由式(1)所得无极绳绞车需提供不小于 70 kN 的牵引力，同时要考虑到电机留有适当的功率富余。十二矿选择 JWB-132BJ 型无极绳绞车，绞车参数见表 1。

表 1　　绞车参数

最大牵引力/kN	慢速 120、快速 70
电动机功率/kW	132
绳度/(m/s)	慢速 0.56、快速 1.4
变速方式	齿轮变速式
滚筒直径/mm	1 040
滚筒	单滚筒抛物线式
滚筒保护	安装过速、打滑、紧急制动等保护
张紧方式	机械重锤五轮张紧
制动方式	双制动、液压制动、手动制动
梭车	可移动，可紧急手动液压抱轨
钢丝绳/mm	6×19sϕ24-28

2.2.2　钢丝绳强度验算

(1) 钢丝绳张力计算：

$$F=S_4-S_1=\frac{S_1(l\mu\alpha-1)}{n}$$

式中　n——摩擦力备用系数，取 $n=1.1\sim1.2$；

μ——钢丝绳与驱动轮间的摩擦因数，取 $\mu=0.14$；

α——钢丝绳在驱动轮上的总围抱角 $\alpha=7\pi$。

$$S_1\approx4\ kN$$
$$S_4\approx74\ kN$$

(2) 绞车电机功率验算：

$$N=\frac{FV}{\eta}=70\times0.56/0.8=49\ kW$$

式中　F——绞车牵引力，$F=70$ kN；

V——梭车慢速速度，$V=0.56$ m/s；

η——绞车传动效率，取 $\eta=0.8$。

考虑到功率备用系数 K，选择 132 kW 电机功率富余量满足使用要求。

(3) 钢丝绳强度验算：

$$n=\frac{Q_z}{S_{max}}=(432\times1.214)/74$$

式中　n——钢丝绳安全系数；

Q_z——按照 ϕ28 mm 钢丝绳最小破断拉力总和(见表 2)；

S_{max}——钢丝绳最大张力，$S_{max}=S_4$。

表 2　部分钢丝绳技术参数

公称直径/mm	近似质量(纤维芯)/(kg/m)	公称抗拉强度/MPa	
		1 670	1 770
		最小破断拉力(纤维芯)/kN	
24	2.07	317	336
26	2.43	372	394
28	2.82	432	457

(4) 钢丝绳许用安全系数

运物时：$[n]=5-0.001\ L_E=5-0.01\times 2\ 000=3$

运人时：$[n]=6.5-0.001\ L_E=6.5-0.01\times 2\ 000=4.5$

式中　L_E——是牵引车至尾轮的钢丝绳长度，取 $L_E=2\ 000$ m。

根据《煤矿安全规程》规定，无极绳绞车运物时钢丝绳安全系数最低值不得小于 3.5，运人时钢丝绳需用安全系数最低值不得小于 4.5，因此绞车运人一定会满足运物要求，两者比较取大值，$n>4.5$，因此 ϕ28 mm 钢丝绳满足运人、运物的《煤矿安全规程》要求。

2.2.3　运输能力计算

绞车由机头到尾轮总长 2 000 m，绞车慢速为 0.56 m/s，快速为 1.4 m/s。如进重车为慢速，一趟约需 60(＝2 000/0.56/60) min；出空车为快速，一趟约需 24(＝2 000/1.4/60) min，摘挂钩头按 20 min 计算，每班工作为 7 h，每班可运送物料 4 趟。

2.2.4　绞车运送人员最大运输量

受人车长度和弯道曲线半径限制，每趟最多可挂 2 节车厢，最多可乘坐 42 人。

2.2.5　安全防护

(1) 绞车过速保护。若绞车运行速度超过 1.15 倍额度速度时，系统会自动停止运行，并在显示箱上显示出“过速报警”的提示。

(2) 打滑保护。当绞车运行速度小于 0.85 倍额度速度时，系统会自动停止运行，并在显示箱上显示出“打滑报警”的提示。

(3) 全线突发事件紧急停车功能。在车辆行驶过程中，若出现掉道、跑车、断绳等突发紧急情况，跟车工可以立即扳动车厢内的紧急停车扳手，梭车上的压力闸立刻泄压，使卡轨器抱死轨道，梭车停止运行，保证安全运输。

(4) 紧急停车功能。当发生紧急制动时，主电机、油泵电机、电磁换向闸停止工作。

(5) 采用变频电控，实现无极绳牵引绞车的平稳启动，避免了因普通电控突然起车可能产生的弊端。

(6) 钢丝绳的接头编结长度为钢丝绳直径的 1 000 倍，安全系数不小于 6，编接后的接头一般为不变径接头，接头后的绳径不大于原直径的 10%。

(7) 所有安全防护与安全设施，安全管理是按照《煤矿安全规程》斜巷人车标准管理制度进行。

3 无极绳牵引绞车的应用对十二矿产生的效益

3.1 安全效益

无极绳牵引绞车采用机械传动方式，结构紧凑，便于维护，大大提高了工人可操作性和设备可靠性。适用性强，用途广，牵引车既可以使用在顺槽，又可使用在采区上(下)坡，还可布置在集中轨道巷，又能为掘进后配套服务，可进行区段内直达运输，无须转载，减少人力倒车次数。运行安全可靠、人员上下方便、一次性投入低、动力消耗小、工作人员少、运输效率高，减轻了劳动强度，提高了工作效率，同时大大降低了管理难度，最终的一切是保证了安全生产。至今为止十二矿没有出现一起因无极绳绞车运输产生的安全事故。

3.2 社会效益

十二矿年产量为 150 万 t 左右，掘进运输巷道以及回采运输巷道达到十几条，采面回风巷外围运输系统较长，均在 1 500～2 000 m 左右，自 2009 年开始在采面回风巷使用无机绳绞车后，先后在 12 个采面得到了应用。解决了井下辅助运输巷道距离长、倾角大、变坡多、转弯多、运送大吨位的技术难题。特别是增加无极绳牵引绞车人车系统后，彻底解决了职工上下班期间在巷道内行走距离长的问题，大大减少了职工的体能消耗，是一项得到广大职工好评的惠民工程，是十二矿辅助运输系统的一次突破，同时也为集团公司其他单位相同条件下安装提供了宝贵的经验。

3.3 经济效益

以己$_{15}$-17062 采面为例：采面回风巷全长 2 000 m，变坡多，坡度较大，系统复杂，按照常规需安装调度绞车 16 台，使用无极绳绞车后可减少 12 台调度绞车和配套电缆、小线、电气设备的投入，每班可节俭出勤人员 15 人，就能从片盘直接运输到采面切眼。巷道布置可减少 3 个中转车场、10 套斜巷挡车器、12 个绞车硐室。

可节约资金：

(1) 人员。每班减少 10 人，每人每天的工资为 150 元，每天三班，可节约资金：

$$10 \times 3 \times 150 = 4\ 500(\text{元})$$

安装时间为 4 个月，可为矿节约资金：

$$30 \times 4 \times 4\ 500 = 540\ 000(\text{元})$$

(2) 电费。减少 12 台绞车，平均电机功率 55 kW，每天平均运转 10 h，可节约电量 6 600(＝55×12×10)kW；无机绳绞车电机功率 132 kW，每班运转 7 h，三班共计 2 772(＝132×7×3) kW；每天可节约电量为 3 828(＝6 600－2 770) kW。安装时间为 4 个月，可节约电量为 459 360(＝30×4×3 828) kW。

可节约电费为：

$$459\ 360 \times 0.65 = 298\ 584(\text{元})$$

(3) 租赁费。每台绞车平均租赁费为 3 200 元，则租赁费总额为：

$$3\ 200 \times 12 = 38\ 400(\text{元})$$

(4) 3 个中转车场，每个 80 000 元，共 80 000×3＝240 000(元)；

10 套斜巷挡车器，每套 2 000 元，共 2 000×10＝20 000(元)；

12 个绞车硐室，每个 20 000 元，共 20 000×12＝240 000(元)；

配套电缆、小线、电气设备共计 50 000 元。

可为矿节约资金共计：

$$540\ 000+298\ 584+240\ 000+20\ 000+240\ 000=1\ 338\ 584(元)$$

所产生的经济效益，以己$_{15}$-17062 采面为例每个采面平均节约资金 120 万左右，累计节约资金共计：

$$120\times 12=1\ 440(万元)$$

4 结论

无极绳牵引绞车适用于井下辅助运输巷道距离长、倾角大、变坡多、转弯多、运送大吨位的特点，它结构紧凑，操作简单，运输环节少，节约人力、物力以及维修工作量。通过使用无极绳绞车，大大提高了矿井的运输能力，提高了运输效率，为企业创造了更多的效益，保证了安全和生产，是当前煤矿高效辅助运输设备之一。

下沟矿副井提升机电控系统改造

焦　勇，程建虎，任　鑫，贾树盈

（陕西华彬煤业股份有限公司，陕西 咸阳　713500）

摘　要　矿井提升机是矿山生产至关重要的大型设备，对矿山生产及安全起着非常重要的作用，有着重要的经济意义，因此它的电气传动及控制装置一直是各国电气传动界一个重要研究领域。

本次电控系统改造计划采用ABB公司ACS800四象限变频器。控制系统采用西门子现场总线控制，双PLC冗余，远程I/O，配备WINCC人机界面对系统运行状态进行实时监控，全数字智能型监控器取代机械监控器，对提升机进行全程行程位置速度监控。

关键词　电控系统；变频器；PLC；实时监控

0　前言

下沟矿副斜井年工作日为330 d，日提升10 h，井筒斜长为761.52 m，坡度为25°，井筒断面面积为7.29 m^2，井下井上均为平车厂，双钩提升。副斜井负担全矿矸石、小型设备、材料等的运输提升任务，已安装运行一台2JK-2.5/20A型双滚筒单绳缠绕式提升机，滚筒直径为2.5 m，宽度为1.2 m，提升速度为3.85 m/s；天轮型号为TXG-2000/15.5，直径为2 m，配JR1410-10型绕线式异步电机，功率为250 kW，电压为660 V，转速为588 r/min；一次可提升3辆1 t、600轨距的矿车或9 t大件设备。

1　总体设计方案

整个电控系统分为4部分：全数字调速系统、网络化操控部分（含双线程保护部分）、网络化监控系统、信号系统。

全数字调速系统采用ABB公司ACS800系列的全数字交直交DTC控制变频器。柜体式安装的ACS800配置有源供电单元，适用于能源可再生的传动场合。ACS800包含了广泛的功率范围，丰富的标准配置能适应任何应用。网络化操控系统采用西门子S7-300（主控、从控）双PLC控制，实现提升工艺控制及双线程位置速度保护。上位监控系统采用台湾研华原装工控机配大屏幕彩色液晶显示器、激光打印机。信号系统采用西门子远程I/O站模式，和主控PLC共同编程，联锁联动。全数字调速系统、网络化操控部分、网络化监控系统和信号系统采用PROFIBUS组成现场总线，同时预留和全矿自动化网络联网的工业以太网接口，配备WINCC人机界面对系统运行状态进行实时监控；对提升机进行全程行程位置速度监控，同时具备远程故障诊断功能。

2　电气传动系统设计与选型

电气传动系统采用ABB公司ACS800系列的全数字交直交DTC控制变频器，该变频器配置有源供电单元，适用于能源可再生的传动场合。其主要特点为：

(1) 完整的能量再生传动。ACS800配置了能源可再生供电单元的柜体式传动单元。

(2) 节能。相对于其他制动方法(如机械制动和电阻制动)，ACS800更加节能，能量可再生，传动具有更加明显的节能优势——能量直接反馈回电网，而不会发热消耗掉。

(3) 高性能ACS800在电动模式和发电模式之间的转换是非常快的，这基于DTC技术的快速控制性能。能源可再生单元可提升输出电压，这就意味着即使输入电压低于额定值，仍然可以输出满幅额定电压。基于DTC控制的能源可再生单元，还可以补偿电网电压瞬间的波动，因此即使供电电压跌落，设备也不会损坏或保险也不会熔断。

3　网络化操控和监控系统的设计与选型

提升机电气设备和机械设备比较复杂，且对运行的可靠性要求高，因此故障检测、故障处理及保护回路较为复杂。本系统采用1套西门子S7-300系列PLC形成主控PLC，另1套S7-300系列PLC作为从属保护，利用现场总线形成主从控制模式。系统在各个PLC分站上均采用总线连接方式，以减少设备间的信号连线，减少故障点，提高系统可靠性和安全性。现场总线控制系统、操作台远程I/O、上位工控机构成提升系统的网络控制系统。上位监控系统通过通信卡与主控PLC相连接，主控PLC通过总线与控制保护PLC、水平操作台远程I/O信号设备连接，组成现场总线控制系统。双PLC冗余控制和现场总线技术的应用，使控制系统简化，维护方便，控制精度、安全可靠性提高，是现代矿井提升电控系统的主要发展方向。

双PLC系统控制设计，可实现过卷、反转、松绳、下坠、错向、闸损、过速和过载等保护功能的双重化，主控PLC和监控PLC单独完成矿车位置监视。两台PLC均能处理钢丝绳打滑、衬垫磨损监视、定点速度监视、同步开关监视、闸瓦磨损监视等。

控制和监控系统采用两套PLC和继电器来完成提升工艺的控制及监控。上位机、主控PLC、操作保护PLC、主传动设备、信号系统，通过现场总线构成现场网络，系统稳定可靠，同时为地面生产调度系统或全矿集中控制系统联网通信提供了必要的接口，以便于矿山生产自动化程度的进一步提高。

3.1　主控PLC设计及主要配置

采用西门子S7-300作为主控PLC。其配置如下：

(1) 电源模板PS307：电源模板通过底板总线向S7-300提供5 V和24 V直流电源。

(2) CPU模板315-2DP：CPU模板315-2DP是高性能处理器，384 kB RAM，负载存贮器内装256 kB RAM，可扩充到最大64 MB，两个PROFIBUS-DP接口作为主站和PROFIBUS分布式总线系统连接。

(3) 计数模块FM350-1：FM350-1是单纯计数任务的单通道计数模块，直接连接增量编码器；达到比较值时，集成的数字输出端输出响应。通过计数值的比较可以准确得知提升容器的提升速度和深度位置。

(4) 数字输入量模板 SM321:数字量输入模板将外部传送来的数字信号电平转换成内部S7-400信号电平,这种模块适应于接近开关和2线BERO接近开关。

(5) 数字量输出模板 SM322:数字输出量模板将 S7-300 内部的信号电平转换所需要的外部信号电平;这种模板适应于电磁阀、接触器、小型电动机、灯和电动机启动器等设备的连接。

(6) 模拟量输入模板 SM331:模拟量输入模板从外部的过程模拟信号转换成 S7-300 内部处理用数字信号。

(7) 模拟量输出模板 SM322:将 S7-300 的数字信号转换成控制需要的模拟量信号输出,用于连接模拟调节量、执行机构。

PLC 具有不少于 10%个备用数字量输入、输出口,10%个备用模拟量输入、输出口。主要实现功能:S7-300 为主站,完成整个电控系统的信号处理、数据计算、通信控制、系统管理、系统保护等,实现提升系统的各种工艺运行方式。主控系统对过速、过卷等实行多重保护,完成系统故障分层次保护。

3.2 控制保护 PLC 设计

主要配置:控制保护 PLC 选用 S7-300 系列,作为主控制 PLC 的从站。

主要功能:从 PLC 根据外部冗余输入的有关数字开关量、模拟输入量、光电编码脉冲等信号进行逻辑运算,同时监控提升机的启动、运行、停车等整个提升过程的运行状态及保护状态,以实现两台 PLC 相互冗余控制及冗余保护,提高系统的安全性、可靠性,并减少事故的发生。通过对从属保护 PLC 的合理配置,减少 PLC、CPU 的运算速度,加快系统响应时间,同时在从属保护 PLC 中,也提供提升机数字监控器软件,实现对提升机的控制和监视,与主控 PLC 形成冗余控制、保护模式,实现了《煤矿安全规程》的双线制保护要求,提高了系统的安全性、可靠性,降低事故发生的可能性。

3.3 安全回路设计

安全回路的作用是当提升机系统出现异常情况时能够停止提升机运行,并避免重新启动,以防止事故进一步恶化。

安全回路中(安全回路、电气停车回路、闭锁回路)集成了所有的危及人或物安全的故障信号。主要包括高低压电源断电、直流快开跳闸、主回路过电压或接地、电枢过电流、励磁回路失电源、过电流、磁场失磁、传动系统故障、监控器失效保护、提升容器过卷、等速段过速、减速段过速、接近井口速度超过 2 m/s 保护、反转保护、钢丝绳松动、急停保护、制动油过压保护、编码器失效保护等严重故障。当有此类故障发生时,信号触发了安全回路,则可以导致:机械安全制动、电气停车,或禁止提升机的下一个提升周期。

安全电路除了由双 PLC 软件形成软安全回路外,还有继电器接点串联构成硬件安全回路,直接作用于紧急停车、软硬冗余的多条安全电路使得提升系统的安全性、可靠性大大提高。

安全回路中对影响提升机运行的关键信号(如速度、容器位置、安全、减速、过卷)均采用多重保护,互为监视。轻重故障具有声光报警或预报警。

主要安全回路分类如下:

(1) 闭锁回路。故障发生后,仍允许提升机继续完成本次提升。但在本周期完成之后,提升机将被闭锁,不能启动,直至故障被复位,如制动油油温超限、电机温度超限、主电机通风故障、变压器超温、润滑油欠压保护等轻故障。

(2) 电气停车回路。故障发生后,系统立即实行电气停车。之后提升机将不能启动,直至故障被复位,如轴承超温、制动油压不足等。

(3) 紧急制动回路。故障发生后,提升机立即抱闸,实施机械制动,提升机将不能再启动,直至故障被复位,如过卷、急停按钮按下等重要故障。

3.4 数字监控器

把提升机当作一个位置监控系统,提升机电控装置要求设备有比较可靠的位置,传统的位置检测是机械式行程监控器,同时安装井筒位置开关检测提升容器的实际位置,准确地检测出提升机容器在井筒中的位置,如减速点、停车点、过卷点,与相对应的位置,必须控制提升机可靠地减速、停车。

传统的检测方式精度很低,并且井筒开关容易损坏且更换不方便,严重影响生产及人身、设备安全。

随着数字技术的发展、PLC的升级及普遍应用,利用可编程控制器系统实现数字监控器的概念被提出,且作为提升机安全运行的后备保护势在必行,本系统开发的数字化后备软件包主要特点是:① 提供提升机全行程保护,即速度监控和位置全程监控;② 双速度包络线,即可提供1条115%和1条110%速度包络线。

由于采取了智能控制,提升机只要按实际情况运行一个行程后,软件包即可自动记录下提升机有关的重要运行参数,并保存在数据库中。以后提升机每次运行时,数字软件包自动根据数据库中的有关数据进行判断、推理,并根据提升机的规程规范和提升机所在实际位置相应选取适当的误差范围,作为保护动作的依据,从而既保障了安全性,也防止了各种由于干扰而产生的误动作。同时软件包设计过程中应用先进的算法,简化了程序,提高了运算速度。

数字行程监控系统是在监测提升机容器在井筒中准确位置的基础上,自动跟踪生成提升包络线,主要完成松绳、过卷和超速等判断,实现提升全过程的位置、速度监控。

主轴传动装置上的轴编码器信号进入主控PLC,导向轮传动装置上的轴编码器信号进入辅控PLC,作为两路完全独立的数字行程监控器的位置信号,通过网络通信,两路数字监控器相互比较、冗余控制,实现速度的包络线保护和钢丝绳松动、位置闭环控制,确保数字监控器的准确、可靠、安全。

数字监控器的位置信号参与系统的位置闭环控制,并在操作台及上位计算机上进行深度及速度显示。

本电控系统提供两套数字式行程控制器,正常情况下他们互相监视,故障情况下互为备用。重要的行程位置(如过卷位置)除采用行程开关实现外,还在PLC程序中设置一套软行程控制。

3.5 操作方式设计

3.5.1 正常操作方式

在本系统中,司机的操作方式主要在操作台完成,井口信号台也可以执行司机操作。司机在操作台可选择以下方式中任何一种方式操作,并且无论何种操作方式均可通过急停按钮实施紧急停车。

(1) 半自动:运行方式开关打到半自动方式,司机根据各水平信号系统指令信息按钮开车,系统按设定好的速度曲线加速、运行、减速和准确停车。

(2) 手动:司机根据信号系统情况,通过速度给定器件控制提升机在额定速度以下以任意速度运行，自动减速、自动准确停车，同时要受到行程控制器的限制。

（3）检修：由操作人员根据信号手动操作，速度在 0～1 m/s 间可调。

（4）慢动：由井口操作人员根据信号手动操作，速度可以低于 0.5 m/s。

3.5.2 水平选择

控制系统根据提升容器与去向之间的距离及种类，在各种运行方式下自动选取最佳的运行速度，获得水平间的最短运行时间，提高系统的运行效率。在水平运行时，提升机自动加速、自动减速、自动停车。

3.5.3 应急操作方式

在 PLC 出现故障情况下，提升机能在简单的继电器控制回路条件下实现低速应急开车，速度小于 2 m/s，并且具有《煤矿安全规程》规定的主要保护。

3.6 司机操作台

司机操作台由信号灯及操作方式选择的转换开关、过卷旁路开关、操作按钮、指示仪表等构成。数字式深度指示器由 PLC 系统控制，实时显示箕斗的标高位置，精度为 1 cm，同时设置 2 个光柱，用以显示箕斗的位置，使得箕斗位置的显示清楚、明了。指示灯直观显示提升机的运行状态，使司机的操作一目了然。

司机操作台配置的 PLC、直接采集控制信号和主控 PLC 形成冗余控制，保证控制执行正确；同时通过 2 套 PLC 共同进行提升机运行数据采样，可以形成对保护功能的冗余，在个别地方可以形成多重保护，从而达到《煤矿安全规程》规定的双线制保护要求，对提升机的保护更加安全可靠。

重要的操作信号和组成的报警信号在操作台上的信号板均显示出来，保证在没有上位机的情况下仍然可以正常操作。

司机操作台显示部分的主要功能如下：

（1）通过 PROFIBUS-DP 网络，减少操作台和其他柜体之间的连接线，提高信号采集的抗干扰性、动作状态的准确性；

（2）用数码管实现对提升容器位置的精确显示；

（3）集成二极管模拟指示提升容器的大概位置，进行粗显示；

（4）采用模块集成信号灯（发光体为 LED）作为指示提升系统的状态及故障指示灯；重要报警信号还有声音对运行状态或故障状态进行声音报警；

（5）设置指针式电枢电流表、励磁电流表、闸压力表、速度表等，及时反映提升系统的运行状态，显示直观、可靠；司机操作台用于设置速度给定控制、闸给定控制、数字式深度指示器。

3.7 制动液压站控制系统

控制系统设置两套闸控环节（软件与硬件冗余），即外部继电器回路和内部 PLC 同时控制制动闸液压站，包括安全制动和工作制动。其中工作闸可实现 PLC 自动施闸和司机用闸手柄手动施闸。液压制动系统接受来自本提升机电气控制系统的信号，并给电控系统发回相应的动作信号。提升机电气控制系统与液压制动系统协调一致，正确处理来自液压制动系统的信号，对其进行控制和监视。

制动液压站控制系统主要实现如下功能：

（1）制动松闸/施闸；

（2）油压值的调整，实现井筒恒减速或二级制动（依液压站性能）以及井筒终端一级制动；

(3) 液压站各电磁阀的工作状况检测。

制动系统工作状况在上位监控计算机的画面上有详细的显示。

3.8 上位监控系统

配置:P4 系类,主频 3.0 G,硬盘 200 G,10/100/1000 M 自适应网卡;显示器:21 寸 LCD;打印机:A4 惠普打印机;上位机选用名牌工控机和彩色终端,与主控 PLC 连接,实行人机通信。

工控机和彩色终端及打印机组成上位机监控系统,该系统和 PLC 及直流调速装置组网,实现人机通信。上位监控系统具有远程联网能力,预留矿级局域网采集提升机生产数据的接口,方便矿井实现信息化管理而无须添加多余设备。提升机的各种信息可存储在专家服务系统中,以方便对设备进行远程诊断,加强设备运行情况的监视,防患于未然。

上位机监控平台选用西门子 WINCC 监控软件,功能模块化,结构线性化,注释完整、齐全,并附有辅助图表说明。

上位监控画面显示包括电气控制系统全貌及介绍、主要电气回路状态图提升系统动态画面、提升容器位置动态显示、速度及其保护包络线曲线、电流曲线、液压系统图、安全回路监视图、闸瓦磨损、弹簧疲劳指示、当前故障报警、历史故障回忆、生产报表。

上位监控软件能对系统的重要参数及运行状态进行实时检测,并随时将数据保留至少 10 天以上。上位监控软件具有故障诊断功能,能显示和打印故障发生位置和时间、故障解除时间。上位监控、管理软件能实现提升机动态模拟仿真演示,同时具有与 PLC 通信及企业网联网的功能。对各种重要技术参数和系统故障均分类存储,并保存一个星期以上的数据,供维护人员查询。

故障判断和故障预警系统为维护人员提供系统故障出现的位置、原因,及相应的处理方案。上位机监控软件通过专用的通信协议,实时采集到足够多的提升机运行状态信号,如电机电流,电机电压等重要数据,通过对这些数据的综合性比对,利用多年来积累的现场经验进行故障预警和判断,部分重要故障发生前系统提前进行故障可能性预警;在发生故障后,通过对系统故障数据的对比,提供给维护人员故障判断的结论,同时提供给维护人员故障出现的位置、原因,以及相应的处理方案。

3.9 第一故障判断和系统故障预警分析系统

上位机监控软件通过专用的网络通信协议,实时采集到足够多的提升机的运行状态信号、电机电流、电机电压等重要参数,通过对这些参数的综合性比对,采用多年积累的现场经验,开发出第一故障判断软件和智能矿井提升机专家系统故障分析软件。

该软件对提升机运行状态监视的同时,对提升机系统的重要参数进行实时比对;在发生故障后,再通过对系统故障优先级的确定提供给维护人员准确的第一手故障判断资料,同时,提供给维护人员系统故障出现的位置、原因,以及相应的处理方案。

4 传感器配置

4.1 速度和位置传感器配置

速度和位置传感器采用德国进口高精度轴编码器,进行速度反馈和位置测量。整个系统共安装 3 只轴编码器,其中主轴 2 只,进行两套 PLC 位置测量并相互检测,方便对提升机进行全程的速度、位置检测和保护。高速轴安装 1 只,进行速度反馈。所提供编码器均为进口产品,特别适用于重工业和环境恶劣的场合。

4.2 井筒开关传感器配置

安装在井筒内的上、下过卷开关是结构简单、动作可靠的无工作电源的开关，该开关不带自复位功能。

所有井筒开关具有“MA”标志，满足防爆要求。KXT7矿用多功能提升信号装置采用PLC控制，主信号、备用信号相互独立。备用信号满足应急开车条件。

信号系统组合在现场总线中，每个水平的信号是一个远程分站，水平信号工的操作信号经由总线和主控PLC交换信息，井口PLC系统和现场总线联网，这既避免了信号误传率，提高了可靠性，又省去了数量较大的下井信号电缆，减少投资，降低维护量。

各水平操作台具有慢上慢下操作功能，由信号工选择操作。

信号系统与提升机主控系统的安全闭锁关系如下：

(1) 井底与井口闭锁功能：井底不发信号，井口不发信号。

(2) 井口与车房闭锁功能：井口不发信号，车房收不到信号。

(3) 水平之间闭锁功能：一个水平发出信号后，其他水平不能发出。

(4) 信号指令之间闭锁功能：某一信号指令发出后，其他信号指令不能发出，急停信号、停止信号除外。

(5) 信号与开车回路的闭锁功能：信号不发到车房，绞车不能启动。

(6) 急停信号和绞车安全回路闭锁功能：按下急停按钮，断开绞车安全回路。

(7) 水平安全设施与信号的闭锁功能：跑车防护装置等井口安全设施不到位，信号不能发出。

绞车房信号采用矿用一般型，输出信号为矿用本质安全型，井底信号控制柜及井口信号控制柜采用隔爆兼本质安全型。

5 液压制动系统

为电控系统配置一套先进的低压液压站，更换原有液压站，其主要作用：① 为盘形制动器提供不同油压值的压力油，以获得不同的制动力矩；② 事故状态下，可以使制动器的油压迅速降到预先调定的某一值，经过延时后，制动器的全部油压迅速回到零，使制动器达到全制动状态；③ 液压站可以供给控制单绳双筒矿井提升机调绳装置所需要的压力油。

6 润滑系统

本方案为润滑站更换两套油泵，泵电机参数为380 V、2.2 kW，正常运行时润滑站压力为0.35 MPa，润滑泵进出口管径均为18 mm。

改造后设备运行情况：经过本次系统改造，机电控制微型化，提高了继电保护动作可靠性；故障由上位机及时监控显示，便于维护及故障查询；同时提高了维护人员、操作司机的业务水平，能够更加熟练地掌握设备性能结构、工作原理；保证了提升机运行安全，设备运行正常，能完成全矿斜井的运输任务，实现煤矿生产运输自动化。

下沟煤矿副斜井提升机电控及液压系统改造及应用

杨四军

（陕西华彬煤业股份有限公司，陕西 咸阳　713500）

摘　要　随着煤炭行业的快速发展，煤矿提升设备也在不断地更新换代，在不少老矿上应用的提升机因使用时间久，设备比较落后，特别是电气控制系统，大都采用串电阻式调速模式，能耗大，故障率高，与现行的煤矿机械化、智能化的发展趋势不适应。为了节省成本，增强矿井提升运输的安全可靠性，本文对煤矿在用的副斜井提升机电控系统进行了改造升级。改造后的系统操控更加方便、节能效果明显，安全性能也有了很大提高。

关键词　煤矿；提升机；电控；改造

0　前言

下沟煤矿自 1997 年建矿投产，副斜井承担着全矿井下的矸石、小型设备、人员以及辅助材料的运输工作，井口已安装运行一台由洛阳煤矿机械厂生产的 2JK-2.5/20A 型双滚筒单绳缠绕式提升机，滚筒直径为 2.5 m，宽度为 1.2 m，最大静张力为 90 kN，最大静张力差为 55 kN，减速比为 20，提升速度为 3.85 m/s；天轮型号为 TXG-2000/15.5，直径为 2 m；配 JR1410-10 型绕线式异步电动机，功率为 200 kW，电压为 6 000 V，转速为 588 r/min；提升钢丝绳型号为 6X(19)-28.5-140-特-光-右交 GB1102-74，直径为 28.5 mm，单位质量为 3.048 kg/m，公称抗拉强度为 1 373 MPa，钢丝破断拉力总和为 450 kN。双钩串车提升，一次可提升 3 辆 1 t、600 轨距的矿车或 9 t 大件设备。

2JK-2.5/20A 型提升机采用的电控方式是比较落后的串电阻式调速方式，由于设备使用时间久，故障频繁发生，特别是电控部分经常出现卡壳现象。而电气室内由于串电阻设备庞大，发热量大，在夏天发热更为明显，导致电气室内温度过高，严重影响了其他配电设备的运行环境。

1　改造方案

根据现场设备的使用情况，目前存在问题最多的是电控部分，其他机械部分的部件磨损和老化并不严重，而电控的控制方式随着技术的发展和设备的更新换代，串电阻式调速方式已基本被淘汰，目前市场上很少使用。改造方案中提出可以采用比较先进的变频调速控制电控方式，更换原有电机和电控装置，保留原设备的机械部分，对副井提升机进行改造；不但能解决提升机电控经常出现故障的问题，还避免了更换整机增加的成本，而变频调速方式又具备良好的节能效果。

2 设备技术选型

2.1 电机的选型

由于原提升机机械部分继续使用，故本次电机选择依据主要配套原提升机的各项参数。本次电控系统改造后的控制方式由串串电阻式改造为变频式，结合矿井提升机现有电源现状，选中煤矿供电电压等级 660 V 为电机电压等级，考虑到变频控制的增加的电机功率富裕系数，确定电机功率为 250 kW 较为合适。具体参数如下：

型号：YPT400L2-10 型低压变频调速异步电动机；

额定功率：250 kW；

额定电压：660 V；

同步转速：600 r/min；

变频范围：3～100 Hz；

防护等级：IP54；

工作制度：提升机负载，频繁正反转，负载—转速非周期性变化(S9)；

过载能力：≥1.9 倍(时间≥60 s)；

环境温度：0～40 ℃；

冷却方式：电动机自带强迫通风冷却；

绝缘等级：F 级，B 级温升考核；

其他：电机非传动轴应预留安装编码器的位置。

2.2 变频调速装系统选型

目前工业使用较为成熟的变频调速系统，结合矿井提升机配套电机的选择，使用交直交型变频调速较为合适，作为煤矿提升设备其必须具备提升重物、下发重物、空载运行等各种运行模式，故变频调速需具备四象限工作模式，并且具备较好的节能效果。本方案调速系统选择 ABB 公司 ACS800 系列的全数字交直交 DTC 控制变频器。柜体式安装的 ACS800 配置有源供电单元，适用于能源可再生的传动场合。具体参数如下：

型号：ACS800；

额定电压：AC 690 V；

额定电流：382 A；

额定功率：355 kW；

额定电流(重载应用)：286 A；

额定功率(重载应用)：270 kW。

2.3 网络化操作和监控系统设计与选型

提升机电气设备和机械设备比较复杂，且对运行的可靠性要求高，因此故障检测、故障处理及保护回路比较复杂。本系统采用 1 套西门子 S7-300 系列 PLC 形成主控 PLC，另 1 套西门子 S7-300系列 PLC 作为从属保护，利用 PROFIBUS 总线形成主从控制模式。

本系统在各个 PLC 分站上均采用 PROFFIBUS 总线连接方式，以减少系统设备之间的信号连线，减少故障点，提高系统可靠性和安全性。本套提升机电控系统采用现场总线控制系统，使用两套可编程控制器、操作台远程 I/O、上位工控机通过现场总线构成整个提升系统的网络控制系统。现场总线网络拓扑结构如图 1 所示。

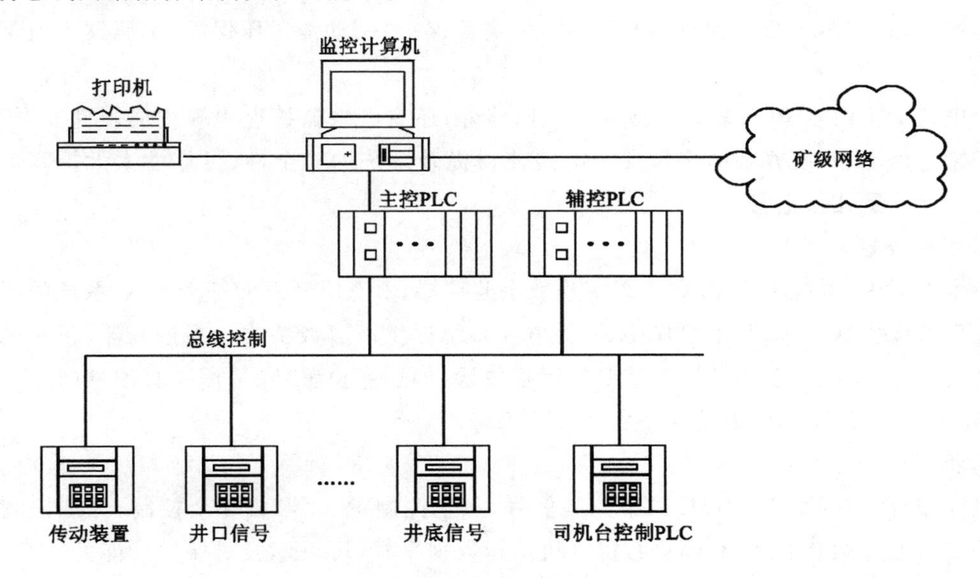

图 1　总线网络拓扑结构图

上位监控系统通过通信卡与主控 PLC 相连接,主控 PLC 通过总线与辅控 PLC、水平操作台远程 I/O 信号设备连接,组成现场总线控制系统。

双 PLC 系统控制设计,能实现过卷、反转、松绳、下坠、错向、闸损、过速和过载等保护功能的双重化,主控 PLC 和辅控 PLC 单独完成罐位监视。两台 PLC 均能处理钢丝绳打滑、衬垫磨损监视和定点速度监视,同步开关监视、闸瓦磨损监视。

控制和监控系统采用两套 PLC 和继电器来完成提升工艺的控制及监控。上位机、主控 PLC、辅控 PLC、主传动设备、信号系统,通过现场总线构成现场网络。

2.3.1　主控 PLC

主要配置:采用西门子 S7-300 系列 PLC 作为主控制 PLC。其主要功能为:S7-300 为主站,完成整个电控系统的信号处理、数据计算、通信控制、系统管理、系统操作、系统保护等,实现提升系统的各种工艺运行方式。主控系统对过速、过卷等实行多重保护,完成系统故障分层次保护。

2.3.2　辅控 PLC

辅控 PLC 选用西门子 S7-300 系列,作为主控制 PLC 的从站。其主要功能为:辅控 PLC 根据外部冗余输入的有关数字开关量、输入模拟量、光电编码器脉冲等信号进行逻辑运算,同时监控提升机的启动、运行、停车等整个提升过程的运行状态及保护状态,以使两台 PLC 实现相互冗余控制及冗余保护,提高了提升系统的安全性、可靠性,并减少事故的发生。同时,在辅控 PLC 中,采用提升机数字监控器软件,实现对提升机的行程控制和监视,与主控 PLC 形成冗余控制、保护模式,实现了《煤矿安全规程》的双线制保护要求。

2.3.3　安全回路

安全回路的作用是当提升机系统出现异常情况时能够停止提升机运行,并防止重新启动,以防事故进一步恶化。

安全回路中(安全回路、电气停车回路、闭锁回路)集成了所有的危及人或物安全的故障信号。

主要包括高低压电源断电、直流快开跳闸、主回路过电压或接地、电枢过电流、励磁回路失电源、过电流、磁场失磁、传动系统故障、监控器失效保护、提升容器过卷、等速段过速、减速段过速、接近井口速度超过 2 m/s 保护、反转保护、钢丝绳松动、急停保护、制动油过压保护、编码器失效保护等严重故障。

安全电路除了由双 PLC 软件形成软安全回路外，还有继电器接点串联构成硬件安全回路，直接作用于紧急停车、软硬冗余的多条安全电路使得提升系统的安全性、可靠性大大提高。轻重故障均具有声光报警或预报警。

2.3.4 数字监控器

本技术方案中，系统利用 PLC 系统实现数字监控器，由专门开发的基于 PLC 系统的提升机专用数字化后备保护软件包，其主要作用是：为电控系统提供两套数字式行程控制器，正常情况下它们互相监视，故障情况下互为备用。重要的行程位置（如过卷位置）除采用一套硬件（行程开关）实现外，还在 PLC 的程序设计中设置一套软行程控制。

2.3.5 司机操作台

司机操作台配置的 PLC，直接采集控制信号，和主控制 PLC 形成冗余控制，保证控制执行的正确性；同时，通过两套 PLC 共同进行提升机运行数据采样，可以形成对保护功能的冗余，在个别地方可以形成多重保护，从而达到《煤矿安全规程》的双线制保护的要求，对提升机的保护更加安全、可靠。

重要的操作信号和成组的报警信号在操作台上的信号板均显示出来，保证在没有上位机图形显示系统的情况下，仍然可以正常操作。司机操作台采用三段式，中间为显示部分，两侧为操作部分。

2.3.6 制动闸液压站控制系统

控制系统设置两套闸控制环节（软件与硬件冗余），即外部继电器回路和内部 PLC 同时控制制动闸液压站，包括安全制动和工作制动。其中工作闸可实现 PLC 自动施闸和司机用闸手柄手动施闸。

液压站控制回路控制互为备用的两套液压站。液压制动系统接收来自本提升机电气控制系统的信号，并给电控系统发回相应的动作信号。提升机电气控制系统与液压制动系统协调一致，正确处理来自液压制动系统的信号，对其进行控制和监视。

制动闸液压站控制系统的主要功能是：制动松闸/施闸；油压值的调整，实现井筒恒减速或二级制动以及井筒终端一级制动；液压站各电磁阀的工作状况检测。

2.3.7 上位监控系统

上位监控系统主要配置如下：主机采用 P4 系列，主频 3.0 G，内存 2 G，硬盘 200 G，10/100/1000 M 自适应网卡；显示器选用 21 寸 LCD；打印机选用 A4 惠普激光打印机。

上位机选用名牌工控机和彩色终端，与主控 PLC 连接，实行人机通信。上位监控系统具有远程联网能力，预留矿级局域网采集提升机生产数据的接口，方便实现信息化管理而无须添加多余设备。上位机监控平台选用西门子 WINCC 监控软件。

2.4 传感器配置

2.4.1 速度和位置传感器配置

速度和位置传感器采用德国进口的高精度轴编码器，进行速度反馈和位置测量。整个系统共安装 3 只轴编码器，其中主轴安装 2 只，进行两套 PLC 位置测量并相互监测，方便对提升机进行全行程的速度、位置检测和保护;高速轴安装1只,进行速度反馈。

2.4.2 井筒开关传感器配置

安装在井筒内上、下过卷开关是结构简单、动作可靠的无工作电源的开关。

2.5 信号系统

本系统中,KXT7矿用多功能提升信号装置采用PLC控制,主信号、备用信号相互独立。备用信号满足应急开车条件。

信号系统与提升机主控系统的安全闭锁关系如下:

(1) 井底与井口闭锁功能:井底不发信号,井口发不出信号。

(2) 井口与车房闭锁功能:井口不发信号,车房收不到信号。

(3) 水平之间的闭锁功能:一个水平发出信号后,其他水平不能发出。

(4) 信号指令之间闭锁功能:某一信号指令发出后,其他信号指令不能发出,急停信号、停止信号除外。

(5) 信号与开车回路的闭锁功能:信号不发到车房,绞车不能启动。

(6) 急停信号与绞车安全回路闭锁功能:按下急停按钮,断开绞车安全回路。

(7) 水平安全设施与信号的闭锁功能:跑车防护装置等井口安全设施不到位,信号不能发出。

2.6 电源系统

2.6.1 高压电源配置

副斜井配置4台高压柜,单母线接线,负责整个提升系统的双回路高压供电及保护。

型号:KGS1型。

数量:进线柜2台;测量保护柜1台;出线柜1台。

高压配电系统为10 kV双回路进线,一路工作,一路备用,故障后手动切换。其二次回路的联锁和控制接点输入到电控PLC控制系统进行操作控制。

高压配电柜选用直流操作,配38AH直流屏一套。开关柜具有微机综保装置,兼备控制、计量、数据采集、通信及继电保护功能。

2.6.2 低压电源配置

副斜井提升辅助设AC 380/220V、50 Hz低压电源,采用二回路供电,二回路互为备用,当一回路源故障时另一回能进行切换。低压配电系统采用单母线不分段结线形式,为全系统提供控制、操作电源。进线柜内设双电源投切装置。

低压电源设计一台低压配电柜。

低压电源柜含双回路进线开关,多路空开为液压站、润滑站、信号系统、PLC、井筒开关、风机、机房照明、其他机房设备供电,设有设备检修时的检修用电源回路,含直流电源为PLC模板供电,含2 kV·A进口品牌UPS为PLC及工控机供电,设有电源电压显示仪表。

2.7 液压制动系统

原液压站运行中故障率过高,本方案为电控系统配置一套先进的型号为TH112A1低压液压站,更换现有的液压站,主要参数如下:

最大工作油压:6.3 MPa;

最大供油量:9～14 L/min;

工作油温：≤70 ℃；

油箱储油量：500 L；

残压：≤1 MPa；

二级制动延时时间：0～10 s；

比例阀允许最大输入电流：800 mA(实际使用中 6.3 MPa 需用 400 mA 电流)；

进口原装比例阀信号：0～10 V DC(实际使用中 6.3 MPa 需用 4～5 V DC 左右)；

液压油牌号：上调 40(Ⅱ)或 22 号透平油。

3 改造后系统的安装调试

本次电控改造包含提升机电机的更换，故机械设备的拆除、安装与电气及电控设备的安装应同时进行。设备安装完成后，在提升低速(小于 0.5 m/s)空罐的情况下试车，实时关注电流速度曲线趋势图，配合施工单位检查罐道安装情况；然后逐步提速，1 m/s、2 m/s 到 3 m/s。期间重点检查等速段、减速段保护等速度保护功能可靠性；最后在闸控系统的配合下，加载运行，主要完成半载全速、全载全速的紧急制动试验。根据要求分别就提物半载的下放与提升、提物全载的下放与提升进行了试验，运行效果如图 2～图 5 所示。

3.1 提物半载提升

提物半载提升图如图 2 所示。

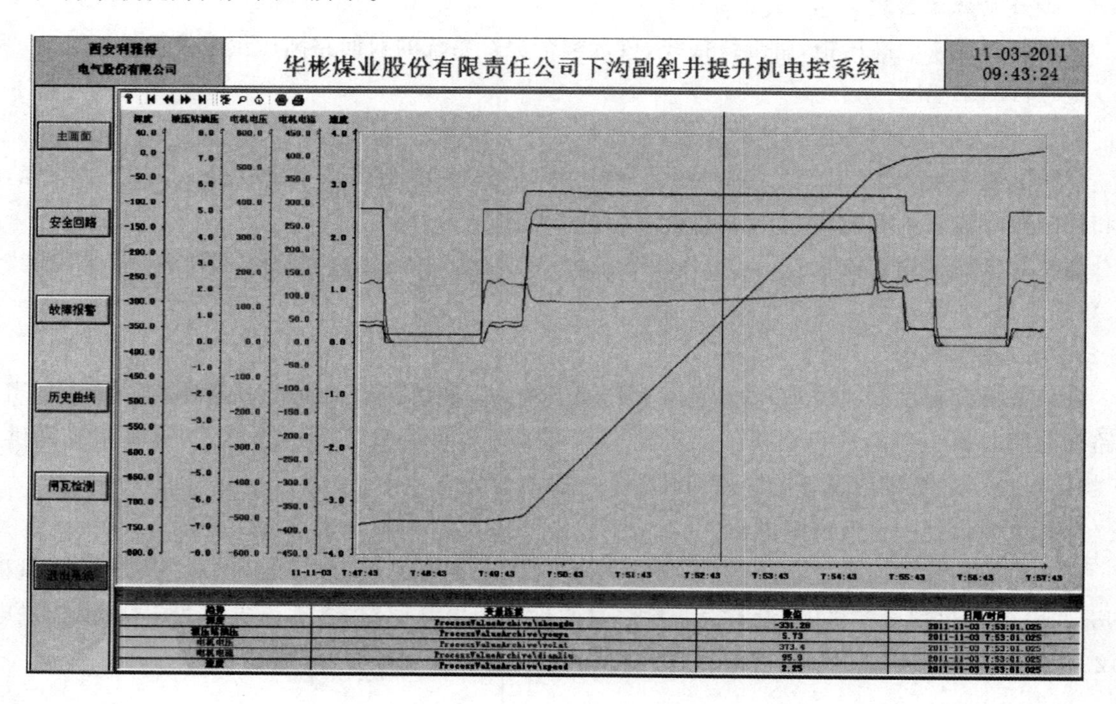

图 2 提物半载提升图

3.2 提物半载下放

提物半载下放图如图 3 所示。

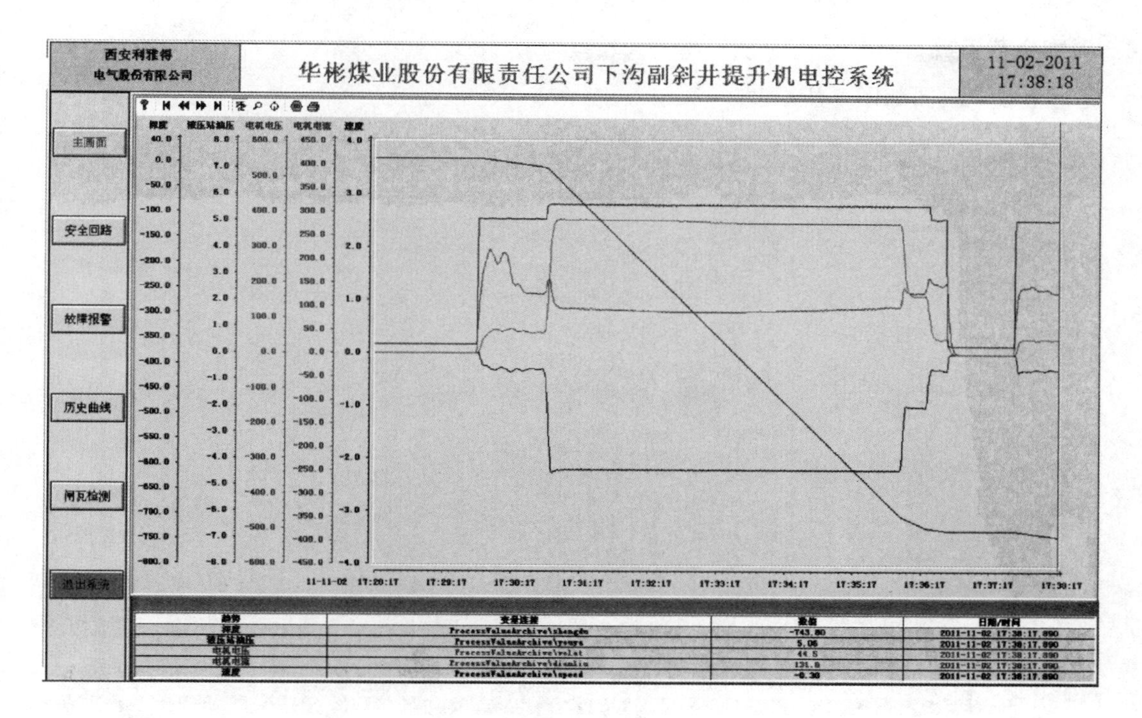

图 3　提物半载下放图

3.3　提物全载提升

提物全载提升图如图 4 所示。

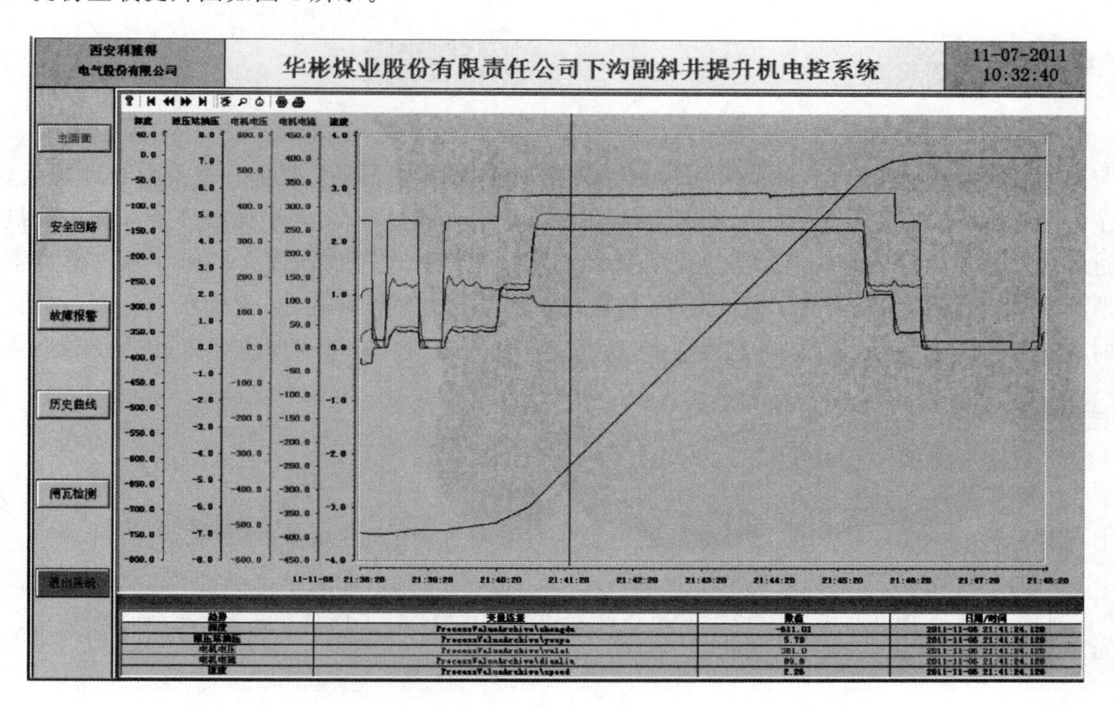

图 4　提物全载提升图

3.4 提物全载下放

提物全载下放图如图 5 所示。

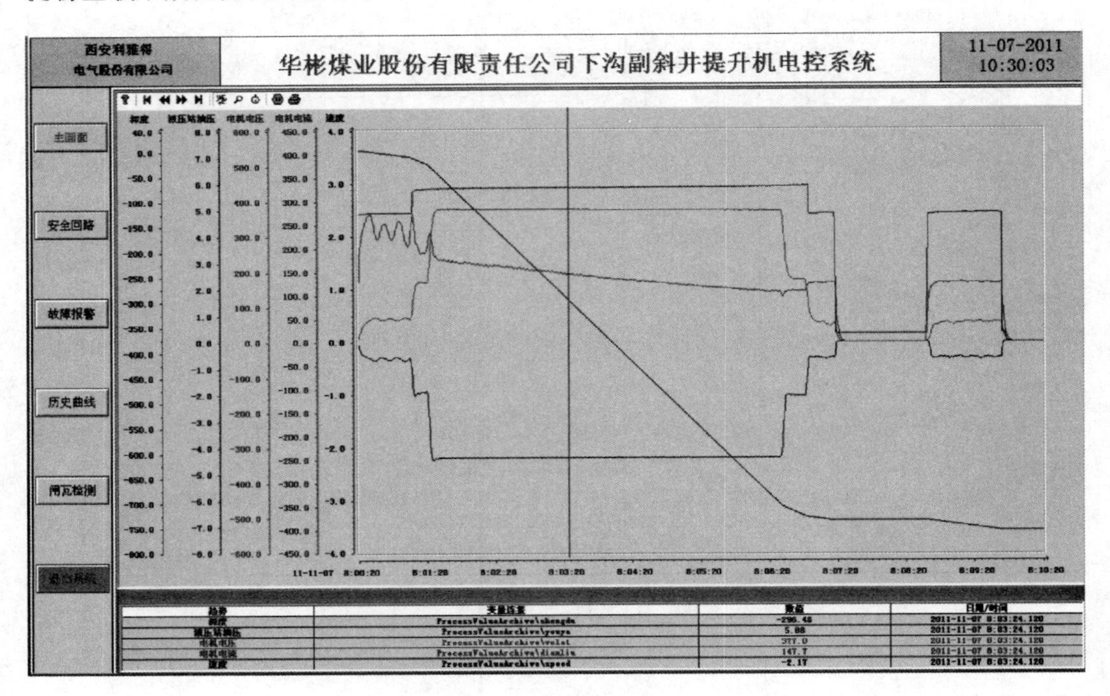

图 5　提物全载下放图

4　结束语

矿井副斜井提升机经过本次电控系统的改造后，运行效果良好，连续运行三个月内，电控系统没有出现任何故障，相比改造前提升机频繁出现的电控问题有了很大改善。提升机在改造后，采用了变频调速，节电率在 25％～40％，且控制质量有了很大的提升，实现了无级变速。其提升机运行过程中实现了软停、软启，消除了电动机直接启动过程中对电网的冲击。矿用提升机电控系统改造为变频调速后，系统具有了节能效果，但更重要的是具有柔性化控制，使机械部分寿命延长的同时让提升机能够平稳、安全、可靠地运行，这对煤矿的安全生产有更深远的意义。

参考文献

[1]　卢燕.矿井提升机电力拖动与控制[M].北京：冶金工业出版社，2001.

[2]　杨晓峰.矿井提升机 PLC 电控变频调速系统的应用[J].山西焦煤科技，2005(6)：9-10.

[3]　马建民，赵增玉.现代提升机数字控制系统[M].徐州：中国矿业大学出版社，2002.

[4]　刘鹏.矿井提升机变频调速控制系统研究与设计[D].太原：太原理工大学，2013.

小绞车自动排绳器的设计与研究

任　尚

(贵州盘南煤炭开发有限责任公司,贵州 六盘水　553505)

摘　要　围绕小绞车运输所反映出来排绳不好、容易造成斜巷断绳跑车事故的问题,设计适用于平巷和坡度在 0～25°的各类斜巷小绞车的自动排绳器,用于有效控制和预防小绞车断绳、跑车事故,彻底改善矿井运输安全状况,消除斜巷运输安全隐患。

关键词　小绞车; 自动排绳器设计; 安全可靠

1　小绞车运输存在的问题

(1) 小绞车辅助运输设备不能直接放置在巷道的中央,只能安设在巷道边上或制作绞车硐室,造成小绞车提升过程中钢丝绳不对中。如:采煤、掘进工作面使用的小绞车,由于绞车安装无法对中,钢丝绳走偏,必然造成人工排绳现象,由此发生了多起伤亡事故。

(2) 目前使用的辅助运输安全装置多数可靠性差。如:目前各矿使用的不同种类的排绳轮全是自己加工,由于没有正规的设计和强度计算,性能更没有进行试验,而使小绞车排绳不好,该问题一直制约和影响着煤矿运输安全。

(3) 由于小绞车排绳器之类的安全产品,研制开发难度较大,单件产品利润太小,且煤矿安全产品责任较大,一些厂家不愿涉足而导致一直不能得以开发。

因此,针对小绞车排绳不好的现象,设计一种有效的、自动的、相对独立的、便于安装的辅助自动排绳器,从而彻底解决小绞车排绳问题,消除由于人工排绳或斜巷断绳跑车事故的一大隐患,确保运输安全。

2　设计原则、关键技术及创新点

小绞车排绳器的设计原则 :① 无动力源;② 自动排绳;③ 能适用于直向、侧向、回头等不同安装工况的现场;④ 自成一体,独立安装,无须绞车改造;⑤ 能适应不同型号绞车,配合不同直径的钢丝绳;⑥ 结构简单,尺寸小;⑦ 排绳可靠、有效;⑧ 维修、更换方便等。

为满足上述原则,本文设计小绞车自动排绳器的关键技术及创新点如下 :① 小绞车排绳器的压绳技术;② 小绞车排绳器的导向技术;③ 小绞车排绳器的无源控制技术;④ 小绞车排绳器的阻力技术。

3 设计方案及工作原理

3.1 设计方案

经分析，小绞车排绳不好的主要原因有以下 3 个方面：① 钢丝绳入绳角太大，不能满足正常排绳的需要；② 滚筒缠放绳时无张力，排绳不紧造成乱绳；③ 钢丝绳使用时间长造成钢丝绳打弯、压扁、扭曲，在无张力的情况下造成排绳不好。

针对上述情况，提出自动排绳器设计方案如下：

(1) 入绳角检测调整设置检测轮，配备自动阻力技术，适时检测钢丝绳入绳角，并自动调整钢丝绳与滚筒的偏角，使其达到正常入绳的要求，解决绞车安装不对向造成的钢丝绳跑偏问题。

(2) 滚筒压绳调整在绞车滚筒水平上方设置压绳轮，自动调节钢丝绳与滚筒的趴绳间隙，强制钢丝绳沿着绳沟绕滚筒缠绕，防止钢丝绳跳层、迈沟导致排绳不好，解决钢丝绳爬垛子问题。

(3) 阻力调整采用附加阻力技术，使钢丝绳始终处在拉直状态，解决松绳弯曲造成排绳不好的问题。

3.2 工作原理

两夹绳轮夹住钢丝绳，并对钢丝绳施以附加阻力，使其拉紧；缠绳（松绳）时，夹绳轮旋转，带动阻力油泵供油，经阀组对供油情况进行控制，使其无论是松绳还是缠绳状态，液压油进三位四通换向阀时均为固定的出口。且缠绳是油泵出油，经过定差减压阀达到正向缠绳的阻力作用（松绳时无此作用）。三位四通阀上接一对检测轮，当钢丝绳和绞车滚筒不垂直时，钢丝绳自动拨动检测轮并带动三位四通阀换向，油经三位四通阀进入一定量油马达，马达下接小齿轮与齿条啮合，钢丝绳偏转导致整套机构在齿条上平行移动，从而使钢丝绳恢复与绞车滚筒的垂直状态。如此过程往复进行即达到了入绳角自动调整的目的。夹绳轮之间的距离调节，可以适应不同绳径的要求，并自动对钢丝绳的张力进行调节，定差减压阀的两端压差可调，从而达到调节阻力的作用。

4 技术、效益分析

4.1 技术分析

(1) 可行性分析。小绞车自动排绳器设计为智能检测型，能自动检测钢丝绳的偏转，并具有自动消除偏角的功能，正向缠绳有阻力，反向缠绳无阻力。不缠绳时具有自锁作用。压绳轮能有效消除入绳角偏差，避免钢丝绳打弯等情况对缠绳的影响，实现可靠地绞车排绳。

(2) 可靠性分析。自动排绳器所有机械、液压元器件均为常规产品，都在井下普遍使用，且无电源，没有防爆等要求。除三位四通阀外所有元器件都集成在油箱内，提高了元器件的可靠性。夹绳轮、检测轮、压绳轮均采用快速安装结构，便于更换，单人即可现场操作。日常除对转动部分注油润滑外，不需要维护。

4.2 效益分析

小绞车自动排绳器对矿区矿井辅助运输安全装备进一步统一规范，大大提高了运输安全装备水平，提高了科技含量和措施保障手段，从根本上改善了常规辅助运输设备的安全管理模式，有力地促进了矿井安全生产，有效地防止了小绞车运输中因钢丝绳跑偏引起的断绳跑车及伤人事故。

单向活动抱索器架空乘人装置在煤矿小断面巷道中的应用

徐西亮,张元富,张文涛,闫 峰

(山东能源新汶矿业集团有限责任公司水帘洞煤矿,陕西 咸阳 713500)

摘 要 作为高产高效辅助运输装置之一的单向架空乘人装置在煤矿顺槽巷道和小断面巷道中越来越显示出它的优势,它适合的巷道宽度范围更广,安装布置方便,节省巷道宽度空间,运人效率高、投入低,安装方便、灵活。我矿推广应用了 RJDHY45-18/3000 型煤矿单向活动抱索器架空乘人装置,通过运行,大大提高了人员运输的效率,从而提高全员效率。

关键词 单向活动抱索器架空乘人装置;应用

0 前言

随着高新技术和现代化生产的发展,煤矿产量也在一年一年地上升,煤矿顺槽巷道或小断面巷道的人员辅助运输对于煤矿的发展也就显得更为重要。随着新的科学技术在煤矿工业的应用,安全、高产、高效现代化矿井的建设,辅助人员运输的现代化程度成为衡量一个煤矿现代人性化管理的重要指标,同时辅助人员运输的效率直接影响着煤矿工人的工作积极性和生产效率。因此发展高效快捷的辅助人员运输方式是我国煤矿工业建设的一项重要任务。

1 单向活动抱索器架空乘人装置工作原理

单向活动抱索器架空乘人装置采用电力驱动。驱动部采用落地安装,机尾架空安装,采用锚杆固定;托绳部分采用锚杆固定,安装灵活,调试方便。优越性表现为延伸或收缩方便,运人能力强,安全性能高,提高煤矿辅助人员运输系统的效率,减少工人的劳动强度,达到降低成本、增强人性化管理的目的。同时可以大幅度提高煤矿辅助人员运输系统的工作效率,在煤矿顺槽工作面或小断面巷道使用表现尤为突出,单向架空乘人装置正逐步成为顺槽工作面或小断面巷道首选辅助人员运输设备。

单向活动抱索器架空乘人装置可以使用巷道最大倾角不大于 18°的巷道条件下(满足标准 AQ 1038—2007中的相关要求,如采用可摘挂抱索器,巷道倾角可以满足 30°的要求),沿线安装只要满足从驱动钢丝绳的中心线左右各 700 mm 的安全间隙的巷道条件下,也可在通过锚杆、锚索、锚网及 U 形槽等支护的巷道内使用。

单向活动抱索器架空乘人装置主要是由驱动部、托绳部分、机尾部分、张紧部分、乘人部分、驱动钢丝绳及电控系统等部分组成。

(1) 驱动部由电动机、减速机、电力液压制动器、安全制动器、驱动绳轮、机头底座及改向滑轮组件等组成,详见图1。

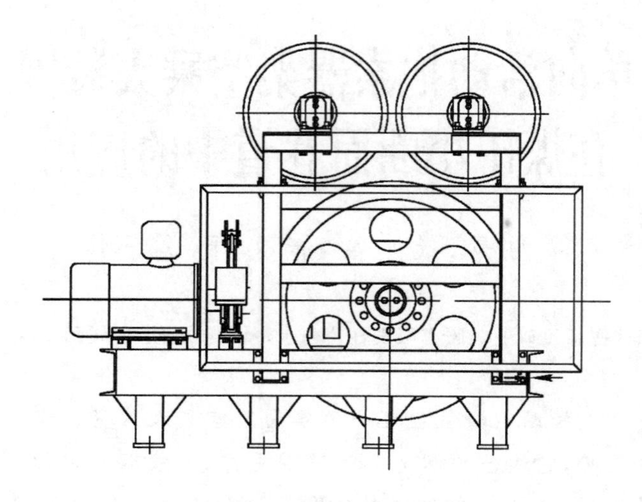

图1　机头驱动部示意图

驱动绳轮垂直放置,减速机采用直交轴硬齿面减速机,整个驱动部呈一字形排列,最大限度地减少了整个驱动部的宽度尺寸。在电机和减速机之间设置电力液压制动器与带制动轮的梅花弹性联轴器,制动器为失效安全型,即掉电后抱闸,以实现停车制动。因采用对称布置,可根据现场需要调换驱动部和制动器整体安装方向,以避免占用巷道有效空间。

把驱动轮直接挂在减速机输出轴上,在减速机轴端用压板压紧。不需再给驱动绳轮加支撑轴承座,以使整个驱动部的体积缩小,简化结构,减少对巷道空间的占用。为提高驱动摩擦力,与张紧部分的驱动改向滑轮部配合使钢丝绳在驱动轮上围包2圈,提高了围包角,能有效防止打滑现象的发生。

常规乘人装置的驱动轮衬采用多数采用聚氨酯材料衬块,使用寿命一般在半年以内,使用成本高,更换麻烦,影响乘人装置的正常运行。为了提高钢丝绳使用寿命,顺槽单侧乘人装置的驱动轮衬K25进口材料。此种材料轮衬摩擦系数大,使用寿命长。使用这种驱动轮衬,在保证摩擦系数的前提下,与聚氨酯摩擦衬块相比,在正常使用的条件下可以大大提高驱动轮衬使用时间的两至三倍。底座为钢板焊接结构,电机、减速机、制动器的安装面采用龙门刨床整体加工,保证了电机、减速机、制动器的安装尺寸,可降低运行时的噪声。整体钢性强,结构美观。

安全制动器采用机械式,四个六角螺栓直接固定于机头架上。

(2) 托绳轮部分由吊架、深槽托绳轮、三轮摆动架、管箍及固定底座等组成。具体结构见图2。

托绳轮部分设计成三轮摆动式结构,三轮能把上、下两根钢丝绳扣住,对钢丝绳的左右移动自由度进行限制。运行时下绳乘坐,通过托轮时,因乘人的重量使摆动架摆动,此时钢丝绳落在最下轮的轮槽内,防止掉绳。上绳因摆动架摆动而弯曲,乘人通过后,受弯曲的上绳的反力作用摆动架复位,重新扣住钢丝绳,故钢丝绳不易掉绳。

三轮摆动架的中心轴为管箍式中心轴,一端支撑轴承,另一端套在托轮吊架的钢管上,可沿钢管上下滑动,调整到位后用管箍后部的M16顶丝顶紧在钢管上,固定可靠。在托轮吊架底端设计有防脱落螺栓,防止托绳轮脱出吊管。故托轮在上、下方向和垂直巷道轴线方向上都可进行调整。

托绳轮管箍式设计，实现了托绳轮沿吊管 360°旋转，以消除锚杆固定安装底座固定角度的差异，并可调整托轮旋转方向与钢丝绳运行方向一致。

以往乘人装置实现对两根钢丝绳的一托一压式结构，需用四个绳轮实现对钢丝绳水平定位，避免钢丝绳脱绳现象。为减少绳轮数量，降低材料消耗，提高安装速度，对钢丝绳采用组合式轮系定位，设计三轮结构，中部轮实现对上、下定位结构，有缓冲、减振能力。三轮结构固定于摆动架上，摆动架可沿管箍固定轴 360°旋转。运行时，座椅通过托绳轮，受乘人的重力作用，下部托绳轮向下摆动，中部绳轮向上摆动，上部绳轮向下摆动，形成了座椅通过时的压轮脱离，留出了抱索器通过空间，通过时与压轮无接触，提高了乘坐舒适性，减少了通过时的振动。乘人通过时，虽然下部钢丝绳不是一托一压结构，变为单托轮结构，但此时受乘人的重力作用，钢丝绳压紧在下部绳轮绳槽内，不会脱绳。因中部绳轮上摆，上部绳轮下摆，上部钢丝绳弯曲，对上部钢丝绳的定位能力进一步提高。乘人通过后，失去重力作用时，受上部弯曲钢丝绳的作用，摆动架回位，重新对上、下钢丝绳形成一托一压状态。

托绳轮及中部旋转轴中全部采用免注油轴承，降低了现场维护、检修工作量。托绳轮中全部衬有高耐磨轮衬，采用压板式压紧，现场更换轮衬非常方便。

(3) 乘人部分。乘人座椅由深槽活动抱索器、转向装置、座板、脚撑等组成。具体结构见图 3。

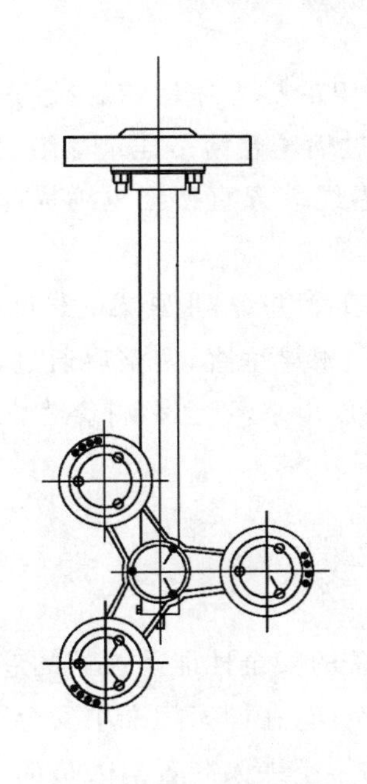

图 2　摆动托轮组示意图

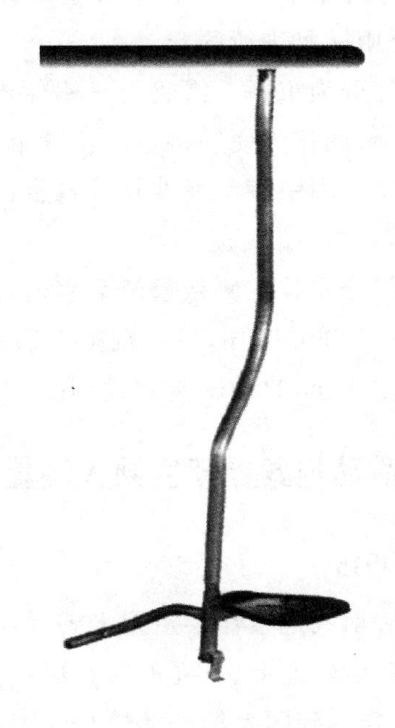

图 3　乘人座椅

乘人座椅采用深槽活动抱索器，可转向吊椅深槽活动抱索器采用摆臂及顶杆的结构形式，可产生乘人重量＋座椅重量 6 倍的夹紧力，大大提高了对钢丝绳的握持力，所挂重量越大，所产生的握持力越大。在抱索器中通过一摆杆把垂直的重力转为水平力，把推爪顶紧在钢丝绳上。钢丝绳静止试验可达到 40°不打滑，运动试验可在巷道倾角 35°时确保不出现打滑现象。摘下座椅时，推爪回复到松开位置。运动部件磨损后，会使夹紧力不足，在抱索器内设置有调节部，可使推爪前伸，弥补运动部件磨损，恢复夹紧力。抱索器卡爪与推爪对钢丝绳围包 3/4 圈，下部敞开，这种抱索器通过托绳轮时，抱索器与托绳轮无接触，抱索器两端采用锥形设计，故运行十分平稳，无振动。

乘坐时把座椅挂在钢丝绳上即可自动锁紧，然后可以像固定抱索器一样进行乘坐。单向架空乘人装置托绳轮安装在近巷道壁一侧，乘人器挂架向巷道中心一侧弯曲，座椅脚撑为前伸式设计，提高了乘坐舒适性。为适应乘人装置正反向运输的情况，必须使乘坐人员始终面向前方，保证使用时的安全，故座椅配有转向装置，座板及脚撑部分可180°更换方向。转向装置无乘人的操作，不会自动换向，使用时十分安全。

采用深槽活动抱索器，深槽活动抱索器和静止上下车站配合使用能够实现人员静止上下车，具有使用方便、锁紧力大、不易打滑及安全系数高的特点。

（4）机尾部分。机尾部分采用滑道、滑车结构，整个机尾在滑道内前后滑动拉紧传动钢丝绳。根据我矿乘人装置巷道设计总长为1 600 m，通过计算机尾部分拉紧行程设计应选为18 m。滑道为每节3 m长的双梁结构，每节之间用螺栓连接，避免了超长滑道的运输问题。

机尾部分的安装为架空式安装，机尾部分采用固定底座打锚杆的方式安装，机尾滑道固定于安装固定底座上，移动滑车的滚轮可以调整在机尾滑道上的位置，主钢丝绳绕在ϕ1 200 mm单滑轮上，拉紧钢丝绳绕在移动滑车上的双滑轮上，拉紧钢丝绳通过重锤的重力作用拉紧主钢丝绳，可以方便调整主钢丝绳。

（5）拉紧部分。我矿要求拉紧部分放在机尾处，由于拉紧部分受力较大，不能用打锚杆的方式固定，需要用横梁进行固定。

拉紧部分为重锤＋滑轮组＋蜗轮卷绳筒拉紧。通过滑轮组的扩力作用，减少了重锤的重量，具有体积小、调整方便等特点。拉紧钢丝绳两个绳头，一端通过蜗轮卷筒吊挂重锤组，另一端固定于张紧梁上。因主钢丝绳伸长导致重锤高度不足时，可摇动卷绳装置直接把重锤提起，使用非常方便。

拉紧部分安装在侧帮重锤硐室内，张紧横梁为两根11#矿工钢并焊，张紧梁的长度一端埋入巷道壁内不小于600 mm，另一端担于硐室内的重锤悬吊梁上，两根梁垂直，调整后通过转接板将两根梁固定在一起，此种安装方式可以将巷道的机尾部分空间释放出来，不会影响巷道的正常使用。

2 单向活动抱索器架空乘人装置的特点

2.1 设计巧妙

单向活动式抱索器架空乘人装置在设计之初充分考虑设备的安全性能及占用的巷道空间，因此采用驱动钢丝绳上、下绳的布置形式，最大限度地节约巷道空间（在国家标准中安全间隙不变的情况下，只要达到国家标准的最小间隙就可以安装此种结构的架空乘人装置），人员的上行或下行只需要实现驱动防爆电机的正反转即可。

2.2 安全系数高

山东科兴机电设备有限公司的单向活动抱索器架空乘人装置的另一大特色是其对各方面的设计。

首先，整个驱动部呈一字形排列，最大限度地减少了整个驱动部的宽度尺寸。因采用对称布置，可根据现场需要调换驱动部和制动器整体安装方向，以避免占用巷道有效空间。

其次，驱动钢丝绳采用上、下绳的布置形式，中间托绳部分采用深槽式三轮摆动结构，三轮能把上、下两根钢丝绳扣住，对钢丝绳的左右移动自由度进行限制。运行时下绳乘坐，通过托轮时，因乘人的重量使摆动架摆动，此时钢丝绳落在最下轮的轮槽内，三轮中的上、下两轮采用双面深槽式结构，具有防止驱动钢丝绳托绳的本质安全性。

2.3 设计人性化

单向活动抱索器架空乘人装置的设计符合人机工程学，并且采用可转向吊椅，便于人员乘坐时，人员时刻保证面向前方，乘坐舒适，人员上、下方便。

2.4 配置多种安装保护装置

可编程控制箱、测速装置，减速机油位保护，减速机温度保护，电机温度保护，机头、机尾越位保护，紧急停车保护，脱绳保护，语音提示功能、重锤限位保护等多项保护装置。

3 应用效果

（1）通过单向活动抱索器架空乘人装置在顺槽工作面或宽度空间较小的巷道内应用，达到了人员乘坐安全、提高工人运输效率、降低工人劳动强度的效果。

（2）减少工人的体力劳动强度，提高工作效率，保证人员运输安全。

4 结束语

单向活动式抱索器架空乘人装置主要用于顺槽工作面或宽度空间较小的巷道内，该设备能够随巷道的延伸而延伸，随巷道的收缩而收缩，便于人员运输，一次性投入低并具有重复使用的特点，同时大大提高了人员的运输效率，降低了工人的劳动强度，提高了工人的劳动效率和劳动积极性，具有较高的技术推广应用前景。

导水裂隙带对浅部含水层的影响探究

张炳林

（山西三元煤业股份有限公司，山西 长治 046013）

摘 要 因浅部含水层为民用水井的主要水源，在对区域地质及水文地质条件进行分析基础上，结合井田及周边居民用水情况，通过对采煤沉陷形成的导水裂隙带高度的计算及结合煤炭生产现状产生的影响，分析煤炭开采对浅层地下水的影响，并在预测基础上提出相应的防治措施，保证生活、生产供水。

关键词 导水裂隙带；浅部含水层；影响

由于井工开采造成的围岩移动变形，尤其是导水裂隙带会对浅层地下水和浅层供水井造成一定影响，加之在开采期间由于受沉陷影响，原地面坡度发生变化以及地面开采裂缝的作用，将使局部区域浅层地下水的流动和水量重新分布，可能出现个别区域民用浅水井水位下降、水量减少现象，给村民饮水造成困难。因此，对导水裂隙带高度进行分析具有重要意义。

1 概况

山西三元煤业股份有限公司井田范围内均被黄土覆盖，井田地层自下而上依次为奥陶系中统峰峰组，石炭系中统本溪组、上统太原组，二叠系下统山西组、下石盒子组、上统上石盒子组及第四系。根据勘探钻孔及煤矿开采揭露，地层总的走向为北西-南东向，倾向南西，倾角 2°～14°。井田北部局部地层较陡，倾角约 14°；南部地层较缓，倾角约 2°，一般约 5°左右，现采 3# 煤埋深 300～450 m，井田内仅见褶曲构造，未发现断层、陷落柱岩浆岩活动。因此，本井田构造属简单类型。本井田水文地质条件中等，区内第三、第四系砂砾石孔隙含水岩组属富水性中等～强含水层；第四系底部及第三系黏土、砂质黏土隔水层及二叠系砂岩含水层层间泥岩、砂质泥岩隔水层透水性差，呈层状分布于各砂岩含水层之间，形成平行复合结构，起层间隔水作用。浅部含水层主要为第四系（Q）松散层孔隙潜水，本井田几乎全被第四系松散层所覆盖，厚度 30.65～214.02 m。含水层岩性由褐色、紫红色、灰绿色的黏土、含砂黏土、粉砂质黏土及黄色、褐黄色粉-粗砂、砂砾层等组成，分别构成大小不一的透镜体，并形成包含有多个单个含水层与隔水层的含水层组。含水性和透水性由砂、砂砾层层厚发育程度而定，其中含水性较强的为下更新统（Q_2）的地层，水位埋藏较浅。采用采煤沉陷“导水裂缝带”计算方法来分析采掘形成的导水裂隙带是否会对浅层地下水造成直接影响。

2 导水裂缝带高度预测

井下煤炭采出后,采空区周围的岩层发生位移,变形乃至破坏,上覆岩层根据变形和破坏的程度不同分为冒落、裂缝和弯曲三带,其中裂缝带又分为连通和非连通两部分,通常将冒落带和裂缝带的连通部分称为导水裂缝带。井下开采对上覆含水层的影响程度主要取决于覆岩破坏形成的导水裂缝带高度是否波及浅层含水层。导水裂隙带发育高度与煤层赋存地质条件、顶板岩性、煤层开采厚度等均有密切关系。井田 3 号煤顶板以泥岩和砂质泥岩为主,抗压强度仅 15 MPa,因此确定本项目开采煤层覆岩属于软弱岩层。选定以下公式计算垮落带、导水裂缝带、保护层和防水煤岩柱厚度。其中,公式(2)和(3)中取大者作为导水裂缝带高度,保护层厚度根据钻孔资料中松散层厚度选取公式(4)计算。

$$H_{li}=\frac{100\sum M}{6.2\sum M+32}\pm 1.5 \tag{1}$$

$$H_{m1}=\frac{100\sum M}{3.1\sum M+5}\pm 4.0 \tag{2}$$

$$H_{m2}=10\sqrt{\sum M}+5 \tag{3}$$

$$H_{b}=3M \tag{4}$$

$$H_{sh}\geqslant H_{li}+H_{b} \tag{5}$$

式中 H_{li}——导水裂隙带高度,m;

H_{m}——冒落带高度,m;

H_{b}——保护层厚度,m;

H_{sh}——防水煤岩柱高度,m;

$\sum M$——累计采厚,m;

M——煤层法线厚度,m。

本矿井 3 号煤层冒落带、导水裂缝带高度、防水保护层厚度范围计算结果见表 1。

表 1

单位:m

煤层	煤层厚度 最小～最大/平均	冒落带高度 最小～最大/平均	导水裂隙带高度 最小～最大/平均	保护层厚度 最小～最大/平均
3	6.30～8.40/7.18	10.37～11.49/10.88	30.1～33.98/31.8	18.9～25.2/21.54

为了更为全面地分析井田煤层开采对浅部含水层的影响,对井田内第 1、2、3 和 4 勘探线的各钻孔煤层及其他钻孔分别进行了导水裂缝带高度计算,并绘制各勘探线上 3 煤层导水裂缝带高度分布图。各勘探线 3 号煤层冒落带、导水裂缝带高度、防水保护层厚度计算结果见表 2,其他钻孔计算结果见表 3。

表 2

勘探线编号	钻孔编号	顶板埋深/m	煤层厚度/m	垮落带发育高度/m	导水裂缝带发育高度/m	保护层厚度/m	防水煤岩柱高度/m	导水裂缝带发育高度距离第四系底板的距离/m	导入层位
第 1 勘探线	239	363.4	7.2	10.89	31.83	21.6	53.43	75.34	P_{1x}
	补 105	276.9	6.95	10.76	31.36	20.85	52.21	−4.56	Q
	补 106	234.51	6.57	10.53	30.63	19.71	50.34	0.73	P_{1x}
第 2 勘探线	239	313.5	7.1	10.84	31.65	21.3	52.95	145.86	P_{1x}
	补 103	293.5	6.9	10.73	31.27	20.7	51.97	50.45	P_{1x}
	补 102	303.65	7.45	11.03	32.29	22.35	54.64	75.89	P_{1x}
第 3 勘探线	194	305.1	7.5	11.05	32.39	22.5	54.89	56.22	P_{1x}
	193	348.65	7.35	10.98	32.11	22.05	54.16	139.78	P_{1x}
	1103	326.32	7.58	11.10	32.53	22.74	55.27	92.59	P_{1x}
第 4 勘探线	补 105	276.9	6.95	10.76	31.36	20.85	52.21	−4.56	Q
	补 107	325.46	6.67	10.59	30.83	20.01	50.84	75.51	P_{1x}
	补 101	314.41	6.36	10.40	30.22	19.08	49.30	45.01	P_{1x}
	238	313.5	7.1	10.84	31.65	21.3	52.95	145.86	P_{1x}
	补 110	314.5	6.75	10.64	30.98	20.25	51.23	53.53	P_{1x}
	1102	294.32	6.93	10.74	31.32	20.79	52.11	24.02	P_{1x}
	194	305.1	7.5	11.05	32.39	22.5	54.89	56.22	P_{1x}
	192	325.2	7.7	11.16	32.75	23.1	55.85	90.42	P_{1x}
	119	422.2	7.2	10.89	31.83	21.6	53.43	307.58	P_{1x}

表 3

钻孔编号	顶板埋深/m	煤层厚度/m	垮落带发育高度/m	导水裂缝带发育高度/m	保护层厚度/m	防水煤岩柱高度/m	导水裂缝带发育高度和离第四系统板的距离/m	导入层位
10	223.59	8.4	11.49	33.98	25.2	59.18	−26.69	Q
补 104	246.75	7.45	11.03	32.29	22.35	54.64	−22.83	Q
补 108	250.84	7.12	10.85	31.68	21.36	53.04	13.16	P_{1x}
89	265	7	10.78	31.46	21	52.46	53.07	P_{1x}
补 109	296.5	7.3	10.95	32.02	21.9	53.92	69.00	P_{1x}
1103	326.32	7.58	11.10	32.53	22.74	55.27	92.59	P_{1x}
104	293.75	6.4	10.43	30.30	19.2	49.50	75.91	P_{1x}
补 111	302.29	7.31	10.95	32.04	21.93	53.97	48.43	P_{1x}
177	378.69	7.98	11.29	33.25	23.94	57.19	203.35	P_{1x}
1504	407.9	7.2	10.89	31.83	21.6	53.43	225.43	P_{1x}
801	359.33	7.02	10.80	31.50	21.06	52.56	121.55	P_{1x}

续表 3

钻孔编号	顶板埋深/m	煤层厚度/m	跨落带发育高度/m	导水裂缝带发育高度/m	保护层厚度/m	防水煤岩柱高度/m	导水裂缝带发育高度和离第四系统板的距离/m	导入层位
803	370.81	6.12	10.25	29.74	18.36	48.10	180.73	P_{1x}
901	348.26	6.73	10.63	30.94	20.19	51.13	173.33	P_{1x}
903	408.8	7	10.78	31.46	21	52.46	217.34	P_{1x}
1002	415.23	6.61	10.56	30.73	19.86	50.59	282.45	P_{1x}
1101	387.83	7.12	10.85	31.65	21.36	53.04	285.63	P_{1x}
补 1102	418.24	7.52	11.06	32.42	22.56	54.98	327.48	P_{1x}

根据导水裂缝带发育高度计算结果,结合 3 煤底板等高线,统计分析了勘探线上钻孔及其他钻孔的导水裂缝带发育高度,大部分钻孔导水裂缝带发育高度距离第四系底板距离大于 45 m,最大厚度可达 327.48 m,井田南部 3 号煤层较深,导水裂缝带发育高度距离第四系底板较远。根据各钻孔统计数据,导入第四系底部的钻孔主要分布于 3 煤风化带及煤层浅埋区,考虑煤柱留设及未开采区的分布,导入第四系钻孔均位于留设煤柱区域。其他钻孔的导水裂缝带发育高度距离第四系底部距离大于 45 m,该段岩层内分布有层间泥岩、砂质泥岩段及与第四系底部黏土层起到了很好的隔水作用。另外,根据井田开采开拓来看,未来开采区范围主要位于工业场地南部区域,该区域 3 号煤层埋深较深,导水裂缝带发育高度距离第四系底板距离在 100～300 m,因此正常地段导水裂隙带不会直接导通位于第四系(Q)的浅部含水层。

3 结论

通过对采掘形成的导水裂隙带高度计算,浅部含水层不会出现直接渗漏情况,但由于导水裂缝带大部分发育至下覆二叠系下石盒子组含水层,少部分进入井田北部煤柱留设区域第四系地层底部,且煤层导水裂缝带内的含水层将被疏排,导致水位下降,致使上覆浅层含水层加强了对下伏含水层的越流补给,对浅层含水层产生间接影响,加之地面开采裂缝的作用,将使局部区域浅层地下水的流动和水量重新分布,可能出现个别区域民用浅水井水位下降,水量减少现象。为了保护居民供水不受影响,对区内及周边现有的浅层水井和调查区内奥灰深水井进行长期观测,一旦发现问题,及时解决供水问题。

参考文献

[1] 巩琦,刘建慧,万昌.煤仓疏通技术及便携式疏通机的研究[J].煤炭科技,2008,34(8):67-69.

新型JYB系列双速运输绞车在煤矿斜巷运输中的应用

李军鸿[1]，刘光辉[1]，孙晓伟[1]，林　建[2]

（1.平顶山天安煤业有限责任公司八矿，河南 平顶山　467000；
2.平顶山天安煤业有限责任公司机电处，河南 平顶山　467000）

摘　要　结合平煤八矿己二上山轨道情况及原JYB-60×1.25绞车的不足，选择采用安全高效的JYB-65×1.83S双速运输绞车。该绞车因实现了电动机空载启动，货载实施零速或慢速缓缓启动，可有效避免因急速开车、停车而损坏传动件，甚至因左、右刹车同时刹住滚筒而损坏传动件或烧毁电机；因具有快、慢两个速度，大大提高了运输效率；因紧急制动闸、工作制动闸碟形弹簧制动为常闭式且依靠液压部分打开，调速闸一、调速闸二碟形弹簧制动为常开式，保证了在绞车开机时，调速闸一、调速闸二处于打开状态，可防止打坏齿轮及损坏绞车。通过综合分析比较，证明了JYB-65×1.83S运输绞车在节能降耗和提高大斜巷提升效率及运输安全可靠性方面具有较好效果，对矿井安全生产及减员增效起到了积极作用。

关键词　双速运输绞车；空载启动；零速启动

0　前言

煤矿斜巷运输是矿井运输系统的重要组成部分，因而安全有效的斜巷运输工作是煤矿生产正常进行的重要保证之一，对矿井生产的技术、经济指标具有重大影响。为确保提升运输安全，《煤矿安全规程》第四百二十七条至第四百三十三条重点对提升绞车的保险装置进行了详细规定。受井下巷道狭窄等因素限制，安装滚筒直径在1.2 m及其以上的提升机不仅投资费用高、安装难度大，而且运行维护成本高，因此采用JYB系列运输绞车成为采掘工作面及斜巷轨道的首选。但受绞车容绳量、提升能力及安全可靠性的影响，JYB系列运输绞车仅适用于小坡度、短距离、运输任务量小的轨道运输。随着矿井开采的延伸，斜巷轨道坡度、长度逐渐增大，斜巷运输任务量的增加，斜巷提升负荷的增大，JYB系列运输绞车由于容绳量偏少、提升能力偏小、提升效率偏低，已不能满足大斜巷轨道运输的需要。因此，采用高效的新型JYB系列双速运输绞车，对提高提升效率、增强提升安全可靠性、节能降耗具有重要的现实意义。平煤八矿己二上山轨道自采用新型的JYB-65×1.83S双速运输绞车代替JYB-60×1.25绞车以来，极大地提高了提升效率，同时有效增强了提升安全可靠性，使用效果理想。

1　平煤八矿己二上山轨道概况

己二上山轨道长为670 m，坡度为25°，采用“机轨合一”方式担负物料提升及人员运送任务。

采用JYB-60×1.25绞车、6×19-ϕ26 mm钢丝绳担负轨道物料提升任务，采用RJZ55-35/1800U(A)型架空乘人装置担负轨道人员运送任务。

2 JYB-60×1.25绞车的不足

随着采区外围工程的逐步形成，后期轨道提升任务将更加繁重，该绞车偏低的提升速度（最大提升速度为1.25 m/s）将不能满足采区正常生产用料需要。同时，随着掘进机、综采支架等大型设备提升重量的增大，绞车极易损坏甚至出现车辆下滑或跑车事故。

该绞车采用一级差动轮系和一级定轴轮系进行传动，具有停止、工作、工作下放三种状态。当绞车处于工作状态时，工作制动器的左刹车闸处于松闸状态，右刹车闸处于制动状态（刹住制动轮），极易因操作人员力气不足致使右刹车闸（离合制动器）拉不到位，造成车辆因重力出现下滑甚至跑车事故。同时，由于绞车的速度是通过手动交替操作工作制动器的左、右刹车（离合器）来实现的，极易因左、右刹车配合不得当，出现急速开车、停车现象，损坏传动件，甚至因左、右刹车同时刹住滚筒而损坏传动件或烧毁电机。

3 JYB-65×1.83S双速运输绞车的主要结构及工作原理

3.1 主要结构

绞车主要由主机、电气控制系统、液压站等部分组成。

3.1.1 绞车主机

绞车主机由电动机、行星差速器、离合制动总成、滚筒、工作制动器、安全制动器、深度指示器、齿轮箱、底座等部件组成。

(1) 电动机。为煤矿井下用隔爆型三相异步电动机，电动机输出轴采用渐开线花键，直连常啮合行星差速器。

(2) 行星差速器。通过一双联内齿圈，圈内安装两级行星轮系，通过两套块式制动器与制动轮离合方式进行变速。一套制动轮与第一级行星轮架通过花键连接，另一套制动轮通过两平键与双联内齿圈连接。当电动机空载启动时，两块式制动器全部打开，行星差速器空转，而滚筒不转。重载时通过两块式制动器交互使用可形成慢速、快速，最终通过齿轮箱传动滚筒。

(3) 离合制动总成。为两套块式制动闸，通过交互使用两制动闸，能够实现绞车在零速、慢速、快速之间的相互转换。制动闸支座与绞车底座采用螺栓连接，安装孔位为对称布置，可满足不同巷道对绞车的布置要求。离合制动总成为采用弹簧施压的常闭结构形式的液压闸，通过操作手动换向阀控制，在绞车工作时实现速度变换。

(4) 滚筒。滚筒通过螺栓与传动大齿轮连接，方便拆装，传动可靠；齿轮箱大齿轮与传动大齿轮相啮合，起传动连接作用。

(5) 工作制动器。工作制动闸为采用弹簧施压的常闭结构形式的液压闸，通过操作手动换向阀控制，在绞车工作时对卷筒进行减速和停车的制动。

(6) 安全制动器。安全闸为采用弹簧施压的常闭结构形式的液压闸，该闸正常工作时处于常开状态，如发生异常情况可实现快速紧急制动。

(7) 深度指示器。深度指示器深度指示器通过小齿轮与卷筒上内齿圈啮合来显示缠绕的钢丝绳下放的长度，给现场的操作者提供判断依据。

(8) 齿轮箱。齿轮箱由传动小齿轮、大齿轮、箱体等组成。在工作中传动小齿轮带动大齿轮，最终传动滚筒，起减速、形成双排结构效果。

(9) 底座。由型材焊接成整体，在其上可以安装电动机、行星差速器、离合制动总成、齿轮箱、滚筒、深度指示器、工作制动器及安全制动器等部件，并通过地脚螺栓将绞车与基础固定。

3.1.2 绞车电气控制系统

绞车用隔爆型三相异步电动机由矿用隔爆型可逆真空磁力启动器外接矿用隔爆型按钮控制，实现正传、反转、停止操作；油泵电机由矿用隔爆型真空磁力启动器外接矿用隔爆型按钮控制，实现启动、停止操作。整个系统由一台装有矿用隔爆兼本质安全型可编程控制器的操作台来控制。

当油泵电机启动工作后，绞车用隔爆型三相异步电动机启动操作时才能得电压力超过规定值时，油泵电机自动停机，实现自动停机保护，确保液压泵系统的可靠性；矿用隔爆兼本质安全型可编程控制器操作台可实现绞车工作时深度的数字显示、低速报警、超速报警等综合保护功能。

3.1.3 绞车液压站

采用JSYB-800液压泵站，主要是为绞车的紧急制动闸、工作制动闸、调速闸一、调速闸二提供动力。紧急制动闸、工作制动闸结构为碟形弹簧制动，为常闭式，在绞车工作时依靠液压部分打开。调速闸一、调速闸二结构为碟形弹簧制动，为常开式。这种设计方式可以保证在绞车开机时，调速闸一、调速闸二处于打开状态，防止打坏齿轮及损坏绞车。

3.2 工作原理

3.2.1 主机工作原理

电机输出轴通过花键套传动常啮合的行星差速器，在快、慢速闸的相应结合下，形成零速、快速和慢速，最终传给齿轮箱及滚筒。借助缠绕在滚筒上的钢丝绳达到牵引重物的目的。

3.2.2 制动系统工作原理

紧急制动闸是在绞车主电机启动的同时迅速开启，该制动闸由液压系统提供动力，由绞车主电机控制开关间接控制其开启和抱闸动作(通过控制电磁阀的通断实现该制动闸的开启和抱闸)。调速闸一、调速闸二分别交替刹紧或全部松开，可使绞车在不停的情况下进行零速、慢速、快速间的快速转换，以实现慢速挡牵引力大用于拉重负荷，快速挡速度快用于回绳、拉空车等工况的要求。

4 JYB-65×1.83S双速运输绞车的优点

(1) 绞车采用了二级行星轮系减速传动，电机输出轴直接传动常啮合的行星差速器，在快速、慢速块式制动闸的相应结合下，形成零速、快速和慢速，最后传给齿轮箱和滚筒。可以实现电机空载启动，货载实施零速或慢速缓缓启动，避免了JYB-60×1.25绞车因急速开车、停车而损坏传动件，甚至因左、右刹车同时刹住滚筒而损坏传动件或烧毁电机。

(2) 绞车具有快、慢两个速度，慢速挡牵引力大，用于拉重负荷，快速挡速度快，用于回绳、拉空车等，能大大提高运输效率。

(3) 绞车制动分工作制动和应急安全制动，紧急制动闸、工作制动闸结构为碟形弹簧制动，为常闭式，在绞车工作时依靠液压部分打开。调速闸一、调速闸二结构为碟形弹簧制动，为常开式。

这种设计方式可以保证在绞车开机时，调速闸一、调速闸二处于打开状态，防止打坏齿轮及损坏绞车。

5 结论

自使用JYB-65×1.83S双速运输绞车代替原有绞车以来，在节能降耗、提高大斜巷提升效率及运输安全可靠性方面具有较好效果，对矿井安全生产及减员增效起到了积极作用。

新型无极绳绞车风动道岔的研制与应用

翟永贵

（铁法能源有限责任公司，辽宁 沈阳　110500）

摘　要　本文通过介绍无极绳绞车使用中通过道岔时存在的问题（无极绳绞车过道岔时，钢丝绳易与道岔钢轨摩擦，造成钢丝绳磨损加剧或损坏，严重影响无极绳绞车的安全运行；车辆通过弯道时，需要对道岔钢轨组件进行拆卸，耗费了大量人力、时间，制约了无极绳绞车的运行效率），提出了新型无极绳绞车风动道岔的研制方案（新型无极绳绞车轨道风动道岔用标准 38 kg/m 道岔改造而成，由转动曲轨、曲轨承接机构、弯道曲轨限位机构、操纵系统、轨枕组成，道岔动力源为压缩空气）。最后介绍了新型无极绳道岔的使用效果（新型无极绳绞车风动道岔解决了无极绳绞车钢丝绳通过道岔时造成钢丝绳磨损、刮卡钢丝绳的问题，延长了钢丝绳的使用寿命，提高了无极绳绞车运行的安全性，节省了人力工时，每班可节约时间 40 min，提高了无极绳绞车运行效率。该装置结构简单，操作方便，在小康煤矿井下应用取得了很好的效果）。

关键词　无极绳；道岔；应用

0　前言

无极绳绞车是煤矿井下巷道以钢丝绳牵引的一种普通轨道运输设备，适用于长距离、大倾角、多变坡、大吨位工况条件下的工作面顺槽、采区上（下）山和集中轨道等材料、设备的不经转载的直达运输；是替代传统小绞车接力、对拉运输方式，实现运输整体液压支架和矿井各种设备的一种理想装备。

无极绳绞车过道岔时，钢丝绳易与道岔钢轨摩擦，造成钢丝绳磨损加剧或损坏，严重影响无极绳绞车安全运行；车辆通过弯道时，需要对道岔钢轨组件进行拆卸，耗费了大量人力、时间，制约了无极绳绞车的运行效率。针对无极绳绞车使用中存在的问题，铁煤集团小康矿研制了新型无极绳绞车风动道岔，并进行了实际应用，解决了无极绳绞车过道岔的难题。

1　煤矿井下无极绳绞车通过道岔存在的问题

由于无极绳绞车运输的特殊性，牵引钢丝绳全程都要从轨道中心通过，这就给无极绳绞车钢丝绳如何安全通过道岔及矿车通过弯道提出了难题。无极绳绞车通过道岔一般采用在轨道上割缺口的办法（图 1），即将道岔曲轨在道心处割去 500 mm 长，使钢丝绳在割去的轨道缺口中通过；弯道过车时，需要将割断的曲轨短铁安回原处，并用道夹板夹紧。使用中发现，由于主绳在道心曲轨绳槽内通过时发生摆动，极易造成钢丝绳运行过程中被绳槽两侧切割或与轨枕面摩擦，使钢丝绳磨损严重,使用期限缩短;同时,弯道过车时,需要将割断的短铁安回原处,并用道夹板夹紧,操作十分烦琐,造成工人工作量大、工作效率低。原有的无极绳绞车通过道岔方式严重影响无极绳绞车运行安全及运输效率。

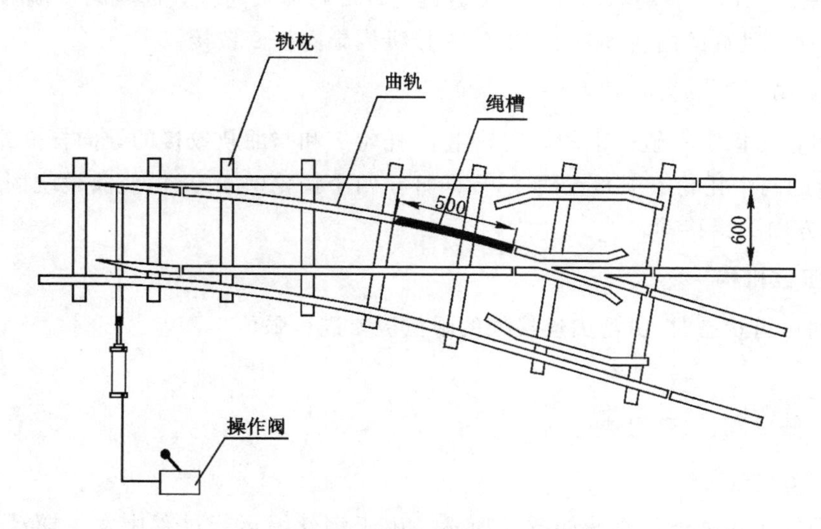

图 1　改造前无极绳绞车风动道岔

2　新型无极绳绞车轨道风动道岔组成

新型无极绳绞车轨道风动道岔用标准 38 kg/m 道岔改造而成,见图 2。该风动道岔由转动曲轨、曲轨承接机构、弯道曲轨限位机构、操纵系统、轨枕组成,道岔动力源为压缩空气。

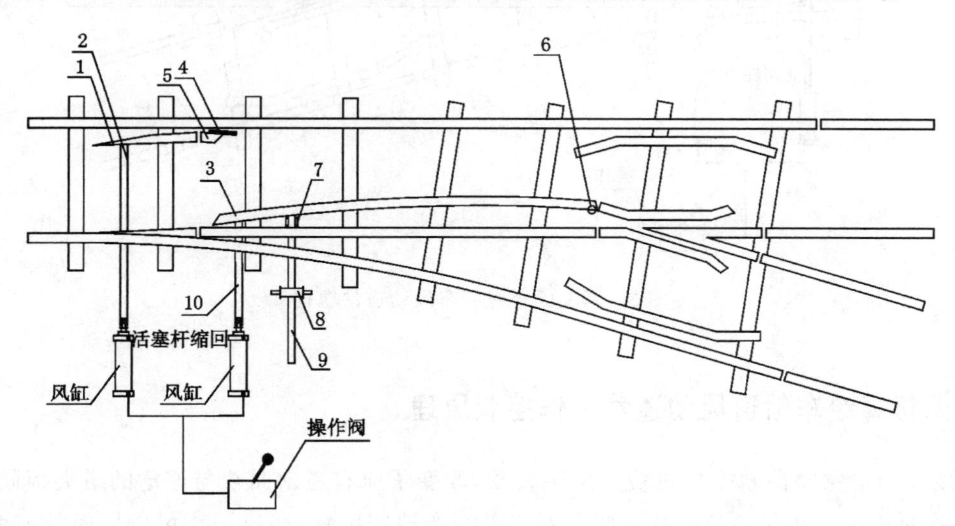

图 2　新型无极绳绞车风动道岔

1——岔尖;2——岔尖连杆;3——曲轨;4——限位板;5——短曲轨;6——铰接轴;7——托轮;8——导向轮组;9——导向杆;10——曲轨连杆

2.1 转动曲轨

将标准 38 kg/m 道岔曲轨在距岔尖 1 连接处 250 mm 处按 45°角截断，与岔尖连接部分 5 安上限位板 4，另一部分作为转动曲轨 3。岔尖通过连杆 2 与风缸连接。曲轨的一端与轨道铰接轴 6 铰接，另一端分别与风缸的曲轨连杆 10、曲轨承接机构导向杆 9 铰接。

2.2 曲轨承接机构

曲轨承接机构由固定在轨枕上的导向轮组 8、托轮 7 和与曲轨铰接的导向杆 9 组成，导向轮组 8 由两侧带轮沿的两个托轮上下布置而成，导向杆在两个托轮中间穿过，使曲轨绕固定轴转动过程中，能够按固定方向平稳移动。

2.3 弯道曲轨限位机构

当曲轨打到弯道状态时，由岔尖连接处的限位板 4 进行限位。

2.4 操纵系统

操纵系统由操纵阀、风管组成。

2.5 轨枕

新型无极绳绞车风动道岔轨枕如图 3 所示。由于钢丝绳运行过程中发生摆动易与道岔发生摩擦，因此将 36U 轨枕在中间割开长 300 mm、高 60 mm 的槽，铺设道岔时将道岔抬高 50 mm，使钢丝绳在低于轨枕面的轨枕槽内运行，防止钢丝绳与轨枕及曲轨之间的磨损。

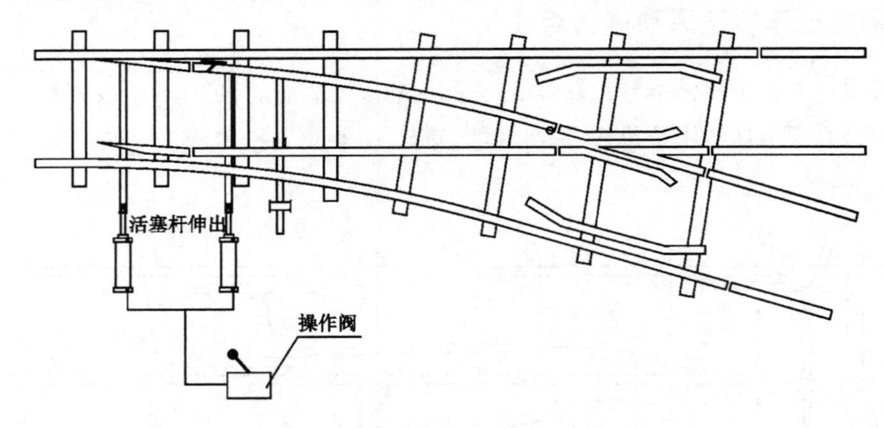

图 3　新型无极绳绞车风动道岔轨枕

3 新型无极绳绞车轨道风动道岔工作控制原理

(1) 该风动道岔将曲轨变成可绕固定轴转动，改变了原有道岔曲轨与道岔的道夹板硬连接，使曲轨可大范围转动。在岔尖及曲轨一侧分别安设一个控制风缸，通过一个风阀同时控制岔尖和曲轨的动作，实现岔尖和曲轨的联动。

控制过程：操作控制阀，压缩空气通过风管进入风缸的上下腔，使其活塞杆伸出或缩回，通过连杆使岔尖及曲轨移动，实现弯道、直道状态的转换。

(2) 无极绳绞车轨道风动道岔直道状态如图 2 所示。当需要将道岔打到直道状态时，操作风阀将风缸活塞杆缩回，曲轨打开，在道岔留出空间，道心内的无极绳绞车钢丝绳不与曲轨接触，可正常运行无极绳绞车。

(3) 弯道状态如图 4 所示。当需要将道岔打到弯道状态时,操作风阀将风缸活塞杆伸出,曲轨合上并被限位板限位,使钢丝绳处于曲轨下方的轨枕槽内,弯道可通过车辆。

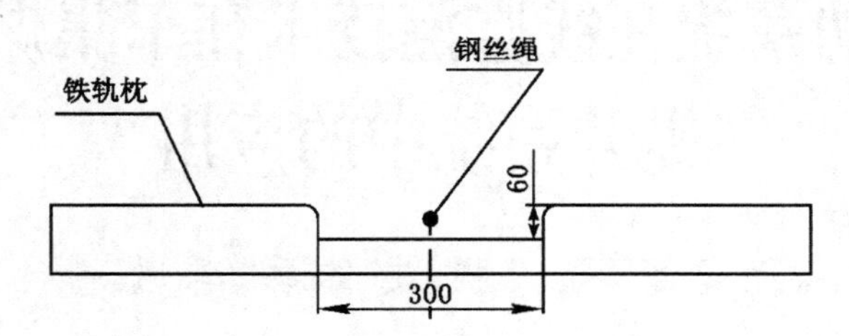

图 4　新型无极绳绞车风动道岔弯道运行状态

4　结论

新型无极绳绞车风动道岔解决了无极绳绞车钢丝绳通过道岔时造成钢丝绳磨损、刮卡钢丝绳的问题,延长了钢丝绳的使用寿命,提高了无极绳绞车运行的安全性,节省了人力工时,每班可节约时间 40 min,提高了无极绳绞车运行效率。该装置结构简单,操作方便,在小康煤矿井下应用取得了很好的效果,有很大的推广价值。

新型制动系统在线监测技术在车集煤矿副井提升系统中的应用

阮理想，张　强，赵体兵，郭激光

（河南能源化工集团永煤公司车集煤矿，河南 永城　476600）

摘　要　车集煤矿原有的制动系统监测系统仅能监测制动闸瓦与闸盘的间隙大小，无法测试制动闸的贴闸时间及制动力矩的大小，仅靠每年一次的提升机安全性能检测确定提升系统各部件的完好性能，不能实时监测制动系统的安全状态，远远不能满足《煤矿安全规程》的量化需求，针对副井提升制动系统存在的安全隐患，结合现代传感技术、计算机技术、通信技术提出新型制动系统的实施方案，同时系统分析了该监测装置应用于煤矿提升制动系统的优点及关键技术，有效避免了因制动系统故障导致的提升事故，具有巨大的经济效益与社会效益。

关键词　制动系统；监测装置；制动力；闸间隙

0　前言

矿井提升是煤矿生产中的重要环节，是联系井上下的中心枢纽，担负着原煤、人员、材料及设备的提升任务，很多设备都需要具备严格的准停位置、准停时间等，这些设备的运行大多与制动系统的性能直接相关。因此若能对制动系统进行深入研究，可以在很大程度上解决设备运行过程中的不安全问题。煤矿大型设备的制动系统则是保证设备安全运行以及实现正常减速停机，或者在各种故障情况下执行紧急制动安全停车的最终手段，通过对制动系统工作原理的深入研究，应用先进的传感技术、通信技术对制动系统的工作状态进行实时监测，实现制动力矩、闸瓦间隙、液压站油压的在线监测，保证提升系统的安全制动。

1　制动系统监测装置总体设计

根据车集煤矿副井提升系统制动装置的运行特点，综合运用无线传输、远程通信、虚拟仪器等先进技术，通过多种传感器、信号采集卡、计算机及相关配套器件组成，多种传感器包括安装在闸瓦上的闸间隙传感器、安装在闸内部的正压力传感器、焊接在油管上的油压传感器等三种传感器组成，上位机监测软件完成对采集数据的计算和分析，实现预定的功能。总体设计如图 1 所示。

2　功能模块的设计与实施

2.1　制动油压功能设计与实施

液压站是制动器的驱动机构，为各制动闸提供压力油，以达到开闸和制动的目的。若闸松不

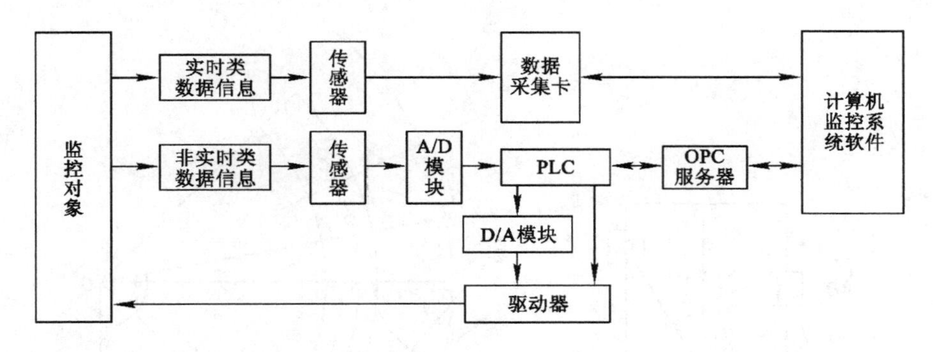

图 1　监测系统设计原理图

开而导致提升机不能运行，只是故障而不属于安全事故，若提升机正在运行必须制动时却不能回油制动，将导致所有制动闸不能制动的重大安全事故，因此液压站的可靠性决定了提升机的安全运行。在液压站上安装油压传感器和安全制动回油时间监测板，监测安全制动时间从而诊断回油路的畅通和堵塞情况，在液压系统供油回路上安装紧急手动回油阀，确保制动闸回油制动可靠。

2.2　闸间隙监测功能设计与实施

以闸盘为基准，在闸腿上安装一个非接触式闸间隙传感器，实现对闸间隙的监测，以闸盘为基准，在线监测闸盘的偏摆量。非接触式电涡流位移传感器主要由探头、延伸电缆线和前置器组成。具体测量中，传感器探头安装在被监测位移部件上，被测部件的微位移通过动探头的位移反映出来，传感器测到的间隙信号经变换处理变为标准的 0～5 V 的直流电压信号或者 4～20 mA 的电流信号，通过延伸电缆传输到前置器中进行预处理，再通过屏蔽电缆进入信号柜。非接触式闸间隙传感器安装如图 2 所示。

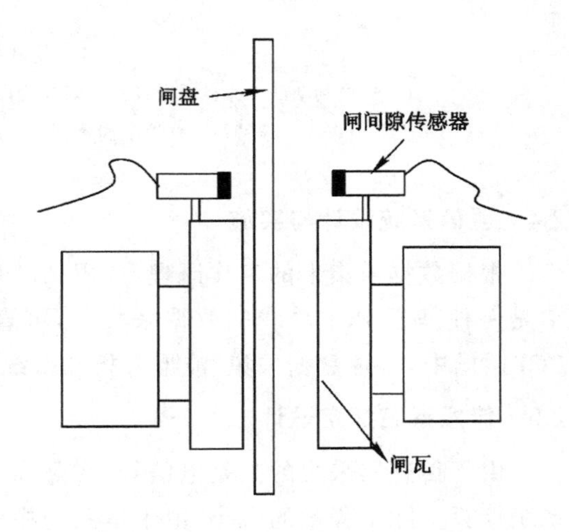

图 2　闸间隙传感器安装示意图

2.3　制动力矩功能设计与实施

制动力矩测定常用的方法是用手拉葫芦或天车拉动提升机滚筒来测量制动力矩，如图 3 所示，一对闸的测量过程是将滚筒转到 OA 与钢丝绳垂直位置，逐渐拉紧倒链直至滚筒开始转动，记录滚筒开始转动瞬间时刻拉力传感器数值，拉力乘上测量半径等于制动力矩。测量时钢丝绳拉动滚筒转过了一定角度，使得 OA 与钢丝绳之间的夹角由直角变成了钝角，该方法从测量原理上存在误差。

由于传统测量力矩的方法不完善，测量原理上存在的误差过大，影响测量精度，根据渐开线性质，研究设计了渐开线力矩测量装置，将千斤顶 6 水平安放在地基上靠近地下洞室 8 的边缘处，然后量取被制动的工作机圆盘 1 轴心 O 到千斤顶轴线 3 之间的距离作为渐开线齿轮 2 上的渐开线基圆半径，加工的渐开线齿轮 2 上的渐开线起始位置为 A、终点位置为 B，千斤顶 6 的顶杆 4 顶在渐开线齿轮 2 的渐开线上推动滚筒转动过程中，推力 F 方向一直保持不变并与渐开线齿轮 2 的基圆半径为 R 渐开线基圆相切，R 也是力臂为常数，制动力矩计算公式为 $M=FR$。其测量原理如图 3 所示。

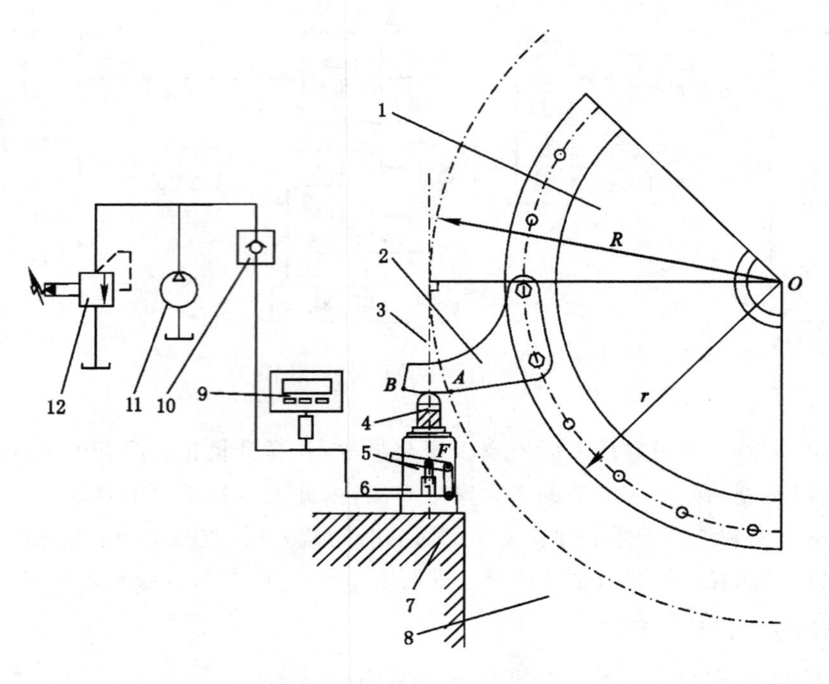

图 3 渐开线形制动力矩测量原理

1——被制动的工作机圆盘；2——渐开线齿轮；3——千斤顶轴线；4——顶杆；5——手动连杆机构；
6——千斤顶；7——地基；8——地下洞室；9——测油压装置；10——单向阀；11——液压泵；12——可调溢流阀

2.4 通信系统设计与实施

根据数据采集卡的工作原理，选用 Art-PIC2006 数据采集卡完成通信系统的设计。数据采集卡是一种基于 PCI 总线的数据采集卡，可直接插在 IBM-PC/AT 或与之兼容的计算机内的任一 PCI 插槽中，实现数据采集、波形分析和系统处理。

2.5 传感系统标定设计

由于传感器采集的只是电信号，实际需要的张力值是工程量，因此必须设计一套传感器标定系统计算实际工程量的大小，由于本系统中使用的传感器实际值与测量值符合线性关系，可以用最小二乘直线拟合的方法对传感器进行标定。最小二乘法是以误差理论为基础，在数据处理中误差最小，精确性最好。假设实际工程值为 Y，传感器的测量值为 X，则工程值与测量值符合如下线性关系：

$$Y = aX + b \tag{1}$$

根据最小二乘法可以确定式(1)中的系数 a、b 的值，要使式(2)所确定的 W 值最小。设计程序流程如图 4 所示。

$$W = \sum_{i=0}^{n-1} [y_i - (ax_i + b)^2] \tag{2}$$

2.6 抗干扰系统设计与实施

在信号采样时，由于外界干扰很容易导致信号失真，在测控系统中常用滤波技术来消除干扰。滤波器的原理是：根据频率的不同产生不同的增益，使特定频率的信号突显出来，其他频率信号则被衰减，达到消除干扰的目的。在本系统中，由于信号频率相对不高，常采用 RC 滤波器，由于其结

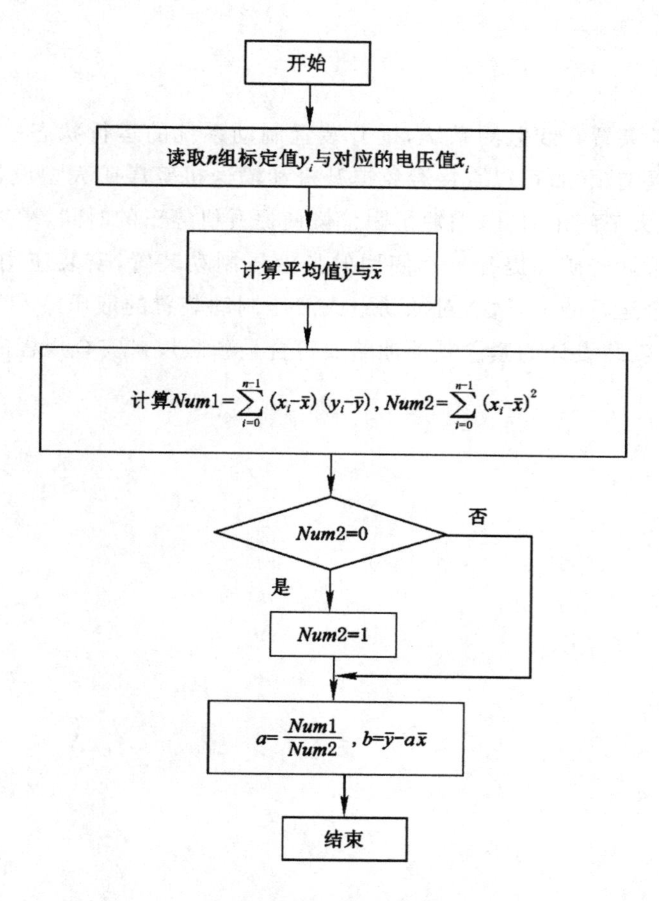

图 4　传感系统标定设计

构简单，抗干扰性强，有很好的低频性能，选用标准阻容元件也容易实现，因此在本系统中设计了一阶低通滤波器，它能很好地滤除系统中的高频信号，衰减幅度波动等干扰源。

3　系统功能

（1）液压站回油制动可靠，为保证液压制动系统回油可靠，确保提升机在运行过程中能可靠制动，在液压站出油侧安装紧急制动回油阀与油压传感器，诊断油路的堵塞与畅通情况，传感器误差小于1%。

（2）在每个制动闸上安装正压力传感器，直接监测制动正压力，诊断蝶簧渐近疲劳及断裂、制动闸卡阻故障，制动正压力传感器误差≤1%。

（3）根据所测量的制动力矩和监测的制动正压力计算摩擦系数，在线监测总制动力矩，若小于3倍的最大静负荷力矩，语音报警或闭锁提升机。

（4）监测闸间隙，显示各闸间隙的最大值、合闸次数、滚筒偏摆量，闸间隙传感器误差≤2%。

（5）立体动画形式的监测画面，实现了制动闸动作、压力油流向与实际设备动作同步，形象反映设备运行情况；具备实时数据浏览、数据曲线绘制及历史数据查询等功能；出现故障后语言报警或闭锁提升机。

（6）具有网络远程浏览功能，能提供标准接口接入数字化平台。

4 结论

通过安装应用制动装置在线监测系统，提升装置制动系统的运行状态一目了然，发生故障或有故障趋势时系统可提前预知，可以直接避免提升机和输送机等煤矿大型设备机毁人亡的重大事故，同时为检修人员大大节约了时间，缩短了因检修使提升机停车的时间，增加了煤的提升量。

目前我国有数以千计的矿井提升机都使用的是液压制动装置，安装应用新型在线监测系统，可大大提高提升机安全运行的可靠性，对推动组成液压制动装置的液压站和制动器的技术进步将起到重大的作用，并且安装设计的紧急制动油路要符合最新版煤矿安全规程的要求。

岩巷掘进连续排矸系统的探索与应用

甄彦峰,王　晖,董庆伟

(河南焦煤能源有限公司九里山矿,河南 焦作　454000)

摘　要　九里山矿鉴定为煤与瓦斯突出矿井,为保证区域瓦斯治理达标,需要在掘进工作面之前首先施工区域瓦斯治理巷道,为抽采煤层瓦斯做准备。巷道掘进时,一般采用耙矸机配合1吨U形箱式矿车排矸。由于该排矸方式属于不连续作业,严重制约巷道掘进速度,影响瓦斯治理达标时间。为提高岩巷排矸速度及掘进速度,将原来矸石直接耙矸机装矿车运输方式改造为带式输送机配合储矸仓运输排矸,做到机轨合一,实现掘进时连续排矸,缩短矸石装载、运输时间,做到排矸不影响掘进工作面的支护作业等工序,实现平行作业,避免相互交叉影响的现象,提高排矸、掘进的速度和效率。

关键词　岩巷掘进;带式输送机运输;连续排矸;机轨合一

1　原运输系统介绍

随着岩巷掘进设备的不断升级,很大程度提高了岩巷掘进过程中破岩、支护等工序施工速度,但是造成掘进工作面排矸及运输成为占用单个作业循环时间最长的工序。根据正常岩巷掘进工作面单个作业循环时间布置,一般情况下排矸及运输工序占用一个作业循环时间的40%左右,已经成为制约岩巷快速掘进的关键因素。

矿井原岩巷掘进中的排矸运输系统一般采用掘进工作面耙矸机出矸,矿车装矸、调度绞车运输的排矸方式,该排矸方式工序复杂、连续性差、排矸效率及人员利用率较低。耙矸机在装矸时,由于需要在掘进工作面岩巷壁上固定牵引耙矸机耙斗的导向滑轮,为了保证安全,此时耙矸机以里是不能进行任何作业的。耙矸机装矿车时,由于受到耙矸机卸料斗长度的影响,一般在卸料斗的下方只能存放2辆1吨U形固定箱式矿车。装满以后需要使用调度绞车将2辆矿车运输到巷道风门以外才能将下一列矿车运输到掘进工作面重新装矸,矿井使用的调度绞车运输速度一般为0.85 m/s,随着巷道掘进距离的延长,每趟运输时间会随之加长,从而增加排矸及运输时间,严重影响掘进工作面后续工序的施工时间,从而降低巷道掘进速度。

2　连续排矸系统的组成及排矸方式

为彻底解决排矸及运输系统严重制约巷道掘进速度的问题,矿井根据巷道及掘进工作面实际情况,设计采用耙矸机→带式输送机→储矸仓→耙矸机→矿车的新型排矸及运输形式,极大程度地提高了排矸及运输效率,缩短了掘进工作面其他工序的时间。连续排矸系统主要技术参数如下：

(1) 掘进工作面耙矸机采用 P-60B 型，排矸效率为 60 m^3/h，将耙矸机稳设在轨道上，并在耙矸机卸料口安装一个溜矸槽，将耙入卸料斗的矸石通过溜矸槽直接卸入带式输送机。

(2) 带式输送机采用 DTL60/30/2×30 型，胶带宽度为 600 mm，运输速度为 1.6 m/s，满负荷运输能力为 300 t/h，该带式输送机中间架宽为 0.95 m，一般将带式输送机铺设在巷道一侧，距巷帮 300 mm。掘进工作面每掘进 30～50 m 耙矸机向前移动一次，带式输送机机尾随耙矸机移动时延长。由于该带式输送机驱动装置没有储带仓，在延长带式输送机时需要准备 2～3 节 30～50 m 长的输送带短节，配合耙矸机前移距离的延长，当短节输送带长度达到 100 m 左右时，将短节更换为整条输送带。距离带式输送机不小于 500 mm 的位置，铺设运行矿车的 600 mm 轨距道轨担负辅助运输任务，主要用于运输掘进工作面使用的支护材料及喷浆料，掘进巷道实现机轨合一。

(3) 储矸仓设计在掘进巷道以外，长 30 m、宽 1.5 m、高 1.2 m，储矸仓一侧利用巷帮另一侧采用 300 mm×300 mm 的料石砌成，料石墙宽为 600 mm，整个矸仓储矸能力可以保证掘进工作面 2 次及以上的破岩量。

(4) 储矸仓处的稳设的耙矸机同样使用 P-60B 型，保证耙矸速度可以与掘进工作面相匹配，该耙矸机直接将矸山装在 1 吨 U 形矿车内，装载一列车后将矸石通过调度绞车运输到主轨道车场。

排矸方式：耙矸机将掘进工作面的矸石通过溜槽直接卸载到带式输送机上，带式输送机将矸石运输到巷道外的储矸仓内，一次性连续将掘进工作面的矸石排完。掘进工作面再次进行支护→打眼→爆破等作业循环工序，实现排矸与掘进工作面其他工序同步作业。

3 连续排矸方式的应用效果

(1) 通过铺设跟随掘进工作面的带式输送机，当耙矸机距离掘进工作面达到规定距离需要前移时，将带式输送机的输送带从接口处切断，将耙矸机及带式输送机机尾前移到位后，铺设带式输送机中间架，将准备好的输送带短节直接连接在输送带上，延长完成后将输送带张紧即可。

(2) 通过带式输送机连续将掘进工作面的矸石运输到储矸仓，矸仓处的耙矸机将矸石储存在矸仓内，待运料工将掘进工作面所需要的支护材料运输到位后，运输人员再将储存在矸仓内的矸石装载到矿车上运输到轨道车场。

(3) 通过带式输送机连续排矸，一般掘进工作面的矸石完全排完与原排矸系统相比较可以缩短排矸时间 2 h 左右，可以让下一个作业循环提前 2 h 施工，从而提高巷道掘进速度，而且带式输送机运输与轨道运输相比较，极大程度提高了运输安全系数。轨道运输就可以只运送掘进工作面需要的物料，做到排矸、运料、支护等工序平行作业。

4 结论

通过改造连续排矸运输系统，很大程度上缩短了掘进工作面排矸环节所需的时间，减少掘进工作面作业空闲间隔，实现了掘进工作面支护、材料运输、矸石运输等工序的平行作业，提高了排矸效率，并且缩短了掘进工作面一个作业循环时间，为掘进工作面快速掘进提供了先决条件，同时赢取了区域瓦斯治理时间，为矿井采掘接替提供了有力保障。

液压驱动大坡度多转弯架空乘人装置在吴寨矿的探索应用

刘亚伟[1],吴耀伟[1],曲德臣[2],涂战领[1]

(1.平顶山天安煤业天力有限责任公司吴寨矿,河南 平顶山 467000;
2.平顶山天安煤业有限责任公司机电处,河南 平顶山 467000)

摘 要 架空乘人装置是用于矿井水平及倾斜井巷连续运送人员的装置,能很方便、很安全地将人员运送到各采区,但其适用范围仍存在局限性,本文结合天力公司吴寨矿实际情况,介绍了液压驱动大坡度多转弯架空乘人装置的探索和应用,从技术关键点、管理难点和解决方案等几个方面加以介绍。

关键词 液压驱动;大坡度;多转弯;探索;应用

0 前言

为减轻职工的劳动强度,吴寨矿在东斜井、联络巷、运输转载巷、己$_{17}$运输巷四段巷道安装一部架空乘人装置,运距为1 050 m。但此四段巷道不在同一条直线上,且长度和坡度均不同,其中行人斜井长为440 m,联络巷长为155 m,运输转载巷长为165 m,己$_{17}$下山长为270 m,从上而下依次经过163°、125°、148°三个转弯,坡度自上而下依次为:斜井23°、联络巷13°、运输转载巷3°、己$_{17}$下山最大处24°。经研究和论证,安装了一部RJKZ75-35/2000U型液压驱动架空乘人装置,并强化现场安全管理,确保了设备安全平稳运转。

1 矿井及巷道简介

平顶山天安煤业天力有限责任公司吴寨矿为集团目前正在生产的老矿井之一,由原小型矿井发展而成的中型矿井。矿井1987年破土动工,1989年10月建成投产,设计生产能力为0.12 Mt/a。进入20世纪90年代后不断改造,2005～2007年期间吴寨矿进行了矿井技术改造,并通过了河南省煤炭工业局验收,矿井生产能力已达到0.45 Mt/a。现已通过产业升级达到0.9 Mt/a。吴寨矿原有东、西斜井为混合提升井,矿井改造后,新增加皮带斜井提煤,东斜井撤掉原有提升机,安装架空乘人装置专门用于升降人员,西斜井担负除升降人员外的所有辅助提升任务,并能满足整体升降液压支架等大型设备的任务。为减轻工人的劳动强度,矿决定将东斜井、联络巷、运输转载巷、己$_{17}$运输巷四段巷道全部安装架空乘人装置,运距为1 050 m。但此四段巷道不在同一条直线上,且长度和坡度均不同,其中行人斜井长为440 m,联络巷长为155 m,运输转载巷长为165 m,己$_{17}$下山长为270 m,从上而下依次经过163°、125°、148°三个转弯,坡度自上而下依次为:斜井23°、联络巷13°、运输转载巷3°、己$_{17}$下山最大处24°。巷道条件见图1。

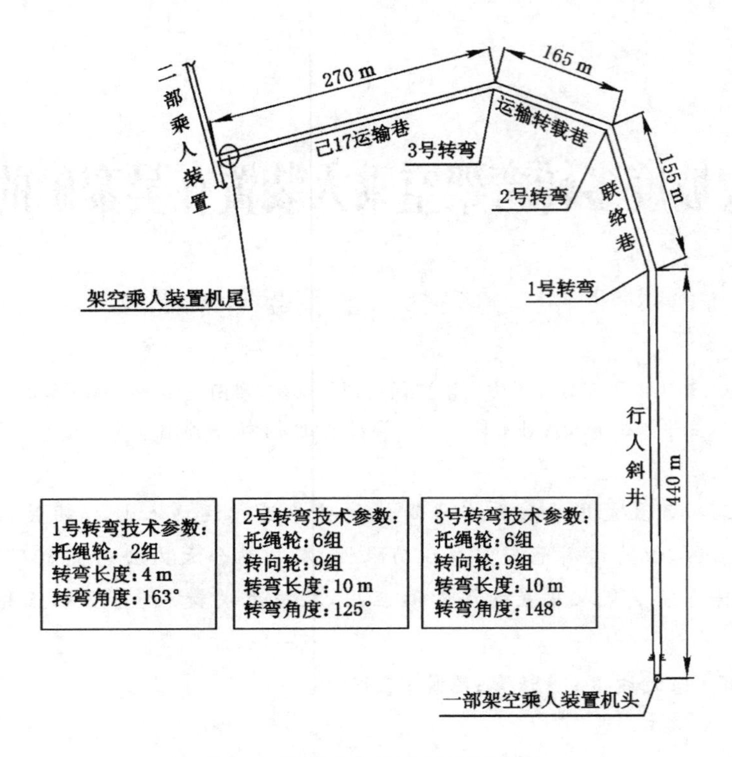

图1 架空乘人巷道平面示意图

2 技术关键点

2.1 驱动方式的选择

蜗轮蜗杆传动的缺点是传动摩擦损失比较大,效率低。蜗轮减速机一般采用有色金属做蜗轮,在运行过程中,就会产生较高的热量,使减速机各零件和密封之间热膨胀产生差异,从而在各配合面产生间隙,而油液由于温度的升高变稀,容易造成泄漏,会出现蜗轮磨损和轴承损坏。

变频调速存在如下缺陷:一是价格昂贵;二是产生的谐波干扰,直接影响其他电气设备的工作,有时甚至使其他电气设备无法正常工作;三是工作性能不稳定,核心元件易损坏;四是调速范围受限,且防爆变频器及其配套的变频电机价格较高;五是配置变频器的驱动装置电机启动时也是带负荷启动,不能空载启动;六是减速机安装方位存在一定的局限性。

液压驱动系统的优点是:① 液压驱动能实现无级调速和正反转;② 可以实现电机空载启动,从而提高电动机和电气元件的使用寿命;③ 可以任意设定启动和停车的加、减速特性从而提高乘坐的舒适性;④ 可靠性高,液压驱动装置采用结构紧凑、调速方便且能适用于恶劣环境的闭式液压传动系统,因而不容易污染系统。⑤ 与等功能的机械驱动装置相比,造价偏低,使用寿命长。

经论证选型,吴寨矿选用了 RJKZ75-35/2000U 型架空乘人装置,采用液压驱动,液压油泵型号为 HPV135-02RH1P,液压马达型号为 A2FE107/61W-VZL100,液压减速机型号为 713C3B34A097H65WHWU26。

2.2 架空乘人装置在运输转载巷的安装,形成“皮机合一”

架空乘人装置需经过运输转载巷,该巷道同时安装有带式输送机,须将原巷道断面扩大,将工字钢棚支护改造为锚喷支护,带式输送机与架空乘人装置隔开。转载巷断面改造及架空乘人装置安装断面(综合)示意图见图 2。

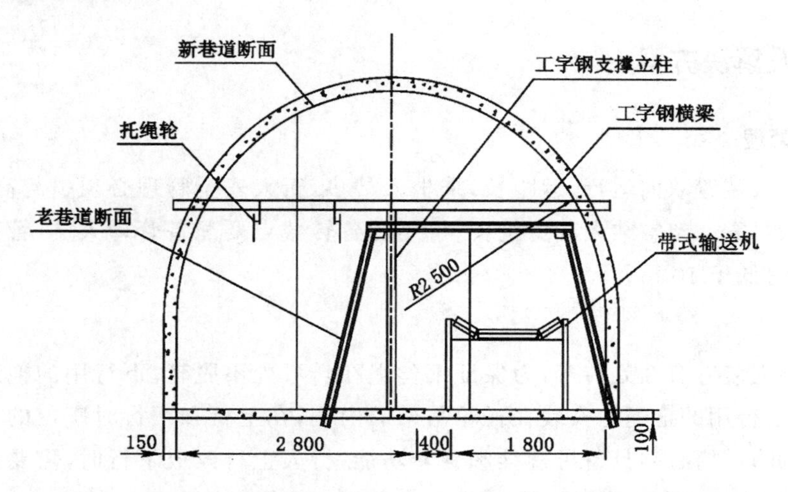

图 2 转载巷断面改造及架空乘人装置安装断面(综合)示意图

2.3 转弯装置安装

本装置共有 3 个转弯,此处以 2 号转弯处横梁安装为例加以说明。

依据转弯装置横梁安装图(图 3),首先检查转弯装置横梁的安装是否符合设计要求,不符合要求的必须整改,在横梁上做好安装中心线标记,安装吊梁及转弯轮固定板,安装转弯轮及双压轮

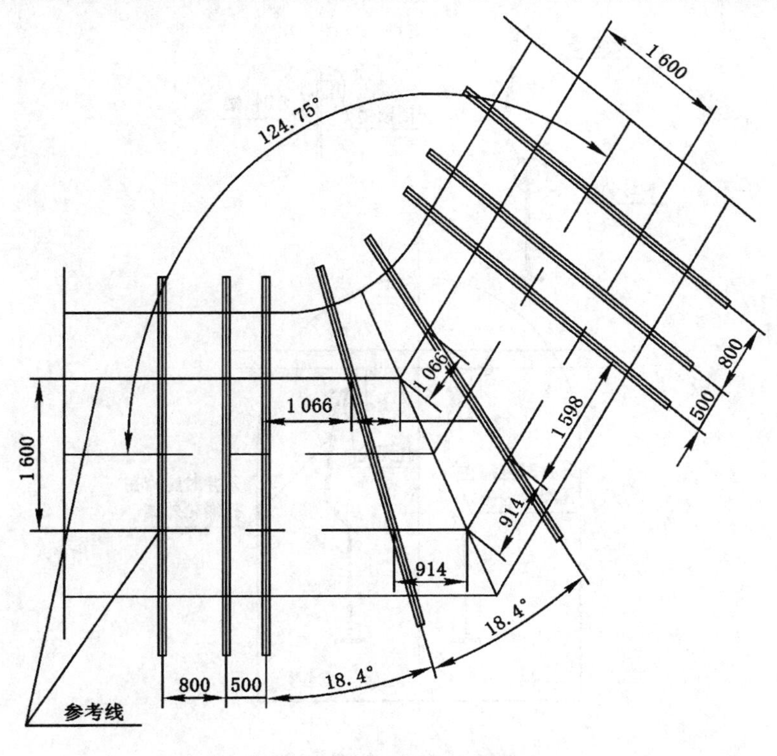

图 3 转弯装置横梁安装图

绳，调整轮距，使外弧转弯外侧轮槽中心和内弧转弯轮内侧轮槽中心到安装中心线的距离均为钢丝绳间距的一半，调节方法为转弯轮和转向轮吊架配合调节。

3 管理难点及解决方案

3.1 行人安全管理

由于架空乘人装置双向运行，运距长，乘坐人员多，行人安全管理必须引起高度重视，各项保护要齐全、灵敏、可靠。架空乘人装置机头、机尾和各转载点要配备管理人员，管理人员要高度负责，行人间距不得低于 10 m。

3.2 座椅管理

由于架空乘人装置有 3 处转弯，为保证钢丝绳在转弯处不脱轮，下行用的拖绳轮安装在托轮吊架的外侧，而上行用的拖绳轮安装在托轮吊架的内侧，在上行和下行时座位的方向与乘人装置方向不一致，因此，吊椅必须具备可摘挂和旋转功能，行人上行改成下行时，需要将该吊椅前后旋转 180°，座椅使用方法（图 4）如下：

（1）人面向钢丝绳运行方向，将座椅立放在身前，用脚和双腿固定住座椅。

（2）打开座椅中间的闭锁装置，旋转座椅上部，使抱索器与钢丝绳平行后，闭合闭锁。

（3）确认抱索器在吊椅杆前方，双手托起座椅，吊挂，乘坐。

（4）需要下车时，人员平稳站立后双手托举座椅，使抱索器脱离钢丝绳，摘下座椅放到指定地点。

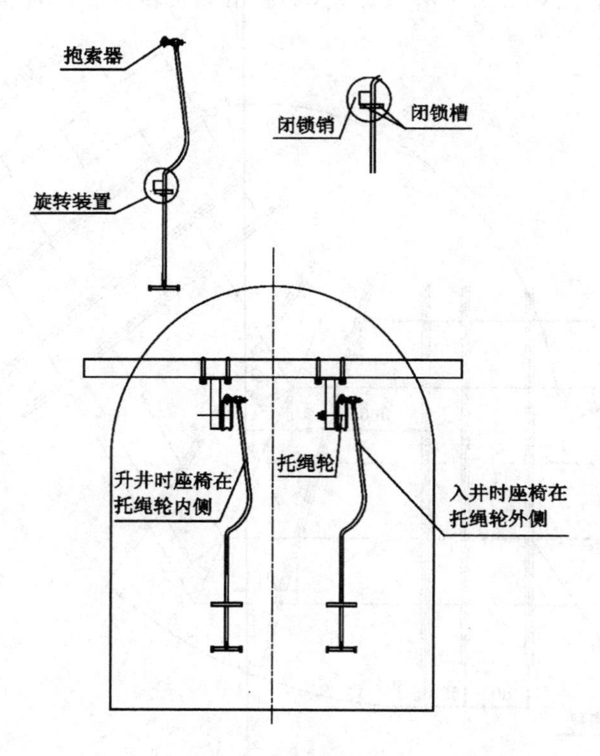

图 4　座椅使用方法

该装置同时满足工人上下井，吊椅较多，机头和机尾处座椅容易杂乱，为不影响正常运输，机头和机尾加工吊椅托架，规范座椅码放。

4 结论

通过研究和论证，液压驱动大坡度多转弯架空乘人装置在吴寨矿成功安装并投入运行，实现了安全、持续运转。

地面排矸系统改造

吴　刚，万金鹏，纪维新，张　元

（山东能源新汶矿业集团有限责任公司孙村煤矿 山东 泰安　271219）

摘　要　孙村煤矿是一座由新中国成立前年产不足万吨的小煤窑发展起来的百万吨矿井，采深已达 1 000 m。多年开采产生的煤矸石堆积造成了矸石山容积已近饱和，新增矸石堆放已成为制约矿井发展的难题。大量煤矸石堆积在地面，不仅占用了 200 多亩的土地，还占用了大量设备和人员，且安全隐患多，还对城镇环境和汶河水系造成严重污染。为解决矿井发展难题，对地面排矸系统进行改造，为矿井的发展提供了空间。

关键词　地面排矸；系统改造；消除隐患；矸石不上山

0　前言

孙村煤矿本井田矸石山位于工业广场东北方位，南邻新汶电影院、重介质厂及部分居民自建房，南侧还敷设有宿舍区供暖、煤气管路，东临张庄社区林地，北邻柴汶河南岸岸堤，西侧为孙村社区制砖厂，占地 10.1 万 m^2，斜长为 308 m，斜坡道平均坡度为 19°，坡道宽度为 5.03 m，山垂高为 90.15 m；主要排放本井田－210 m 水平掘进矸石、－600 m 水平部分掘进矸石以及洗选矸石。采用 2JTK-1.6 型矿用提升机绞车双钩提升，分段铺设 43 kg/m 和 30 kg/m 的钢轨；装载设备采用自动开闭扇型闸门实现自动装载；排矸设备采用 PGSC-2.2M3V 型三面翻斗车运送矸石；山顶有 2 套 4 部 SGW-40 型刮板输送机，每套各有一部南北刮板输送机和东西刮板输送机组成。三翻车到山顶后卸载，通过南北刮板输送机倒运到东西刮板输送机上卸载。

1　矸石山排矸情况

本井田矸石山主要担负洗选厂的洗选矸石排放任务，排矸量平均每天为 943 t，平均每天约为 297（＝943/2.2/1.7/0.85）钩，平均每班约为 99（＝296/3）钩，排矸任务十分繁忙。

2　系统存在的主要问题

随着矿井矸石的不断排放，本井田矸石山不断外延，由于本井田矸石山位置的特殊性，已经无法扩地增容，现矸石山除东及东南侧可以卸矸外，其他方向均已到边界，不能卸矸。但洗选排矸量逐渐增加，最多服务 6～8 个月，到时地面将无法排矸，直接影响矿井的正常生产。由于设备设施质量、人员素质及正规操作情况成为制约矸石安全排放的重要因素。较好的解决矸石山存矸问题,对矿井正常生产的影响和对周边环境的影响问题,消除安全隐患,研究、实施地面排矸系统优化,实现矸石不上山,已成为亟待解决的矸石运输课题。

2.1 矸石山存放空间小,矸石将面临无地排放的困难

本井田矸石山占地面积约为10.1万 m^2,现储矸量约为100万 m^3,根据矸石山提升工作量统计计算,矸石山平均月提升工作量为8 899车,每月矸石量约增加2.829 0万t,由于本井田矸石山位置的特殊性,已经无法扩地增容,现矸石山除从上向下推平摊放矸石外,其他方向均已到边界,无法卸矸,最多服务6~8个月,到时地面将无法排矸,直接影响矿井的正常生产。

2.2 占用设备、人员多

自山底到山顶共有设备20多台(部),设备操作频繁,维护工作量大。现本井田矸石山每班安设岗位工5人,其中山顶信号工1人、刮板输送机司机1人、山下信号工1人、验收员1人、维修工1人。绞车房安设司机2人。整个矸石排放系统每班占用岗位工7人。

2.3 安全隐患多

自山底到山顶共有设备30多台(部),岗位人员10余人,设备操作频繁,维护工作量大,加上各岗位工多为井下生产单位老、病人员调入后担任的,人员技术素质较差,操作行为难以有效控制;绞车钢丝绳提升,存在断绳及带绳跑车,钢丝绳伤人,矸石滚落,刮板输送机伤人,雷击伤人,矸石山爆炸、崩塌、滑坡等事故安全隐患,可能造成人员伤亡或重大运输事故。

2.4 环境污染大

矸石山所在地区为新汶城区中心所在地,从城市建设和环保角度考虑,矸石山作为固体废弃物存放地点,既影响城市建设的形象,又是重大环境污染因素之一。煤矸石在遭受淋溶水的作用下,将污染周围的土壤和地下水。同时,因煤矸石中含有一定的可燃物,在一定条件下会发生自燃,排放出二氧化硫、氮氧化物、碳氧化物和烟尘等有害气体,污染大气环境,严重影响矿区居民的身体健康。如果煤矸山堆存方式不当,还可发生塌方、垮塌、崩塌等灾害事故。

3 解决方案

随着采煤工作面矸石充填技术的不断成熟应用,井下掘进生产出的矸石用于充填工作面,不再升井,将减少矸石升井数量0.68万t,占总排放量的18.7%。向矿外排放的矸石全部为洗选小矸石和动筛矸石,因洗选小矸石现在已经实现汽车外运不上山,因此,需要上山的矸石以动筛矸石为主。根据洗选厂核子秤动筛排矸量统计,平均月排放量为2.829万t,动筛每班平均运行6.5 h左右,由此可以测算,动筛每小时排矸约48.36 t,可以考虑采用充填消化一部分矸石,剩余的外委汽车外运,解决矸石山的处理问题。矸石皮带现有系统不变,在卸小矸石位置,在大矸石皮带上安卸矸器,卸至砖厂大门与带式输送机头之间的空地上,用汽车装矸后运走。

3.1 工作量

(1) 利用原大矸皮带上卸矸位置、卸矸器及在皮带走廊上开的卸载口,进行整修加固。

(2) 更换溜矸槽。

(3) 起高供热供气管路。

3.2 优缺点

(1) 优点:① 利用原系统改造工作量小;② 节省山底至山顶岗位工及设备;③ 维修量最小;

④ 矸石随排随运环境污染小；⑤ 施工过程中不影响排矸。

（2）缺点：① 排矸地域小且存矸量少；② 缓冲量小；③ 易受外界因素制约；④ 提煤时影响矸石排放。

4 方案的实施

4.1 方案设计、现场测量、理论研究

改造矸石漏斗前通道；迁移重介质厂、改造卸料漏斗，进行工业性试验。

4.2 研究工作步骤

（1）现场分析和调查研究；

（2）理论分析、研究与方案设计；

（3）排矸系统优化、改造；

（4）排矸系统的试验、调试及改进；

（5）总结汇总材料。

4.3 项目创新点

（1）推动彻底解决矸石山对周围居民住户、企业厂房车间及设备设施等存在的威胁，消除矸石山自燃、崩塌、滑坡等隐患，确保安全生产。

（2）占用人员少，占用空间小。

（3）安全可靠、操作简单，职工劳动强度小。

（4）设备维护量小，基本无维护工作量。

（5）停运矸石山，实现矸石不上山。

5 技术经济分析

5.1 减少的运行费用分析

（1）减少的设备费用：

绞车费用：一部 1.6 m 绞车，设备租赁费用每年为 11.48 万元；

矸石山提升提升钢丝绳投入：平均矸石山提升钢丝绳每三个月更换一次，每根钢丝绳价值 2.1 万元，总值为 2×2.1×4＝16.8 万元；

需更换矸石漏斗 1 个 4.6 万元，需更换三翻车 2 辆 7.4 万元；

矸石山顶 3 部排矸刮板输送机年设备租赁费用为(包括开关在内)7.82 万元，则年费用为 7.82×3＝23.46(万元)；

合计：11.48＋16.8＋4.6＋7.4＋23.46＝63.74(万元)。

（2）减少的人工费用：

占用人员多，每班按绞车司机 2 人、维修工 3 人(其中查绳工 1 人、运输工区维修工 1 人)、山底信把工 1 人(兼放漏斗)、验收员 1 人、山顶 2 人(信把工 1 人、刮板输送机司机 1 人)共计 9 人，工人工资按每人年工资 1.8 万元，岗位工按三班人数计算，减少的人工费用为 9×3×1.8＝48.6 万元。

（3）减少的电费、维修费：

每年需用电费：按照每天提升矸石 296 车计算，电费为：(115 kW·h＋60 kW·h)×3.8×296

÷60×340 天×0.49 元/kW·h≈54.655 9(万元)；

研石山绞车及设施每年维修费为 5.7(万元)；

每部刮板输送机每年维护费用 2.5 万元，则 3 部的维修费为 2.5×3=7.5(万元)；

合计：54.655 9+13.2=67.855 9(万元)；

减少的年运行总费用为：51.74+48.6+54.655 9+13.2=168.195 9(万元)。

5.2 需支付的费用

(1) 矸石外运费每年 45 万元。

(2) 整修加固卸矸器、卸载口，更换溜矸槽，起高供热供气管路。总计费用 38.67 万元。

改造后年节省的总费用为 168.195 9−45−38.67=84.525 9(万元)。

5.3 性能比较

(1) 连续运输能力：带式输送机可以连续运行，而不像轨道提升一样需要一定的时间装卸载和运行，具有连续运输能力强的特点。

(2) 占用设备及维修情况：带式输送机系统占用设备少，维修量小，故障少。而现有的轨道提升系统占用设备多达 30 台，维修量大，故障多。

6 社会效益及推广应用前景

(1) 彻底解决矸石山对周围居民住户、企业厂房车间及设备设施(如煤气管道、采暖管道、气柜)等存在的威胁，杜绝矸石山自燃、崩塌、滑坡等现象，确保安全生产。

(2) 满足我矿现有矸石排放不上山要求，实现停运矸石山。

(3) 从城镇建设和环保角度考虑，美化城市环境，减少城市建设的污染源。

(4) 消除地面矸石山隐患，进一步推动矿井减人提效和安全生产，具有相当广阔的发展前景。

7 结论

通过对地面排矸系统进行改造，提高了系统能力和矿井抗风险能力，为国内老矿井的可持续发展提供了较为先进的可靠经验。

绞车联动斜巷防跑车装置的研制与应用

刘 勇，刘 涛

（兖矿集团兴隆庄煤矿，山东 济宁 272102）

摘 要 本文主要阐述了绞车联动斜巷防跑车装置的组成、结构原理、设备布置、运行效果及系统创新点，同时对取得的综合效益和推广前景作了介绍。

关键词 防跑车装置；结构原理；布置应用

煤矿井下辅助运输一直是煤矿安全生产的薄弱环节，运输环节多，自动化程度低，人工投入多，运输事故时有发生，制约了煤矿安全生产效率的提高。斜巷运输是辅助运输安全管理的重点，也是运输事故多发点，因此，绞车联动斜巷防跑车装置在兴隆庄煤矿的成功应用，对于确保斜巷运输安全具有重要的意义。

1 概况

斜巷轨道运输是煤矿生产运输中的非常重要的一个环节，也是煤矿发生运输事故的多发区。特别是近年来斜巷跑车伤人、损害设施等事故时有发生，而斜巷防跑车和跑车防护装置是保证斜巷提升运输安全的重要技术手段。如何可靠地防止跑车或跑车后能否及时准确可靠地被阻挡住，同时实现各类安全设施自动化控制是我们研究的重点。

我矿在斜井轨道运输中，始终坚持执行"以防为主、防挡并重、管理与装备并重"的原则，突出一个"防"字，再结合斜巷轨道运输的实际情况，积极研究推广的绞车联动斜巷防跑车装置，使斜巷安全设施达到联锁并形成了系统化，杜绝了跑车事故的发生，降低了职工劳动强度，消除不安全因素，保障了职工的安全生产，保护了国家财产不受损害，促进了运输安全生产的顺利进行。

2 研究开发的内容

（1）在斜巷变坡点，正常提升过程中，应使矿车顺利通过，当发生跑车事故时，应在未跑起来时，变坡点的挡车栏准确动作，阻挡车辆继续下滑。

（2）在阻挡跑车的过程中，安装使用弹簧吸能安全设施，尽量避免或减少跑车防护设施与矿车的损坏。

（3）跑车事故发生后，跑车防护设施能够使其及时复位，较快地恢复生产。

（4）在正常提升过程中，跑车防护设施能量消耗应尽量小。

（5）跑车防护设施应结构简单，动作可靠，维护与检查试验方便。

（6）安全设施的控制采取电动控制方式，将大大克服人为操作的随意性、主观性，避免各类事故的发生。

3 主要技术参数

适用斜井斜度：≤30°；

安装形式：常闭；

抗冲击能量：1.5×10^{6} J；

绞车电机功率：3 kW；

滚筒转速：(46±5) r/min；

钢丝绳规格：6×37-ϕ12；

钢丝绳最小破断拉力：74.60 kN；

绞车最大净张力：1 500 N；

电机的型号：YBK2-100L-4。

4 基本结构

绞车联动斜巷防跑车装置用挡车栏收放绞车、电控箱、旋转脉冲编码器、矿用隔爆型牵引电磁铁箱五部分组成。绞车联动斜巷防跑车装置如图1所示，绞车联动斜巷防跑车装置用电控箱电气原理如图2所示。

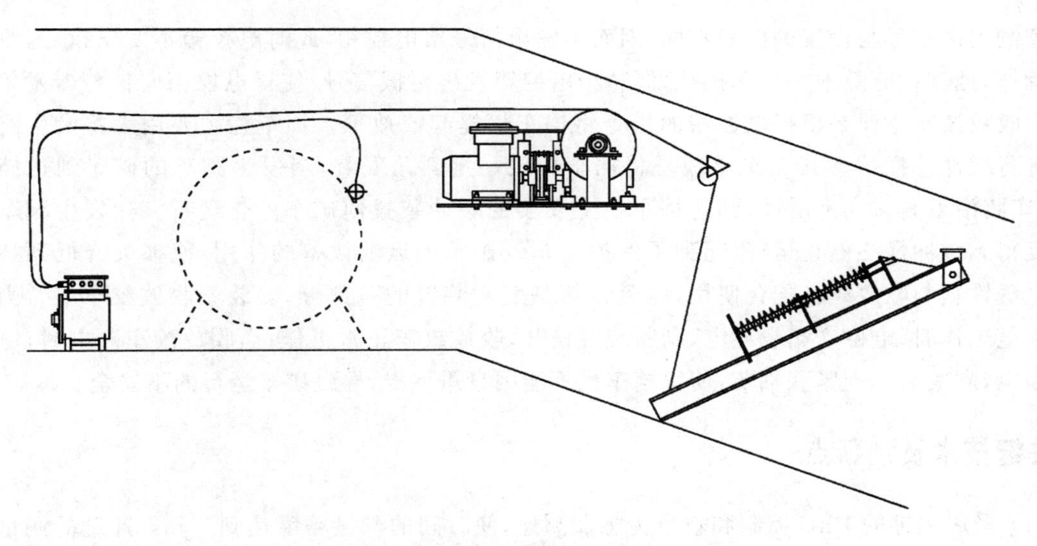

图1　绞车联动斜巷防跑车装置

5 工作原理

电控箱是根据来自安装在牵引矿车的绞车上的编码器给出的信号对矿车运行状态进行判断，当矿车正常运行到挡车栏位置时，编码器测出信号与人工设置的信号一致，则输出信号给电控箱，由电控箱发出指令让收放绞车动作，收放绞车将挡车栏提起使矿车顺利通过，矿车通过后挡车栏关闭。而当发生跑车时，由于矿车运行速度快于绞车放绳速度，矿车到达挡车栏位置时旋转脉冲

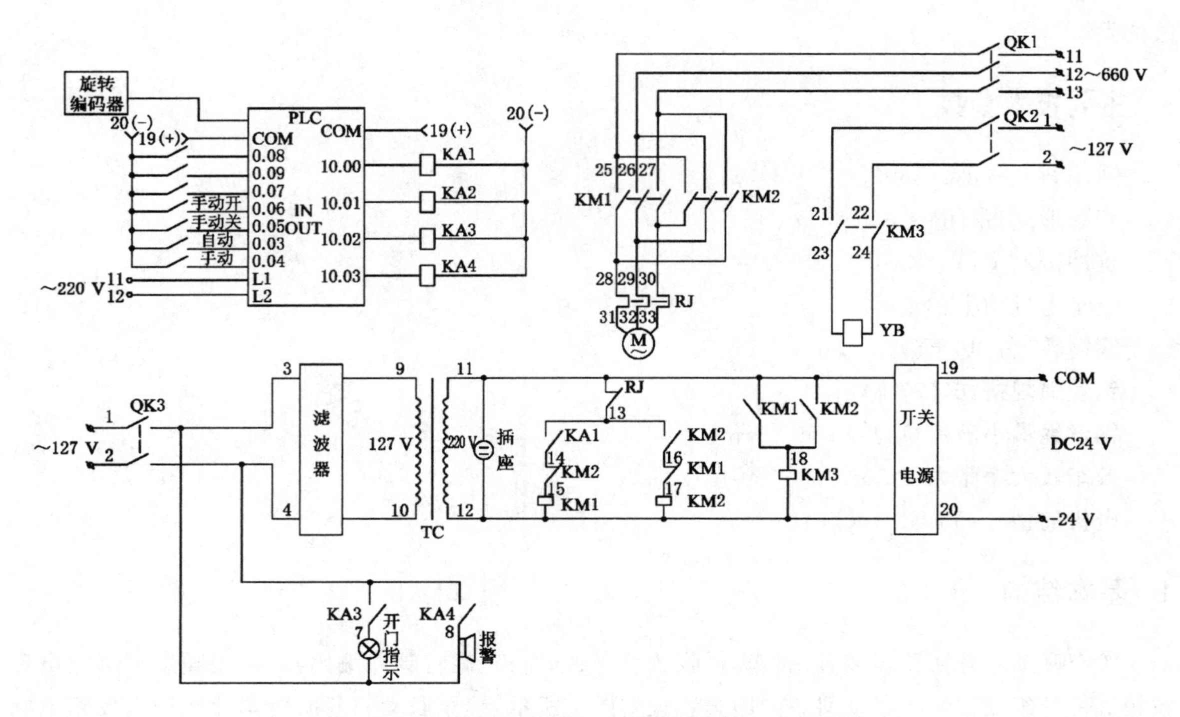

图 2　绞车联动斜巷防跑车装置用电控箱电气原理图

编码器测出的信号与设置的信号不同，因而不发出信号给电控箱，此时电控箱不发出指令，收放绞车不动作，挡车栏有效地将矿车拦截，同时给电控箱发出拦截信号，使得电控箱向报警器发出报警信号。收放绞车主要是根据电控箱的指令将挡车栏提起或放下。挡车栏主要用来将发生跑车的矿车进行缓冲并拦截。其工作原理是将挡车栏按一定斜角安装，当发生跑车的矿车到达挡车栏时，矿车将沿着斜轨向上滑动，到达挡车栏上安装的缓冲装置使矿车停止运行。让发生跑车的矿车速度得到缓冲最终停止运行，起到了保护矿车及矿车上运输设备的作用，使损失降低到最低程度。电磁铁箱与收放绞车配合使用，电磁铁箱是刹紧装置的一部分，安装于收放绞车上。当收放绞车通电工作时，电磁铁箱也通电，刹紧装置松开，收放绞车正常工作；当收放绞车断电时，电磁铁箱也断电，刹紧装置刹紧联轴节，使得挡车栏不能因自重下滑，导致矿车运行的不安全。

6　关键技术及创新点

(1) 采用先进的 PLC 控制和轨道传感器测速，使时间的测量精度达到 1 ms，速度的测量精度达到 0.1 m/s，提高了系统的准确度；

(2) 电动控制装置能够使绞车和变坡点下挡车栏实现联锁联动，安全方便可靠。

(3) 挡车栏安装弹簧吸能装置，最大限度地减少挡车时对跑车防护设施与矿车的损坏。

(4) 实现远距离控制，控制系统安装在操作硐室(信号)内，保证了操作人员的人身安全。

7　经济效益和社会效益

(1) 绞车联动斜巷防跑车装置，每班减少一名把钩工，仅减人提效，每年可节约 6 万元/人×4 人＝24 万元。

（2）绞车联动斜巷防跑车装置结构简单，故障少，便于维护。

（3）消除了上车场把钩工人手工扳动风动挡车栏的工作量，降低了劳动强度，提高了斜巷运输的安全可靠人工性。

（4）绞车联动斜巷防跑车装置研究与应用，实现了斜巷安全设施失效安全、相互联锁及远距离控制要求，减轻了信号把钩工的劳动强度，提高了斜巷提升运输效率，保证了工作人员的安全。

（5）绞车联动斜巷防跑车装置在公司其他矿推广使用，取得了良好的效果。

8 结论

该绞车联动斜巷防跑车装置的研制与应用，吸收借鉴了国内井下高安全、自动化控制安全设施，结合本矿斜巷运输工序，采用先进的PLC控制和轨道传感器测速，提高了系统的准确度。电动控制装置能够使绞车和变坡点下挡车栏实现联锁联动、安全方便可靠。挡车栏安装弹簧吸能装置，最大限度地减少挡车时对跑车防护设施与矿车的损坏，实现远距离控制，保证了操作人员的人身安全，为矿井安全生产打下了坚实的基础。

浅谈单轨吊机车在兴隆庄煤矿的研究与应用

吕迎春，郭镇铭，卞　峰，范宝贵

（兖矿集团兴隆庄煤矿，山东 济宁　272102）

摘　要　目前的矿用单轨吊机车在安装过程中存在运料麻烦的问题，由于天轨的重量较大，且配件较多，安装时一般需要在巷道内与天轨同步铺设铁路，人力和物力的投入较大。兴隆庄矿在安装矿用单轨吊机车的过程中，创新采用了“梯子路”加“吊篮”的方式进行天轨安装，有效节约了人力和物力。针对蓄电式单轨吊机车续航能力差、充电条件复杂的问题，兴隆庄矿改进了蓄电式单轨吊机车的换电工艺，大大增加了单轨吊机车的机动能力，并拓展应用单轨吊系统成功解决了井下工作面安装撤除过程中，撤出的支架主顶梁、掩护梁的快速装卸、安置及存放问题。

关键词　单轨吊机车；架子车；吊篮；换电车；电池

1　单轨吊机车轨道安装

随着煤矿生产高新技术和现代化生产的发展，新技术、新装备不断推广应用，综采综掘的机械化已成为现代煤矿的发展趋势。兖矿集团兴隆庄煤矿，为适应煤矿辅助运输发展的客观要求，决定在7302运输顺槽采用单轨吊运输系统代替地轨运输系统，安装过程中采用了专门设计制造的“架子车”和“吊篮”，大大提高了单轨吊轨道的安设进度，并且安全可靠，走出了一条安全高效的成功之路。

1.1　单轨吊安装巷道基本情况

7302运顺设计全长为1 478.46 m，巷道采用锚网＋钢带＋锚索的锚网支护形式。7302运顺外段采用上净宽为4 600 mm、下净宽为5 200 mm、巷道高度为3.5～3.9 m的梯形断面；7302运顺内段采用上净宽为4 800 mm、下净宽为5 400 mm、巷道高度为3.6～4.2 m的梯形断面。巷道局部顶板破碎带及过老巷段采用12#矿工字钢架棚支护，棚梁长为4.2 m（全长4.6 m），棚腿长为3.3 m，架棚后巷道高度为2.9～3.2 m。

7302运顺沿3煤底板掘进，设计巷道共有3处拐弯，角度约为90°～100°巷道总体下山掘进，巷道坡度较为平缓，总的趋势是自南向北缓慢下坡。巷道坡度为3°～15°，局部最大坡度为15°。

1.2　DX100防爆蓄电池单轨吊车基本参数

DX100防爆蓄电池单轨吊车基本参数见表1。

表 1　　**DX100 防爆蓄电池单轨吊车基本参数**

机车型号	DX100	
转弯半径	水平转弯半径	4 m
	垂直转弯半径	10 m
运行最大速度	1.6 m/s	
限定速度	2.08 m/s	
爬坡能力	≤±17°	
牵引力	100 kN	
总功率	62.5 kW	
运行轨道	满足 DIN 20593 标准的 I140E、I140V 轨道	
工作温度范围	温度－5～＋40 ℃	
相对湿度	≤95％	
甲烷浓度	＜1.0％	
蓄电池	252 V×440 A·h	
外形尺寸	30 m×1.01 m×1.58 m	
设备重量	13.1 t	
额定载重	22 t	

1.3　单轨吊轨道的安装实施方法

1.3.1　施工程序

根据安装位置打锚杆眼→打设锚杆→将轨道抬至现场→将两条链条固定在打设好的锚杆上面→使用大 U 形环将两条链条并拢→将轨道托起→把轨道口接放入大 U 形环并穿入 M20×120 mm 高强螺栓→高强螺栓备齐弹平垫拧紧→施工人员将轨道另一端抬平→将大 U 形环相同步骤放入轨道→按以上步骤依次安装下一节轨道。

1.3.2　架子车和吊篮的使用方法

(1) 架子车具体施工方法与步骤:

① 准备物料提前把所用的物料、工具等放在架子车上;

② 利用沿线调度绞车将架子车运至施工地点;

③ 将架子车上的钻具配好,安装好架子车四周防护栏;

④ 根据巷高,站在架子车的不同层位施工锚杆;

⑤ 锚杆施工完毕后,施工人员将链条与顶板锚杆连接,固定好,将链条用大 U 形环连接起来,连接牢固,抬起轨道,使用 M20×120 mm 高强螺栓将大 U 形环与轨道连接固定,将螺栓备齐弹平垫拧紧。第二根轨道的另一端再按以上方法将链条、大 U 形环等固定,连接下一组轨道。

架子车如图 1 所示。

(2) 吊篮具体施工方法与步骤:

① 将吊篮及配重车连接到单轨吊起吊梁上;

② 通过单轨吊车将吊篮运至施工位置;

③ 把吊篮的四个支撑腿撑开,把吊篮固定到底板上;

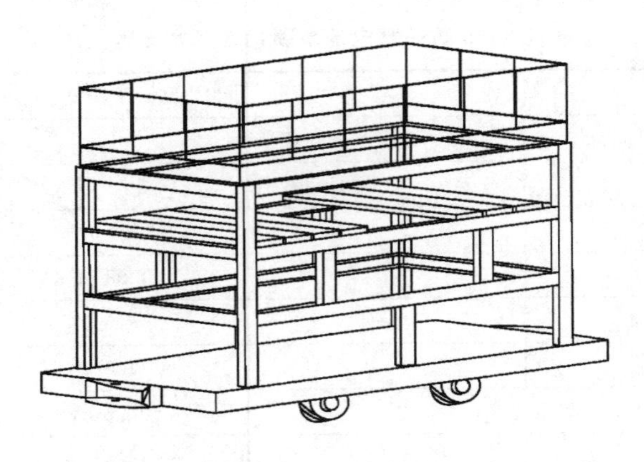

图 1　架子车

④ 在“吊篮”上配好钻具,施工起吊锚杆;

⑤ 锚杆施工完毕后,施工人员将链条与顶板锚杆连接,固定好,将链条用大 U 形环连接起来,连接牢固,抬起轨道,使用 M20×120 mm 高强螺栓将大 U 形环与轨道连接固定,将螺栓备齐弹平垫拧紧。第二根轨道的另一端再按以上方法将链条、大 U 形环等固定,连接下一组轨道。

吊篮如图 2 所示。

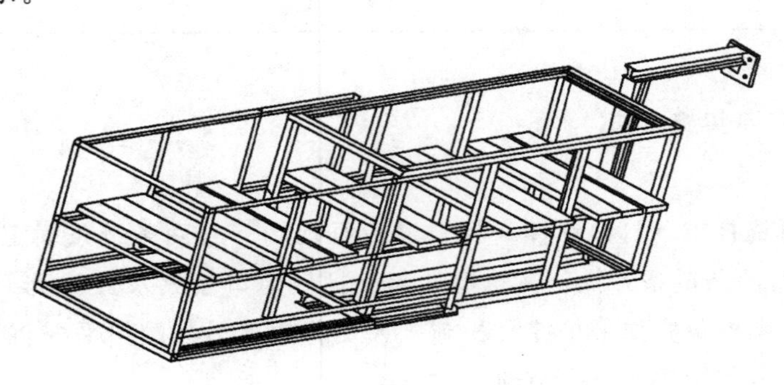

图 2　吊篮

吊篮及配重车如图 3 所示。

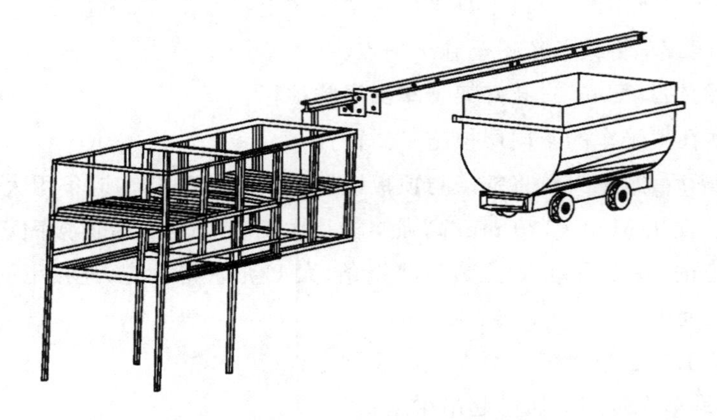

图 3　吊篮及配重车示意图

2 单轨吊机车换电工艺革新

传统的蓄电池单轨吊机车换电，需要设置 4 个专用的换电硐室，并在换电硐室内布置充电机和相应的监测设备。一个换电硐室的体积大约在 20 m^3，按照每 1 m^3 1 万元的成本计算，需要投入资金 80 万元左右。当蓄电池单轨吊更换使用地点时，还需重新施工换电硐室，造成资源的浪费。充电时要配备专业人员充电作业，否则电池充电的质量无法保证，目前我矿在 7302 工作面应用的单轨吊运输车位于回风巷内，根据《煤矿安全规程》无法在回风巷内设置换电硐室。针对现场条件，兴隆庄煤矿决定对现有的蓄电池单轨吊机车的换电工艺进行改造。该工艺的创新点在于通过单轨吊换电专用车实现了蓄电池单轨吊在任意地点的换电作业，不用设置专用的换电硐室，乏电池直接运至十采充电室由专业充电工进行充电，既节省了材料费，也加强了电池充放电的管理。

2.1 设计制造专门用于换电的换电车

设计、制造了专门用于换电的换电车，如图 4 所示。

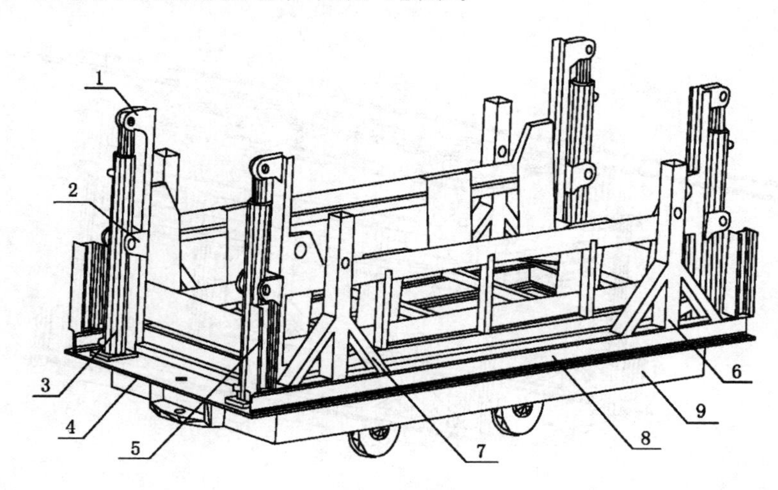

图 4 单轨吊换电车

1——电池架二级升降耳；2——电池架一级升降耳；3——单机油缸；4——底板加强筋；
5——防歪梁；6——承重腿；7——支撑腿；8——承重梁；9——矿用平板车

2.2 更换乏电的具体步骤

(1) 将空载的换电专用车运至单轨吊电池正下方，如图 5 所示。

(2) 接好液压管路，使用工业管路用水，升降使用的最低压力仅需达到 2.5 MPa 即可，升起电池架将电池落在电池架内，拔出蓄电池与单轨吊轨道上的定位销，如图 6 所示。

(3) 降下电池架，拆掉液压管路，将换电专用车运至充电室内，如图 7 所示。

2.3 换新电池的具体步骤

(1) 将载有蓄电池的换电专用车运至单轨吊蓄电池位置正下方。

(2) 接好液压管路，升起电池架，当蓄电池上的定位孔与单轨吊轨道上的定位孔重合时，插上定位销。

(3) 降下电池架，拆掉液压管路，将空载的换电专用车运至存放地点待下次换电时使用。

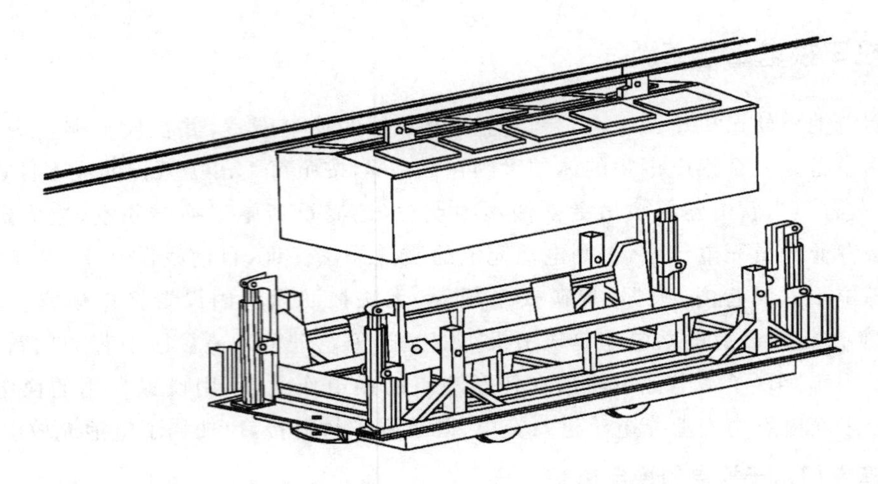

图 5　空载的换电专用车位于单轨吊电池正下方

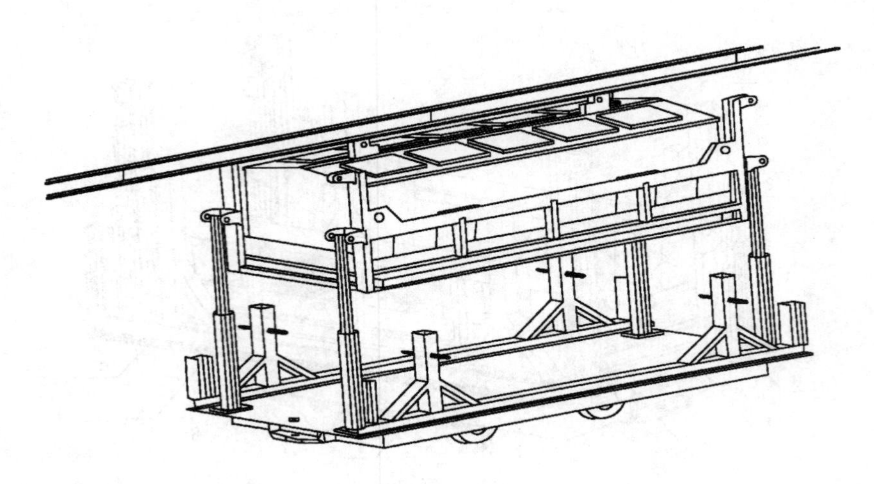

图 6　接好液压管路

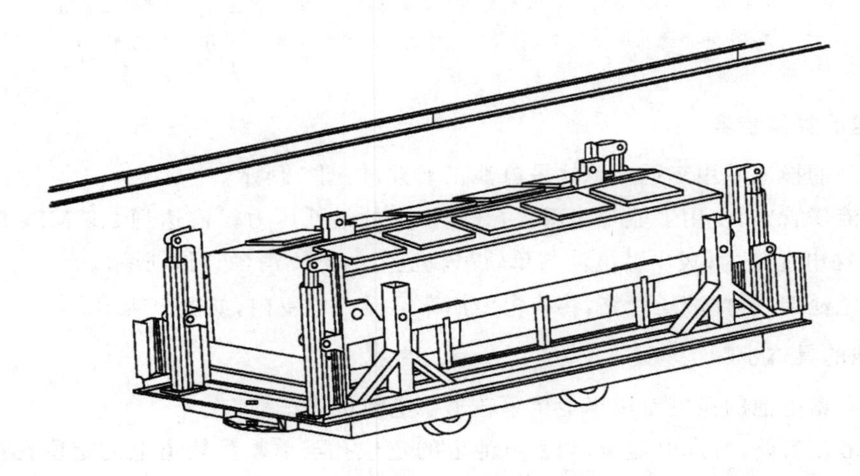

图 7　降下电池架

在设计专用换电车时,考虑到某些地点巷道高度大,单级油缸伸缩行程无法满足换电需要,在车盘上焊接了二级升降专用的支撑腿,当电池架底座超过支撑腿定位孔后,插上专用的定位销,然后操作阀组将油缸的伸缩杆与二级升降耳连接,继续换电作业。

3 单轨吊系统应用拓展创新

我矿 1309 面 ZF12000/23/45D 型支架撤除后,带来了上井填罐困难、安全可靠性低、运输装卸费时费力、地面存放占用场地大、冬季防冻保暖费用大等一系列问题,同时这也是困扰全公司各矿的一个难题。我们充分利用目前闲置的十采四横轨道巷东段,对巷道进行改造,铺设了单轨吊轨道 700 m,设计了 2 组轨道悬挂风动葫芦起吊梁,形成了一套完整的井下大型设备快速装卸存放基地,并首先利用该系统和装置完成对 1309 面撤除后的支架顶梁、掩护梁在井下的快速装卸、存放、安置,解决了一系列困难,同时极大缓解了目前平板车使用紧张的问题。

3.1 解决支架顶梁撤除上井、安装下井等困难

ZF12000/23/45D 型支架顶梁的长度为 5 090 mm、宽度为 1 630 mm,单罐四角罐道进车侧尺寸是 1 650 mm,出车侧尺寸是 1 660 mm,单罐允许装填物料尺寸最大极限为 5 000 mm×1 660 mm。1309 工作面安装期间新顶梁从地面下井时,顶梁的前探插板和侧护板必须收到位,同时侧护板用固定销子固定好,在填罐时,综采车间还必须每班安排专人在副井口,使用手拉葫芦将超宽支架顶梁、掩护梁车调整着拉进罐笼,工序烦琐,费时费力。1309 面 ZF12000/23/45D 支架在推进 2 218 m 后,侧护板因进入煤粉、锈蚀、变形等原因无法复位,造成了顶梁宽度均超过 1 650 mm,无法填罐上井。因此,利用十采四横轨巷东段单轨吊起吊系统进行设备安置、存放,减少了设备撤除安装时的“一上一下”,简化了运输环节,省时、省力、省工,经济和社会效益显著。

3.2 解决了设备地面存放无场地的难题

随着 B4324 面撤除部分设备上井、10306 面部分设备陆续到矿安装,目前地面综采车间广场已无闲置场地和空间进行大型设备存放。将 1309 面撤除后的支架顶梁、掩护梁不上井,存放在十采四横轨道巷东段将解决这一难题。今后,矿井安撤接续将更加频繁,因此采用大型设备井下存放具有长远意义。

3.3 减少了运输量、副井提升量

在十采四横轨东大巷共存放顶梁、掩护梁 198 个,若设备上井存放再下井,需要副井提升 396 次。正常情况下每次填罐耗时 10 min,特殊情况下需要 30～60 min,提升一次单罐平均耗电 23.6 元。在十采四横轨东大巷存放,光上下井提升就可以节约用电 9345.6 元;填罐一次需要 60 min,并需三名职工相互配合,一个圆班可以提升顶梁、掩护梁 15 车,要完成 396 车顶梁、掩护梁的提升需要 52.8 天,按照一天 16 个人工计算,需要 844.8 人工,人工费用按照 86 元/工计算,可以节约人工费用 72 652.8 元;减少轨道运输环节,按每车费用 200 元计算,节省运输费用 297×200=59 400元。

3.4 解决了设备上井后千斤顶、阀件等液压设备的防冻防寒问题

目前正值寒冬时节,若 1309 面支架上井存放,寒冷的天气必将对支架的千斤顶、液压元件造成一定程度的损坏,需要对上井设备采取保暖措施,按每组支架占地 16 m^2,一个取暖季综合保暖费用 100 元/m^2 计算,16×99×100=158 400 元。若设备不上井则无须考虑防冻防寒,可节省

16×99×100＝158 400 元取暖开支。

3.5 减少地面装、卸车人力、物力、财力

支架顶梁、掩护梁设备不上井，在十采四横轨东大巷存放，可减少地面卸车人力、物力、财力(一卸一装)。车间装卸一组顶梁、掩护梁需要 4.5 工，折合人工费 350 元。在十采四横轨东大巷存放，可以节约人工费用 350×4.5×99＝155 925 元。

3.6 设备对号排序存放，便于设备的对号安装

十采四横轨东大巷存放的顶梁、掩护梁，严格架号顺序 1 对 1 进行摆放，并与支架底座序号相对应，避免了以往安装秩序混乱的局面。

3.7 减轻平板车占用及对轮对轴承的损伤

我矿现有 20 t 平板车 320 辆，如按照原来方式存放顶梁、掩护梁需要平板车 198 个，剩余 122 辆平板车不能维持目前的正常运转(B4324 撤除、B4326 安装、10306 安装)。原一采四号皮车场长期存放支架、顶梁等设备对平板车轮对、轴承造成了一定程度的损伤，使日后平板车在运输的时候出现断轴现象。因此在十采四横轨东大巷利用单轨吊起吊工艺，实现顶梁、掩护梁设备的落底存放，不但不会占用平板车，而且避免了因长期使用平板车而对轴承造成伤害，减少了运输安全隐患。

3.8 减少了地面码垛存放的安全隐患

在十采四横轨东大巷存放顶梁、掩护梁，避免了地面码垛存放时起吊、歪斜等安全隐患。

3.9 减少环境污染

支架不上井，避免支架上的煤粉随风四处飞扬，减少了环境污染。

3.10 系统具有长效性

十采四横轨东大巷单轨吊系统的建成，目前已经充分解决了 1309 面撤除后支架上下井、存放、安置等带来的一系列问题，而且今后可作为井下存放和起吊大型、重型装备、物料的安置基地，将使该系统的价值得到充分发挥、利用。

4 实际使用效果及评价

4.1 架子车及吊篮的实际使用效果及评价

(1) 根据现场实际，架子车的使用前提为现场局部地段铺设有地轨，吊篮的使用应提前安设一段单轨吊机车，利用单轨吊机车移动吊篮。

(2) 单轨吊机车在 7302 运顺安装期间，单轨吊机车安装人员掌握了丰富的安装经验，同时机车司机掌握了丰富的运输经验，在今后的单轨吊设备的安装和使用中更好地服务于矿井运输生产环节。

(3) 单轨吊机车安装中使用的专制架子车和吊篮操作简单、易用，比传统的安装方式每班平均多安 5～6 组轨道，有效降低了安装人员的登高作业隐患，为以后安装单轨吊开辟了一条安全高效的路线。架子车和吊篮应该得到推广和应用，为单轨吊设备的安装提供有力的保障。

4.2 单轨吊机车换电新工艺实际使用效果及评价

(1) 新的换电工艺省去了施工换电硐室，一个换电硐室的体积大约在 20 m^3，按照每 1 m^3 1 万

元的成本计算，需要投入 4 个换电硐室，节省资金 4×20＝80 万元。

(2) 新的换电工艺省去了在充电硐室设置专门的充电人员 2 人，按人均月工资 5 000 元计算，共省去人工费 2×5 000×12＝12 万元。

(3) 新的换电工艺由井下专业充电工对电池进行充电和维护，确保了电池的使用寿命，按每块电池市场价 13 万元、每年少损耗 2 台计算，共节省资金 2×13＝26 万元。

(4) 新的换电工艺改变现有的蓄电池单轨吊换电工艺，克服了单轨吊换电作业地点的限制问题，在任何有轨道的地方均可以实现换电作业，不用设置专用的换电硐室，更换下来的旧电池运至专用充电室，由专业充电工对电池进行充电和维护，规范了电池的充电管理，节约了大量的材料费用和人工费用。应用操作阀组远距离控制电池架的升降，增强了作业过程中的安全系数。

4.3 单轨吊系统应用拓展创新效果及评价

十采四横轨东大巷单轨吊系统的建成，目前已经充分解决了 1309 面撤除后支架上下井、存放、安置等带来的一系列问题，不仅节约了现场的人员使用问题，并且成功解决了平板车周转紧张的问题，为 1309 工作面的撤除创造了有利的条件，提高了工作效率，为矿井辅助运输安全生产带来了积极的变化。下一步我们将对这套系统进一步进行扩展改造，逐步向十采石门延伸，总长度达到 1 300 多米，今后可作为井下存放、起吊大型、重型装备、铁路等的基地，特别是实现回收再利用铁路的装卸难题，将使该系统的价值得到充分发挥、利用。随着矿井采场逐步向西的总趋势，将在八采－450 m 西大巷安装第二套单轨吊系统，服务西部采区。

YQT700/400 型自制液压矿车清桶器在石屏一矿的应用

金少林

(川南煤业泸州古叙煤电有限公司石屏一矿,四川 泸州 646522)

摘 要 古叙煤电公司石屏一矿建矿以来,1 t 固定式矿车箱体内黏附煤矸形成桶底现象相当严重。据观测,有的矿车煤矸黏底可占矿车有效容积 20%~30%,多的则达 50%。大车底增加了矿车自重,降低了矿车的有效容积,直接影响矿车的运输能力,大大降低了 1 t 固定式矿车的周转率,造成运输系统矿车车辆循环加急,车皮供应不足现象,增加了电机车、提升运输绞车人力、电力资源的浪费,严重制约着生产。油缸液压伸缩及联杆机构传动原理,我矿自行设计、自行制作加工和安装了 YQT700/400 型液压清桶器,配置 BRW80/20(31.5)型乳化泵站和液压控制系统,进行矿车清底,解决了以上问题。下面就 YQT700/400 型自制液压矿车清桶装置的结构组成、工作原理、应用效果等方面进行论述。

关键词 自制;液压;矿车;清桶器

0 前言

古叙煤电公司石屏一矿建矿以来,1 t 固定式矿车箱体内黏附煤矸形成桶底现象相当严重。据观测,有的矿车煤矸黏底可占矿车有效容积 20%~30%,多的则达 50%。大车底增加了矿车自重,降低了矿车的有效容积,直接影响矿车的运输能力,大大降低了 1 t 固定式矿车的周转率,造成运输系统矿车车辆循环加急,车皮供应不足现象,增加了电机车、提升运输绞车人力、电力资源的浪费,严重制约着生产。为解决桶底问题,公司先后采用了人工加风镐投入清底、翻笼风镐振动清底等办法,但人工加风镐投入清底劳动量投入大、工人劳动强度大,翻笼风镐振动清底容易损伤设备、打桶器效果差。在公司各级领导大力支持下,机运系统成立了攻关革新技术小组,查阅国内外煤矿解决桶底问题的相关资料,均无彻底的解决方法。根据油缸液压伸缩及联杆机构传动原理,公司自行设计、自行制作、加工和安装了 YQT700/400 型液压清桶器,配置 BRW80/20(31.5)型乳化泵站和液压控制系统,进行矿车清底,解决了以上问题。下面就 YQT700/400 型液压矿车清桶装置的结构组成、工作原理、应用效果等方面进行论述。

1 YQT700/400 型液压清桶装置结构组成及工作原理

1.1 YQT700/400 型液压清桶装置组成

YQT700/400 型液压清桶装置由 BRW80/20(31.5)型乳化液泵站 1 套、电气控制系统、液压控制系统以及液压清挖器组成。BRW80/20(31.5)型乳化液泵站由 37 kW 四极防爆三相异步电机、弹性联轴器、BRW80/20(31.5)型乳化液泵、RX640 乳化液箱以及连接管路组成，其额定流量 80 L/min，公称压力 20 MPa。该泵站负责向清挖器 3 个普通推拉油缸提供高压乳化液作为清挖动力。电气控制系统由 KBZ-200Ⅱ型矿用隔爆真空馈电开关、QBZ-80 型矿用隔爆真空磁力启动器组成，负责控制乳化液泵站的开停以及对乳化液泵站电动机实行漏电、漏电闭锁、过载、短路、断相、过压、失压保护。液压控制系统由 QJ-19 截止阀、ZC80 型三位四通手动液压控制阀、FDS80/40 型双向液压锁组成。

1.2 YQT700/400 型液压清桶装置液压系统的组成及工作原理

1.2.1 液压系统的组成

YQT700/400 型液压清桶装置液压系统由 BRW80/20 型乳化液泵站一套、ZC80/20 型三位四通手动液压控制阀、QJ-19/20 截止阀、FDS80/40 型双向液压锁以及 3 个普通推拉油缸组成。

1.2.2 液压系统的工作原理

合闸 KBZ-200Ⅱ型矿用隔爆真空馈电开关、合闸 QBZ-80 型矿用隔爆真空磁力启动器，液压控制系统 37 kW 四极防爆电动机得电，通过联轴器带动 BRW80/20 型乳化液泵运转，泵站向管路提供高压乳化液。通过操纵 ZC80 型手动三位四通液压控制阀使其处于推拉位时，控制 3 个普通推拉油缸的上下腔进回液，从而控制 3 个普通推拉油缸活塞杆的推拉动作。当操纵普通推拉油缸的 ZC80 型手动三位四通液压控制阀处于中位时，通过 FDS80/40 型双向液压锁锁住其油缸活塞活塞杆长期处于该位置而不发生位移。如图 1 所示。

1.3 YQT700/400 型液压清桶器的结构组成

YQT700/400 型液压清桶器主要由给固定机架、定位抱、活动机架、活动机架导轮、活动机架横梁、升降油缸、清桶油缸、铰链横梁、连杆机构、挖板、挖板转轴等组成。

升降油缸体上部与固定机架横梁铰接，下部活塞杆头部与活动机架横梁铰接，用定位抱定位升降油缸体使其活塞杆伸出缩回时只能上下移动，升降油缸活塞杆伸出缩回时，带动活动机架横梁上下移动，由活动机架横梁通过导轮带动活动机架、清桶油缸体、连杆机构，挖板向下向上移动。升降油缸体活塞杆伸出缩回行程 700 mm，升降油缸缸径 100 mm，杆径 70 mm，流量 $Q=80$ L/min。

清桶油缸体上部与活动机架横梁铰接，两个清桶油缸各用两根槽钢定位，使其活塞杆伸出缩回时只能上下移动，下部活塞杆头部与连杆机构铰接横梁连接，当清桶油缸活塞杆伸出缩回时，通过横梁带动连杆机构运动，连杆机构带动挖板实现挖沉积煤矸。清桶油缸体活塞杆伸出缩回行程 400 mm，清桶油缸缸径 80 mm，杆径 45 mm，流量 $Q=80$ L/min。

1.4 YQT700/400 型液压清桶器的工作原理

YQT700/400 型液压清桶器在上次清桶结束即每次清桶前，升降油缸 c 活塞的活塞杆全程缩回，ZC80 型手动三位四通液压控制阀 a 处于中位。清桶油缸活塞的活塞杆全程缩回，ZC80 型手动三位四通液压控制阀 b 处于中位。连杆机构、挖板缩回，处于与轨道上表面距离 30 mm 位置，见图 2。

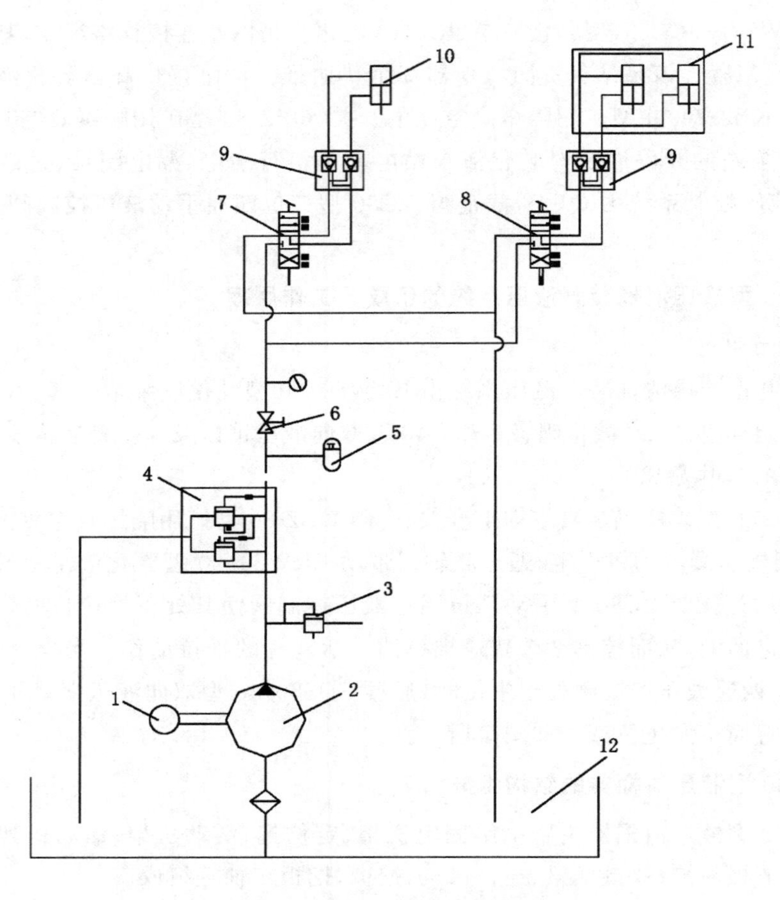

图1　液压系统工作原理图

1——电动机;2——乳化液泵;3——安全阀;4——卸载阀;5——蓄能器;6——截止阀;7——手动三位四通换向阀a;8——手动三位四通换向阀b;9——液压锁;10——升降油缸c;11——清桶油缸d、e;12——乳化液泵油箱

首先清挖:操纵ZC80型手动三位四通液压控制阀a使其从中位到推位,升降油缸c的上腔进液下腔回液,其活塞的活塞杆向下运动,活塞杆通过升降机架横梁带动升降机架,普通推拉油缸d、e缸体及连杆机构、清挖板一起向下运动,直至清挖板接近矿车桶底沉积煤矸上表面时,操纵ZC80型手动三位四通液压控制阀a使其回到中位,升降油缸c的上腔停止进液,通过FDS80/40型双向液压锁锁住普通推拉油缸c活塞的活塞杆使其长期在该位置而不发生位移,同时锁住升降机架、清桶油缸d、e缸体使其长期在该位置而不发生位移。操纵ZC125型手动三位四通液压控制阀b使其从中位到推位,清桶油缸d、e的上腔进液、下腔回液,清桶油缸d、e各自活塞的活塞杆向下运动,活塞杆通过连杆机构横梁带动两套同步的连杆机构向下运动,两套同步的连杆机构向下运动迫使与之相连的两个挖板向下做清挖运动,挖松矿车桶底沉积煤矸,该动作可以通过操纵ZC125型手动三位四通液压控制阀b,使其在推拉位变动,从而实现清挖板上下往返连续清挖,彻底挖松矿车桶底沉积煤矸。

其次复位:待矿车桶底沉积煤矸彻底挖松和矿车周帮沉积煤矸清理后,操纵ZC80型手动三位四通液压控制阀b使其处于拉位,清桶油缸d、e的下腔进液上腔回液,其活塞的活塞杆向上

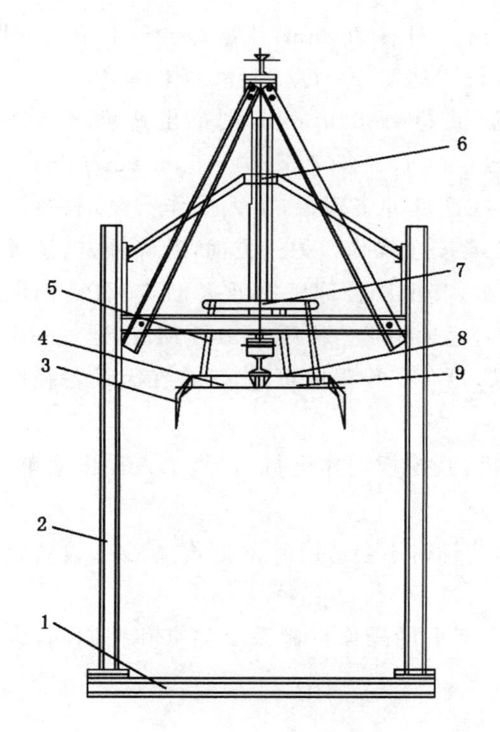

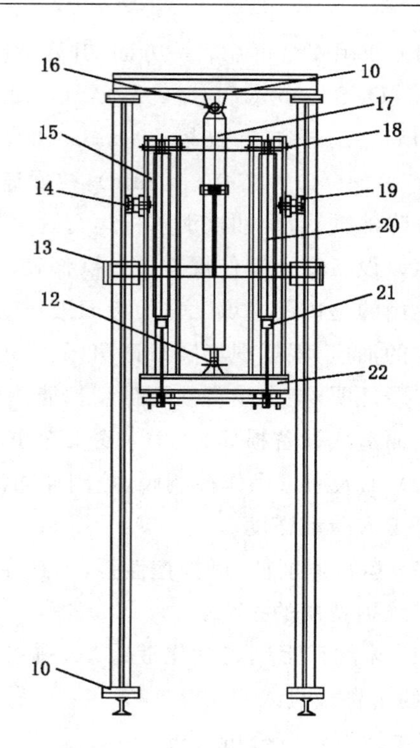

图 2　YQT700/400 型液压清桶器结构图

1——底梁；2——固定机架；3——清挖板；4——连杆；5——连杆；6——定位抱箍；7——连杆机构横梁；
8——挖板转轴；9——连杆；10——连接板；11——连接板；12——活动机架栋梁柱销；13——连接板；
14——清桶油缸导轮柱销；15——活动机架；16——升降油缸柱销；17——升降油缸；18——清桶油缸柱销；
19——清桶油缸导轮；20——清桶油缸；21——连杆机构横梁连接柱销梁；22——活动机架横梁

运动，活塞杆通过连杆机构横梁带动连杆机构、清挖板向上运动，直至活塞的活塞杆全程缩回，连杆机构、挖板缩回，操纵 ZC80 型手动三位四通液压控制阀 b 使其从拉位回到中位，清桶油缸 d、e 的下腔停止进液，通过 FDS80/40 型双向液压锁锁住油缸活塞的活塞杆长期在该位置而不发生位移。操纵 ZC80 型手动三位四通液压控制阀 a 使其从中位到拉位，升降油缸 c 的下腔进液上腔回液，其活塞的活塞杆向上运动，活塞杆通过升降机架横梁，带动机架、清桶油缸体、连杆机构、清挖板向上运动，直至升降油缸 c 活塞的活塞杆全程缩回后，再操纵 ZC80 型手动三位四通液压控制阀 a 使其从拉位到中位，升降油缸 c 的下腔停止进液，通过 FDS80/40 型双向液压锁锁油缸活塞的活塞杆在该位置而不发生位移，清桶油缸体、连杆机构、挖板缩回，处于与轨道上表面距离 30 mm 位置。

至此一个矿车桶底清挖结束。再重复以上操纵，进行第二个矿车桶底沉积煤矸的清挖。

2　YQT700/400 型液压清桶器使用效果分析

通过将公司自行设计的 YQT700/400 型液压清桶器安装于煤矸翻笼后方 3 个矿车位置，边翻煤矸边由人工操作控制阀，进行不间断的清桶，通过 1 个多月现场投入使用，现与以往人工加风镐投入清底、翻笼风镐振动清底相比，在安全、人工费用、材料消耗、设备损坏检修投入费用方面取得了以下明显效果：

(1) 使用安全可靠。一方面，升降油缸缸径 100 mm，杆径 70 mm，流量 $Q=80$ L/min，则推出速度 $v=Q/S=80/(3.14\times10^2/4)=1.02$ (m/min)，拉回速度 $v=Q/S=80/(3.14\times7^2/4)=2.08$ (m/min)。清桶油缸缸径 80 mm，杆径 45 mm，流量 $Q=80$ L/min，则推出速度 $v=Q/S=80/(3.14\times8^2/4)=1.59$ (m/min)，拉回速度 $v=Q/S=80/(3.14\times4.5^2/4)=5.03$ (m/min)。由此可知升降油缸、清桶油缸活塞杆运行速度低，且不存在速度冲击现象，工人操作安全，只要操作人员按照该设备安全操作规程进行操作，就能够实现正常安全操作。另一方面，升降油缸、清桶油缸由于使用的是矿用采煤工作面废旧液压支架上的油缸，其出厂公称压力可达 31.5 MPa，而清桶阻力产生的油压，根据现场实践证明，最高可达 12 MPa，远远小于公称压力 31.5 MPa，通过一个多月使用实践证明，整个设备使用强度都能达到使用要求，设备工作强度可靠，不存在因设备强度达不到要求而造成设备损坏、发生人身安全事故的情况。

(2) 工人通过操作控制阀，控制伸缩油缸、连杆机构、挖板动作进行清桶，工人操作简单，大大降低了工人劳动强度。

(3) 运行速度低，可操控性强，不存在冲击震动，清桶时不会造成矿车变形，减少了设备报废率和检修维护费用的投入。

(4) 采用矿上闲置乳化液泵站，利用废旧液压支架上的操作控制系统油缸和控制阀，废旧利新，节约了资金投入。

(5) 运营经济分析比较。

人工清理：采用原始的方法，投入人工进行清理，一个小班能够实现 12 辆/(人・班)，每天全矿要达到矿车正常周转需清理出 110 辆矿车，这样每班至少需要清理出 36 辆矿车，需要 3 名工人，一天三班倒，全天需 9 名工人参与清理矿车工作，全矿每月需支出工人工资 25 000 元左右，压风消耗费用 4 000 元左右，每月总计消耗费用 29 000 元左右，工人劳动强度大，工作效率低，增加了人力成本费，加之受出勤等其他方面影响，有时很难完成矿车清理任务，影响矿车的周转率，制约着生产所需矿车数量。

风镐清理：采用风镐气动原理振动矿车，安装于煤矸翻笼底部，直接在翻煤矸时撞击桶底，振荡黏附的煤矸。此设备适用松动的浮煤矸，黏附较强的煤矸无法清理，工作效率不高。同时，在使用过程中投入风镐的数量较多，风镐配件频繁损坏，矿车因受撞击影响，矿车变形严重，增加检修人员的工作量以及检修费用，每月消耗检修材料费用 8 000 元左右，检修人工费 6 000 元左右，压风消耗费用 5 000 元左右，全矿每月需支出操作工人工资 7 500 元左右，每月总计消耗费用 26 500 元左右。

YQT700/400 型液压清桶器清理：采用液压及连杆机构原理，通过操作控制阀，控制伸缩油缸和连杆机构动作进行清桶，工人操作简单，可操控性强，矿车内底部及底部以上黏附的煤矸清理率达 90%以上，不造成矿车箱体变形。一个小班人工清理 132 辆/(人・班)，一天三班倒，全天需 3 名工人参与清理矿车工作，全矿每月需支出工人工资 7 500 元左右，每月平均材料消耗费用和检修人工费用 2 000 元左右，每月消耗电费 10 989 元，每月总计消耗费用 20 489 元左右。通过经济对比，可以在风镐清桶基础上，每年节约材料和人工费用 7 万元以上，运营经济效果较好。见表 1。

表 1　　**YQT700/400 型液压清桶器设备、部件、材料技术参数明细表**

序号	名称	规格/型号	技术参数	数量	备注
1	乳化液压泵	BRW80/20(31.5)	公称压力 20 MPa,公称流量 80 L/min	1	闲置设备,防爆电动机 37 kW
2	乳化液箱	RX640		1	闲置设备
3	升降油缸	普通	行程 700 mm,缸径 100 mm,杆径 70 mm	1	利旧
4	清桶油缸	普通	行程 400 mm,缸径 80 mm,杆径 45 mm	2	利旧
5	双向液压锁	FDS80/40		1	利旧
6	手动三位四通液压控制阀	ZC125	额定流量 80L/min,额定压力 20 MPa	1	利旧
7	截止阀	QJ-19(QJ-10)	额定流量 80L/min,额定压力 20 MPa	1	利旧
8	工字钢	11#	(110×90×9) mm		
9	槽钢	12#	(120×53×5.5) mm		
10	矿用隔爆真空馈电开关	KBZ-200Ⅱ型	额定电压 660 V,额定电流 200 A	1	
11	矿用隔爆真空磁力启动器	KBZ-80 型	额定电压 660 V,额定电流 80 A	1	

通过以上分析和一个多月投入使用证明,公司自行设计的 YQT700/400 型液压清桶器具有使用安全可靠,工人操作简单,可操控性强,废旧利新,清桶率高,降低工人人工费用,降低材料消耗、设备损坏检修维护费用,降低矿车报废率等优点。

经过一个多月投入使用,公司组织了生产、机运、安监等相关单位的安全管理负责人和工程技术人员进行现场使用验收,验收合格,给予了较高的评价。今后我们在使用过程中还需进行不断改进,使其取得更好的使用性能和经济效果。

架空乘人装置无人值守技术在矿井中的应用

张宏帅

(河南永锦能源有限公司,河南 禹州 452570)

摘 要 本文介绍了架空乘人装置无人值守技术安装使用后,降低了设备电力消耗及职工体力消耗,进而对企业安全生产提供了保障。有效应用架空乘人装置无人值守,需要安设信号传感器,通过信号传感器将命令传输到架空乘人装置PLC控制装置中,最终实现架空乘人装置无人值守。因此,架空乘人装置无人值守技术的应用取得的经济效益和社会效益是巨大的,适合在煤炭行业大力推广应用。

关键词 架空乘人装置;无人值守;技术应用

1 概况

煤矿架空乘人装置(以下简称乘人装置)主要用于矿井斜巷、平巷运送人员,其工作原理类似于地面旅游索道。它通过电动机带动减速机上的摩擦轮作为驱动装置,采用架空的无极循环的钢丝绳作为牵引承载,沿途依托绳轮支撑,将乘人吊椅与钢丝绳连接并随之做循环运行,通过PLC控制装置实现自动运送人员的目的。

2 可行性研究

煤矿架空乘人装置是煤矿井下辅助运输设备,主要是运送人员上下斜井或平巷之用。它主要由驱动装置、托(压)绳装置、乘人器、尾轮装置、张紧装置、安全保护装置及电控装置等组成(见图1)。

乘人装置钢丝绳运行速度低,乘人离地不高,具有运行安全可靠、人员上下方便、随到随行、不需等待、一次性投入低、电力消耗小、操作简单、便于维护、工作人员少和运送效率高等特点,是一种新型的现代化煤矿井下人员输送设备。基于PLC控制的乘人装置无人值守控制方式,是当前乘人装置广泛采用的一种控制技术,具有以下优点:

(1) 乘人装置各项保护装置保护功能大多通过PLC控制实现,无人值守控制系统基于PLC控制原理设计,与原控制系统实现“无缝”对接,减少设备材料投入,降低成本。

(2) 基于PLC控制的无人值守控制系统,控制核心在于PLC控制程序,具有稳定、安全、灵敏的特点,配套装置仅仅是各个乘车点的触发开关,后期检修、维护方便。

(3) 控制系统结构简单,技术实用,操作方便,便于推广使用。

(4) 通过无人值守技术的应用体现一种“多上设备少上人”的管理理念,从而达到减人提效的目的。

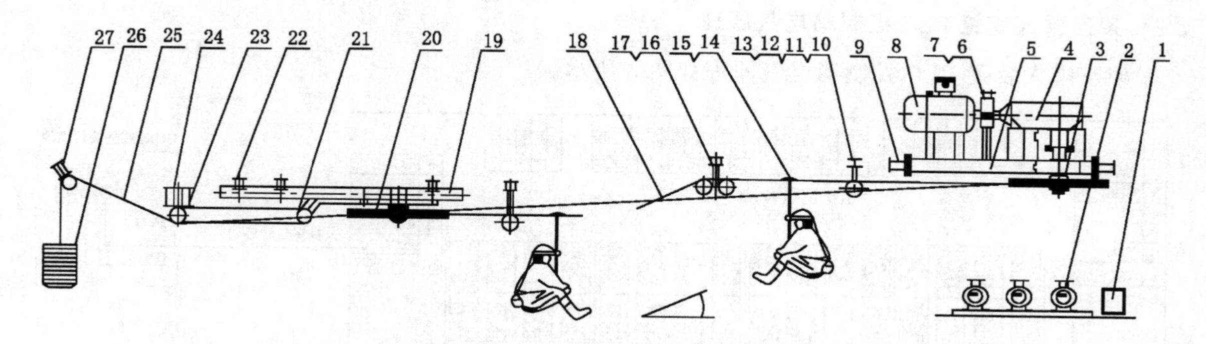

图1　煤矿架空乘人装置组成

1——综合保护系统；2——电控系统；3——驱动轮；4——减速机；5——机架；6——联轴器；7——制动器；8——防爆电机；9——机架横梁；10——托轮吊架；11——可调式托轮吊架；12——托轮架；13——单托轮；14——固定式抱紧器；15——乘人座椅；16——双托（压）轮组；17——可调式双托轮吊架；18——索引钢丝绳；19——尾轮导轨；20——尾轮；21——单滑轮；22——导轨架梁；23——张紧小绞车；24——小绞车架梁；25——张紧钢丝绳；26——配重块；27——尾部滑轮吊架

3　项目采用的技术原理及技术分析

3.1　架空乘人装置无人值守的工作原理

将无人值守PLC控制程序输入乘人装置控制系统，当乘车点红外线传感器检测到人员信号，控制系统预警后启动运行，当人员在规定时间内到达终点站后，乘人装置延时1 min停车。某矿行人斜井运输距离450 m，运行速度1 m/s，正常人员运输时间为8 min，经延时1 min后，无人值守运行时间为9 min；行人斜巷运输距离1 100 m，运行速度1.2 m/s，正常人员运输时间约为15 min，经延时1 min后，无人值守运行时间为16 min。当人员在乘车点连续通过时，红外线传感器不断将信号传递到PLC控制模块，系统不断更新无人值守运行倒计时时间，直到最后一名人员通过，在设定运行时间内完成人员运输。行人斜巷一部架空乘人装置无人值守启动传感器只需在机头乘车点和机尾乘车点安装，二部架空乘人装置无人值守启动传感器安装位置如图2所示。

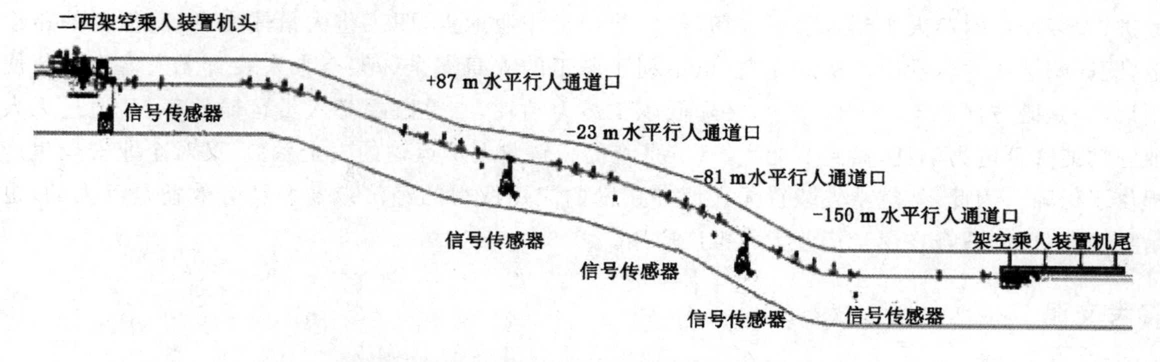

图2　二部架空乘人装置信号传感器安装示意图

3.2 架空乘人装置PLC控制箱电气原理

架空乘人装置PLC控制箱电气原理如图3所示。

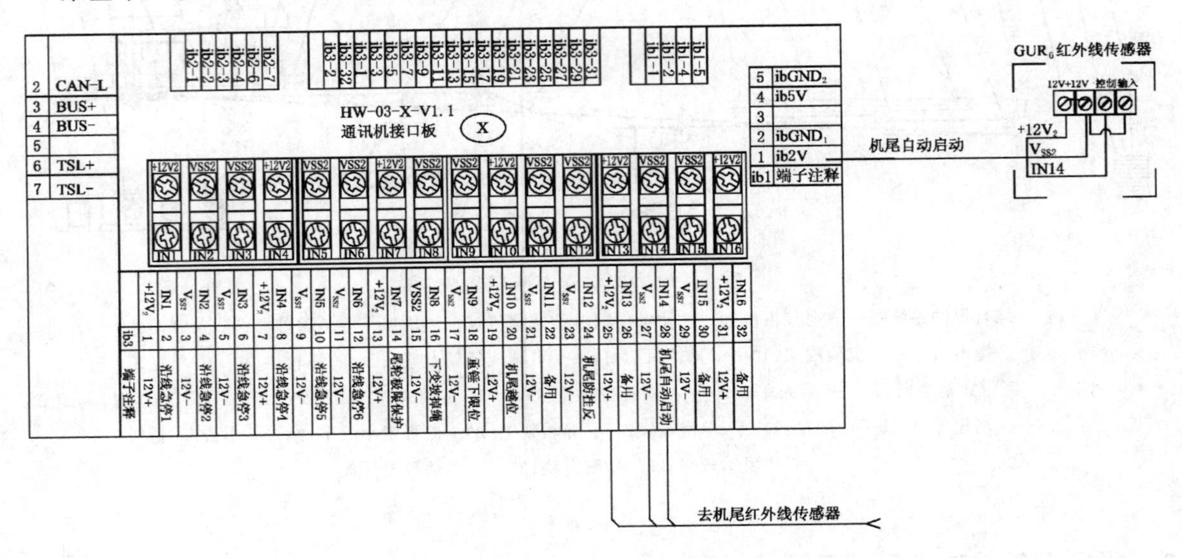

图3 架空乘人装置PLC控制箱电气原理图

4 实际应用效果

某矿一部、二部架空乘人装置实现无人值守以来，信号灵敏，操作方便，并且实现了节能降耗、自动化控制等多项工作要求，促进矿井自动化水平不断提高。使用无人值守技术的架空乘人装置实现了高效性、安全性和节能性，深受矿井广大干部、职工的好评。

5 取得的经济及社会效益

现代化安全高效矿井的采掘机械化程度越来越高，但井下辅助运输却滞后于矿井的发展，主要表现在：受矿井开拓方式的制约，技术更新慢，还是沿袭旧的运输模式，斜巷运输装备没有大的改进，大多使用斜巷人车到各水平车场，然后徒步至作业地点，职工将大量体力、时间消耗的路途上，既影响了矿井劳动生产率的提高，也不利于职工的人身安全。架空乘人装置无人值守安装使用后，一是既方便职工上下班作业，又降低职工体力消耗；二是既提高人员运输效率，又通过无人值守功能降低电力消耗，做到节能生产；三是既提高斜巷人员运输的安全系数，又对企业安全生产提供了保障。因此，架空乘人装置无人值守技术的应用取得的经济效益和社会效益是巨大的，也是显而易见的，适合在煤炭行业大力推广应用。

参考文献

[1] 王进涛，刘松涛.KSOD架空乘人装置在裴沟矿的应用[J].矿山机械，2006(3)：118-119.

[2] 安基胜，吴兴国，郑永洲.可水平转弯静态上下车活动式架空乘人索道在煤矿生产中的研究与应用[J].矿山机械，2008(14)：60-62.

[3] 邹爱英，管振翔，李孝忠，等.斜巷架空乘人装置在矿山的应用和推广[J].煤矿机械，2005(2)：

111-112.

[4] 王宇,张立忠,陈湘杰,等.提升矿用架空乘人装置安全可靠性的研究与实践:第六届全国煤炭工业生产一线青年技术创新文集[C],2011.

[5] 刘建平.煤矿安全与标准化:中国煤炭学会煤矿机电一体化专业委员会、中国电工技术学会煤矿电工专业委员会论文集[C],2008.

[6] 姜秀华.煤矿架空乘人装置研究[J].煤炭技术,2011(9):19-21.

我国中小煤矿井下无轨辅助运输应用的初步探讨

韩红利，罗建国，胡兴志，宫新勇

（华北科技学院机电学院，河北 廊坊 065201）

摘　要　我国中小煤矿由于受地质条件、经济条件和技术水平的限制，煤矿井下辅助运输系统事故高发，成为安全生产重点关注的环节。本文结合王坡煤矿井下无轨辅助运输的使用情况，分析了无轨辅助运输系统的优势和特点以及所发挥的作用，并提出了提高煤矿辅助运输装备水平、促进安全生产减人增效的几点建议。

关键词　辅助运输；无轨运输；中小煤矿；减人增效

0　前言

我国幅员辽阔，煤矿众多，井型各异，不同矿区的煤层地质条件、井巷开拓及开采方式各不相同，因此，各矿辅助运输机械化方式不可能单一，而是多样化并存。无论老矿、技改矿或新建矿，各矿需结合本矿具体情况，建立适合本矿的高效辅助运输系统，逐步实现全矿井辅助运输的机械化。

1　中小煤矿辅助运输存在的主要问题

随着科学技术的进步，煤矿开采的机械化水平得到了不断的提高，但是煤矿辅助运输体系的发展比较缓慢，大多数煤矿仍然采用无极绳、调度绞车等多段分散的传统有轨辅助运输方式，存在的主要问题如下所述。

1.1　运输系统缺乏系统性设计

在传统的煤矿辅助运输系统的设计及设备选型时，都是根据经验决定，一直停留在依据运输量等参数进行设备选型，没有从整个煤矿的全局进行考虑，比如从地质状况、运输效率等因素进行全局考虑，特别是没有考虑这几种因素的相互影响。随着煤矿开采规模的不断扩大，辅助运输系统变得越来越复杂，严重限制了新的大型辅助运输设备在中小煤矿辅助运输系统的应用，制约了中小煤矿的发展。

1.2　井下辅助运输设备落后

随着煤矿开采机械化程度的提高，煤矿安全生产效率得到了很大的提高，但是辅助运输设备落后，安全事故高发，已经成为影响煤矿安全生产的主要因素之一。究其原因是因为目前很多煤矿的辅助运输系统仍然采用提升绞车、无极绳、轨道矿车等传统运输方式，从地面至采区工作面分阶段运输，运输环节多，机动性较差，要经过多次转载才能到达工作面，占用设备和工人数也多，管理难度大，运输效率低，安全性较差，极易发生事故。

1.3 国产煤矿辅助运输设备还不完善

由于进口的煤矿辅助运输设备价格高，日常维护成本高，一般中小煤矿承担不起，而且由于进口产品售后服务跟不上，一旦设备发生故障，将造成设备维修困难。由于国产煤矿辅助运输设备拥有自主知识产权的关键技术不多，结构设计不合理，质量不可靠，加上煤矿工人文化素质普遍不高，使用过程中故障率较高，使设备不能充分发挥其应有的作用，严重影响了其在煤矿辅助运输体系的推广应用。

2 煤矿井下无轨辅助运输的特点

无轨辅助运输经历近 20 年的发展，已经走向成熟，为矿井的安全高效生产提供了有力的保障，辅助运输无轨化已成为矿井现代化的标志之一。据统计，我国采用无轨辅助运输的矿井仅占矿井总数的 1%，但这些矿井创造的产值却占煤炭总产值的 25%以上；作为总产量占我国煤炭总量 40%的中小型煤矿，积极探索辅助运输无轨化，对于解决中小型矿井辅助运输动力不足和事故频发等问题有着积极的意义。

但是对于多数老矿井来说，由于开拓方式和地质条件所限以及从经济适用性方面综合考虑，无轨辅助运输更适宜在局部区域、局部地段使用。对于老矿井来说，辅助运输的制约环节主要集中在盘区（采区）运输上，其中又以工作面运输巷和回风巷的辅助运输最为薄弱，特别是在综采面搬家时，这个矛盾更为突出。目前大多数老矿井盘区（采区）采用的还是调度小绞车接力运输方式，不仅用工多、速度慢、效率低，而且安全保障性差，辅助运输事故较多。因此，应用安全高效辅助运输设备，创新矿井辅助运输模式，是当前亟待解决的问题。

随着矿井开采机械化水平的不断提高以及巷道支护方式的日益完善，盘区（采区）、回采巷道长度不断加大（平均 1 000～2 000 m，最长 3 000 m 以上），人员进出全部靠步行，体力消耗严重、有效工作时间缩短、不安全因素多等问题越来越突出。因此，改进盘区（采区）、回采巷道辅助运输模式势在必行。

3 煤矿无轨辅助运输系统使用性能分析

3.1 减少辅助运输人员

比如，王坡煤业辅助运输采用多部牵引车与绞车倒运，运输工区每天当班人数约 130 人。采用无轨运输时，即可减少井底换装站到各工作面运输期间的辅助人员，运输工区每天当班人数约 110 人，人员的减少必将提高辅助运输的安全性。

3.2 降低劳动强度

无轨辅助运输车辆品种多，可将井下各种复杂而繁重的工作全部实现机械化。运人车可将人员从井下候车室直接运送到工作地点；运料车在井下换装站装载后无须转载可直接运输到工作地点，并带自卸功能；铲运机可铲运、装载大中小型的机电设备及散料等；支架搬运车可实现综采工作面设备的快速搬家倒面。采用无轨辅助运输解决了人员在井下长距离行走、物件的多次换装、散料的扛运及大型设备周转困难等难题，在降低劳动强度的同时，尽量避免了人员去接触物件，提高了人员工作安全性。

3.3 降低事故率

据统计，全国煤矿中机电事故约占事故总数的60%～75%，其中，综采工作面约占30%，综掘工作面约占30%，辅助运输约占40%。辅助运输事故约占井下工伤事故总数的30%，仅次于顶板事故，而且呈上升趋势。据不完全统计，全国使用无轨辅助运输的矿井有130多个，事故死亡率基本为零，显然无轨辅助运输可以大大提高煤矿辅助运输的安全性。

3.4 提高运输效率

使用防爆胶轮车，可实现人员及物料从换装站到工作面一次到位，避免使用绞车时的频繁换装，且无轨胶轮车运行速度快，效率提高明显。不同运输方式的运行速度比较见表1。

表1　　不同运输方式的运行速度

运输方式	平均时速/(km/h)	最高时速/(km/h)
电机车	18	25
猴车	7	10
调度绞车	6	7
人行走速度	4	6
无极绳车	7	9
胶轮车(运料)	25	40
胶轮车(运人)	20	30

可见，单从运输时间考虑，无轨辅助运输的运输效率是最高的。从以上比较中也可看出，随着工作面的延伸、运输距离的加长，无轨胶轮车的运输优势将更加明显。

3.5 降低运输成本

据有关资料统计，有轨和无轨辅助运输设备配套费用投入基本相当，但无轨辅助运输所需人员是有轨运输的1/3，而运输效率则是有轨运输的4～5倍。据不完全统计，采用轨道辅助运输系统，平均吨煤辅助运输成本为10～20元，而无轨胶轮车在神东矿区使用时，吨煤辅助运输成本不到5元。

4 提高煤矿辅助运输装备水平的几点建议

4.1 煤矿规划设计时，应综合考虑辅助运输系统的需求

在对辅助运输系统进行总体规划时，尽量采用直达运输方式，以便减少中途转载。由于各中小煤矿条件不同，一个煤矿的辅助运输系统，是采用单一的辅助运输设备，还是采用几种辅助运输设备的混合，在选用辅助运输设备时，一定要进行科学、合理的规划。

在新建煤矿中，要从实际条件出发，应优先采用先进的煤矿辅助运输设备，并调整巷道断面设计，以适应辅助运输设备的要求。在对现有煤矿进行改造时，为了节约投资，应充分利用现有的运输设备，争取用最少的投资达到煤矿辅助运输系统安全、经济运行的目的。

4.2 条件成熟时，应采用先进的无轨运输系统

煤矿井下轨道辅助运输环节多，运输效率低，安全性较差，不能连续运转，且搬迁时用工较多，

工人的劳动强度很大。

无轨辅助运输系统由于系统简单，没有轨道限制，减少了巷道布置，缩减了生产费用，不存在掉轨的隐患。最主要优势的是无轨辅助运输系统能实现直达运输，当运输距离有变化时，可以随机应变，减少了辅助运输人员，减轻了工人的劳动强度，提高了生产效率。虽然采用无轨运输系统比有轨运输系统一次性投入高，但是产生的经济效益要远远高于有轨辅助运输系统。

目前，由于大多数中小煤矿地质条件的限制，辅助运输大多不适应无轨辅助系统的使用要求，因此传统煤矿在使用无轨辅助运输系统时，应对原有的作业环境进行改造。主要改造工作有：工作面路段进行全部硬化，降低坡度，扩大巷道断面尺寸；同时，为了确保无轨辅助运输设备的高可靠性，还要考虑煤矿瓦斯和粉尘等不利条件的限制。

4.3 加大煤矿辅助运输设备的研发力度

为了进一步提高煤矿辅助运输系统的技术水平，有关单位应建设一支高素质的煤矿辅助运输系统科研队伍，尽快建立起比较完善的测试实验中心，并制定各种辅助运输设备的规范和标准，争取使我国在煤矿辅助运输技术中拥有更多自主知识产权。在研发煤矿辅助运输系统时，要注重运输设备的启动、制动、防爆等关键技术的研发，提高驱动桥、变速箱等核心部件的制作质量。为了更好地适应中小煤矿不同地质条件和作业环境，辅助运输设计应向多机型、多功能方向发展。

5 结语

目前，中小煤矿辅助运输系统方面仍然比较落后，改进中小煤矿辅助运输系统的现状，选择合理的辅助运输方式，将会在一定程度上降低企业的生产成本、提高其经济效益，这对中小煤矿有着极其深远的意义。改变煤矿辅助运输的现状，一方面要采用适合中小煤矿需要的高效辅助运输设备，另一方面在规划时要全面考虑，确保选用的设备能够在适应的条件下充分发挥出其巨大的经济和社会效益。

无轨辅助运输以其安全、高效的特点获得了煤炭行业的普遍认可，通过对煤矿辅助运输系统的无轨化改造，将会极大地提高了矿井的生产能力，解决了煤矿长期以来辅助运输制约生产能力的问题，并在安全生产上取得了很好的成效。

煤矿斜井巷道跑车防护装置的推广应用

王仰毅

（陕西陕煤铜川矿业公司下石节煤矿，陕西 铜川 727101）

摘 要 矿井轨道运输是煤矿生产的重要组成部分，高效的运输系统对于煤矿安全生产具有重要意义。据统计，运输事故是仅次于顶板事故的第二大事故，其中跑车事故尤为突出，因此对煤矿斜井跑车事故进行有效的预防十分必要。为此，必须对矿车的运行状态及跑车捕捉过程进行深入系统的分析，降低矿井跑车事故的发生。

关键词 斜井；跑车防护装置；推广应用

0 引言

2#副井斜井长度为931.8 m，坡度为18°，根据设计共使用ZDC30-2.2跑车防护装置6套，井口使用ZDC1000挡车器1套、ZZC1000门式阻车器1套，井底使用ZZC1000门式阻车器1套，每处挡车设施处使用ZSJ127视频装置进行监控共9套。利用高精度传感器信号作为控制挡车栏、阻车器的开启、关闭，实现车辆运行位置的准确确定，将挡车栏、阻车器状态信息在声光监控箱上显示，显示挡车栏的开启到位、开启中、关闭中、关闭到位的状态指示，便于观察，以及挡车栏动作、控制故障报警，便于问题的及时发现和处理。挡车栏采用吸能式结构，有效地拦截车辆跑动。

1 跑车防护装置介绍

1.1 跑车防护装置

如图1所示，在深度指示器上安装1个速度传感器（GS-20ZD），为“SA”，2个收放绞车用限位传感器（GWH-10ZK），分别为“SE”和“SF”。装置上电后，PLC电控箱输出24 V的直流电源，通过PLC电控箱接口板使4个传感器处于等待工作状态；同时，PLC将自动判别挡车栏是否下放到位，如果没有下放到位，控制收放绞车将挡车栏自动下放到位，监控箱红灯点亮。

当有矿车下行时，深度指示器转动，滑杆在深度指示器丝杠上滑动，当滑动到SA传感器位置，即传感器SA检测到滑杆信号时，电控箱收到传感器SA的检测信号，电控箱将控制电机正转完成上提挡车栏操作，红灯熄灭，黄灯点亮，挡车栏上提到上限位，传感器SE将发出上提挡车栏到位信号，停止上提挡车栏，监控箱绿灯点亮；矿车通过挡车栏后，滑杆通过检测传感器SA，SA无信号输出，电控箱检测到SA信号消失后，将控制电机反转进行下放挡车栏，同时监控箱绿灯熄灭，黄灯点亮，下放到下限位传感器SF后，电控箱控制停止下放挡车栏，监控箱红灯点亮；若矿车速度超出正

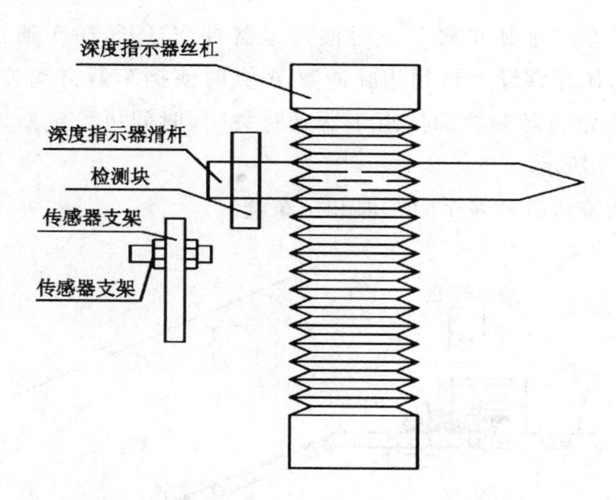

图 1　传感器在深度指示器上的安装方式

常运行速度,电控箱不动作,挡车栏保持放下的位置即关闭状态,对矿车进行有效拦截,保障了巷道下部设备和人员的安全。

当矿车上行时,滑杆在深度指示器丝杆上反向滑动,当滑动到 SA 传感器位置,即传感器 SA 检测到滑杆信号时,电控箱收到传感器 SA 信号,电控箱控制上提挡车栏,监控箱熄灭红灯,黄灯点亮,挡车栏上提到上限位传感器 SE,SE 将发出上提挡车栏到位信号,停止上提,监控箱黄灯熄灭,绿灯点亮;这时矿车继续上行通过挡车栏后,滑杆的转动通过检测传感器 SA,SA 无信号输出,电控箱检测到 SA 信号消失后,电控箱将控制电机反转完成下放挡车栏,下放到下限位传感器 SF 后,停止下放,监控箱红灯点亮。

在挡车栏上提、下放过程中出现故障时,即下放挡车栏或上提挡车栏在规定时间内未检测到离开或到达限位信号,PLC 将自动使电机断电停止工作,并发出报警,点亮七彩报警灯,使系统得到保护。如图 2 所示。

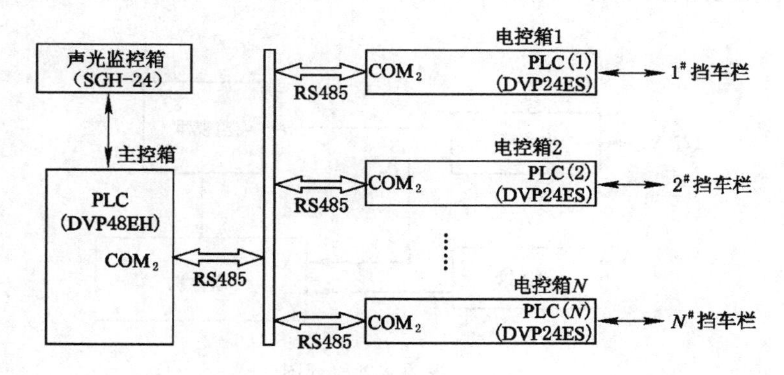

图 2　装置原理图

1.2　阻车器及挡车器

装置安装到位后,模拟车辆通过的方式检查装置的工作性能,下行时首先按动控制按钮,使阻车器自动打开到位,矿车下行经过清零传感器到达设定的脉冲数 A 点时使挡车器自动打开,矿车继续下行,经过脉冲数 B 点时使阻车器自动关闭,矿车经过挡车器后到达脉冲数 C 点使挡车器自动关闭；当矿车上行时矿车经过脉冲数 C 点时使挡车器自动打开，矿车通过挡车器到达脉冲数 B 点时使阻车器自动打开，矿车继续上行到达脉冲数 A 点时使挡车器自动关闭，矿车上行通过阻车器后到达脉冲数 D 点（设定负脉冲数）时，阻车器延时关闭（时间可设定），即矿车下放到提升一个完整的过车结束。如图 3 所示。

与此同时，实现手动按钮打开各个阻车器和挡车器。

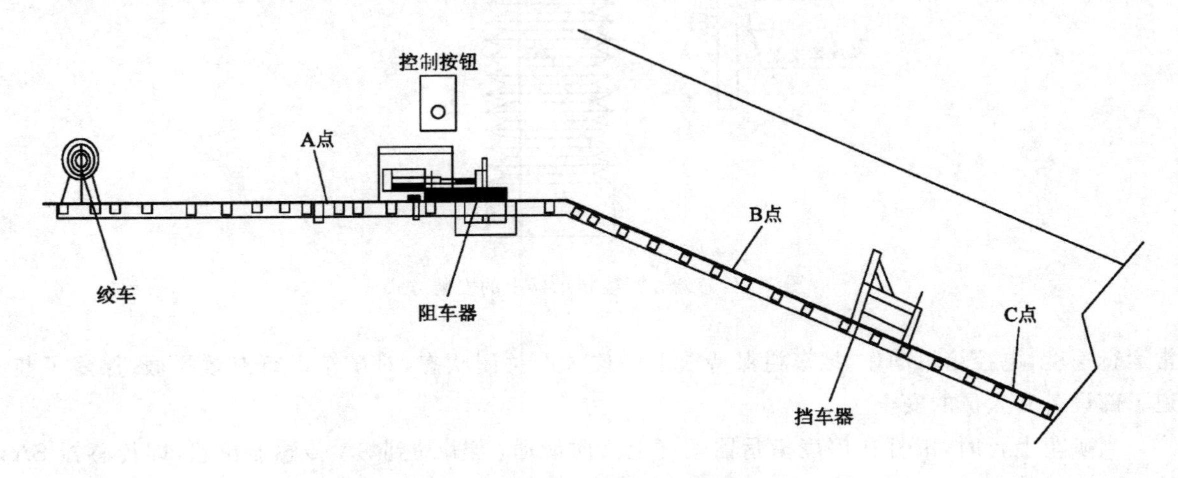

图 3　井口跑车防护装置布置图

1.3　电视监视装置

电视监视装置是通过分布在斜井的各个摄像仪，对斜井中各段情况进行采集，摄像仪对采集的图像信号进行编码处理，然后将编码信号通过传输线传送给硬盘录像机，录像机收到数据信号后，先进行解码，再由硬盘录像机将接收的信号根据设定要求进行分析、合成、录制等处理，然后传送给液晶监视器，由液晶监视器显现出各监视点摄像仪摄取的图像信号，使绞车司机很清楚地看到矿车运行以及各监视点的实际工作图像，便于及时发现问题，保障生产过程的安全。如图 4 所示。

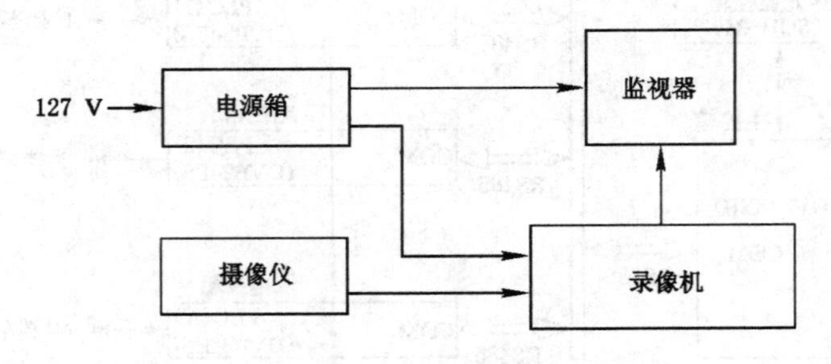

图 4　视频装置原理图

1.4　柔性缓冲吸能器

跑车防护装置用挡车栏的吸能器是采用独特的舰载机，挡车栏的柔性设计使其与矿车发生冲撞时，对矿车的损伤小，容易恢复。吸能器采用摩擦片式缓冲吸能，摩擦力稳定，从而使吸能器制动平稳、吸能量大，独特的钢丝绳盘绳设计使拦车有效距离长。吸能器主要由弹簧、摩擦片、轴承等部件组成,结构简单,安装方便;每次捕车后,恢复时间短,能够多次重复使用,吸能量达到最大2.2 MJ。

2 跑车防护装置工作原理

当斜井巷道发生跑车事故时,车辆在斜井中运行速度逐渐增大,当车辆运行速度超过设定最大速度3.7 m/s(即矿车车辆轴距为0.485 m,车辆经过速度传感器所用时间大于0.13 s)时,控制箱发出预警信号,传感器SA信号屏蔽,电控箱不输出信号,提放绞车不动作,挡车栏处于关闭状态。当车辆到达挡车栏后,车辆首先触碰挡车栏钢丝绳,钢丝绳两头分别固定在巷道两侧柔性缓冲吸能器上,吸能器内部通过摩擦片摩擦实现车辆减速,最后达到停止运行的目的。

3 结论

经过陕西陕煤铜川矿业公司下石节煤矿实际使用,DC30-2.2ZD跑车防护装置可以有效地实现对斜井跑车的阻拦,操作简单,使用方便,能够到达预期效果,减低斜井跑车事故的发生。

参考文献

[1] 陕西航泰电气股份有限公司.DC30-2.2ZD跑车防护装置使用说明书[Z].
[2] 陕西航泰电气股份有限公司.ZZC1000阻车装置使用说明书[Z].
[3] 陕西航泰电气股份有限公司.ZDC1000挡车装置使用说明书[Z].
[4] 陕西航泰电气股份有限公司.ZSJ127视频监视装置使用说明书[Z].

浅谈煤矿井下绞车保护系统改进与应用

丁林松

（兖矿集团兴隆庄煤矿，山东 济宁 272000）

摘　要　深度指示器失效保护、盘形闸间隙保护、松绳保护以及减速功能保护装置是绞车必不可少的保护装置，这些保护装置的安全性、可靠性直接影响到绞车的正常提升。本文主要根据实用、可靠、成本低的原则，对以上四种保护的安全性、实用性、可靠性及现场实现进行阐述。

关键词　绞车保护；闸间隙；深度指示器失效

0　前言

绞车是提升煤炭、矸石，下放材料，升降人员的重要运输设备。矿井提升装置必须设有多种保护，深度指示器失效保护、盘形闸间隙保护、松绳保护作为煤矿绞车的主要保护，必须做到准确、可靠。兴隆庄矿在原有保护不动的情况下，另外采用将这三种保护集成在一套单独系统中，由一个控制单元对这三种保护进行集中控制。本文主要根据实用、安全可靠、成本低的原则，对矿井绞车保护一体机的安全性、实用性和现场实现进行阐述。

1　设计目标及工作原理

1.1　深度指示失效保护

当绞车深度指示器的传动系统发生断轴、脱销等故障时，深度指示器失效保护装置能够实现自动断电、停车抱闸，避免事故的发生。从经济实用的角度，在对矿用绞车传统的机械式深度监控器结构不做改动的情况下，采用单片机和光电开关构成深度指示器失效保护是最理想的一种方法。

深度指示器的运行和绞车滚筒有严格的对应关系。把装在深度指示器传动链条的霍尔元件的脉冲信号与提升机发出的速度脉冲信号做比较，脉冲发生差异时表明两者不同步，即出现了深度指示器失效。实际改造工作中，是将霍尔元件的脉冲信号与提升机的变频器发出的速度信号两者进行比较，当两者信号差大于规定值时，使对应的开关量输出继电器动作，切断绞车电控安全回路，从而起到了深度指示失效保护的作用。整个比较周期每秒一次，为防止保护误动作，将程序设置为连续两次出现不同步时，输出继电器动作，使保护动作更为可靠。

1.2　闸间隙保护

煤矿绞车提升装置的盘形闸间隙保护装置总体设计目标是：为了测量盘形闸衬与制动盘之间

的动态工作间隙，当闸衬磨损后间隙超过差值时实现报警或断电。现在绞车普遍采用行程开关作为闸间隙检测装置，闸间隙开关监视制动器闸衬的磨损量，磨损超限可使开关动作并报警或断电。由于行程开关自身结构、精确度不高，弹簧长期处于压紧状态，易产生疲劳断裂。当闸板张开时或闸板磨损到一定数值时，只能调整开关的大概位置，开关动作内部行程无法测得，造成与实际位置闸衬磨损程度和闸间隙大小不符。在煤矿现场，由于设备精度的限制，原有绞车的闸盘精度低，端面跳动大，致使现有的行程开关无法调整，误动作频繁，影响绞车的正常运行。目前兴隆庄矿原有的闸间隙保护均使用这种行程开关保护装置 ，但由于闸盘的偏摆，行程开关无法调整，在绞车运行中，个别地方的间隙有可能大于 2 mm。为此，新设计的间隙保护采用位移传感器，同时测量闸盘两面的间隙总和作为判据，这样就把闸盘的偏摆误差考虑进去，便于调整，同时还具有声光报警功能。

在具体设计中，由 4 对测点来测量间隙，每个测点都由一个电感式位移传感器来测量工作间隙，然后，由传感器输出 0～5 V 的电压信号，经过系统对该信号的处理来确定间隙的大小，再将其信号转化为 0～5 mm 的距离显示到显示屏上。8 路测点的任何一路的工作间隙超过 2 mm 都要产生报警。每一路测点还要对应一个调零按键，按下此键可以将此时测量的工作间隙的数值写到掉电保护存储区中，作为间隙参考值，下次读取的数据将与该值进行比较，把比较的差值显示到显示屏上。兴隆庄矿十采绞车在使用中考虑闸盘的偏摆，8 测点组成 4 对，采用总间隙不超 4 mm 来确定报警值。

1.3 松绳保护

《煤矿安全规程》规定：缠绕式提升机应当设置松绳保护装置并接入安全回路和报警回路。在斜井提升中，绞车出现松绳现象的原因是：在升降物料进入变坡点时，矿车在井巷内掉道或被卡；平巷松车时曲绳过长、过放等。

在斜井提升中，可能出现松绳现象，主要是在上提、下放物料进入变坡点时，或矿车在井硐内掉道或被卡等原因造成钢丝绳速度与绞车速度不匹配而出现钢丝绳在滚筒上松弛、下落现象，一旦矿车载荷速度加快，往往由于绳松而造成冲击致使钢丝绳损坏。

现有的绞车松绳保护一般采用的是行程开关或接近开关来实现的，即在绞车滚筒下方设置传导钢丝绳，传导钢丝绳一端固定在基础上，另一端固定一个行程开关。当提升钢丝绳下垂时会下压传导钢丝绳，传导钢丝绳拉动行程开关，行程开关常闭触点断开安全回路，使提升机进行安全制动。采用行程开关实现松绳保护的方式存在缺陷，主要是表现在：钢丝绳与行程开关的距离不好调整，如果间距过小会引起频繁停车，间距过大时，即使松绳也很难使行程开关动作；同时，行程开关长期使用下会有接点接触不良的现象，造成绞车的误动作而出现停车。

为此，本装置采用双光束红外对射探测器，其结构是收发成对组成，其原理是：探测器的发射器发出长波段红外 LED，接收机收到红外光束后转为电信号输出至“保护一体机”，利用光束被阻断后接收机接受不到光信号而使保护动作，探测器探测方式为双光束同时遮断检验式，有效避免松绳保护的误动作。

2 结构和安装

该综合保护装置主机为 1.5 mm 厚的不锈钢板折压焊接而成，为密封防潮设计，显示窗口为 5 mm 厚的有机玻璃隔挡且密封防水，上部设有吊挂用提手，左、右、下侧共有 16 个接线喇叭口，要求

所接电缆外径为 ϕ8～12 mm(图 1)。现场安装时可吊挂或固定在墙壁上，避免有淋水，且远离高压电缆、大型电机等有强磁场干扰的地方。

闸间隙位移感应元件是通过一只 L 形脚铁固定在盘形闸体上(图 2)。首先将 L 形脚铁焊接在盘形闸体上，并与闸瓦平行且保持 5～7 cm 的距离，再将感应元件固定在 L 形脚铁上，感应元件与绞车距离不大于 4 mm。

图 1　仪器主机

图 2　位移感应元件(传感器)

主机-分机连线图如图 3 所示。

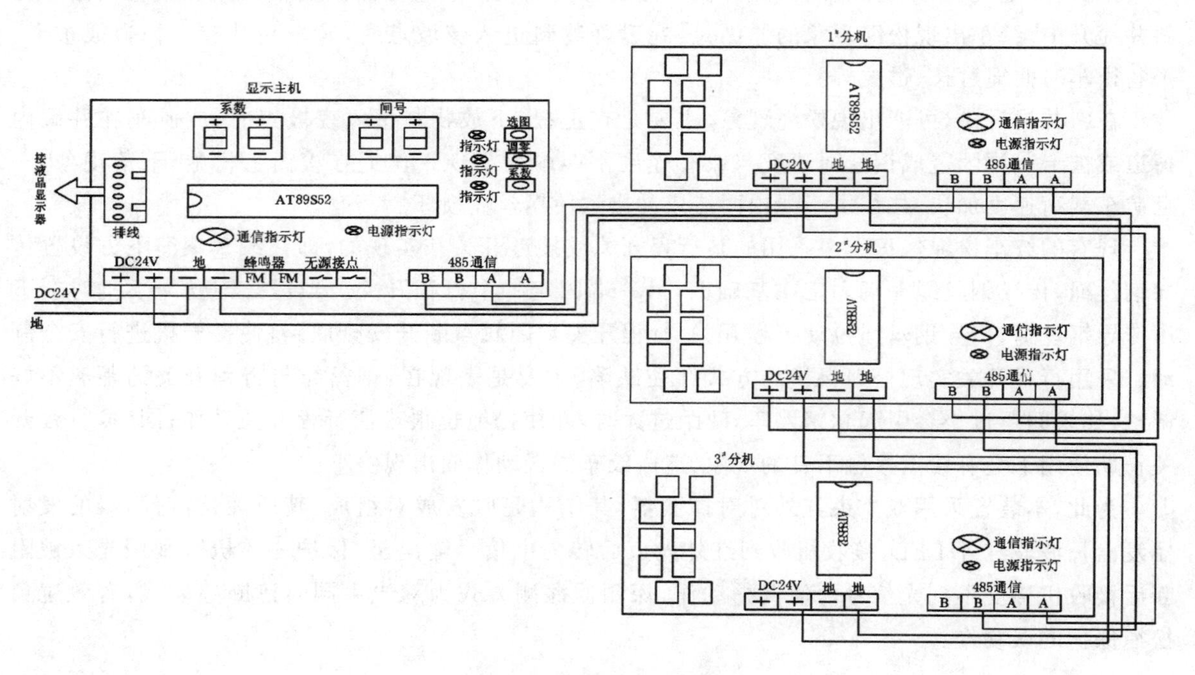

图 3　主机-分机连线图

接线说明：如图 3 所示，“DC24V”为电源正极、“－”为电源负极，A、B 为 485 通信端口，分别接入主机主板上，电源正极接电源开关的正极，负极接电源开关的负极，主板上 A、B 与分机接在一起,即A接A,B接B。主机与1#分机、1#分机与2#分机、2#分机与3#分机连线顺序为:红—正,白—地,蓝—485通信A,绿—485通信B。1#分机、2#分机、3#分机分别接闸间隙保护传感器、松绳保护传感器、深度指示失效传感器。

3 结论

兴隆庄矿按上述方案对十采绞车电控系统进行改造,试车时一次成功。该系统设置简单,调试方便,正常的试验简单易行,原有的保护继续保留,新保护作为后备保护使用。经过一年多的运行,未发生任何故障,提高了绞车运行的安全性能。

该装置的研制与使用也提高了煤矿检测仪器的智能化水平,对保证提升机的安全运行起到十分重要的作用,其社会效益也是十分明显的。

煤矿斜巷轨道运输监控装置应用研究

刘 勇,米效国

(兖矿集团兴隆庄煤矿,山东 济宁 272102)

摘 要 本文简要介绍了煤矿斜巷轨道运输监控装置的系统组成、设备布置、功能特点及运行效果,对于矿井斜巷运输安全、减少事故、提高运输效率提供了借鉴渠道。

关键词 斜巷运输;智能技术;系统功能;实时监控

煤矿井下辅助运输一直是煤矿安全生产的薄弱环节,运输环节多,自动化程度低,人工投入多,运输事故时有发生,制约了煤矿安全生产效率的提高。斜巷运输是辅助运输安全管理的重点,也是运输事故多发点,因此,煤矿斜巷轨道运输监控装置在兴隆庄煤矿 10300 轨道下山成功实施,对于确保斜巷运输安全具有重要的意义。

1 概述

井下辅助运输安全管理一直是煤矿安全生产建设的薄弱环节,辅助运输设备多为人工操作、自动化程度低是严重制约煤矿生产效率提高、运输事故频发的主要因素。井下辅助运输系统点多面广,工作地点较为分散,占用人员多,人员素质参差不齐,斜巷运输是辅助运输安全管理重点,也是运输事故多发点。目前,斜巷防跑车装置和跑车防护装置等安全防护设施全部采用手动(电磁阀)方式操作控制,操作时机和操作到位状况无法进行确认控制,容易造成安全设施操作不当、操作不到位等人为因素运输事故,特别是车辆运行范围内安全设施操作时,甚至在安全设施操作过程中,运输人身事故等运输事故不断发生,严重影响着煤矿财产安全和煤矿职工人身安全。

兴隆庄矿 10300 轨道下山斜巷担负着兴隆庄矿下部采区设备、材料、矸石提升运输任务,直接关系到矿井的安全生产、经济效益。该斜巷全长 810 m,平均坡度 7°,拱形锚喷巷道,距上变坡点 150 m 及 550 m 处各有一偏口分支巷道。为达到斜巷轨道安全运输程序自动化和联锁控制,兴隆庄矿与生产厂家合作对斜巷提升运输、安全设施动作、闭锁、保护等工序进行探讨、分析、研究、编程,实现安全智能自动控制。

2 系统构成

斜巷运输安全智能控制装置由中央控制系统、行车联系信号子系统、上平车场防跑车安全设施控制子系统、上下行操车控制子系统、斜巷跑车防护控制子系统、行车线路控制子系统、行车报警信号控制子系统、信号传输系统等组成。系统设备布置如图 1 所示,上车场安全设施布置如图 2 所示。

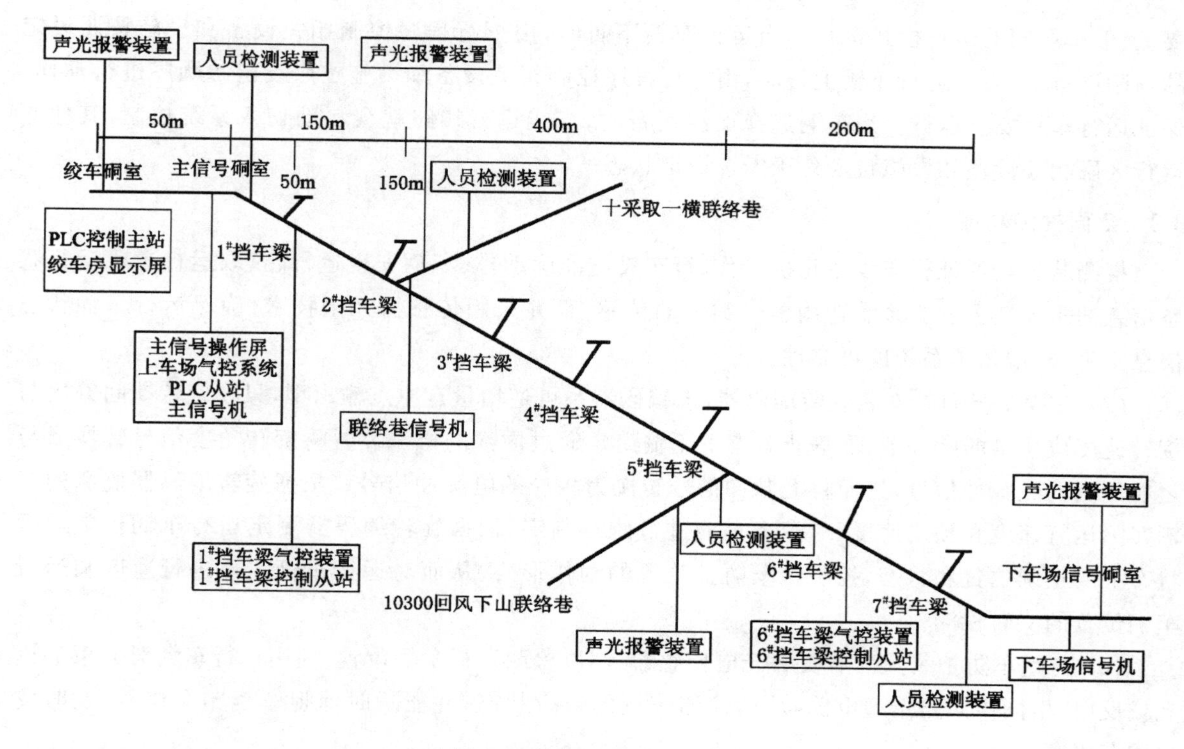

图 1　系统设备布置示意图

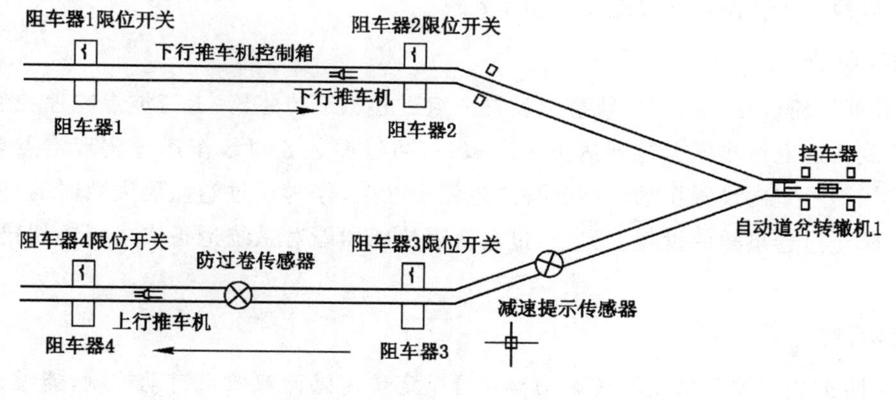

图 2　上车场安全设施示意图

3　系统功能及特点

3.1　系统实现程序控制

系统对斜巷行车设备(绞车)和设施实现程序控制。针对行车运行线路、各类行车模式编制不同行车控制程序,每一类运行模式都设计了上行和下行不同运行方式,分别在绞车房和上平车场总信号控制室内配置运行模式选择控制面板。运行模式选择控制面板选择运行模式后,运行车辆无论按哪一个程序模式、哪一种运行方式运行,都能确保挡车器开启和关闭具有特定的逻辑顺序。将斜巷主要上、下车场间的车辆运行模式设计为默认运行线路,系统在无选择的情况下,按斜巷主要上、下车场间的运行模式运行。当运行车辆下行时，由下行程序控制相关设备和设施按照设定的顺序进行动作；当运行车辆上行时，由上行程序控制相关设备和设施按照设定的顺序进行动作，保证运行车辆安全运行。当车辆选择支线运行时，支线运行线路就会自动切入系统控制，其他非运行区段相关设备和设施自动处于安全设定状态。

3.2 全面检测功能

检测装置是保证行车设备正确操作、行车设施准确动作、车辆安全运行、获取运行车辆运行状态信息的重要装置。本系统选用多个类型的传感器，并采用传感器冗余技术，确保运行车辆状态信息不丢失，增强了系统的可靠性。

（1）在绞车滚筒处安装旋转编码器，该编码器系可逆增量有原点输出型，只在旋转期间输出与旋转速度成比例的脉冲数，在静止状态下不输出。通过内部的机械装置将旋转角度信号转换成与之成比例的光脉冲信号，进而将光脉冲信号转换为相应的电脉冲信号。根据旋转编码器监测的车辆实际运行速度和预定速度，对带绳车辆进行跑车判定；依据旋转编码器测定运行车辆正常运行状态下的正确位置和状态，控制跑车防护装置的动作形式，从而对运行车辆实现进行速度和运行车辆位置的实时检测。

（2）在跑车防护装置前后安装光电传感器，用以检测运行车辆位置；利用运行车辆对光束的遮光或反射，由同步回路选通电路，从而检测车辆的运行状态，并能瞬时捕捉车辆跑车信号，及时发出跑车报警。

（3）在每道防跑车装置（阻车器、挡车栏）和跑车防护装置、转辙机和推车设备处装有动作状态限位开关，用以检测相关设备和设施是否动作到位。

3.3 健全过卷防护

防过卷装置是通过在上平车场轨道上设置一组过卷轨道传感器、上变坡点减速控制传感器和运行程序，监测轨道上行车辆上行到达指定区域后，防过卷装置对绞车运行实现定点自动停车控制，并在上车场信号室内设置手动（电磁阀）紧急停车开关，作为防过卷监测失效时的补救措施，实现紧急停车，防止过卷事故的发生。另外，过卷轨道传感器能对系统运行实现自动纠错复位，确保系统正常运行。

3.4 跑车防护设计

斜巷跑车防护装置控制采用旋转编码器和行车定位传感器双效果自动控制，能够根据运行车辆长度自动及时调整动作状态，达到实时监控，动作控制便于调整，参数可据现场实际情况设定。

（1）根据斜巷上部、中部和下部不同区段跑车的不同性质特点，分别设计装配了上部、中部和下部三种不同形式的常闭式跑车防护装置：

（2）在斜巷上部变坡点下部略大于一列车长度位置，由于此处跑车距离较短，车辆运动惯量较小，破坏性较弱，采用底板安装式挡车器3组。

（3）斜巷中部是跑车防护重要区段，为缩短跑车距离，降低跑车运动惯量，根据现场实际情况将斜巷中部区段进行了划区段防护。防护装置采用生根固定牢固、吸能性强、防护强度高的柔性捕车栏。

（4）基于斜巷底部跑车防护设施直接影响着斜巷底部车场安全，对斜巷底部跑车防护装置进行了单向可逆运行设计，防止非控车辆进入底部车场。另外，为加强斜巷底部防护能力，对斜巷底部两道防护装置采取近距离安装。

3.5 异常行人探测

《煤矿安全规程》规定：斜巷运输时严禁人员通过。本系统采用红外传感器监测运输过程中运行车辆的通过，同时也能检测到行人的进入，当运行车辆运行时红外传感器探测到行人信号时，报警器会报警，并通知绞车司机减速、停车，停止斜巷行车，防止意外事故发生。

3.6 报警功能

本系统设置了如下语音功能：运行车辆上行和下行语音提示功能，运行车辆超速、运行车辆非控（断绳）、运行线路各相关设备和设施工作异常、限制行人范围行人状态声光语音报警功能，以及行车信号误发等语音提示功能。当发生意外跑车事故时，该系统在进行保护和控制的同时，实现声/光报警功能，确保在第一时间及时采取可行有效措施处理突发事件，保证将事故伤害降低到最低限度。

3.7 记忆读取功能

系统采用触摸屏实现便捷操作和历史数据查询功能，程序设计加入信号系统、检测系统及执行机构各模块的分文件存储模式，使每一次的操作读取简单化。每个文件可储存 99 条数据记忆，自动更新，为使用中出现的故障及事故分析获取可靠数据。同时，系统还预留了扩展功能，即中央控制器预留出输入、输出端口，可根据现场情况变化随时修改程序，增加可控新设备，并具备与工控网络并网功能，实现远距离监控。

3.8 自动监测功能

为减少现场维护人员维修工作量，降低维护难度，系统设置自动自监测功能，实现系统循环不间断自检，发现故障及时显示，以指导维修人员进行准确、及时的系统维护，提高了故障排除准确率。

4 使用效果

经过现场运行，该安全智能控制系统运行良好，安全高效，达到了预期效果，实现了以下目标：

（1）斜巷运输系统运行联锁控制，实现提升设备状态、行车信号、行车报警信号、车场操车、车场安全设施相互联锁，避免了安全设施误操作、误操车、误行车。

（2）行车信号系统自动判断、识别，自动发出行车报警、控制行车模式。

（3）上平车场行车安全设施控制、操车作业实现自动联锁运行。

（4）斜巷跑车防护装置自动控制。

（5）不同分线信号自动识别，行车线路自动控制。

（6）自动控制实现自动监测、自动校核。

5 结论

该斜巷运输安全智能自动化控制系统，在吸收借鉴国内井下高安全、自动化控制安全设施的基础上，结合兴隆庄矿斜巷运输工序，采用可靠的网络联系技术，融合可靠的车场推车设备，设计了先进的斜巷运输控制程序，依据健全的检测和监测手段，确保了系统高可靠运行，解决了斜巷运输安全设施人工操作。实现斜巷运输从安全设施操作、填车、推车到行车线路设施操作的程序自动控制，消除了人为因素对斜巷运输安全的影响，减轻了车场操作人员的劳动强度，提高了斜巷运输效率，提升了矿井斜巷运输自动化装备水平，改变了传统的斜巷人工作业模式，开辟了矿井斜巷运输自动化作业新天地，为矿井安全生产打下了坚实的基础。

变频系统控制在矿用无极绳绞车中的应用

朱业明

(兖矿集团兴隆庄煤矿,山东 济宁 272000)

摘　要　本文介绍了矿用无极绳绞车变频控制系统的功能、组成原理、变频系统替代可控硅软启控制改造及其现场应用。该系统具有控制、保护、显示、语音提示、应急运行等功能。已成功应用于110 kW无极绳绞车。实现了该矿某工作面32 t液压支架的整体搬迁,大大缩短了搬迁时间,提高了工作效率。

关键词　煤矿;无极绳绞车;变频控制系统

0　前言

煤矿辅助运输是整个煤矿运输系统不可或缺的重要组成部分。目前,无极绳牵引绞车是用于煤矿井下巷道的以钢丝绳牵引的普通轨道运输设备,适用于长距离、大倾角、多变坡、大吨位工况条件下的工作面顺槽、采区上(下)山和集中轨道巷等系统行驶线路内材料、设备的直达运输,是替代传统小绞车接力、对拉运输方式,实现重、轻型液压整体支架和矿井各种运输的一种比较理想的运输装备。随着无极绳绞车电动机功率的增大,直启或可控硅降压软启等启动方式已不能满足大负荷变速控制的应用需要,因此需用调控灵活、变速方便的变频控制系统来替代可控硅降压软启。

1　系统功能控制功能

实现无极绳绞车的启停、急停控制,轻载、重载控制,变频调速控制,以及上行、下行控制。保护功能:上过卷、下过卷、超速、低速、过压、过流、堵转等保护,保证绞车在出现故障的时候能够立即停车。显示功能:提供全面、直观的双重显示功能,包括操作台上的指示灯、数码管和液晶屏的显示。液晶屏显示分为两部分:一方面显示与操作台指示灯和数码管同样的状态信息;另一方面显示绞车的运行轨迹、当前位置和速度,并在上坡、下坡、岔道等关键点处设置提醒标志,提示工作人员发出相应的加速、减速、停车等命令。语音提示功能:当绞车运行到上坡、弯道等关键点前方的一定位置时,系统会自动发出语音提示信号,提醒操作人员进行相应的加、减速控制,以保证绞车以安全的速度通过这些关键点。应急运行功能:系统具有正常运行和应急运行两种运行方式。应急运行是在PLC或者变频器出现故障且暂时无法恢复的情况下,为了保证不影响绞车工作而采取的一种运行方式,可通过直接控制磁力启动器来实现绞车的启停及正反转。

2 系统组成及原理

无极绳绞车变频控制系统主要由无极绳绞车操作台、矿用隔爆兼本质安全型交流变频器、矿用本安型速度传感器、信号急停控制箱、矿用本安型过卷开关、斜井无线通信/信号基台组成。照明综保为操作台提供 127 V 工作电源,操作台采集变频器、各传感器、漏泄系统、打点系统的状态信号,并对这些信号进行处理,根据处理结果对变频器进行控制,从而控制无极绳绞车的启停、换向、调速、抱闸。同时,在操作台和液晶屏上实时显示采集到的信号,液晶屏显示的信息与操作台显示的信息互为备份。在绞车运行前,操作人员按下操作台上的预告键可进行启车前语音提示。当绞车运行到上坡、下坡、岔道、弯道等关键点处时,系统会自动降低绞车运行速度,保证绞车安全通过这些关键点;通过关键点后,系统自动恢复绞车原来的速度。系统使用的传感器主要有速度传感器、位置传感器和过卷开关。速度传感器为 PLC 提供绞车运行速度和距离信号;位置传感器安装在绞车运行的起始位置上,绞车运行到该位置时位置传感器清零,防止产生累计误差,导致错位停车;过卷开关实现对绞车的过卷保护功能,一旦 PLC 检测到该信号,则立即使绞车停车,以防发生意外。

3 变频控制系统在现场无极绳绞车控制中的改造

3.1 改造过程

能够实现电动机的正传、反转、停止及各项保护,多段速调节是梭车运行的主要目的。变频器是将 660 V 交流电整流成直流电,再将直流电逆变成可调节的交流电,其中需要先完成整流侧的“使能”,再对逆变侧进行“使能”,这样变频器才可以开始工作。根据以上几个主要要求进行了以下改造:

(1) 变频器整流侧的使能:将变频器 RGN 使能 JX1.2 端子与变频器+24V 整流侧公共端 JX1.4 端子直联,让变频器主回路得电后,变频器整流侧直接使能。

(2) 变频器逆变侧的使能:为保证梭车既能在启动时逆变侧能使能,也要让梭车在停止后变频器逆变侧使能断开,应将变频器使能回路端子 JX1.6 与 JX2.4 并联在梭车正转 KA4 与反转 KA5 的常开接点上,这样按正转或反转按钮时 KA4 或 KA5 吸合,变频器逆变侧都能进行使能,按停止按钮时 KA4 或 KA5 断开,变频器逆变侧使能也随之断开。

(3) 梭车的正转:将变频器正向运行回路端子 JX1.5 与 JX2.4 并联到控制箱内正转继电器 KA4 的常开点 9# 与 10# 端子。按下正转按钮 KA4 吸合,KA4 常闭点 9# 与 10# 闭合,此时变频器正向运行回路端子 JX1.5 与 JX2.4 接通,梭车开始正转。

(4) 梭车的反转:将变频器反向运行回路端子 JX1.8 与 JX2.4 并联到控制箱内反转继电器 KA5 的常开点 11# 与 12# 端子。按下反转按钮 KA5 吸合,KA5 常闭点 11# 与 12# 闭合,此时变频器反向运行回路端子 JX1.8 与 JX2.4 接通,梭车开始反转。

(5) 梭车的停止:是由 PLC 控制箱本身的程序控制正、反转继电器的断开来实现停车。按下停止按钮,KA4 或 KA5 断开,KA4 与 KA5 已闭合的常开点断开,与其并联的变频器逆变侧使能回路端子 JX1.6 与 JX2.4 也随之断开,变频器逆变侧使能结束,梭车停止运行。

为使梭车可靠运行,又在触摸屏上接入对变频器整流侧故障及逆变侧故障的复位,设置了多段速，能让梭车在三种不同的速度下运行。另外，还在机头与机尾设置了过卷等保护。

3.2 变频器、电抗器及电动机的主回路接线图

变频器、电抗器及电动机接线图如图 1 所示。

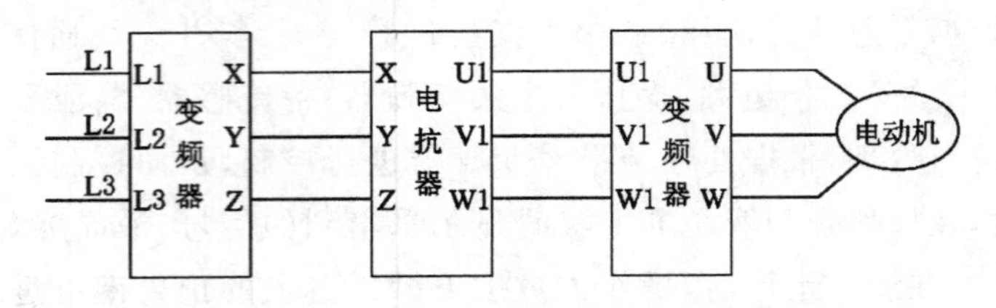

图 1 变频器、电抗器及电动机接线图

PLC 主机箱、触摸屏及变频器接线图如图 2 所示。

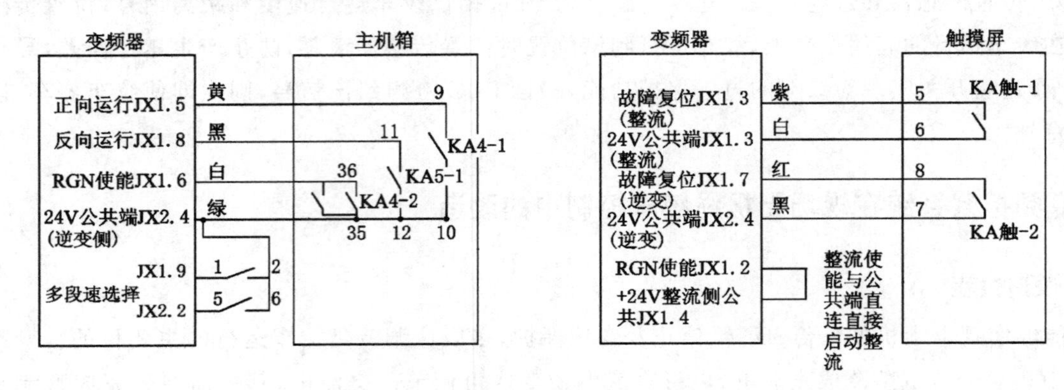

图 2 PLC 主机箱、触摸屏及变频器接线图

4 关键技术及创新点

变频器没有配备配套的操作台，所以不能直接控制变频器，而变频器与 PLC 控制箱不是成套设备，故程序已经做好的 PLC 控制箱外接点无法直接与淮南万泰的变频器进行连接。因此，如果不对电控接线进行改造，两套设备是不能够直接配合工作的。此工作的关键技术在于：如何在没有配备变频器操作台的情况下，将不是成套设备的变频器与 PLC 控制箱连接，使整部梭车能实现：正转、反转、停止、加速、减速、变频器使能、故障复位、闸电机启停以及故障返回等各项功能。创新点在于故障点的返回与多段速的选择。我们将变频器故障点返回加入控制箱，提高了设备的安全稳定性。多段速的选择给梭车提供了三种速度，司机可以根据梭车的载重量及梭车路的上下坡、弯道等各种情况来调节梭车的运行速度。

5 系统现场应用

工作面巷道总长为 1 200 m，最大上坡坡度为 10°。采用无极绳绞车（采用 110 kW 变频电动机）及无极绳绞车变频控制系统来实现工作面 32 t 液压支架的整体搬迁。绞车运行，运送液压支架时，操作台工作在重载模式下，电动机频率 30 Hz，绞车运行速度为 0.5 m/s，通过操作台手柄可控制绞车运行速度。在平巷运行时电流为 40～50 A，运行到最大坡度时电流达到 90 A。在系统

控制下，绞车能够平稳启动。在上坡、下坡、弯道等关键点处，系统能够自动减速，保证绞车顺利通过。绞车在运行过程中有泄漏通信急停、打点急停、过卷保护多种措施，在出现问题时能够及时停车，保证绞车安全运行。无极绳绞车空车返回时，操作台工作在轻载模式下，电动机频率可达 50 Hz，绞车运行速度为 1 m/s。采用无极绳绞车变频控制系统后，该矿在不到 1 个月的时间内完成了 120 多个液压支架的整体搬迁，大大缩短了液压支架的运输时间，提高了工作效率。

6 结论

矿用无极绳绞车变频控制系统在煤矿井下现场的应用结果表明，该系统可以有效、可靠地实现对无极绳绞车的启停、调速控制，提高工作效率。

防爆式水冷三元催化器的设计及应用研究

王　晓，贾二虎

（中国煤炭科工集团太原研究院有限公司，山西 太原　030006）

摘　要　本文从降低煤矿井下车辆的尾气排放出发，通过分析道路用三元催化器的工作原理及结构构成，选择了加拿大 DCL 型三元催化器，并根据我国煤炭行业标准《矿用防爆柴油机通用技术条件》(MT 990—2006)的要求，对三元催化器进行了防爆式水冷设计改造，然后采取两种布置方案，进行了台架实验；最后将其布置在 WC55Y(B)型支架搬运车上进行整车现场试验。试验结果表明：防爆改造后的三元催化器的表面温度低于 150 ℃，符合 MT 990—2006 的要求；应用了水冷式防爆三元催化器后的防爆车辆的 CO 和 HC 排放明显降低，改善了煤矿井下的作业环境，为该技术在煤矿井下的应用提供了借鉴。

关键词　防爆车辆；防爆柴油机；三元催化器；台架实验；尾气排放

0　引言

目前，我国煤矿井下的无轨车辆大部分采用防爆柴油机作为动力源，但是由于井下环境的特殊性，柴油机的防爆改造造成柴油机各方面性能相对恶化，尤其是排放污染问题。该问题已经严重影响了煤矿井下工作人员的身心健康。随着井下环保意识的不断加强，国家主导修订的与煤矿相关的具体规程对防爆柴油机的排放污染物要求越来越严格，我国现行《矿用防爆柴油机通用技术条件》(MT 990—2006)规定：防爆柴油机在 MT 990—2006 规定的工况下，未经稀释的排气中，其有害气体成分的体积浓度不应超过一氧化碳(CO)0.1%、氮氧化物(NO_X)0.08%，而且有进一步提高标准要求的意向[1-6]。因此，对降低防爆柴油机尾气中的有害成分的技术研究，对保障煤矿井下工作人员的身心健康有着重大的意义。目前，国外防爆车辆已基本都加装有催化器，国内尚无防爆车辆应用此类技术的先例，将此技术应用在防爆车辆上，不但可以降低防爆车辆的尾气排放，也为煤矿井下作业环境的改善作出巨大的贡献。

1　三元催化器的工作原理、选型及防爆设计

1.1　工作原理

三元催化器是一种用于控制排放的装置，它紧靠发动机安装，以便利用来自燃烧室的热量引发催化剂起作用，部分三元催化器直接安装在排气管中，使催化剂的反应更为迅速。三元催化器用以控制来自燃油燃烧产生的排放物，由于催化器的类型不同，通常可以控制 2～3 种有害的排

放物。

三元催化器结构如图1所示。三元催化器中的贵金属成分为铂(Pt)、钯(Pd)及铑(Rh)。三元催化转化器中发生的化学反应是在催化剂表面催化层上的非均相反应。三元催化反应机理比较复杂，但是基本上是在催化器封装的壳体内烧结或者安装某一形状，比如金属和陶瓷等载体，然后根据所匹配的发动机，在金属或者陶瓷载体上涂刷不同含量的贵金属铂(Pt)、钯(Pd)及铑(Rh)的水涂层作催化剂。其中Pt负责CO和HC的氧化，Rh负责NO_X的还原[7-9]。当发动机排出的尾气通过三元催化转化器时，在催化剂的催化作用下[7-9]，发生如下反应：

氧化反应：$CO+O_2 \longrightarrow CO_2$

$H_2+O_2 \longrightarrow H_2O$

$HC+O_2 \longrightarrow H_2O+CO_2$

还原反应：$CO+NO \longrightarrow CO_2+N_2$

$HC+NO \longrightarrow CO_2+N_2+H_2O$

$H_2+NO \longrightarrow H_2O+N_2$

三元催化转化器的载体主要有金属和陶瓷。由于煤矿井下车辆一般都结构紧凑、空间小，而金属载体相比陶瓷载体具有体积小、强度大、背压低、压力损失小、导热性强、对振动不敏感等优点，因此本文优先选择了金属载体。

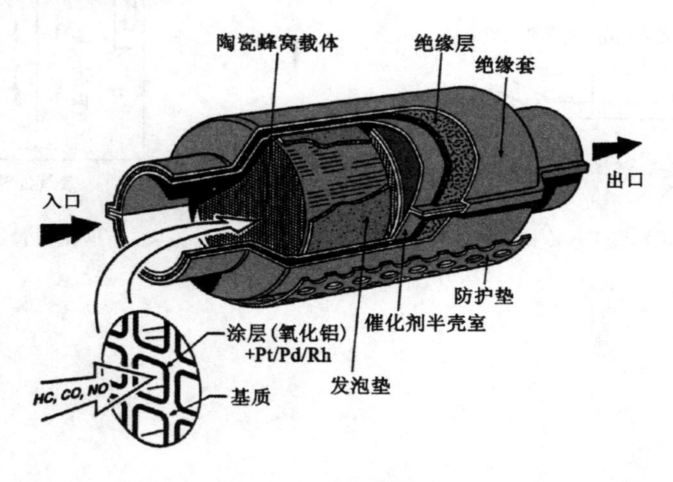

图1　三元催化器结构图

1.2　催化器的选型

由于催化器需要根据柴油机功率、燃油消耗率、排气量等参数确定，为了既保证动力性能又降低排放，本文选自了加拿大DCL催化器进行试验，并进行效果对比。

1.3　催化器的防爆设计

《矿用防爆柴油机通用技术条件》(MT 990—2006)要求防爆柴油机表面任一点的温度不能超过150 ℃，而温度对三元催化器转化效率的大小有着非常大的影响，三元催化器达到一定转化效率的温度远远高于此温度。因此，既要满足MT 990—2006的强制要求，又要保证三元催化器的转化效率，就需对三元催化器表面进行必要的隔热处理。目前国内隔热处理办法主要有两种：① 包裹隔热材料；② 包裹水套。这两种方法各有优缺点，为了保证安全和性能，本文结合以上两种办法，首先在排气道的外侧包裹隔热层，保证此段排气温度在三元催化器的起燃温度以上；然后在隔热层外侧再加水套。图2所示为水冷式防爆三元催化器的结构示意图。

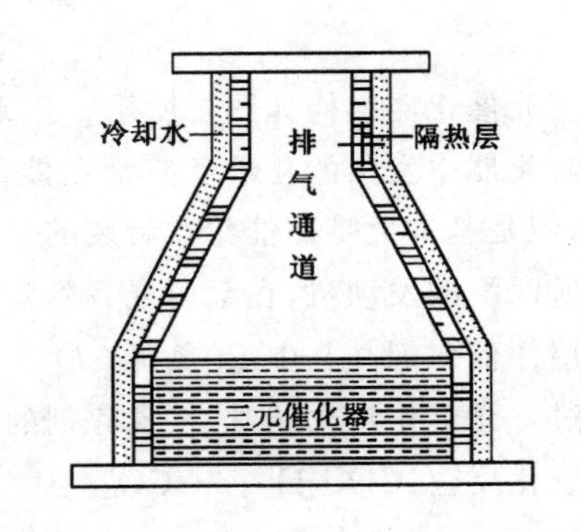

图2　三元催化器防爆设计结构示意图

2　三元催化器的试验方案

三元催化器的布置采用了两种方案，具体见图3和图4所示。

方案一是将催化器置于水冷排气管中，使催化器尽量靠近增压器端，最大程度地保证催化反应所需的温度。

方案二是将催化器置于废气处理箱中，此时的排气温度较水冷排气管处要低。

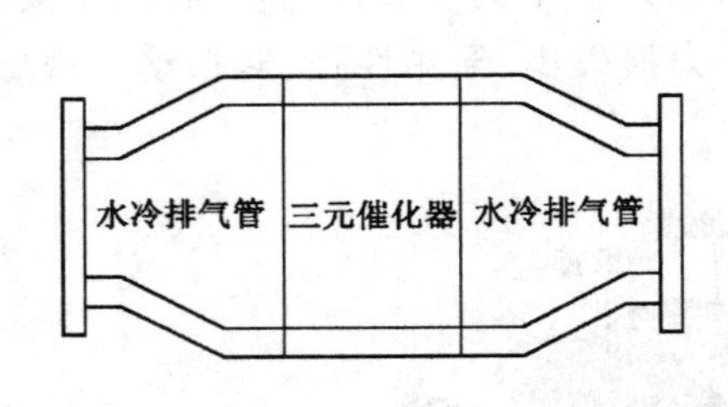

图3　方案一：催化器置于水冷排气管处

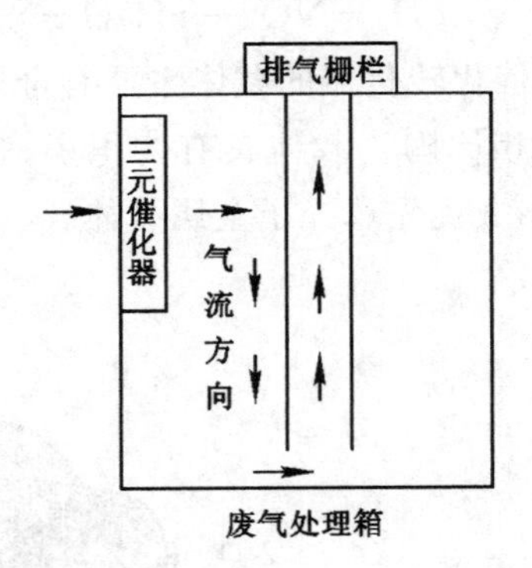

图4　方案二：催化器置于废气处理箱内

3　台架试验[10-11]

3.1　试验设备

试验测试备情况见表1。

表1　　**试验测试设备及精度**

设备名称	制造厂家	规格型号	精度
油耗仪	湘仪动力	FC2210	±0.2%FS
AVL 烟度计	AVL	415S	0.1%
数据采集仪	湘仪动力	FC2020	
发动机控制仪	湘仪动力	FC2010	
油门励磁驱动单元	湘仪动力	FC2110	
电涡流测功机	湘仪动力	GWD250	≤±0.4%FS
五组分尾气排放仪	AVL	DICOM 4000	

3.2 台架试验现场

台架试验现场如图5所示。

图5　台架试验现场

3.3 试验结果

3.3.1 动力性

图6为应用催化技术前后的防爆柴油机性能曲线图。

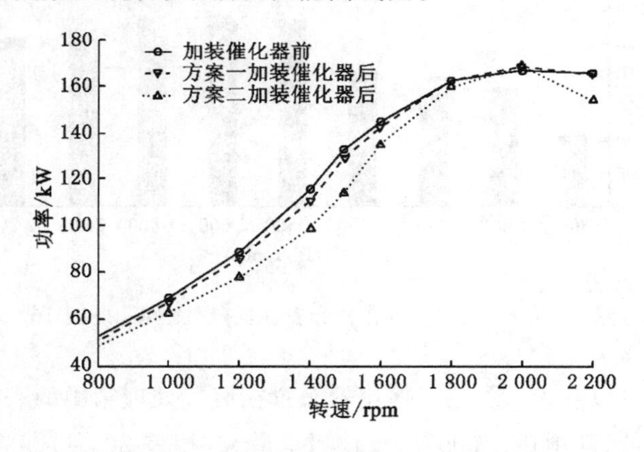

图6　两种布置方案的防爆柴油机功率曲线图

由曲线图6可以发现：使用催化器柴油机在全转速范围内动力性能都有所下降，方案一标定功率下降0.78 kW(0.004%)，最大转矩减小13.1 N·m(0.015%)，最大降幅在1 400 r/min为5.1 kW和32 N·m；方案二标定功率下降11.25 kW(0.07%)，最大转矩减小59.68 N·m (0.07%)，最大降幅在1 400 r/min为18.1 kW和112.8 N·m。这是说明：① 安装防爆水冷式三元催化器后，防爆柴油机排气背压增大，排气阻力增大，导致燃烧室废气增多，燃烧效率下降，从而引起功率和扭矩的降低。② 方案二的防爆柴油机比方案一的防爆柴油机的功率和扭矩降幅更大，这是因为方案二的防爆柴油机排气阻力更大，燃烧效率下降更大。

3.3.2 表面温度

由图7可见，三元催化器布置在水冷排气管处，在全转速范围内表面温度均低于MT 990—2006中要求的150 ℃，在1 600 rpm时表面温度最高，为139 ℃，在800 rpm时表面温度最低，为

116 ℃，最高表面温度和最低表面温度相差 23 ℃，相差不大，这说明三元催化器的水套里循环水足够多，保证了对三元催化器的冷却。

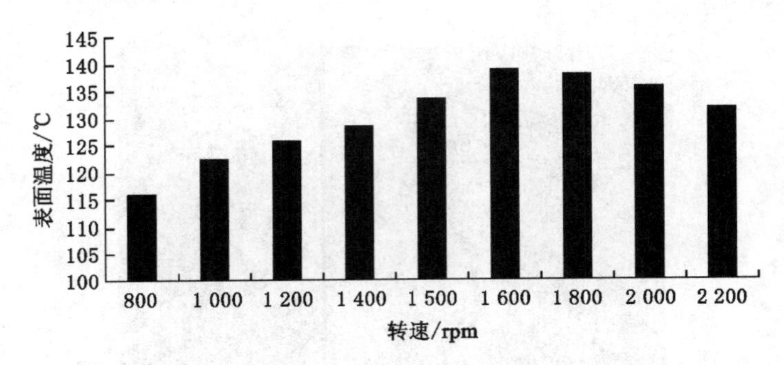

图 7　方案一：三元催化器布置在水冷排气管处表温图

由图 8 可见，三元催化器布置在废气处理箱中，在全转速范围内表面温度均低于 150 ℃，在 1 600 rpm 时表面温度最高，为 119 ℃，在 800 rpm 时表面温度最低，为 100 ℃，最高表面温度和最低表面温度相差 19 ℃，相差不大，这说明废气处理箱中的循环水足够多，保证了对三元催化器的冷却。

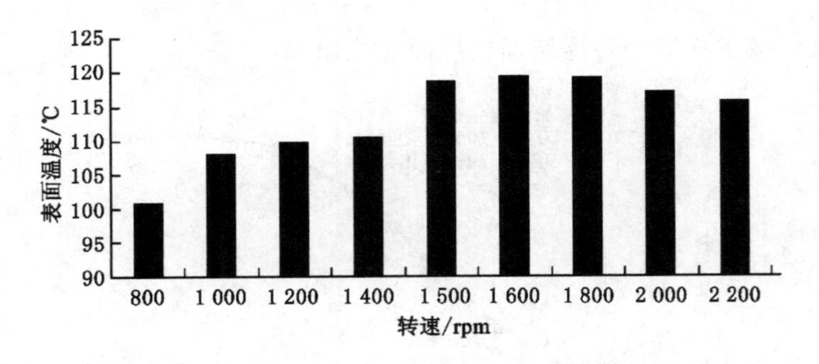

图 8　方案二：三元催化器布置在废气处理箱中表温图

从图 7 和图 8 中还可以看出：① 三元催化器布置在废气处理箱中的表面温度比布置在水冷排气管中在对应转速下都低，其中在 1 600 rpm 时相差最大，相差 20 ℃；② 三元催化器布置在废气处理箱中时的最高表面温度和最低表面温度差值要比布置在水冷排气管中时小，小 4 ℃。这说明废气处理箱中的冷却水量更大，对废气温度的影响更大，使三元催化器的表面温度更低于安全值。

4　车辆道路试验

现场道路试验是使用我公司生产的 WC55Y(B)型支架搬运车在宁夏羊场湾煤矿进行，分别对整车怠速、整车空载最大车速和整车满载最大车速等 3 个工况下该车尾气排放和三元催化器表面温度进行测试，并对应用催化技术前后的数据进行了比较研究。

4.1　试验设备

试验仪器设备见表 2。

表 2　　　　试验仪器设备

设备及仪器	型　　号	生产厂家
红外线测温计	DT-1000	北京华豫科技
五组分汽柴两用尾气排放仪	DICOM 4000	厦门海腾发动机测试设备有限公司

4.2　道路试验现场

道路试验现场如图 9 所示。

图 9　道路试验现场

4.3　试验结果

图 10、图 11 和图 12 分别为 WC55Y(B)型支架搬运车在 1、2、3 工况下加装催化器前和加装催化器后的尾气排放物 CO、NO_X和 HC 的体积浓度对比图。其中工况 1 为支架搬运车在怠速状态，工况 2 为支架搬运车在空载最高车速状态，工况 3 为支架搬运车在满载最高车速状态。

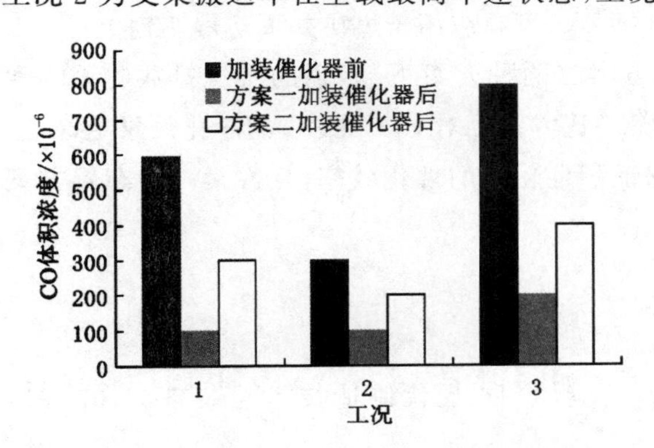

图 10　整车道路试验 CO 排放对比图

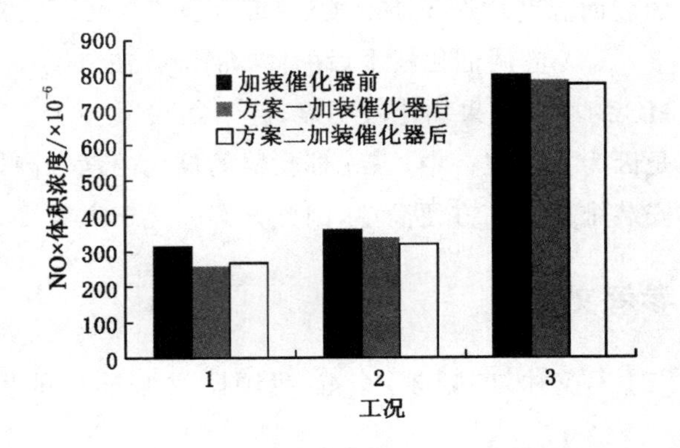

图 11　整车道路试验 NO_X排放对比图

由图 10、图 11 和图 12 可以发现：① 加装催化器后方案一和方案二下的支架搬运车的 CO 和 HC 排放物均得到大幅度的降低，其中方案一在 1 工况下 CO 的体积浓度降幅最大，为 83.3%，在 3 工况下 HC 的体积浓度降幅最大，为 50%；方案二在 1 和 3 工况下 CO 的体积浓度降幅最大，为 50%，在 1 工况下 HC 的体积浓度降幅最大，为 38.5%；② 加装催化器后方案一和方案二下的支架搬运车的NO_X的体积浓度变化不大；③ 方案一较方案二在1、2、3工况下CO和HC的体积浓度降幅要大得多，这说明方案一比方案二对CO和HC的净化效果要好得多。这主要是因为方案二中的三元催化器的布置位置造成催化温度较低，对催化器上的催化剂发生反应不利，催化效率相应的也较低。

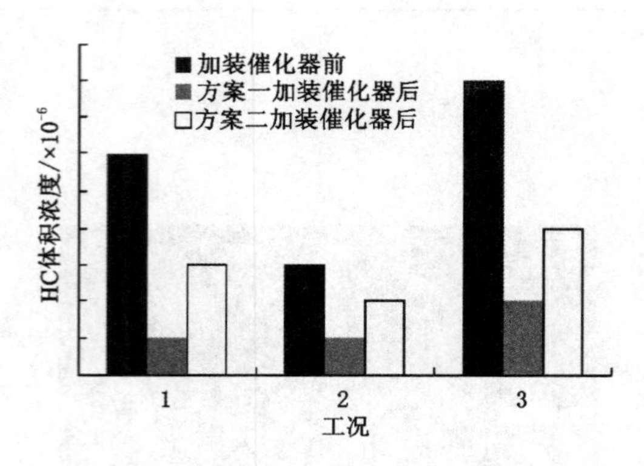

图12　整车道路试验HC排放对比图

5　结论

综上所述，安装了防爆水冷式催化器的防爆柴油机和防爆车辆的性能和排放比较理想，主要表现在：

(1) 安装了防爆水冷式催化器的防爆柴油机动力性略微下降，但对防爆车辆的动力性影响不大。

(2) 三元催化器布置在水冷排气管和废气处理箱中两种方案下，防爆柴油机在全转速范围内的表面温度均低于150 ℃，满足了MT 990—2006的要求，可以应用于煤矿井下防爆车辆上。

(3) 应用催化技术后的防爆车辆，在方案一和方案二两种方案下，车辆的尾气排放物CO和HC的净化效果均比较明显，但NO_X变化不大。方案一比方案二对CO和HC的净化效果更好，这是因为在方案一中，三元催化器的催化温度较高，保证了催化剂的催化效率，且方案一的布置方案安装维护更加方便简单，因此方案一优于方案二。

参考文献

[1] 冯茂林，韩鹏勃，李静.我国防爆柴油机的发展及应用[J].现代制造技术与装备，2007(2)：13-17.

[2] 魏勇刚，孟国营.柴油机进气防爆单元的计算流体动力学分析[J].煤炭学报，2009，34(10)：1420-1423.

[3] 戴志晔.煤矿井下无轨胶轮车的现状及应用[J].煤炭科学技术，2003，31(2)：21-24.

[4] 高梦熊.地下装载机[M].北京：冶金工业出版社，2011：96-106.

[5] 魏勇刚，赵明岗，孟国营.煤矿井下防爆柴油机尾气控制技术探讨[J].煤炭科学技术，2008，32(12)：63-65.

[6] 中华人民共和国国家发展和改革委员会.矿用防爆柴油机通用技术条件：MT 990—2006[S].北

京：煤炭工业出版社，2006.
[7] 魏春源，张卫正，葛蕴珊，等.高等内燃机学[M].北京：北京理工大学出版社，2001：54-79.
[8] 陈翀.三元催化器结构原理与性能评价[J].四川工业学院学报，2001，20(4)：1-3.
[9] CHEN C. The structural principle and performance estimation of three way catalyst[J]. Journal of Sichuan University of Science and Technology，2001，20(4)：1-3.
[10] 中国标准化管理委员会发布.煤矿用防爆柴油机械排气中一氧化碳、氮氧化物检验规范：MT 220—1990[S].北京：中国标准出版社，1990.
[11] 国家环境保护总局发布.压燃式发动机汽车自由加速法排气烟度测量设备技术要求：HJ/T 395—2007[S].北京：中国环境出版社，2007.

4 现场管理与工艺

安全生产综合防雷系统在杨村煤矿的应用

周　磊[1],贺　丹[2]

(1.河南大有能源股份有限公司杨村煤矿,河南 义马　472300;
2.义煤集团技术中心,河南 义马　472300)

摘　要　雷电存在大能量,当落到防雷较差的通行设施后,能量进入线路和设备,使设备受损和造成电火花,重则引起瓦斯、煤尘爆炸,严重影响安全生产。防雷是一个系统工程,在原有的直击雷防护(避雷针、避雷带、网、线等)和保护极地等设施的基础上,改造成在地面中心站机房外被避雷系统保护的区域距中心站有一定距离的范围内,加装一级安全防护;在井下和地面分站到中心站的通信线路上,在距分站距离较近的安全地带也加装一级安全防护,用这些避雷器来吸收线路上传来的雷电能量,即让雷电能量首先冲击避雷器,由避雷器负责将雷电能量及瞬间电压、电流峰值限制在一个安全值内,然后再传到中心站计算机和分站计算机接口,这样就可解决雷击损坏设备的问题,从而使防雷系统更加完善可靠。

关键词　雷电;安全生产;保护

0　前言

雷电是一种非常壮观的自然现象,它具有极大的破坏力,对人类的生命、财产安全造成巨大的危害,被联合国确定为对人类危害最大的十种灾害之一。自从人类进入到电气化时代以后,雷电的破坏由主要以直击雷击毁人和物为主,发展到以通过金属线传输雷电波破坏电气设备为主。当携带有大能量的雷电击中系统防雷能力较薄弱的通信传输线路,尤其在击中有一定高度的架空传输线路后,尽管传输线路使用的是屏蔽线缆,并要求可靠接地(如果屏蔽效果不好,接地质量较差则更危险),但雷电的危险能量仍能窜入线路中,并进入正在运行的设备,轻则造成设备损坏,重则有可能因设备损坏造成电火花外漏,由电火花引起井下瓦斯和煤尘的爆炸,或损坏监控及控制系统使其不能正常工作,影响到生产及安全。随着微电子技术和自动化控制技术的应用日益普及,人们对电气设备尤其是计算机设备的依赖越来越严重,雷电对生产控制系统的网络及数据传输的安全性越来越构成威胁。我们知道现在的控制设备——如DCS,PLC乃至于一般的工业电脑,其核心器件CPU的工作电压仅有1.2 V,美国通用研究公司提供磁场脉冲超过0.07高斯,就可引起计算失效;磁场脉冲超过2.4高斯就可以引起集成电路永久性损坏。而大量的对雷电感应的统计数据表明,一个中等能量的外部雷击在线路上所感应的浪涌电压能量就会大于这个数字。今天,我们所使用的通信控制设备在发生雷击时是非常脆弱的。本文的目的是考虑现场实际环境因素和现场实际需要而作出一套比较完整而易于操作的防雷设计及安装技术的防雷方案,从而保证整个监控系统安全运行。

首先，防雷是一个系统工程，它应由有效的直击雷防护、完备的等电位连接、良好的屏蔽、合理的接地、规范的综合布线、可靠的电涌保护器（SPD）等六个部分组成；概括地说，就是采用分流、接地、屏蔽、等电位和过电压保护五种方法。

义煤公司杨村煤矿原来的防雷系统是通过避雷装置即接闪器（针、带、网、线）、引下线构成完整的电气通路后将雷电流泄入大地，此次改造增加了综合性保护，具体明细如下。

1 电源系统的保护

电源系统防雷需要限压及限流的多级防护措施才能起到理想的保护效果。

（1）需要安装电源避雷器型号为：DVYS-60；

安装位置：安装于机房配电箱空开后端；

安装方式：并联；

安装要求与标准：避雷器连接线不小于 10 mm^2，接地线不小于 25 mm^2，连接线长度不大于 50 cm；

安装目的：避免因电源线路感应雷击而造成的着火及机房重要设备的损坏。

（2）需要安装电源避雷器型号为：DVYS-40；

安装位置：UPS 进线端；

安装方式：并联；

安装要求与标准：避雷器连接线不小于 10 mm^2，接地线不小于 25 mm^2，连接线长度不大于 50 cm；

安装目的：避免因电源线路感应雷击而造成的着火及 UPS 设备等的损坏。

（3）需要安装电源避雷器型号为：DVYS-40；

安装位置：UPS 进线端；

安装方式：并联；

安装要求与标准：避雷器连接线不小于 10 mm^2，接地线不小于 25 mm^2，连接线长度不大于 50 cm；

安装目的：避免因电源线路感应雷击而造成的着火及 UPS 设备等的损坏。

（4）需要安装末级插座式电源避雷器型号为：DVC10/6；

安装位置：计算机管理设备、PC 机、网络交换设备及其他精密设备的电源开关处。

注意：入井口或入机房处的电源线不能采用裸线架空的方式，此种方式非常危险。正确的方法应是将电源线穿金属管埋地敷设，并使金属管多处接入地网。

2 信号系统的保护

信号系统抗二次雷击的能力非常弱，所以对信号系统的防雷是很必要的。

（1）电话线。

避雷器型号为：DVS-150；

安装位置：电话机进线处，内部电话机交换机出线端与终端机前端；

安装方式：串联；

安装目的:保护井上、井下电话服务器免受雷击。

(2) 网络双胶线。

避雷器型号为:DVX-R45/5-8A;

安装位置:电脑主机网卡前端;

安装方式:串联;

安装目的:避免电脑因信号线过电压而感应雷击。

(3) 网络双胶线。

避雷器型号为:DVX-R45/5-24;

安装位置:24 口交换机出线端;

安装方式:串联;

安装目的:保护交换机免受雷击。

(4) 监控信号。

避雷器型号为:DVX-B75/05;

安装位置:机房硬盘录像机出线端;

安装方式:串联;

安装目的:保护硬盘录像机在强电流侵袭时免受雷击。

(5) RS232 信号传输线。

避雷器型号为:DVX-D9/6-6;

安装位置:主机接口;

安装方式:串联;

安装目的:避免信号线过电压造成重要设备的损坏。

(6) 摄像机防护。

避雷器型号为:DVYX-2/220;

安装位置:室外每台摄像机变压器前端;

安装方式:串联;

安装目的:保护每台摄像机的电源线和信号线免受雷击。

(7) 有线电视防护。

避雷器型号为:DVT-50;

安装位置:有线电视馈线从室外进入室内的设备前端;

安装方式:串联;

安装目的:保护有线电视避免因馈线感应雷击而造成设备的损坏。

注意:井口处的信号线不能采用裸线架空的方式,此种方式非常危险。正确的方法应是将信号线穿金属管埋地敷设,并使金属管多处接入地网。

3 接地系统的保护

需要保护的电源、信号系统必须采取等电位连接与接地保护措施。电子信息系统的防雷接地应与交流工作接地、直流工作接地、安全保护接地共用一组接地装置,接地装置的接地电阻必须按接入设备中要求的最小值确定。

接地干线与接地线：对于机房内电子信息系统的主要设备，其接地系统的接地母线应单独引至机房。接地线多股电线(即 BVR 线)。避雷器接地线与等电位接地共用一个接地网。

3.1 机房地网：接地电阻 $R\leqslant 4\ \Omega$

新建地网将采用低电阻接地模块、镀锌扁钢(水平接地体)与镀锌角钢(垂直接地体)、降阻剂组成的复合型新型地网。新型地网有接地效果好、使用寿命长等特点。

新地网建成后，原有的设备将全新连接到新型地网上，更好地提高设备使用的安全性。

3.2 摄像机地网：接地电阻 $R\leqslant 10\ \Omega$

要对设备起到保护作用，必须在每台摄像机处建一个人工新型地网，以满足避雷设备的接地要求，使摄像机处的避雷设备连接到合格的新型地网。

(1) 每台摄像机垂直接地体采用∟ 50 mm×5 mm×2 000 mm 热镀锌角钢，共 3 根。热镀锌角钢一端焊上铜铁转换接头作为接地端子。

(2) 每台摄像机水平接地体采用━40 mm×4 mm 热镀锌扁钢，共 6 m。热镀锌角钢与热镀锌扁钢采用焊接。

(3) 接地体埋设深度不应小于 0.8 m。

(4) 摄像机 SPD 的接地线采用 BV-16 mm² 接地多股铜线，接地线接到接地端子。

(5) 如接地装置的接地电阻不满足要求，应增加水平接地体和垂直接地体，或者配合专门的降阻剂使用，直到满足要求为止。

4 等电位系统的保护

机房汇流排：现有机房内无均压系统，所以需要安装汇流排作为机房内的均压设备，将机房内的设备外壳及避雷器地线都连接到汇流排上，使机房内的设备在电压升高时都处于等电位状态，消除各设备之间的电位差，从而使雷电进入机房时设备都处于安全状态。汇流排再由一根 BVR-35 mm² 接地主引出线连接到新型人工地网。

总之，通过对我国煤矿正在使用的多种安全生产监控系统的防雷技术进行调查研究，并与一些厂家进行研讨，在地面中心站机房外被避雷系统保护的区域距中心站有一定距离的范围内，加装一级安全防护；在井下和地面分站到中心站的通信线路上，在距分站距离较近的安全地带也加装一级安全防护，用这些避雷器来吸收线路上传来的雷电能量，即让雷电能量首先冲击避雷器，由避雷器负责将雷电能量及瞬间电压电流峰值限制在一个安全值内，然后再传到中心站计算机和分站计算机接口，有效控制雷击损坏设备的问题，为实现煤矿安全生产保驾护航。

大坡度长距离辅助运输巷道安全避险设施研究

魏　凯

(山西西山晋兴能源有限责任公司,山西 太原　030053)

摘　要　目前无轨胶轮车已经成为大型现代化矿井辅助运输中最先进的运输方式之一,同时无轨胶轮车运输线路长、用途广、现场施工环境复杂、驾驶员素质参差不齐等因素,给矿井造成了诸多安全隐患,极易造成无轨胶轮车跑车并发生运输事故。文章从斜沟煤矿大坡度长距离辅助运输线路使用无轨胶轮车极易发生运输事故的情况出发,结合斜沟煤矿井下辅助运输线路的实际,在巷道内可以按照施工的优先顺序,依次选择施工应急车道、缓冲墙、防滑槽及相关安全警示标志等4种类型的安全避险设施,并且详细阐述其相关施工规范和技术要求,从而强化辅助运输现场管理,完善矿井安全避险设施,提升矿井辅助运输安全品质。同时为类似条件使用无轨胶轮车的矿井提供良好的借鉴作用。

关键词　大坡度长距离;辅助运输;无轨胶轮车;安全避险设施

0　引言

斜沟煤矿辅助运输工作主要担负井下人员、矸石、材料和设备的运输任务。矿井建设规模为15 Mt/a,矿井机械化程度高。矿井辅助运输系统由一号副斜井,二号副斜井,一水平8号煤南翼、北翼辅助运输大巷,11采区辅助运输上山,二水平13号煤辅助运输大巷和21采区辅助运输上山以及各采煤工作面辅助运输巷道,各掘进工作面巷道组成。矿井辅助运输采用无轨胶轮车从一号副斜井下井、二号副斜井出井的方式。一号副斜井井筒长度为2 914 m,倾角为5.5°,二号副斜井井筒长度为2 943 m,倾角为5.5°～6°;11采区辅助运输上山倾角为5°～6.5°,长度为3 500 m;21采区辅助运输上山倾角为5.2°,长度为3 460 m,其他辅助运输巷道倾角一般约为0～1°。无轨胶轮车在此类型路段行驶时极易发生打滑、制动失灵、碰撞等事故。目前矿井针对无轨胶轮车事故应急处理还没有明确规定,国内研究多集中于车辆制动系统性能本身,较少涉及无轨胶轮车强制避险措施,对防范措施也很少有系统性的研究。斜沟煤矿根据实际经验提出应急车道、缓冲墙、防滑槽及相关安全警示标志概念,系统地对大坡度长距离辅助运输巷安全避险设施进行研究。

1　煤矿井下辅助运输安全避险设施分析

1.1　辅助运输安全避险设施定义

辅助运输安全避险设施是设置在矿井大坡度长距离巷道危险路段内、能够给运输设备提供紧急避险需求的安全设施，能够有效降低车辆损坏，避免运输事故的发生。

1.2 大坡度长距离辅助运输巷道安全避险分析

无轨胶轮车在大坡度长距离运输巷道内行驶时，其重力势能转化为动能，车辆在不考虑摩擦阻力和风阻的情况下，速度增加$\sqrt{2g\Delta h}$（其中，g 为重力加速度，Δh 为巷道的高度差）。根据现场实际测定，斜沟煤矿一号副斜井坑口水平高度为＋948 m，8# 煤石门水平高度为＋759 m，这段巷道运输距离为 2 914 m，车辆在空挡的情况下，车辆在运行到 8# 煤石门时速度达到 219 km/h[见式(1)]。可见在大坡度长距离的运输巷道中没有相关安全避险设施，对矿井安全具有重大的考验。根据国家及集团公司井下无轨胶轮车安全运行管理规定，斜沟煤矿无轨胶轮车在井下巷道中行驶最高速度为 20 km/h，在弯道、岔口时车辆运行速度为 5 km/h。因此无轨胶轮车在大坡度长距离辅助运输巷道必须以一定的间隔距离设置车辆安全避险设施，以保障失控车辆安全情况下的安全避险。

$$\Delta V=\sqrt{2g\Delta h}=\sqrt{2\times 9.8\times(948-759)}=219\ (\mathrm{km/h}) \tag{1}$$

1.3 煤矿井下安全避险设施设计

根据斜沟煤矿井下辅助运输线路的实际情况，巷道内可以按照施工的优先顺序，依次选择施工应急车道、缓冲墙、防滑槽及相关安全警示标志等 4 种类型的安全避险设施。

避险设施的位置选择原则如下：

(1) 辅助运输大巷拐弯、岔口巷道前方。拐弯、岔口巷道是事故多发点，在车辆驶入拐弯、岔口巷道前，宜沿切线方向设置安全避险设施。

(2) 因车辆在倾斜巷道下行行驶时，速度增量与行驶路径的巷道底板高差呈正相关关系，因此相关避险设施设置间隔应遵循“坡度越大，设置间隔越短；坡度越小，设置间隔越长”的原则。

(3) 结合井巷工程中对巷道的设计要求，安全避险设施在选择位置时，要避开断层、应力集中区、冒落带、破碎带、冲刷、滑面、节理发育等含有地质构造的巷道段。

(4) 为减少工程施工量，应急车道要充分利用就近行车大巷右侧原有硐室及关联巷道等。

(5) 在巷道宽度不足，无法实施安全避险设施时，可适当扩帮以满足车辆通行要求，但扩帮后宽度不宜超过同类顶板条件下矿井安全许可巷道最大宽度。

1.4 应急避险设施设置方案

1.4.1 应急车道

参照高速公路紧急避险车道工程经验，在大坡度长距离巷道拐弯处宜设置应急车道。应急车道入口巷道断面与行车大巷断面相同，呈下坡式。为保证通风质量，应急车道深度不超过 6 m。巷道底部及两侧应布置减速沙袋，巷道底板应设置成减速路面，使车辆能够充分释放动能，减少损失。应急车道位置附近设置警示标志。应急车道见图 1。

1.4.2 缓冲墙

在不满足应急车道实施条件时，一般设置缓冲墙(图 2)。缓冲墙由沙袋按照一定顺序堆累组成。缓冲墙上覆盖一层旧皮带，减少无轨胶轮车日常会车中对缓冲墙的剐蹭损坏。缓冲墙设置在无轨胶轮车下行方向的右侧。缓冲墙设置规格见表 1。

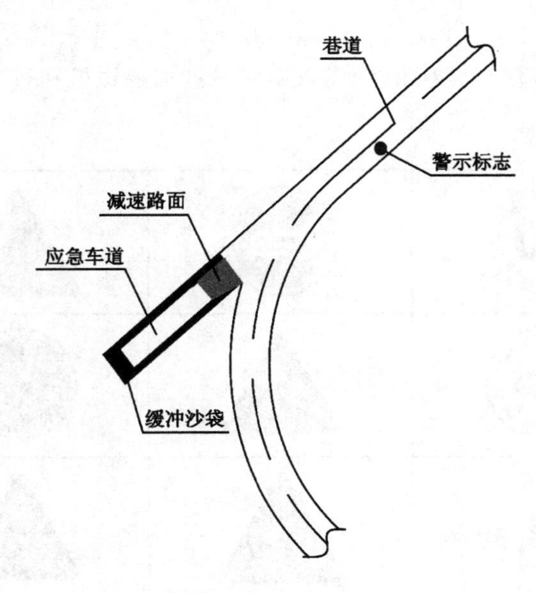

图 1 应急车道

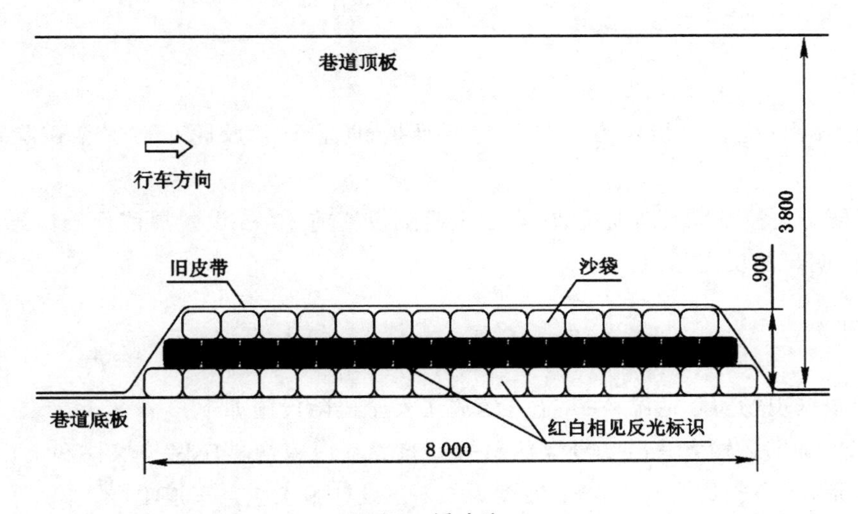

图 2 缓冲墙

表 1 缓冲墙设置规格

巷道名称	坡度	缓冲沙袋规格(长×高×宽)/m	间距/m
1#副斜井	5.5°	10×1×0.5	50
11 采区辅运	5°～6.5°	8×1×0.5	100
21 采区辅运	5.2°	8×1×0.5	100

1.4.3 防滑槽

为防止无轨胶轮车行驶中轮胎打滑,在巷道局部坡度大(大于 7°)的地方根据矿井实际情况设置防滑槽。施工要求:在巷道路面进行掏槽,掏槽规格为 30 mm×30 mm(宽×深),掏槽长度应与巷道相同,防滑槽间距为 500 mm。

1.4.4 安全警示标志

在井下巷道交叉口、弯道处、大巷沿线、特殊硐室悬挂提醒司机和行人的安全警示标志。标志必须醒目明亮。安全警示标识样式见图 3。

图 3 安全警示标识样式

1.5 施工要求

(1) 安全避险设施必须指定专人进行定期维护,防止日常胶轮车对安全避险设施的剐蹭、损坏。

(2) 为了便于失控车辆及时避险,应在安全避险设施前 50 m 设置提前预告标志,并在防撞设施处设置醒目、明显的反光标识。

2 应用事例

斜沟煤矿根据现场实际情况,在井下巷道施工安全避险设施如下:

(1) 13 采区辅助运输大巷沿 8 号煤伪斜折返布置在白家沟村庄保护煤柱和上山保护煤柱之间,巷道呈“S”形,巷道长约为 3 200 m,坡度为 5.5°。设计施工应急车道 1 个。

(2) 1# 副斜井 0～2 914 m 处平均坡度为 5.5°,施工缓冲墙 58 组;11 采区辅助运输大巷为 0～3 500 m 处平均坡度为 6°,施工缓冲墙 35 组;21 采区辅助运输大巷长为 3 460 m,平均坡度为 5.2°,施工缓冲墙 34 组。

(3) 11 采区辅助运输大巷 1 200～1 300 m 处最大局部坡度达到 13°,施工防滑槽 1 个;21 采区辅助运输大巷 2 100～2 200 m 处局部坡度达到 9°,施工防滑槽 1 个。

截至目前,斜沟煤矿未发生因车辆失控避险不及时而发生的碰撞事故。现场应用表明,此类避险设施能有效防控车辆事故,保证辅助运输安全。

3 结语

从斜沟煤矿辅助运输路线上安全避险设施的现场应用情况来看,安全避险设施能高效发挥作用,是多方面相结合的结果。行车路线与避险设施类型的选择、安全避险设施参数的合理设置是关键因素;此外,相关引导、安全警示标志也影响到安全避险设施功能的高效发挥。目前,对安全避险设施的设计应用尚处于起步阶段,现阶段还没有安全避险设施的设计标准与规范。考虑到煤矿辅助运输车辆动力、制动性能与地面运输车辆的差距及井下辅助运输的特殊性,安全避险设施的现场应用优化需要结合井下实际情况作深入研究与完善。因此,希望通过对斜沟煤矿避险设施应用有关资料的介绍,为我国煤矿井下安全避险设施的推广应用提供参考。

参考文献

[1] 刘秀松.车辆避障驾驶控制方法研究[J].计算机工程与应用.2012(2):230-234.

[2] 王永贵.神东矿区应用防爆无轨胶轮车现状分析[J].煤炭工程.2008(6):80-81.

[3] 汪锋.山区高速公路长下坡路段车辆失控对策及有关问题的思考[J].交通科技.2007(6):91-92,95.

[4] 运伟国,李彬,叶燕仙.紧急避险车道在长大下坡道路上的应用[J].西南公路.2007(1):29-32.

[5] 张小剑.高速公路紧急避险车道的设计[J].铁道勘测与设计.2005(2):59-60,95.

矿井辅助运输安全高效发展浅谈

曾志学

（安徽省淮南矿业集团潘三矿，安徽 淮南　232096）

摘　要　本文结合潘三矿辅助运输系统面临的问题与不足，介绍了国内外高效辅助运输装备的使用范围、优缺点和发展情况，探讨了目前情况下矿井的高效辅助运输发展道路；最后，对潘三矿辅助运输安全生产管理取得的成功经验进行了总结介绍，对其他矿井也有很强的借鉴意义。

关键词　传统辅助运输；高效辅助运输装备；无轨胶轮车；安全生产管理

煤矿辅助运输承担着煤矿井下材料、设备、人员和矸石运输任务，是煤矿安全生产中的一个重要环节。

潘三矿位于淮河北岸，井田面积约 54.28 km^2。矿井 1992 年投产，煤岩巷采用炮掘和综掘施工工艺，采煤采用综合机械化采煤工艺。经 2008 年底技改完成后，目前设计生产能力为 500 万 t。

潘三矿辅助运输系统是采用传统的辅助运输方式。在水平大巷用电机车运输，进入采区后用调度绞车或无极绳绞车转载。轨道采用 900 mm 钢轨，使用蓄电池电机车牵引运料、运人、排矸。目前地面使用 8 台 8 t 机车，井下使用 28 台 12 t 机车，开拓头使用 5 t 机车。矿车采用 1.5 t 固定车箱式，日均排矸数量约 678 车，年排矸 40 多万吨，年上提材料约为 6 000 车。井下在用主斜井提升系统共 6 条，提升物料采用单绳缠绕式液压变频绞车、无极绳绞车，配备调度绞车、慢速绞车等用于斜巷提升。井下平巷有 50 辆人车，主采区共计四套架空乘人装置，用于人员运输。

随着矿井生产采掘机械化程度的提升，一线采掘工作的事故发生率不断下降，但辅助运输作业环节多、用人用机多、效率低，事故多发，常出现脱轨、断绳、跑车等安全事故，成为矿井安全生产管理的短板。

1　辅助运输面临的问题与不足

（1）矿井机械化程度高，产量高，煤岩巷进尺快，综采工作面转移频繁，需要运输的设备、材料类型多样，运输工作量大，而传统辅助运输设备用工多、效率低、速度慢，不能很好地为矿井生产服务。当前潘三矿一年综采工作面安装或拆除有 6 次之多，每一个综采工作面安装或拆除最快也要 1 个月以上，仅这项工作矿井每年就需投入大量的人力和物力。

（2）井下巷道空间狭窄，下井物料大小、长短、轻重不一，使用地点分散。运输轨道起伏，坡度多变，轨道因巷道底鼓变形需经常卧底、调整等，特殊的作业环境条件对辅助运输设备的安全可靠性、使用方便性等提出了更高的要求。

（3）传统的辅助运输方式设备多，作业人员多。物料运送从平巷到斜井，需转载次数多，脱轨、跑车等安全事故多发。潘三矿目前矿井用工总量约有 5 200 人,专业从事辅助运输的运输区有人员 442 人,加上各采掘开打运作业人员,约占井下职工总数的 1/3 以上。职工作业过程中不规范操作行为多发,事故率高,其事故率占井下工伤总数的 25%～30%。

2 国内外煤矿高效辅助运输发展情况

生产工具的使用发展水平决定了生产关系,同样的,辅助运输方式的改变,取决于辅助运输装备的发展。当前国内外煤矿采用的高效辅助运输装备主要有无极绳绞车、单轨吊车、卡轨车和无轨胶轮车四大类。这些装备的使用各有其优缺点。

无极绳绞车,布置灵活,适应巷道坡度多变、有弯道等,可取代多台小绞车的接力运输,效率高;不足之处是还需要调度绞车配合作业,环节多,存在脱轨隐患等。

单轨吊车,包括柴油机、蓄电池和绳牵引单轨吊车,使用最多的是柴油机单轨吊车。其优点是:体积小,机动灵活,爬坡能力较强,通过巷道断面小,转弯半径小,可在多岔道长距离范围内运输,与巷道底板状况无关。缺点:对巷道顶板支护强度和稳定性要求较高,使用受限。

卡轨车,包括绳牵引、柴油机和蓄电池卡轨车。优点:使用灵活,承载能力大,爬坡能力强,稳定性强,消除了脱轨、断绳、跑车等隐患。缺点:对巷道底板要求高,不能进入多条分支轨道巷,须经车场或转载站转运,需铺设专用轨道和齿轨,设备和轨道一次性投资较高。

无轨胶轮车,优点有:① 水平转弯半径小,运行灵活,可多巷道连续运输。② 载重能力大,轻型车载用能力可达 20 t;爬坡能力强,最大可达 14°;运输效率高,可实现一次装载直达采区工作面。③ 装卸方便、操作简单,可自卸作业。④ 用途广,可实现铲装、运输、卸载功能一体化,实现一机多用。局限性有:① 车轮对底板的比压高,对巷道的底板要求较高。② 对巷道的宽度、高度要求较高:巷道两侧最小安全间距不小于 300 mm,顶板不小于 250 mm。③ 无轨与有轨车辆转换比较麻烦,适用范围有一定限制。

国外各国的煤矿辅助运输装备使用各具特色。如德国以单轨吊、卡轨车为主;捷克则全部多采用柴油机单轨吊;英国则是在大巷采用高速柴油机车,上山采用无极绳绞车、齿轨车或卡轨车,顺槽采用无极绳绞车或胶套轮机车;美国从 20 世纪 70 年代开始推广使用无轨胶轮车。这些设备在技术特性、运输效率和安全性能方面具有许多优点:如能在起伏坡度较大和弯道较多情况下行驶,牵引力大;能实现重型物料如重型液压支架的整体搬运,对散料、长材能进行集装运输,载重量大;运行速度快,可实现装卸机械化等。有材料显示,国外一个综采工作面搬家,仅需 1～2 周即可完成,用工 200～500 个,而国内矿用传统辅助运输方式需要 25～45 天,用工 5 000 个以上。目前国外辅助运输已向智能化、自动化方向发展。

国内目前使用的新型高效煤矿辅助运输设备的品种不少,从资料看,推广使用较成功的高效辅助运输装备主要是无轨胶轮车,国内使用胶轮车的矿区主要有神府、兖州、晋城、朔州、大同、阳泉等。神东公司骨干矿井全部实现无轨胶轮车辅助运输,许多在建和筹建的大型矿井大多均选用无轨胶轮辅助运输。神府矿区大柳塔煤矿和兖矿集团济三煤矿引进的无轨胶轮车运输系统曾创造了运送和安装完一个综采面只需 10 天的快速记录。

3 矿井推广使用高效辅助运输装备探讨

和国外煤矿相比,我国很多矿井煤炭埋藏深,矿井开采地质条件复杂。矿井在引进发展高效辅助运输设备时，应根据矿井的实际情况和条件，因地制宜地建立适合自己的高效辅助运输系统。

从高效率的矿井实践经验来看，筹建的大型矿井应优先采用无轨辅助运输系统，从矿井设计之初就应统筹考虑，这样无轨辅运系统技术所具有的高效能、多用途、机动灵活和技术先进的特点才可以得以充分体现。

采用传统辅助运输系统的矿井在改造的同时，要根据矿井类型和生产技术条件，充分考虑矿井运行开采辅助运输设备的可能性与可行性，合理选型，选用相适应的设备。同时要重视试点，取得相应的成功经验后，再推广使用。

很多矿井推广使用的无极绳连续牵引车是我国根据国情自创的新型高效辅助运输设备，它吸取了绳牵引卡轨车和无极绳绞车的优点，克服了它们的缺点，应用效果很好。

潘三矿在掘进工作面推广使用的风动单轨吊，用井下压风做动力，在掘进巷道的轨道末端处，起吊运输设备材料到掘进迎头面，使用灵活，操作简单，减轻了职工的劳动强度，改善了辅助运输条件，使用效果也很好。

但也有引进推广使用的装备，由于设备本身及国内矿井地质条件的限制，并未发挥应有的作用。潘三矿西三采区引进的单轨吊辅助运输系统，采用 DZ22004＋4 型八驱柴油动力防爆单轨机车，预计能满足最大坡度打运液压支架和一次运输 6 节矸石车的需要，但因西三采区巷道顶板压力大，巷道巷修不断，安装成功至今无法投入使用。

从以上可看出，如何结合矿井实际，推广应用高效辅助运输设备，对传统辅助运输设备进行改造升级，从根本上改变落后的传统辅助运输模式，还需要进行许多尝试和探索，以进一步总结经验进行推广。

4　提高辅助运输安全生产管理探讨

如何在矿井现有的条件下，降低辅助运输的工伤事故率，提高辅助运输的安全管理水平与效率，也是一个重要的课题。

潘三矿 1992 年建矿以来，截至 2012 年，辅助运输系统共发生工伤事故 183 起，其中微伤 2 人，轻伤 140 人，重伤 30 人，严重重伤 2 人，死亡 9 人，平均每年 8.3 起工伤事故。统计显示，其中因绞车使用造成的工伤达 106 人，其中轻伤 71 人，重伤 28 人，死亡 7 人。

2013 年发生工伤事故 6 起，其中重伤 3 起；2014 年发生工伤事故 1 起，2015 年至今没有发生工伤事故。由图 1 可看出，辅助运输工伤事故率在直线下降，其中的经验、教训值得总结。

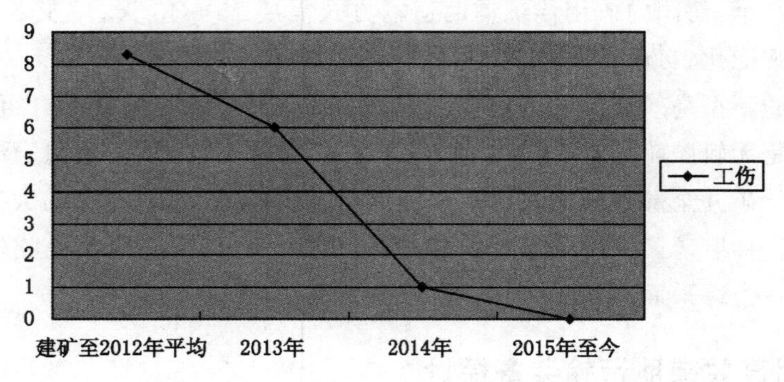

图 1　辅助运输发生工伤次数

潘三矿从2014年起,借助集团公司开展的矿井运输安全会战活动,梳理以往运输事故发生的原因,从基础做起,物、人两方面一起抓,采取针对性措施,进行辅助运输安全生产整治。

从建矿以来辅助运输发生的工伤事故看,造成工伤事故原因主要有:人力推车未执行前方警戒,人员推车、抬运物料及装卸车不规范;使用绞车打运物料装车不规范窜出伤人,未执行封闭式打运车辆牵引挤人、车辆脱轨复轨不规范挤人,绞车超重打运,人员操作动态掩车、摘挂销链;驾驶电机车时过风门时伸头、身体伸出车外、无关人员乘坐电机车,抵车时押车工未设置警戒,押车工动态掩车、摘挂销链及车辆脱轨复轨不规范造成挤人等。职工因违章作业或违反措施规定作业而造成工伤事故占总数的85.25%。

职工违章作业表现在事故责任人安全意识淡薄、自保意识不强、在工作时不能充分考虑可能存在的安全风险和隐患、存在“三惯”思想和侥幸心理、缺乏自我约束等方面。同班作业人员“互保联保”落实不到位,在事故发生前不能有效制止他人的违章行为等。

消除职工的违章,首先从开班前会抓起。矿开展班前会评比活动,要求班队长在开班前会时,对工作中可能存在安全隐患要考虑周全,有针对性地讲细安全注意事项。同时派活前,要观察职工上班是否休息好、是否有情绪,进行险员排查;安排工作时,要考虑细致,什么人能干什么活,心中要有数,同班作业人员搭配要合理等。作业现场加大对职工操作行为的监督管理力度、隐患排查力度和反“三违”力度,要求管理人员下井反“三违”要带指标反,月底考核。

日常工作中,加强对职工的安全教育培训,创新培训方式,现在矿井的安全教育培训有多种平台,日常的一日一题、一周一案、一月一考班前培训,分工种的实战实训、技术比武,提升技能等级培训,“三违”人员、薄弱人员帮教培训等,有效地提高了职工的业务技能、安全素质和安全风险防范意识,使职工从“被动要求安全”到“主要做到安全”的本质安全型职工转变,筑牢了安全生产基础。

辅助运输作业的特点是零星作业、分散作业和动态作业多。为夯实辅助运输安全生产基础,矿采取多项措施,加大辅助运输安全设备投入和系统装备升级。

为加强监管,消除动态掩车、摘挂销链等违章操作行为,矿在斜井、平巷主道岔处、车场安装了视频监控系统。视频信号和矿调度室相连接,地面人员能随时掌握井下的现场情况。同时斜井绞车房设有视频显示器,斜井车场车辆运行、安全设施开闭情况等绞车司机能及时掌握,有效避免了斜井打运事故的发生。

为减少使用小绞车,矿在个采区主斜井上下口车场安装了绳式推车机,有效降低了车辆摘挂钩时发生安全事故的概率,亦节省了斜井打运人力投入。

为减少车辆脱轨事故发生,矿按要求在各斜井变坡点、平巷弯道处加装轨道护轨;为提高车辆、机车过道岔的安全可靠性,将矿井所有在用的手动道岔更换为气动式,气动道岔用压风做动力,尖轨贴合紧密,可远控,使用安全可靠。

为解决物料运送和车辆管理信息无法及时了解,难以对现场的车皮、材料进行动态调控,矿利用运输监控信集闭系统为平台引进开发了辅助运输车辆信息化管理系统,该系统可让地面工作人员实时掌控井下车辆的位置信息和安全信息,大大提高了矿井车辆周转率和运输安全效率,节约了人力资源。

通过以上软、硬件设施条件的建设,真正夯实了矿井辅助运输安全生产基础,工伤事故直线下降,解决了困扰矿井多年的辅助轨道运输系统工伤事故多发的问题。

参考文献

[1] 任广华,高中峰,李华.浅谈煤矿辅助运输的现状和发展方向[J].山东煤炭科技,2012(6):122.
[2] 陈振刚.浅析矿井辅助运输技术现状及发展[J].中国高新技术企业,2012(24):123-124.
[3] 张彦禄.我国防爆无轨胶轮车辅助运输的应用与启示[J].煤炭工程,2006(6):39-43.

煤矿井下有轨辅助运输安全设施与安全预警系统自动化的研究与应用

田志远

(山东能源淄矿集团葛亭煤矿,山东 济宁 272053)

摘 要 煤矿井下辅助运输担负矿井矸石、材料、设备、人员及部分煤炭的运输。井下运输系统不同于地面运输。井下运输必须安设齐全有效的安全设施和安全预警系统。这些系统目前有许多的煤矿仍然采用人工操作,既浪费了人力资源又浪费时间。通过研究安装使用自动化的安全设施与预警系统后,提高了生产效率和职工的生命保障。

关键词 煤矿运输;有轨辅助运输;安全设施;预警系统;自动化

0 前言

煤矿井下辅助运输担负矿井矸石、材料、设备、人员及部分煤炭的运输。目前我国井下辅助运输可分为有轨辅助运输和无轨辅助运输两种。由于生产条件及投入的限制,目前有90%以上的矿井仍然使用有轨辅助运输。根据我们从事运输管理工作十余年以来的经验,结合东华能源有限责任公司葛亭煤矿的实际应用,针对有轨辅助运输安全设施及预警系统作了相应的研究与应用。目前我矿有轨辅助运输的安全设施及预警系统全部实现了自动化。

从煤矿井下运输巷道来看,井下运输主要分为水平巷道运输和倾斜巷道运输。水平巷道与倾斜巷道各有各的地点,不仅运输设备和安全设施不同,预警系统也不同。倾斜巷道在安全设施及预警系统方面要比水平巷道严格、复杂。

1 井下辅助有轨水平巷道运输

井下水平巷道运输,主要是从副井底至工作面段的水平巷道运输。运输过程主要是车辆、物料通过副井下送到副井底后,在副井底按采区位置与使用单位进行分配,然后送至所需地点,或者从相反的方向运送至副井底。有轨辅助平巷运输所需设备主要为电机车、电瓶车等。运输预警系统主要包含列车运行闭锁系统、岔道口语音报警器、弯道报警器、道岔转辙系统等。所有的运输预警系统都是为了保护巷道内人员的安全以及上下井物料、矸石迅速、有效、安全地运送到指定地点。之前的运输预警系统如道岔转辙是人工转辙,不仅效率慢还浪费了人工且不安全。因此运输预警系统能否实现自动化关系到井下平巷运输的安全与效率。

1.1 列车安全运行闭锁系统

按照“信号、集中、闭塞”原则,利用计算机网络把电机车运行的轨道线路划分成若干个区段或区间,并将区段用信号机加以防护,一个区段只准许一列列车占用,而且还将道岔用电动转辙机控制,并将机车运行的情况和设备进行集中、联锁和监视。进路开放列车全部通过道岔后,该电动道岔才允许解锁。列车驶入进路后,信号机应及时关闭。信号机关闭后,不经办理手续,不得再次开放。列车安全运行闭锁系统的自动化对保证矿井机车运输安全、提高机车运输效率、减轻工人劳动强度、节省人员及降低能源消耗、提高矿井信息化管理水平等方面有重要的促进作用。

1.2 岔道口语音报警器

岔道口语音报警器主要由红外线触发部分、逆变电源部分、报警部分组成。红外线触发部分主要包括 HTW7 型红外线发光二极管、KYSX-1B 型红外线触发模块。逆变电源部分主要包括 127 V/18 V、36 V 的变压器,LM7806、LM7812 三端稳压集成电路。报警部分主要包括 DL12-S4 型继电器、5 W/8 Ω 喇叭、LED 组成的“行人通过岔路口,请注意安全”的显示箱,以及 MIR6-3A 型语言模块(语言提示为:行人通过岔路口,请注意安全)。

岔路口语音报警器的工作原理是:127 V 电源通过变压器输出交流 18 V、36 V,然后经过 LM7806、LM7812 稳压为直流电,为语言模块和双稳态触发电路供电,当人通过岔道口时,人体所产生的热量,被红外线二极管接收到后,通过配套的专用红外线接收模块,输出 12 V 直流触发 555 时基电路组成的双稳态触发电路的 2 脚和 6 脚,从而使 3 脚输出高电平,通过固态继电器吸合,带动喇叭、语言模块和 LED 组成的“行人通过岔路口,请注意安全”的显示箱进行报警提示。

1.3 弯道语音报警器

弯道语音报警器主要由触发电路部分、逆变电源部分、功放部分组成。触发电路部分主要包括 TS-2 型弹簧触发器、25 W/10 kΩ 分压电阻、DTC24-3 型固态继电器、SSR-T1 型全桥整流模块、555 时基电路组成的施密特触发电路。逆变电源部分主要包括 127 V/18 V、36 V 的变压器, LM7806、LM7812 三端稳压集成电路。功放部分主要包括 3DD15 型功率放大管、5 W/8 Ω 喇叭、LED 组成闪光灯显示箱、MIR6-3A 型语言模块(语言提示为:前方来车,注意安全)。

弯道语音报警器的工作原理是:127 V 电源通过变压器输出交流 18 V、36 V,然后经过 LM7806、LM7812 稳压为直流电,为语言模块和施密特触发电路供电,当机车通过弯道时,触发安装在架空线上的弹簧触发器,550 V 架线电压经过分压后,触发 555 时基电路组成的施密特触发电路的 2 脚和 6 脚,从而使 3 脚输出高电平,通过固态继电器吸合,带动喇叭、语言模块和闪光灯进行报警提示。

1.4 道岔转辙系统

在煤矿铁路运输中,改变列车运行方向需要扳动道岔来实现。现今使用的扳道器多为手动扳道器。在电机车通过弯岔口时,司机需下车弯腰扳动道岔,扳道器较为笨重,且不灵活,不但浪费时间,使用也不方便。因此电机车司机对扳道这一工作较为烦恼。但遥控气动道岔的应用便很好地帮电机车司机解决了这一问题。

遥控气动道岔采用将空气进行压缩形成高压气体,液压杆为传动装置,电路板为控制装置。进行扳道时,通过遥控器输出信号,电路板进行信号转化,输出命令,通过高压风控制液压杆的传动方向,从而实现对道岔方向的控制。该装置在轨腰处安装了道岔感应器,能够通过显示箱明确显示出当前道岔的位置。

井下平巷运输预警系统的自动化增加了提升运输的安全系数,不管是在行人过程中,还是机车、矿车的运输过程中,都能清楚、醒目、及时地看到、听到报警提示,降低了事故的发生率,提高了生产效益。

2 井下辅助有轨倾斜巷道运输

井下辅助有轨倾斜巷道运输,主要是将矿车从倾斜巷道的上部运输到下部或从下部运输到上部,主要运输设备为运输绞车等。由于倾斜巷道的特殊原因,倾斜巷道内不仅需要设置运输预警系统还要安设齐全有效的斜巷运输安全设施。

2.1 井下辅助有轨倾斜巷道运输的安全设施系统

煤矿井下有轨倾斜巷道运输大多采用串车提升。根据《煤矿安全规程》规定,倾斜井巷内使用串车提升时在斜巷内必须安设跑车防护装置。在车场、挂钩上部车场入口、上部车场接近变坡点处必须安设阻车器。在变坡点下方略大于 1 列车长度的地点,设置挡车栏,以后每间隔 100 m 设一组挡车栏。挡车装置必须处于常闭状态,车辆通过时方准打开。

2.1.1 自动阻车器

该装置主要由气缸、控制机构、传动机构、连接板等组成。将气缸固定在连接板上用钢丝绳将上部车场阻车器与变坡点以下阻车器或卧闸连成一体,形成闭锁。气缸受三位四通气动阀的控制,操作手把后,气路打开,活塞缩回,上部阻车器被打开,与阻车器连锁的下部阻车器或卧闸关闭,这时阻车器处于车辆放行状态,下部阻车器或卧闸处于挡车状态;车辆通过下部阻车器或卧闸后,将气动阀手把搬到相反位置,活塞伸出,上部阻车器被关闭成挡车状态,下部阻车器或卧闸恢复到常开状态。

2.1.2 自动挡车栏

该装置主要由主控柜(含电控箱及信号箱)、控制开关、收放绞车、柔性挡车栏、传感器组成。采用可编程控制器 PLC 控制,使用光电编码器测量位移和速度。当提升绞车运行时,主控 PLC 对轴编码器发生的脉冲进行采集,计算出绞车旋转方向和行程,从而判断出矿车的位置和运行方向。当检测出矿车的位置在某一道挡车栏预定提升点时(当矿车运行的方向相反时,该点为下降点),控制台上收放绞车把挡车栏升起;当检测矿车的位置到该道挡车栏设定的下降点时,控制台上收放绞车把挡车栏放下处于常闭状态。

2.2 井下辅助有轨倾斜巷道运输的预警系统

2.2.1 斜巷语音报警器

该装置主要由逆变电源、触发电路、报警器组成。逆变电源主要由 127 V/18 V、36 V 的变压器,LM7806、LM7812 三端稳压集成电路组成。触发电路部分主要由 DTC-24-3 型固态继电器、SSR-T1 型全桥整流模块、555 时基电路组成的单稳态触发电路组成。报警部分主要由 DJS-127/6 型继电器、5 W/8 Ω 喇叭、LED 组成的"正在行车,严禁行人"的显示箱、MIR6-3A 型语言模块(语言提示为:正在行车,不准行人)组成。

斜巷语音报警器的工作原理是:当绞车启动时,绞车开关中的常开点被吸合,第二路电源被接通,通过 127 V/18 V、36 V 的变压器输出交流 18 V、36 V,然后经过 LM7806、LM7812 稳压为直流电,为语言模块和单稳态触发电路供电。第一路 127 V 电源接通后,继电器吸合,36 V 经全桥整流后,经过继电器常开触点,触发由 555 时基电路组成的单稳态触发电路的 2 脚和 6 脚,从而使 3

脚输出高电平,通过固态继电器吸合,带动喇叭、语言模块和LED组成的"正在行车,严禁行人"的显示箱进行报警提示。

2.2.2 斜巷车辆、道岔、挡车栏监控系统

该系统可为绞车司机、把钩工提供视频实时监测,能够直观看到现场的实际情况,绞车司机可对车辆运行环境进行监视,以判断现场情况。本安型显示控制箱对各车场道岔、挡车栏进行监控,并能发出报警信号。在斜巷上出口、下出口、甩道口放置矿用本安型光纤摄像仪。图像整合到隔爆兼本安工业液晶显示器上。绞车司机通过视频图像直接观察各个道岔岔尖是否密贴以及跑车防护装置的位置状态,同时结合斜巷人员检测装置,及时方便了解车场入口人员流动情况。

2.2.3 斜巷超速吊梁监控报警系统

目前虽然许多煤矿都安装了挡车栏装置,也有部分煤矿仍然在使用超速吊梁装置,该装置与挡车栏的不同就是始终处于常开状态。当车辆超速或发生跑车事故时,车辆撞击超速吊梁前的打杆,打杆由于惯性撞击前方的超速吊梁的连绳器,超速吊梁迅速落下,挡住车辆继续下行。超速吊梁虽然可以使用视频监控,但需要绞车司机或把钩人员时时刻刻紧盯着监控器。为了减轻工人负担,我们设计使用了具有报警功能的监控系统。

超速吊梁监控报警系统采用永磁铁吸合干簧管模块,与原有斜巷打点电铃联网形成警报系统。该系统主要由永磁铁、干簧管、可调式固定装置、XBH127(B)T型矿用通讯声光信号装置、ZXZ8-4-Ⅱ型信号照明综保组成。将干簧管(电源由ZXZ8-4-Ⅱ型信号照明综保提供)固定在巷道顶板上调整好与吊梁之间的常开角度和距离,永磁铁与吊梁产生磁效应,干簧管接点分离。当吊梁因故落下时,固定在吊梁上的永磁铁与吊梁位置偏离,失去磁效应,使干簧管接点吸合,随即语言报警器与电铃发出报警语音及铃声。

总之,煤矿生产安全为重。无论是煤矿的安全设施还是安全预警系统,都是为了保护煤矿职工的生命安全。随着我国科学技术的不断发展和国家对煤矿安全生产资金的不断投入,我国煤矿生产自动化水平会越来越高,煤矿职工生命安全会越来越有保障。

浅谈辅助运输安全防线的构筑

张元富,吴 刚,朱曙光,石国明

(山东新汶矿业集团,山东 泰安 271219)

摘 要 孙村煤矿是一座百万吨矿井,有6个开采水平,采深已达1 000 m。2000年以前,辅助运输占用设备、人员多,安全隐患多,事故多发。通过完善管理制度、加强组织领导、确保质量标准化动态达标、提高运输装备水平,有效务实了辅助运输的安全基础,促进了煤矿持续、稳定、健康发展。

关键词 辅助运输;安全防线构筑;质量标准化动态达标;提高运输装备水平

0 前言

辅助运输是矿井安全管理工作中的重要组成部分,其工作直接关系到矿井的安全生产和可持续发展。在工作过程中,认真贯彻执行《煤矿安全规程》和运输设备设施相关的标准,以及关于安全工作的一系列指示精神,始终把辅助运输作为安全工作的重点来抓,做到领导到位、思想到位、措施到位,以科学的管理、严谨的作风,全面做好辅助运输安全管理工作,为矿井可持续发展提供可靠的保障。

1 加强组织领导,严格考核

辅助运输工作涉及矿井的各个部位和角落。近几年来,随着综采综掘机械化水平的逐步提高,以及开拓布局的快速延伸,使矿井辅助运输面临的点多、线长、面广、环节复杂的矛盾越来越突出。为切实抓好辅助运输工作,我们大力强化对辅助运输安全管理的领导,不断完善监督管理体制,建立健全了全过程、全方位和全员参与的"三位一体"的专兼职人员相结合的安全管理监督网络机制。

一是领导管理到位。成立了由生产矿长、运输副总工程师任组长和机电部、调度室、安监处有关负责人为成员的矿井辅助运输管理领导小组,明确了各单位的运输负责人,每周定期组织召开运输专业会,协调解决运输工作中出现的各类问题,并正确处理辅助与直接、安全与生产的关系,确保了管理到位、工作到位、措施到位。

二是发挥专职运输管理人员的作用。我矿现有专职运输管理人员14人,具体负责矿井辅助运输的日常管理工作,组织和带领260名运输专业的职工对分管范围内的工作任务、工程质量、安全、生产服务等各项工作的落实与实施,并对所有运输岗位、运输设备及运输设施进行定期和不定期的检查、考核与整改。

三是发挥兼职管理人员的监督检查作用。由安监处等部门按照职责范围，对各运输岗位分头跑线盯岗，巡查监督，查隐患，抓整改落实。

四是按照《运输质量标准化标准及考核办法》、《机电运输技术管理规范》、《运输企业标准》、《煤矿安全程度评价办法》的要求与矿组织的安全大检查、质量标准化检查、质量评估检查验收等活动有机结合，相互依托、相互促进，形成了一套融管理、监督、约束为一体的辅助运输安全管理体系，促进了矿井辅助运输安全管理工作的稳步发展。

2 完善管理制度，提高管理水平

在辅助运输系统中，我们从强化内部管理入手，以消除人的不安全因素和物的不安全状态为主，制定并落实了一整套有针对性的管理方法与措施。

一是严格履行岗位责任制。随着运输装备现代化水平的不断提高，组织专业技术人员编制了柴油机单轨吊、柴油机普轨轨道机车等新工种的岗位责任制。对电机车司机、信号把钩工等 27 个工种的原岗位责任制及操作规程进行了修改完善，并制作成规范统一的牌板悬挂在操作现场，保证了现场操作人员的规范上岗。同时，进一步完善了现场交接班制度、干部跟班盯岗制度、职工班前班后会制度、隐患排查等一系列制度，规范了职工行为。

二是推行标准化管理。重新修订了《运输质量标准化管理办法》和《运输三十三项管理办法》等措施办法，使矿井的辅助运输管理逐步走上了标准化、规范化的管理轨道。

三是实行定期检查考核制度。专业管理人员每月对主巷运输全面检查一次，对斜井人车运行巷道、采掘轨道系统的运输线路，每旬巡检一遍，并对薄弱地点和环节实行重点检查，对大型设备运输实行干部跟班盯岗，发现问题立即整改，推动了矿井辅助运输工作的高效运行。

四是强化技术培训，提高业务技能。以创建学习型员工为重心，采取了脱产培训和业余培训相结合的办法，对运输工种进行岗位技能培训，并在电机车司机、轨道工、机电维修工等技术工种中广泛开展了岗位练兵和技术比武活动，激励职工岗位成才，全面提高了运输岗位工种的业务素质和实际操作水平，增强了业务保安能力。同时，充分发挥班组长、党员、岗员、网员和哨兵等现场安全监督检查作用，带头查隐患、反三违、反事故，堵塞安全漏洞，最大限度地消除了事故隐患。

3 夯实安全基础，确保质量标准化动态达标

质量标准化是煤矿生产管理、技术管理、安全管理的重要基础，是矿井实现文明生产、安全生产的前提。因此，我们始终把辅助运输质量标准化工作当作重要任务来抓，不断加强全员质量意识教育，有效落实每个岗位工对电机车、电瓶车、轨道、安全设施、架线、照明、小型电器等设施的使用、管理、维修、维护的责任，分组划片，包机到人，定期检查，做好记录，并按照谁主管谁负责的原则，狠抓问题整改，确保了各岗位和各个头面的轨道运输线路全方位动态达标。按时进行每年一度的电机车年审、电机车制动距离试验及各种安全设施、斜巷连接装置的拉伸试验工作。

一是狠抓轨道、道岔质量整治。先后建成了标准化运输线路 5.84 万 m，在用铁路(包括煤巷顺槽和掘进工作面)均实现了窄轨铁路重型化，并消灭了非标准道岔，使轨道运输效率提高了 35%以上，事故率降低了约 80%。

二是完善运输大巷信集闭监控调度指挥系统。在现有的基础上，又新上了 4 套机车泄漏通信装置，使机车与机车、机车与调度站指挥中心的通信联络、监控手段实现了集中化、自动化，大大提

高了机车的运输效率，增强了机车安全运输的可靠性，为避免机车追尾、碰头事故的发生提供了可靠的监控保障作用。

三是完善安全运输辅助设施。先后对－800 m、－1 100 m水平运输大巷安装了道岔位置显示器、警冲标和岔口语言报警器、机车和列车红尾灯等设施，使机车运行标志、安全警示标志、安全提示及语言报警装置达到了标准化、规范化。同时还新上了机车报站机、人车语言安全提示器等装置，确保了机车的安全有效运行。自2000年以来，矿井大巷机车运输和斜巷运输事故率降低了80％以上。

4 依靠科技进步，提高运输装备水平

先进的运输设备不仅能减轻职工的劳动强度，提高工作效率，更是安全生产的可靠保证。针对矿井辅助运输设备老化、环节多、工艺复杂的现状，我们紧紧依靠科技进步，积极筹措资金引进先进的运输设备，在主要上、下山安装了架空乘人装置(猴车)三套，彻底解决了斜巷内人员的运输问题，减轻了职工体耗；在采区及顺槽全面采用柴油机单轨吊机车运输，改变了煤顺槽内小绞车运输环节多、用人多、不安全的状况，提高了运输效率，降低了运输事故率，消灭了平车场、小绞车、大巷架空线，使辅助运输达到了本质安全行。

为提高矿车完好率，使矿车整形维修规范化，新上了矿车轨道整形维修作业线，使矿车整形、注油、扒轮、清理和轨道整形弯曲、打孔全部实现了机械化、规范化，提高了矿车的完好率和运输效率。

近年来，我矿在辅助运输方面的安全费用投入每年都在150万元以上，进一步提高了辅助运输的机械化水平。我们大搞技术革新活动，专门成立了辅助运输QC小组，对斜巷安全设施进行了反复更新改造，把上、下山及联络巷的变坡点以下、底弯到道上的防跑车装置，全部设置了常闭式挡车器，使斜巷的跑车防护装置和防跑车装置的安全制动效果大大提高，经现场使用，其安全强度大、灵敏度高，对斜巷运输起到了较好的安全保障作用。

为提高辅助运输的科技含量，近年来先后完成了信集闭系统推广应用和柴油机单轨吊机车、防爆柴油机普轨轨道机车、绞车联锁电动挡车器等多项科研推先项目，并有多项项目获得集团公司科技进步奖，提高了装备水平，增强了辅助运输安全综合能力。

5 结论

通过对辅助运输的强化管理，夯实了安全基础，确保了质量标准化动态达标，依靠科技进步，提高了运输装备水平，为辅助运输的安全生产打下了良好基础，从而保证了我矿辅助运输实现了较长时期的安全生产。

采区重型综采液压支架的运输方案探讨

杨　起，王忠平，李东来

（铁法能源有限责任公司，辽宁 调兵山　112700）

摘　要　本文通过对铁煤集团大强矿0901综放工作面安装重型综采液压支架采用两台绞车配合动滑轮的运输方案的研究，阐述了该运输方案存在运行中钢丝绳“带劲”造成把钩工摘挂钩作业困难、钢丝绳不能在轨道中心排列易出现刮卡现象、连接零件由于受力不好容易开焊、两台绞车运行速度难以控制、摘挂钩操作困难并且时间长、无法满足过渡支架整体运输等的诸多安全隐患，提出了使用大功率双绳牵引无极绳绞车或单轨吊车的安全高效运输方案，来解决采区运输重型液压支架的难题。大功率双绳牵引无极绳绞车满足大强矿采区运输重型液压支架的要求，还能节省人力，提高运输速度。另因为该绞车采用变频调速控制，提高了摘挂钩时的车辆控制能力，保证了安全。柴油机单轨吊车满足大强矿采区运输重型液压支架的要求，可以从大巷直达工作面，中间不经转载，提高了安全性和运输过程的方便与快捷。

关键词　重型；液压支架；运输方案

0　前言

随着采煤机械化的高速发展，综采设备装机功率越来越大，重型综采液压支架在生产中得到了广泛的应用，放顶煤液压支架、大采高液压支架、综采液压支架的吨位在不断增加。随之而来的问题是给液压支架的运输环节带来了很大困难，铁煤集团大强矿是一个新建矿井，由于煤层埋藏超过地表标高1 000多米深，矿井压力大，首采工作面0901工作面设计采用放顶煤工作面，相应的液压支架设计吨位较大，由于运输巷道最大坡度为19°，巷道起伏不平，液压支架最大单车重量超过28 t，铁煤集团没有合适的运输设备能满足运输要求，为了解决这一问题，施工单位提出了使用两台运输绞车配合动滑轮的运输方案，在现阶段铁煤集团没有合适运输设备的情况下，解决了大强矿大吨位液压支架的运输难题。但在使用过程中发现该方案存在诸多不足，给安全生产带来隐患。综合大强矿的生产实际，提出使用安全高效的运输方案解决上述问题。

1　两台运输绞车配合动滑轮的运输方案的研究

1.1　巷道的自然条件及支架的参数

在整个采区运输过程中，其他地点由于坡度较小、坡长较短，或为平巷，在运输中没有困难，运输中的重点、难点是0901回顺运输巷道。

(1) 巷道参数：0901 回顺运输巷道采用 36U 圆棚设计，净断面直径为 4.4 m，底部回填 1 m 高回填货后净高 3.4 m。巷道的最大坡度为 19.5°，全长为 1 277 m，中间起伏不平。采用 38 kg/m 轨道，钢轨枕，轨道中央设有托绳轮。

(2) 综采支架参数：0901 工作面中部液压支架为 ZF15000/19/32 型，支架总重 42.7 t，为了便于在工作面组装，支架分解成三车，前梁一车，尾梁一车，顶梁及底座一车，分解后顶梁及底座总重 25.3 t，净高 1.9 m，为运输过程中最重、最高件，加上平板车重量总重为 28.8 t。

1.2 绞车布置方案

1.2.1 回顺口平巷内

安装两台 JYB-60×1.25 型运输绞车，绞车安设时两台绞车放置在巷道的两边并前后错差在 5 m 左右，保证平板车顺利通过。绞车上使用 ϕ26 mm 钢丝绳，两台绞车使用一根钢丝绳，钢丝绳中间设置动滑轮，动滑轮与支架相连，这样每一台绞车受力为单个物件总重量牵引力的一半。此段最大坡度为 19.5°，最大坡度巷道距离 100 m。运输距离为 650 m，使用绞车最小牵引力为 51 kN 进行计算，则该处绞车最大牵引能力为：

$$W=[F/g-2qL(\sin\beta_{\max}+f_2\cos\beta_{\max})]/(\sin\beta_{\max}+f_1\cos\beta_{\max})\approx 24.6\ (\mathrm{t})$$

式中 W——最大载荷质量；

f_2——钢丝绳阻力系数，取 0.25；

f_1——平板车阻力系数，取 0.02；

q——单位长度钢丝绳质量，ϕ26 mm 钢丝绳 $q=2.49$ kg/m；

$\beta_{\max}$——运行线路最大坡度，$\beta_{\max}=19°$；

L——运输距离，取 650 m；

F——绞车牵引力（两台），取 51 kW。

根据计算此段能满足运输要求。

1.2.2 在巷道 648 m 处

安装两台 JYB-60×1.25 型运输绞车，牵引方式与回顺口两台绞车相同，两台绞车错差 30 m 左右，牵引最大坡度 17°，最大坡度距离 56 m。运输距离为 600 m，使用绞车最小牵引力 51 kN 进行计算，则该处绞车可牵引最大重车质量为：

$$W=[F/g-qL(\sin\beta_{\max}+f_2\cos\beta_{\max})]/(\sin\beta_{\max}+f_1\cos\beta_{\max})\approx 28.4\ (\mathrm{t})$$

式中 W——最大载荷质量；

f_2——钢丝绳阻力系数，取 0.25；

f_1——平板车阻力系数，取 0.02；

q——单位长度钢丝绳质量，ϕ26 mm 钢丝绳 $q=2.49$ kg/m；

$\beta_{\max}$——运行线路最大坡度，$\beta_{\max}=17°$；

L——运输距离，取 600 m；

F——绞车牵引力（两台），取 51 kW。

根据上述计算此段绞车运输能力能满足支架运输要求。

1.3 牵引方式

由于采用两台 JYB-60×1.25 型运输绞车通过动滑轮同时牵引支架，因此摘挂车方式与以往不同。拉放重车时为了增加强度，并联合使用两台动滑轮。单个动滑轮用销子固定在支架底座前龙门架上，返回的空平板车使用单个动滑轮。

1.4 在实际过程中应用

双运输绞车拉运的运输方式解决了大强矿首个综采工作面安装过程中拉运重型支架的难题，圆满地完成了运输任务，为大强矿首个工作面的顺利投产作出了贡献。

1.4.1 在应用中的优点

(1) 双绞车的布置方式把拉运吨位提高了一倍，满足了运输要求，解决了铁煤集团现阶段没有合适运输设备的难题。

(2) 拉运重车时采用双滑轮直接固定到支架的龙门架的方式，提高了滑轮强度，解决了直接拉运车辆造成车辆的连接装置不满足牵引能力的问题。

(3) 滑轮设计直径达 520 mm，绞车使用钢丝绳绳径为 26 mm，满足规程规定的轮径是绳径最小 20 倍的要求，保证了运输安全。

1.4.2 在应用过程中的不足

(1) 由于两台绞车同时使用一根钢丝绳，在往绞车上缠绳时非常困难，虽然在缠绳过程中采取了“破劲”措施，但不可避免出现了钢丝绳“带劲”情况，给摘挂钩带来困难。

(2) 由于两台绞车分别设在轨道两帮，两台动滑轮固定在支架龙门架上后宽度在 1.2 m 左右，如图 1 所示。这样就造成了两台绞车钢丝绳不能在轨道中心运行，出现钢丝绳刮卡轨枕和鱼尾螺栓的现象，又由于巷道中间起伏不平，钢丝绳不可避免地与巷道顶板的棚梁、锚杆刮卡，给绞车的安全运行带来隐患，一旦因刮卡断绳将造成断绳跑车事故。

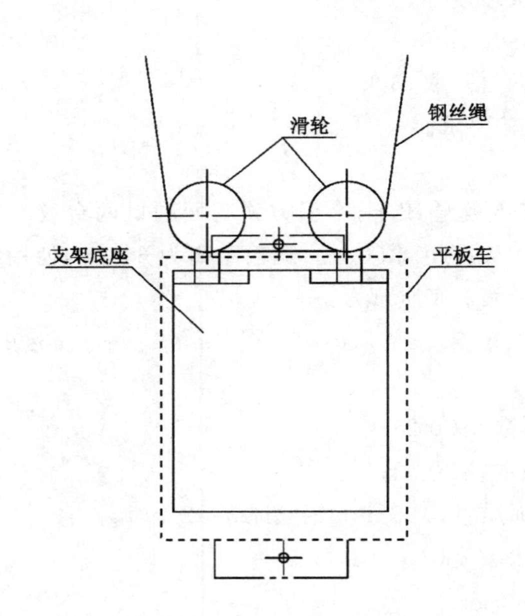

图 1 支架车拉车示意图

(3) 由于动滑轮的连接座与液压支架之间的固定方式不是采用铰链式连接，在车辆通过变坡点时，动滑轮的连接座不能上下活动，使连接部位除受拉力外，还受上下方向的力，连接装置的连接部位容易出现开焊现象，给运输安全带来隐患。

(4) 两台绞车由两名司机操作，同时运行时，控制车辆困难，容易造成松绳跑车，在实际应用中如果出现此类情况，支架在巷道中部卡在棚梁上停车，其中一台绞车司机仍然放绳，造成松绳，十分危险。实际应用中只能一台绞车放完绳后另一台绞车再放，运行速度降低一半，平均速度只有0.625 m/s，影响工作面安装速度。

(5) 摘挂钩过程烦琐，需用人员多，职工体力消耗大，由于滑轮自重 50 kg，每次摘挂钩都要三个人配合作业，非常费力，还要防止钢丝绳“拧麻花”。一次摘挂钩需用时间 12 min，熟练后也需6～10 min，遇到销轴损伤，时间就更长了。

(6) 此方案只能满足中部支架的运输要求，由于过渡支架顶梁和底座及平车总重达到 34.4 t，此运输方法仍然无法满足要求，还是需要分解运输，影响效率。

大强矿的综采回顺采用两台 JYB-60×1.25 型运输绞车一根绳拉运综采支架的运输方案，虽然解决了现阶段拉运重型支架的难题，完成了运输任务，但也存在着安全隐患。为了解决问题也是为今后重型液压支架的运输创造条件，根据国内外的辅助运输实际，提出了以下两种安全高效解决方案，来实现采区重型综采支架的运输。

2 采区重型综采液压支架安全高效运输解决方案

根据大强矿现有采区巷道条件，和国内外煤矿辅助运输的现状，有两种方案可以替代现有方法：方案一是利用大功率、双绳牵引无极绳绞车；方案二是采用柴油机单轨吊车。下面对两种装备在大强矿可行性应用进行分析探讨。

2.1 大功率、双绳牵引无极绳绞车

无极绳绞车近年来在铁能公司各矿得到了广泛的应用，型号从 SQ-80 到 SQ-120，额定牵引力从 80 kN 到 120 kN，各矿在应用中取得了许多宝贵经验。应用效果良好，并已经完成了多个工作面的安装运输工作。针对大强矿的巷道实际条件和综采支架的参数。虽然 SQ-120 无极绳绞车120 kN 的牵引力与两台运输绞车的牵引力接近，但是由于无极绳绞车的梭车自重达到 3 t，造成总的重量为 31.8 t。

经牵引载荷计算：

$$W=(F/g-2\mu q_{R}L)/(0.02\cos\beta_{max}+\sin\beta_{max})-G_{0}\approx 27.93\ (t)$$

式中 W——最大载荷质量；

G_0——梭车自重，$G_0=3$ t；

μ——钢丝绳阻力系数，$\mu=0.25$；

q_R——单位长度钢丝绳质量，$\phi 26$ mm 钢丝绳 $q_R=2.49$ kg/m；

β_{max}——运行线路最大坡度，$\beta_{max}=19°$；

L——运输距离，取 1 277 m；

F——绞车牵引力，取 120 kN。

SQ-120 无极绳绞车不能满足牵引中部支架要求，更不能满足牵引过度支架的要求，SQ-160 型大功率、双绳牵引无极绳绞车的研制成功为解决上述问题找到了办法。

2.1.1 SQ-160 型大功率、双绳牵引无极绳绞车参数及特点

(1) 参数：SQ-160 型大功率、双绳牵引无极绳绞车功率与 SQ-120 型绞车参数对比如表 1 所列。

表 1　　SQ-120 型和 SQ-160 型无极绳绞车参数对比

型号	SQ-120/132P	SQ-160/160PS
绞车功率/kW	132	160
额定牵引力/kN	120	160
钢丝绳规格/mm	6×19,ϕ26～32	6×19,ϕ22～32
公称绳速/(m/s)	无级调速 0.1～1.72	无级调速 0.1～1.44
适用轨距/mm	600,900	600,900
适用轨型/(kg/m)	22;24;30;38	22;24;30;38
运输距离/m	2 200	2 200
绞车体积(长×宽×高)	3 234 mm×2 350 mm×1 931 mm	4 190 mm×2 920 mm×2 020 mm

（2）技术特点：

① 绞车采用抛物线双滚筒结构，可实现双绳牵引；牵引力更大；安全系数更高。

② 配有矿用隔爆兼本质安全型变频调速装置，实现了无级调速，使车辆摘挂钩更安全，车辆在坡度变化的情况下可通过速度调节防止掉道；运行稳定性高。

③ 具有实时监控、速度和位置显示、移动紧急停车和语言通信功能；变频装置具有四象限运行和能量回馈制动等功能；有节能降耗、电机使用寿命长等优点。

2.1.2　SQ-160 型大功率、双绳牵引无极绳绞车应用的可行性分析

（1）牵引能力计算：

$$W=(F/g-4\mu q_R L)/(0.02\cos\beta_{max}+\sin\beta_{max})-G_0=35.2\ (t)$$

式中　W——最大载荷质量；

G_0——梭车自重，$G_0=3$ t；

μ——钢丝绳阻力系数，$\mu=0.25$；

q_R——单位长度钢丝绳质量，ϕ26 mm 钢丝绳 $q_R=2.49$ kg/m；

β_{max}——运行线路最大坡度，$\beta_{max}=19°$；

L——运输距离，取 1 277 m；

F——绞车牵引力，取 160 kN。

通过计算 SQ-160 型大功率、双绳牵引无极绳绞车不但满足大强矿采区运输中部支架的要求，还能满足过渡支架的运输要求。

（2）现场应用布置。

大强矿 0901 综放工作面回顺最大坡度 19°，运输距离 1 277 m，无极绳绞车主机及张紧部分可布置在回顺口位置，可设一个绞车硐室，尾轮固定到回顺 1 250 m 处的双道处。中间可以不设双道。双绳布置方式如图 2 所示，它与单绳无极绳绞车布置方式不同，它的两根主牵引绳布置在轨道内侧，两根副引绳布置在轨道两侧。使用过程中，为了保证两根绳张紧度一致，两个尾轮采用活动方式，通过一根钢丝绳固定到一个固定尾轮上，这样就解决了在运行中的两绳张紧度不一致的问题。

（3）可行性。

大强矿 0901 综放工作面回顺最大坡度为 19°，运输距离为 1 277 m，SQ-160 绞车满足大强矿采区运输重型液压支架的要求，还能节省人力，提高运输速度。另因为该绞车采用变频调速控制，

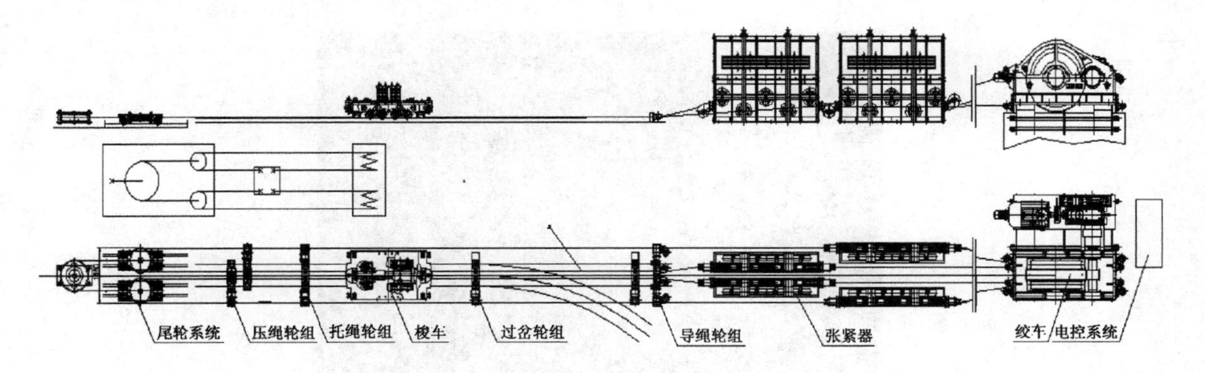

图 2 双绳无极绳绞车布置方式图

速度可在 0～1.44 m/s 范围内随意调节，提高了摘挂钩时的车辆控制能力，保证了安全。该型无极绳绞车还可以配套使用斜巷人车，减少工人旅途劳累，提高工作效率。并且在拉运综采支架后，在没有大的运输件时可以改成单绳无极绳绞车，减少运行成本。

2.2 柴油机牵引的单轨吊车

单轨吊车是指在巷道顶部悬挂的单轨上运行的单轨吊机车及承载车、制动车等组成的列车组的统称（俗称单轨吊）。单轨吊车适用于巷道底板条件不好且坡度变化较大的地段，是现代化的辅助运输设备之一。大强矿巷道为圆棚支护，适合于单轨吊车的工况条件。

2.2.1 柴油机单轨吊车参数及特点

（1）单轨吊系统主要技术参数。运输巷道倾角：±30°；最大载荷：44 t；随坡度增大而减少；轨道曲率半径：水平 4 m，垂直 8 m。柴油动力单轨吊机车主要技术规格如表 2 所列。

表 2　柴油动力单轨吊机车主要技术规格

牵引力/kN	三驱 60	四驱 80	五驱 100	六驱 120	七驱 140
制动力/kN	90	120	150	180	210
自重/t	4.4	4.8	5.2	5.6	6.0
最大运行速度/(m/s)	2(可调)				
长度/mm	7 650	8 650	9 650	10 650	11 650
宽度/mm	850				
高度/mm	1 425				

（2）技术特点。单轨吊车按牵引动力分有柴油机、蓄电池和绳牵引单轨吊车。使用最多的是柴油机单轨吊车，其特点是：体积小，机动灵活，通过巷道断面小，转弯半径小，和蓄电池单轨吊比较牵引能力大。一台机车可以在数个工作面进行作业，其悬吊轨道延伸比较容易，它可在多岔道长距离范围内运输，可实现从井底车场甚至从地面（平硐或斜井开拓时）至采区工作面的不经转载的直达运输。由于是吊挂式运输，与巷道底板状况无关，巷道空间可以得到充分利用。除日常的运人、运料和运设备以外，还可实现液压支架的整体搬运，如图 3 所示。

2.2.2 柴油机单轨吊车应用的可行性分析

（1）牵引能力计算：

图 3　单轨吊车拉运支架示意图

$$F=(W+G_0)g(f\cos\beta_{max}+\sin\beta_{max})=136.4\ (\text{kN})$$

式中　W——最大载荷质量，取 34.4 t；

G_0——机车自重，$G_0=6.0$ t；

f——机车阻力系数，取 0.02；

β_{max}——运行线路最大坡度，取 $\beta_{max}=19°$；

F——机车牵引力。

根据计算选用 7 驱动的牵引力为 140 kN 的单轨吊车能满足中部支架及过渡支架运输要求。

(2) 单轨吊的布置方式。

大强矿矿井采区是采用的圆棚支护，巷道直径为 4.2 m，底部回填货物后，净高达到 3.4 m，如图 4 所示，固定轨道的卡子可固定到 U 形棚上，轨道设计为 3 m 一节。起吊方式如图 5 所示，这种起吊方式保证起吊件顶端道 U 形棚距离不足 1.5 m。加上支架本身高度为 1.9 m，3.4 m 的巷道净高不满足高度要求，因为使用单轨吊后就可以不铺设轨道，在回填货时可以少填 200 mm，这样就满足了高度要求。因为单轨吊车轨道可以转弯、设置道岔，这样就可以把单轨吊车轨道从大巷一直铺设到工作面，减少了回风上山及边切绞车设置。

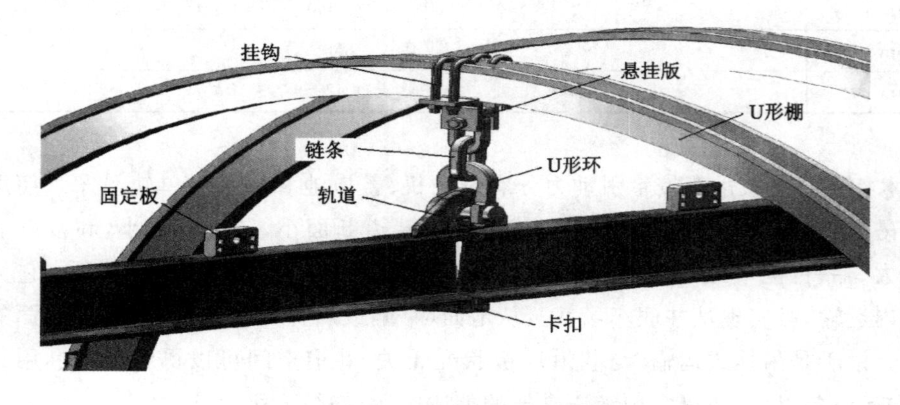

图 4　单轨吊轨道悬吊方式图

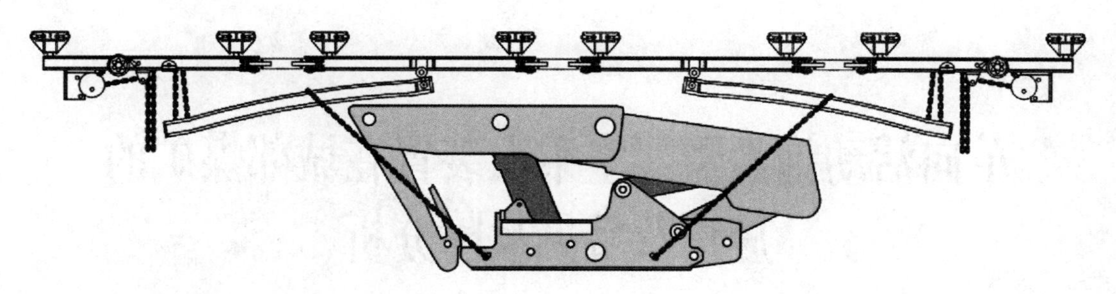

图 5　单轨吊吊运支架示意图

（3）可行性。

大强矿 0901 综放工作面回顺最大坡度为 19°，运输距离为 1 277 m，巷道断面满足要求。7 驱动的牵引力为 140 kN 的柴油机单轨吊车满足大强矿采区运输重型液压支架的要求，可以从大巷直达工作面，中间不经转载，提高了安全性，方便快捷。另外单轨吊车还可以配套使用人车，减少工人旅途劳累，提高工作效率。

3 结语

通过对铁煤集团大强矿重型液压支架运输问题的研究，提出了在现代化煤矿生产中解决安全快速搬运综采设备的方法，尤其对使用重型综采支架，大功率、双绳牵引的无极绳绞车或柴油机单轨吊车的运输方案的提出，为今后矿井采区复杂巷道条件下重型综采设备的安全运输创造了条件，同时解决了矿井采区复杂巷道条件人员运输的难题，为加快铁煤集团公司辅助运输的发展，保证辅助运输设备的安全运行意义重大。

单向活动抱索器架空乘人装置在城郊煤矿的应用及常见故障分析

刘正毅，刘元基，闫瑞廷

（河南能源化工集团永煤公司城郊煤矿，河南 永城 476600）

摘 要 乘人装置主要用于矿井斜巷、平巷运送人员，鉴于煤矿井下巷道条件等因素的限制，单向运输的架空乘人装置与传统双向运输架空乘人装置相比，由于占用空间小及运输方式灵活等特点，在煤矿井下具有一定的优势。本文对单向活动抱索器架空乘人装置在城郊煤矿的应用及常见故障分析进行总结，为今后单向活动抱索器架空乘人装置的推广奠定了基础。

关键词 活动抱索器；架空乘人装置；驱动装置；工作原理；故障分析

1 概况

架空乘人装置主要用于矿井斜巷、平巷运送人员，其工作原理类似于地面旅游索道。它通过电动机带动减速机上的摩擦轮作为驱动装置，采用架空的无极循环的钢丝绳作为牵引承载。钢丝绳主要靠尾部张紧装置进行张紧，沿途依托绳轮支撑，以维持钢丝绳在托轮间的饶度和张力。抱索器将乘人吊椅与钢丝绳连接并随之作循环运行，从而实现运送人员的目的。目前常见的架空索道采用双向运输方式，运输效率较高，但鉴于煤矿井下巷道条件等因素的限制，单向运输的架空乘人装置由于占用空间小、运输方式灵活等特点，在煤矿井下使用具有一定的优势。由于单向运输时抱索器不能绕过架空乘人装置的驱动轮和尾轮等因素限制，抱索器必须采用可摘挂式的抱索器，即在抱索器即将到达尾轮或驱动轮等地点时，需要人工将抱索器从索道上取下，乘坐时需要人工将抱索器挂在索道上。

城郊煤矿九采区轨道集中巷位于城郊煤矿九采区，该工作面北为二水平东翼轨道大巷保护煤柱，东、西、南三侧均为实体煤。巷道设计长度为 554.78 m，巷道沿煤层掘进，最大坡度为 15°，最小坡度为 5°，平均坡度为 10°，巷道垂深约 96 m。根据《煤矿安全规程》关于人员上下的主要倾斜井巷垂深超过 50 m 时应采用机械运送人员的规定，我矿首次采用 RJDHY22-30/2000（A）单向活动抱索器架空乘人装置作为九采区轨道集中巷的机械运送人员设备。煤矿单向活动抱索器架空乘人装置是煤矿井下辅助运输设备，可用于煤矿井下斜巷、平巷和工作面顺槽运送人员；其钢丝绳上下布置，占用巷道空间小，安装后不影响巷道内轨道运输，是一种适用于长距离、多变坡巷道条件的新型现代化煤矿井下人员输送设备。

2 结构特征和工作原理

2.1 结构特征

单向活动抱索器架空乘人装置具有运行安全可靠、人员上下方便、操作简单、维护方便、动力消耗小、输送效率高、一次性投资低、安装拆除方便等特点，在我矿首次应用便获得极高的评价。

单向活动抱索器架空乘人装置结构如图1所示，由驱动装置、托绳轮、压绳轮、尾部绳轮、抱索器、乘人座椅、牵引钢丝绳、张紧装置、电气控制部分等组成。其结构特征与传统双向架空乘人装置如出一辙，但显著的不同点在于传统架空乘人装置的索道是并排双向布置，能够实现同时上下。而单向活动抱索器架空乘人装置因其钢丝绳采用上下布置的方式，因此仅能实现单向运输。但正是由于钢丝绳采用上下布置方式，其占用空间较小，不仅可以布置在空间较大的巷道内，同样也可以布置在巷道较窄的轨道运输或胶带运输巷道内，而不影响轨道运输或胶带运输系统的正常运行，尤其适用于顺槽巷道，具有安装空间小、安装方便、机尾移动方便、可随工作面的掘进或回采快速进行延伸和安装。

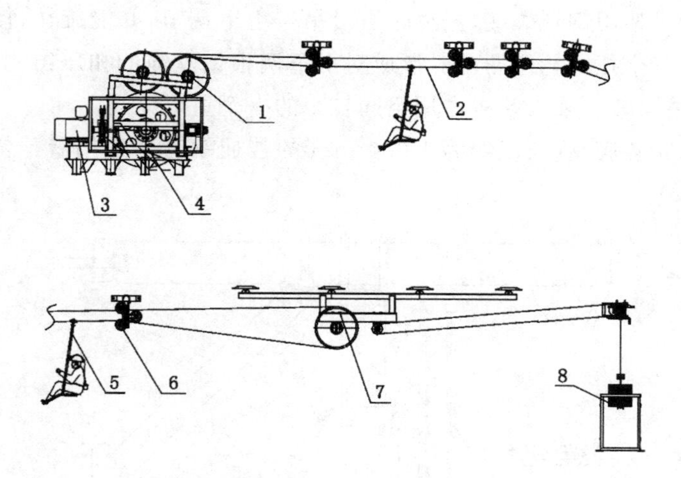

图1 单向活动抱索器架空乘人装置布置示意图

1——驱动部改向滑轮部件；2——钢丝绳；3——电气控制与保护部分；4——驱动部；5——可调方向座椅；6——三轮摆动托绳轮；7——机尾部；8——重锤张紧部分

2.2 单向乘人装置的工作原理

架空乘人装置通过电动机带动减速机上的摩擦轮作为驱动装置，采用架空的无极循环的钢丝绳作为牵引承载。钢丝绳主要靠尾部张紧装置进行张紧，沿途依托绳轮支撑，以维持钢丝绳在托轮间的饶度和张力。

单向活动抱索器架空乘人装置工作原理与传统架空乘人装置相同，同样是将钢丝绳安装在驱动绳轮、托绳轮、压绳轮、尾轮上，并经设有重锤的张紧装置拉紧后，由驱动装置电动机输出动力带动减速机构上的驱动绳轮和钢丝绳作循环无极运动。而单向活动抱索器架空乘人装置的吊椅则是通过抱索器锁紧在运行的钢丝绳上，随着两根钢丝绳下方的一根钢丝绳的上行或下行，从而实现输送人员上行或下行的目的，即运送人员的上行或下行需要改变驱动装置的转向。通过单向活动抱索器的工作原理可知,因其钢丝绳为上下布置,可减少对巷道空间的占用,增大运输安全距离,减少巷道开拓和掘进工程量,因此应用范围较广。

3 驱动装置的安装布置特点

传统架空乘人装置驱动装置的布置采用架空的方式安装,占用空间较大,需要采用矿用工字钢将驱动装置托起,安装不变。而单向架空乘人装置驱动装置采用落地式安装,它主要由电动机、制动器、联轴器、减速器、机头架、驱动绳轮等组成。驱动绳轮立轮布置,适应钢丝绳上下布置的特点。整个驱动装置呈直线布置,占用空间小,设备安装在巷道的一侧,不影响巷道内的其他设备正常运输。

4 托绳轮装置的结构特点

与传统架空乘人装置托绳轮布置在巷道两侧的方式不同,单向架空乘人装置的托绳轮仅布置在巷道一侧,采用锚杆将其固定在巷帮上。单向架空乘人装置脱绳轮装置由托轮吊架、托绳轮、安装底座等组成。托轮吊架用钢管焊接,托绳轮可沿吊架上下调节,并能旋转,使托轮旋转方向与钢丝绳运行方向相同。三个托绳轮两两成对形成对上下两根钢丝绳的扣压结构,不易掉绳。钢丝绳的上下布置,同样是单向架空乘人装置占用空间较小的一个重要原因。

托绳轮配置顶部安装底座(长度约为 1 000 mm 的普通钢管),采用巷帮锚杆吊挂安装,安装、撤除简单快捷(见图 2)。

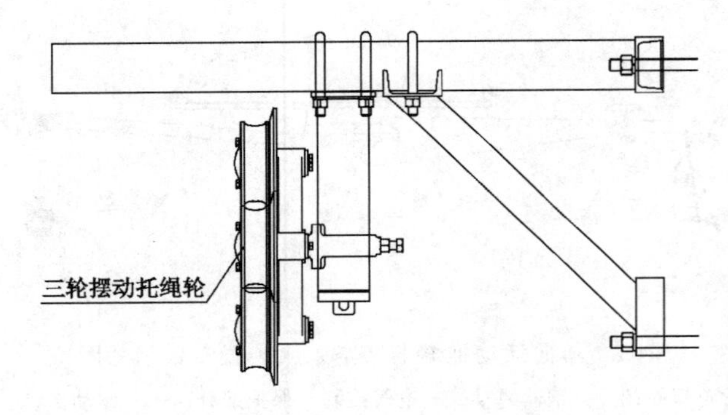

图 2 托绳轮安装、吊挂方式

5 电气保护完善

单向活动抱索器架空乘人装置具有机头(机尾)越位保护、速度保护、掉绳保护、重锤下限位保护、减速箱超温保护、全程急停保护等,保护齐全,与传统架空乘人装置相同,因此,系统安全性能较高。

6 常见机械故障分析与处理方法

常见机械故障分析与处理方法,见表 1。

表 1　　常见机械故障分析与处理方法

故障现象	原　因	处　理　方　法
制动运行时牵引钢丝绳速度加快	1. 掉绳 2. 钢丝绳接头松散 3. 张紧力松懈	1. 调整托压轮 2. 重新接好钢丝绳 3. 调整重锤张紧机构
动力运行时牵引钢丝绳速度变慢	1. 打滑 2. 钢丝绳结头松散 3. 过载 4. 电动机输入电源缺相	1. 调整重锤张紧力(加配重块) 2. 重新接好钢丝绳 3. 单人载物不应超过 200 N 4. 调长吊椅间距(新换轮衬时常见)
掉绳	1. 托轮安装偏离钢丝绳中心 2. 压轮不到位	1. 调整托轮 2. 制整压轮
吊椅滑动	1. 抱索器抱紧力不够 2. 抱索器损坏	1. 润滑抱索器 2. 更换抱索器
制动器锁不紧	1. 油量不足 2. 间隙过大	1. 加足液压油 2. 调整抱紧间隙不超过 2 mm
减速机噪声增大	1. 油量不足 2. 使用时间过长，油质已坏 3. 紧固螺丝松动 4. 蜗轮蜗杆装配间隙过大 5. 未按规定的油号加油 6. 轴承松动 7. 制动器半制动	1. 加足液压油 2. 更换润滑油 3. 锁紧螺栓 4. 通知厂家维修 5. 按规定的油号加油 6. 更换轴承 7. 调整制动器或更换制动瓦块
尾轮出现异常	1. 润滑油不够 2. 轴承磨损 3. 轮衬磨损	1. 加足润滑油 2. 更换轴承 3. 更换轮衬
驱动装置振动大	1. 电动机与减速器轴不同心 2. 驱动轮装配不平衡 3. 驱动装置机架刚度不够	1. 调整同心度 2. 调整使其平衡 3. 增强刚度
坐人过托绳轮时振动大	轮衬磨损太大	更换托绳轮

7　结语

单向活动抱索器架空乘人装置具有安全保护齐全、运行安全可靠、人员上下方便、不需等待、随到随行、操作简单、维修方便、动力消耗小、输送效率高、一次性投资低、占用空间小等特点，可以在采区及工作面顺槽内推广使用，不仅减少了职工在上下班途中的时间浪费，降低劳动强度，而且提高了职工在煤矿井下的生产效率。

国投新集公司煤矿辅助运输系统安全管理先进经验

王修宏，杨　军，刘俊华

（国投新集能源股份有限公司，安徽 淮南　232001）

摘　要　长期以来，煤矿辅助运输管理一直是制约煤矿安全、高效生产发展的关键环节，解决好煤矿辅助运输安全管理的问题，对于煤矿安全高效生产发展的意义非常重大。为此公司主要领导非常重视煤矿辅助运输系的安全管理，积极推进公司各矿辅助运输安全管理创新工作，要求各矿务必把辅助运输系统的安全管理作为一项重要工作来做，在国内外范围内，进行充分调研，研究制定出一套适合自身的煤矿辅助运输管理方法，实现我公司煤矿辅助运输系统的安全管理。

关键词　辅助运输；安全管理；无极绳绞车；单轨吊

0　前言

国投新集能源股份有限公司煤炭开采地处安徽省中北部的两淮煤炭基地，横跨淮南、阜阳、亳州三个地区，公司现有三对生产矿井（新集二矿、刘庄煤矿和口孜东矿），2015 年公司生产煤炭 1 480万 t。继 2011 年之后，公司再一次实现周年零伤亡的目标，在公司煤炭安全生产的发展上再创辉煌，截至目前煤矿辅助运输系统连续 29 个月无伤亡事故发生，创安徽省四大矿业集团辅助运输系统安全管理的最好纪录。煤矿运输是矿井煤炭生产的重要组成部分，根据运输任务的不同，煤矿运输分为主要运输和辅助运输两部分。主要运输是指煤炭运输；煤矿辅助运输，是指煤矿生产中除煤炭运输之外的各种运输之总和，主要包括材料、设备、人员和矸石等运输，它是整个煤矿运输系统不可缺少的一部分。辅助运输系统的安全管理极为重要，它是煤矿安全生产管理工作的一个难点、重点，常被称为“一长六多”，即“战线长、环节多、岗位多、用人多、安全设施多、安全隐患多、安全事故多”。煤矿辅助运输系统的安全管理状况一直不容乐观，事故频频发生，已超出煤矿瓦斯和顶板事故，成为许多现代化大型煤矿安全生产的头号杀手。

1　辅助运输系统管理

针对我公司煤矿辅助运输环境、设备及人员的现状，公司领导组织相关职能部门管理技术人员，对公司各矿辅助运输系统各个环节进行排查分析，认真调查研究，深入吸取煤矿辅助运输事故教训，听取多方建议意见。研究制定出一套适合自身的煤矿辅助运输管理方法，实现我公司煤矿辅助运输系统的安全管理，其主要做法是：

（1）层级落实辅助运输安全管理责任。公司高管副总工程师负责公司各矿辅助运输安全管理工作，公司生产技术部直管各矿辅助运输安全技术工作；各矿机电副矿长负责全矿辅助运输工作，对本矿辅助运输安全管理负责；各矿专门设置一名机电副总工程师负责全矿辅助运输技术管理工作，对本矿辅助运输技术管理负责；各矿设有专职辅助运输管理机构和人员，负责本矿辅助运输安全管理、监督、检查工作；各矿安监处设置一名副主管具体负责全矿辅助运输监察工作，对本矿辅助运输监察负责。建立健全各级管理人员辅助运输安全管理工作责任制，落实各级管理人员的安全责任，明确管理职责、工作内容。强力推广刘庄煤矿“六确认一管理”的安全管理模式，口孜东矿“我的安全我做主”的安全管理理念，新集二矿“变化管理和精细化管理”两化的管理方法；对各矿排查的安全隐患严格按照“五定”（责任人、期限、措施、预案、资金）原则落实整改，确保各矿辅助运输系统安全稳定运转。

(2) 秉持以人为本理念，强化职工培训工作。把提高职工业务技能素质作为辅助运输安全的基础工作来抓，坚持环境育人原则，努力创建安全文化，充分利用安全活动日和业务学习日，学习《煤矿安全规程》、《岗位操作规程》、《安全责任制》、《安全质量标准化标准》、《煤矿辅助运输精细化标准》及煤矿辅助运输新技术、新工艺、新设备等，组织管理人员和工程技术人员进行备课讲解，职工建立学习记录，对学习培训的效果进行考核奖罚，不断提高职工的综合素质。在职工教育培训方面，坚持突出重点，不拘形式，坚持班前宣誓、班中警示、班后分析的安全管理模式，深入开展手指口述活动，不断提高职工的自主保安意识和操作水平，逐步由“要我安全”向“我要安全”转变，进一步夯实煤矿辅助运输系统的安全管理基础。

(3) 推行煤矿运输出货连续化，创建掘进队伍标准化。为解决煤矿辅助运输人员多的问题，特别是矿井开拓掘进的矸石和掘进煤的矿车运输，占用大量的人力和时间，开拓掘进的机械化程度越高，生产能力越大，辅助运输人员就越多，个别掘进单位曾有 40%～70% 的人员从事斜巷和平巷的矿车出货运输。煤矿辅助运输人员多、转换环节多，管理难度就大，安全事故必然变多，公司职能管理部门和矿上相关单位协作，积极研究探索采用带式输送机、缓冲仓、耙矸机进行连续出货的方式，逐步代替开拓掘进的矿车运输出货方式，既减少了辅助运输人员，又提高了开拓掘进的进尺效率，也消除了斜巷和平巷矿车运输的安全隐患，成倍减少了斜巷跑车、脱轨、伤人等事故。这种连续运输出货方式其开拓掘进巷道距离越长，工效提高越明显。公司各矿煤巷掘进全面使用综掘机掘进加胶带运输，岩巷掘进引进德国快速掘进作业线，采用掘、锚、注一体化凿岩台车加胶带运输，目前，全公司各矿开拓掘进的长距离运输均采用带式输送机连续出货，使开拓掘进单位辅助运输人员大量减少，每个矿都组建多支标准化掘进队伍，煤矿辅助运输系统的安全状况得到显著改善。

(4) 采煤工作面上下两巷运输使用无极绳绞车。公司各矿消灭调度绞车的分段对拉牵引模式，推广使用无极绳绞车的运人装置，实现工作面上下两巷连续运输，减轻职工在综采工作面上下巷长距离步行的繁重体力消耗，取得了很好的效果，深受现场职工的欢迎；采区行人上山，推广使用架空乘人装置，为采区内的辅助运输创造好的安全环境。

(5) 采煤工作面设备回撤、安装采用单轨吊。我公司刘庄煤矿综采液压支架按重量分有31.5T、35.8T、47.5T 三种，自 2012 年底开始，使用单轨吊解体打运 31.5T 的液压支架 651 台，解体打运 35.8T 的液压支架 361 台，及 SL300、SL500 采煤机、SZZ1000/400 转载机、PLM3500 破碎机等设备，工效提高近 25%，创刘庄煤矿综采工作面安装、回撤以来的最好成绩。2014 年底，已采用 SLG8.2 重型起吊梁和 SLG4.5 轻型起吊梁整体运输 31.5T 的液压支架、解体运输 35.8T 的液压支架。2015 年 5 月，我公司成功采用 SLG16.5 重型起吊梁整体运输 35.8T 液压支架，弥补了解体运输 35.8T 液压支架的不足;2016 年 3 月,又采用 SLG16.5 重型起吊梁成功整体运输 47.5T 的液压支架 188 台,是我国煤矿井下斜巷大吨位液压支架整体运输的又一重大突破,创国内防爆柴油机单轨吊机车整体运输综采液压支架的最重记录。

(6) 完善斜巷轨道运输的安全设施管理。不断完善斜巷的防跑车和跑车防护装置,要求公司各矿所有斜巷上下口的常闭挡车栏和斜巷道岔改为气动或电动远控,确保现场职工在躲避硐内操作控制,不需要进入斜巷范围内,保证职工的人身安全。我公司新集二矿,通过对斜巷运输设备和安全设施有效整合优化,实现了矿井 1# 暗斜井的本质安全型运输,提高煤矿斜巷运输设备可视化、智能化水平,保障煤矿斜巷安全保护设施的正常使用及斜巷运输设备的安全运行。

(7) 加强平巷运输设备、设施管理,提高运输效率。平巷使用电机车运输,推广使用司控道岔、机车通信、弯道报警及信集闭等行车保护。强化平巷人车、矿车、材料车、电机车等车辆检查维修工作,确保电机车的闸、灯、警铃、连接装置和撒砂装置的正常完好使用,电机车的防爆部分防爆性能可靠,不失爆;强化电机车司机的培训,认真开展电机车及司机每年一次的年审工作,保证平巷轨道运输的安全。

(8) 强抓轨道质量,确保轨道质量符合要求。针对井下压力大,来压频繁,导致的巷道变形、底鼓、轨道阴阳、安全距离不够等问题,矿上组织多支巷修队伍进行不间断的卧底整道,来保证轨道质量,保障运输安全,同时举办多种形式的轨道工培训班,开展公司、矿、区队轨道工的技能竞赛,进入公司前三名予以重奖,并颁发轨道技师证,不断提高矿井轨道的铺设维修质量。在新矿井推广使用 38 kg/m 和 30 kg/m 的钢轨,提高钢轨强度,减少轨道事故,为煤矿辅助运输创造良好的轨道运输环境。

(9) 持续提高煤矿辅助运输装备水平。认真落实《煤矿安全规程》规定斜巷垂深 50 m、平巷1.5 km 要有机械运人装置,努力解决煤矿职工上下井的劳动强度,提高煤矿辅助运输机械化水平,秉持一次投入、长期受益、长期安全的管理理念;淘汰 JD-11.4 型以下的绞车和 5 t 以下防爆电机车等运输设备,结合我公司辅助运输模式现状,不断研究创新我公司辅助运输模式和管理方式,以期进一步推动煤矿辅助运输发展。目前国内外的煤矿辅助运输的机械化和现代化设备日益完善,能够用于斜巷安全高效运输、综采快速搬家、综掘高效运料和运人的新型高效辅助运输设备已在国内外大型矿井投用使用,我公司领导经常组织人员到国内外的一些大集团公司调研、参观、学习,大胆采用高新技术,根据我公司矿井具体井工条件,确立合适、新型、高效的辅助运输系统的管理模式,确保煤矿辅助运输的安全管理水平再提高。

2 结论

尽管煤矿辅助运输管理的困难多、难点大,但是通过先进的、符合实际的运输装备,采取切实可行的管理方法、行之有效的人员培训,辅助运输系统的安全是能实现的。实践证明,煤矿运输事故是可防可控的,安全没有终点,只有起点,安全只能代表昨天,不能代表今天和明天。只要我们认真抓好煤矿辅助运输的安全质量标准化工作,牢固树立安全第一的理念,强化煤矿辅助运输管理和职工安全培训,狠反“三违”,规范辅助运输职工的操作行为,加大辅助运输系统的投入,提高煤矿辅助运输的机械化水平,着力解决好辅助运输工作中的突出问题及薄弱环节,就能够确保辅助运输系统的安全。

矿井超长材料的提升和运输

刘　冲，严二东，李毛毛，胡晓晨，周瑞博，裴洪飞

（洛阳煤业有限公司，河南 洛阳　471002）

摘　要　对于立井改造和开拓的矿井来说，向井下运送超长材料是不可避免的，大部分矿井通常是通过副井运送的，因此在副井设计的一开始，就应该根据矿井的实际情况确定一套超长材料入井的具体办法，并由此确定防撞梁的高度、井口信号室的设计位置及井架的设计。目前普遍使用的主要有“插罐顶”和“吊罐底”两种方式。但是在一套系统不是很完备的情况下就没办法运送超长材料入井了吗？显然不是的。对于副立井运送长材入井及井下起长材料运输的具体办法，也是每个矿井面临的，也是不得不面对的一个难题。

关键词　副立井；超长材料；运输；改造

0　前言

公司所属恒祥煤业在井下排水系统改造和运送悬移支架过程中，由于矿井井架高度的限制，必须拆除一个罐笼，便于装卸悬移支架供水管路，可是罐笼卸掉后，井口装卸支架安全得不到保障，人员无法靠近操作。超过 6 m 的超长材料的井下运输对于该矿来说同样也是一个难题。由于井下巷道断面不足，轨道运输无专用行人、行车通道，不具备运输车辆条件，加上运送超长材料的车辆在巷道转弯处同样难以转弯，这就需要我们另辟蹊径。通过公司机电科和矿井机电系统工作人员的不断研究和琢磨，我们设计和制作了这套超长材料的提升和运输的工具和办法。

1　矿井超长材料的提升和运输

1.1　常用的起吊方式

在介绍我们这套装置之前，让我们先来了解一下其他兄弟矿井从副立井运送长材的办法。目前，副立井在下放超长材料时普遍使用的办法主要有“插罐顶”和“吊罐底”的方法。

所谓的“插罐顶”下放方式，就是在下放超长材料时，先将罐笼顶盖取下，并将罐笼下放至井口轨道面水平以下适当的位置处，再通过弃掉设备将超长材料沿一端吊起，慢慢地插入罐笼内，然后将超长材料固定牢靠，绞车慢慢将罐笼下放，当罐笼下放至副井底轨道面以下的合适位置时，停止下放，松开固定在罐笼内的超长材料，用绳子将超长材料的下端绑住，慢慢地拉出罐笼，同时绞车缓缓下放，直至超长材料完全移至罐外，将超长材料放至材料车上，通过材料车将超长材料运到需要用的地方。“吊罐底”的方式主要是将罐笼升至井口轨面水平位置 2 m 以上的合适位置，将超长

材料捆绑起来,通过起吊设备将超长材料的一段固定在罐笼底部的中心位置的横梁上,慢慢地上提罐笼,通过一定的措施,让超长材料缓缓地滑入井筒,下部捆扎在尾绳上,罐笼下井后到达适当的位置后,在同绳子捆扎在超长材料的下端,绞车缓缓下放,井底的人用绳子将超长材料拖入井底车场,然后松下固定在绞车上的绳子,将超长材料放到材料车上运到需要的地方。

由于恒祥煤业的井架高度不够,特别是受防撞梁和缓冲钢丝绳的位置影响,不管是插入罐笼的方法还是吊到罐底的方法,都无法直接将管道运至井下,经过公司和矿井管理人员的研究决定取下罐笼,用副井绞车直接起吊将超长材料放至井下,这时,为了保证长材装卸人员的安全及吊装操作的方便,我们制作井口盖。使用井口盖下放超长超宽材料示意图如图 1 所示。

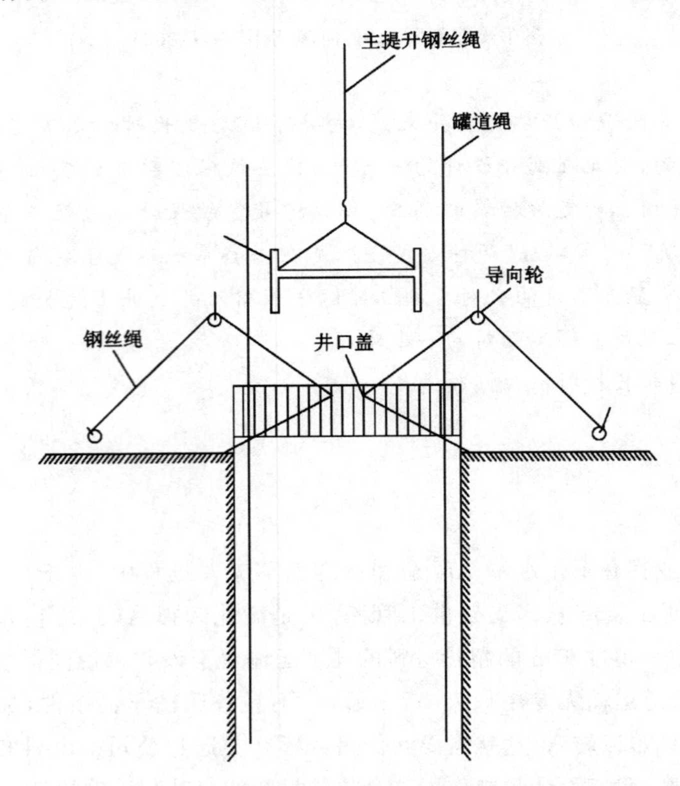

图 1 使用井口盖下放超长超宽材料示意图

1.2 配重锤及吊钩

因为取下了罐笼,为了防止副井绞车钢丝绳在没有重物拖拉的情况下钢丝绳落地脱落,我们先给钢丝绳的末端加装一个重量合适的配重,在配重的下面加装带闭锁装置的吊钩,方便起吊时捆绑固定。

1.3 井口盖

为了保证向井下运送超长材料在取下一个罐笼后井口装卸人员的人身安全,我们设计和制作了一个井口盖。井口盖的上面由两块 1 m×1 m×5 mm 的花纹钢制作,从中间一分为二留出副井绞车钢丝绳绳孔的位置,四角留出罐道绳的位置。花纹盖板的下面用 12# 工字钢焊接支撑骨架,可以对花纹盖板起到加固作用。在两个井口盖靠近井壁侧分别安装两个轴销,与井架铰接固定,使井口盖可以打开和关闭。在两个罐笼中间设置有安全护栏。在井口安全门的外背对井口盖的位置则安装一个手摇辘轳，在井架的两侧分别挂两个导向轮，连接钢丝绳后用来升起和落下井口盖。两个井口盖关闭盖在井口盘上，装卸人员站在井口盖上装卸悬移支架、供水管路等长操和摘挂钩操作。当供水管道及悬移支架固定完成人员撤离后，关闭井口安全门，摇动手摇辘轳升起两部分井口盖，副井下放超长材料。井口盖的制作和安装为装卸材料的人员提供了安全保证。

同时为了保证井底操作人员的安全，我们在井底托罐装置上也铺上钢板，当超长材料下放至井底时，副井绞车先停止下放，待井底装卸人员站在井底钢板上时，用绳子捆扎长材的底部一端，这时人员离开，副将绞车缓缓下放，井底人员向外拉绳子，直至将超长材料拖至副井底车场，这时取下捆扎超长材料的副井钢丝绳，将超长材料放在副井底车场。通过材料车将超长材料运至使用的地方。井底钢板的铺设方便井底装卸人员站在钢板上取下捆绑的绳子及向外拉超长材料，更保证了装卸人员的人身安全。

1.4 管道托架

将超长材料运至副井底车场后，有些超长材料，比如供水管路的长度超过 6 m，由于井下断面无专用行人、行车通道，不具备运输车辆条件。这时可以通过材料车将供水管路运至井底胶带巷，将管道固定在管道托架上，然后把管道托架放在胶带上，通过人力将管道拉至需要用的地方。

如图 2 所示，管道托架主要由三部分组成：一部分是托架两端的托架头。托架头是由一个根据胶带托辊的角度焊接制成的 U 形框架，在 U 形框架的外侧底端装一个窄的托辊，在 U 形框架的两侧的外侧分别装两个宽的托辊，合适的角度能够保证托架能轻松顺利通过带式输送机有托辊的地方。一部分是由两根细钢管焊接的管道托架的托架身。托架身的长度要合适，以保证管道固定在管道托架上在胶带上运行的时候不会有太大的摆动。第三部分是把管道固定在管道托架上的

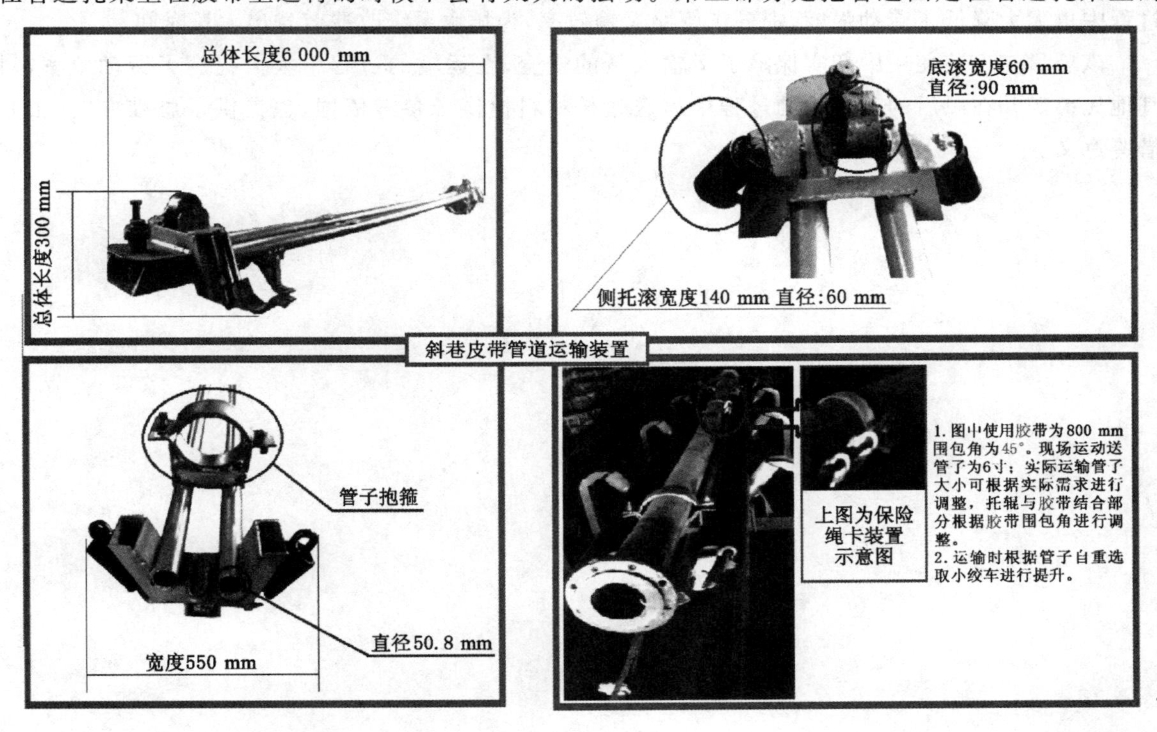

图 2 管道托架结构示意图

管道包箍。主要是根据运送管道的粗细确定管道包箍的内径，以确保能把管道固定牢固。在管道托架制作完成后，为了防止罐道托架在胶带上运送管道时脱落，我们还设计和制作了保险绳卡。保险绳卡既把管道托架和胶带固定在一起，防止管道托架的脱落，还能保证管道托架在胶带上能滚动前行。

管道固定在管道托架上，把绳子的一段固定在管道托架的托架头上，运送人员在胶带的两侧前方向前拉着管道托架前行，管道托架的尾端也固定着绳子，运送人员在胶带的侧后方向后轻微地拉着管道托架，两端的运送人员都拉着管道托架，以防止管道托架在胶带上脱落下来伤人。防止在向下的倾斜巷道上运送管道，由于托架在向下滚动过快而脱落伤人。

整套装置在运行操作的过程中还要制定相应的安全技术措施，现场参与施工的人员都要参加学习并严格遵守，避免一些不必要的意外发生。现场要配备一个懂业务的总指挥，在现场督导整个运输过程。

2 结论

立井提升超长材料时井口盖和井底钢板的制作和使用，为在井口装卸支架管道等超长材料时的装卸人员提供了一个操作平台，更使装卸人员的安全得到了保障，同时也防止了杂物或其他工具器械掉入井筒内，对井筒装备和井筒设施造成严重损害。

胶带运送管道时管道托架的制作和使用，是通过矿井现有设备设施、管道托架、连接装置、带式输送机及运送人员构成一个运输系统，既满足了管道运输的需求还提升了提升设备运送效率，避免人员受伤。采用该系统运输管道时，人员可在空间充足的地方将管道置于运输胶带上，运输过程中也大大降低了劳动强度，提升了管路运输效率，为排水系统改造节省出大量时间。

该项目在安装使用中切实保障了运输人员的安全，在运输的过程中大大提高了劳动效率，对其他兄弟矿井在以后的改扩建的过程中运送超长材料提供了参考依据，也提供了思维方向，很有借鉴意义。

煤矿滚筒现场包胶工艺实践

王永建

(开滦股份吕家坨矿业分公司,河北 唐山　063107)

摘　要　由于煤矿井下空间狭窄,带式输送机主滚筒拆装、运输困难,为解决包胶问题,可采取冷硫化包胶工艺实现现场包胶,施工时间短、工艺简单、使用寿命长,很有推广价值。

关键词　煤矿;滚筒;现场;包胶工艺

0　引言

由于我单位一部带式输送机主滚筒拆装、运输困难,不便于更换,而包胶磨损严重,影响正常运输,为解决此项问题,经过调研,选用了一种现场包胶的工艺,取得了满意效果。

1　滚筒包胶工艺对比

现有国内的包胶工艺有热硫化包胶和冷包胶两种,两种包胶工艺的区别如表1所列。

表1　　热硫化包胶与冷硫化包胶对比表

种类	热硫化包胶	冷硫化包胶
与金属的黏接力/(N/mm)	3～8	12
硬化时的压强/(kg/mm^2)	6～8	50
耐磨性能	橡胶密实度低,耐磨性差	橡胶密实度高,耐磨性强
使用期限	10～12个月	24个月以上
安装停工周期/h	48	8
摩擦系数	与胶带的附着力较低,增强了胶带的应力	摩擦系数高,减低了胶带的应力
橡胶硬度	较快的老化导致橡胶过硬,引起物料黏附	橡胶弹性佳,防黏附性好
现场条件要求	工厂	现场
客户售后服务	无	可入档案跟踪服务
技术年代	20世纪60年代苏联技术	21世纪欧美技术

(1) 热硫化包胶工艺是在滚筒组装前,将筒皮在车床车削约2～3 mm深的螺纹沟槽,涂刷两层黏接剂(铁性黏接剂、橡胶黏接剂),然后将生胶板压实在滚筒筒皮上,入硫化蒸汽炉加热180 ℃硫化,硫化完成出炉后上车床车削包胶花纹,最后才可以组装轴、紧定套、轴承座等。

(2) 冷硫化包胶工艺要求滚筒表面平整,将滚筒筒皮用角磨机除锈处理,涂刷胶板厂家生产的特殊黏接剂后,将轧制成型的胶板直接黏接在滚筒表面。

2 现场包胶实施工艺

2.1 分离滚筒与胶带,为包胶施工提供空间

为保证正常施工,必须将滚筒与胶带进行分离。先将带式输送机张紧装置停止使用,利用专用夹具将胶带固定,并与滚筒保持一定距离,便于人员进入施工。

2.2 去除残留包胶

滚筒使用后期,原有包胶破损、脱落,需要将剩余包胶去除。如图 1～图 3 所示。

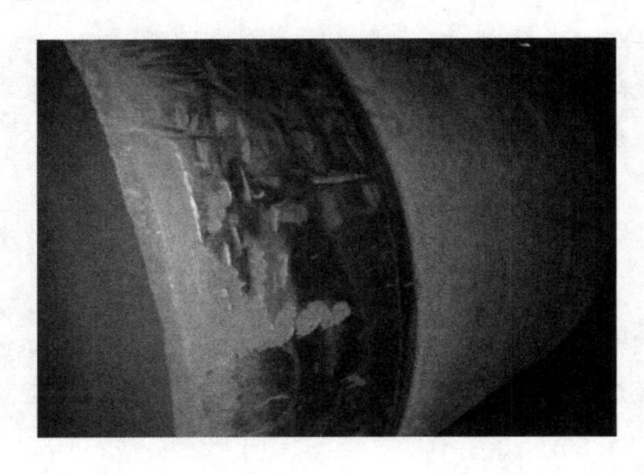

图 1 包胶去除前效果图

图 2 包胶去除中效果图

图 3 包胶去除后效果图

2.3 滚筒表面打磨、清洗

由于在金属表面有许多的污垢、灰尘、油脂、水、锈及其他有机或无机污染物,影响胶黏剂的湿润。因此为了提高黏接强度,用机械、物理、化学等方法清洁、粗糙、活化被黏物表面,改变表面性质,以利于胶黏剂的良好浸润,牢固黏接,而且能够提高接头的耐久性和使用寿命。经过表面处理,能使金属表面变成一种具有高表面能、高活性和高有效面积的被黏表面。

(1) 用机械打磨、喷砂处理的方法清除表面不利于胶接的有机或无机物,给表面提供适当的粗糙度,增加有效黏接面积,改善胶黏剂对被黏物表面的浸润性,改善黏附性能。

(2) 用钢丝刷、砂轮机或砂纸等刷去表面松散的氧化层,也可采用化学处理方法进行处理。若滚筒或面料黏接面是橡胶,可采用手提式砂轮机或钢丝刷打毛处理。若面料黏接面是织物时,应采用手提式电动钢丝轮机打毛。

(3) 打毛处理后的表面,均使用清洗剂(如丙酮、无水乙醇、三氯乙烯)清除表面污物。清洗后一定要有必要的晾干时间,否则由于溶剂残留在黏胶面上而影响黏接强度。

滚筒表面打磨、清洗后效果如图 4 所示。

图 4　滚筒表面打磨、清洗后效果图

2.4　涂底胶

(1) 用毛刷在处理好的表面上,均匀地迅速涂上一层金属底漆(PR200 金属处理剂),以防止再次污染;延长已处理好金属的存放期,而且还有利于胶黏剂对表面的湿润,改进其胶接强度和耐久性能;晾置 60 min 使之干燥充分,完全干透。

(2) 将预先准备的多功能冷黏接剂(SC2000 加 UT-R20)均匀涂在滚筒表面,涂胶时,应沿一个方向均匀地涂刷胶液一次(防止包裹空气而使胶层产生气泡或气孔),胶层要均匀,不要太厚,并使其完全干透至不黏附手指背面而有黏力感(约 40 min)。

涂底胶后的效果如图 5 所示。

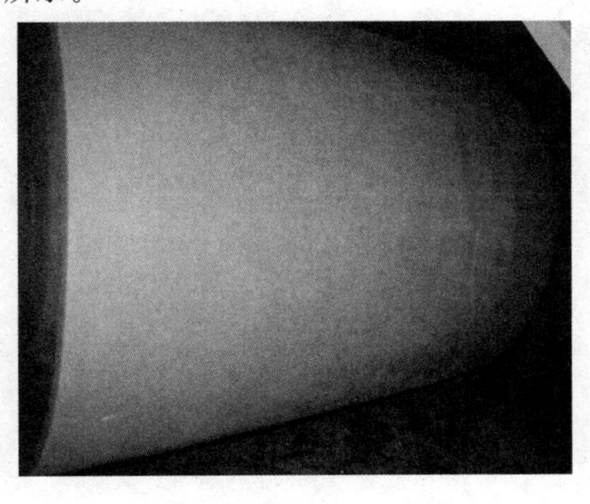

图 5　涂底胶后的效果图

2.5 粘贴陶瓷胶板

(1) 在滚筒上画好中线,保证粘贴包覆板时不偏移。

(2) 将包覆板用打磨机打磨一遍,再用刷子将浮尘刷净;将滚筒和打磨面同时刷上多功能冷黏接剂,等待半干(用手按压不沾手)。

(3) 根据滚筒大小将包覆板分几块进行粘贴,粘贴完毕后立即用橡胶锤迅速敲打一遍,然后立刻用电镐沿纹路再敲打一遍。

(4) 贴好包覆板后,使用裁纸刀将滚筒两边多余的包覆板割掉(成斜向内状),两块包覆板之间也割成倾斜状;将所有倾斜面用打磨机打磨。

粘贴陶瓷胶板过程如图 6 所示。

图 6 粘贴陶瓷胶板过程图

2.6 注胶密封

为获得最佳的黏接效果,耐磨橡胶衬板间的接口缝用橡胶修补剂进行封口处理。

(1) 在连接的倾斜面表面涂一层固化剂胶,待半干。

(2) 用胶枪将注胶混合物软化后,直接填充到连接处(注:胶事先放成条状),用压轮适当按压,之后可用打磨机对表面进行修饰。

(3) 在注胶和滚筒包胶表面上都再次刷遍固化剂胶。

注胶密封过程如图 7 所示。

图 7 注胶密封过程图

2.7 固化

此过程是获得良好黏接性能的关键过程,唯有完全固化,强度才会最大。为了获得良好的强度,固化过程在适当的条件下进行,固化条件包括温度、时间、压力。

(1) 在常温下一般 2 h 后即可清理现场,静置固化 24 h 后,载荷运行生产。

(2) 若条件允许,延长固化时间会使黏接效果更佳。

(3) 在低温或潮湿的环境中黏接胶带,除烘烤外,固化时间必须延长至足够长。

3 操作注意事项

(1) 带式输送机电源断开,挂“有人工作　严禁合电”工作牌。

(2) 胶带与滚筒分离空间满足施工要求。

(3) 胶带固定牢固,防止误操作造成人员被挤压。

(4) 产品含有有机溶剂,低毒、易燃;使用时工作场所要注意防火,应保持良好的通风环境,避免吸入溶剂中毒;切记不得有明火存在,烘烤时应保持 50 cm 以上的距离。

(5) 金属底漆对水敏感,应注意保存。

(6) 为了提高黏合性能,可以采用提高黏合温度、增加黏合压力的方法。在低温或潮湿的环境中,必须烘烤胶膜,并应延长静置固化的时间,时间越长,黏接强度越高。

(7) 胶液勿与水接触,被黏胶带一定要保持充分干燥,否则会影响固化程度及黏接强度,勿在温度小于 10 ℃或湿度大于 90%的环境下使用本黏合剂。

(8) 多功能冷黏接剂不能在空气中暴露时间过长,一般不应超过 2 h,否则影响黏接效果。

(9) 施工前要制定安全技术措施,现场有管理和技术人员盯岗。

4 使用效果

我公司对 4 个滚筒进行现场包胶,2 个导向滚筒采用普通橡胶板,2 个主驱动滚筒采用陶瓷橡胶板,使用 2 个多月,磨损小,防滑性能好。

煤矿机电运输安全管理中存在的问题与对策

张建刚,张鲲鹏,何　永,王彬波

(华彬煤业股份有限公司下沟矿,陕西 咸阳　713500)

摘　要　机电管理系统是煤矿管理系统中最复杂的系统之一,其完整性将直接决定煤矿的生产安全和经济效益。为了保证我国煤矿产业的顺利发展,相关学者和专家对煤矿机电管理中存在的问题进行了深入研究,并且取得了一定的成绩。但是,大量生产实践表明,目前我国煤矿机电管理中仍旧存在一定的问题,这不仅对煤炭企业员工的生命财产安全造成了威胁,也给企业带来了无法挽回的经济损失。基于此,本文将着重分析探讨煤矿机电运输安全管理问题及有效管理措施,以期能为以后的实际工作起到一定的借鉴作用。

关键词　煤矿;机电运输;安全管理;措施

1　煤矿机电运输安全管理的重要性及现状

在煤矿的正常生产过程中,若忽视煤矿的安全管理工作,很容易造成重大事故的发生。通过分析最近几年以来的煤矿事故很容易可以发现,管理不规范是目前煤矿事故发生的主要原因,煤矿的安全生产很多是由于管理上出现了漏洞,如果轻视管理问题,轻则造成机电设备损坏,重则造成人员伤亡,更严重的会引起瓦斯爆炸等灾难性危害,煤矿机电设备的安全管理问题不容小觑。作为煤矿的安全管理人员,有必要通过相应管理规范或标准的制定来控制危险源,有效消除事故的发生。对于煤矿的安全生产,贯彻和落实我国安全管理机制,落实安全生产责任制,明确管理层的责任,严格执行煤矿企业及管理部分制定的相关规定,显得至关重要。

众所周知,煤矿开采涉及的面比较广,工作地点却很分散,这两个特点加上近些年矿井开采年限以及开采深度的增加,使得煤矿开采在实际操作中需要借助一些机电设备来提高采矿效率。在对这些种类繁多的机电设备进行运输管理的时候,非常容易由于煤矿工作人员众多、资金缺乏、没有及时检查维修等因素导致煤矿发生安全事故。此外,煤矿机电设备的工作人员由于不具备足够的专业知识与操作技能,对安全技能也知之甚少,这些因素也导致了安全事故发生概率的增加,煤矿机电运输管理水平难以提升。

2　煤矿机电运输安全管理存在的问题

2.1　重生产轻安全的意识严重

效益是企业生产的主要目的,煤矿企业将生产任务放在了工作首位,将追求利益作为企业运行的核心,忽视了机电设备安全问题,这就很容易造成设备超负荷运行、超期服役、维护不及时等诸多问题,从而给煤矿企业的安全生产带来了很大隐患。

2.2 煤矿机电维修技术需进一步提升

大型及特大型煤矿机电设备都配有微机监测系统,故障诊断和状态检测技术的引入,使机电维修由被动转为主动,确保了设备运行的安全性。但该技术应用范围十分有限,多数企业仍采取被动维修的模式,无法彻底消除设备运行期间的安全隐患。主动维修技术仍需要进一步的推广,以提高煤矿机电运行的安全性和稳定性。

2.3 从业人员业务素质不全面

目前,在一些煤矿企业中,存在极度缺乏专业化管理人员与技术操作人员的现象,进而导致企业存在专业知识结构的不合理与整体素质不全面等现象,最终影响到煤矿的安全生产。同时,煤矿企业中的一些技术人员的待遇低,但责任大,工作强度也较强,这种情况的普遍存在使得越来越多的技术人员选择其他行业,导致煤矿企业技术力量逐渐削弱,最终造成断层。特别是在基层煤矿企业中,招聘的临时人员流动性较大,且其素质也不全面,文化素质相对较低,几乎无法实施规范化的管理。

2.4 安全管理长效机制不健全

近几年来,我国不断加强对煤矿的安全管理力度,并相继出台了相应的规章制度,但在具体的运用过程中,依旧未形成良性与长效的发展机制,且在具体表现中也缺乏政策的连续性,从而导致以"关"带"管"现象频繁发生。有些企业重视生产管理,忽视安全管理,通过强化劳动、提高机械设备投入等方式,没有发挥出制度管理的连续性作用;同时,管理方面缺少一定的针对性。在具体的管理中,没有形成针对性的监督管理,因此,造成在管理中出现事故发生、整顿管理、复产等恶性循环模式,为企业的综合发展埋下了相应的安全隐患。在一些政策的制定上,也没有结合具体的需要,在制度制定上没有结合煤矿的实际需要,制定的措施不能满足煤矿的实际需要,造成整体管理效率严重低下。

3 煤矿机电运输安全管理措施

3.1 规范提升运输设施

斜井提升机应符合《煤矿安全规程》的规定,装设合格的保险装置(如防止过卷装置、防止过速装置、过负荷和欠电压保护装置、限速装置、深度指示器失效保护装置等)与信号装置,各项保护装置的性能指标应达到要求。斜井提升机启动之前,各项保护装置应确保正常运行,严禁甩掉保护运行。提升机的电控装置必须灵敏、可靠,确保控制系统的制动能力。矿井提升系统应按要求定期对其进行性能测试,每年测试一次人员升降系统性能,其他提升系统的测试周期亦要确保在3年以内。

3.2 提升平巷运输设备运行稳定性与先进性

平巷运输是整个矿井运输的重要环节,其运行稳定性对矿井的运输效率有着直接的影响。煤矿应做好运输设备的维护管理工作,确保平巷运输设备运行的稳定性与先进性。平巷运输设备主要有电机车、矿车、材料车以及各种连接装置等,国内在此方面的运输设备已经取得良好的发展,煤矿需有计划地对矿井原有运输设备进行更新改造,以应对矿井日益增加的运输任务。例如,传统的矿井机车刹车装置为机械毂式或液态碟式,随着智能化技术的不断发展,将智能司控器引入到机车刹车装置之中,将更有利于矿井机车的控制。与此同时,为确保平巷运输的稳定性,矿井日常生产中应检查与维修所有平巷运输设施,包括与运输直接相关联的设备(如机车、各类矿车以及碰头、插销、三环链等各类小部件)与辅助平巷运输的设施(如警铃、撒砂装置等),保证矿井所有的运输设备都处于良好的工作状态。

3.3 标准化井底车场运输管理

井底车场是矿井运输事故的多发场所,应达到相关规定的标准,并且随着矿井生产能力的变化,井底车场应作出相应调整。同时,为确保井底车场运输的安全,煤矿应对井底车场运输结构进行不断调整与改造。如井底车场机车牵引所用的钢丝绳长度,当机车停止时,矿车在惯性的作用下会继续向前行驶,此时的钢丝绳仍然处在受力状态;在相同机车牵引力作用下,钢丝绳长度不同,矿车所受到的侧向牵引力也会存在较大差异;受力分析得到牵引用钢丝绳长度越长,侧向拉力也会越小,机车与矿车之间较大的错距能够提升操作员工作的安全性,降低矿车掉道事故发生的可能性。因此,井底车场选用钢丝绳牵引方式时,应确保钢丝绳的长度(达到 5 m)。以此例来说明矿井井底车场结构优化的重要性,同时随着矿井生产能力的变化,实时调整车场运输系统,将更加有助于矿井井底车场的安全运输。除对井底车场系统进行优化改造外,还需要加强对井底车场的标准化管理,以确保整个井下运输环节的流畅性。

3.4 加强煤矿机电运输管理工作

3.4.1 树立机电安全管理理念

煤矿企业机电安全管理水平之所以较低,很大程度上是因为企业领导层没能够树立起正确的机电安全管理理念,因此要想最大程度对机电安全管理水平进行提升,就必须加强相关企业对于机电安全管理的重视,把机电安全管理作为日常工作的最主要部分,只有把机电安全管理放到和生产同等的地位,才能够保证机电安全管理工作被顺利推进,因此相关企业必须加强对其的重视。机电安全管理人员综合素质不能够满足相关标准是导致煤矿企业安全管理水平得不到提升的重要原因,因此相关煤矿企业必须加强对其的重视,定期对现有机电安全管理人员进行培训,提高其专业素养水平,为机电安全管理工作的进行创造条件。此外,企业也应该加大对于专业人才的引进力度,尽可能提升机电管理队伍的专业性,为企业长远发展奠定基础。

3.4.2 健全煤矿的安全管理体制

为了更好地保证安全生产,煤矿必须要建立健全安全管理体制。安全管理体制建立之后,还需要经过实践的检验,一旦发现相关安全管理体制存在欠缺,必须要及时予以调整和完善。尤其是一些小煤矿,相关管理部门必须要帮助其建立完善的安全管理体制。除此之外,煤矿安全管理体制建立之后,相关部门还应该定期或不定期对其进行检查,检查煤矿是否有严格遵循安全管理制度。这样的做法可以帮助煤矿进一步完善安全管理体制,进而用体制促进安全,实现煤矿的安全生产管理。

3.4.3 协调安全管理体制与机制

(1) 将煤矿管理权赋予特定部门,打破多个部门对同一煤矿进行管理的格局。除此之外,还应赋予该管理部门足够的权力,便于该部门对煤矿安全进行更加有效的管理。

(2) 建立监察部门,对煤矿安全管理进行定期抽查和长期监督,一旦发现煤矿安全管理存在问题,必须要对煤矿及相关管理部门进行追责。这样的做法对于促进煤矿安全管理质量的提高是非常重要的,它有利于煤矿安全生产管理体制与机制的进一步协调。

3.4.4 落实安全工作的管理

实践证明，只有有效落实安全管理工作，才能更好地落实其监督管理工作，并有效规避事故发生的可能性。安全工作的落实，在于对监督管理机制的有效创建，通过强化监督管理机制，从而充分发挥现场的监管效益。对于建立的完善领导责任机制，从工人的岗位责任制度出发，在资金的安全应用上，结合实际的经济杠杆调整，将安全监督管理进行落实，并兑现其奖惩制度。

3.4.5 加强运输设备的检修

要保证设备安全运行，设备检修自然是必不可少的。在矿井这样比较潮湿的环境中，许多设备在短期内面临着老化的问题，因此及时发现设备中需要维修的部分，对于防止机电运输安全事故的发生有着非常重要的意义。因此，相关负责人员一定要对这方面引起重视，要委派专门的技术人员组成检查维修小组，定期对一些重要的设备进行检查和维修，以保证设备正常运行。除了对于一些重大设备的维修之外，供电设施的检查也是非常必要的，在矿井这个天然气浓度较高的环境当中，一旦引起漏电事故，就很有可能造成爆炸事故。

3.4.6 引入先进技术

随着科学技术的发展，煤矿企业机电管理逐渐实现了信息化、智能化。在这样的环境背景下，煤矿企业应该紧跟时代潮流，积极引入先进技术设备和手段，用高科技武装自己，以提升机电管理效率和质量。在此过程中，煤矿企业应该充分利用信息化技术，建立内部机电管理网络体系，全面搜集和整理机电设备的有关材料，准确掌控机电设备的实时运行状态，把机电设备的运行信息、维修情况、技术数据等录入到计算机管理系统中，为机电设备的综合管理提供科学依据。条件允许的情况下，煤矿企业还应该加大机电管理中的技术投入，积极引入动态监测和故障诊断技术及相关设备，预判机电设备的运行寿命和故障隐患，组织相关技术人员制定有效的解决方案，尽可能延长设备工作寿命的同时，维护机电设备的运行安全，保证煤矿生产的顺利进行，增长本企业的投入收益比，最终实现企业的稳步发展。

总而言之，当前，煤炭资源在我国各生产领域所扮演的角色越来越重要，而机电管理作为煤炭管理的核心环节，其中存在的问题及其改进对策成为全社会共同关注的热点话题。安全管理不仅是煤矿企业生产的基础，更是企业发展的重要保障，而煤矿机电设备由于工作条件恶劣，更是对设备运行性能的安全性产生了很大威胁，因此积极研究煤矿机电设备管理中存在的问题及对策，具有十分重要的实际意义。这就要求我们在以后的实际工作中必须对其进行进一步研究。

参考文献

[1] 刘开彬.煤矿机电运输安全管理中存在的问题与对策[J].中国高新技术企业，2016(2)：153-154.

[2] 梁楠楠.加强煤矿机电运输安全管理的对策建议分析[J].企业导报，2013(9)：273.

[3] 孙艳杰，张蕾.浅谈煤矿机电管理存在的问题及对策[J].山东煤炭科技，2013(3)：164-165.

[4] 张君.煤矿机电运输中存在的问题及对策研究[J].科技与企业，2014(21)：14.

[5] 马涛.煤矿机电运输安全管理的思路及对策探析[J].山东工业技术，2014(20)：70.

[6] 李金柱.煤矿井下机电运输管理存在的问题及对策分析[J].企业技术开发，2015，34(18)：167，169.

[7] 刘丹彤.煤矿机电运输安全管理工作存在的问题及解决措施[J].企业改革与管理，2014(15)：122.

煤矿井下列车制动距离试验的重要性

陈玉标，李书文，郭俊才，刘　超，文　斌，王新建

（河南大有能源股份有限公司新安煤矿，河南 新安　471842）

摘　要　煤矿电机车是用于在井上或井下水平巷道中输送人员、原煤、物料的设备，《煤矿安全规程》规定：列车的制动距离每年测定1次，运送物料时不得超过40 m；运送人员时制动距离不得超过20 m。列车的制动距离在实际安全生产过程中，必须通过现场试验才能准确测出电机车的制动装置是否达到安全标准。本文详细介绍了列车制动距离试验目的、列车制动距离试验的条件、列车制动试验的准备工作、机车在规定制动距离内停车应采取的措施、列车制动试验的方法、列车制动试验的测试理论数据分析、造成列车制动距离达不到要求的因素。通过对电机车在实际安全生产中暴露出来的问题，简述列车制动距离试验的重要性，详细说明全部试验过程。通过对试验测定数据的理论分析，剖析了产生问题的根本原因，并进行了有效解决。

关键词　列车；制动距离；试验目的；试验过程；重要性

0　前言

煤矿电机车是用于在井上或井下水平巷道中输送人员、原煤、物料的设备。列车行驶速度：运人时，不得超过4 m/s；运送爆破材料或大型材料时，不得超过2 m/s。《煤矿安全规程》规定：列车的制动距离每年测定1次，运送物料时不得超过40 m；运送人员时不得超过20 m。列车的制动距离是指在列车运行过程中，当机车司机发现前方线路上有障碍物或机车发生故障及其他必须紧急制动停车的情况时，从司机开始反应刹车到列车完全停止时，列车通过的全部路程。但是在实际安全生产过程中，必须通过现场试验才能准确测出电机车的制动装置是否达到安全标准。

1　列车制动距离试验目的

制动距离的规定是根据目前电机车照明灯有效照射距离而确定的，也就是说，司机在司机室瞭望行驶的前方40 m处有异常情况时（障碍物），可以发现，立即采取刹车措施（气、电、机械闸、撒砂同时使用）可以使列车在40 m之内停住而不会撞到障碍物。对于载人的列车，为了更可靠地不在运行中发生正面冲突和追尾事故，把安全系数提高一些，规定制动距离为20 m。试验是通过电机车头牵引，因此在试验时必须保证电机车头的运行状态、操作方法以及负载，才能保证试验载荷的正常运输。同时测量出包括电机车、煤车、平巷人车参加的情况下的全速、满载、下坡时的实际运行速度和与之对应的最短制动距离。通过对各种数据的理论分析，在机车运行过程中，利用控制电机车头来控制煤车或平巷人车，达到《煤矿安全规程》要求的机车制动距离和速度，保证列车

的正常运输安全。

2 列车制动距离试验的条件

列车制动试验，应以实际运行的最大载荷、最大速度在最大坡度的线路上进行；列车的制动试验只要在上述三种特定的条件下进行，并且列车的制动距离符合《煤矿安全规程》的规定，这样才能保证列车在其他地段，小于最大速度和最大载荷的情况下，在《煤矿安全规程》规定的制动距离内实现可靠制动，有效地防止撞人、追尾事故的发生；列车制动距离的测定应以司机开始操作施闸手轮或电闸手把和脚踩脚踏开关时的位置为测量起点，以列车施闸后完全停止时的位置为终点，这两点间的线路长短则为列车的制动距离。制动距离中包含空动距离。

3 列车制动试验的准备工作

由于夏秋季节空气温度较高，井下大巷潮湿、雾气大，电机车车轮与轨道之间的黏着系数减小，制动效果较差，制动距离增大，所以选择在夏秋季节进行制动试验效果较好。列车制动试验主要是测试电机车的制动性能，因此，电机车必须是专门用于牵引煤车或平巷人车所使用，同时煤车或平巷人车必须由相同型号的车辆编列而成，禁止接挂其他类型车辆。试验要求必须严格按章操作机车，所以电机车司机必须驾驶技术丰富而熟练、视力良好、应变能力好、责任心较强。试验前，必须对试验的车辆进行大检修，保证车辆完好，达到试验要求。司机开车前必须认真检查驾驶室、手闸、气闸、撒砂装置和砂、照明灯、喇叭、连接装置及缓冲器、制动系统和闸瓦、集电器、轮轴等零部件是否完好。假如存在隐患，必须待维修好后方可试验。在试验区域两端外各 100 m 派专人警戒看守，非参加试验人员及车辆，严禁进入试验区段；必须成立试验领导小组，实施试验方案，认真编制试验安全技术措施。煤车装满煤待试，平巷人车试验选用 75 kg 的砂袋，用来代替乘车人员，数量根据平巷人车型号规定。

试验区段选择运输巷道坡度最大直线段，试验区段达到试验的长度要求，保证测试人员安全躲避。试验区段布置如图 1 所示。

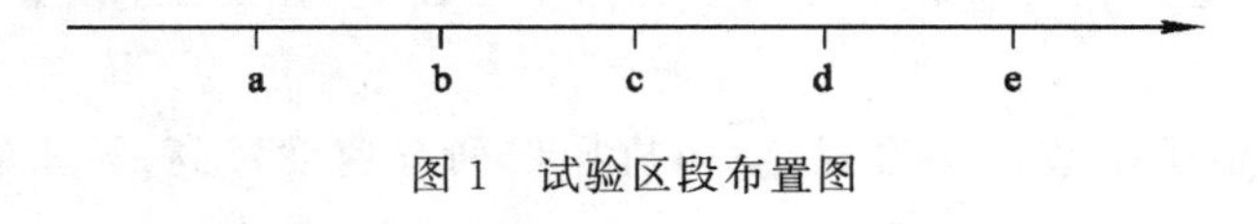

图 1　试验区段布置图

假设列车总长度为 L，试验区段为 ae；ab 为机车启动段，长为 $2L$；bd 为机车加速段，长为 $2L$；cd 为测速计时段，长为 $0.5L$；de 为刹车段，即制动停车段，长为 $1.5L$。其中 c 点为计时开始点，d 点为制动开始点，同时也是计时结束点。在 a、b、c、d、e 每点站一人负责试验时的警戒工作，严禁与试验无关人员进入试验区域。

4 机车在规定制动距离内停车应采取的措施

按规定数牵引车辆，不超载行驶。电机车拉车数是经过计算才确定的，它是依据机车行驶过程中的具体情况而作为初始数据，故具有严格的科学性；不超速行驶，不开飞车。列车行驶速度根据所选电机车的型号的不同有很大差别，它关系到安全运行和运输效率，不能为了完成任务而多拉快跑，必须在列车规定速度范围内安全行驶；保证电机车各项安全设施的完好，特别是制动装置要符合完好标准的规定；操作中严格按操作规程操作。

5　列车制动试验的方法

首先在电机车侧门用红色油漆做一个起始标记，然后让电机车司机严格按照操作规程正常启动、运行电机车，运行至 c 点位置时速度达到最快，接着让机车匀速运行至 d 点。测试人员在电机车起始标记经过 c 点时开始计时。达到 d 点时立刻命令司机按照试验要求制动并使机车尽快停稳，计时结束。

6　列车制动试验的测试理论数据分析

用工具测量出从 d 点到电机车停稳后红色标记之间的距离，记为 L_1，L_1 即为制动距离，而制动距离合格的尺寸为：$L_1<20$ m（人车）；$L_1<40$ m（物料车）。

假设测得 cd 段机车运行时间为 t，cd 段的距离 L_2，电机车实际的行驶速度为 v，从而可得 $v=L_2/t$，机车速度达到的要求为：$v<4$ m/s（人车）；$v<2$ m/s（物料车）。

根据试验数据分析，列车制动试验合格的标准为：运送物料时，列车的制动距离不得超过 40 m；运送人员时，不得超过 20 m。运人时机车速度不得超过 4 m/s；运送爆破材料或大型材料时，不得超过 2 m/s。在实际试验可能会出现制动距离过长，或机车速度过大的情况，或者二者兼有。只有缩短制动距离和降低车速，才可保证试验达到标准。降低制动距离的方法有 2 种：① 降低运行速度；② 保证电机车各种刹车装置完好。实际安全生产中常用的降低车速的 3 种方法：① 推广可控硅脉冲调速装置，实现无级调速；② 恰当地利用电气制动、手闸制动和空气制动；③ 正确地利用机车惯性行车减速的方法。通过以上的方法，经过多次制动试验，都能达到最终符合标准的结果。

7　造成列车制动距离达不到要求的因素

造成列车制动距离达不到要求的主要因素有三个方面：操作因素、环境因素和制动机构故障因素。

操作因素包括：牵引矿车数量超过规定；司机操作列车速度过高；司机制动不及时或操作不当等。

环境因素包括：轨面上有泥、水或冰；轨道坡度过大（下坡）等。

制动机构故障因素包括：制动机构某些部位卡劲，造成操作不灵活或闸瓦与车轮接触面积小于规定值；闸瓦磨损后未及时调整，造成松闸状态闸瓦与车轮踏面间隙超过 5 mm；制动机构中的螺杆、螺母、销轴及吊杆、闸瓦孔磨损过限，使轴与孔之间配合间隙过大，造成制动手轮旋转圈数超过规定值（井下机车为两圈，地面机车为三圈）；闸瓦吊杆歪斜，造成闸瓦与车轮踏面扣不严；更换的新闸瓦与旧车轮踏面配合不好或车轮磨损拉沟严重等，造成闸瓦与车轮接触面积小于 60%；有空气制动系统的机车，压力不足或某部件失效等。

8　结论

列车制动距离也是对机车司机技术操作水平、机车制动系统完好状况、轨道质量状况以及列车行驶速度和组列合理性的全面检验。同一台机车在相同速度的情况下由不同操作水平的司机操作，会出现不同的制动距离。随着煤矿大巷运输安全管理的质量标准化，电机车作为煤矿的主要运输设备，其安全性能尤为重要。制动试验能使电机车运输更安全，因此每年必须进行一次制动距离试验，保证煤矿大巷运输的安全。

浅谈煤矿辅助运输设施的管理与维护措施

郑建国

（陕西华彬煤业股份有限公司，陕西 咸阳 713500）

摘　要　随着煤矿辅助运输设施机械化、智能化程度的日益增强，辅助运输设施的种类繁多，其应用更加广泛，辅助运输设施的管理与维护在煤矿生产中起着非常重要的作用。本文作者就加强煤矿辅助运输设施管理与维护措施进行简要阐述，并强调了这些措施对煤矿安全生产和经济运行的重要意义。

关键词　煤矿；辅助运输设施；管理；维护；措施

近年来我国煤炭产业快速发展，矿山企业的生产能力不断提高。煤矿辅助运输设施运行性能在煤炭企业确保安全生产和经济效益的提高中发挥着越来越重要的作用。因此，对煤矿辅助运输设施的管理与维护要求进一步提高。煤矿的辅助运输设施管理，要依靠科学技术进步、促进生产发展和预防为主，扎实地搞好管理工作。从基础工作做起，坚持设计、制造与使用相结合，提高生产技术装备水平和经济效益，保证安全生产和设备正常运行。

1　煤矿辅助运输设施管理的现存问题

1.1　管理理念传统落后

有些煤矿企业的负责人对于矿山辅助运输设施的管理还不够重视，只注重产量，没有建立健全的机电专业管理组织，职能管理意识淡薄，管理理念落后，仅把辅助运输设施管理当作一个辅助生产工作，管理制度不够完善，具体措施没有落实到位。日常工作中，设备的维护和保养仅靠当班电工负责，在实际操作过程中，而电工的主要精力全部放在应付生产中，基本上是什么时候坏就什么时候修，根本谈不上机电设备的管理。正是因为企业对设备检修的重要性认识不够，重视不足，才使机电设备定期维护与检修工作不能落实。设备坏了才修，致使无法保证机器的正常和及时使用，影响到生产任务的完成，也使设备的运行周期大大降低。许多煤矿由于管理不到位造成的事故中，40％是因为落后的管理理念造成的。

1.2　设备管理工作基础薄弱

目前很多煤矿辅助运输设施更新改造不及时，存在设备陈旧老化和超负荷、带病运转现象，安全管理水平低，与当前国家相关的煤矿安全规定要求相距甚远。由于煤矿企业的工作环境特殊，高温、高湿，空气粉尘多，井下设备不采取防锈、防尘、防潮等手段，则会加速设备的腐蚀及损坏；再加上工作人员的不重视，经常会导致此类事情发生。例如运输、提升系统系统缓冲装置损坏，电控系统和制动系统的保护不全,井筒装备定期防腐不到位发生锈蚀现象,还有一些绞车、高压开关老化等。在这些设备中,存在的隐患较多,再加之对设备的检修不及时、检测技术落后、发现设备隐患的技术能力不足,都会导致设备存在较多的故障。

1.3 操作人员的技术达不到要求

在通常情况下,许多人认为煤矿的工作环境恶劣,安全保障不高。因此,有一定技术、有知识的人员不愿进入煤矿企业工作。目前,在煤矿工作的多是文化程度不高的农民工,他们的业务素质不高,操作过程中不能满足安全操作规程的要求。对于特种设备,操作人员的掌握技术不够熟练,加上岗位变化频繁,也给安全生产埋下了隐患。

1.4 安全管理投入力度不够

目前,一些煤矿企业的生产设备老化,没有及时淘汰,新的机电设备没有及时更新,大量的超过服务年限的机电设备继续在使用,很多设备的工作性能已经达不到《煤矿安全规程》规定的要求,导致煤矿机电事故频繁发生。尤其在对煤矿进行技改扩大时,长期运行的设备不能满足生产需求,为安全生产埋下了隐患。

2 提高管理与维护水平的措施

2.1 加强辅助运输设施管理的规范化、标准化

2.1.1 严格把好设备选型关

设备的选型,要结合煤矿的实际使用情况。设备从验收、建档、存档、安装、使用、技术档案的保存、维护保养、拆除等全过程管理要层层落实,责任到人。

2.1.2 把好安装质量关

对新设备、主要设备的验收与安装使用,设备管理人员编制质量验收标准、操作规程和安装质量标准,根据编制的质量标准来实施。对于验收不合格的设备应予以退回,不准安装。当安装工作完成后,应当由设备管理部门组织相关科室及安装、使用人员等共同参加验收,在试运转正常后办理移交手续,交付使用。

2.2 坚持完善规章制度,强化管理意识

随着采掘技术的发展,机械化程度的提高,现有的经验和制度逐步暴露出它的缺点和不足,要解决过去一些设备管理中的漏洞,改进并完善设备的管理制度。在日常的管理工作中,规章制度执行不力是突出的问题,尤其是操作、维修、质量验收、现场管理等制度的执行方面。机电管理的主要对象是设备,落实规章制度也必须以管好、用好、修好设备为主要工作内容。针对这一现象重点强调“三化”(制度化、正常化、规范化)对设备管理的重要性,使《机电管理人员责任制》、《设备使用操作规程》、《设备维护保养、检查、维修、质量验收制度》、《机电事故管理制度》、《设备现场管理制度》、《技术管理制度》等进一步得到落实。

督促贯彻规章制度的执行,实现对设备的规范化、正常化、制度化管理。

2.3 加强设备维护保养、检修质量管理

设备管理工作中的重要环节是设备的正确使用和精心维护。正确地使用设备可以保持设备处于良好的技术状态,防止发生非正常磨损和突发性故障,延长使用寿命,提高使用率。通过对设备的精心维护保养可改善设备的技术状态,延缓设备的劣化进程,从而保障设备的安全运行,提高

企业的经济效益。在设备检修方面，煤矿企业要依据相关规定，制订年、月、日检修计划，通过合理检修，减少因设备故障引起生产中断的事情发生，提高设备运转率，保证生产。此外，还要依靠计算机实施辅助维修管理工作，建立计算机机电设备管理系统，收集设备运行数据与事故记录，同时对维修情况作出分析判断，实现数据及时传递，并向网络化及可视化维修管理方向发展。

2.4 加强教育，提高技术队伍的整体素质

人是做好一切工作的决定因素，高素质人才则是企业生存、发展的原动力。要管理好、使用好、维修好机电设备，必须要有一支技术过硬的专业化技术人才队伍，这样才能充分发挥好先进设备的优势。业务技术培训是企业管理的一项重要的基础工作；要强制培训，严格考核；受培训的人员既要学习基础知识，又要学习当前管理、使用和修理设备需要的专业技术知识。培训方式、方法也不拘于一种形式，不论采取哪种方式、方法都必须做到学用一致，教材的深度要与培训对象的文化业务素质相适应，只有这样才能取得好的效果。同时建立激励机制，如能过评定技术职称（包括工人评定技师）、提高技术工人的经济待遇等来促进员工业务素质的提高。

2.5 加大安全设备的投入力度

煤矿安全生产的保障是加强安全设施投入，改善安全生产条件。对老化的设备进行更新改造，对保护设施不全的设备按要求按时限配齐保护设施，对于不符合要求的坚决予以更换。选用先进和节能型的现代化机电设备，淘汰落后的设备。采用现代化的先进工艺流程，科学布置工作面，使采掘接替趋于合理。控制事故发生的数量，提升、运输、供电、通风、排水系统设备事故率控制在5%以内，为煤矿生产提供安全保障。

3 结语

总之，要做好辅助运输设施管理与维护工作，一定要从保障安全、服务生产及技术创新的角度入手，结合煤矿的具体实际情况，通过定期的检修工作，加强辅助运输设施管理力度，提高设备管理水平，创新设备管理方法，提高设备完好率，确保设备正常运转，落实管理与维护措施，杜绝安全事故的发生。

参考文献

[1] 吉庆菊.浅谈煤矿机电的设备管理[J].管理与财富，2008(9)：12-14.
[2] 申新庄.地方煤矿机电管理存在问题及对策[J].中州煤炭，2008(3)：25-27.
[3] 王朝连.煤矿机电事故研究对策[J].科技创新导报，2008(21)：18-20.

煤矿井下无轨胶轮车运输事故类型分析与防范措施研究

刘灿伟，景继东

（新汶矿业集团（伊犁）能源开发有限责任公司，新疆 伊宁　835000）

摘　要　本文重点对矿井无轨胶轮车运输易发生的安全事故进行分类，重点从运输管理、设备和安全设施等方面对事故致因进行分析，有针对性地提出防止事故发生的防范措施，为采用无轨胶轮车运输的矿井提供安全技术管理经验。

关键词　无轨胶轮车运输；事故类型；防范措施

0　前言

近年来，我国井工矿井的建设理念发生了质的飞跃，无轨胶轮车运输方式在现代化井工矿井辅助运输中得到大力推广应用，新汶矿业集团公司（伊犁）能源开发有限责任公司四号矿井是在伊犁矿区首个使用无轨胶轮车作为主要辅助运输方式的矿井，矿井设计年生产能力 600 万 t，是新疆 20 亿 m^3 煤制天然气项目的配套矿井。矿井采用三斜一立（主、副斜井，缓坡斜井，立风井）混合式开拓方式。矿井现有斜巷 4 000 多米，坡度在 6°～8°之间，无轨胶轮车由地面经过缓坡斜井入井运输至各工作地点。目前该矿井共有各种类型的无轨胶轮车 20 余辆，担负着全矿井的材料运输和人员运送任务。由于无轨胶轮车运输在伊犁地区大型矿井中首次推广应用，管理和运行经验以及防范事故措施非常有限，因此，开展无轨胶轮车运输事故类型分析和防范措施研究，对防止各类事故的发生和矿井实现安全生产具有重要意义，同时也为同类矿井建设提供宝贵经验。

1　无轨胶轮车运输的特点

（1）运输效率高。一是取消了中间转载环节，可以实现从地面到达采区工作面的直达运输；二是车辆运行速度快，物料运输运行速度一般在 20～25 km/h，人员运送速度可以达到 15～20 km/h，矿井实现了“半小时”运人圈。

（2）占用人员少，降低劳动强度。由于取消了中间转载环节，岗位大大减少，大量节省了辅助运输人员，装卸车可实现机械化作业，也降低了工作人员的劳动强度。

（3）载重量大，爬坡能力强。矿井用支护材料和小型设备一般使用轻型材料车运输（常用车型有 5 t、8 t、12 t），可以实现集中供料，减少车辆运行次数。重型车可整体运输液压支架等大型设备，运输能力可达 50 t。人员运输车一次可乘人 24 人。车辆在最大载重下可爬坡 14°。

（4）车型多，应用范围广，可实现一机多用，并可集铲装、运输和卸载功能于一体。

（5）运输成本低，吨煤成本大大低于传统的辅助运输形式。

2 无轨胶轮车运输易发生事故类型和原因分析

虽然无轨胶轮车运输具有传统的辅助型式无法比拟的优越性,但在使用过程中也易发生运输事故,影响矿井安全生产,具体分析如下:

2.1 跑车事故

跑车事故主要发生在长距离斜巷中,虽然属小概率事件,但事故危害程度最为严重,轻则造成车辆损坏,重则造成人员伤亡,会给矿井造成重大损失,严重影响矿井安全生产。如:2011 年 6 月 17 日,内蒙古北联电能源开发有限责任公司吴四圪堵煤矿发生一起无轨胶轮车跑车事故,造成 6 人死亡、8 人受伤。2013 年 6 月 5 日,山西离柳焦煤集团有限公司鑫瑞煤业技改矿人行斜井中发生一起无轨胶轮车跑车事故,造成 6 人死亡、2 人受伤。事故不仅夺去了员工的生命,而且给矿井造成重大经济损失,教训惨痛。造成跑车事故的主要原因有以下几方面:

(1) 使用不合格车辆。一是使用未取得矿用产品安全标志的车辆,如非防爆车辆、农用车等;二是车辆制动系统不完好,继续投入运行,则容易发生车辆刹车系统失灵故障,进而造成跑车事故。

(2) 违章驾驶。一是车辆驾驶人员对车辆性能、运行路线和路况不熟悉,未经培训,无证操作;二是车辆在下坡时空挡运行;三是长距离下坡运行时,在高速挡长时间施闸运行,造成刹车片碳化,制动失灵;四是在斜巷内停车时未按规定实施驻车制动和将车辆可靠掩住。

(3) 车辆超载运行。超载车辆下坡运行时,易造成车辆失控,发生跑车事故。主要原因:一是运输制度管理不健全,未制定车辆装载相关规定;二是管理制度不落实,作业人员违章作业,致使车辆超载运行;三是监督监察不到位,对车辆装载规定未进行认真监督。

(4) 斜巷内无跑车防护装置。无轨胶轮车运输在我国推广使用的时间较短,安全设施的研发应用相对滞后,现有使用无轨胶轮车运输矿井主要参照公路运输安全防护技术,在井下建设失控车辆紧急避险硐室,但是投资较大,个别矿井为节省投资和提高建井速度并未建设,这就给车辆运行安全埋下隐患。

2.2 碰头追尾事故

煤矿井下空间狭小,运输任务繁重,特别是在工作面撤除和安装期间,投入运行车辆多,车辆容易发生碰头追尾事故。此类事故发生的主要原因:一是井下无轨胶轮车运输线路未安装使用“信、集、闭”系统,造成车辆无序运行;二是管理制度不健全,未制定相应的安全规定;三是运输调度员违章指挥,造成运输秩序混乱;四是即使管理制度健全、矿井安装了“信、集、闭”系统,但车辆驾驶人员违章操作,也容易造成碰头追尾事故;五是安全监督监察不到位,车辆驾驶人员存在习惯性违章行为。

2.3 车辆撞人事故

此类事故主要发生在人、车混行的巷道内。事故发生的主要原因:一是管理制度不健全,未针对人、车混行巷道制定相关安全规定;二是在无轨胶轮车运行巷道内施工时未制定安全措施或施工人员不落实安全措施相关规定;三是管理人员违章指挥或车辆驾驶人员违章作业。

2.4 车辆着火事故

无轨胶轮车在井下一旦发生着火事故将会造成严重后果,发生此类事故的主要原因:一是对车辆的防灭火管理不到位，未建立车辆防灭火制度，车辆没有按规定配备防灭火材料或设施；二是对车辆的日常检查和维护不到位，如油管漏油或渗油，电气线路老化或短路等，极易造成车辆着火；三是车辆长时间运行，造成发动机表面温度过高，达到油品燃点，造成着火事故。

3 无轨胶轮车运输事故防范措施

3.1 确保车辆合格

(1) 加强车辆购置管理。矿井应健全完善《设备采购管理办法》、《设备采购验收管理办法》、《设备到货验收制度》、《矿用机电产品技术规范》和《矿井运输安全技术规范》等有关管理制度，对所需车辆进行公开招标，执行设备到矿验收程序，所购置车辆的结构设计、基本参数、技术要求及性能要求等应符合 MT/T 989—2006 的有关规定，并应取得矿用产品安全标志，车辆所用防爆柴油机应符合 MT 990—2006 的有关规定，并应取得矿用产品安全标志。车辆应设置工作制动、紧急制动和停车制动，工作制动应采用湿式制动器。严禁非防爆无轨胶轮车下井运行。

(2) 确保车辆符合完好标准。矿井应建立健全《车辆维修保养制度》、《车辆检查试验制度》、《设备点检制度》和《日历化检修制度》，配备车辆检查维修人员，落实包机制，做好对车辆的维护保养和维修工作，确保车辆符合完好标准。对运行车辆要定期进行制动距离试验，建立试验记录。杜绝车辆带病运行。

3.2 强化司机培训工作

一是完善矿井安全培训管理制度，无轨胶轮车司机必须具备与所驾驶车辆相适应的“中华人民共和国机动车驾驶证”和“煤矿特殊工种上岗证”，严禁无证上岗；二是加强对司机的业务培训，无轨胶轮车司机必须熟悉车辆性能和车辆完好标准，能够熟练操作车辆，会维护保养车辆，能判断车辆故障，熟悉井下运行路线和车辆装载及运行规定，做到正规操作，按章作业。

3.3 完善斜巷安全设施，防止发生跑车事故

在斜巷中安装使用失控车辆跑车防护装置，在发生失控车辆跑车事故时，依靠司机的操作能及时有效地将车辆阻挡住，防止车辆继续高速下行造成人员伤亡和车辆损坏等重大安全事故。

失控车辆跑车防护装置由缓冲装置和挡车装置两部分组成，如图 1 所示。挡车器为三棱柱形，由 11 号矿用工字钢焊接制成，用地锚固定在巷道一侧，挡车装置上安装缓冲垫(用废轮胎制作)，缓冲带用废旧胶带固定在挡车器前方的巷道壁上，长度为 30 m，在斜井内每隔 300 m 安装一组。

防护原理：车辆在斜巷内沿下坡方向行驶时，如果司机发现制动闸失灵，首先司机强挂低速挡，降低车速，同时调整车辆行驶方向，使车辆向安装跑车防护装置的一侧运行，逐步使车辆靠近缓冲带，靠车辆与缓冲带的摩擦起到降低速度的作用，经过 30 m 的摩擦减速，最后车辆被挡车器挡住，使车辆不再继续下行，起到防止跑车的作用。见图 1。

3.4 安装使用“信、集、闭”系统，保证车辆有序安全运行

目前使用“信、集、闭”系统是保证无轨胶轮车安全运行和提高运输效率的一项重要措施，通过信号指挥、集中控制和区间闭塞，可以实现对车辆的安全运行管理，并能实时监控车辆运行状态，防止碰头追尾、机车伤人等事故的发生，并有效提高运输效率。

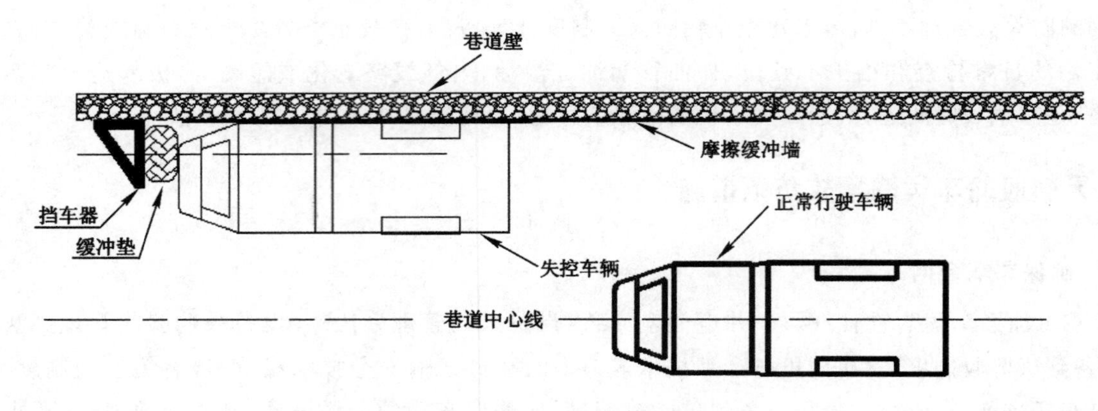

图1　跑车防护装置原理图

3.5　加强机车防灭火管理

一是每台车辆必须配备足够数量的灭火器材，推广应用小型自动灭火装置；二是加强对车辆火灾隐患排查，重点保持电气线路完好，杜绝油管漏油和渗油现象，保持机车发动机表面卫生清洁；三是制定无轨胶轮车着火应急预案，并定期演练。

4　结论

无轨胶轮车运输虽然具有机动灵活、载重量大、运输效率高、占用人员少、降低吨煤成本等优点，但也存在各种事故隐患。实现无轨胶轮车安全运输，应重点从规范矿井运输系统设计、健全管理制度和运行措施、加强车辆管理、强化司机培训、完善安全设施和车辆运行监控系统等方面入手，做到环境安全、设备可靠、管理到位，为实现矿井安全生产提供有力保障。

基于煤矿大坡度斜巷运人的安全研究及策略

张国宾，刘灿伟，闫　峰

（山能新矿伊犁能源公司昭苏煤矿，新疆 伊犁　835600）

摘　要　随着架空乘人装置在我国煤矿的推广应用，这一称之为“本安运人”设备的“猴车”也事故频发，特别是在一些大坡度斜巷的运用，还导致了重大人员伤亡。煤矿井下使用架空乘人装置的机械运人技术虽趋于成熟，但在运行过程中的较复杂环节仍存在大量保护误区，隐患层叠。近几年我国境内矿井数起缆车伤人事故，都是在特殊运行区段、特殊环境条件下发生的，这也充分暴露了装置使用过程中人机保护的薄弱环节。本文重点就运人装置在大坡度斜巷中的运行环节进行针对性安全分析，并提供些许研究策略与大家共享。

关键词　大坡度斜巷；运人安全；研究策略

0　前言

煤矿架空乘人装置（即矿用索道）类似于地面旅游索道，俗称猴车，是结合我国煤矿井下巷道特点研制、开发的辅助运输设备，主要用于井下平巷、斜井的人员运送。设备由驱动装置、托绳装置、乘人吊椅、尾轮装置、张紧装置、安全保护装置及电控装置等组成；具有安全保护齐全、运行安全可靠、操作简单、维护量小、人员上下方便、输送效率高等特点，是一种新型的现代化煤矿井下人员输送设备。该装置解决了矿山井下长距离、大垂度运送人员的问题，适用于倾角 0～40°、距离 100～4 000 m、可多点变坡的各类巷道。它是通过电动机带动减速机上的摩擦轮作为驱动装置，采用架空的无极循环的钢丝绳作为牵引承载。钢丝绳靠尾部张紧装置张紧，沿途依托绳轮支撑，以维持钢丝绳在托轮间的饶度和张力，抱索器将乘人吊椅与钢丝绳连接并随之做循环运行，从而实现运送人员的目的。装置的各种保护及控制，经近几年历次升级改造，逐步完善了机械、电气和软件三重保护，重要运行环节还增设了故障闭锁，实现了软启动及控制自动化。

煤矿大坡度可摘挂抱索器架空乘人装置，是近期煤矿井下投入运行的大量架空乘人装置之一。该型号架空乘人装置活动式吊椅，采用的是 K-9 型大坡度摘挂抱索器，能够满足倾角 35°斜巷乘人吊椅可靠抱索运行。大坡度架空运人虽为矿工上下井提供了方便，减少了体能消耗，但在装置制动可靠性、上下车座椅摘挂点、人员乘坐集中期等环节，还存在许多隐患。特别是近几年发生的煤矿井下索道伤人事故，充分暴露了大坡度斜巷装置运行的细节管理漏洞。大坡度架空乘人装置运行中的安全薄弱环节，已成为行业亟待解决的研究课题。

1 大坡度架空乘人装置运行过程中的环节隐患分析

1.1 制动系统

目前国内设计生产的架空乘人装置的制动系统，在原设置联轴器工作闸的基础上，增加了缠绕钢丝绳的驱动轮安全制动闸，因此就算设置在联轴器上的工作闸失效，驱动轮安全闸也能实现可靠制动，能够避免在钢丝绳、吊椅和乘员自重的带动下飞车事故的发生。驱动轮安全闸大多采用施加于驱动轮轮边的盘型抱闸制动方式。盘型闸配液压站蓄压开闸，经电磁阀回油，碟簧制动抱闸，盘形闸动作迅速、开合自如，并装配闸位传感器与控制系统闭锁。盘形闸的制动完全由电磁阀回油控制，只有当电磁阀回油泄压，碟簧才能有效施压抱闸。电磁阀中这一决定是否可靠制动的唯一回油通道，有时因液压油过滤不纯、乳化变质、油路狭小等原因造成回油不畅影响制动，是大坡度斜巷乘人安全的重大隐患之一。

1.2 吊椅乘坐

大坡度活动式吊椅配置 K-9 型抱索器，该新型抱索器主要由钳口的固定部分、活动钳口及顶杆、弹性体、紧固螺栓、防松螺帽等部件组成(见图 1)。它区别于常规抱索器的上下瓦盖摩擦固定方式，与钢丝绳的连接方式更有利于大坡度斜巷的运行稳定性。吊椅抱索器结构形式决定了它的摘、挂，要求乘坐人员从上车前的检查到挂索、抱索的测试，到下车摘索拿椅都必须严格按程序操作。由于细节操作不当，挂索后抱索不实、到位后摘索不利等原因，都可能导致斜巷滑索、吊椅翻转伤人事故的发生，这也是大坡度斜巷运人安全的又一隐患。

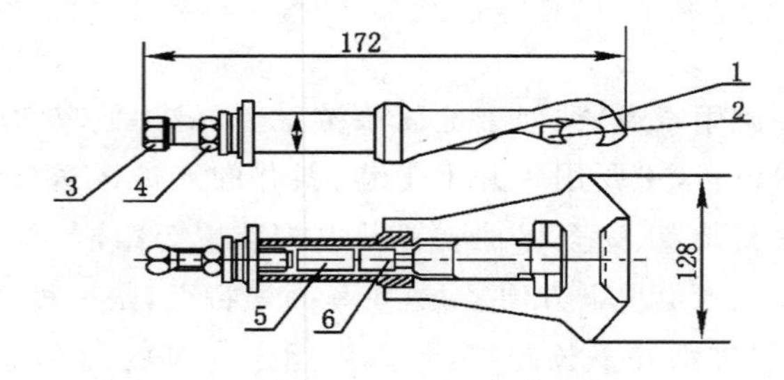

图 1 新型固定式抱索器

1——固定钳口；2——活动钳口；3——紧固螺栓；4——防松螺母；5——弹性杆；6——顶杆

1.3 人员行为

煤矿井下的特殊工作条件，决定了人员上、下井和交接班时间的统一，对于乘坐架空乘人装置的矿工，不论是上、下都会出现同一时间段内单侧人员的集中，装置会因此产生顺倾角坡度的下坠动势，一旦该动势累加大于装置驱动摩擦力，就可能导致飞车事故的发生。装置单侧集中乘坐、人员过于密集，同样是大坡度斜巷架空乘人的不安全因素。

2 煤矿大坡度架空乘人隐患的应对策略

2.1 装置安全制动策略

通过对架空乘人装置安全闸液压制动系统原理分析，认为安全闸回油是装置制动可靠与否的关键所在，从而确定了回油通道中的电磁阀阀芯油孔是制约油路畅通的瓶颈。针对回油油路瓶颈问题，我们经多方调研，借鉴国内提升机液压制动系统技术，与架空乘人装置厂家合作，完成了单泵双阀可靠回油制动系统的研制应用。该系统是在原液压站基础上，加装一组电磁换向阀，与原装电磁阀并联运行，开闸时双阀同时吸合开启增压至盘型闸，合闸时电磁阀释放换向接通回油油路同时回油。增加的这一阀芯通道，确保了系统回油油路畅通，即使出现任一电磁阀剩磁不释、控制回路或阀芯堵塞等故障，另一备用通道也能够满足装置安全制动需要。同时我们在电磁阀电气控制回路增设了联动互锁和自动化控制；在阀前增压油路加装了手动泄压球阀以备应急使用。单油泵双电磁阀液压制动系统，在装置不增加负荷的前提下，解决了大坡度斜巷乘人安全的一大隐患。

2.2　吊椅可靠抱索的应对策略

大坡度活动式吊椅抱索器的上车挂索困难、钳口卡绳不当、变坡滑脱、摘索拿椅不利，都是我们制定座椅如何与绳索可靠链接应对措施的研究细节。一是保证乘人在挂索失误、未蹬座正常或到位摘索不利时将座椅停滞；二是只有乘人蹬座正常、挂索可靠状态下方可顺利行走；三是对于首次乘坐或不熟练人员上车可直接在装置位置挂索零速度上车。我们以实现以上功能为目标，经多方调研，并借鉴常规抱索器上下车装置设计，研制成功了架空乘人装置启停站大坡度吊椅抱索器与绳索可靠链接校正装置，可实现零速度上下车。该装置是通过重力、曲轨找正、卡绳入槽程序控制吊椅通过，其任一条件不具备装置都将吊椅停滞在装置位置，只有人员蹬座完毕、钳口挂索正确、绳索卡口可靠后，座椅方可顺利通过装置，确保了乘坐人员安全。该装置的研制填补了K-9型大坡度抱索器零速度上下车的空白，为矿井架空乘人装置大坡度运人提供了安全保障，具有推广应用价值。

2.3　特殊时间段人员密度控制策略

为避免交接班时间段因人员单侧集中乘坐逆动势造成的飞车事故，根据架空乘人装置设计的驱动摩擦力，严格控制人员密度。依据斜巷倾角、长度、驱动摩擦力计算乘坐人数总质量和人员乘坐间距，从而采取控制措施以排除隐患。

该策略是基于架空乘人装置在PLC控制的基础上研制的，我们在斜巷井口、井底乘人上车区段内装配红外传感器，根据装置运行速度及计算得出的乘人间距，确定红外传感时间，利用红外传感信号闭锁装置，达到控制人员密度的目的。具体来说就是在控制间距内有人进入，红外探测有效，闭锁装置停运。自动间距控制的应用一次性投入低，便于维护，运送效率高，也是一种节能运行方式，实现了岗位无人值守，适应当前形势要求，具有推广价值。

3　结论

本文通过对架空乘人装置在大坡度斜巷实际应用中，制动系统、吊椅抱索、集中乘坐等薄弱环节不安全因素的分析，确定了制约装置安全运行的问题所在，针对性地明确了问题的解决思路，并给出了相关的消除隐患的具体实施办法。通过策略的实施，在提高装置安全防护能力的同时，确保了架空乘人装置在大坡度矿井的安全高效运行。

“增安提效”,信息化带动工业化矿井物流系统

赵　凯

(徐矿集团新疆赛尔能源有限责任公司,新疆 塔城地区和布克赛尔蒙古自治县　834406)

摘　要　煤矿斜巷轨道运输是煤矿安全生产隐患的重灾区之一,需要针对煤矿斜巷轨道运输综合安全的现状,依靠科技,促进改造升级。为了解决煤矿井下对物料的领用、装车、运输和交接过程混乱的问题,通过采用超高频识别技术、以太网通信技术以及计算机信息处理技术,拟设计一套可在煤矿井下应用的管理系统。经过理论分析,预测该系统可以有效解决车辆积压、物料丢失、运力不足等问题,既提高了运输效率,又减少了运输事故,从而节约了煤矿生产成本。

关键词　增安提效;井下物流;Ethernet;远程监控操作

煤炭工业持续健康发展,安全生产是关键。矿井物流管理体系是指煤矿企业在生产过程中对于物流信息进行管理的一个系统,是对物流信息的收集、整理、存储、传播和利用的一个过程。鉴于我国煤矿物流管理系统尚未覆盖到井下的现状,该研究以解决煤矿轨道运输物流信息的收集、监测及管理等问题为切入点,拟设计一套能够在大多数煤矿井下应用的矿井轨道运输物流管理系统。

矿井轨道运输物流管理系统采用超高频识别技术,定位轨道机车的车头、车辆位置,通过对生产用料的领用、装车、运输、交接等过程进行监管,避免井下发生车辆积压问题,地面调度人员获取机车状态消息,监测车辆、车头及时升井,提高车辆、车头重复利用率,解决了由于人为管理监督不善造成的车辆积压、“辅助系统”运力不足的问题;通过对机车装载的货物进行流量监测,形成货物流向轨迹,避免货物冒领和丢失现象,并实现生产物料的统计。

1　井下物流现状及需求分析

1.1　井下物流现状

目前,煤矿井下的辅助运输主要为轨道运输方式,依靠绞车、机车实现物料和人员运输。物料及时运输到目的地就能够保证煤矿正常的生产进度,因此物料的运输与煤矿生产息息相关。

随着煤矿数字化、信息化、网络化的发展,针对矿井轨道运输的“信、集、闭”系统已比较成熟。系统依靠安装在轨道沿线的传感设备检测轨道占用情况,通过定向、跟踪的方式,能够实现最简单的机车位置检测,但不能确定机车编号、货物运载情况。由于井下对于物料运输缺乏有效的监管手段,导致运输物流不能及时到达目的地址,或者物料被错误地运输到其他地方,影响煤矿正常的生产进度。

1.2 井下物流需求

由于车辆物流运输过程不受监管,造成物流流向不明,甚至导致煤矿生产被迫中断,影响煤矿生产效益。为此,煤矿迫切希望能够对井下的物料运输过程实施监管,实时了解物料的运输轨迹,一方面可以对运输过程进行监管,另一方面可以督促下井车辆及时升井,避免车辆空置,造成运力浪费。此外,对运输物流的统计功能可以为煤矿生产提供成本核算,有效控制煤矿的生产成本。

无论是对生产进度的保障还是生产成本的控制,矿井物流管理系统无疑是最好的解决途径。因此,对于煤矿企业需要能够提供车辆、物料监控和物料统计功能的系统。

2 系统设计

2.1 先进性

煤矿井下物流管理系统是针对轨道机车运输设计的具有车辆定位、物料统计功能的系统。系统采用国际先进的超高频识别技术、网络技术、计算机信息技术、现代化通信技术为基础,具有机车位置检测、行驶方向识别、车辆物料统计等功能。

2.2 可靠性

煤矿井下物流管理系统采用了国际先进的第四代射频识别技术(超高频识别技术 UHF RFID),UHF RFID 技术可以可靠识别动态移动目标,在本系统中用于车辆位置识别。车辆、物料统计采用手持式读写器方式,用于物料的上货统计和卸货记录。整个运输过程实施闭环检测,有效防止了材料的流向不明、冒领、错领、丢失现象的发生。

2.3 安全性

煤矿井下物流管理系统属于监测类系统,不参与监控与矿井生产相关的生产,不会对煤矿的安全生产造成影响。

2.4 可拓展性

煤矿井下物流管理系统可以接入其他与机车运输过程相关的监测设备,从而拓展其应用功能范围。如引入机车轨道衡量监测装置,可以对下井车辆的载重进行监测,防止超载车辆下井;引入视频监测装置,对于车辆物料装载不规范车辆,禁止其下井。通过接入与机车运输监测相关设备,可以在原有的车辆监测和物料统计功能上,更加细致化、具体化地对机车运输过程进行监管。

2.5 开放性

煤矿井下物料管理系统传输协议采用了工业上开放的 ModBus 协议,允许其他厂家的设备按照协议规范接入本系统中。同时,本系统中的读卡器设备的数据采集和传输过程都是基于开放平台,其他厂家也可以关联本系统设备到自家系统中去。

3 系统方案

3.1 设计方案

煤矿井下物流管理系统采用 UHF RFID 技术,车辆或车头安装无源电子标签卡,巷道沿线安装固定式 UHF 读写器,重要位置安装电子显示牌等设备。副井井口装载好货物后,使用手持 UHF 读写器 XC2903 将车辆标签卡信息、托运目的地、使用部门、物料类型等信息记录到手持读写器 XC2903 内部，通过无线路由传送到系统监控主机；井下车辆经过固定式 UHF 读写器时，车辆信息被读写器识别并通过系统总线、网络传输到地面监控主机，实现车辆和物料的位置实时被监控。货物交接完成后，井下卸货人员通过手持读卡器记录卸货操作，手持读卡器通过无线路由、网络传输到地面监控主机，形成“闭环”监测。

3.2 系统架构

煤矿井下物流管理系统由地面监控主机、备机、系统软件、地面客户端、传输接口、UHF 读写器、电子标签卡、电子显示牌等井下设备组成。系统提供电缆、光缆、环网三种组网方式，系统设计可根据煤矿具体条件选择组网方式。

3.3 系统主要功能

(1) 具有车辆识别位、调度管理功能

① 实时显示井下车辆位置、行进方向信息；

② 调度员操作系统软件，管理在用车辆，指定运输车辆、编录运输的物料和目的地，完成电子化派车操作；

③ 系统自动识别任务完成情况，并统计、生成运行系统报表；

④ 可形成无线信号，随时进行无线通话功能。

(2) 具有信息发布功能

① 系统软件界面能显示指定车辆的运行情况，显示指定区域的车辆情况；

② 系统软件通过电子显示牌发布系统设备的状态信息、车辆位置信息；

③ 系统软件可发布宣传语、警示语、车辆上、下井时刻表等信息。

(3) 具有数据存储、查询和历史重演功能

① 系统软件查询历史数据和操作系统；

② 可生成车辆运行图，可重演指定时间内指定车辆运行情况；

③ 通过记录的数据能够实现历史车辆轨迹重演、历史报警数据查询和打印。

(4) 具有车辆、物料统计报表功能

① 系统能够按照指定的统计方式(如部门统计、时间统计、车辆统计)，自动生成物料统计信息报表；

② 实时统计井上、井下车辆信息，为调度人员提供调度依据。

(5) 具有报警提示功能

当监控车辆在井下积压、超时或者系统设备故障时，可产生报警信息，提醒工作人员及时处理。

4 结论

经过理论分析表明：该系统可有效解决煤矿井下车辆积压、物料丢失、运力不足、通信不及时等问题，既提高了运输效率，又减少了运输事故，从而节约了煤矿生产成本，值得推广应用。

参考文献

[1] 郑伟民，郑爱云，李苏剑，等.基于 RFID 的煤矿井下物流管理系统研究[J].煤炭科学技术，2007

(9):73-75.
[2] 单成伟,赵立厂,王勇,等.矿井物流管理系统的设计[J].工矿自动化,2012,38(12):6-8.
[3] 游战清,李苏剑.无线射频识别技术(RFID)理论与案例[M].北京:电子工业出版社,2004.
[4] 王平津.煤矿瓦斯监测与计算机网络[M].太原:山西科学技术出版社,2004.
[5] 贺亚茹.基于 RFID 技术的矿井物流管理系统数据库设计[J].工矿自动化,2014,40(4):90-92.

基于工业以太网的架空乘人装置无人值守运行

薛 佳

（兖矿集团东滩煤矿，山东 济宁 273500）

摘 要 煤矿架空乘人装置是近年来在煤炭行业推行的一种新的人员运输形式，该装置因快速、安全、高效的运输特点，在井下辅助运输系统中得到了快速的发展与普及，已逐渐成为井下人员运输的主要方式。为了推广适合煤矿需要的安全、高效辅助运输设备，加快煤矿辅助运输机械化和现代化的步伐，实现架空乘人装置的无人值守运行是进一步提高设备运行安全水平和运输效率、降低运行成本的迫切需求。

关键词 架空乘人装置；可编程控制器；工业以太网；组态软件；无人值守

0 前言

近年来，随着自动控制技术的飞快发展，架空乘人装置控制及通信系统越来越完善。本文介绍应用可编程控制器（PLC）硬件接口、以太网设备和组态软件开发技术来实现煤矿架空乘人装置无人值守运行。该系统核心硬件构成主要包括可编程控制器（PLC）控制模块、可编程控制器（PLC）通信扩展模块、以太网网络通信设备以及工控机服务器等。通过组建工业以太网实现通信功能，并通过在工控机上组态软件的监控界面实现设备运转状态的简单、直观的实时监测与控制。

1 现状及系统组成

本系统已经应用于兖矿集团东滩煤矿中，应用实践表明：本系统在该矿实现工业以太网与架空乘人装置电控系统交换数据、监控、通话、显示数据、故障报警功能，设计的人机界面符合现场工业要求，整个系统运行效果良好。

在基于 PLC 的架空乘人装置软件设计中，自动控制模块主要包括无人值守、保护功能和远程监控软件设计，而保护功能中又分为越位保护和拉停车保护、托绳保护和欠速打滑保护以及重锤下限位保护，这些都必须经过 PLC 软件设计才能够实现。PLC 控制系统中还包括沿线扩音喇叭实现对沿线的喊话以及音乐和安全宣传功能。

2 软件应用及网络配置

RSLogix500 是 MicroLogix＋1500 系列可编程控制器在 Windows 下的编程软件，它可以使用计算机通过 RSLinx 通信软件在 DF1 以及以太网方式下对设备进行编程、调试以及故障诊断。

RSLinx 是 MicroLogix+1500 系列可编程控制器在 Windows 操作系统下运行的通信软件,它可以为 MicroLogix+1500 系列可编程控制器与 RSLogix500 编程软件、RSview32 组态软件进行通信,根据通信协议的不同,RSLinx 可以支持多种连接方式,对于本次改造工程需要使用 DF1 网络组态和以太网组态两种组态方法。通过 1761.CBL.PM02 串口线按照以太网通信地址分配 1761.NET.ENI 通信模块地址,同时将网络地址设置保存到 ENI ROM 中。设定 IP 地址后,将该模块连接到 Ethernet,然后使用 RS.232 口连接 MicroLogix+1500 系列可编程控制器,通过 Rslinx 对 MicroLogix+1500 系列可编程控制器进行组态。如图 1 所示。

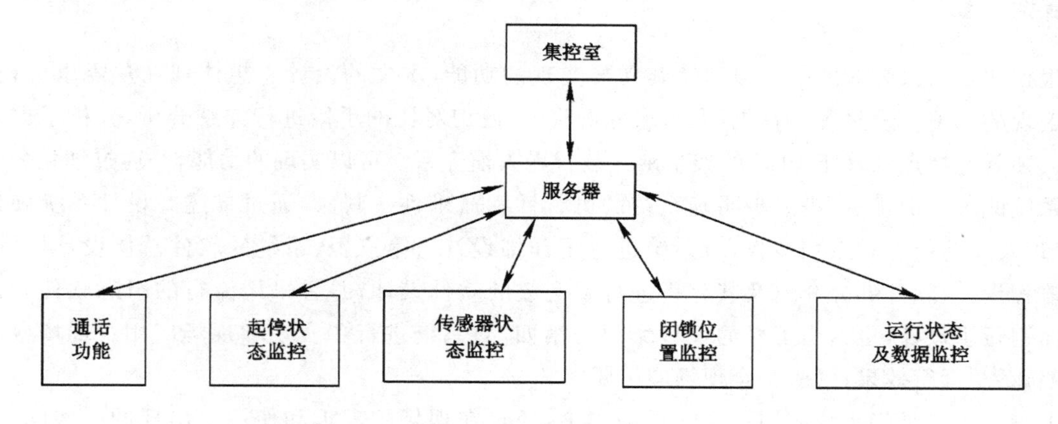

图 1　远程监控结构图

与此同时,就近通过井下防爆交换机,将光缆接至架空乘人装置机头。在机头站安装本安智能分站一台、本安以太网光端机一台,并配套安装本安电源箱。井下通过单模光缆构成千兆工业级光纤环网,数据经由各自环网传输到控制中心机房,最终实现架空乘人装置的无人值守。如图 2 所示。

图 2　系统示意图

3　硬件网络通信及数据访问

一般的,RSView32 组态软件可以与 PLC.5、SLC.500、MicroLogix 系列的处理器之间建立数据通信,同时也能和 Rockwell Automation 公司的新一代产品 ControlLogix 5000 建立数据通信,其中所使用的网络层次可以是 Rockwell Automation 公司的 ControlNet 网,ControlNet 网采用了生产者/客户(producer/consumer)的通信传输方式,大大提高了信息传送效率。这样 RSView32 站只需要确认在 ControlNet 网络上的 ControLogix 5000 可编程控制器名称即可实现。对于目前版本的 RSView32 组态软件,它与 ControlLogix 5000 一般通过 OPC 方式进行通信,DDE 通信方式目前一般应用较少。

RSView32 的通信组态,主要设置通道(Channel)和节点(Node)。在实际操作中,设置通信组态就是设置 RSView32 组态软件与可编程控制器的连接接口信息、网络通信协议等;设置节点地址就是设置可编程控制器的地址信息、数据类型等,通过设置可编程控制器的组态信息和节点地址信息来确定组态软件具体和通信网络上的各台通信设备的哪台设备进行通信。

4 结论

根据架空乘人装置的工作原理及其需要实现的功能,本文的设计思想体现在从需求分析、设计到实现的完整开发过程。首先,在需求分析阶段,使用对比的手段进行详细分析,分析了原有架空乘人装置的缺点和基于 PLC 的架空乘人装置无人值守系统可以实现的功能,并通过细化分析所开发系统的各方面优点,进一步明确系统的可行性和需求性。其次,通过描述并设计系统硬件结构、原理及其功能等一系列步骤,对系统进行了详细设计。第三,从系统的软件总体设计框图、子系统流程设计、软件部分介绍及其分析进行了完整的软件设计,并且采用流行的组态软件对系统的界面进行了设计,也给出了界面设计结果。第四,对系统进行了实现和现场应用。现场应用结果表明,系统运行效果良好,符合现场应用要求。

下一步工作是将系统应用在实际现场当中,通过在现场的需求和使用中出现的一些问题,进一步改善架空乘人装置无人值守系统或者扩充其原有功能,使其进一步适用于煤矿的现场环境和现场需要,使得煤矿辅助运输系统得到进一步的改善。

煤矿斜巷运输跑车事故原因分析及对策

朱　凯

(淄博矿业集团许厂煤矿,山东 济宁　272173)

摘　要　本文针对矿井斜巷运输危害最大且容易发生的跑车事故,利用分析法进行分析。通过案例分析对比,提出针对性预防措施,为安全管理决策提供科学依据。

关键词　斜巷运输;跑车事故;安全管理

0　前言

本文对煤矿安全管理中复杂的生产系统进行预测性分析,对发生事故所产生的后果和造成的损失进行分析研究,并在此基础上提出预防措施,采取行之有效的防范措施把损失降到最低限度,提高矿井的整体安全管理水平。

1　斜巷轨道运输跑车事故概述

随着井下机械化程度越来越高和运输方法的不断改进,以及矿井不断向深部延伸和采掘工作面的不断扩展,斜巷运输设备使用量和使用周期也相应地增加,随之而产生的机械运输安全问题显得十分突出,其中斜巷轨道跑车事故发生的次数所占比例较大。斜巷轨道跑车事故主要是指斜巷上部车场或在斜巷中车辆脱离钢丝绳的牵引车组或单个矿车沿着斜巷失控下滑所造成的事故。跑车事故主要发生在矿车能够自滑的巷道,事故的后果是非常严重的,除撞坏巷道支护和巷道内敷设的电缆、管路等设施外,还会将下部车场把钩工或其他正在作业的人员撞伤,造成矿井重大财产损失和人身伤亡事故。

1.1　事故案例

2000 年 130 采区一个工作面在安装时,从 130 轨道上山往下松空车盘(3 个车盘摞在一起),在下松到距底车场 500 m 处时,车盘失控沿轨道一直跑到底车场外 200 m 的拐弯处撞在巷帮上,并将给该采区供电的高压电缆撞断后停止跑车,侥幸没有造成人身伤亡事故。

1.2　原因分析

(1) 车盘及使用的销子没有闭锁装置。

(2) 没有使用保安绳。

(3) 松车时,在跑车位置有 50 m 一段巷道坡度较小,车盘配重不足反复几次松拉没有松下,司机便切断绞车电机电源,超速下松,造成销子脱落,车盘失控跑车。

(4) 车盘高度不够,巷道内的超速挡车装置没有起到作用。

1.3 造成后果

(1) 3个车盘全部报废。

(2) 绞车钢丝绳扭曲、断裂损坏,底车场处的吊梁撞断,停止跑车处有3搭轨道、轨枕报废。

(3) 供采区生产用的高压电缆撞断,全矿停电1 h,采区停产8 h。

经分析该次事故造成经济损失500万元。

1.4 事故调查对比

统计煤矿发生的565起事故,按事故类别进行分析,运输造成的伤亡事故发生次数占煤矿伤亡事故的15.93%,位于顶板和瓦斯事故之后居第三位,是煤矿三大事故之一。另外,统计中发现运输事故当中以斜巷跑车事故居多。

2 斜巷轨道运输跑车事故原因分析

以斜巷轨道运输为对象,用系统安全的观点和方法,分析运输设备在运行阶段发生跑车事故的原因。跑车事故发生原因分析的目的是保证安全生产、控制事故发生,找出事故发生的真正原因。由于事故与原因的关系错综复杂,原因的表现形式也复杂多样,包括内因、外因、主要原因、次要原因、人为原因、物质原因、环境原因等。总之,必须对事故进行全面而具体的分析,弄清各种原因的形成和重要程度,才能直观地指出事故的因果关系,即事故发生的原因。

2.1 引发事故的因素

(1) 人的不安全行为是引发事故的直接原因之一。比如信号工、把钩工责任心不强、缺乏安全意识、思想麻痹、专业性不强、操作技能低下、不按规程操作、违章作业、没检查好连接装置就盲目放车造成跑车;违章指挥、违章操作、违反“行车不行人”制度等。

(2) 设备的不安全状态是造成事故的直接原因之一。防跑车装置失效、联动阻车器操作不当,致使矿车脱离连接后在变坡点以下阻车器、防跑车装置起不到作用、矿车失控造成撞击等意外事故。另外,主要矿车或车组与钢丝绳未连接好或未将插销拴牢、插销受震易跳出、提升钢丝绳因选择不当磨损、锈蚀、超载断裂以及斜巷电气控制、机械制动系统失灵、机械制动力不够等造成跑车事故。

(3) 安全管理水平低是引发事故的间接原因。一是矿领导的安全意识水平低;二是管理制度不严(领导、职能部门对操作规程、岗位责任制的执行落实情况抓得不实、没有确实采取有效措施加强机电运输管理、对作业人员的安全教育和培训不扎实、不深入,安全管理规章制度不健全),致使“三违”现象严重;三是对机械设备特别是危险设备的状态和防护状况没有专人监督检查、无专人处理解决是事故发生的基本原因。

总之,事故发生的原因是由管理的因素、人的因素、物的因素以及其他环境因素中的一种或几种共同作用引起的,任一要素达不到安全要求都会造成事故。在实际工作中,人或物都不可能达到理想的安全状态,假如处于理想的安全状态,那么就不会出现安全事故。而管理和环境要素如巷道断面、地质条件、轨道铺设质量等问题,随时随地制约着人和物的安全状态。只要管理上存在着缺陷或混乱,就会导致人的不安全行为或物的不安全状态存在,从而引起事故的发生。因此,事故的发生从本质上来说离不开管理上的制约。

2.2 跑车事故原因分析

从各基本事件的重要程度而不考虑各基本事件的发生概率或假定各基本事件发生概率相等的情况下分析(对各基本事件发生的影响程度为重要度)，事故比较容易发生而且有一定的控制难度，根据重要度和控制难度原因可分为以下几个方面：

(1) 无躲避硐室、人在巷道中行走、作业未及时躲避是造成人员伤亡事故的重要原因。

(2) 阻挡装置故障在事故原因中很重要，发生跑车事故时，采用阻挡装置是一种被动的防护方法。

(3) 超速运行或提升连接装置故障以及钢丝绳锈蚀、磨损、扭曲也是导致事故的主要原因之一。

(4) 斜巷轨道运输跑车事故一般发生在工作状态，发生跑车事故的频率较高，同时由于运输作业是多人共同作业，所以发生危险较大事故的后果非常严重。

3 安全措施与管理对策

根据事故发生的原因归纳安全预防措施和管理对策主要有以下几个方面

3.1 采取安全法制措施控制人的不安全行为

通过建立健全安全法律、法规，约束人们的行为。通过安全监督、检查，保证法律法规的有效实施。

3.2 采取工程安全技术措施控制物的不安全状态

工程安全技术措施是安全措施的首选措施，通过工程项目和技术改进，可实现本质安全化。因此，为避免因斜巷跑车而使下部车场的安全受到威胁，在设计施工时必须严格按照矿井安全规程规定设计和施工，并且在施工阶段应采取相应的安全措施和必要的预防措施。

3.3 采取安全管理对策提高系统整体的安全性

这主要是通过建立安全检查组织机构和职业安全管理体系，建全工程安全管理和安全检查工作以及开展安全宣传教育等安全工作的计划，组织控制和实施实现安全目标。建立健全安全管理组织，制定有针对性的安全规章制度，对设备实施有计划的监管，特别是对安全有重要影响的关键设备以及零部件的检查和报废等。另外，绝大多数的意外事故与人的行为过失有直接或间接的联系。所以应提高员工的安全意识，加强对员工的安全教育，包括安全文化教育、风险知识教育、安全技能教育、特殊工种人员的岗位培训和持证上岗，并掌握必要的自救和互救技能。

4 结语

矿井斜巷运输管理是矿井整个生产过程中非常重要的安全管理之一，运输设备的安全状况关系到人的生命和国家财产的安全。通过斜巷轨道跑车事故的原因分析可见，发生跑车事故常常是多个不安全因素综合作用的结果。设备本身的不安全状态、人的不安全行为是事故发生的直接原因，其深层次原因是管理缺陷。所以，应该把降低事故发生的基本条件作为工作的重点，从根本上建立健全安全规章制度来规范操作者的不安全行为。加大监督检查力度，进一步完善安全装置的可靠性。持续改进设备的安全状况，制定可靠的安全应急计划和措施，防止事故发生，最大限度减少事故造成的损害。

立井套壁期间设备设施改造应用

马二康

（中煤第五建设有限公司第三工程处，江苏 徐州　221140）

摘　要　凤凰山铁矿东风井内壁套砌，采用块模倒模法施工。通过优化块模提升口及增设施工保护盘，有效地避免了坠落事故的发生，改善了作业环境；通过采用风动式小抽水泵及使用风动快速立模提升转运机，大大缓解了套壁施工中职工劳动强度大、工序衔接紧、安全事故多发等问题；通过设备设施的改造应用，提高了良好的安全经济效益，为套壁施工的顺利完成，提供了牢固基础。

关键词　内壁套砌；倒模法；设备设施；改造应用

0　引言

凤凰山铁矿东风井冻结段内壁套砌，在采用常用的块模倒模法施工中，为了更好地保障安全、快速、经济并保质保量地完成内壁套砌，通过摸索、实践、不断优化与量化应用，对相关设备设施进行了改造应用，最终形成了一套成熟的套壁施工工艺，值得在冻结段套壁工程中广泛推广使用。

1　工程概况

凤凰山铁矿矿井设计生产能力 4 Mt/a，采用立井开拓。东风井净直径为 5.5 m，井深 889.35 m，井口高程为＋50.0 m，井颈段采用冻结法施工，冻结深度为 270 m，采用钢筋混凝土支护。外壁施工至井深 261 m，转入壁基施工，壁基 4 m 整体浇筑完后，进入内壁施工。

内壁为双（单）层钢筋混凝土结构，竖筋采用直螺纹连接、环筋采用绑扎连接，搭接长度不小于 35d（d 为钢筋直径），在内、外层井壁之间铺设单层 1.5 mm 厚聚乙烯塑料板，搭接长度 100 mm，内壁技术参数见表 1。

表 1　　内壁技术参数

序号	井深/m	壁厚/mm	段高/m	强度等级	钢筋型号、间排距/mm		钢筋层数
					竖筋	环筋	
1	0～26	500	26	C40	ϕ16@300	ϕ20@250	双层
2	26～151	500	125	C40	ϕ16@300	ϕ20@250	单层
3	151～255	500	104	C55	ϕ16@300	ϕ20@250	双层
4	255～261	500	6	C55	ϕ16@300	ϕ20@250	双层

2 施工方案

冻结段套砌内壁采用12套1.2 m段高装配式金属模板循环使用,保证套壁工作自下而上连续施工。同时由下向上拆除外壁上的管路与风筒,浇筑混凝土与绑扎钢筋、支模交替作业,拆模与浇筑混凝土平行作业。利用吊盘、辅助盘作为工作盘,其中:上层盘下放混凝土、铺设塑料板,利用模板绳悬吊塑料板,中层盘绑扎外层钢筋,下层盘绑扎内层钢筋及立模、浇筑混凝土振捣。下层盘大抓机身位置设井盖门开启方式,并加装防护钢丝绳,作为提升模板用。提升模板时,用大抓绳从辅助盘上提升模板到下层吊盘安装使用。辅助盘用于拆模、养护井壁。详见套壁施工工艺图1。

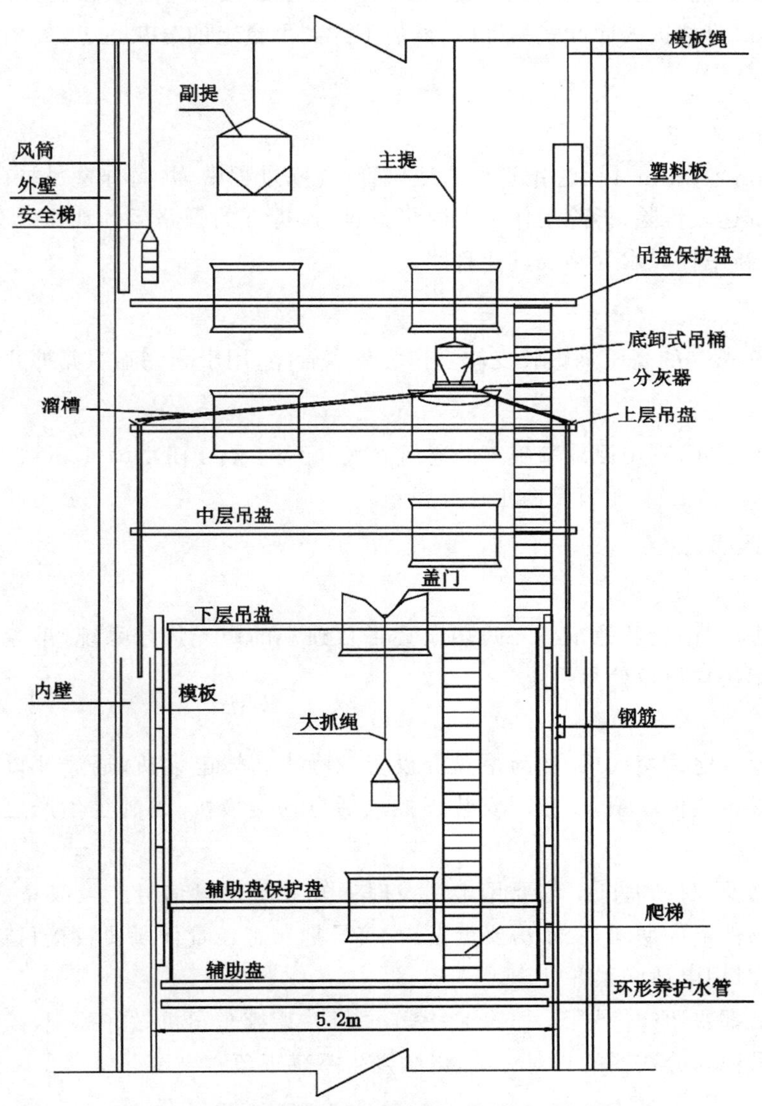

图1 套壁施工工艺

3 井筒辅助系统

3.1 提升悬吊系统

采用Ⅳ改型凿井井架，提升天轮选用 ϕ3 000 mm 凿井提升天轮，主提升绞车型号为 JK-3.0/20，3 m^3底卸式吊桶下放混凝土；副提升绞车 JK-2.5/20，2 m^3底卸式吊桶下放混凝土。悬吊系统采用 15 台稳车配悬吊天轮进行悬吊。

3.2 混凝土运输及浇筑系统

混凝土采用商品混凝土，商品混凝土罐车运至井口后放混凝土至改装的带式输送机，经过料斗、皮带通过输料口直接进入底卸式吊桶内，然后下放到吊盘上的分灰盘上，经由 2 根 8″钢丝铠装胶管对称入模。

3.3 压风系统

选用 ϕ159 mm×4.5 mm 无缝钢管作为压风管，套壁过程中，井筒外壁吊挂的压风管、风筒等随套壁的不断进行逐段拆除，拆除工作在上层吊盘进行，拆下的管路运到地面。套完内壁后，落吊盘时，再按设计重新吊挂风水管路及其他管路。

3.4 供水系统

使用 1 路 ϕ19 mm 的高压钢鞭胶皮软管作为供水管路，用于套壁施工养护井壁用水。

3.5 通风系统

套砌内壁施工期间，利用原外壁施工的通风方式，配备 2 台 FBDNo7.1/2×30 kW 型对旋式局部通风机，配一路 ϕ0.6 m 胶质风筒向工作面供风。

3.6 信号、通信、照明、监控

3.6.1 信号

井口至提升机房、吊盘及稳车群之间均设置各自独立的声光信号系统，吊盘至工作面设专用信号。井下及绞车房均设双信号系统。

3.6.2 通信

在井口附近设置电话交换机，井筒吊盘上设置抗噪声防爆电话机，通过井口交换台与地面及井下各重要场所进行通信联系，项目部安装程控电话自动交换机，以满足生产之用，井口、绞车房内安装电视监控系统。

每次下放钢筋及大件物件时，都要用电话及时通知井下吊盘信号工及绞车房，在得到井下同意后方可下放。物件下放期间，绞车房要走慢钩，信号把钩工在责任段要目接目送，坚守岗位责任制，如有异常要及时用电话联系并处理。

每次起落吊盘都要通知信号工、把钩工、绞车司机并让绞车司机做好标记，绞车司机开车时通过监控视频观察吊桶与分灰器的相对位置，以防发生蹾罐现象。

3.6.3 照明

井口安设 BZX-4 照明综保 1 台、井筒内采用 Ddc250/127-EA 型隔爆投光灯，吊盘的上层盘各设 2 盏，下层盘下面悬挂 3 盏。

3.6.4 监控

视频监视系统：提升系统设电视监视系统 1 套，分别在井口、吊盘、提升机房设摄像头；井口值班室设电视监视器监视;井口等候室设出入井电子考勤系统。

4 改造应用

4.1 优化块模提升口

拆下的块模需从辅助盘通过大抓提升口提升至吊盘,大抓提升口原采用人工启闭的折页式单开盖门,这种形式的盖门启闭操作不顺畅,不能形成有效的保护措施,容易自提升口发生坠落事故。我们通过将该提升口设计改造为井盖门式双盖门,其两侧带保险绳和踢脚板,盖门通过吊盘上安装的小绞车提升启闭,模板及人员通过后及时关闭盖门,有效防止了坠落事故,同时在孔口下方设计导向板,有效保证了块模提升时的安全。

4.2 增设施工保护盘

最下层的拆模盘距离吊盘下层盘约 14 m 左右,多层盘平行作业时,很可能会发生高空坠物事故,则处于最下层的拆模盘上施工人员危险性最大,不利于安全施工;通过在辅助盘上方增设一层保护盘,保护拆模盘上人员施工安全,同时在保护盘上设计喇叭口,保证块模及人员提升通过,保护盘通过钢丝绳悬吊在吊盘下方,保护盘与拆模盘通过钢梁刚接并采用钢丝绳作为保险绳连接,从而保证各盘的稳定性和盘上人员的安全。

4.3 使用风动快速立模装运机

套壁施工需要循环不断地拆装模板,人工拆除搬运模板劳动强度大,搬运模板是套壁施工中强度较大的环节,而且人工拆模盘、提拉搬运到施工盘安全系数较低,常会出现模板掉落或模板倾倒伤人事故。我们通过使用风动快速立模转运机立模,只需一人操作快速立模转运机,一人摘挂钩稳定块模,就能快速地转运模板,并能在吊盘上 360°无死角快速立模。风动快速立模提升转运机结构由中心支柱、提升杆、操纵阀、气动马达及减速机、滚筒、提升滑轮、导向滑轮、钢丝绳、底座、固定环、拉绳、钩头等组成。风动马达利用抓岩机的旋转马达,套壁施工时不使用抓岩机,不需要增加设备,其他部件均容易加工,加工成型后可重复使用。

4.4 采用风动式小型抽水泵

套壁施工浇筑混凝土时,由于水泥的水化热特性常会出现混凝土内积水现象,这就需要对存在的积水进行抽排,以免使混凝土成型质量受到影响。防爆电泵体积大、费用高且不实用,项目部采用人工舀水劳动强度大且所耗劳动力较多,常用的风泵体积既大又重,且无法对小片积水进行抽排,满足不了使用需求。为解决这一难题,我们利用振动棒风动马达进行改装,通过在风动马达上加装叶片及防护盖组装成小型抽水泵。

5 使用效果

(1) 通过优化块模提升口及增设施工保护盘,有效地避免了坠落事故的发生,改善了作业环境,提高了施工的安全性。

(2) 风动快速立模转运机,主要块模提升臂提升、转运,块模提升臂是利用 8.5 马力风动马达、减速箱,配合缠绳滚筒及提升支架等组装成块模提升臂,块模提升臂利用 ϕ12 mm 钢丝绳提升模板,每次可起吊两块模板,大大提高了人工搬运的施工效率,而且只需一人操控,一人辅助监护,立模工序可节约 4 人左右,大大解放了劳动力,解决了搬运过程中劳动强度大的问题,增加了施工的安全保障性。

(3) 利用振动棒风动马达改装成的风泵，体积小、重量轻、排量适中，大大解决了常用风泵体型笨重带来的弊端，职工可以很轻松地将抽水泵放到任何存水的地方，且能对存水较少的地方进行抽排，克服了常用风泵存在的弊端。

改造装置及使用效果如图 2～图 6 所示。

图 2　块模提升口

图 3　保护盘

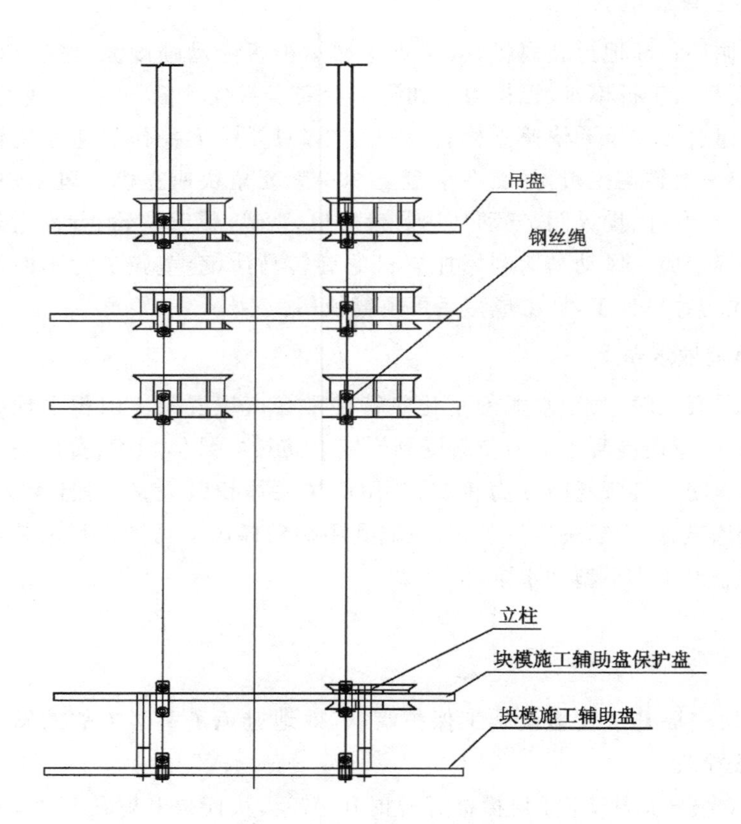

图 4　吊盘、辅助盘、保护盘连接示意

图 5　快速立模转运机及现场吊装块模

图 6　改装后的风动式小抽水泵

6　结语

在内壁套砌施工中,通过优化块模提升口及增设施工保护盘、采用风动式小抽水泵及使用风动快速立模提升转运机,大大缓解了套壁施工中职工劳动强度大、工序衔接紧、安全事故多发等问题,值得在冻结段套壁工程中广泛推广使用。

水汽喷雾装置在井下的应用

关林奎

（山西三元煤业股份有限公司，山西 长治 046000）

摘　要　传统的喷雾经常出现用水量大、雾化效果不好的现象，根据井下生产实际情况及多年的研究发现，采用井下压风与静压水相结合的方式进行水汽喷雾降尘，取得了良好的现场效果，有效控制了井下空气中的粉尘浓度，提高了降尘效率，较好地将粉尘隐患扼杀在萌芽之中，为综合防尘的发展迈出了新的一步。

关键词　水汽喷雾；降尘；创新；矿井粉尘；降尘效率

0　引言

矿井粉尘防治是一通三防中治理的难点，也始终是攻关项目研究的主要课题之一。粉尘就像顽疾一样弥漫在井下的各条巷道和作业面中，不仅危害了井下环境，也是矿工职业病的杀手之一，严重威胁着职工的身心健康。

1　水汽喷雾装置研究背景

1.1　粉尘产生量及比例统计

三元煤矿日常生产过程中主要产生粉尘的工序有打眼爆破、综掘机截割、采煤机截割、喷浆作业、煤、渣、石的装载及胶带运输等，矿井粉尘的产生量与矿井煤岩地质条件和采掘方法、机械化程度有很大关系，同一矿井粉尘的生成量在不同时间和不同区域内也存在很大的差别。在日常生产过程中井下粉尘的测量数据见表1、表2。

表1　　**粉尘的产生量比例**

粉尘产生地点	采煤工作面	综掘工作面	炮掘工作面	锚喷作业点	运输巷道	其他地点
所占比例/%	40～80	30～40	20～35	10～15	5～10	2～5

表2　　**粉尘的产生量**

产尘地点	采煤工作面	综掘工作面	炮掘工作面	喷浆作业点	风镐落煤
产尘量/(mg/m^3)	4 000	1 500	1 400	600	800

如表1、表2所示,矿井的机械化程度越高,井下粉尘的产生量越大,所占比例也越大。随着现代矿井机械化水平的大幅度提高,煤矿粉尘防治工作已刻不容缓,故研究新型喷雾降尘设备属于迫在眉睫的工作。

1.2 煤尘爆炸的严重性

煤尘爆炸是一种连续爆炸的形式,其危害甚大。1960年5月9日,大同老白洞煤矿14号井井底车场的翻笼在连续翻煤时煤尘飞扬(3 m内看不见人、附近棚梁积尘达3~5 cm),电机车运行产生电火花引爆飞扬的煤尘,由于其他巷道积尘严重导致煤尘连续爆炸,造成大量人员伤亡及整个矿井惨遭破坏。

2 传统喷雾装置的缺点

(1) 传统的喷雾装置是通过水压提供动力的,其喷雾距离短,喷雾覆盖面积小,并且喷雾雾化效果不好,如果出现供水压力不足或者串联现象严重时,喷雾装置经常出现出水不出雾现象。

(2) 井下喷雾喷头在工作面静压水水质、煤岩尘、水和风的共同作用下,喷头锈蚀堵塞而不能进行喷雾,在碱性和酸性环境下,喷头腐蚀导致喷雾装置不能很好地雾化,加之井下环境潮湿,影响了喷雾降尘效果。

(3) 在井下恶劣的环境中,喷雾装置很难得到有效保护,不断的维修和更新增加了材料的配件消耗,使成本大大提高。

3 水汽喷雾装置的研发

3.1 水汽喷雾装置的研发背景

根据国内外先进的喷雾改造方式,结合各喷雾装置喷射出的雾滴样式可知,喷嘴喷射的水射流在空气介质中运动时,射流水一般是不稳定的,射流轴心线也是不断波动的,只是由于水的表面张力作用,才使水流没因波动而分散。但是,由于射流处于紊流状态的不稳定性,在射流表面将产生界面波。这种界面波将使射流断面周期性地扩大与缩小,随着速度的增加,波幅及频率也逐渐增加。当速度达到某一数值后,界面波将克服水的表面张力而使射流表面分裂出水滴。速度越大,则分裂成水滴的情况越厉害,当水滴直径小到一定程度时,即产生雾化现象。

雾化的方式有两种:一是自身高压水射流,当压力达到一定时,从喷嘴射出将形成雾化;二是采用高压风和低压水相结合的方式也可产生雾化。研究发现,高压水在通过喷射嘴后能形成雾化状态的压力值相当高,一般需要7~10 MPa,单从目前国内的高压水泵、水封的可靠性来看,其适应性相当差,很难得到推广,而风水相结合的雾化方式非常适合煤矿的生产实际。

3.2 水汽喷雾捕捉粉尘的原理

高压风将水雾化成微细小滴,喷射于空气中与浮尘碰撞接触,尘粒被水捕捉而附于水滴上或者湿润的尘粒互相凝集成大颗粒,从而加速其沉降,使之尽快变为落尘。影响水滴捕尘效果的主要因素是水滴粒度。水滴小,在空气中分布密度就大,与矿尘接触机会就越多,捕尘效果就越好。但如果水滴太小,对降尘效果会有所影响,因为过小的水滴湿润尘粒后其重量增加不大,难以在空气中沉降下来,同时水分也易被风流带走和蒸发,不利于捕尘,并且恶化了环境。根据测定,水雾的粒度一般在20~50 μm之间最佳,因此风、水的压力、流量配比关系是得到合适水雾颗粒大小的最直接影响因素，其次是水滴与尘粒的相对速度，它决定着粉尘与水滴的接触效果，水滴速度高则动能大，与尘粒碰撞时有利于克服水的表面张力，将尘粒湿润捕捉。此外，矿尘浓度、粒径、带电性对捕尘效果也存在影响。

4　水汽喷雾装置的制作原理及优势

4.1　水汽喷雾装置的制作原理

水汽喷雾装置是将风管和水管分别连接在两个喷雾杆上，一个供水，一个供风，同时用风水管路上的阀门调节风水联动装置供风和供水。使用前，首先调节好水压、风压。使用时，先开启供风阀门供风，再开启供水阀门供水，使压风和供水相互结合，借助压风将喷雾中的水转变成雾喷洒到巷道中；利用水管上的控制阀门控制供水量的大小，从而根据需要随意改变喷雾的雾化程度，既可以有效地降尘又不浪费水资源；关闭时，先关闭供水阀门停止供水，再关闭供风阀门停止供风，利用风压将喷雾装置管路中的水全部转化成水雾喷洒出去，杜绝了喷雾中的留存水导致喷雾装置锈蚀、堵塞喷嘴影响喷雾雾化效果。

4.2　水汽喷雾的使用效果及其优点

(1) 水汽喷雾降尘系统是一种新型、高效、低能耗、喷雾距离远、降尘范围大、水雾滞留时间长、降尘效率高、用水量少的喷雾降尘装置。其利用风水调节阀调节喷雾装置的出水量，借助风压增加了水的雾化效果，从而改变了以往喷雾装置的“出水不出雾”的现象，增大了喷雾装置雾化效果，提高喷雾装置降尘效率，从而提高喷雾净化矿井空气的效果。

(2) 采用CC-20型粉尘采样器对2303工作面回风巷集中降尘区前后粉尘浓度进行测定后，得到的结果见表3。

表3　　总粉尘浓度测定表

测定地点	测定仪器	粉尘浓度/(mg/m³)
采煤机组机尾后方1 m	CC-20粉尘采样器	228
汽水喷雾水幕后方5 m	CC-20粉尘采样器	67
汽水喷雾水幕后方15 m	CC-20粉尘采样器	13

表3中的粉尘浓度显示，在仅仅使用液压支架架间喷雾及采煤机内外喷雾的前提下，机尾处粉尘浓度在228 mg/m³。而开启汽水喷雾水幕后，其粉尘浓度降至67 mg/m³，降尘率达70%以上。在汽水喷雾后方15 m处又进一步提高了降尘效果，其降尘率达到94%。

5　结论

水汽喷雾装置的使用，降低了游离在矿井空气中的粉尘浓度，提高了矿井粉尘治理率，为煤矿工人创造了良好的工作环境，保障了煤矿工人的身体健康，降低了职业病的发病率，对煤矿粉尘防治起到了很大的作用，创造了可观的经济效益和社会效益。

参考文献

[1] 张国枢.通风安全学[M].徐州：中国矿业大学出版社，2000.

[2] 王省身.中国煤矿的通风现状与发展[J].东北煤炭技术,1995(4):2-6.
[3] 蔡农.掘进工作面风水喷雾除尘技术的研究与应用[J].能源技术与管理,2008(1):59-61.
[4] 李瑞升,宋召谦.采掘面风水喷雾降尘技术试验与应用[J].山东煤炭科技,2004(2):30-33.
[5] 陈永文,韩武学,李晓宏,等.石圪节综放面风水喷雾降尘试验分析[J].煤炭科技,2000(5):27-29.

特大断面井筒快速掘砌技术应用

张炳林,关林奎,梅光发

(山西三元煤业股份有限公司,山西 长治 046013)

摘 要 为提高大断面井筒快速掘砌施工进度,对山西三元煤业股份有限公司新副立井井筒掘砌施工进行了分析,通过科学合理地选用施工设备、优化施工工艺、制定工期等措施后,缩短了各作业环节循环时间,为项目早日投产奠定了坚实的基础。

关键词 大断面井筒;快速掘砌;优化工艺;组织管理

0 引言

山西三元煤业股份有限公司新建副立井井筒净直径 8.2 m,井筒最大断面荒径 10.6 m,马头门位于 3# 煤层顶板,冻结段井壁采用双层钢筋混凝土井壁结构,基岩段井壁采用单层钢筋混凝土井壁结构。为提高大断面井筒施工进度,选用新设备、新工艺,合理组织确保项目早日投产。

1 工程概况

山西三元煤业股份有限公司在 2008～2013 年期间共完成了两次通风系统改造,新增南翼回风井和中央回风井。主、副井均为进风井,主井井筒风速较高,易造成主井井筒内煤尘进入进风巷道,使主立井井筒和带式输送机巷煤尘浓度增高,引起煤尘爆炸。副立井井筒直径为 6.0 m,井筒装备一对双层四车多绳罐笼。根据规划,矿井后期辅助运输实现无轨胶轮车运输,目前受罐笼尺寸和提升机能力限制,较大型无轨胶轮车无法下井,现有副立井提升设备不能满足提升要求,为此公司在工业广场内新建副立井解决上述问题。

为确保新建副立井尽早投入运行,与设计单位、施工单位、监理单位共同结合国内外大断面井筒快速掘砌施工经验,参照临近钻孔、井筒柱状图,优化施工工艺并科学合理选用设备、合理组织,目前井筒矿建、土建、安装工程均已完工,工程质量验收合格。

2 地质概况、设计概况及施工过程中采取主要措施

井筒设计深度 337.6 m,净直径 8.2 m,最大断面荒径 10.6 m,最小断面荒径 9.4 m,井筒装备一套单层四绳罐笼,配可调配重平衡锤,罐笼宽 4.6 m,长 6.6 m,建成后担负矿井无轨胶轮车、液压支架等大型设备的提升任务,兼作进风井(井筒剖面图见图 1、井筒平面布置图见图 2)。

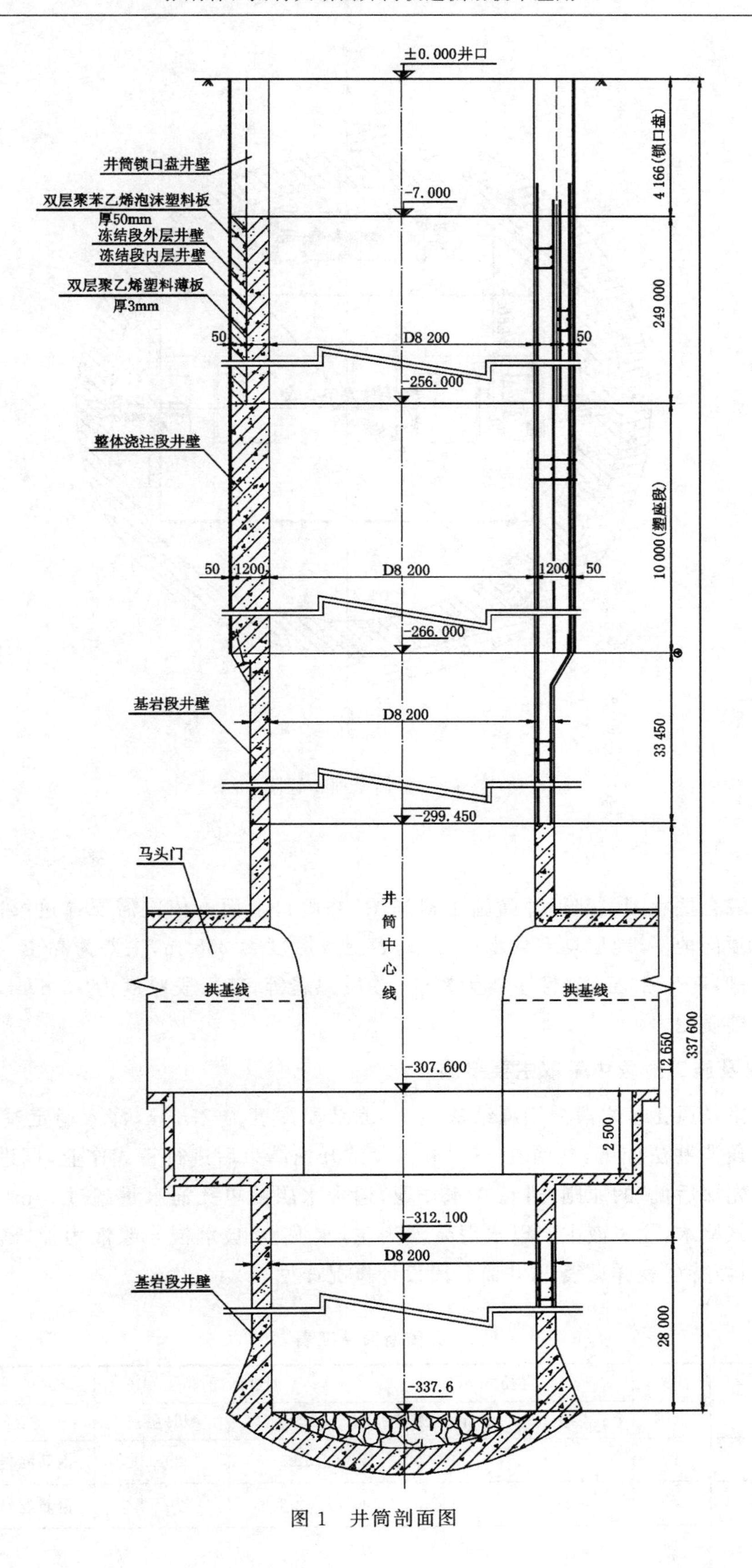
±0.000井口
井筒锁口盘井壁
-7.000
4 166(锁口盘)
双层聚苯乙烯泡沫塑料板
厚50mm
冻结段外层井壁
冻结段内层井壁
双层聚乙烯塑料薄板
厚3mm
249 000
50
D8 200
50
-256.000
整体浇注段井壁
10 000(壁座段)
50
1200
D8 200
1200
50
-266.000
基岩段井壁
D8 200
33 450
-299.450
马头门
井
筒
中
心
线
拱基线
拱基线
-307.600
12 650
337 600
2 500
-312.100
D8 200
基岩段井壁
28 000
-337.6

图 1　井筒剖面图

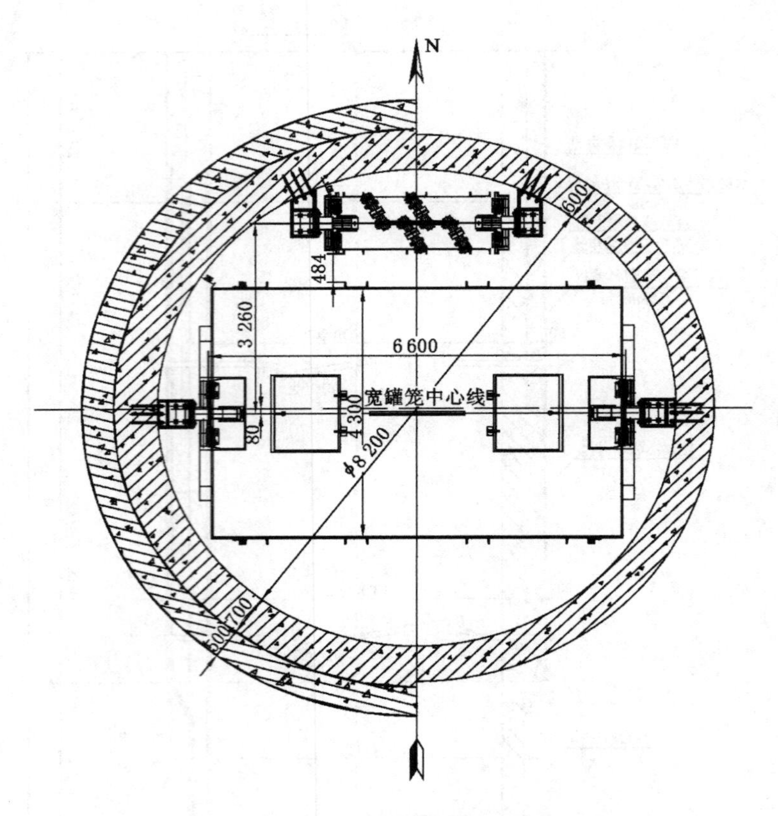

图 2 井筒平面布置图

2.1 地质概况

根据矿井综合柱状图及邻近井筒施工素描图，井筒自上而下依次需要穿过第四系沉积层、二叠系和石炭系顶部地层，地层均有含水层分布，表土段厚度为 238 m，主要为黏土、粉土、粉砂及细砂，风化基岩段厚度为 27 m，岩性主要为砂岩、砂质泥岩等，基岩段厚度为 72.6 m，岩性主要为泥岩、细砂岩、粉砂质泥岩。

2.2 设计概况及施工过程中采取主要措施

井筒表土段及风化基岩段采用冻结法施工，冻结段深度为 276 m，深入稳定基岩 15 m 以上。基岩段采用普通凿井法施工，井筒 0～－16 m 段试开挖结束后进行正式作业，掘进过程中严格执行"有掘必探，先探后掘"的原则，进行探水作业，遇含水层前单孔涌水量超过 3 m^3/h 编制安全技术措施进行注浆堵水，注浆液主要以水泥浆液为主，水泥、水玻璃混合浆液为辅，确保顺利通过各含水层(井筒断面特征表详见表 1，井筒各段设计概况详见表 2)。

表 1　　井筒断面特征表

井筒分段(标高/m)	围岩级别	直径/mm		掘进断面/m^2		支护	
		净	设计掘进	净	设计掘进	方工	厚度/mm
－7～－256	Ⅳ	8 200	10 600	52.8	89.92	钢筋混凝土	700＋500
－256～－266	Ⅳ	8 200	10 600	52.8	89.92	钢筋混凝土	1 200

续表 1

井筒分段（标高/m）	围岩级别	直径/mm		掘进断面/m²		支护	
		净	设计掘进	净	设计掘进	方工	厚度/mm
−266～−299.45	Ⅲ	8 200	9 400	52.8	69.4	钢筋混凝土	600
−312.1～−339.531	Ⅲ	8 200	9 400	52.8	69.4	混凝土	600

表 2　　井筒各段设计概况

井筒分段（标高/m）	井壁厚度/mm		设计概况
	内壁	外壁	
−7～−256	700	500	冻结段，内、外井壁均采用双层钢筋混凝土井壁结构，外层井壁与冻土间铺设双层 25 mm 厚聚苯乙烯泡沫塑料，其中 −7～−130 m 混凝土强度等级为 C40，−130～−256 m 混凝土强度等级为 C50，内、外层井壁之间加垫双层 1.5 mm 厚聚乙烯塑料薄板，塑料薄板采用搭接连接，搭接长度不小于 100 mm
−256～−266	1 200		壁座段，采用钢筋混凝土整体浇注，混凝土强度等级为 C50
−266～−299.45	600		基岩段，采用双层钢筋混凝土井壁结构，混凝土强度等级 C40
−312.1～−339.531	600		井底水窝段，采用双层钢筋混凝土井壁结构，混凝土强度等级为 C40；外层井壁掺加抗冻剂，内壁、壁座、基岩段井壁混凝土掺加抗裂密实防水剂

3　施工工艺及施工设备选用

为适应快速掘砌的需求，结合现场地质条件及冻结立井井筒的施工经验，采用新技术、新工艺、新材料、新设备，普通基岩段采用减震、弱冲、光底、中深孔光面爆破技术；砌壁采用 4.5 m 段高 MJY 型单缝液压整体金属模版；内壁采用段高为 1.4 m 内爬式液压滑升金属模板一次套砌混凝土井壁。

冻结段外壁施工采用短掘、短砌交叉平行作业，冻结表土段采用挖掘机破矸，基岩段采用钻爆法破岩施工，采用 6 m³、3 m³ 矸石吊桶排矸，ϕ159 mm 溜灰管配合下放混凝土（凿井主要设备配备表见表 3）。

表 3　　凿井主要设备配备表

项目		设备配备
凿石		XFJD6.1 型伞钻，配 6 台 YGZ70 型凿岩机
装岩		卡特 308 型挖掘机，2 台 HZ-6 型中心回转抓岩机
提升	井架	V 型井架
	绞车	主提升配备 JKZ-3×2.2/15.5E 型单滚筒绞车；副提升配备 JK-2.5/15.5 型单滚筒绞
	容器	主提升配备 6 m³ 吊桶 2 个，副提升配备 3 m³ 吊桶 2 个
翻矸		人工挂钩式翻矸方式
砌壁	冻结段外壁	采用 2.5～4.5 m 段高，可调节 MJY 型单缝液压整体金属模板
	内壁	采用段高为 1.4 m 内爬式液压滑升金属模板
	基础段	采用 4.5 m 段高，MJY 型单缝液压整体金属模板

续表 3

排水	水泵	250QK50-500/25 型潜水泵
通风	风机	2 台，2×30 kW 对旋式风机
	风筒	ϕ800 mm 高强胶质风筒

4 主要施工工艺优化

(1) 选择合理的冻结参数。为确保表土段掘砌的施工工艺及速度，在保证冻结壁的有效厚度和强度基础上实现井筒尽快开挖。采用单圈孔插花布置、差异冻结的方式；冻结壁厚确定为 2.6 m；积极冻结期盐水温度为－28～－30 ℃，维护冻结期盐水温度为－22～－24 ℃；盐水流量不小于 10 m^3/h 等。

(2) 增强机械化程度。选用大功率提升机、抓岩机、提升容器等设备，提高出矸施工能力，缩短循环时间以达到快速施工的目的。

(3) 优化爆破设计。基岩段采用中深孔光面爆破的施工方法，采用减震、弱冲、光面、光底爆破技术，打眼深度 4.5 m，周边眼采用 ϕ35 mm 药卷，掏槽眼和辅助眼采用 ϕ45 mm 药卷，药卷长度 500 mm，选用抗冻 T220 水胶炸药等(爆破条件见表 4、爆破效果表见表 5)。

表 4　爆破条件

序号	名称	单位	数量
1	井筒净直径	m	8.2
2	井筒荒径	m	9.8
3	掘井断面	m^2	75.43
4	岩石条件		$f=4\sim6$

表 5　爆破效果表

1	炮眼利用率	%	90
2	循环进尺	m	4.05
3	循环爆破实体岩	m^2	377.87
4	循环炸药消耗量	kg	497
5	每米井筒炸药消耗量	kg/m	122.8
6	每立方米实体岩雷管消耗量	个/m^3	0.53
7	每循环雷管消耗量	个	200
8	每立方米实体岩炸药消耗量	kg/m^3	1.3
9	每米井筒雷管消耗量	个/m	49.3

(4) 整体壁座施工。爆破、出矸后，采用锚杆＋钢筋网进行临时支护，并采用可调节 MJY 型单缝液压整体金属模版以 4 m 段高砌筑混凝土施工。

(5) 内壁施工。外壁砌筑完成后，在设计层位施工混凝土垫层，防止井壁养护水浸泡基岩段岩层引起岩土膨胀、底鼓等现象，更换内壁模板，采用段高为1.4 m内爬式液压滑升金属模板浇筑混凝土施工。

5 工期保证措施

(1) 技术措施。确保工期实现的关键在于先进的施工技术、合理的施工工艺、可靠的机械化配套装备及精心的组织和科学的管理。为此，公司在严格按照施工组织设计所确定的施工方法基础上，制定科学合理的施工网络计划，做好各单项工程的准备工作，紧抓各项工程施工质量，根据施工进度提前做好人力、物力、材料供应计划等工作，以保证施工总进度计划控制目标的实现。

(2) 组织措施。建立施工项目部后明确职责，根据项目管理目标责任书分解目标、落实承包责任制等组织措施保证工程建设持续、快速、有效推进。

(3) 经济措施。采取奖罚结合措施，将施工计划分解至班组，人工工资与计划进行挂钩，加强机电设备管理，确保设备完好率，减少人员、设备对施工进度的影响时间，保证工程顺利施工。

6 结论

通过科学、合理的选用施工设备、优化施工工艺、制定工期等措施，实际工期比原定工期缩短13%，提前37d完工。整体工程投运后在提高矿井辅助提升系统能力的同时，减小矿井粉尘危害，保证矿井安全，为矿井井下全部实现无轨胶轮车辅助运输做好前期工作，该项目施工优化方案可推广应用于同类工程，为类似工程提供了参考范例。

参考文献

[1] 张荣立，何国伟，李铎.采矿工程设计手册[M].北京：煤炭工业出版社，2003.

[2] 葛沐曦，郭运行.大断面千米深井井筒掘砌快速施工技术[C]//矿山建设工程技术新进展——2008全国矿山建设学术会议文集(上).2008.